HANDBUCH DER MILCHWIRTSCHAFT

IN VERBINDUNG MIT

WALTER GRIMMER UND **HERMANN WEIGMANN**

DR. PHIL., PROFESSOR FÜR MILCHWIRTSCHAFT UND DIREKTOR DES MILCHWIRTSCHAFTLICHEN INSTITUTES AN DER UNIVERSITÄT IN KÖNIGSBERG IN PREUSSEN

DR. PHIL., DR. AGR. H. C., EHEM. DIREKTOR DER VERSUCHSSTATION FÜR MOLKEREIWESEN UND EMER. VERWALTUNGSDIREKTOR DER PREUSS. VERSUCHS- UND FORSCHUNGSANSTALT FÜR MILCHWIRTSCHAFT KIEL

HERAUSGEGEBEN VON

WILLIBALD WINKLER

DR. PHIL., HOFRAT, EMER. PROFESSOR FÜR MOLKEREIWESEN UND LANDWIRTSCHAFTLICHE BAKTERIOLOGIE AN DER HOCHSCHULE FÜR BODENKULTUR IN WIEN, VORSTAND DES MILCHWIRTSCHAFTLICHEN LABORATORIUMS DES MILCHWIRTSCHAFTLICHEN REICHSVEREINS FÜR ÖSTERREICH IN WIEN

ERSTER BAND / ERSTER TEIL

DIE MILCH

ZUSAMMENSETZUNG · EIGENSCHAFTEN
VERÄNDERUNGEN · UNTERSUCHUNG

Springer-Verlag Wien GmbH

DIE MILCH

ZUSAMMENSETZUNG · EIGENSCHAFTEN VERÄNDERUNGEN · UNTERSUCHUNG

BEARBEITET VON

J. BAUER-HAMBURG · B. BLEYER-MÜNCHEN · K. J. DEMETER-WEIHENSTEPHAN · W. ERNST-MÜNCHEN · W. GRIMMER-KÖNIGSBERG · W. KIEFERLE-WEIHENSTEPHAN F. LÖHNIS-LEIPZIG · M. SCHIEBLICH-LEIPZIG · L. SCHEUNERT-LEIPZIG

MIT 69 ABBILDUNGEN

Springer-Verlag Wien GmbH

ISBN 978-3-7091-9550-5   ISBN 978-3-7091-9797-4 (eBook)
DOI 10.1007/978-3-7091-9797-4

Vorwort

Ein ausführliches Handbuch der Milchwirtschaft entspricht dem Wunsche unserer Zeit, einer Zeit, in der die milchwirtschaftliche Forschung blüht, einer Zeit, in der die Bedeutung der Milchwirtschaft für das Wirtschaftsleben der Kulturländer und für die Volksernährung immer mehr hervortritt. Durch die wissenschaftliche Begründung in sichere Bahnen gebracht, hat sich das Molkereiwesen in den letzten Jahrzehnten rasch entwickelt. Die früher so leicht verderblichen Molkereiprodukte sind sichere Welthandelsartikel geworden, so daß die entferntesten Länder miteinander in Wettbewerb treten. Aber auch in engeren Gebieten beginnt durch die Zunahme der Milchproduktion ein Konkurrenzkampf, der nur mit dem Siege der besten Qualität und der billigsten Produktion enden kann. Wer hier bestehen will und wer Freude an seinem Schaffen haben will, der muß sich unbedingt ein tieferes Verständnis für alle Vorgänge und Einrichtungen, für die Organisierung und Rationalisierung der Arbeit und des Absatzes verschaffen.

Dazu bietet ihm das neue umfassende Handbuch der Milchwirtschaft die beste Gelegenheit. Von 24 Fachautoritäten verfaßt, ist es gegenwärtig wohl an Umfang und Vertiefung in die einzelnen Wissenzweige, aus denen die Milchwirtschaftswissenschaft ihre Nahrung holt, unübertroffen. Es ist auf breitester Basis aufgebaut, indem es ausführlich auch auf die Fütterung und Züchtung der Milchtiere, die Stallanlagen, den Bau der Molkereien, die Wärme- und Energiewirtschaft derselben und ganz besonders auf die wirtschaftliche Seite und die Organisation der Milchwirtschaft näher eingeht. Der ganze dritte Band des Werkes ist den letzteren gewidmet. Er befaßt sich eingehend mit den Betriebseinrichtungen, den Rentabilitätsbedingungen, der Preisbildung, den Absatzverhältnissen auf dem Weltmarkt, dem Stand der Milchwirtschaft in den einzelnen Kulturländern, der Organisation der Milchwirtschaft und den verschiedenen Fachbildungsanstalten. Man wird gerade diese wichtige Materie wohl nirgends so zusammenhängend und eingehend erörtert finden.

So hoffen wir, daß hier ein Werk entstanden ist, das nach jeder Richtung hin befriedigen wird, das der Milchwirtschaft wertvolle Dienste leisten und zu deren Ausbau wesentlich beitragen wird. Möge das Werk die gerechte Würdigung finden und allen strebenden Milchwirten eine Fundgrube wertvoller Belehrungen werden!

Allen unseren verehrten Mitarbeitern aber möchten wir für ihre wertvollen und gediegenen Beiträge noch besonders danken. Nicht minder auch der Verlagsbuchhandlung, welche keine Mühe und Kosten gescheut hat, ein hervorragendes und nützliches Werk zu schaffen.

Königsberg, Kiel, Wien, im März 1930.

W. Grimmer　　　　　**H. Weigmann**　　　　　**W. Winkler**

Inhaltsverzeichnis

I. Zusammensetzung und Eigenschaften der Milch

1. Zusammensetzung und Eigenschaften der Milch. Milchbestandteile

Von

B. Bleyer-München

Die Milchbildung ist ein besonderer Fall der alles Geschehen in der organischen Welt beherrschenden Anpassung. Man darf sich nicht verleiten lassen, bei dem Wort „Milch" nur an jenen Massenartikel des Marktes zu denken, ein Objekt des Konsums, der küchenmäßigen und gewerblichen Verarbeitung, der Reglementierung und analytisch-chemischen Erfassung, einen „herzlosen" Rohstoff; man gewinnt einen weiteren Blick, wenn man die Milch auch nicht nur als Umwandlungs- oder Zerfallsprodukt der Drüsenepithelien auffaßt, sondern im Anschluß an die neueren Anschauungen über die Milchbildung das Brustdrüsensekret als ehemaligen mütterlichen Körperbestandteil und zum Teil auch als verflüssigtes mütterliches Protoplasma betrachtet. Die Milch ist ein Produkt der Anpassung des mütterlichen an den fötalen Organismus, herrührend von dem für den Fötus aus dem mütterlichen Blute bei dem hohen Wachstumspotential in immer steigendem Maße entnommenen Nährstoffstrom, der auch nach Ausscheidung der Leibesfrucht in zweckmäßig veränderter Form noch eine Weile nachgeliefert wird. Damit gewinnt man auch einigermaßen Verständnis für die vielbewunderte „Anpassung" der Milch verschiedener Säugerarten an die besonderen und sich ständig verändernden Bedürfnisse der Jungen, die gefordert und aktiv erzwungen werden. Die Milchbildung dauert darum auch im allgemeinen nur so lange, bis der jugendliche Verdauungsapparat der Wiederherstellung der spezifischen „vitalen" Eigenschaften des verabreichten denaturierten und der Adaptierung artfremden Eiweißes gewachsen ist, und bis der jugendliche Organismus nicht nur auf die arteigenen Milcheiweißstoffe, sondern auch auf die spezifischen Immunkörper, Enzyme und Vitamine verzichten kann, die ihm mit der Muttermilch, dem ganz eigentümlichen „Lebenssaft", dem „weißen Blut", wie sie auch gelegentlich benannt wird, in einer unübertrefflich erscheinenden Kombination, die gleichzeitig Schlüssel und Schloß darstellt, vermittelt werden.

Erst durch die Domestikation des Rindes ist es dem Menschen bei zunehmender Seßhaftigkeit und dadurch bedingter Verdichtung der Bevölkerung gelungen, bei diesen Tieren eine große Überproduktion an Milch und eine erhebliche Verlängerung der Laktationszeit heranzuzüchten, wodurch der Grund gelegt wurde für den Warenbegriff „Milch", unter dem in erster Linie und in weitaus größtem Umfange die Milch der Kuh in Betracht kommt, die in ihrem täglichen Anfall von etwa 275 Millionen Kilogramm nicht nur als natürliches Aufzuchtfutter für die Kälber, sondern auch als Trinkmilch und in verarbeiteter Form in den mannigfachen Molkereiprodukten tief im Leben des Menschengeschlechtes verwurzelt ist.

Die wichtige Rolle, die die Milch, voran die Kuhmilch, als Nahrungsmittel spielt, gab Veranlassung, daß sich die Erforschung der Milch in erster Linie auf die Erfassung ihrer als wesentlich erscheinenden Bestandteile erstreckte; man bestimmte das spezifische Gewicht, den Fettgehalt, die fettfreie Trockensubstanz, gelegentlich den Gehalt an Eiweißstoffen, an Milchzucker und an Salzen (Aschenbestandteilen); dazu trat die Erforschung des biologischen Verhaltens in Form von Anhaltspunkten für eine spätere gewerbliche Verarbeitung, die Beurteilung der Sauberkeit und der bakteriellen Infektion und schließlich des Gehaltes an Enzymen, Vitaminen und anderen der Menge nach nicht hervortretenden, aber wichtigen Inhaltsstoffen. Erst in den letzten Jahren, die der Kolloidchemie eine mächtige Förderung brachten, hat man auch begonnen, auf die bedeutsame Rolle hinzuweisen, die dem Zustand der Stoffsysteme in der Milch, voran der kolloiden Systeme, zukommt. Man wird erwarten können, daß eine Zeit naht, in der manche der bisherigen Anschauungen kausaler Biologie, zu der auch die Milchkunde gehört, nach den Begriffen der Kolloidchemie umgeändert und neuorientiert werden müssen; kolloidchemische Gesichtspunkte drängen sich in viele biologischen Fragen ein und die Begriffe „Sol“ und „Gel“ werden allen Biologen so geläufig werden, wie heute etwa die Begriffe Zelle und Gewebe, Eiweiß und Salze.

Vom Standpunkte der Kolloidchemie aus betrachtet, stellt die Milch ein kompliziert aufgebautes System disperser Stoffe dar: in einer echten wässerigen Lösung von Kristalloiden (ein Teil der Mineralstoffe und der Milchzucker) sind in mehr oder weniger hydratisierter, lyophiler Form die Eiweißstoffe und ein Teil der Mineralstoffe (Dikalziumphosphat) als Suspensionskolloide und das Fett als Emulsionskolloid verteilt. Die Struktur der Milch erscheint demnach als eine durch kolloide Verteilung der Eiweißstoffe und des Dikalzium-phosphats stabilisierte mikroskopische Verteilung des Fettes, wobei noch zu sagen ist, daß wahrscheinlich der Haupteiweißstoff der Milch, das Kasein, in einer komplexen Kalziumverbindung vorliegt, etwa als das Kalziumsalz einer komplexen „Kasein-Phosphorsäure“, die man zwar als solche noch nicht isoliert hat, die aber schon einige Wahrscheinlichkeit für sich hat; die Phosphorsäure geht ja gerne komplexe Verbindungen ein (z. B. Glyzerinphosphorsäure, anorganische Komplexsäuren), und vielleicht sind die Kohlehydratgruppen des Kaseins hierfür gegebenenfalls nicht ohne Einfluß. Wenn auch über die Faktoren, welche die Stabilität der kolloid verteilten Kalzium-Kasein-Verbindungen, des kolloid verteilten Laktalbumins (neben Kasein der wichtigste Milcheiweißstoff) und des kolloid verteilten Dikalziumphosphats bedingen und die wechselseitigen Beziehungen dieser 3 Kolloidsysteme regeln, noch nichts Abschließendes bekannt ist, so tut man den Dingen doch keinen Zwang an, wenn man die grundlegende Struktur der Milch erblickt in einer mit Hilfe von kolloiddispersem hydrophilem Laktalbumin, Cholesterin und Lezithin als Schutzkolloide geschützten und durch molekular- und iondisperse Zitrate, Bikarbonate und Phosphate peptisierten (stabilisierten) kolloiddispersen Zerteilung eines hydrophoben Kasein-Kalzium-Phosphats; dieses komplexe Kolloidsystem stabilisiert dann die Milchfettemulsion, zu deren Haltbarkeit schließlich auch die Viskositätserhöhung durch den molekulardispers gelösten Milchzucker beitragen sollte.

Das System „Milch" kann man sich demnach folgendermaßen vorstellen:
1. Wasser als Zerteilungsmittel;
2. Fett hauptsächlich als Mikronen, 0,1 bis 10 μ (Messung);
3. Der Kaseinkomplex, zum geringen Teil als Submikronen und meistens als Amikronen, 0,1 bis 0,005 $\mu = 100$ bis 5 mμ (Messung und Schätzung);
4. Albumin, wahrscheinlich nur in Form von Amikronen, 0,015 bis 0,005 $\mu = 15$ bis 5 mμ (Schätzung);
5. Milchzucker, in Form von Einzelmolekülen, 0,00067 bis 0,0011 $\mu =$ etwa 1 mμ (Schätzung);
6. Mineralbestandteile, in Form von Ultramikronen, Einzelmolekülen und Ionen (Annahme), 0,0004 bis 0,0005 $\mu = 0,4$ bis 0,5 mμ.

Unter diesem Gesichtspunkte werden die später zu besprechenden Einflüsse chemischer und physikalischer Art auf Milch leichter verständlich. Das Aufrahmen und das Entrahmen stehen im engen Zusammenhang mit der Menge und den Eigenschaften der vorhandenen hydrophilen Kolloide; Pump-, Gefrier-, Pasteurisierungs-, Koch-, Sterilisierungs- und Trocknungsverfahren werden mit ihren Wirkungen auf die Milchstruktur verständlich, da sie in erster Linie auf die maßgeblichen Stabilisierungsfundamente, die hydrophilen und hydrophoben (zum Teil irreversiblen) Eiweißstoffe, mehr oder weniger einwirken. Bei freiwilligem bzw. künstlichem Ansäuern der Milch, bei der Einwirkung des Labs stürzt das labile Gebäude gegenseitigen Inlösunghaltens zusammen. Verständlich ist zwar die Wirkung der Säuerung, die durch die Lieferung von Wasserstoffionen das komplizierte System maßgeblich und endgültig vernichten, zudem auch noch nach chemischer Massenwirkung chemische Reaktionen vollführen kann, wie beispielsweise Umsetzung zwischen dem kolloiden Dikalziumphosphat oder dem kolloiden Kasein-Kalziumphosphat und Milchsäure bzw. einer anderen Säure unter Bildung nicht mehr kolloider, dissoziierter Kalziumsalze, deren Kalziumion sogar ausflockend, das heißt kolloidzerstörend und gelbildend wirken kann. Nicht so leicht verständlich dagegen ist die kolloidzerstörende Wirkung des Labs, über die später noch mehr zu sagen ist. Die Umwandlung der flüssigen Sahne durch Schlagen in ein schaumiges Gebilde ist weiterhin kolloidchemisch durchsichtig: Nebeneinander einer ölig-wässerigen Fettemulsion und einer luftwässerigen Schaumemulsion. Auch sonst birgt die häusliche und gewerbliche Anwendung der Milch noch viele Probleme. Das Reifwerden des Käses ist beispielsweise gekennzeichnet durch eingreifende Kolloidveränderungen; die „Käsefehler" mit ihren praktischen Folgen werden erst erkennbar werden, wenn sie auch von dem genannten Standpunkt aus studiert werden; die Frage nach der besten Art der Erzeugung von Trockenmilch (durch Auftrocknen auf warmen Walzen oder durch Zerstäubung) wird ohne kolloidchemische Durchdringung nicht lösbar sein. Die Herstellung von Kasein und seine mannigfache Anwendung für Farben, Leime, plastische Massen usw. sind weitere Musterbeispiele für die kolloidchemische Technologie, und schließlich ist die an sich so bekannt erscheinende Butterbereitung trotz bester empirischer Erfassung hinsichtlich kolloidchemischer Betrachtungsweise noch nicht völlig durchforscht, obwohl gerade hier die besten Arbeiten vorliegen (RAHN, HITTCHER, PALMER, VAN DAM, GORTNER, CLAYTON, HUNZIKER u. a.).

In diesem Zusammenhang ist gleich auf die vielumstrittene Frage der „Hüllen" der Milchfettkügelchen einzugehen, über die eine große Literatur vorliegt. Man hat diese Hüllen als Haptogenmembran bezeichnet und sich zuerst vorgestellt, daß diese aus Kasein bestehen, wodurch es ja leicht erklärbar wäre, daß die Milchkügelchen der frischen Milch auch bei längerem Stehen nicht zusammenfließen und sich nicht durch Äther ausschütteln lassen, vielmehr dies erst tun, wenn sie, so möchte es scheinen, durch mechanische Einwirkung (Butterungsprozeß) oder durch Erhitzen (Gerinnung und Schrumpfung der Eiweißhülle) oder durch Behandlung mit Alkalien oder durch Essigsäure ihrer Hülle beraubt worden sind. Versuche, diese Hüllen durch Färbung sichtbar zu machen, schlugen fehl, auch die Deutungen, besondere Eiweißstoffe der Milch, außer Kasein und Laktalbumin, dafür verantwortlich zu machen, sind vorläufig nicht beweiskräftig genug. Ein abschließendes Urteil über die an sich interessante Frage kann noch nicht gefällt werden. Gestützt durch Beobachtungen und Erfahrungen an anderen Milcharten — aus Frauenmilch z. B. mit ihrem gegenüber Kuhmilch weit geringerem Eiweißgehalt läßt sich das Fett durch Äther leicht ausschütteln —, bietet die Erklärungsweise mit Hilfe von Oberflächenwirkungen ohne Annahme besonderer stofflicher Hüllen vorläufig noch die größere Wahrscheinlichkeit. Man weiß, daß sich ein Stoff an der Grenzfläche zweier Flüssigkeiten (oder eines Gases und einer Flüssigkeit) ausbreitet, wenn dadurch die Oberflächenspannung der gemeinsamen Grenzfläche verkleinert wird; beispielsweise scheidet sich Eiweiß an der Grenzfläche Wasser-Luft in Form fester Häute ab (Begünstigung der Hautbildung der Milch beim Kochen). Eine Fettkugel wird sich also in einer Eiweißlösung mit einer Eiweißschicht umgeben, da die Oberflächenspannung an der Grenzfläche Eiweiß oder Serum-Fett kleiner (0,4 bis 1,6) ist, als die von Wasser-Fett (1,6 bis 2,4). Es ist nicht unmöglich, daß diese adhärierenden Bestandteile auch durch fortgesetztes Waschen mit Wasser nicht vollständig abgespült werden, ohne daß man die Annahme machen muß, daß diese „Hüllen" infolge der Attraktion unlöslich werden. Es genügt schon, ähnlich wie bei anderen Emulsionszuständen, anzunehmen, daß gewisse emulgierende Stoffe — in diesem Falle etwa das Laktalbumin — an der Grenzfläche flüssig-flüssig so fest adsorbiert sind, daß sie häufig als irreversibel „gefällt" erscheinen.

Einen besonderen Milcheiweißstoff als Lieferant der „Hülle" anzunehmen — von Hattori als Haptein bezeichnet —, sollte man vorerst vermeiden, bis weitere gewichtige Gründe dafür vorliegen, da man ja erfahren hat, wie leicht durch Eingriffe der verschiedensten Art in genuine Eiweißstoffe Kunstprodukte entstehen können.

Bei geschlagener Sahne (Rahm) und in homogenisierter Milch und nichtgeschlagener Sahne tritt durch die zunehmende Zerteilung der Fettkügelchen eine intensive Adsorption ein, wodurch Systeme von großer Stabilität entstehen. Die Adsorption erfolgt bei geschlagener Sahne an der Grenzfläche Luft-Flüssigkeit, während sie bei homogenisierter Milch oder Sahne an der Grenzfläche flüssig-flüssig eintritt. Die Dicke der Adsorptionshüllen ist mit 6 bis 7 $\mu\mu$ berechnet worden. Ob schließlich das Schäumen der Milch und des Rahmes durch einen besonderen Eiweißstoff verursacht wird, der auch gegen Erhitzen und Säure — auch geronnene Milch kann noch schäumen, wie auch gekochte — ziemlich beständig ist, kann noch nicht entschieden werden („Schaumstoff" nach Rahn).

Bis in die neuere Zeit hinein war man der allgemeinen Ansicht, daß die Aufrahmung ausschließlich durch die verschiedenen spezifischen Gewichte des Fettes und der wässerigen Phasen bedingt und von der Viskosität der wässerigen Phase geregelt sei. Diese Anschauung ist aber nach Rahn unvollständig und in Hinsicht auf den Viskositätsfaktor allein ganz unhaltbar, da auch bei der künstlichen Erhöhung der Viskosität das Aufrahmen beschleunigt werden kann. Das geschieht z. B. durch Zusatz von wasserlöslichen Kolloiden, wie Gelatine, Tragant, Gummi arabicum, Pepton, Albumin. Durch solche Zusätze kann eine sehr viel vollständigere Ausscheidung des Fettes im Rahm erzielt werden, trotzdem die innere Reibung weit über die höchste Grenze normaler Milch hinausgeht. Wird durch Zusatz von Nichtkolloiden, wie Zucker, die Viskosität erhöht, so verzögert sich das Aufrahmen. Auch die durch Erhitzen verhinderte Aufrahmung der Milch, die man früher der Bindung der Fettkügelchen mit koaguliertem Milcheiweiß zugeschrieben hat, kann auf den normalen Betrag durch Zusatz von Gelatine oder einem anderen beschleunigenden Kolloid nach dem Erhitzen gebracht werden. Man kann deshalb mit RAHN und MOHR annehmen, daß die Fettkügelchen in der Rohmilch nicht einzeln aufsteigen, sondern sich zu Klümpchen zusammenschließen, die einen höheren Auftrieb besitzen. Der Zusatz von Kolloid müßte dann das Zusammenkleben infolge der Bildung einer adsorbierten, klebrigen, das Zusammenballen begünstigenden „Hülle" ermöglichen. Die Adhäsion der „Hülle" wird durch Erhitzen verringert, die Kügelchen müssen dann einzeln aufsteigen und sich zu großen Fettkügelchen vereinigen, das heißt praktisch eine dicke fettreiche Rahmschicht geben; diese Schlußfolgerung wird durch Beobachtungen von MORRES gestützt.

Nach dem vorher Gesagten wird es klar, daß auch über den Butterungsvorgang selbst, bei dem sich die Fettkügelchen zusammenballen und Knöllchen bilden, die dann zusammen zu einer Masse von scheinbar homogenem Gefüge vereinigt werden, noch keine einheitliche Meinung besteht. Die Anhänger der „Hüllenmembrantheorie" nehmen an, daß die feste, halbfeste oder schleimige Hüllensubstanz schrumpft, reißt und dann mechanisch abgerieben wird, worauf sich die Kügelchen mit ihrem unterkühlten Inhalt vereinigen und verdichten können (FLEISCHMANN, PRATOLONGO). Man folgt aber auch hier besser den Anschauungen von RAHN, nach denen die an den Fettkügelchen adsorbierten Milcheiweißstoffe während des Butterns oder des Einrührens von Luft an die ungeheure Grenzfläche Luft-Wasser gedrängt werden, dort zur Koagulation kommen, wodurch auch das Schäumen aufhört, worauf die Fettkügelchen sich zu kleinen, traubenförmigen Butterkügelchen vereinigen. Diese Butterkerne werden dann zu einer homogenen Masse verarbeitet, die sich unter dem Mikroskop als eine verdichtete Wasseremulsion in Fett erweist, also das Gegenstück des Emulsionstypus, wie ihn Milch oder Rahm zeigt. Bei der Säuerung des Rahmes entsteht Milchsäure, die den Dispersitätsgrad der Eiweißkolloide verringert, wodurch die Viskosität sinkt und der Buttervorgang erleichtert wird; kleine Milchsäuremengen, wie zu Anfang der Säuerung, bewirken dagegen eine merkliche Quellung des Kaseins, damit eine Viskositätssteigerung und Erhöhung der Schlag- und Schaumfähigkeit. Bei zu hoher Säurebildung flockt aber das Kasein aus, das sich in der Butter in Form von kleinen Kügelchen vorfindet. Die Azidität des zu verbutternden Rahmes ist deshalb ein sehr wichtiger Faktor, der neben den anderen ausschlaggebenden Einflüssen: Fettgehalt, Grad der angewandten Bewegung und Temperatur sehr zu beachten ist. Die Bewegung darf nicht zu rasch und nicht zu heftig ausgeführt werden, weil sonst der Feuchtigkeitsgehalt durch den Einfluß von Buttermilch in den Butterkernen zu hoch ist. Bemerkenswert ist auch noch die sehr große Fläche, die die Grenzfläche Fett-Wasser in Butter einnimmt. Sie beträgt in 1 kg Butter leicht über 2000 m², wodurch das Eintreten des Ranzigwerdens beim Lagern sehr erklärlich wird (PALMER).

Tabelle 1

Disperse Phase	Durchmesser in Millimetern	Anzahl pro 1 mm³
Fettkügelchen in Rahm	0,010—0,0016	15—25 × 10⁶
Wassertröpfchen in Butter ....‥	0,047—0,0011	3—13 × 10⁶

Bei so riesigen Oberflächenentwicklungen kommt natürlich der Einwirkung des der Butter bei der Fertigung einverleibten Gasgemenges eine große Rolle zu. Frische Butter kann etwa bis zu 10 Volumprozent Gase enthalten, bei denen zwar der Sauerstoff in der Menge nicht hervortritt (Sauerstoff = 20%, Stickstoff = 30%, Kohlendioxyd = 50% in Durchschnittszahlen), aber doch seine Wirkung ausüben wird. Es sind deshalb die gelegentlichen Vorschläge, den Butterungsprozeß möglichst unter Ausschluß von Sauerstoff der Luft, z. B. in einer Kohlensäureatmosphäre, für die Praxis sehr beachtenswert und man sollte in dieser Richtung noch mehr praktische Versuche anstellen.

Die kolloiden Bestandteile der Milch (Eiweißstoffe und Fett) schwanken erfahrungsgemäß (an der Kuhmilch des näheren beobachtet, bei anderen Milcharten sehr wahrscheinlich) je nach Ernährungsart, Jahreszeit, Alter usw. erheblich, während der Kristalloidgehalt viel geringeren Schwankungen unterworfen ist, so daß daraus geschlossen werden kann, die Milchbildung sei das Ergebnis wenigstens zweier Vorgänge: zuerst Bildung eines Ultrafiltrats mit ziemlich konstantem Wasser- und Kristalloidgehalt und dann Zumischung der Kolloide in verschiedener Dosierung.

Von den einzelnen Milchbestandteilen ist in kolloid-chemischer Beziehung der Zustand des Milchfettes am besten untersucht. Das Milchfett befindet sich in der Milch in Form feiner Kügelchen, so daß die Milch eine Emulsion vom Öl-Wasser-Typus darstellt. Die Fettkügelchen (Milchkügelchen) haben einen Durchmesser von 0,1 bis 22 μ, im Mittel etwa 3 μ; Schwankungen sind durch die Verschiedenheit der Rasse, des Alters und der Laktation bedingt.

Durch Homogenisieren und andere maschinelle Mittel werden die Fettkügelchen zersplittert (in etwa 1200mal kleinere Kügelchen), so daß sie mikroskopisch nicht mehr wahrnehmbar sind und nicht mehr in der Lage sind, durch das dichtere Dispersionsmittel, das Milchserum, an die Oberfläche emporzusteigen, aufzurahmen, oder durch die Verschiedenheit der Fliehkraft — Zentrifugieren — sich von den übrigen Bestandteilen der Milch zu trennen. Beim freiwilligen Aufrahmen der Milch bleiben die kleinsten Kügelchen in der Bewegung zurück, die auch nicht durch Filtrieren durch dichteste Tonfilter abgeschieden werden können, sondern erst durch Ultrafilter, die die noch erheblich stärker dispergierten Eiweißkolloide der unveränderten Milch durchlassen können.

Zusammensetzung und allgemeine Eigenschaften der Milch verschiedener Tiere

Da die Milch alle zur Erhaltung und Entwicklung des Jungen notwendigen Nährstoffe, also Eiweiß, Fett, Kohlehydrate, Salze, Vitamine und andere der Menge nach wenig ins Gewicht fallende Stoffe, sowie Wasser enthalten muß und diese Bestandteile je nach der Art und den Lebensbedingungen des Tieres sehr verschieden in der relativen und absoluten Menge vorhanden sein müssen, ergibt sich natürlich eine wechselnde Zusammensetzung der Milch der verschiedenen Tierarten. Die Unterschiede sind vor allem in der größeren oder geringeren Wachstumsgeschwindigkeit begründet; schnellwachsende Tiere, wie Hunde, Katzen, Kaninchen, die als Kleintiere auch noch durch ihren relativ kleinen Magen nur eine beschränkte Aufnahmefähigkeit besitzen, bedürfen einer Milch mit höherer Nährstoffkonzentration. Tiere, die in kalten Gegenden wohnen oder deren Junge nackt zur Welt kommen, brauchen eine kalorienreiche, fettreichere Milch als umgekehrt; das gilt auch für relativ kleine Tiere, die infolge ihrer relativ großen Oberfläche einer größeren Wärmeausstrahlung unterworfen sind. Einen guten Einblick in diese wechselnden Verhältnisse der wild und halb-wild lebenden Tiere besitzt man nicht, man ist da sehr auf zufällige Beobachtungen angewiesen. Einen ungleich besseren Überblick hat man über die Zusammen-setzung der Milch der Kuh und der Frau, da natürlich hier das größte Interesse vorliegt; auch hier schwanken die Zahlen innerhalb der Unterschiede von Rasse, Fütterungs- und Ernährungsart, klimatischen Bedingungen, Laktationszeit usw. und schließlich von Individuum zu Individuum.

Beim Rind sind durch Überzüchtung ohne Zweifel die natürlichen Ver-hältnisse verschoben. Die Bemühungen, Tiere mit einem möglichst hohen Ertrag an möglichst gehalt-, vor allem fettreicher Milch zu züchten, hat zu bestimmten Eigentümlichkeiten der Milch dieser Tiere geführt. Man unter-scheidet im wesentlichen das Gebirgsvieh mit geringerer Milchergiebigkeit, aber mit gehaltreicher Milch gegenüber dem Niederungsvieh mit hohem Milch-ertrag mit geringerer Konzentration der Bestandteile. Freilich gilt dies nur im allgemeinen, die individuellen Unterschiede sind recht groß.

Bemerkenswert ist der Unterschied zwischen den sogenannten Albumin-milcharten und Kaseinmilcharten. Bei letzteren tritt unter den Milcheiweiß-stoffen das Kasein in den Vordergrund, Albumin (und Globulin) tritt zurück. Für die Aufschließung größerer Mengen des schwerer verdaulichen Kaseins sind die Wiederkäuermagen eingerichtet, so daß also die Milch von Rind, Schaf, Ziege, Renntier (ausschließlich Herbivoren) zu den Kaseinmilcharten gehört, während die Milch des Menschen, der Einhufer, des Hundes, der Katze und wahrscheinlich noch anderer Tierarten, von deren Milch allerdings noch geringe Kenntnis vorliegt (Herbivoren, Omnivoren und Karnivoren), relativ mehr von durch Lab nicht gerinnungsfähigen Eiweißstoffen besitzt. Diese Verhältnisse spielen begreiflicherweise für die Ausnützung der Milch im Magen-Darm-Kanal eine erhebliche Rolle, da auch durch die Kaseinarmut der Albuminmilcharten diese einen bedeutend niedrigen Aschengehalt aufweisen; ähnliche Unterschiede bestehen in der Fällbarkeit des Kaseins durch Säure und Lab und im Gehalt an Enzymen. In den Albuminmilcharten wirken die relativ großen Mengen an hydrophilem Albumin weitgehend als Schutzkolloid für das Kasein, das damit bei der Gerinnung ganz erheblich feinflockiger ausfallen muß und damit den Verdauungssäften und Enzymen eine ganz besonders große Oberfläche bietet.

Die Zusammensetzung der Milch ist innerhalb einer Laktationsperiode sehr großen Schwankungen unterworfen. Kurz vor und einige Tage nach der Geburt, gelegentlich auch schon im Verlauf der Gravidität liefert die Milchdrüse ein Produkt, das sich wesentlich von der Milch unterscheidet, das Kolostrum, die Vormilch oder Biestermilch. Es ist eine gelblichweiße, bisweilen blutrötlich gefärbte Flüssigkeit von zähschleimiger Beschaffenheit, sehr reich an Trocken-substanz, deren Vermehrung hauptsächlich dem erhöhten Gehalt an Albumin und Globulin zuzuschreiben ist; der Fettgehalt ist gegenüber Milch nicht wesentlich erhöht, der Milchzuckergehalt ist geringer, der Gehalt an Salzen ziemlich gleich der Milch; Nuklein, Kreatinin, Lezithin, Cholesterin und andere sogenannte Nebenstoffe der Milch sind relativ sehr reichlich vorhanden. Typisch sind die tiefgelben, bald runden, bald unregelmäßig strahlen- oder sternförmigen Kolostral-körperchen und ein eigentümlich gelber Farbstoff, der dem Fett anhaftet; das Fett selbst unterscheidet sich von dem Fett der reifen, normalen Milch erheblich in Schmelzpunkt und Kennzahlen, wie z. B. Jodzahl. Die Aufrahmung erfolgt erst bei längerem Stehen, beim Kochen gerinnt das Kolostrum zu einem festen Kuchen. Die Reaktion ist bei Kuhmilchkolostrum sauer und wird erst nach einiger Zeit amphoter, bei Frauenmilchkolostrum gegen Lackmus alkalisch. Das Kolostrum ist reich an Enzymen. Im engeren Sinne wird unter Kolostrum das aus der Brustdrüse des hochschwangeren oder frisch entbundenen Muttertieres bzw. der Frau ausdrückbare Sekret verstanden, während im weiteren Sinne unter dem gleichen Namen das gesamte Sekret der ersten 3 bis 5 Tage nach der Entbindung bezeichnet wird, das eigentlich besser als Kolostralmilch bezeichnet werden sollte, da sich bereits in dieser Zeit dem Sekret mehr Bestandteile der späteren Milch beimengen.

Dem hohen Gehalt an Inhaltsstoffen entspricht das höhere spezifische Gewicht gegenüber reifer Milch, die Viskosität ist, wie zu erwarten, sehr hoch, schwankt aber stark in den verschiedenen Tagen, während im allgemeinen der Höchstwert auf den ersten Tag nach der Entbindung fällt und von da ein allmähliches Absinken sich einstellt; bei Milchstauung stellt sich ein neuerliches Steigen der Werte ein. Herkunft und Bedeutung der typischen Kolostralkörperchen sind noch ungeklärt oder wenigstens noch viel umstritten. Die Hauptmasse dürfte aus Leukozyten bestehen, die sich mit Fetttröpfchen beladen haben, wenigstens sprechen dafür die bedeutenden phagozytären Eigenschaften dieser Körperchen; als Funktion wird vielfach angesehen, daß die Körperchen dazu dienen sollen, die bei der Milchbildung oder bei der Milchstauung nicht gebrauchten Fettkügelchen aufzunehmen und in die Lymphbahnen abzuführen. Gegen Ende der Laktation und bei der Milchstauung nimmt die Milch wieder kolostrale Eigenschaften an, es treten Kolostralkörperchen auf als Zeichen der eintretenden Milchresorption, ein Vorgang, der mit dem Auftreten von Leukozyten bei entzündlichen Prozessen verglichen werden kann. Der energetische Wert des Kolostrums, gemessen als Brennwert, liegt über dem der reifen Milch (bei der Frauenmilch z. B. am ersten Tag 1500 Kalorien pro Liter gegenüber 614 bis 724 Kalorien pro Liter reifer Milch), wobei beachtenswert ist, daß die höheren Werte nur für das dicke, stärker gelb gefärbte Kolostrum gelten. Alle biologischen Eigenschaften der Milch kommen dem Kolostrum in noch stärkerem Maße zu als der Milch; man darf wohl annehmen, daß die Kolostralkörperchen oder überhaupt die kolostralen Zellelemente die Überträger sind. Näher beobachtet sind vor allem Antigene, welche vielleicht aus dem Darm ins Blut übergehen und nach Art von Katalysatoren den zellulären Stoffwechsel anregen, demnach als wichtige Nutzstoffe anzusehen sind. Ein Teil dieser Antigene kommt wahrscheinlich auch im Blutserum, aber nicht in der Milch derselben Tiere vor, was den Gedanken nahelegt, daß die Eiweißstoffe des Kolostrums zum Teil aus dem Blute stammen, die der Milch dagegen Produkte spezifischer Drüsentätigkeit darstellen.

Ferner dürfte es feststehen, daß die Übertragung von Immunkörpern durch Säugung nur in den ersten Lebenstagen gelingt, was schon zu dem Schluß führen kann, daß nur das Kolostrum vermöge seiner zelligen Elemente und der biologischen Eigenart seiner Eiweißkörper ausreichende Mengen von Antikörpern zu übertragen vermag; für Antitoxine, Agglutinine, Haptine, hämolytische und bakteriologische Komplemente gilt wahrscheinlich dasselbe (vgl. S. 109).

Bemerkenswert sind die neuerdings aufgedeckten Gesetzmäßigkeiten über den Übergang von Kolostrum in Milch (Grimmer). Der Gehalt des Kolostrums an Einzelbestandteilen folgt im allgemeinen einer logarithmischen Kurve, die Abnahme der Einzelbestandteile beim Übergang von Kolostrum in Milch erfolgt proportional der Differenz der jeweilig vorhandenen Substanzmenge und ihrer Minimalmenge am Ende der Kolostralperiode, entsprechend der Gleichung:

$$y - a = \frac{A}{k^t},$$

in welcher A den Gesamtabfall vom Beginn der Laktation bis zum Übergang in die reife Milch vorstellt, a den erreichbaren Minimalwert, y die zu einer bestimmten Zeit vorhandene Substanzmenge und k den Proportionalfaktor bedeutet.

Schwankungen in der Menge und Zusammensetzung der Milch

Es ist erklärlich, daß eine Reihe von Einflüssen wesentlich auf die Menge und die Zusammensetzung der Milch einwirken können. Zu den hauptsächlichen Einflüssen der Laktationsperiode, der Rasse, den individuellen Verschiedenheiten, kommen Einflüsse von außen: Fütterung, Bewegung und Arbeit, Krankheiten, Beeinflussung der inneren Sekretion, Art der Entnahme. Im allgemeinen betreffen die Schwankungen in der Zusammensetzung hauptsächlich die Fettmenge, während der Gehalt an Milchzucker, Eiweißstoffen und Salzen bei reifer Milch nur wenig voneinander abzuweichen pflegt. Die Kenntnis dieser Schwankungen ist natürlich notwendig, weil sie bei der praktischen Ausführung der Milchkontrolle gewertet werden muß.

Einfluß der Rasse und des Individuums. Hierüber ist bei den Rindern das meiste Material gesammelt worden: Niederungsschläge (Holländer, Oldenburger, Ostfriesen, Angler usw.) liefern durchschnittlich eine fettärmere Milch als die Höhenschläge (Simmentaler, Allgäuer, Pinzgauer usw.) und die Mehrzahl der englischen Schläge (Shorthorn, Jersey, Guernsey usw.), dagegen ist die von ersteren gelieferte Milchmenge im allgemeinen größer, so daß als Regel angesehen wird, daß sehr milchreiche Kühe eine fettarme und weniger milchergiebige Kühe eine fettreiche Milch liefern, wobei jedoch genug Ausnahmen eintreten, da die Milchergiebigkeit von der Entwicklung des Euters, der sekretorischen Fähigkeit seines Drüsenepithels sowie der eigenen Konstitution abhängt. Je besser die Funktion der Verdauungsorgane und die Fähigkeit, die aufgenommenen und verarbeiteten Nahrungsstoffe zur Milcherzeugung auszunützen, je besser das Zirkulationssystem, um so größer auch die Milchproduktion, also eine Summe ganz individueller Eigenschaften, die bewirken, daß Tiere bei gleicher Haltung und Fütterung verschiedene Mengen an Milch und Fett liefern. Die Differenz der Fettmenge kann sogar über 200 % betragen. Die individuelle Veranlagung ist als solche vererbbar; fehlende Veranlagung kann weder durch Fütterung, noch durch Haltung herbeigeführt werden. Das Streben der Zucht geht deshalb dahin, durch entsprechende Auswahl der älteren Tiere Nachkommen zu schaffen, deren Milch durch Menge und Fettgehalt gleichmäßig ausgezeichnet ist, wobei auch bei der Auswahl der Bullentiere sehr sorgfältig umgegangen werden muß, da Bullen, die von milchreichen Müttern stammen, diese Eigenschaften vererben. Es scheint so, als wenn die Muttertiere hauptsächlich die Milchmenge, die Vatertiere den Fettgehalt der Milch vererbten.

Einfluß der Laktation und des Alters

In dem Maße, wie die gesamten Funktionen des Körpers allmählich bei gewissem Alter ihren Höhepunkt erreichen und dann langsam wieder abnehmen, so ist auch das Alter von Einfluß auf die Milchproduktion, die beim Rind sich in den ersten 4 bis 5 Laktationen steigert, im allgemeinen während der 5. und 6. Laktation (8. Lebensjahr) auf der Höhe steht und dann sowohl hinsichtlich Menge der Milch und deren Gehalt an festen Bestandteilen und Fett, schwankend in weiten individuell bedingten Grenzen, absinkt. Im Verlauf einer Laktationsperiode ist die Milch ebenfalls Schwankungen in Zusammensetzung und Anfall unterworfen, bedingt durch die sich ändernden Bedürfnisse des säugenden Jungen.

Die Laktationsperiode dauert beim Rind durchschnittlich 300 Tage; etwa 65 Tage stehen die Kühe trocken. Die Milchmenge erreicht kurze Zeit nach dem Kalben, etwa während der ersten 2 Monate, ihren Höhepunkt, um dann gewöhnlich in 3, mehr oder weniger deutlich erkennbaren Absätzen zurückzugehen. Trockensubstanz und noch mehr der Fettgehalt steigen bei abnehmender Milchmenge; gelegentlich geht bei einzelnen Kühen Abnahme der Milchmenge mit einer Abnahme der Trockensubstanz und des Fettes nebeneinander. Die viel häufigere Fettzunahme findet auch dann statt, wenn man die den Tieren verabreichte Futtermenge zum Zwecke der Beschleunigung des Trockenwerdens verringert. Die Abnahme der Milch und die Zeitdauer des Trockenstehens, die aus Gründen der Gesundheit und der Erhaltung der Leistungsfähigkeit 6 bis 10 Wochen dauern soll, können durch entsprechende Ernährung mit frischem Gras, Grummet, Biertrebern und anderen milchtreibenden Futtermitteln sowie durch fleißiges Melken und gründliches Ausmelken verringert werden; umgekehrt veranlaßt Verabreichung weniger kräftigen Futters und Überspringen der Melkzeiten die Herbeiführung des Trockenstehens.

Beim Menschen hat die Milch den höchsten Gehalt an Trockensubstanz (etwa 13%) im Alter von 15 bis 20 Jahren, den geringsten (etwa 10%) bei Frauen von 35 bis 40 Jahren. Die vielen Angaben der Literatur halten einer ernsthaften Kritik nicht stand; Schwankungen in der Zusammensetzung der Frauenmilch sind natürlich etwas durchaus Übliches, kommen bei einer und derselben Frau am gleichen Tage und selbst zur gleichen Stunde vor, wenn man sich nur die Mühe nimmt, das Produkt beider Drüsen zu prüfen. Man muß deshalb vorläufig sehr vorsichtig in der Wertung der Angaben über Differenzen bei Blondinen und Brünetten, bei Slawen und Romanen, bei Erst- und Mehrgebärenden usw. sein. Bei sehr genauem Vorgehen und bei großem Material wird man vielleicht gesetzmäßige Ausschläge finden können, vor allem bei Besonderheiten der Konstitution und bei Eintritt der Menstruation, aber selbst bei akuten und chronischen Erkrankungen kann bis jetzt noch nichts gesagt werden.

Einfluß der Ernährung, Fütterung, Haltung und Pflege

Die individuellen Schwankungen machen sich besonders bei der Ernährung geltend. Findet bei gut veranlagten Individuen eine passende, reichliche Nahrungszufuhr statt, so ist nicht nur die Milchmenge, sondern auch der Gehalt der Milch an Fett und Trockensubstanz entsprechend hoch. Sobald die Ernährung in der Menge, der Zusammensetzung und dem Nährstoffverhältnis unzureichend wird, geht vor allem die Milchmenge zurück, der dann auch bei bleibenden Mißverhältnissen eine Abnahme der festen Bestandteile, hauptsächlich des Fettes, folgt.

Die Nahrung wird jetzt gewöhnlich bei ihrer Auswertung in 2 Faktoren zerlegt, das Erhaltungsfutter, das den Körperzustand auf normaler Höhe zu halten hat, und Produktionsfutter, das als Überschuß über das Erhaltungsfutter die Aufgabe hat, der Milchdrüse die zur Milchbildung nötigen Baustoffe zu liefern. Von der Menge und der Güte des Produktionsfutters hängt dann schließlich die Leistung der Milchdrüse ab, wenn auch wohl zu berücksichtigen ist, daß nur bei Tieren mit gutem Ernährungszustand die Mehrzugabe an Produktionsfutter als Milch zur Geltung kommt, während eine nach einer Reduktion wiederum erhöhte Futtergabe zuerst zur Wiederauffüllung benützt wird und dann erst in der Milchsteigerung reagiert. Das gilt vor allem für die Stickstoffsubstanz des Futters, im besonderen für das Eiweiß, deren Menge und Vermehrung insbesondere Menge und Güte der Milch beeinflussen. Fette und Kohlenhydrate können das

Eiweiß in dieser Richtung nicht vollgültig ersetzen, wohl aber kann Harnstoff, nicht aber andere Amide oder Amidgemische, wie sie z. B. in der Rübenzuckermelasse vorliegen, das Eiweiß in beschränktem Maße und unter gewissen Voraussetzungen vertreten. Es gibt kein feststehendes Eiweißminimum oder -optimum. Wie in den verschiedenen Klimaten, Jahreszeiten, Rassen, Altersstufen, Konstitutionen, Lebensbedingungen und Leistungsphasen verschieden hohe kalorische Bedürfnisse vorliegen, so schwankt auch der individuelle Eiweißbedarf und Eiweißverschleiß. Der milchproduzierende Körper hat jedenfalls die Tendenz, nicht das Minimum, sondern das Optimum zu gebrauchen. Jede Leistung beruht auf diesem Überschuß; der Körper strebt auch biologisch nach einer Erhöhung des „Standards". Fette und Kohlenhydrate können sich in der Nahrung nach dem Gesetze der Isodynamie im gewissen Umfange vertreten. Für die Milchfettproduktion ist es im allgemeinen gleichgültig, ob das Futter an Stelle eines Teiles des Fettes die entsprechende Menge von Kohlehydraten enthält; anderseits läßt sich durch Steigerung des Nahrungsfettes die Milchfettmenge nicht wirtschaftlich steigern, im Gegenteil, es zeigt sich eher, daß Fettzulagen unter Umständen eine Abnahme der Milchfettmenge und der Milchmenge selbst verursachen können. Nur bei extrem fettarmer Nahrung wird durch Fettzulage die Milch- und Fettproduktion gefördert; das gilt wohl auch für die Zulage von geeigneten Kohlehydraten, wenn dies auch noch manchmal bestritten wird. Die Erfahrung, die man öfters bei stillenden Frauen macht, daß der regelmäßige Genuß von extraktreichen, das heißt kohlehydratreichen, eiweißarmen, praktisch fettlosen, alkoholarmen Bieren und ähnlichen Malzauszügen die Milchsekretion fördert, gelegentlich die stockende Milchbildung wieder in Gang bringt, ist nicht allein mit der Zufuhr von Flüssigkeit zu belegen.

Die neuere Lehre der Eiweißphysiologie, die auf die verschiedene Wertigkeit und Ausnützbarkeit der Eiweißbausteine, der Aminosäuren, hinweist, wird am besten durch eine zweckmäßige Mischung der eiweißhaltigen Nahrungs- und Futterstoffe praktisch angewandt, wodurch ein Gemenge verschiedener Proteinstoffe entsteht, aus dem schon auch die für die Milchbildung an sich und die gesteigerte Milchbildung notwendigen speziellen Aminosäuren in guter Auswahl und in richtiger Menge zur Verfügung stehen. Es wäre zu wünschen, wenn in dieser Richtung noch mehr Klärung verschafft werden könnte, indem man sich in steigendem Maß über den allgemeinen Bruttowert an Protein und Stickstoff hinaus Rechenschaft über den Aminosäureaufbau der zugeführten eiweißhaltigen Stoffe und ihr Verhältnis zu dem Aminosäureaufbau der Milcheiweißstoffe gibt, die natürlich durch ihren speziellen Zweck: „Ernährung und Aufbau des heranwachsenden Individuums" in ihrer besonderen Stellung innerhalb der Eiweißstoffe gekennzeichnet sind. Es gilt auch hier weitgehend das Gesetz vom Minimum; der tierische Organismus ist nur in sehr beschränktem Maße befähigt, die ihm zugeführten Aminosäuren ineinander umzubauen, einige besonders wichtig erscheinenden Aminosäuren kann er überhaupt nicht bilden, wenn er sie nicht in der Nahrung fertig vorfindet. Diese Dinge bedürfen noch eines eingehenden Studiums; von diesem ist auch zu erwarten, daß man zur Klärung der Frage kommt, in welcher Weise die verschiedenen Futtermittel verschieden wirken, die entweder insoferne indifferent sein können, indem sie nur nach Maß ihrer verdaulichen Nährstoffe wirken oder aber, indem sie die Milchmenge erhöhen, ohne den Fettgehalt in gleicher Weise zu steigern, oder die Milchmenge und die Fettmenge mehr oder weniger gleichmäßig fördern. Die „spezifischen Reize", die man vorläufig hier noch annimmt, werden wahrscheinlich aufs engste mit dem Aufbau der zu-

geführten Proteine und nahestehender stickstoffhaltiger Körper zusammenhängen; im gewissen Sinne gilt hier „similia similibus". Die manchmal dem
Futter besonders zugesetzten Aromaträger, wie Fenchel, Kümmel usw., die
auch in den immer wiederkehrenden Vieh-, Freß-, Mast- und Milchpulvern
mit allen möglichen Phantasiebezeichnungen vorkommen, haben keinen unmittelbaren Einfluß auf die Milchbildung; sie können lediglich als appetit-
reizende, vielleicht auch die Verdauungssekrete anregende Geruch- und Geschmackstoffe gewertet werden, die ein fades Futter, wie z. B. vergorenes, stark
ausgelaugtes Heu, begehrlicher machen können.

Eine genügende Verabreichung von Wasser als solchem oder in Form von
zweckmäßig zugeteiltem wasserreichen Futter steigert nicht nur allein die
Milchmenge, sondern auch die Gesamtproduktion an Trockensubstanz und
an Fett; die Beschaffenheit des Wassers spielt eine nicht zu unterschätzende
Rolle.

Kochsalz muß als normaler Zellbetriebsstoff auch in genügend großer
Menge den milcherzeugenden Individuen gegeben werden. Eine Steigerung der
Kochsalzgabe über das Normalmaß hinaus drückt vielfach die Milchmenge
um eine Kleinigkeit hinauf, allerdings zumeist auf Kosten des Fettes und der
Trockensubstanz. Nitrate (aus dem Wasser oder aber auch aus der Nahrung,
z. B. Rüben) können ihren Weg auch in die Milch finden, was für die Begutachtung von Marktmilch, die sich manchmal auf die Anwesenheit von Nitraten
in der Milch stützt und daraus eine Fälschung (z. B. durch nitrathaltiges Brunnen-
wasser) ableitet, zu beachten ist. Sonst ist man über den Einfluß von Mineralstoffen in der Nahrung auf die Milchmenge und die Milchzusammensetzung
noch nicht besonders orientiert; ein Einfluß ist schon möglich, sogar wahrscheinlich, doch sind die Verhältnisse schwierig überblickbar, zumal ja das
wohl ausgepufferte und ausgeglichene System der Elektrolyten des Blutes
als die wesentliche Hauptquelle der Elektrolyten und anderen sogenannten
Mineralstoffe der Milch dient. Selbstverständlich darf nach dem Gesetz
vom Minimum in die Nahrung auf längere Dauer nicht der eine oder andere
mineralische Stoff in Form von Elektrolyt oder in Bindung an andere Stoffe
(Adsorption) oder in einer anderen Zustandsform (Kolloid) fehlen. Die zunehmende Kalkverarmung mancher Böden infolge lang andauernder einseitig-
intensiver Bewirtschaftung und Düngung (besonders unter Anwendung von
versäuernden, entkalkenden Düngerstoffen), die gerade vielfach in ausgesprochenen Milchgebieten anzutreffen ist, ergibt natürlich mit der Zeit eine
relative Verarmung der dort entstehenden Futter- und Nahrungsstoffe an
Kalziumverbindungen. Das äußert sich denn auch in der Milch der dort gehaltenen Tiere, die wegen des Mangels an dissoziierten Kalziumsalzen lab-
unempfindlicher, „labträge" wird, da die gerinnende Wirkung des Labenzyms
wesentlich von einer bestimmten Konzentration an löslichen Kalziumsalzen
abhängig ist, eine praktische Folge, die große Beachtung verdient (Käserei).
Darüber hinausgehend wird sich ein relativer Kalkmangel in der Kuhmilch
auch in der Ernährung der Kälber und schließlich auch der menschlichen Säuglinge, wenn sie damit gefüttert werden, geltend machen. Die in manchen
Gegenden empirisch gefundene Erkenntnis, der Kuhmilch, wenn sie für Ernährung von Säuglingen Verwendung finden soll, zweckmäßig etwas Kalk-
wasser zuzusetzen, ist an sich diskutabel, wenn auch bei der Betrachtung der
Aschenanalyse von Kuhmilch und Frauenmilch erstere immer mehr „Kalzium"
zeigt, so daß man meinen sollte, es genüge auch bei Verdünnung der Kuhmilch
noch deren Kalkgehalt im ganzen genommen. Was aber durch die Aschen-

analyse ausgewiesen ist, ist fast ganz der in komplexer Bindung am Kasein sitzende Kalziumgehalt, während es bei der Gerinnungsfähigkeit der Milch im Magen und in der Käserei durch das Labenzym auf dissoziierbare und tatsächlich dissoziierte Kalziumverbindungen, praktisch also auf Kalziumionen, ankommt, ohne Rücksicht darauf, wieviel Kalziumoxyd in der Aschenanalyse gefunden werden kann. Über die weiteren, wahrscheinlich aufs feinste ausbalancierten Beziehungen zwischen anderen Mineralstoffen der Nahrung und denen der Milch besteht noch eine sehr geringe Kenntnis, da so wenig wie beim Blut, der Muttersubstanz der Milch, einigermaßen ein Überblick über die tatsächlich vorhandenen Mengen und Zustandsformen der Mineralstoffe der Milch, die in iondisperser, molekulardisperser, kolloiddisperser und schließlich in adsorptiv und chemisch gebundener Form vorkommen können, fehlt. Im allgemeinen muß immer vor Augen gehalten werden, daß die Milch das Produkt von Drüsenzellen ist, die aus den zur Verfügung stehenden Vorräten immer nur das Notwendige herausnehmen und deshalb auch durchschnittlich ein sehr ähnliches Produkt liefern. Bei ganz schroffen Übergängen, die bei grundsätzlichem Nahrungs- und Futterwechsel, wie z. B. beim Übergang vom Stall mit Trockenfütterung zum Weidegang mit seiner Grünfütterung und umgekehrt, treten in der ersten Zeit erklärliche Schwankungen ein, die sich bald ausgleichen. Es ist bei derartigen Übergängen vielleicht weniger der Nahrungs- und Futterwechsel als solcher in Anschlag zu bringen, mehr wahrscheinlich die veränderten äußeren Bedingungen — Luft, Licht, Bewegung — und die dadurch bedingten Steigerungen bzw. Verminderungen des Gesamtstoffwechsels und der Drüsentätigkeit im allgemeinen. Merkliche Schwankungen in der Milchzusammensetzung wären auch biologisch schwer verständlich, da doch die Milch die einzige Nahrung für die säugenden Jungen darstellt, die für eine Änderung der Zusammensetzung recht empfindlich sind.

Haltung und Pflege, Witterung, Beschaffenheit der Atmungsluft, Änderung des Wetters sind naturgemäß ebenfalls von Einfluß auf die Milchergiebigkeit; Aufenthalt in guten, hellen, luftigen Räumen, gute Hautpflege und Ruhe steigern die Milchsekretion wie das Gesamtbefinden. Eine Luftwärme von 12 bis 15° C im Stall ist erfahrungsgemäß am günstigsten; andauernde Trockenhitze und ebenso kaltes Regenwetter beeinträchtigen, besonders bei Weidegang, den Milchertrag.

Innersekretorische Einflüsse

Bei den engen Wechselbeziehungen zwischen den Milchdrüsen und den Drüsen innerer Sekretion, ferner den Genitaldrüsen, die wiederum weitgehend von der Schilddrüse mitbeeinflußt werden, ergaben sich mannigfache Einwirkungen, die aber nicht genügend geklärt sind. Bei vielen gynäkologischen Leiden, auch indifferenter Art, wird Sekretion der Milchdrüse beobachtet. Bei der Brunst der Tiere wird deren Milch im allgemeinen in Menge und Zusammensetzung nicht oder nur sehr wenig und dann nur auf kurze Zeit verändert; der Fettgehalt kann sich steigern, das spezifische Gewicht kann etwas zunehmen, auch kann während einiger Milchzeiten etwas weniger Milch gegeben werden. Bei Nymphomanie — dauernder Brunst — wäre dementsprechend eine dauernd höhergestellte Milch zu erwarten, was auch mit einigen Beobachtungen zusammenfällt. Bei Abortus nimmt die Milchmenge oftmals sehr ab, wie auch bei seuchenhaftem Verkalben. Die Kastration der Kühe scheint die Milchergiebigkeit und den Fettgehalt und die Laktationsperiode nicht zu steigern, obwohl auch andere Angaben gemacht werden. Die Schwangerschaft

verursacht eine Abnahme der Milchmenge und deren festen Bestandteile, da
der wachsende Fötus die Herkunftsstoffe für sich beansprucht. Das Absetzen
des Kalbes verursacht Verringerung der Milchmenge und deren Bestandteile.
Die rasch und reichlich einsetzende Milchsekretion von Tieren, die die Nach-
geburt verzögern, ist auf eine spezifische Reizwirkung (Hormonwirkung) zurückzuführen, wie auch der deutliche Einfluß von Plazentarextrakten, die durch
Injektion einverleibt werden. In ähnlicher Weise wirken die Hormone bzw.
Hormongemenge von Corpus luteum und der Thymusdrüse. Im Sinne der
unspezifischen Reizwirkung ist der gelegentliche günstige Einfluß der Injektionen
von Milcheiweißstoffen und anderen Eiweißstoffen zu werten. Winzige Mengen
von löslichen Jodiden wirken als positiver Reizstoff auf die Schilddrüse
und regen auf diesem Weg auch die Milchsekretion deutlich an, ohne
dabei die Milchzusammensetzung merklich zu ändern; darüber ist später noch
einiges zu sagen.

Bewegung und Arbeit

Bewegung im Freien ohne anstrengende Arbeit vermehrt durch den
günstigen Einfluß von Licht und Luft Milchmenge und deren feste Bestandteile;
entsprechend der Steigerung der Arbeitsleistung und der dadurch bewirkten
Wasserverdunstung sinkt die Milchmenge, ohne daß ein Absinken der Bestandteile zu bemerken wäre, im Gegenteil, sie reichern sich entsprechend der Erhöhung des spezifischen Gewichtes an; bei angestrengter, erschöpfender Arbeit,
die einen großen Verbrauch im arbeitenden Muskel bedingt, sinkt dann auch
der Gehalt an festen Bestandteilen. Es erfolgt aber jeweils ein sehr rascher
Ausgleich, sobald die Nahrungszufuhr gesteigert oder die Arbeit als solche
vermindert wird.

Ältere Angaben, daß die von überanstrengten Kühen gewonnene Milch
beim Kochen gerinne, sind in dieser Verallgemeinerung nicht zutreffend. Bemerkenswert ist, daß auch von der durch Überanstrengung verursachten Störung
der Milchabsonderung das Fett im höheren Maß als die übrigen Milchbestandteile betroffen wird, wie überhaupt alle Einflüsse, die eine Änderung in den
Lebensverhältnissen bringen und auf den Milchertrag und die Zusammensetzung
der Milch rückwirken, sich immer zuerst an der Fetterzeugung kenntlich
machen. In Deutschland wird von Kühen etwa 20% zu Arbeitsleistungen
herangezogen, am meisten in Baden. Neben dem günstigen Einfluß, den mäßige
Arbeit auf Milchbildung und Milchzusammensetzung ausüben kann, ist noch
zu bemerken, daß leicht arbeitende Kühe leichter trächtig werden, weniger
an Fußkrankheiten leiden und leichter kalben; der Verlust an Milch wird durch
den Wert der geleisteten Arbeit reichlich aufgewogen.

Art der Milchentnahme. Die einzelnen Gemelke. Das Melken

Faßt man die bisherigen Ausführungen zusammen, so sieht man, daß hohe
Milchergiebigkeit, das heißt das Vermögen, in einer bestimmten Zeit im Verhältnis zum Lebendgewicht und zum Gewicht der verzehrten Nahrung eine
große, den Bedarf des Jungen weit übersteigende Gewichtsmenge Milch mit
hohem Gehalt an fettreicher Trockenmasse zu liefern, in erster Linie durch
physiologische Eigenschaften, durch den Bau der Milchdrüsen, die Eigenart
der Drüsentätigkeit und durch das Vermögen der Futterverwertung, ferner
auch durch die Verhältnisse des Klimas und der Haltung, unter denen die Tiere
Generationen hindurch lebten, das heißt die Zugehörigkeit zu bestimmten

geographischen Rassen sowie durch das Körpergewicht, das Alter, die Legung der Kalbezeit, die Art der Aufzucht und durch die Gebräuche bedingt ist.

Die in den Milchdrüsen während der Dauer einer Laktation tätigen Kräfte bewirken nicht nur einen lebhaften stofflichen Umsatz, sie treiben auch die ausgeschiedene Flüssigkeit in die Hohlräume der Drüsen und des Euters und arbeiten bis zur Füllung des Euters ohne äußeren Widerstand. Die Füllung des Euters erzeugt dann einen immer stärker werdenden Gegendruck gegen die absondernden Drüsenflächen, der wohl nicht ohne schwächende Rückwirkung sein wird, so daß sich daraus eine Erklärung der Wahrnehmung ableiten dürfte, darin bestehend, daß man von einem Tier innerhalb eines Tages um so mehr Milch und um so mehr Milchtrockenmasse gewinnen kann, je öfter das Tier gemolken wird, und daß die gewonnene Milchmenge im geraden und der Gehalt an fetthaltiger Trockenmasse im umgekehrten Verhältnis zur Dauer der Pausen zwischen zu den aufeinanderfolgenden Melkzeiten steht. So wenig derzeit noch mit voller Sicherheit entschieden werden kann, ob die auf einmal ausgemolkene Milchmenge schon fertig vorgebildet im Euter ansteht oder erst während des Melkens abgeschieden wird, so wenig ist man über die Verhältnisse unterrichtet, die bedingen, daß die zuerst ermolkene Milch stets gehaltärmer ist als die zuletzt erhaltene. Die Gleichartigkeit des Gehaltes der Gemelke an fettfreier Trockenmasse läßt den Schluß zu, daß der wechselnde Fettgehalt in den einzelnen Proben nicht auf eine Verschiedenheit in der Milchbildung an sich, sondern lediglich auf ein Zurückhalten der Fettkügelchen in den Drüsengängen zurückzuführen ist. Wenn nach dem Melken die Füllung des Euters von neuem beginnt, so muß die neugebildete Milch zunächst die feinsten Gänge ausfüllen, wo sie durch Kapillarstauung festgehalten und wo besonders die Vorwärtsbewegung der Fettkügelchen durch Reibung erschwert wird, ehe sie in die reichverzweigten weiteren Gänge und schließlich in die 4 Milchbehälter gelangt; die zurückgebliebenen Fettkügelchen werden dann erst durch nachschiebende Milch in die Milchbehälter gespült. Läßt man bis zum Wiedermelken längere Zeit vergehen (etwa über 4 Stunden), so kommt der hohe Fettgehalt, der sich nur in einer kleinen Milchmenge vorfindet, daher nur geringen Gewichtsmengen an Fett entspricht, bei den größeren dann gebildeten Milchmengen nicht mehr zum Ausdruck. Es sind also im wesentlichen mechanische Einflüsse, die den ungleichen Fettgehalt der zuerst und der später entleerten Milch hervorrufen; sie gleichen sich aus, wenn das Euter vor dem Melken gestoßen wird, wie es auch beim Saugen des Kalbes der Fall ist. Je größer die vom Kalbe zurückgelassenen Milchreste sind bzw. je weniger sorgfältig das Ausmelken durchgeführt wurde, desto größer ist natürlich auch der Unterschied im Fettgehalt der verschiedenen Milchteilmengen. Die Unterschiede können gelegentlich sehr groß sein; beispielsweise ergaben sich bei einem Versuch — Entnahme der von einem Kalb abgesaugten Milch mittels einer Schlundröhrenfistel — ein Anstieg des Fettgehaltes von anfänglich 1,3% bis zuletzt 11,5%. Bei der paarweisen Entleerung der Milchbehälter des Euters nimmt der Fettgehalt an dem ersten Paare zu; beim Übergang zum anderen Paar sind wiederum die ersten Portionen fettärmer als die letzten. Melkt man übers Kreuz, also immer gleichzeitig am rechten vorderen und linken hinteren oder linken vorderen und rechten hinteren Strich, und wechselt sehr häufig, etwa alle halbe Minuten, so wächst der Gehalt des Gemelkes an Fett und Trockenmasse stetig mit der Zeit, während das spezifische Gewicht zurückgeht. Das Maß des Anstieges ist individuell verschieden; die aus den verschiedenen Strichen des Euters kommenden Milchanteile zeigen niemals genau dieselbe Beschaffenheit und Zusammensetzung. Eine andauernde kräftige Bearbeitung des gefüllten Euters vor dem Melken ist geeignet, den Fettgehalt des Inhaltes der einzelnen Viertel gleichmäßig zu verteilen und die vollständige Entleerung zu begünstigen; den sehr gründlichen Untersuchungen von Th. Henkel verdankt man die jetzige bessere Einsicht in diese Verhältnisse. Die geschilderten Verhältnisse lassen sich während der ganzen Laktationsdauer vom ersten bis zum letzten Melktag beobachten.

Die Zeitdauer der zwischen zwei Melkungen liegenden Pause ist von Einfluß, da die Milchmengen und die Trockenmasse, die man im Laufe von 24 Stunden gewinnt, bei häufigem, z. B. dreimaligem Melken innerhalb dieses Zeitausmaßes größer sind als bei seltener ausgeführtem, z. B. zweimaligem Melken. Je größer die Melkpause wird, um so größer wird zwar die ermolkene Milchmenge, aber die in der Zeiteinheit gebildete Milchmenge nimmt immer mehr ab, woraus geschlossen werden könnte, daß weniger der Melkreiz als vielmehr der Zustand der Füllung der Drüse die Milchbildung beeinflußt. Es läßt sich aber nicht mit allgemeiner Gültigkeit sagen, bei welcher Dauer der Melkpausen die Milchbildung ihren Gipfelpunkt erreicht, da auch hier wieder individuelle Unterschiede wesentlich mit hineinspielen. Im Durchschnitt ist es so, daß die in der Laktation fortgeschrittenen Kühe im Laufe von 24 Stunden die größeren Milchmengen bei längeren Pausen geben; bei den frischmilchenden und den milchergiebigen Tieren ist meist das Gegenteil der Fall. Wenn auch bei 3- bis 4maligem Melken mehr Milch und mehr Trockenmasse gewonnen werden kann, so wird die Frage nach der Wirtschaftlichkeit des mehr als 2maligen Melkens damit noch nicht allgemein beantwortet. Dem nicht erheblichen Mehrgewinn beim häufigeren Melken steht ein Mehraufwand für Arbeit, für Aufsicht und für Beförderung der Milch gegenüber, so daß der Mehrertrag sich nicht immer bezahlt macht. Jedenfalls ist es besser, 2mal, aber sehr sorgfältig, als 3mal, aber weniger gründlich zu melken; eine Ausnahme machen frischmilchende, sehr milchreiche Tiere, die zeitweilig täglich 3mal, vielleicht sogar noch öfter gemolken werden müssen. In den Kuhhaltungen, in denen täglich 3mal gemolken wird, sind die zwischen den einzelnen Melkzeiten liegenden Zeiträume fast niemals untereinander gleich, so daß die Unterschiede in der Menge und im Fettgehalt der einzelnen Gemelke bei 3maligem Melken größer sind als bei nur 2maligem Melken. Bei 2maliger Milchgewinnung ist entsprechend der dem Abendmelken vorausgehenden längeren Pause die Abendmilch in der Menge, im Fettgehalt und in der Trockenmasse reicher; ob hier neben der an sich längeren Melkpause auch noch andere Einflüsse, wie z. B. das Tageslicht, eine Rolle spielen, ist nicht mit Sicherheit erkannt. Die verhältnismäßig fettreiche Abendmilch zeigt entweder ein gewöhnliches oder sogar ein verhältnismäßig hohes spezifisches Gewicht, weil im Laufe längerer Pausen die Milchdrüsen guter Milchkühe neben viel Fett meistens auch reichliche Mengen der übrigen Milchbestandteile absondern.

Begreiflicherweise sind die mannigfachen Einflüsse auf die Milchbildung und die Milchzusammensetzung bei der Kuhmilch am besten beobachtet und bekannt; sie sind zum Teil in der Praxis so alt wie die Bekanntschaft mit der Nutzung der Milch, und die Literatur weist schon frühzeitig Hinweise auf.

Zusammensetzung der verschiedenen Milcharten

Bei der Frauenmilch fehlt es hinsichtlich der Schwankungen in der Milchmenge und in der Milchzusammensetzung noch an einem genügend sicheren Beobachtungsmaterial; es steht nur unbestritten fest, daß die Zusammensetzung, vor allem auch wieder der Fettgehalt, namentlich bei Einzeluntersuchungen, ungemein schwankt und daß letzterer im Durchschnitt höher als bei der Kuhmilch liegt. Eine einheitliche Milchgewinnung zum Zwecke der Untersuchung ist hier natürlich ungleich schwieriger, auch nur wenn man eine einzelne Brustmahlzeit feststellen will. Eine Sammlung der ganzen Milch, soweit sie durch Saugen und Streichen erhalten werden kann, liefert sicher zu kleine Werte, da man damit gewissermaßen nur die Anfangsmilch gewinnt und überhaupt nie bis zu einer Endmilch gelangt. Am besten ist es immer noch, vor und nach dem Anlegen des Kindes gleiche Mengen zu entnehmen und der Analyse zuzuführen; dadurch läßt sich mit einiger Sicherheit ein zutreffendes Bild von der mittleren Beschaffenheit der Milch bei einer einzelnen Brustentleerung bekommen. Man erkennt, daß die Unterschiede des Fettgehaltes der Anfangs- und der Endmilch beträchtlich sind: sie schwanken zwischen etwa 1 bis 3% am Anfang und zwischen etwa 6 bis 10% am Ende; es können aber auch noch höhere Zahlen bei den letzten Milchportionen erhalten werden.

Die individuellen Schwankungen in der Milchergiebigkeit sind bei der Frau besonders stark: gleiche Mengen bei derselben Frau zu verschiedenen Tageszeiten und umgekehrt bei verschiedenen Frauen, aber zu gleicher Stunde entnommen, weisen weitgehende Unterschiede auf; nur eines wird deutlich, daß die Milch, welche nach einer längeren Pause, nach der Nachtruhe oder nach einer längeren Stillpause am Tage sezerniert wird, in der Menge zwar größer, aber im Fettgehalt ärmer ist. Der Tagesdurchschnitt scheint bei den einzelnen Frauen recht konstant und charakteristisch zu sein und sich um eine Mittellinie so gleichmäßig zu bewegen wie etwa die Temperatur bei einem gesunden Menschen. Als Durchschnittswert für den Fettgehalt der menschlichen Milch wird man nach den bisherigen Erfahrungen am besten 4,0 bis 4,5% in Ansatz bringen. Von den besonders erkennbaren äußeren Einflüssen auf die Milchbildung und die Zusammensetzung der menschlichen Milch ist naturgemäß in erster Linie die Nahrung zu werten; es wird da von jeher mehr oder weniger in jeder Wochen- und Kinderstube mit einem gewissen Fanatismus einem Aberglauben gehuldigt; in Wirklichkeit muß aber die Einschätzung der Wirkungen der Nahrung bei näherer Betrachtung erheblich eingeschränkt werden. Abgesehen vielleicht von einem gewissen Steigerungsvermögen, das von reichlicher Zuführung besonders leicht aufnehmbarer und verwertbarer Kohlehydratmengen ausgehen könnte, läßt sich recht wenig mit Sicherheit sagen. Eine an sich auskömmliche Nahrung hat keinen besonders bemerkbaren Einfluß auf Menge und Zusammensetzung der Milch, auch wenn die einzelnen Nährstoffe in mannigfachen Mengenverhältnissen gemischt werden. Von der immer wieder auftauchenden Behauptung besonders milchtreibender Stoffe — Laktagoga — ist das gleiche zu sagen, was diesbezüglich bei der Kuhmilch gesagt wurde.

Die Ziegenmilch ist in ihrer Zusammensetzung der Kuhmilch sehr ähnlich. Das Ziegenmilchkolostrum ist reich an Trockensubstanz und manchmal ganz besonders reich an Fett; es gibt Tiere, die gar kein Kolostrum absondern, und andere, welche dies nur sehr wenig und nur für ganz kurze Zeit tun. Die Fettkügelchen der reifen Milch sind kleiner als in der Kuhmilch; im Fett fehlt der gelbe Farbstoff, so daß die Ziegenmilch im Gegensatz zu der gelblich-weißen Kuhmilch eine rein weiße Farbe besitzt. Infolge der meist ungünstigen Aufstellungsverhältnisse weist die Ziegenmilch häufig einen eigenartigen Geruch und Geschmack, den sogenannten Bocksgeruch, auf. Dies wird nicht durch einen in der Milch regelmäßig enthaltenen besonderen Stoff verursacht, für den man schon den Namen „Hirzinsäure" geprägt hat, sondern er wird durch die unsaubere Haltung der Tiere und das Zusammenleben von Böcken und Ziegen und dadurch bedingte Zumengung von Gerüchen zu der Stalluft und auf die frisch ermolkene Milch verursacht; dazu tritt eine den Ziegen eigentümliche Hautausdünstung, die bei den dunkelhaarigen Ziegen stärker aufzutreten scheint. Bei regelmäßiger Pflege und Ernährung steht die Ziegenmilch bezüglich des Geschmackes nicht hinter der Kuhmilch zurück.

Die größere Viskosität der Ziegenmilch gegenüber der Kuhmilch bewirkt, daß die erstere, selbst bei längerem ruhigem Stehen, nur schwer aufrahmt. Durch Säure- und Labgerinnung fällt das Kasein bzw. der Käsestoff in einer kompakten, vollständig weißen Masse aus. Die Schwankungen in der Milchmenge und der Milchzusammensetzung sind bei den Ziegen durch die einzelnen Einflüsse bedingt wie bei der Kuh. Bei 2maligem Melken ist die Abendmilch fettreicher als die Morgenmilch, während bei 3maligem Melken die Mittagsmilch die fetteste zu sein scheint; mit der Zahl der Melkungen steigt der Milchertrag wie bei Kühen; ebenso ist die zuletzt ermolkene Milch eines Gemelkes fettreicher als die zuerst ermolkene Milch. Die Ernährung hat auf Milchmenge und Milchbeschaffenheit einen großen Einfluß, da die Ziegen vielfach mit geringwertigen Futterstoffen ernährt werden und sich mit Grünfutter und Abfällen behelfen müssen, die eine Kuh verschmäht; Zufuhr von reichlichem und eiweißreichem Futter hat deshalb oft eine recht ausschlaggebende Wirkung. Als genügsames Tier gilt die Ziege, auch wegen der geringen Anschaffungskosten, mit Recht als die Kuh des kleinen Mannes; sie produziert im Jahr das 10- bis 12fache ihres Lebendgewichtes an Milch gegenüber einer mittelguten Kuh, die jährlich nur das 5- bis 6fache ihres Lebendgewichtes liefert; wegen ihrer größeren relativen Milchleistung bedarf sie aber auch einer weitaus größeren relativen Nahrungszufuhr.

Die im Verhältnis zur Kuhmilch größere Ähnlichkeit in der Zusammensetzung der Ziegenmilch mit der Frauenmilch, ihre durchschnittliche Bakterienarmut im allgemeinen und die seltene Infektion mit Tuberkelbazillen hat Veranlassung gegeben, die Ziegenmilch zur Ernährung von Säuglingen und kranken Personen heranzuziehen, besonders da dadurch auch die Möglichkeit geboten erscheint, die Ziegenmilch roh zu verfüttern bzw. zu trinken. Die Ziege ist für das Maltafieber sehr empfindlich, was gerade für die ziegenreichen Mittelmeerländer sehr ins Gewicht fällt. In den letzten Jahren ist öfters von Störungen die Rede, die nach regelmäßiger Fütterung von Ziegenmilch an Säuglinge entstehen. Man spricht von einer „Ziegenmilchanämie" der Säuglinge. Man hat zuerst daran gedacht, daß die Ursache in einer schwereren Verdaulichkeit der Ziegenmilcheiweißstoffe zu suchen sei, vielleicht auch in einem relativ höheren Gehalt an Kasein gegenüber Albumin, vielleicht auch in einem geringeren Eisengehalt; letzterer ist aber so hoch wie der an sich geringe Eisengehalt der Frauenmilch. Eine genügende Erklärung für die Ziegenmilchanämie ist noch ausständig; wahrscheinlich ist sie nicht als selbständiges Krankheitsbild anzusehen, da sie unter denselben Erscheinungen wie die „Kuhmilchanämie" verläuft, so daß die Unterschiede im Krankheitsbild beider Anämien nur quantitativer Art zu sein scheinen. Die Mehrzahl der Autoren neigt zu der Anschauung, daß der Vitaminwert der Ziegenmilch bei der üblichen Stallernährung sehr gering ist. Wenn auch die Ziegenmilch in ihrer Zusammensetzung der Kuhmilch nahekommt und an Nährwert sie beinahe übertrifft, so gilt sie doch nicht als „Milch" im Sinne des Handels; der nicht ausdrücklich erklärte Zusatz von Ziegenmilch zur Kuhmilch ist eine Verfälschung, doch sind Fälschungen dieser Art selten einwandfrei zu beweisen.

Bei der Schafmilch sind die Zusammenhänge von Milchergiebigkeit, Durchschnittsleistung, Zusammensetzung und Veränderungen der Zusammensetzung nach Rasse, Individualität und Lebensbedingungen noch wenig übersichtlich. Als sehr hoch wird die Milchleistung des ostfriesischen Schafes angegeben; man pflegt 500 bis 600 Liter als durchschnittliche Jahresleistung anzugeben, was aber wahrscheinlich zu hoch gegriffen ist. Bei anderen Rassen wird die Leistung erheblich geringer geschätzt; zu berücksichtigen ist, daß die im Binnenland lebenden Tiere im allgemeinen weniger Milch geben als die im feuchten See- und Küstenklima. Das Schafmilchkolostrum hat keine besonders bemerkenswerten Eigenschaften; die Eiweißstoffe sind darin in sehr großen Mengen vorhanden, sinken aber nach kurzer Zeit auf das Durchschnittsmaß zurück. Im Vergleich zu der Milch der Kühe und Ziegen zeichnet sich die Schafmilch, die eine weiße, ins Gelblich spielende Farbe und einen eigentümlichen Geruch und Geschmack besitzt, allgemein durch einen hohen Gehalt an Eiweißstoffen, Fett und damit an Trockensubstanz aus. Die Schafmilch rahmt schwer auf, trotzdem die Fettkügelchen bedeutend größer sein sollen als die der Kuhmilch. Der Fettgehalt, der, wie gesagt, ein relativ hoher ist, unterliegt ganz besonders großen Schwankungen; er kann von einem Tag zum andern beträchtlich differieren. Bei den gewöhnlichen Schafen lohnt sich die Milchentnahme nur während der ersten 2 bis 3 Wochen der Laktation; bei den auf Milchleistung gezüchteten Rassen (Ostfriesen und anderen) wird die Abmelkung bis zu 9 Monaten hindurch fortgesetzt. Bei Völkern mit ausgedehnter Schafzucht wird die Schafmilch zu vielerlei Getränken und Zubereitungen verwendet; wegen ihres ziemlich hohen Geldwertes wird sie aber weniger getrunken als vielfach zur Bereitung gut bezahlter Käsesorten verwendet (bulgarischen, portugiesischen, rumänischen Schafkäses, Liptauer, Roquefort und ähnlicher). Wiederholte Versuche, Schafe mit Milchergiebigkeit in Milchgebieten anzusiedeln, die bisher keine Milchschafzucht betrieben haben, wie z. B. im Allgäu, um dort die Schafkäsebereitung zu ermöglichen (z. B. Roquefort), sind bisher fehlgeschlagen.

Die Büffelmilch spielt in Indien, Kleinasien, Ägypten, in den östlichen Donauländern, in Ungarn, Siebenbürgen und auch in Italien eine Rolle; sie ist noch wenig untersucht. Die jährliche Milchleistung osteuropäischer Büffelkühe wird im großen Durchschnitt mit etwa 800 kg, bei guter Pflege und guter Ernährung mit etwa 1500 kg angegeben. Das Kolostrum ist außergewöhnlich reich an Eiweißstoffen und Mineralstoffen; der Übergang in die reife Milch dürfte 4 bis 7 Tage in Anspruch nehmen. Die Farbe der Milch und auch die des daraus hergestellten Milchfettes ist fast rein weiß; gelegentlich wird der Büffelmilch ein eigenartiger, moschusähnlicher, bei Gewöhnung als prickelnd empfundener Geschmack zugeschrieben; im Durchschnitt dürfte dies nicht zutreffen, da sonst die besondere Wertschätzung der Büffelmilch gegenüber der Kuhmilch nicht verständlich wäre. Die höhere Bewertung ist durch den bedeutend höheren Kasein- und Fettgehalt gegeben; die fetthaltige Trockenmasse kann bis zu 18% und einiges mehr steigen. Die früher einmal gemachte Annahme, daß das Kohlehydrat der Büffelmilch nicht mit dem Milchzucker anderer Milcharten übereinstimme, sondern als eine besondere Zuckerart bezeichnet werden müsse — „Tewfikose", benannt nach TEWFIK-Pascha —, ist hinfällig. Die meiste Büffelmilch wird neben der Aufzucht der Jungen als Trinkmilch verwendet; in Syrien und angrenzenden Ländern wird daraus eine vielverwendete Sauermilchspeise bereitet. Büffelbutter ist weniger gut als Kuhbutter und sehr häufig wenig sorgfältig bereitet. Zur Buttergewinnung wird die Büffelmilch sehr häufig mit Kuhmilch vermengt; in Osteuropa und in Italien erhält man oft Büffelbutter oder Mischungen von Büffel- und Kuhmilch.

Die Stuten- und Eselinnenmilch sind untereinander sehr ähnlich, so daß sie zusammen besprochen werden können. Sie zeichnen sich vor allem durch einen verhältnismäßig sehr geringen Gehalt an Trockensubstanz und durch das auffallende Vorwiegen des Milchzuckers aus, so daß ein süßlicher Geschmack zustande kommt. Sie haben ein wässeriges Aussehen, eine ins Bläuliche spielende Farbe und während der Brunst der Tiere und in den späteren Abschnitten der Laktationszeit einen eigentümlichen Geruch, der sich bis zur Widerwärtigkeit steigern kann. Die Reaktion gegen Lackmus ist bemerkenswert stark alkalisch; sie behält diese Eigenschaft auch nach mehrtägigem Stehen bei Zimmertemperatur noch bei und gerinnt sehr schwer, trotz ihres hohen Gehaltes an Milchzucker, der doch die Säuerung begünstigen müßte. Die Gerinnung erfolgt nach Überwindung der alkalischen Reaktion rasch und unter Bildung eines sehr feinflockigen Niederschlages, der sich wiederum mit der Molke sehr innig verschütteln läßt. Auch die Labgerinnung erfolgt sehr feinflockig, ganz ähnlich der Frauenmilch; der Typus der Albuminmilch kommt bestens zur Geltung, indem in relativ großen Mengen vorhandenes Albumin als Schutzkolloid das Kasein bei dessen Ausflockung zur feinsten Verteilung zwingt.

Der mittlere Fettgehalt der Einhufermilch ist im Vergleich zu anderen Milcharten sehr gering, um 1% herum; die Fettkügelchen zeichnen sich durch ganz besondere Kleinheit aus. Fettgehalt und Trockensubstanzgehalt der Milch wird, wie bei der Kuhmilch, durch dieselben Faktoren und in derselben Weise beeinflußt. Bei einigen nomadisierenden pferdezüchtenden Völkerschaften im Süden von Rußland und im Innern von Asien ist die Stutenmilch ein unentbehrliches Nahrungsmittel; sie wird dort zur Bereitung des Kumys, eines alkoholhaltigen Getränkes, verwendet; zur Butterbereitung ist die Stutenmilch völlig unbrauchbar, zumal auch das Fett schon unter 20° C schmilzt. Tatarische Stuten sollen gelegentlich während 2 Jahre milchend bleiben und jährlich 200 bis 250 kg Milch geben; manchmal lassen sich von einer Stute zeitweilig täglich bei 5maligem Melken 4 bis 5 Liter Milch gewinnen.

Es gibt Kirgisenstämme, die sich zeitlebens unter Verschmähen von Fleischkost in der Hauptsache von Kumys ernähren und, wie auch neuerdings bestätigt wurde, gut dabei bestehen. Die Nährstoffrelation, der eigentümlich feine Flockungszustand der Eiweißstoffe, der hohe Besatz mit virulenten Milchsäureerregern scheinen doch günstige Verwertungs- und Ausnützungsbedingungen zu ergeben, eine Parallele zu der Buttermilch, die ja für unsere Verhältnisse einen unentbehrlichen Ersatz der Muttermilch bei der künstlichen Ernährung der Säuglinge unter bestimmten Voraussetzungen abgibt. Aus den schon angedeutenden Gründen: alkalische Reaktion, geringer Kaseingehalt, geringer Salzgehalt, Überwiegen des nicht labempfindlicher Albumin über das Kasein bei an sich geringem Gehalt an Eiweißstoff, Steigerung des Milchzuckers, große Ähnlichkeit bei der Ausflockung durch Säuerung und bei der Labung mit der menschlichen Milch, so gut wie völlige Freiheit an Tuberkelbazillen und durchschnittlich reinlicher Gewinnungsmöglichkeit, hat die Milch von Stuten und Eselinnen schon immer eine Verwendung an Stelle der Frauenmilch gefunden; besonders in den romanischen Ländern, wo sie an sich vielfach verzehrt wird, gilt sie als bestes Ersatzmittel für Muttermilch. In Deutschland ist es über einige Versuche zur Haltung von Eselinnen- und Stutenherden zum Zwecke der Gewinnung von Kinder- und Kurmilch wegen der langen Tragzeit, der sehr kurzen Laktationszeit und der geringen Milchergiebigkeit nicht hinausgekommen. Der geringe Fettgehalt müßte durch Zugabe von Rahm ausgeglichen werden. Im Altertum gilt die Eselinnenmilch als geschätztes Verschönerungsmittel; die Reisen der Poppäa, der Gemahlin des Nero, müssen recht umständlich gewesen sein, da für das von ihr täglich gewünschte und benötigte Bad in Eselinnenmilch ständig eine Herde von 500 Eselinnen mitgeführt werden mußte.

Die Rentiermilch wird im Norden (Eurasien und Amerika) während einer durchschnittlichen Laktationszeit von etwa 4 Monaten täglich mehrmals gemolken. Ein Tier ergibt bei 1 Melkung nur 100 bis 200 g, im Jahr etwa 20 kg Milch. Die meiste Milch der Muttertiere wird von den Kälbern beansprucht. Der hohe Kalorienverbrauch im kalten Klima führt zu einer hochgestellten Milch mit einer Trockenmasse von 30 bis 35% und einem Fettgehalt bis zu 20%. Die nicht gleich nach dem Melken verbrauchte Milch wird von den Lappen in Renntiermagen im gefrorenen Zustand aufbewahrt; man pflegt der Milch Beeren und andere Pflanzenteile zuzusetzen; auch ein wohlschmeckender Käse wird gewonnen. Genaue Angaben fehlen.

Die Kamelmilch, die sich durch eine blendend weiße Farbe, angenehmen reinen Geruch und süßen Geschmack auszeichnet, gehört wahrscheinlich ebenfalls zu dem Typus der Albuminmilch, da sie mit der Frauenmilch die Eigenschaft gemeinsam hat, beim Säuern und bei der Labgerinnung ein leichtes, feinflockiges Koagulum zu geben. Sie findet nur im beschränkten Maß zur menschlichen Ernährung Verwendung, würde aber als Ersatz für Frauenmilch in Frage kommen können; durch Entrahmung müßte der hohe Fettgehalt verringert und durch Zusatz von Kohlehydraten der zu geringe Gehalt an Milchzucker ausgeglichen werden. Bei den Beduinen Arabiens wird die Kamelmilch nicht zur Butterbereitung verwendet, dagegen als fast ausschließliche Nahrung der Pferdefüllen. Aus vergorener Kamelmilch wird eine Art von Milchbranntwein hergestellt.

Die Milch der Fischsäuger zeichnet sich durch sehr hohen Trockensubstanzgehalt aus, bei der das Fett im Vordergrund steht; ein Fettgehalt bis 40% und mehr wurde beobachtet; die Lebensbedingungen dieser Tiere sind für den überaus hohen Gehalt an Trockenmasse in der Milch veranlassend.

Im folgenden ist nun versucht worden, in einer Zusammenstellung Durchschnittszahlen über die Zusammensetzung der verschiedenen Milcharten zu geben, wobei berücksichtigt werden muß, daß eben nur ein Überblick über die im einzelnen sehr schwankenden Zahlen gegeben werden kann, wenn überhaupt nicht das Fehlen von zuverlässigem Beobachtungsmaterial bei einzelnen Milcharten eine gewisse Zurückhaltung notwendig macht.

Tabelle 2

Art der Milch	Spezifisches Gewicht	Wasser	Trockensubstanz	Fett	Gesamteiweiß	Kasein	Albumin + + Globulin	Milchzucker	Salze (Asche)	Bemerkungen
		Prozent								
Frauenmilch										
niedere Werte	1,0260	84,3	8,23	0,76	1,09	0,40	0,20	2,94	0,10	sehr starke individuelle Schwankungen
hohe Werte	1,0360	91,8	15,70	9,05	9,76	1,60	1,20	7,65	0,41	
im Mittel	1,0300	86 bis 87	13 bis 14	2 bis 4 bis 7	1,30 bis 1,90	0,60 bis 1,00	0,20 bis 0,80	5,30 bis 6,50 bis 7,20	0,15 bis 0,20 bis 0,36	
Kuhmilch										
Höhenvieh im Mittel	1,0327	87,20	12,80	3,64	3,44	2,75	0,70	4,96	0,76	
Niederungsvieh im Mittel	1,0310	88,00	12,00	3,20	3,30	2,50	0,60	4,60	0,80	
Im allgemeinen niedere Werte	1,028	90,00	10,00	2,80	3,30	2,20	0,30	3,00	0,70	
hohe Werte	1,035	83,65	16,35	4,50	3,95	3,15	0,80	5,50	0,80	
im Mittel	1,0323	87,60	12,40	3,40	3,50	3,00	0,50	4,60	0,75	
Yerseys	—	86,50	13,50	4,10	—	—	—	—	—	
Guernseys	—	86,10	13,90	4,60	—	—	—	—	—	
Frischmilchend	1,03035	88,70	11,30	3,19	2,50	2,20	0,30	4,65	0,77	Holländer
Altmilchend	1,03029	88,43	11,57	3,55	2,79	2,43	0,35	4,63	0,75	Holländer
Frauenmilchkolostrum										sehr starke individuelle Schwankungen
Frühkolostrum	—	—	16,04	4,08	5,80	—	—	4,09	0,48	
Spätkolostrum	—	—	14,12	3,92	3,17	—	—	5,48	0,41	
Übergangsmilch (5. und 6. Tag)	—	—	11,69	2,89	2,04	—	—	5,75	—	
Frühmilch (8. bis 11. Tag) dann Übergang zur reifen Milch	—	—	13,00	3,80	1,74	—	—	6,35	0,25	
Kuhmilchkolostrum										
Frühkolostrum	1,0820 bis 1,060	74,90 bis 87,20	33,60 bis 12,80	6,50 bis 2,40	22,49 bis 9,13	7,67 bis 3,00	16,92 bis 9,20	2,87 bis 2,05	1,37 bis 0,68	
12 Stunden nach dem Kalben	1,037	—	16,23	2,49	6,98	3,35	3,06	2,85	0,87	
24 Stunden nach dem Kalben	1,035	—	15,16	3,41	5,83	3,10	2,61	3,38	0,87	
48 Stunden nach dem Kalben	1,030	—	15,74	5,10	4,02	2,62	1,08	3,64	0,82	

und so fort bis zur reifen Milch: Fallen der Trockensubstanz, Fallen des Gesamteiweißes auf Kosten des Albumins u. Globulins, Ansteigen von Fett und Milchzucker; Gleichbleiben der Salze

Art der Milch	Spezifisches Gewicht	Wasser	Trockensubstanz	Fett	Gesamteiweiß	Kasein	Albumin + + Globulin	Milchzucker	Salze (Asche)	Bemerkungen
				Prozent						
Stutenmilch										
niedere Werte........	1,0334	89,57	9,40	0,37	1,56	—	—	6,34	0,27	
hohe Werte	1,0405	90,60	10,43	1,07	2,63	-	—	7,12	0,48	
im Mittel	1,0363	90,18	9,82	0,61	2,14	—	—	6,73	0,35	
Eselinnenmilch										
niedere Werte........	—	88,50	8,00	0,05	1,00	0,60	0,30	4,80	0,30	
hohe Werte ....,.	—	92,00	11,50	4,60	2,43	1,80	0,68	6,60	0,50	
im Mittel	1,0320	91,23	8,77	1,15	1,50	0,94	0,53	6,00	0,40	
Schweinemilch										
niedere Werte........	—	79,50	17,10	3,90	5,30	—	—	3,10	0,80	
hohe Werte	—	82,90	20,50	9,50	7,30	—	—	6,00	—	
Mittelwerte..........	1,0412	80,96	19,04	7,06	6,20	—	—	4,25	1,07	
Hundemilch										
Mittelwerte..........	—	77,00	23,00	9,26	9,72	4,15	5,57	3,11	0,91	
Katzenmilch										
Mittelwerte..........	—	81,63	18,37	3,33	9,08	3,12	5,96	4,91	0,51	
Fischsäuger										
Delphin..............	—	48,76	51,24	43,71	—	7,57	—	—	0,46	
Finnwal..............	1,046	61,68	38,40	22,24	—	8,20	3,75	1,79	1,66	
(als Beispiel für Walmilcharten)										
Büffelmilch										
niedere Werte........	1,0310	81,56	15,77	6,69	3,99	—	—	4,16	0,72	
hohe Werte	1,0336	84,23	18,44	9,19	7,78	—	—	5,18	0,85	
im Mittel	1,0319	82,69	17,31	7,87	5,88	5,35	0,53	4,52	0,76	
Schafmilch										
Ungarische Schafe										
niedere Werte........	1,0326	77,02	17,09	5,65	7,75	—	—	4,00	0,68	
hohe Werte	1,0406	82,91	22,98	10,45	8,60	—	—	4,70	0,88	
im Mittel	1,0361	80,30	19,70	7,87	7,95	—	—	4,40	0,75	
Bergamasker Schafe										
im Mittel	1,0359	81,09	18,91	7,08	5,70	4,62	0,77	5,12	0,83	
Im allgemeinen										
niedere Werte........	—	75,00	13,30	2,16	4,31	—	—	4,00	0,79	
hohe Werte	—	86,70	25,00	12,78	6,58	—	—	6,57	1,20	
im Mittel	1,0355	83,87	16,43	6,18	5,15	4,17	0,98	4,17	0,93	
Schafmilchkolostrum										
niedere Werte........	1,0502	61,92	23,86	6,66	12,24	—	—	0,32	0,96	
hohe Werte	1,0778	76,14	38,08	18,88	22,99	—	—	3,08	1,14	
Ziegenmilch										
niedere Werte........	1,0263	85,74	9,26	2,03	—	—	—	—	—	
hohe Werte	1,0341	90,74	14,26	5,90	—	—	—	—	—	
im Mittel	1,0320	86,88	13,12	4,07	3,76	2,60	1,16	4,44	0,85	
Ziegenmilchkolostrum										
1. Tag	1,0355	71,84	28,16	14,70	8,40	3,68	—	2,84	0,99	
2. Tag	1,0330	84,85	—	5,10	4,14	2,16	—	4,45	0,84	
Rentiermilch	—	64,25	35,75	19,73	10,91	8,69	2,22	2,61	1,43	
Kamelmilch	—	88,25	11,75	2,50	3,60	—	—	5,00	0,65	
Lamamilch	—	86,55	13,45	3,15	3,90	3,00	0,90	5,60	0,80	
Elefantenmilch	—	68,14	33,30	20,58	3,45	—	—	7,18	0,65	
Zebumilch..............	—	86,13	—	4,80	3,03	—	—	5,34	0,70	

Im Nachtrag zu dieser Übersicht sollen noch einige markante Zahlen angegeben werden, die einige Sonderverhältnisse beleuchten: Unterschied von **Morgenmilch** und **Abendmilch**; Durchschnitt von 12914 Untersuchungen an **Kuhmilch**:

Tabelle 3.

Art der Milch	Spez. Gew.	Wasser	Fett	Fettfreie Trockensubstanz
		Prozent		
Morgenmilch	1,0323	87,46	3,62	8,92
Abendmilch	1,0319	87,08	4,02	8,90

Tabelle 4. **Ziegenmilch in den einzelnen Monaten der Laktation**

Die Milch von 12 Ziegen, die im ausgewachsenen Zustand durchschnittlich 54 kg wogen und regelmäßig im Frühjahr lammten, während der folgenden 9 Monate (UJHELYI)

Monat	Gesamtmenge der Milch	Durchschnitt für eine Ziege	Spezifisches Gewicht	Wasser	Stickstoffsubstanz	Fett	Milchzucker	Asche	Stickstoffsubstanz	Fett	Milchzucker
					in der natürlichen Milch				in der Trockensubstanz		
	Liter			Prozent					Prozent		
Mai	20,45	1,70	1,0324	86,50	3,65	4,28	4,81	0,76	27,04	31,71	35,63
Juni.........	20,15	1,68	1,0331	86,09	3,73	4,48	4,91	0,79	26,81	32,21	35,40
Juli	18,34	1,53	1,0333	86,72	3,74	3,91	4,88	0,75	28,16	29,44	36,75
August	19,08	1,59	1,0320	86,57	4,04	4,31	4,28	0,80	30,08	32,09	31,87
September...	20,68	1,72	1,0324	86,47	3,79	4,31	4,69	0,75	28,01	31,85	34,06
Oktober	17,78	1,48	1,0339	84,99	5,30	5,23	3,57	0,91	35,31	34,84	23,78
November ...	14,20	1,18	1,0342	84,25	4,54	5,78	4,52	0,91	28,82	36,70	28,70
Dezember....	9,90	0,82	1,0346	84,79	4,73	5,27	4,37	0,87	31,03	34,57	28,67
Januar	4,13	0,51	1,0305	84,26	4,99	5,38	4,50	0,87	31,70	34,18	28,58
Durchschnitt	16,08	1,50	1,0329	85,62	4,28	4,77	4,50	0,82	29,76	33,17	31,56

Die Ziegenmilch hält sich nach diesem Beispiel bis zum 6. Monat der Laktation in Menge und Zusammensetzung ziemlich auf gleicher Höhe

Tabelle 5. **Schafmilch in den einzelnen Monaten der Laktation**
Durchschnittswerte von 16 Schafen (SAXA)

Monat	Stickstoffsubstanz	Fett	
	Prozent		
April.......	4,55	4,25	Die Milch der Schafe hat während des Saugens der Lämmer den geringsten Ge-
Mai	5,32	6,95	halt; nach dem Absetzen der Lämmer
Juni	5,26	6,33	nimmt der Gehalt an Fett und Stickstoff-
Juli	5,72	7,93	substanz allmählich zu und erreicht in den
August.....	6,52	7,79	beiden letzten Monaten des Milchendseins
September .	7,43	9,04	den höchsten Prozentgehalt
Oktober....	9,33	9,65	

Tabelle 6. **Milchmenge in den einzelnen Monaten; Durchschnittswerte von 119 Schafen**

Monat	monatlich	täglich	
	Liter		
April..........	10,950	0,365	
Mai	20,815	0,671	Im Mai die höchste Milchmenge
Juni	18,470	0,615	
Juli	13,229	0,427	
August	8,237	0,265	
September	5,237	0,174	
Oktober	1,983	0,064	

Tabelle 7. Unvollständiges Ausmelken bei 12 Kühen (HENKEL)

Art der Milch	Gute Melker		Schlechte Melker		Prozentualer Unterschied	
	Milchmenge	Fettgehalt	Milchmenge	Fettgehalt	Milchmenge	Fettgehalt
	kg	Prozent	kg	Prozent	Prozent	
Abendmilch	5,15	4,25	4,32	3,43	16,1	0,82
Morgenmilch	4,75	3,68	4,23	2,83	10,9	0,85

Tabelle 8. Anteile eines Gemelkes aus den 4 Zitzen; verteilt auf
3 Partien (SVOBODA)

		Natürliche Milch (Mittagsmilch)						
		Spez. Gew.	Wasser	Stickstoff-substanz	Fett	Milch-futter	Asche	Fettfreie Trocken-substanz
Altmelkend	erste	1,0327	88,18	3,15	2,95	4,93	0,70	8,87
	mittlere .	1,0318	87,53	3,15	3,63	4,93	0,70	8,84
	letzte ...	1,0301	85,90	3,05	5,43	4,88	0,70	8,67
Frischmelkend	erste	1,0356	88,34	3,61	1,95	5,24	0,79	9,71
	mittlere .	1,0351	87,90	3,49	2,45	5,11	0,79	9,65
	letzte ...	1,0325	86,10	3,34	4,65	5,04	0,70	9,25

Der Fettgehalt nimmt gegen das Ende des Melkens zu; spezifisches Gewicht, Stickstoffsubstanz, Milchzucker und Asche nehmen ab; die prozentuale Zusammensetzung der fettfreien Trockensubstanz bleibt fast gleich; der Milchzucker bleibt am beständigsten.

Tabelle 9. Kuhmilch bei Weidegang und Stallfütterung
(Durchschnittszahlen an großem Beobachtungsmaterial (TEICHERT und ESZ)

Fütterungsweise	An-zahl der Kühe	Gehalt der Milch			Ertrag in 365 Tagen		
		Spez. Gew.	Fett	Fettfreie Trocken-substanz	Milch	Fett	Fettfreie Trocken-substanz
		Prozent			Kilogramm		
a) Sommerfütterung							
Weidegang	1378	1,0329	3,674	9,219	3246	119,26	299,24
Grünfütterung im Stalle.........	463	1,0323	3,714	9,086	2804	104,14	254,77
b) Winterfütterung							
Grundfutter: Heu und Grummet Beifutter: Getreideschrot	325	1,0331	3,736	9,282	3412	127,48	316,17
Grundfutter: Heu und Grummet Beifutter: frische Treber	510	1,0328	3,580	9,181	3440	123,15	315,82
Grundfutter: Heu und Grummet Beifutter wechselnd: frischeTreber, Trockentreber, Schrot, Melasse usw.	577	1,0323	3,678	9,077	2756	101,37	250,16
Nur Heu und Grummet	92	1,0330	3,685	9,256	2790	99,50	249,91

Tabelle 10. Milch unter dem Einfluß verschiedener Laktations-
verhältnisse
(bei 2500 Allgäuer Kühen (TEICHERT und ESZ)

a) Gehalt der Milch

Kalbezeit	Spezifisches Gewicht	Fett	Zucker	Stickstoffsubstanz	Asche	Fettfreie Trockensubstanz	Fettgehalt der Trockensubstanz
				Prozent			
November	1,0330	3,647	5,012	3,470	0,771	9,253	28,27
Dezember	1,0329	3,663	4,998	3,461	0,769	9,228	28,41
Januar	1,0327	3,680	4,968	3,439	0,764	9,171	28,64
Februar.............	1,0325	3,629	4,942	3,422	0,760	9,124	28,46
März	1,0324	3,652	4,932	3,414	0,759	9,105	28,63
April...............	1,0324	3,615	4,924	3,409	0,758	9,091	28,45
Mai	1,0322	3,665	4,895	3,388	0,753	9,036	28,86
Juni bis Oktober	1,0326	3,644	4,956	3,431	0,763	9,150	28,48
November bis Februar	1,0329	3,645	4,988	3,453	0,768	9,209	28,42
März bis Oktober	1,0325	3,643	4,940	3,420	0,760	9,120	28,50
Gesamtmittel	1,0327	3,643	4,963	3,435	0,764	9,162	28,45

b) Ertrag in 365 Tagen

Kalbezeit	Zahl der Kühe	Milch	Fett	Zucker	Stickstoffsubstanz	Asche	Fettfreie Trockensubstanz
					Kilogramm		
November	496	3134	114,30	157,75	108,75	24,16	289,99
Dezember	335	3256	119,25	162,75	112,67	25,04	300,46
Januar.............	246	3225	118,68	160,20	110,91	24,65	295,76
Februar.............	217	3253	118,05	160,80	111,30	24,70	296,80
März...............	252	3216	117,45	158,61	109,81	24,40	292,82
April...............	159	2987	107,98	147,08	101,83	22,63	271,54
Mai	142	2987	109,47	146,20	101,21	22,49	269,90
Juni bis Oktober.....	653	2990	108,96	148,20	102,60	22,79	273,59
November bis Februar	1294	3193	116,38	159,27	100,27	24,50	294,04
März bis Oktober	1206	3016	109,87	148,99	103,14	22,92	275,05
Gesamtmittel	2500	3103	113,05	154,01	106,62	23,70	284,33

Typen von Produkten aus der Milch, wie sie bei deren Verarbeitung entstehen

Die Einzelheiten der gewerblichen Verarbeitung der Milch werden an anderer
Stelle besprochen; dort wird auch des näheren ausgeführt, wie mannigfach sich
die Inhaltsstoffe der Milch bei Verarbeitung verschieben, je nach der Art der
Produkte, deren Herstellung jeweils gewünscht wird. Noch weniger, als es
möglich ist, für Milch als solche, das heißt im unverarbeiteten Zustande, bei den
großen vorkommenden Schwankungen allgemein verbindliches Zahlenmaterial
anzugeben, ist es möglich, bei den Zwischenprodukten der Milchverarbeitung
einigermaßen zutreffende Durchschnittszahlen anzugeben. Man muß sich darauf
beschränken, eine allgemeine Übersicht zu geben, wie sich in typischer Weise
bei üblicher Verarbeitung die Inhaltsstoffe verschieben.

Tabelle 11. Wasser, Fett und fettfreie Trockenmasse bei verschiedenen Milchprodukten; Abkömmlinge von einer Milchsorte (Kuhmilch)

Bestandteile	Ausgangsvollmilch	Magermilch	Rahm	Butter	Buttermilch	Molke, Labmolke	Vollmilchpulver	Magermilchpulver
Wasser................	87,32	91,00	68,50	16,00	91,30	93,30	5,00	5,00
Fett	3,75	0,10	25,00	83,00	0,40	0,30	29,09	1,07
fettfreie Trockenmasse	8,93	8,90	6,50	1,00	8,30	6,40	65,91	93,93
Aus 1000 kg Vollmilch (ohne Anrechnung von Verlusten) Anfall in kg	1000	852	148	43	105	899	122	85

Tabelle 12. Zusammensetzung des Rahmes bei verschiedenem Fettgehalt

Fett	Gesamt-Trockenmasse	fettfreie Trockenmasse
25,67	32,50	6,83
31,36	37,50	6,14
45,90	50,92	5,02
50,40	55,05	4,65
53,82	57,99	4,17
64,88	68,18	3,30

Tabelle 13. In einem anderen typischen Beispiel

Bestandteile	Vollmilch	Magermilch	Rahm	Buttermilch	Molke
Wasser	87,17	90,66	65,50	90,27	93,24
Trockensubstanz	12,83	9,34	34,49	9,37	6,76
Kasein....................	3,02 ⎫	3,11	3,61	4,06	0,85
Albumin + Globulin	0,53 ⎭				
Fett	3,69	0,74	26,75	0,33	0,23
Milchzucker	4,88	4,75	3,52	3,73	4,77
Salze (Asche)	0,71	0,74	0,61	0,67	0,65
Milchsäure (aus dem Milchzucker)................	—	—	—	0,74	0,33

Hexenmilch. Abnorme Milchsekretion bei männlichen und weiblichen Tieren

Bei neugeborenen Menschen findet man fast regelmäßig (95%), daß die bei der Geburt kaum erbsengroßen Brustdrüsen innerhalb der Zeit der physiologischen Gewichtsabnahme sich auf das Mehrfache vergrößern; allerdings findet man nur in etwa $^1/_3$ der Fälle stärkere Grade der Schwellung, die sich, ganz unabhängig vom Geschlecht, sowohl bei Knaben wie bei Mädchen einstellt. Drückt man auf die geschwellten Brüstchen, so entleert sich — niemals spontan — in weißlichen Tropfen ein als „Hexenmilch" bezeichnetes, anfangs kaum gefärbtes, später dann milchig weißes bis gelbliches Sekret, das noch am Ende des 1. Monats, häufig sogar im 2. Monat und gelegentlich auch noch später beobachtet werden kann. Die Zusammensetzung des Sekrets ist sehr schwankend; ein Beispiel gibt einen ungefähren Überblick: Wasser 95,70%, Trockensubstanz 4,29%, Fett 1,46%, Kasein 0,56%, Albumin 0,49%, Milchzucker 0,96%, Asche 0,82%. Die Regelmäßigkeit, mit der die Erscheinung auftritt, gestattet den Schluß, daß es sich um eine durchaus physiologische Erscheinung handelt; trotzdem ist die auffallende Erscheinung noch nicht geklärt, zumal sich dann ein dauernder Ruhestand der Brustdrüsen einstellt, der nur durch eintretende Schwangerschaft, ganz selten durch andere Prozesse, z. B. Tuberkulose, gestört wird.

Bei Tieren hat man wiederholt abnorme Milchsekretion beobachtet, z. B. an nichtträchtigen Hündinnen und Stuten. Als Kuriosum sei die Laktation eines 18 Monate alten Ziegenbockes angeführt, der zur Zeit der Untersuchung täglich 500 bis 600 cm³ Milch ergab, die sich in der Zusammensetzung gegenüber Ziegenmilch durch den erhöhten Fett- und Kaseingehalt unterschied; Bocksgeruch und -geschmack waren nicht vorhanden; die daraus hergestellte Butter glich der Ziegenbutter. Der Bock war schon mit 13 Monaten sprungreif und hatte zur Zeit der Milchuntersuchung übrigens schon Nachkommen.

Besondere Eigenschaften der verschiedenen Milcharten
Vorbemerkung

Um die Sachbehandlung zu erleichtern und den Überblick zu vereinfachen, ist hier der Begriff „Milch" nochmals zu erörtern:

1. Im naturwissenschaftlichen Sinne versteht man unter Milch die von der Milchdrüse der weiblichen Säugetiere nach einem Geburtsakte längere Zeit hindurch abgesonderte, für die Ernährung ihrer Säuglinge bestimmte Flüssigkeit, gleichgültig, ob sie außerdem auch noch für die Ernährung des Menschen Verwendung findet oder nicht.

2. In der Ernährungskunde versteht man unter Milch alle für die menschliche Ernährung verwendeten Milcharten: Frauenmilch, Kuhmilch, Ziegenmilch, Schafmilch, Stutenmilch, Eselinnenmilch usw.

3. Im gewöhnlichen Leben und für den Handel versteht man unter Milch besonders die Kuhmilch, die fast überall und seit den ältesten Zeiten als menschliches Nahrungsmittel verwendet wird. Wenn andere Milcharten oder deren Verarbeitungsprodukte verkauft werden, muß ihre Herkunft klar und deutlich bezeichnet werden, z. B. Ziegenmilch, Schafkäse, Büffelbutter, Stutenkumys usw. Zum Begriff „Handelsmilch" gehört auch noch besonders die Voraussetzung einer vollständigen Entnahme der im Euter gesunder Kühe gebildeten und jeweils durch regelrechtes, ununterbrochenes und vollständiges Ausmelken erhaltenen Milch. Die feilgehaltene und verkaufte Milch soll das ganze Gemelke umfassen.

Dementsprechend werden sich die künftigen Ausführungen in erster Linie auf die Kuhmilch beziehen, und zwar auf die durchschnittliche Kuhmilch, wie sie als Handels- und Marktmilch gebräuchlich ist. Über die Frauenmilch werden, soweit zuverlässige Angaben vorliegen, diese angeführt werden; über die anderen Milcharten sind an sich keine oder nur spärliche und dann mehr zufällige Beobachtungen und Untersuchungen gemacht worden, so daß die Angaben darüber unvollständig sein werden.

Spezifisches Gewicht

Die Feststellung der Beziehungen von Gewicht und Volumen der einzelnen Milchbestandteile zueinander verdankt man in erster Linie FLEISCHMANN, dessen eingehende Untersuchungen grundlegend und richtunggebend gewesen sind; die Folgerungen daraus sind für die Praxis der Milchuntersuchung von größter Wichtigkeit geworden. Die Voraussetzung waren ausgedehnte Versuche, die jahrelang hindurch an verschiedenen Orten an größeren Kuhherden angestellt wurden, und das Zahlenmaterial, das sonst vorgelegen hatte. Nach diesem Material ergab sich, daß bei den Schwankungen der prozentischen Zusammensetzung

der Milch, die sich natürlich auf das spezifische Gewicht auswirken, der Wert
der Trockenmasse sich zwischen verhältnismäßig weiten Grenzen, der Wert der
fettfreien Trockenmasse sich zwischen engeren und schließlich der Wert der
Trockenmasse des aus der Milch mit Chlorkalzium bereiteten fett- und kolloid-
freien Serums sich in sehr engen Grenzen bewegt. Es konnte deshalb als mittlere
Zusammensetzung der Milch folgendes angenommen werden:

Tabelle 14

	Mittel	Schwankungen
	Prozent	
Wasser	87,60	86,5—89,5
Fett	3,40	2,5— 5,0
Eiweißkörper	3,50	3,0— 4,0
Milchzucker	4,60	4,0— 5,0
Zitronensäure	0,14*)	?
Sonstige organische Bestandteile	0,01	?
Salze (Asche)	0,75	0,6— 0,9
	100,00	
Trockenmasse	12,40	10,0—14,0
Fettfreie Trockenmasse	9,00	8,0—10,0

*) Diese Angabe ist revisionsbedürftig (siehe später).

Der Gehalt an Gasen ist auf 8 Volumprozent zu veranschlagen, vorherrschend die Kohlensäure mit etwa 6 Volumprozent = etwa 0,012 Gewicht-
prozent.

Die Eiweißkörper sind wiederum durchschnittlich aufzuteilen in:

Tabelle 15

Kasein	3,00000%	= 85%
Laktalbumin	0,50000%	= 15%
Laktoglobulin	0,00035%	= praktisch zu vernachlässigen, wahrscheinlich überhaupt ein echtes Globulin nicht vorhanden (siehe später)
	3,50035%	100%

Das mittlere spezifische Gewicht der Milch aus den Beobachtungs-
zahlen ergibt bei 15°, bezogen auf Wasser von 15°: 1,03234.

Tabelle 16. Verteilung der einzelnen Bestandteile

	Trockenmasse	Fettfreie Trockenmasse	Fett- und eiweißfreie Trockenmasse
	Prozent		
Fett	27,4	—	—
Eiweißkörper	28,4	38,9	—
Milchzucker	37,1	51,1	83,6
Sonstige Bestandteile und Salze	7,3	10,0	16,4
	100,0	100,0	100,0

Das spezifische Gewicht der Trockenmasse, die experimentell nicht ganz
scharf erfaßt werden kann, da die Verhältnisse, inwieweit durch das Trocknen
der Kristallwassergehalt des Milchzuckers und einiger Salze verändert wird
— an sich eine geringfügige Fehlerquelle —, durch Versuche nicht einwandfrei

feststellbar sind, kommt mit 1,33666 bei 15° der Wirklichkeit aller Voraussicht nach sehr nahe; das spezifische Gewicht der fettfreien Trockenmasse ist in gleicher Weise mit 1,6000 anzunehmen (Berechnung aus absolutem Gewicht und Volumen). Es ergeben sich dann folgende Beziehungen:

Tabelle 17

	Absolutes Gewicht	Spez. Gewicht	Volumen
Milch......................	100,00	1,03234	96,877
Wasser	87,60	1,00000	87,600
Trockenmasse	12,40	(1,33666)	9,277
Milchfett	3,40	0,93100	3,652
Fettfreie Trockenmasse	9,00	(1,60000)	5,625

Sämtliche Angaben beziehen sich auf 15°.

Die Aufteilung der fettfreien Trockenmasse in ihre Bestandteile mit verschiedenem spezifischem Gewicht läßt sich im einzelnen durchführen, wobei die Annahme gemacht werden muß, daß das spezifische Gewicht der in der Milch vorhandenen Eiweißstoffe mit 1,4511, das der Mineralsalze mit 3,0000, das der Zitronensäure mit 1,5530 und das des Milchzuckers mit 1,6067 zu rechnen ist; als mittleres spezifisches Gewicht des Milchfettes ist 0,93100 anzunehmen.

Diese Annahme muß unter Umständen eine kleine Korrektur erfahren, da die frisch ermolkene Milch sich im spezifischen Gewicht immer etwas von dem spezifischen Gewicht der Milch unterscheidet, die einige Stunden bei gewöhnlicher Temperatur oder im Eisschrank gestanden. Die Bestimmung des spezifischen Gewichtes sollte überhaupt immer erst nach einer solchen Wartezeit angestellt werden, was praktisch auch meist in Frage kommt. Da das spezifische Gewicht der frischen Milch etwas niedriger ist, hat man den Unterschied hauptsächlich dem gänzlichen oder teilweisen Entweichen der gelösten Gase zugeschrieben, was auch zum Teil richtig ist. Da aber die Bewegung des spezifischen Gewichtes aufeinanderfolgend beim Erwärmen und Wiederabkühlen der Milch eintritt, so ist die Hauptveranlassung unzweifelhaft in Zustandsänderungen zu suchen; die Fettkügelchen befinden sich aller Wahrscheinlichkeit nach in der ganz frischen Milch im unterkühlten Zustande; sie erstarren dann unter Kontraktion; nebenher erleiden die Eiweißstoffe eine Verschiebung in ihrer kolloiden Dispersion, sie quellen nach, sie nähern sich mehr vom Zustande der Suspension her dem Zustande einer Lösung. Die erstere, von den Fettkügelchen ausgehende Wirkung dürfte überwiegen.

Eine sehr wichtige praktische Folgerung ergibt sich nun unter den 3 Voraussetzungen:

1. Daß das spezifische Gewicht der fettfreien Trockenmasse für alle Arten gewöhnlicher Kuhmilch sehr annähernd den gleichen Wert, und zwar den Wert $n = 1,600734$ besitzt;

2. daß dem Fett in der Milch das spezifische Gewicht $\sigma = 0,931$ zukommt und

3. daß der Wert $s =$ spezifisches Gewicht der Milch erst bestimmt wird, nachdem er gleichbleibend geworden ist.

„n" als die Grundlage der Regelung wurde experimentell (an norddeutschem Material) in der angegebenen Größe gefunden, die auch mit der rechnerisch gefundenen Zahl gut übereinstimmt. Von „n" aus ergibt sich dann:

$$n = \frac{s \cdot \sigma\,(t-f)}{100 \cdot \sigma - s \cdot \sigma\,(100-t) - s \cdot f} \tag{1}$$

$f =$ Fettgehalt, $t =$ Gehalt an Trockenmasse, $\sigma =$ mittleres spezifisches Gewicht des Milchfettes $= 0,931$ und s das zu bestimmende spezifische Gewicht der Milch.

bei $n = 1,600\,734$ erfolgen die rechnerischen Auflösungen:

$$s = \frac{100}{\dfrac{f}{\sigma} + \dfrac{t-f}{n} + 100 - t} = \frac{100\,\sigma \cdot n}{fn + (t-f)\sigma + (100-t)n \cdot \sigma} \tag{2}$$

$$s = \frac{1000}{1000 - 3,75\,(t - 1,2\,f)} \tag{3}$$

$$f = 0,833 \cdot t - 2,22 \cdot \frac{100 \cdot s - 100}{s} \tag{4}$$

$$t = 1,2 \cdot f + 2,665 \cdot \frac{100 \cdot s - 100}{s} \tag{5}$$

und schließlich aus der Beziehung von spezifischem Gewicht der Milch und der Menge der Trockenmasse, deren spezifisches Gewicht m

$$m = \frac{s \cdot t}{s \cdot t - (100 \cdot s - 100)} \tag{6}$$

Die Formeln (4), (5), (6) ergeben die Möglichkeit, aus dem spezifischen Gewicht der Milch und ihrem Fettgehalt die Menge der gesamten Trockenmasse, der fettfreien Trockenmasse und das spezifische Gewicht der ersteren zu berechnen, was für die Beurteilung von Milchfälschungen wichtig ist.

Der Wert n ist nicht im strengen Sinne, sondern nur sehr annähernd konstant; größere Unterschiede ergeben sich bei verschiedenen Rinderrassen und bei größeren Schwankungen in den Bestandteilen der freien Trockenmasse, die aber glücklicherweise relativ selten zu beobachten sind, da gerade die die rechnerischen Beziehungen stark beeinflussenden Zahlen für Milchzucker und Salze recht konstant sind. Für Milch mit abnormem Salzgehalt und mit veränderten Milchbestandteilen, z. B. für sauer gewordene Milch, für Rahm, Magermilch, Buttermilch, Molke und für andere Milcharten, z. B. für Frauenmilch, sind die Fleischmannschen Formeln nicht anwendbar. Für England, Frankreich und andere Länder hat man entsprechend den dort vorliegenden Durchschnittsverhältnissen für „n" die Formeln neu aufgestellt. Das geschieht, indem man den für n passenden Mittelwert ermittelt und ihn dann in die Gleichung einführt:

$$t = \frac{n \cdot 1,07527 - 1}{n - 1} \cdot f + \frac{n}{n - 1} \cdot \frac{100 \cdot s - 100}{s} \tag{7}$$

Setzt man $n = 1,6$, so geht die Formel (7) in die Formel (5) über.

Ein Zusatz von 0,1% Kaliumdichromat zum Zweck der Frischhaltung der Untersuchungsproben erschwert die Anwendung der Formeln; dagegen übt ein Formalinzusatz keinen merklichen Einfluß aus.

Das Verhältnis von Volumen zur Dichte ist bei der entfetteten Milch anders als bei Wasser; hierfür sind wiederum die Veränderungen im Quellungszustand des Kaseins und im Erstarrungsgrade des Milchfettes zu suchen. Das Maximum der Dichte der Kuhmilch liegt in der Nähe von $\pm 0^{\,0}$ C, demnach dicht über dem Gefrierpunkt.

Durch Vereinbarung ist festgesetzt, daß das spezifische Gewicht der Milch möglichst bei $15^{\,0}$ C bzw. unter Umrechnung auf $15^{\,0}$ C (nach Möglichkeit nicht unter $10^{\,0}$) gemessen wird, und zwar darf, wie schon erwähnt, die Bestimmung bei frisch gewonnener Milch nur nach vorausgegangener starker Kühlung oder erst mehrere Stunden nach dem Melken durchgeführt werden. Für die Umrechnung auf $15^{\,0}$ C sind Tabellen aufgestellt worden. Die Art der Bestimmungsmethoden wird an anderer Stelle ausführlich behandelt.

Leider besteht noch keine internationale Übereinkunft über einheitliche Bezeichnung, einheitliche Apparatur und einheitliche Bezugstemperatur. Im Auslande wird noch vielfach mit der Baumé-Skala gemessen, in den Vereinigten Staaten werden neben Laktodensimetern (dort meist Laktometer genannt), nach dem metrischen System (die Bezeichnung nach den letzten Zahlen des spezifischen Gewichtes liegt den Quevenne-Laktometern zugrunde), die Baumé-

Skala, die Twadellskala und noch einige mehr lokale Bedeutung besitzende Skalenbezeichnungen verwendet. In den angelsächsischen Ländern wird als Bezugstemperatur 60^0 F $= 15{,}56^0$ C benützt. Bedauerlicherweise werden auch in Deutschland in dem Milchgewerbe, wie z. B. bei der Herstellung von kondensierter Milch, bei der Eindampfung von Molke in den Milchzuckerfabriken und an anderen Stellen immer noch die BAUMÉ-Grade benutzt, dazu noch einmal in der alten, das ander Mal in der neuen Skala, so daß eine leichte Verständigung natürlich nur schwer, wenn überhaupt möglich ist; diese überlieferte, immer wieder gepflegte Gedankenlosigkeit läßt sich leider nur sehr langsam und mühsam ausrotten.

Es gibt besondere Laktodensimeter, bei denen man zu jedem spezifischen Gewicht die dazugehörigen, nach den FLEISCHMANNschen Formeln errechneten Werte für Trockensubstanz ablesen kann. Sehr gebräuchlich ist die ACKERMANNsche Rechenscheibe — 2 konzentrisch verbundene Blechscheiben —, mit der man auf einfache Weise den zu einem bestimmten spezifischen Gewicht und Fettgehalt gehörigen, nach der FLEISCHMANNschen Formel berechneten Trockengehalt abnimmt.

Das spezifische Gewicht der reifen Frauenmilch liegt zwischen 1,026 und 1,036.

Das spezifische Gewicht der Magermilch ist natürlich abhängig vom Grade der Entfettung und schwankt deshalb entsprechend; bei der Buttermilch kommt es ganz auf die Zusammensetzung des Ausgangsrahmes, auf die Art und den Grad der Säuerung und die Art der Ausbutterung an; die Buttermilch des Handels ist zudem meist mit mehr oder weniger Wasser vermischt, das beim Waschen der Butter und beim Ausspritzen und Nachwaschen der Butterfässer und -fertiger fast unvermeidlich mit der eigentlichen Buttermilch zusammenfließt, so daß brauchbare Durchschnittswerte nicht angegeben werden können. Ähnlich liegt es bei der Molke der Lab- und Sauerkäserei, die recht verschiedene Mengen von Fett enthält, bei der ganz verschiedene Mengen von Milchzucker durch Säuerung in Milchsäure übergegangen sein können, und zu der schließlich auch Spülwässer und stark salzhaltige Laugen der Käsetische gelangen können, wodurch das spezifische Gewicht in unübersehbarer Weise verändert wird. Die durch natürliche oder künstliche Säuerung der Milch entstandene Molke — Quark- oder Sauermolke — enthält mehr gelöste Salze als die süße Labmolke, die sich durch relativen Salzmangel auszeichnet; bei der Labung wird, wie an anderem Orte ausgeführt ist, der ursprüngliche Kalzium-Phosphorsäure-Eiweiß-Komplex als solcher gefällt, während bei der Säuerung dieser Komplex zerstört wird, wodurch ein Zuwachs an löslichen, in die Sauermolke gehenden Kalziumsalzen entsteht. Die größten Unterschiede in den das spezifische Gewicht beeinflussenden Faktoren werden aber durch die verschiedenen Gehalte an Fett und Eiweißstoffen bedingt, wie das folgende Beispiel zeigt:

Tabelle 18

	Fettmolke, abfallend bei der Labkäserei aus Vollmilch	Die gleiche Molke zentrifugiert	Die gleiche Molke nach dem Zentrifugieren aufgekocht. Klare Schotten	Sauermolke; Quarkmolke aus saurer Magermilch
	Prozent			
Wasser	92,70	93,25	93,90	93,10
Fett	0,75	0,20	0,25	0,15
Eiweißstoffe	1,00	0,95	0,30	1,00
Milchzucker und Milchsäure	4,90	4,90	4,95	4,93
Mineralbestandteile	0,65	0,70	0,60	0,82
Spezifisches Gewicht	1,0260	1,0275	1,0250	1,0280

„Schotten" leitet sich von dem lateinischen „excoctum" ab; durch das Aufkochen werden die hitzekoagulierbaren stickstoffhaltigen Stoffe Albumin und Globulin ganz und die bei der Labung bzw. Säuerung entstehenden Eiweiß-Abbaustoffe, wie Albumosen usw., teilweise gefällt; ein Teil der stickstoffhaltigen Stoffe bleibt gelöst, die Bezeichnung „Eiweißstoffe" ist dafür nicht mehr richtig. Oben genannte Zahlentypen gelten nur für frische Molkensorten ohne „Käsestaub", das heißt feinste Kasein- und Käsestoffteilchen, die durch unvermeidliche bzw. unvorsichtige Handhabung bei der Käsung in die Molke gelangen. Das spezifische Gewicht des Milchplasmas, das heißt der Milchflüssigkeit ohne Fett, entspricht dem spezifischen Gewicht vollständig entrahmter Milch.

Das Milchserum ist die Milchflüssigkeit ohne Fett und koagulierbare Stickstoffsubstanzen. Das spezifische Gewicht des Milchserums ist für die Beurteilung der Marktmilch von großer Bedeutung, da sich der ziemliche konstante Gehalt der Milch an Milchzucker und Mineralstoffen im Serum wiederfindet und Verdünnung durch Wässerung dadurch leichter erkennbar wird. Es kommt allerdings sehr darauf an, auf welche Weise das Serum gewonnen wird, da der Fettgehalt und vor allem auch der Gehalt an Stickstoffsubstanzen maßgeblich davon abhängt.

Gebräuchlich ist die Gewinnung des Serums durch

a) Fällung mit Essigsäure (20%ige Essigsäure) bei 40^0:2 cm^3 Essigsäure zu 100 cm^3 Milch; Ersatz des verdunstenden Wassers; Abfiltrieren. Der Zusatz der Essigsäure erhöht das spezifische Gewicht des Serums. Die Essigsäuresera sind durchwegs etwas fetthaltiger als andere Sera;

b) Fällung mit Chlorkalziumlösung vom spezifischen Gewicht 1,1375 im siedenden Wasserbad; das so erzeugte Chlorkalziumserum wird gewöhnlich mittels Refraktometers (Eintauchrefraktometer) näher untersucht;

c) Fällung mit Tetrachlorkohlenstoff und Essigsäure (sogenanntes Tetraserum) in der Kälte = Albumin-Globulin-haltiges Serum bzw. in der Hitze = Albumin-Globulin-freies Serum. Das Serum wird auf spezifisches Gewicht und Refraktion geprüft;

d) Fällung durch Spontansäuerung = Spontanserum;

e) Filtration durch Ultra- und Membranfilter und Tonzellen; die Methodik ist noch nicht vollständig entwickelt; nur auf diese Weise ist ein wirkliches, den natürlichen Verhältnissen entsprechendes Milchserum zu erwarten. Die Einzelheiten der Serumgewinnung und Serumuntersuchung werden an anderem Orte behandelt.

Gefrierpunkt der Milch (Kryoskopie)

Von den Milchbestandteilen übt das Fett keinen osmotischen Druck aus; die Eiweißkörper sind wegen ihrer kolloiden Aufteilung und ihres hohen Molekulargewichtes ebenfalls ohne Einfluß auf die osmotischen Verhältnisse der Milch. Diese und damit die Gefrierpunkterniedrigung werden fast ausschließlich durch den Gehalt an Milchzucker und vor allem der Mineralstoffe bestimmt. Der mittlere Gehalt an 46 g Milchzucker im Liter (Molekulargewicht 342) ergäbe eine Gefrierpunkterniedrigung von $\varLambda_1 = 46 \cdot \dfrac{1,85}{34,2} = 0,2488^0$

der mittlere Gehalt an 7,5 g Salzen im Liter (geschätztes mittleres Molekulargewicht 43,2) ergäbe eine Gefrierpunkterniedrigung von . . . . $\varLambda_2 = 7,5 \dfrac{1,85}{43,2} = 0,3212^0$

$$\text{Summe } \varLambda = 0,5700^0$$

Mit dieser errechneten Zahl stimmt die Beobachtung gut überein, daß der Gefrierpunkt der Milch zwischen — 0,54⁰ und — 0,59⁰ liegt, also zwischen engen Grenzen, woraus auch hieraus gefolgert werden kann, daß Milchzucker- und Salzgehalt in normaler Milch ohne Rücksicht auf äußere Faktoren nur wenig schwanken. Durch Kochen der Milch vermindert sich (Ausfällen von gelösten Salzen, Verringerung der elektrolytischen Spaltung) und durch Säuerung wächst (Überführen von Milchzucker in dissoziierbare Milchsäure bzw. Laktate, Ablösung von Elektrolyten aus Eiweiß-Salz-Komplexen und Adsorbaten) die Gefrierpunkterniedrigung.

Die Auswertung dieser Verhältnisse für die Praxis der Milchuntersuchung ist schon wiederholt vorgeschlagen worden; doch ist das Verfahren zu umständlich, die Apparatur zu teuer und zu schwer zu handhaben. Die Ausführung versagt, wenn der Milch außer Wasser noch Salz hinzugefügt wurde.

Der osmotische Druck und damit die Gefrierpunkterniedrigung der Frauenmilch sind ähnlich wie bei der Kuhmilch; sie liegt zwischen — 0,495, und — 0,630, gelegentlich ansteigend bis — 0,740; übereinstimmend werden die starken Schwankungen auch bei denselben Individuen zu verschiedenen Tagen und Tageszeiten hervorgehoben, ein Bild, das zu den übrigen starken Schwankungen innerhalb der Frauenmilch paßt. Man führt die Schwankungen auf den Einfluß der Nahrung, besonders des Salzes derselben, zurück, da in der menschlichen Nahrung viel mehr als bei der Fütterung der Nutztiere der Gehalt an Kochsalz usw. von persönlichen Gewohnheiten abhängig ist.

Der Gefrierpunkt der Milch stimmt weitgehend mit dem Gefrierpunkt des Blutserums der milchenden Individuen überein. Bei der Bestimmung des Gefrierpunktes der Milch bemerkt man stets, daß vor Beginn des Erstarrungsvorganges eine Unterkühlung oft um mehrere Grade unter den Gefrierpunkt eintritt, und daß die Temperatur dann plötzlich auf den Grad des Gefrierpunktes ansteigt, um während des weiteren Erstarrens der Milch konstant zu bleiben.

Der Einfluß des Gefrierens auf die Milch in Beziehung auf die Weiterverarbeitung und den Einfluß auf das Buttern, das Käsen usw. wird an anderem Orte besprochen.

Spezifische Wärme der Milch

Die Wärmekapazität der Milch wurde im Mittel zu 0,94, die der Magermilch zu 0,95 und die von Rahm mit 20% Fett zu 0,84, bezogen auf Wasser, und bei den Wärmegraden zwischen 14 und 100⁰ gefunden. Reines Milchfett hatte in geschmolzenem Zustande (40 bis 60⁰) eine spezifische Wärme von nur 0,514, woraus sich ergibt, daß mit steigendem Fettgehalt der Milch und des Rahmes, deren spezifische Wärme abnimmt, wenn gegen eine Erstarrung des Milchfettes Maßnahmen getroffen werden, widrigenfalls bei zunehmendem Fettgehalt auch die spezifische Wärme ansteigt, indem das eventuell ganz oder teilweise erstarrte Fett zur Verflüssigung einen Teil der zugeführten Wärme für sich verbraucht. Praktisch spielt die gegenüber Wasser geringere spezifische Wärme — man brauchte, um Milch abzukühlen, nur etwa 94% von der Eismenge, die erforderlich wäre, um die gleiche Wassermenge ebenso stark abzukühlen — keine Rolle.

Brechungsindex

Der Brechungsindex spielt hauptsächlich in seiner Größe eine Rolle bei der Untersuchung des Milchserums auf Unverfälschtheit; darüber wird an anderen Orten berichtet.

Für die unveränderte Milch ergibt sich ein Brechungsindex zwischen 1,3470 und 1,3515. Die Fettkügelchen haben keinen Einfluß auf den Index, verhindern aber auch die scharfe Ablesung. Bei scharf zentrifugierter Kuh- und Frauenmilch ergaben sich für das fast fettfreie Milchplasma:

$$\text{Kuhmilch bei } 17,5^0\, n = 1,34761 \text{ bis } 1,348545,$$
$$\text{Frauenmilch } 17,5^0\, n = 1,345560 \text{ bis } 1,347240.$$

Praktische Anwendung hat die Bestimmung des Brechungsindex bisher noch nicht gefunden; die Versuche, den Brechungsindex zur Beurteilung der Milch kranker Tiere heranzuziehen, sind nicht zahlreich genug, um die vielleicht aussichtsreiche Methode schon näher kennzeichnen zu können.

Viskosität und Kohäsion. Oberflächenspannung

Die bestimmenden Faktoren sind das Fett und die Eiweißstoffe, vor allem das Kasein. Die Verhältnisse liegen recht verwickelt; da die kolloide Struktur der Eiweißstoffe durch mechanische Beeinflussung erheblich verändert wird, zum Teil reversibel, zum Teil irreversibel. Es ist die Methodik deshalb noch unsicher, und man kann vorläufig nur relative Werte erhalten, die einen Vergleich mit Wasser oder unter verschiedenen Milchproben zulassen, wenn die Handhabung jeweils eine ganz gleiche ist.

Zum Verständnis der verwickelten Verhältnisse muß einiges gesagt werden. Bei kristalloiden Lösungen hängt die innere Reibung, das heißt die Kraft, welche der Verschiebung der Teilchen einer Flüssigkeit gegeneinander Widerstand leistet und damit den Ausdruck für die Zähigkeit oder die Viskosität der Flüssigkeit gibt, nur von der Konzentration und Temperatur ab. Bei hydrophoben Hydrosolen (in der Milch entspricht der Zustand des Kaseins in erster Linie diesem Typus) kommt als dritter Faktor noch der Dispersitätsgrad hinzu. Bei den hydrophilen Hydrosolen (in der Milch entspricht der Zustand des Albumins diesem Typus), insbesondere bei den Kolloidelektrolyten (auch in diesem Zustand kommt das Albumin der Milch vor), werden die Beziehungen kompliziert, da außer Konzentration, Temperatur, Aufteilungsgrad noch das mit dem hydrophilen Kolloid verkettete Wasser (Solvation) und die Ionisation hinzutreten; die Eiweißionen sind besonders als Träger hoher innerer Reibung anzusprechen. Daraus wird klar, daß durch Zusatz von Säuren und Laugen zu Eiweißlösungen (zur Milch) ein gewaltiger Anstieg der Viskosität erfolgt. Als weiterer variabler Faktor kommt die Vorbehandlung sehr in Betracht. Vorheriges Erwärmen mit rascher oder langsamer Abkühlung, mehrmaliger langsamer oder schnellerer Durchfluß durch Röhren (z. B. durch Viskosimeterröhren), Rühren, Schütteln usw. verändern die Werte sehr rasch und in einer sehr verschiedenen Weise. Bei der Milch kommt dann ferner noch der Einfluß der Öl- in Wasser-Emulsion des Milchfettes dazu, die, soweit es bis jetzt schon bekannt ist, einen ähnlichen Verlauf der Viskositätskurve nach Konzentration und Temperatur aufweist, wie er vielen natürlichen hydrophilen Kolloiden eigen ist. Der Fragenkomplex der inneren Reibung der Milch stellt sich demnach mit besonderer Berücksichtigung der Hauptträger dieser Kräfte, der Eiweißkolloide, folgendermaßen dar: die Wasserhüllen der Teilchen bedingen hauptsächlich die Lyophilie des Hydrosols, sie sowie die elektrische Ladung beteiligen sich an der Viskosität; nimmt man den Teilchen die Wasserhüllen, z. B. durch Zusatz von Alkohol, so erhält man mehr lyophobe Kolloide, deren Viskosität geringer ist; nimmt man ihnen die elektrische Ladung durch Spuren von Elektrolyten, so verringert sich ebenfalls die Viskosität.

Unter diesen Gesichtspunkten wären die Verhältnisse der inneren Reibung der Milch neu zu studieren; man könnte wertvolle Aufklärungen über den inneren Mechanismus der kolloiden Veränderungen erwarten. Die Technik der Viskosimetrie muß aber noch vorgeschrittener sein. Das bisherige Versagen in vielen Fällen, wo es sich um hydrophile Sole (wie Milch) gehandelt hat, ist auf 2 wesentliche Einflüsse zurückzuführen. Die Zähigkeit hängt bei solchen Solen weitgehend von der Schergeschwindigkeit ab, im Gegensatz zu wenig solvatisierten Solen. Es sind deshalb die Verfahren vorzuziehen, die die Viskosität unter Veränderung der Schergeschwindigkeit messen, indem man beispielsweise einen Zylinder in der zu untersuchenden Flüssigkeit dreht; das Drehmoment ist dann dem Produkt aus der Zähigkeit und der Winkelgeschwindigkeit und der Apparatenkonstante gleich. Bei gesteigerter Winkelgeschwindigkeit wird man einen veränderlichen Grenzwert der Viskosität erhalten. Die OSTWALDschen Auslaufviskosimeter geben wegen der in ihnen herrschenden großen Scherung nur selten konstante Werte. Der zweite Einfluß, die sogenannte Verschiebungselastizität, das heißt eine der Kohäsion entspringende elastische Gegenwirkung, wird durch die Anwendung höherer Druckgefälle bei Auslaufviskosimetern eher überwunden. Derartige Viskositätsmessungen unter erhöhtem konstanten Druck sind vielfach bei „milchähnlichen" kolloiden Systemen, wie Blut, Blutserum (W. R. HESS) durchgeführt worden. Viskositätsmessungen ersterer Art mit Torsionsapparaten sind vor allem in den Vereinigten Staaten von Nordamerika beliebt. Man benützt dort mit gutem Erfolg das MOJONNIER-DOOLITTLE-Viskosimeter. Einen noch besseren Einblick sollen die modernen Gleitviskosimeter ergeben, wie sie z. B. von LAWACZEK-RIEPPEL neuerdings konstruiert wurden und die den Vorteil nicht nur einfacher und schneller Messung, sondern auch der Beziehbarkeit auf absolute Viskosität bieten. In diesen Apparaten gleitet in einer genau auskalibrierten Röhre ein Senkkörper durch die zu messende Flüssigkeit; die Einflüsse der Schergeschwindigkeit und der Verschiebungselastizität werden durch die besonderen Anordnungen so gut wie völlig ausgeschaltet.

Als praktische Folgerungen ergaben sich aus den bisherigen, unter verschiedenen äußeren Bedingungen und mit sehr verschiedenen Apparaturen gemessenen Vergleichsuntersuchungen und aus der Erfahrung: Kalte Milch hat eine größere Viskosität als warme Milch; kalte Milch bleibt deshalb an Gefäßwandungen in größeren Mengen hängen als warme Milch. Kalter Rahm ist schaumhaltiger als warmer Rahm (Bereitung von Schlagsahne). Erhitzen vermindert die Viskosität; deshalb ist auch pasteurisierte Milch weniger viskos als rohe Milch, aber noch viskoser als gekochte Milch. Vollmilch von 30^0 C ist 1,7mal viskoser als Wasser gleicher Temperatur, bei 0^0 C 2,6mal mehr; beim Abkühlen von 30^0 C auf 0^0 C steigt die Viskosität der Milch um den 2,6fachen Betrag. Frische Milch hat eine geringere Viskosität als gestandene Milch (Nachquellen der Eiweißkörper, Erstarren der Fettkügelchen, Entweichen von Kohlensäure). Unter dem Einfluß von Schleimbakterien oder krankhaften Veränderungen der Milchdrüsen kann die Viskosität der Milch erheblich ansteigen. Die „Tättemilch" oder „Lange Milch", die im nördlichen Skandinavien und in Finnland ein beliebtes Nahrungsmittel ist, eine gleichmäßig sämige, fadenziehende, sehr beständige, stark milchsaure Dickmilch verdankt ihre eigentümliche Beschaffenheit einer konstanten Symbiose von Milchsäurebakterien und Hefen.

Zur einfachen Bestimmung der relativen Viskosität bedient man sich der Auslaufviskosimeter (im einfachsten Falle einer Pipette), der Durchlaufviskosimeter nach OSTWALD oder der Tropfmethoden mittels Stalagmometer und Viskostagonometer. In den beiden ersten Fällen ist die relative Viskosität umgekehrt proportional dem ausgeflossenen Volumen Milch, bezogen auf denselben Druck und dieselbe Zeit und bezogen auf Wasser unter gleichen Verhältnissen. Die relative Größe wird berechnet nach: $x = \dfrac{gw \cdot s}{gm}$; gw ist das Gewicht des ausgeflossenen Wassers, gm das Gewicht der ausgeflossenen Milch, $s =$ spezifisches Gewicht der Milch; die Viskosität des Wassers wird mit 100 angenommen.

Die Abtropfmethode kann auch zur Deutung der Oberflächenspannung herangezogen werden. Diese besteht in einer auf die Oberfläche durch das Innere der Flüssigkeit ausgeübten Anziehung und kennzeichnet sich darin, daß die Oberfläche sich auf ein Minimum zu reduzieren bestrebt ist. Eine Äußerung dieser Spannung ist die Erscheinung, daß gewisse Flüssigkeiten in Kapillarröhrchen emporsteigen. Aus der Höhe, bis zu welcher die Flüssigkeit steigt, läßt sich deren Oberflächenspannung berechnen. Die Suspensionskolloide besitzen die gleiche Oberflächenspannung wie das Dispersionsmittel, während die hydrophilen Kolloide eine niedrigere Oberflächenspannung als das Lösungsmittel ergeben.

Bis jetzt sind nur wenige Arbeiten über die Oberflächenspannung der Milch durchgeführt worden; sie wird bei 15° C mit 52,8 Dynen angegeben. Über den Einfluß des Fettgehaltes sind die Meinungen vorläufig noch geteilt; wahrscheinlich sind die Eiweißstoffe und Fettsäuren die ausschlaggebenden Faktoren. Beim Altern nimmt sie ab, während sie durch Pasteurisieren wahrscheinlich erhöht wird. Für die Unterscheidung von roher, pasteurisierter und gekochter Milch könnte die Methode der Viskositäts- und Oberflächenspannungsmessung unter der Voraussetzung einfacherer, aber doch sicherer Durchführbarkeit eine gewisse praktische Bedeutung erlangen, wenn in dieser Richtung noch mehr Erfahrungen gesammelt werden können.

Elektrische Leitfähigkeit

Entgegen der ziemlichen Gleichmäßigkeit der Gefrierpunkterniedrigung der Milch verschiedener Herkunft auch bei verschiedenen äußeren Einflüssen zeigt der Wert der elektrischen Leitfähigkeit große Differenzen; bei der Kuhmilch 40—$95 \cdot 10^{-4}$ bei 18° C, bei der Frauenmilch 15—$85 \cdot 10^{-4}$; am meisten kommen die Zahlen zwischen 45—$60 \cdot 10^{-4}$ bei Kuhmilch vor. Die Milch einzelner Viertel desselben Euters einer Kuh hat verschiedene Leitfähigkeit, größere bei geringeren Milchmengen und umgekehrt. Aufrahmen erhöht die Leitfähigkeit, Kochen und Pasteurisieren verringert sie. Krankheiten, Laktationsdauer, Fütterungsart, beginnende Gravidität, beginnende oder fortschreitende Säuerung ändern mehr oder weniger die Leitfähigkeit, so daß ihre Bestimmung keine einheitlichen Schlüsse zuläßt und sich deshalb auch nicht zur Beurteilung von Milch eignet.

Wasserstoffionen-Konzentration. Reaktion. Säuregrad

Die Reaktion einer Flüssigkeit wird am besten durch die Angabe ihrer Wasserstoffionen-Konzentration angegeben, auch wenn sie alkalisch ist und also mehr Hydroxylionen als Wasserstoffionen enthält. Die Größe der Wasserstoffionen-Konzentration läßt sich zahlenmäßig durch die auf die tatsächlich vorhandenen Wasserstoffionen bezogene Normalitätsangabe der betreffenden Flüssigkeit kennzeichnen, und diese Angabe wird der besseren Übersichtlichkeit halber auf einfache Weise in Form einer negativen Potenz geschrieben $\doteq$ Wasserstoffexponent $= p_h$.

Zum Beispiel:

Tabelle 19. Wasserstoffionen-Konzentration

Wasserstoff-exponent p_h	C_H (Normalität)		Reaktion
	Wert	Ausdruck	
1,0	$0,1 \times 10^{-0}$	0,10 n	Sauer
2,0	$0,1 \times 10^{-1}$	0,01 n	,,
3,0	$0,1 \times 10^{-2}$	0,001 n	,,
4,0	$0,1 \times 10^{-3}$	0,0001 n	,,
5,0	$0,1 \times 10^{-4}$	0,00001 n	,,
6,0	$0,1 \times 10^{-5}$	0,000001 n	,,
6,7	$0,1 \times 10^{-6}$	0,0000002 n	,,
7,0	$0,1 \times 10^{-6}$	0,0000001 n	Neutral
8,0	$0,1 \times 10^{-7}$	0,00000001 n	Alkalisch
9,0	$0,1 \times 10^{-8}$	0,000000001 n	,,
10,0	$0,1 \times 10^{-9}$	0,0000000001 n	,,
11,0	$0,1 \times 10^{-10}$	0,00000000001 n	,,
12,0	$0,1 \times 10^{-11}$	0,000000000001 n	,,
13,0	$0,1 \times 11^{-12}$	0,0000000000001n	,,

Umrechnung von H· in $p_h =$

$$1., \ H^\cdot = 10^{-7}$$
$$\log H^\cdot = -7$$
$$-\log H^\cdot = 7$$
$$p_h = 7$$
$$2., \ H^\cdot = 4,3 \cdot 10^{-3}$$
$$\log H^\cdot = 0,634 - 3$$
$$-\log H^\cdot = -0,634 + 3$$
$$p_h = 2,366$$

Wert von p_h	Ausdruck von C_{OH}	
8,0	$0,1 \times 10^{-5}$	0,000001n
9,0	$0,1 \times 10^{-4}$	0,00001 n
10,0	$0,1 \times 10^{-3}$	0,0001 n
11,0	$0,1 \times 10^{-2}$	0,001 n
12,0	$0,1 \times 10^{-1}$	0,01 n
13,0	$0,1 \times 10^{-0}$	0,10 n

Die bisherigen Messungen — für genaue Bestimmungen kommt nur die elektrometrische Messung in Frage, die Indikatorenmethode ist an sich und wegen des besonderen Einflusses der Eiweißstoffe zu grob — haben ergeben, daß ziemliche Schwankungen vorliegen.

Die hierfür maßgebenden Einflüsse sind mannigfach: Entweichen von gelöster Kohlensäure, Veränderung des Quellungszustandes der Eiweißstoffe und der Milchfettkügelchen, dadurch bedingte Veränderung der Adsorptionsverhältnisse gegen H- bzw. OH-Ionen, beginnende und fortschreitende Säuerung unter Bildung von H-liefernder Milchsäure und Verschiebung der Verhältnisse von primärem zu sekundärem Phosphat, Verschiebung des Pufferungsvermögens und anderes mehr. Bestimmend sind für letztere primär das Verhältnis von Bikarbonat zu freier Kohlensäure sowie das Verhältnis von primärem zu sekundärem Phosphat, das Verhältnis von primärem zu sekundärem Zitrat und das Verhältnis von dissoziierten Proteinionen zu undissoziiertem Protein; später treten die Milchsäure und die Laktate hinzu, also ein sehr kompliziert aufgebautes Pufferungssystem.

Die genetischen Beziehungen zwischen Blut und Milch ergeben eine Ähnlichkeit bei den beiden Flüssigkeiten, und eine weitere Untersuchung der Milch auf ihre Wasserstoffionenverhältnisse wird sich mit Vorteil der schon besser gediehenen Einsicht in die entsprechenden Verhältnisse des Blutes bedienen.

Die Kohlensäure (in der frisch ermolkenen Milch durchschnittlich 6 bis 7 Vol. %) müßte, streng genommen, in 4 Formen vorhanden sein, und zwar als Anhydrid (Co_2), als Hydrat (H_2CO_3), als Bikarbonat ($MHCo_3$) und als Karbonat (M_2CO_3); die Karbonatform ist nach den Ergebnissen der bisherigen Messungen in der Kuhmilch unwahrscheinlich, in der Frauenmilch in winzigen Mengen wahrscheinlich; die Anwesenheit von freier Kohlensäure in der Milch, die sich ja durch Entlüften austreiben läßt, schließt die Anwesenheit von Karbonat in größeren Mengen aus. Die beiden Hauptformen der Kohlensäure in der Milch werden wie im Blut H_2CO_3 und $MHCO_3$ sein (M ein einwertiges Metall wie Na oder K). Der H_2CO_3-Anteil stellt die physikalisch gelöste Kohlensäure dar; seine Menge wird durch den Adsorptionskoeffizienten und den Kohlensäuredruck bestimmt, über den zwar bei Milch noch keine Messungen vorliegen, der aber doch klein genug ist, daß man die Hauptmenge nicht als physikalisch gelöst, sondern in Bikarbonatbindung annehmen kann. Diese Bindung wird durch Puffersubstanzen in der Milch, Alkaliverbindungen schwacher Säuren, hier vor allem der Zitronensäure, und der Eiweißstoffe und Absättigungsstufen der Phosphorsäure veranlaßt, mit denen die Kohlensäure um das Alkali konkurriert. Der relativ hohe Partialdruck der Kohlensäure verdrängt aus solchen Salzen zum Teil die schwachen Säuren und nimmt das Alkali in Beschlag; vielleicht wird auch ein Teil der Kohlensäure von den Eiweißstoffen direkt in einer dissoziablen Form gebunden (Adsorption bzw. Azidalbuminbildung).

Das mehrfache Pufferungssystem in der Milch wird durchsichtiger, wenn man sich dessen Aufgabe und Funktion vor Augen hält, die vor allem darin besteht, das lyophobe Kolloid Kasein in Dispersion zu halten. Nicht nur, daß — wahrscheinlich durch chemische Komplexbildung, etwa als Kasein-Phosphor-Säure — schon eine Steigerung der Hydrophilie herbeigeführt werden kann, nicht nur daß ein hydrophiles Schutzkolloid, das Albumin des Serums, helfend eingreift, sondern es wird auch dem Angriff der H-Ionen, die schließlich bei genügender Konzentration die Entladung und damit die Ausflockung des mühsam dispergierten Kaseinkomplexes herbeiführen, ein mehrfacher Wall in den Phosphaten, Zitraten und Karbonaten entgegengesetzt, die der Reihe nach durch fortschreitende Säuerung der Milch zerstört werden, so daß dann schließlich der Komplex einstürzt; die sichtbaren Produkte dieses Einsturzes nennt man „Kasein" bzw. „Käsestoff" oder „Para-Kasein-Kalzium-Phosphat"; das native Nukleoalbumin der Milch, das „Prokasein", hat man bisher noch nicht kennengelernt. Die Produkte der Säuerung der Milch werden damit leicht verständlich. Die Einwirkung des Labenzyms liefe bei dieser Betrachtungsweise hauptsächlich auf eine Änderung der Dispersitätsverhältnisse hinaus, wobei natürlich nicht ausgeschlossen ist, daß dabei im Gefolge noch charakteristische und in einem gewissen

Umfang immer wiederkehrende Nebenwirkungen ausgelöst werden. Darüber wird an anderem Orte noch berichtet.

Nach den bisherigen Messungen ergeben sich bei Kuhmilch die Wasserstoffexponenten: 6,3 bis 6,85, am häufigsten sind 6,4 bis 6,7, also ein sehr schwacher aktueller Säuregrad, der der Dissoziation einer 0,000 000 4 bis 0,000 000 2 fach normalen Salzsäure entspräche. Frauenmilch ist im allgemeinen etwas alkalischer als Kuhmilch, Mittelwert $p_h = 6,97$ (Schwankungen von 6,6 bis 7,2) und etwas saurer als Blut (Menschenblut $p_h = 7,32$ bis 7,33). Von anderen Milcharten liegen noch zu wenig Untersuchungen vor; wahrscheinlich folgen Eselinnen-, Stuten- und Schweinemilch (Albuminmilcharten) dem Typus der Frauenmilch, während Schaf- und Ziegenmilch sich der Kuhmilch (Kaseinmilcharten) anschließen.

Die Reaktion der Milch im üblichen Sinne, das heißt ihr Vermögen, bestimmte zur Erkennung saurer bzw. alkalischer Eigenschaften benützbare Farbstoffe zu verändern, hängt ganz von den jeweils verwendeten Farbstoffen ab, die sich durch ganz verschiedene Empfindlichkeit gegenüber einer bestimmten Wasserstoffionen-Konzentration voneinander abheben. Gebräuchlich sind für die Milchprüfung die Indikatoren: Phenolphthalein mit einem Umschlagsgebiet von p_h 8,2 bis 10,0 und Lackmus (Azolitmin) mit einem Umschlagsgebiet von p_h 6,0 bis 8,0. Ersterer Indikator wird demnach von allen Milcharten nicht verändert; diese erscheinen gegenüber diesem Farbstoff als „sauer“; letzterer Indikator wird ganz verschieden beeinflußt, je nach dem aktuellen Säuregrad, der vorliegt. Es kommt deshalb Milch vor, die gegen Lackmus „neutral“ oder „alkalisch“ oder auch „amphoter“ reagiert; im letzteren Falle wird der gerötete Lackmusfarbstoff gebläut und gleichzeitig der gebläute Farbstoff gerötet. Die Albuminmilcharten (Frauen-, Stuten-, Eselinnenmilch) sind zumeist alkalisch ($p_h < 7,1$ und ganz nahe Werte) oder neutral ($p_h = 7,10$), die Kaseinmilcharten (Kuh- und andere Wiederkäuermilch) sind zumeist amphoter oder schwach sauer ($p_h > 7,0$); die Milch der Karnivoren ist fast immer sauer.

Die Anwendung von verschieden umschlagenden Indikatoren dürfte bei eingehender Bearbeitung für die praktische Beurteilung von Milch noch besonders brauchbar sein. Mit gewisser Einschränkung läßt sich die Alkohol-Alizarin-Probe (Alizarolprobe) zur Milchprüfung verwenden. Ohne Alkoholanwendung bekommt man einen besseren Einblick in die Säureverhältnisse der Milch; Phenolsulfophthalein (Phenolrot; Umschlaggebiet p_h 6,8 bis 8,0; sauer: gelb und alkalisch: rot) gibt mit normaler Milch eine „saure“ Zwischenfärbung (Rahmfarbe mit einem Stich in Rot); mit einer Farbskala läßt sich so die p_h der Milch bestimmen. Eine bessere Beurteilung der Farbe wird ermöglicht, wenn man außer Phenolrot noch etwas Kaliumoxalat hinzugibt. Nach anderen Vorschlägen wird Bromkresolpurpur als Indikator verwendet (Dibromorthokresolsulfophthalein; Umschlagsgebiet p_h 5,2 bis 8,0; sauer: gelb und alkalisch: purpur). Ein Tropfen einer gesättigten Lösung dieses Indikators gibt mit 3 cm³ Milch eine grünlich-blaue Färbung; diese Färbung wird durch Säuerung und Erhitzen über den Pasteurisierungspunkt heller und wird dunkelblau, wenn der Milch Wasser oder alkalisch reagierende Salze (z. B. Bikarbonat als Säuretilgungsmittel) zugesetzt sind, oder wenn sie von kranken Kühen stammt.

Von dem aktuellen Säuregrad, der Wasserstoffionen-Konzentration, ist der potentielle Säuregrad, die Titrationsazidität, wohl zu unterscheiden; letzterer wird in hergebrachter Weise als der „Säuregrad“ der Milch kurzweg bezeichnet. Dieser setzt sich zusammen aus dem Maß an sauer reagierenden Stoffen, die ganz frische Milch bei der Titration mit Alkalien unter Verwendung von Phenolphthalein als Indikator vermöge ihres Gehaltes an sauren Phosphaten, Zitraten und Bikarbonaten, an freier Kohlensäure, Aminosäuren und alkaliverbrauchendem Eiweiß zeigt, beim Stehen der Milch verändert um den durch Milchsäurebildung aus Milchzucker verursachten Zuwachs an alkaliverbrauchenden Stoffen und dem allmählichen Entweichen der Kohlensäure.

Da die Erfaßbarkeit der in der Milch vorkommenden alkaliverbrauchenden Stoffe unter verschiedenen äußeren Verhältnissen eine verschiedene ist, sind mehrere Vereinbarungsmethoden vorgeschlagen worden und in Übung, die jeweils bei gleicher Handhabung brauchbare Ergebnisse liefern, die aber untereinander nicht ohne weiteres vergleichbar sind. Die gebräuchlichsten Verfahren sind die von THÖRNER und von SOXHLET-HENKEL. Bei ersterem werden 10 cm³ Milch bei 17° C abgemessen, mit destilliertem Wasser auf 30 cm³ verdünnt, mit einem Zusatz von einigen Tropfen einer 5%igen alkoholischen Phenolphthaleinlösung versetzt und mit $^1/_{10}$ n Natronlauge bis zur bleibenden Rotfärbung titriert; je $^1/_{10}$ cm³ der angewendeten Lauge (oder je 1 cm³ $\frac{n}{10}$ Natronlauge auf 100 cm³ Milch) bedeutet einen THÖRNER-Grad. Nach SOXHLET-HENKEL werden 50 cm³ Milch unter Zusatz von 2 cm³ einer 2%igen alkoholischen Phenolphthalein-Lösung mit $^1/_4$ n Natronlauge bis zur bemerkbaren Rötlichfärbung titriert; je 1 cm³ $\frac{n}{4}$ Natronlauge auf 100 cm³ Milch = 1 Säuregrad nach SOXHLET-HENKEL. Wasserzusatz zur Milch (THÖRNER-Probe) hydrolisiert die Salze, wodurch der potentielle Säuregrad heruntergedrückt wird; in gleicher Weise wirken Alkohol (verschiedene Mengen mit der Indikatorlösung bei THÖRNER bzw. SOXHLET-HENKEL eingebracht) und Erwärmung (Austreiben von Kohlensäure).

Bei längerem Erwärmen steigt der Säuregrad wieder an infolge der unter dem Einflusse der Phosphate von Enzymen und Luftsauerstoff beginnenden Zersetzung des Milchzuckers; es bilden sich durch Umlagerung Milchsäure und durch Oxydation Glukonsäuren. Zusatz von Formalin erhöht etwas den Säuregrad durch teilweise Beschlagnahme der Aminogruppen der Eiweißstoffe unter Freilegung deren sauren Garboxylgruppen.

Ein ungefährer Vergleich zwischen Säuregraden nach THÖRNER bzw. SOXHLET-HENKEL ist möglich, wenn man an Stelle 1 Säuregrades nach SOXHLET-HENKEL 2,5 Säuregrade nach THÖRNER setzt. Frische Kuhmilch besitzt nach SOXHLET-HENKEL einen Säuregrad von 5 bis 6,85, nach THÖRNER 12 bis 21, im Mittel (gute Marktmilch) 6 bis 8 bzw. 14 bis 18. Frauenmilch verbraucht erheblich weniger Alkali als Kuhmilch; die erheblich geringere Konzentration an Mineralstoffen und Kasein sind hierfür verantwortlich zu machen: 1 bis 9, im Mittel 5 THÖRNER-Grade; ähnlich liegen wiederum die Verhältnisse bei den anderen Albuminmilcharten (Stute, Esel).

Proben auf vorgeschrittene Säuerung sind die gebräuchliche Kochprobe, bei der Milch bis zum Kochen erhitzt wird, wobei man zusieht, ob die Milch nicht gerinnt, und die noch schärfere Alkoholprobe, die auch bei Anwesenheit von relativ geringen Mengen von Milchsäure durch Flockenbildung infolge sich ausscheidenden Kaseins wertvolle Hinweise gibt.

Farbe, Geruch und Geschmack

Die unter gewöhnlichen Umständen ermolkene frische Kuhmilch ist stets gelblichweiß gefärbt, vollständig undurchsichtig, in sehr dünnen Schichten durchscheinend und gleichmäßig fließend. Tierwarm und bei gewöhnlicher Wärme zeigt sie einen schwachen, dem Geruch der Hautausdünstung der Tiere ähnlichen, für jede Säugetierart besonderen Geruch, sowie einen milden, vollen, schwachsüßlichen Geschmack und die Eigenschaft, riechende Stoffe aus der Umgebung aufzunehmen und festzuhalten.

Es ist sehr unwahrscheinlich, daß ganz rein gewonnene Kuhmilch aseptisch bzw. im Freien ermolkene Milch einen Geruch besitzt. SCHLOSSMANN hat darauf hingewiesen, daß der der Kuhmilch als eigentümlich zugewiesene Geruch durch den Gehalt an Kotsubstanzen und bald einsetzende Tätigkeit von Bakterien hervorgerufen wird. Tierwarme und erwärmte Milch nehmen Geruch und Ge-

schmack viel leichter auf als kalte Milch. Vor allem ist das Fett befähigt, die
Geruch- und Geschmackstoffe zu speichern, besonders wenn es sich um lipoid-
lösliche Stoffe handelt, zu denen die meisten Aromaträger gehören, die hier
in Frage kommen können: ätherische Öle, Terpene u. dgl. aus den Futterpflanzen.
Die Milch des Höhenviehs hat im allgemeinen, besonders bei Weidegang, einen
aromatischeren Geruch und Geschmack als die Milch, die von Stallfütterung
und von Niederungsweiden stammt. Der höhere Gehalt an Kumarin und anderen
aromatischen Stoffen, die den Futterpflanzen des Hochlandes eigen sind, machen
sich bemerkbar. Mit dem Milchfett gehen die Träger des Geruches und Geschmackes in die Butter über, die außerdem noch Geruch- und Geschmacksstoffe
durch eigentümliche Aufspaltung von Bestandteilen des reifenden Rahmes
durch besondere Bakterien (siehe später) empfängt.

Der eigentümliche Geruch der Ziegenmilch ist schon anderwärts erwähnt
worden. Auch hier wird es so sein, daß ganz rein gewonnene Ziegenmilch, wenn
sie keine Gelegenheit hat, mit der Stalluft in Berührung zu kommen, wahrscheinlich keinen merkbaren eigentümlichen Geruch und Geschmack aufweisen
wird. Nur die Hautausdünstung der Ziegen und der Böcke, wenn diese gleichzeitig mit den Ziegen in einem Stalle gehalten werden, wird den Geruch- und
Geschmacksstoff, den sogenannten Bockgeruch, dem man schon eine besondere
organische Säure, die „Hircinsäure" unterlegen wollte, vermitteln. Über die
anderen Milcharten ist, soweit über Geruch und Geschmack und Farbe etwas
gesagt werden kann, schon früher bei der Anführung der chemischen Zusammensetzung das Nähere bemerkt worden.

Über den Geruch der Frauenmilch finden sich wenige Notizen; ihr Geschmack wird als süß-fade bezeichnet; ihre Farbe wechselt sehr nach dem erheblich
schwankenden Fettgehalt; durchschnittlich ist sie eine undurchsichtige, weiße
Flüssigkeit mit einem deutlichen Stich ins Gelbliche.

Der gelbe Farbton der Kuhmilch ist, wie schon erwähnt, hauptsächlich
vom Fettgehalt und von dessen Farbstoffinhalt abhängig; bei scharf zentrifugierter Milch kommt das reinweiße Milchplasma zutage, das einen leichten
Stich ins Bläuliche hat. Ein Teil der Reflexion des Lichtes und der dadurch
bewirkten Undurchsichtigkeit und weißen Farbe des Milchplasmas wird durch
die kleinsten Fettkügelchen mitbewirkt, die sich durch das Zentrifugieren nicht
entfernen lassen; der Hauptanteil trifft aber auf das kolloid verteilte Nukleoalbumin (Kaseinkomplex), das durch Zusatz von Säure oder Alkali chemisch
verändert werden kann und in dieser veränderten Form eine ganz andere Dispersion aufweist als in unveränderter Form. Die entstehenden Azidalbumine
bzw. Albuminate (Kaseinate) sind hydrophil geworden, ihre an sich größer
gewordenen Teilchen sind mit Wasserhüllen umgeben, die Reflexion des Lichtes
an den Grenzflächen der in der Zahl erheblich weniger gewordenen Teilchen
ist keine weitgehende mehr, ein erheblicher Teil der Lichtstrahlen dringen in
das dichtere Medium ein, zum Teil durchdringen sie es sogar, d. h. die Flüssigkeit
ist aufgehellt, nicht mehr porzellanweiß. Eine weitere Ursache der Reflexion
der Lichtstrahlen an Milch sind die für sich vorkommenden, zumeist aber mit
dem Nukleoalbumin (Kaseinkomplex) in irgendeiner Form verbundenen Kalziumphosphate, die etwa als Kalziumtriphosphat unter Mitwirkung von Schutz-
kolloiden und von Zitraten kolloid verteilt sein können; das gleiche träfe für
Kalziumtrizitrat zu, dessen Existenz in der Milch sehr gut möglich ist. Diese
Salze würden dann ebenfalls durch Zusatz von Alkali oder Säure ihren eigentümlichen Zustand verlieren und damit als Träger von reflektierenden Grenzflächen ausscheiden.

Die in das Milchfett gehenden Farbstoffe sind zumeist Bruchstücke des Chlorophylls (Blattgrün) und die als ständige Begleiter des Chlorophylls anzusehenden gelben Karotinoide (Karotin, Xanthophyll, Lutein und andere) sowie vielleicht auch unveränderte oder veränderte Anthozyane (Blumen- und Beerenfarbstoffe); sie werden in diesem besonderen Zusammenhang, weil fettlöslich, auch als Lipochrome des Milchfettes zusammengefaßt. Außer diesen sehr wahrscheinlich aus dem Futter stammenden Farbstoffen kommt in der Milch, und zwar im Milchplasma, also dem fettfreien Anteil, noch ein gelbgrüner Farbstoff vor, der nach der Ausscheidung des Kaseinkomplexes durch Säuerung oder Labung in der Molke deutlich sichtbar wird. Es handelt sich hier um einen proteinogen, nicht fettlöslichen Farbstoff, ein Laktochrom, das als Eiweißabkömmling wahrscheinlich den Oxyproteinsäuren, nahestehend den endogenen tierischen Farbstoffen, wie z. B. Urochrom (Harnfarbstoff), verwandt ist. Über die Farbstoffe der Milch wird später noch Näheres mitgeteilt werden.

Das Plasma der Frauenmilch ist viel durchscheinender als das der Kuhmilch; das rührt von dem geringeren Gehalt an reflektierenden Stoffen her (geringerer Kaseingehalt); die hydrophilen Albuminteilchen, die in diesem Plasma relativ vorherrschen, sind durchscheinend.

Das Maß der Undurchsichtigkeit der Milch hat man wiederholt zur Beurteilung heranziehen wollen; doch ist sie zu subjektiv und deshalb zu unsicher, abgesehen von den natürlichen Schwankungen.

Die Milchbestandteile

Das Milchfett

Das Milchfett ist in der Milch, wie schon mehrfach erwähnt, in Form mikroskopisch kleiner Tröpfchen (Milchkügelchen) vorhanden. Die Größe der Milchkügelchen ist ungleich und schwankt bei der Kuhmilch zwischen (0,1) bis 1 bis 10 bis (22) Mikra (μ); 1 Mikron oder $\mu = 0,001$ mm; 1 Kubikmikron $= 0,000\,000\,001$ mm³. Die Kügelchen hängen zumeist in traubenförmigen Gebilden zusammen; das ist besonders bei frisch gemolkener Milch der Fall. Das Aufsteigen des Fettes an die Oberfläche wird dadurch merklich gefördert. Lösen sich die Häufchen durch Erwärmen oder Bewegen der Milch oder aus anderen Ursachen, so gelingt die Entrahmung weniger gut. Rasse, Laktationsstadium und Fütterung sind von erheblichem Einfluß auf die Zahl und damit auf die Größe der Kügelchen. Rassen mit fettreicher Milch zeigen in dieser auch meist relativ große Kügelchen.

Als äußerste Grenzwerte nach unten und nach oben werden für den Durchmesser die Kügelchen 0,1 und 22 μ angegeben; der mittlere Durchmesser dürfte etwa 3 μ betragen. Eine Vorstellung von der Feinheit der Verteilung des Fettes in der Milch ergibt folgende Rechnung. Bei einem mittleren Fettgehalt der Milch zu 3,4 % — Schwankungen zwischen 2,5 bis 4,5 %, Höhenrassen hohe Zahlen, Niederungsrassen niedrige Zahlen, daher im Norden und Nordosten Deutschlands Durchschnittszahl 3,2 % — und bei einem spezifischen Gewicht des Fettes bei 17,5° zu 0,924 beträgt:

	Durchmesser von 0,01 mm	Durchmesser von 0,0016 mm
das Gewicht eines Kügelchens	0,000\,000\,4838	0,000\,000\,002 mg
die Zahl aller Kügelchen in 1 kg Milch rund	70\,000 Millionen	17 Billionen
die Oberfläche aller Kügelchen in 1 kg Milch rund	22 m²	133 m²

Die Mittelwerte der Größe der Kügelchen, wenn sie von einer größeren Anzahl von Kühen während einer großen Laktationsdauer — unter der Voraussetzung, daß diese ungestört verläuft — abgenommen wird, bilden ein sehr gutes Rassenmerkmal, das bei rassenreinen Tieren nahezu unverändert bleibt, gleichviel, ob die Tiere mehr oder weniger und ob sie fettreiche oder fettarme Milch geben. Bei altmilchenden Tieren sind Kügelchen im mittleren Durchmesser verhältnismäßig gering; es läßt sich die Milch deshalb weniger leicht entrahmen und die Butterausbeute bleibt zurück („Kuhschwer"). Starke, besonders anhaltende Erschütterung der Milch bei höheren, über dem Schmelzpunkt des Fettes liegenden Wärmegraden (z. B. Beförderung der Milch) veranlaßt das Anwachsen der kleineren und kleinsten Kügelchen auf Kosten der größeren, wodurch ebenfalls die Entrahmungsfähigkeit der Milch und die Butterausbeute leiden. Besonders ausgeprägt tritt dies beim Homogenisieren der Milch zutage, darin bestehend, daß man die Milch bei Temperaturen bis zu 80 bis 85° unter einem Druck bis zu 250 Atm. durch enge Spalten und Öffnungen zwischen harten Körpern (Achatkeilen, Stahlkeilen) hindurchpreßt, so daß die Fettkügelchen derart zerkleinert und der Emulsionszustand derart gesteigert wird, daß die Milch weder beim Stehen aufrahmt, noch durch Zentrifugalkraft entrahmt werden kann.

Mikroskopische Beobachtungen und Beobachtungen der milchwirtschaftlichen Praxis lassen erkennen, daß die Fettkügelchen auch bei Temperaturen, bei denen das Milchfett an sich schon fest sein sollte, noch flüssig sind, sich also im unterkühlten Zustand befinden. Mit dem Fortschreiten der Abkühlung und des Butterungsprozesses verlieren die Kügelchen immer mehr ihre Rundgestalt und nehmen unregelmäßige Formen an, indem sie in den festen Zustand übergehen. Die Erstarrungsform ist abhängig von der Art und der Schnelligkeit der Abkühlung; je schneller diese erfolgt, desto größer ist die Kontraktion der Kügelchen, die dann unter Umständen kantige, stark lichtbrechende Gebilde geben. Die beim Abkühlen der Milch und des Rahmes sich abwickelnden und den Zustand des Milchfettes betreffenden Vorgänge sind theoretisch und praktisch sehr wichtig, sie beeinflussen die Rahmreifung, die Butterausbeute, die Konsistenz, die Güte und die Haltbarkeit der Butter; an anderer Stelle wird auf diese Wechselwirkungen noch näher eingegangen werden.

Die Frage der vermeintlichen geschlossenen Hüllen der Fettkügelchen (Haptogenmembran) ist schon behandelt worden. Zusammenfassend sei hier nochmals gesagt, daß die Kügelchen eine aus einem festen Stoff bestehende, hautartige Hülle der Wahrscheinlichkeit nach nicht besitzen; an ihrer Oberfläche und an der mit ihr in Berührung stehenden Hohlkugelfläche des benetzenden Plasmas werden, begünstigt durch die schwach alkalische Beschaffenheit der Milch, durch die Oberflächenkräfte Spannungen und Attraktionserscheinungen erzeugt, die bewirken, daß sich die Kügelchen in mancher Beziehung so verhalten, als seien sie von einer festen Haut umgeben. Die Annahme, daß es sich um einen besonderen Eiweißstoff handle, der die „Hüllen" bilde, muß vorläufig noch als nicht endgültig bewiesen angesehen werden; ein derartiger Stoff, der Oberflächen von wenigstens 25 m² in einem Liter Milch bilden müßte, könnte der bisherigen Beobachtung nicht entgangen sein.

Das Fett der Milchkuh ist in seinem Zustand von der Individualität und der Rasse der Kühe, in höherem Maße aber von der Fütterung abhängig und kann vollkommen weiß bis sattgelb sein. Über den Farbstoff des Milchfettes ist schon berichtet worden (ein Lipochrom, wahrscheinlich ein Gemenge von Karotin und Xanthophyll aus den Farbstoffen des Futters); es scheidet sich bei der Gewinnung der unverseifbaren Substanz zwischen den Cholesterinkristallen in kleinen, tiefgelben, amorphen Klümpchen aus. Unter dem Einfluß des Lichtes wird das Milchfett allmählich weiß und nimmt eine talgige Beschaffenheit an;

direktes Sonnenlicht führt diese Veränderung in wenigen Stunden herbei (siehe später). Das eigenartige angenehme Aroma des Milchfettes wird, wie schon erwähnt, sowohl durch Bestandteile des Fettes selbst (zum Teil aus den Futterstoffen) und durch Stoffe hervorgebracht, die während der Rahmreifung durch Mikroorganismen gebildet werden (WEIGMANN).

Das Milchfett ist ein Gemenge einfacher oder gemischter Triglyzeride, Cholesterin, Farbstoff und einiger, der Menge nach nicht hervortretender, trotzdem aber charakteristischer, spezifischer Begleitstoffe. Das Vorhandensein anderer Alkoholreste als der des Glyzerins ist bisher noch nicht festgestellt worden; solche wären in der Milch der Waltiere zu erwarten. Über die Konstitution des Milchfettes ist, wie überhaupt der Fette, noch recht wenig bekannt. Vor allem läßt sich noch nicht entscheiden, ob man es im wesentlichen nur mit einfachen Glyzeriden zu tun habe, oder ob auch gemischte Glyzeride als Bestandteil anzunehmen sind; wahrscheinlich trifft das letztere zu. Es ist recht gut eine kompliziertere Zusammensetzung möglich, in der Art, daß es sich um eine wechselseitige Lösung der Glyzeride verschiedensten Aufbaues handeln kann. Die bisherigen Versuche, mit einfachen Glyzeriden als Modellsubstanz, z. B. mit dem Tributyrin, und mit Mischungen Schlüsse über die Konstitution des Fettes zu bekommen, waren wenig ermutigend; anderseits gewann man aus Butterfett mit heißem Alkohol ein einem Oleopalmitobutyrat entsprechendes Fett und in anderen Fällen Tristearin, Palmitodistearin und Stearodipalmitin.

Bisher sind im Milchfett sicher nachgewiesen Glyzeride von neun Fettsäuren, und zwar von 4 flüchtigen Säuren:

der Buttersäure .... $CH_3 (CH_2)_2 COOH$
der Kapronsäure .... $CH_3 (CH_2)_4 COOH$
der Kaprylsäure.......................... $CH_3 (CH_2)_6 COOH$
der Kaprinsäure .... $CH_3 (CH_2)_8 COOH$

und von 4 nichtflüchtigen Säuren:

der Laurinsäure .... $CH_3 (CH_2)_{10} COOH$
der Myristinsäure .... $CH_3 (CH_2)_{12} COOH$
der Palmitinsäure .... $CH_3 (CH_2)_{14} COOH$
der Stearinsäure .... $CH_3 (CH_2)_{16} COOH$
      und
der Ölsäure .... $CH_3 (CH_2) 7 CH = CH (CH_2) 7 COOH$ (ungesättigte Säure).

Die Anwesenheit der hochmolekularen Arachinsäure $CH_3 (CH_2)_{18} COOH$ ist unwahrscheinlich, ebenso die der Ameisensäure, der Essigsäure und der Propionsäure. Es sind also nur Glieder der Fettsäurereihe mit einer geraden Anzahl von Kohlenstoffatomen nachgewiesen worden, das stimmt damit überein, daß alle in den lebenden Geweben enthaltenen Fettsäuren immer eine gerade Zahl von Kohlenstoffatomen haben.

Die Paarigkeit der Säuren hat einen tiefen biologischen Sinn, sie hängt mit der Tatsache zusammen, daß der physiologische Abbau dieser Ketten nach der KNOOPschen Regel immer am β-C-Atom erfolgt, daß also jedesmal 2 C-Atome abgetrennt werden, so daß die aus höheren Fettsäuren entstehenden niedrigeren Fettsäuren immer paarig bleiben.

Die ungesättigten Fettsäuren werden sehr wahrscheinlich nur durch die Ölsäure vertreten; die Annahme zweier weiterer ungesättigter Säuren mit C_{15} und C_{29}, die gelegentlich geäußert wurde, ist wohl hinfällig.

Die Trennung der einzelnen Fettsäuren voneinander bereitet große Schwierigkeiten (fraktionierte Fällungen, fraktionierte Destillation im Vakuum, Isolierung der Oxydationsprodukte, Untersuchung der Bromderivate und anderes). Auch im isolierten Zustande sind sie noch schwer auseinanderzuhalten, da sie auch vielfach eutektische Gemische mit konstantem Schmelz- und Erstarrungspunkt liefern, die sich wie chemische Individuen verhalten und durch Umkristallisieren nicht geschieden werden können. Beispielsweise hat ein Gemisch von 47,5% Stearinsäure und 52,5% Palmitinsäure einen Erstarrungspunkt von 56,4⁰ und wurde wiederholt als einheitliche Säure $C_{17} H_{34} O_2$ angesehen.

Die Angaben über den Gehalt des Milchfettes an einzelnen Säuren sind daher sehr dürftig und haben nur einen sehr beschränkten Wert, da jedenfalls die Zusammensetzung eine ungemein wechselnde ist und vor allem das Fett des Futters und der Nahrung einen sehr tiefgehenden Einfluß darauf ausübt.

Ein annäherndes Bild ergibt sich nach den gründlichen Untersuchungen von M. SIEGFELD:

In Prozenten des reinen Milchfettes schwankt

der Glyzerinrest von .... 5,01 bis 5,39 %
die Menge aller Fettsäuren von .... 94,61 „ 94,99 %
„   „   der flüchtigen löslichen Säuren von .... 5,71 „ 7,68 %
„   „   „   „ unlöslichen   „   „ .... 0,95 „ 3,28 %
„   „   „ nichtflüchtigen   „   „ .... 84,19 „ 88,24 %
„   „   „   „ festen „   „ .... 40,65 „ 60,00 %
„   „   „ Ölsäure   „ .... 23,19 „ 53,28 %

Die mittleren Molekulargewichte schwanken:

für die flüchtigen löslichen Säuren von .... 93 bis 105
„   „   „ unlöslichen   „   „ .... 189 „ 207
„   „ nichtflüchtigen   „   „ .... 253 „ 262
„   „   „ festen „   „ .... 232 „ 247
„   alle Fettsäuren   „ .... 240 „ 255

Die gewinnbaren Fettsäuren werden in flüchtige und nichtflüchtige eingeteilt. Die ersteren — am Übergang steht die Laurinsäure — destillieren bei gewöhnlichem Druck mit den Wasserdämpfen über und sind, mit steigendem Molekulargewicht abnehmend, in heißem Wasser mehr oder weniger löslich (Buttersäure in kaltem Wasser leicht löslich, Kapronsäure ebenso noch löslich, Kaprylsäure in 400 Teilen heißem Wasser noch gut löslich, Kaprinsäure in kaltem Wasser fast unlöslich); sie werden dementsprechend der Bestimmung zugeführt — REICHERT-MEISSL-Zahl (für die unter vereinbarten Bedingungen durch Wasserdampfdestillation gewinnbaren flüchtigen, wasserlöslichen Säuren) und die POLENSKE-Zahl oder „neue Butterzahl" (für die unter vereinbarten Bedingungen durch Wasserdampfdestillation gewinnbaren flüchtigen, wasserunlöslichen Säuren). Das Maß der nichtflüchtigen Säuren ist die HELMER-Zahl = Prozentgehalt der unlöslichen Fettsäuren. Die KÖTTSTORFER oder Verseifungs-Zahl gibt an, wieviel Milligramm Kaliumhydroxyd zur Verseifung von 1 g Fett oder Fettsäuren notwendig sind. Die Jodzahl schließlich, bestimmt nach HÜBL oder nach anderen Arbeitsvorschriften, gibt schließlich ein Maß für die ungesättigten Fettsäuren, die sowohl im freien Zustand als auch in Form von Glyzeriden erfaßt werden. Wenn es richtig ist, daß das Milchfett nur eine ungesättigte Fettsäure, die Ölsäure, besitzt, so versteht man unter der Jodzahl des Fettes die von 100 g Fett aufgenommene Anzahl von Gewichtsteilen Jod; die verschiedenen Jodzahlen entsprechen dann dem verschiedenen Gehalt an Ölsäure; durch Multiplikation mit 1,16 gelangt man zu den Werten für Olein. Aus der KÖTT-STORFER-Zahl läßt sich das Molekulargewicht des Fettes und der Gemenge der Fettsäuren berechnen; sie ist umgekehrt proportional dem mittleren Molekulargewicht sämtlicher Fettsäuren des Milchfettes.

Mit dem Gehalt an niederen Fettsäuren steigen die Zahl der Moleküle, die KÖTT-STORFER-Zahl, das spezifische Gewicht, die REICHERT-MEISSL-Zahl (Säurezahl der aus 5 g verseiften Fettes erhaltenen wasserlöslichen Säure), die elektrische Leitfähigkeit, und es sinken das mittlere Molekulargewicht, die Verbrennungswärme, der Schmelz- und Erstarrungspunkt. Mit dem Gehalt an flüchtigen, wasserunlöslichen Fettsäuren steigt die POLENSKE-Zahl (Säurezahl der aus 5 g verseiften Fettes erhaltenen flüchtigen, wasserunlöslichen Säuren); mit dem Gehalt an ungesättigten Fettsäuren steigen die Jod- und die Refraktometerzahl, und es sinken der Schmelz- und Erstarrungspunkt. Die Säurezahl des Milchfettes gibt die Anzahl von Kubikzentimeter Normallauge an, die zur Neutralisation von 100 g Fett erforderlich sind; bei frischem, gutem Fett stets weniger als 5.

Fortschreitende Laktation, das Verfüttern von Kokoskuchen, Erdnußkuchen, Maisschrot, der Übergang von Grün- zur Trockenfütterung und Kälte führen im allgemeinen eine Erniedrigung, während zuckerhaltige Futtermittel, der Übergang von Trocken- zur Grünfütterung, frische und ungesäuerte Rübenblätter und Rübenköpfe, sonstiges siliertes Futter und Wärme im allgemeinen eine Erhöhung der REICHERT-MEISSL-Zahl herbeiführen; letzteres tritt auch bei längerer Aufbewahrung des Fettes unter Zutritt von Licht und Luft ein; das Mittel liegt um 25 bis 27 herum. Die KÖTTSTORFER-Zahl folgt im allgemeinen, auch hinsichtlich der Schwankungseinflüsse, der REICHERT-MEISSL-Zahl; Lagerung des Fettes unter Einfluß von Licht und Luft sind hier nur von geringem Einfluß; das Mittel liegt zwischen 220 und 234. Die Jodzahl wächst im allgemeinen mit fortschreitender Laktation, sie ist dem Brechungsindex des Fettes direkt und dem Gehalt an flüchtigen Fettsäuren umgekehrt proportional. Fütterung mit Erdnußmehl, Rapskuchen, Maisschrot erhöht, Fütterung mit Rübenblättern und Palmkernkuchen oder -schrot erniedrigt die Zahl; Mittel zwischen 30 bis 40. Die POLENSKE-Zahl bewegt sich im allgemeinen wie die REICHERT-MEISSL-Zahl; sie schwankt um 2,5 herum, steigt ganz selten über 4,0 hinaus; Erhöhungen über diesen Wert hinaus machen die Verfälschung mit Kokosfett, das eine hohe POLENSKE-Zahl hat (um 17 herum), wahrscheinlich bzw. sicher. Bei der überaus komplizierten Zusammensetzung des Butterfettes und bei der großen Menge verschiedener und sich häufig widerstreitender Einflüsse kann es nicht wundernehmen, daß die Gesetzmäßigkeiten zu den einzelnen Konstanten nicht in jedem Fall ganz scharf hervortreten, sondern daß sie sich immer nur in großen Zügen nachweisen lassen.

Physikalische Konstanten
Spezifisches Gewicht

Es steht in enger Beziehung zu der Menge der flüchtigen Fettsäuren und ist deshalb höher als das der meisten übrigen Fette.

Brechungsexponent

Sehr abhängig von der Zusammensetzung des Fettes und am meisten beeinflußt durch den wechselnden Gehalt an Ölsäure, die unter den Bestandteilen des Milchfettes am stärksten lichtbrechend ist. Die angegebenen Werte beziehen sich auf verschiedene Temperaturen oder beziehen sich, was einen Vergleich untereinander sehr erschwert oder unmöglich macht, auf willkürliche Skalen, meist unter lediglicher Kennzeichnung als Abweichung nach + oder — von einem verschieden gewählten Mittelwert. Man unterscheidet bei der praktischen Beurteilung zwischen Sommer- und Winterwerten, und deshalb wurden entsprechende Thermometer mit doppelter Skala eingeführt.

Schmelz- und Erstarrungspunkt

Der Anfang des Schmelzens wird bei 18,5 bis 19,5° festgestellt, der Endpunkt bei 41 bis 43°, der Anfang des Erstarrens bei 21,5 bis 23°, der Endpunkt bei 16 bis 18° angegeben. Die Methode der Ausführung und der Beobachtung ist von großem Einfluß auf das zahlenmäßige Ergebnis. Der Erstarrungspunkt ist ausgeprägter als der Schmelzpunkt, da die frei werdende latente Schmelzwärme die Temperatur beim Abkühlen einige Zeit konstant hält.

Tabelle 20. Physikalische Konstanten

Spezifisches Gewicht		Schmelzpunkt		Erstarrungspunkt		Brechungsexponent	
°C		°C		°C		°C	
37,8	niedere Zahl: 0,9100 hohe Zahl: 0,9370 mittlere Zahlen: 0,9150 0,9300 Das spezifische Gewicht des Fettes frisch gemolkener Milch ist geringer als bei abgestandener Milch (Kontraktion des Inhaltes der Fettkügelchen)	18,5 43	beginnend endigend	21,5 16	beginnend endigend	22 40	1,458 bis 1,462

Tabelle 21. Chemische Konstanten

REICHERT-MEISSL-Zahl	Jodzahl	HEHNER-Zahl	Verseifungszahl (KÖTTSTORFER)	Mittleres Molekulargewicht d. nichtflüchtigen Fettsäuren
niedere Zahlen: von 17 an	niedere Zahlen: von 20 an selten darunter	niedere Zahlen: von 84 an	niedere Zahlen: von 208 an	niedere Zahlen: von 250 an
hohe Zahlen: bis zu 40	hohe Zahlen: bis zu 50 selten darüber	hohe Zahlen: bis zu 91	hohe Zahlen: bis zu 240	hohe Zahlen: bis zu 272
mittlere Zahlen: 25—27	mittlere Zahlen: 30—40	mittlere Zahlen: 85—89	mittlere Zahlen: 216—236	mittlere Zahlen: 258—266

Das Ranzig- und Talgigwerden

Das Milchfett ändert sich in seiner chemischen Zusammensetzung beim Aufbewahren rascher als andere Fette, diese Veränderungen treten hauptsächlich durch das Auftreten eines unangenehmen „ranzigen" Geschmackes und Geruches und einer talgigen Konsistenz zutage. Um sich bei der Beurteilung dieser Veränderungen von subjektiven Fehlern frei zu machen, hat man schon lange versucht, die Ursachen aufzudecken, was aber bisher nur recht unvollständig gelungen ist. Ohne Zweifel ist das Ranzig- und Talgigwerden ein außerordentlich komplizierter Vorgang, der in jedem einzelnen Falle verschieden verlaufen kann. In erster Linie wurde der Luftsauerstoff dafür verantwortlich gemacht, dessen Einwirkung besonders durch die gleichzeitige Einwirkung von Licht gefördert werden solle. Damit stimmt wohl überein, daß die Zersetzung im allgemeinen im direkten Sonnenlichte am schnellsten, langsamer im zerstreuten Tageslicht und sehr langsam in der Dunkelheit verläuft, und daß die Größe der Oberfläche maßgeblich daran beteiligt ist; fast regelmäßig findet beim „Ranzigwerden" des Butterfettes eine Gewichtszunahme statt (bis zu 1% innerhalb von 3 Monaten); dem steht gegenüber, daß Butterfett auch bei Luftabschluß durch bloße längere Belichtung ranzig werden kann. Man hat vielfach auch das Hauptgewicht auf die Einwirkung der Feuchtigkeit gelegt, wobei die Ansicht vertreten wird, daß das Milchfett schon bei Zimmertemperatur in Glyzerin und Fettsäuren zerlegt werden könne. Das wird aber wieder bestritten durch das Ergebnis von Versuchen, daß gerade von Feuchtigkeit befreites Fett unter Lichtwirkung noch intensiver ranzig wird als feuchtes Fett. Eine vermittelnde Ansicht wird dahin geäußert, daß das Ranzigwerden auf einer allmählichen hydrolytischen Spaltung beruhe, die durch Oxydationsvorgänge begleitet und von Licht begünstigt wird; schon sehr geringe Mengen von Feuchtigkeit sollen genügen, um den Vorgang auszulösen. Die schon frühzeitig ausgesprochene Meinung, daß als Ranziditätserreger Enzyme (von Bakterien und anderen Mikroorganismen oder eigene Enzyme des Butterfettes) wesentlich in Frage kämen, wird neuerdings wieder betont. Diese Enzyme müßten dann als primäre Ursache angesehen werden, indem sie die Hydrolyse in Gang setzen. Eine solche Erklärung könnte man für Butter gelten lassen, die ja bekanntlich erhebliche Mengen nicht fetthaltiger Stoffe enthält, welche den Mikroorganismen einen günstigen Nährboden liefern. Jedenfalls kann man das Ranzigwerden der Butter (und in gewissem Umfange auch des wasserfreien Butterfettes) als eine Summe von hydrolytischen Spaltungen und Oxydationsvorgängen auffassen, wobei in erster Linie freie Säuren, und zwar außer den Fettsäuren der Butter auch andere entstehen, die sich durch Oxydation der Ölsäure bilden, wie Kohlen- und Ameisensäure; dazu treten in zweiter Linie, und zwar wesentlich infolge der Oxydation des Glyzerins und des Abbaues von Fettsäuren (z. B. durch die Einwirkung von Schimmelpilzen), Aldehyde und Ketone, schließlich auch Alkohole und Ester. Als Träger des ranzigen Geruchs und des kratzenden, eigentümlichen Geschmackes (z. B. auch bei Stilton-, Gorgonzola- und Roquefortkäse) dürften wohl in erster Linie Methylketone anzusehen sein (FIERZ-DAVID), die nach dem DAKINschen Abbau aus Fettsäuren und Wasserstoffsuperoxyd (Luftsauerstoffwirkung bei Gegenwart von Enzymen) sich bilden können. Z. B.

Kaprylsäure — Methylamylketon
Kaprinsäure — Methylheptylketon
Laurinsäure — Methylamylketon
Myristinsäure — Methylanitezylketon.

Bei reifendem Fettkäse sind die Bedingungen ohne weiteres gegeben (Gegenwart von Ammoniak), bei Butter müßten die Eiweißstoffe der eingekneteten Buttermilch zuerst durch die Tätigkeit von Enzymen (Schimmelpilze) erst teilweise in Ammoniak übergeführt werden. Praktisch werden in Butter, in wasserfreiem Butterfett und in Fettkäsen die beiden Typen: Einwirkung von Licht, Luft und Wasser auf die Glyzeride, hauptsächlich auf das Olein, und Bildung von Methylketonen unter der Mitwirkung von Schimmelpilzen, nebeneinander hergehen.

Sowenig klar und für alle Fälle zutreffend die Ursache ist, sowenig klar ist die Begriffsbestimmung und die chemische Kennzeichnung des Ranzig- und Talgigwerdens. Die Azidität des Fettes, die REICHERT-MEISSL-Zahl, die POLENSKE-Zahl und die Verseifungszahl nehmen oftmals, aber nicht immer, zu, das mittlere Molekulargewicht der nicht flüchtigen flüssigen und der nichtflüchtigen festen Säuren nimmt ebenfalls zu, die Jodzahl der nichtflüchtigen Säuren, namentlich der Ölsäure, nimmt ab, wie auch das mittlere Molekulargewicht der flüchtigen und unlöslichen Säuren. Schließlich kann aber auch eine Butter stark sauer sein, ohne als ranzig zu erscheinen und umgekehrt.

Zusammensetzung des Milchfettes anderer Milcharten

Hierüber ist noch recht wenig bekannt, es liegen gelegentlich Einzeluntersuchungen vor, doch fehlt das größere Vergleichsmaterial, um bei den sicherlich großen Schwankungen zu brauchbaren Durchschnittswerten gelangen zu können. Es scheint festzustehen, daß das Fett der Albuminmilcharten sich auch hier von dem Fett der Kaseinmilcharten unterscheidet. Erstere sind relativ arm an flüchtigen, löslichen Fettsäuren — ganz niedere Reichert-Meissl-Zahlen bei der Milch der Omni- und Karnivoren, etwas höhere Zahlen bei der Milch von Herbivoren (Pferd, Esel usw.). — Letztere schließen sich in ihrer Reichert-Meissl-Zahl an das Fett der Kuhmilch, der Butter-, Schaf- und Ziegenmilch an; entsprechend liegen auch die Verseifungszahl und Polenske-Zahl, welch erstere entsprechend dem erhöhten Gehalt an niedermolekularen Säuren in den Kaseinmilcharten sehr hoch ist; die Polenske-Zahl scheint beim Fett der Ziegenmilch besonders hoch zu liegen, das Fett der Albuminmilcharten zeigt niedrige Verseifungszahlen (Frauenmilchfett). Die Jodzahl des Frauenmilchfettes ist nach den bisherigen Beobachtungen bei nicht zu großem Einfluß des Nahrungsfettes ziemlich gleichmäßig.

Tabelle 22. Physikalische und chemische Konstanten verschiedener Milchfette (außer Kuhmilchfett)
nach Möglichkeit Durchschnittswerte, gelegentlich nur Einzelbeobachtungen

Milchfettart	Spezifisches Gewicht	Schmelzpunkt	Erstarrungspunkt	Brechungsexponent	Brennwert	Reichert-Meissl-Zahl	Polenske-Zahl	Säurezahl	Verseifungszahl Köttstorfer	Jodzahl
		Grad			Kalorien					
Ziegenmilchfett	0,8652 bei 100⁰	30,5	21,0	—	9241	24,3	5,6	—	233,0	33,5
Schafmilchfett	0,8693 bei 100⁰	29,0	12,0	44,4 Refraktometergrade bei 40⁰	—	26,5	5,2	2,0	231,0	33,5
Büffelmilchfett	0,8692 bei 100⁰	38,0	29,0	44,2 Refraktometergrade bei 40⁰	—	34,2	4,1	2,9	233,0	31,5
Eselinnenmilchfett	—	—	—	—	9227	13,1	—,	—	—	—
Stutenmilchfett	—	—	—	—	—	11,2	—	—	256,0	30,6
Renntiermilchfett	—	—	—	—	—	34,2	1,1	—	226,1	23,3
Kamelmilchfett	—	—	—	—	—	—	—	—	208,0	55,1
Schweinemilchfett	—	—	—	—	—	1,6	—	—	194,3	67,9
Frauenmilchfett	0,870 bei ? 0 0,966 bei 15⁰	32,0	22,5	1,4647 bis 1,4700 bzw. 47,6 bis 48,75 Refraktometergrade	9392 Kuhmilchfett durchschnittlich 9318	1,4 bis 2,6	1,6 bis 2,2	1,6 bis 2,0	205,0 bis 213,0	44,5 bis 46,5

Die stickstoffhaltigen Bestandteile der Milch

Unter den stickstoffhaltigen Bestandteilen machen die Proteine den Hauptanteil aus. Ein befriedigender Einblick in die Milchproteine ist wie bei allen

Proteinen bisher noch nicht, trotz eifrigster Bemühungen, möglich geworden. Alle Mittel der Methodik sind gegenüber den labilen und kompliziert zusammengesetzten Eiweißstoffen vorläufig noch zu grob, und es ist deshalb bis jetzt noch nicht gelungen, einen genuinen Eiweißkörper tierischen Ursprungs ohne Alteration seines Zustandes und der dadurch bedingten Beeinträchtigung seiner Zusammensetzung und seiner natürlichen Eigenschaften und ohne Beimischung mineralischer Aschenbestandteile zu gewinnen. Man kann vorläufig die künstlich isolierten, fraktionierten und mehr oder weniger differenzierten Proteine durch chemische Analyse und Abbau einigermaßen an Hand der Abbaustoffe auseinanderhalten, eine rationelle Einteilung ist aber noch nicht möglich. Man faßt in den Proteinen eine Gruppe von hochmolekularen organischen Stoffen zusammen, die sich im wesentlichen aus Monoamino-, Diamino- und Oxyaminosäuren in wechselnder Menge und wechselnder Konstitution (alipathisch, karbozyklisch und heterozyklisch) in Polypeptidketten von vorläufig unbekannter Bindungsform aufbauen.

Man unterscheidet die sogenannten eigentlichen Eiweißkörper, die sich in Wasser und verdünnten Elektrolytlösungen kolloid lösen, von den in allen Lösungsmitteln praktisch unlöslichen Albuminoiden und die beiden zusammen, die nur aus C, H, O, N und S bestehen und als Proteine im engeren Sinne bezeichnet werden, wiederum von den sogenannten zusammengesetzten Proteinen oder Proteiden, die außer dem eigentlichen Eiweißkern noch eine sogenannte prosthetische Gruppe besitzen, die locker gebunden ist und physiologisch bedeutend ist — Phosphorsäuregruppe bei den Phosphorproteiden oder Nukleoalbuminen, Nukleinsäure bei den Nukleoproteiden, eine farbgebende Pyrrolgruppe bei den Bluteiweißstoffen (Hämoglobin) und andere.

Aus dem Vermögen der Eiweißstoffe, in kolloide Lösung gehen zu können, und in Verbindung mit der elektrischen Ladung ergeben sich die wichtigen, biochemisch entscheidenden physikalisch-chemischen Reaktionen: Vorgänge an den Grenzflächen, Hitzegerinnung, Fällbarkeit durch gewisse Stoffe und der Angriff durch die Enzyme. Die kolloid löslichen Eiweißstoffe bilden als Ionproteine, daß heißt amphotere Elektrolyte, sowohl Anionen, als auch Kationen; bei einer für jeden derartigen Eiweißstoff charakteristischen Wasserstoffionen-Konzentration (p_h) und bei gleichen äußeren Versuchsbedingungen (Konzentration, Temperatur, An- bzw. Abwesenheit von Elektrolyten) gibt es einen Punkt — isoelektrischen Punkt —, bei dem gleichviel, und zwar verschwindend wenige Eiweißkationen und Eiweißanionen vorhanden sind, bei dem also das Eiweiß praktisch ungeladen, neutral ist. Dieser Punkt entspricht dem Fällungsoptimum, so daß umgekehrt die Fällbarkeit sehr eng mit dem Ionisationsgrad zusammenhängt.

Die hydrophilen (lyophilen, selbsthydratisierenden) Eiweißstoffe entsprechen dem Typus der Emulsionskolloide mit den engen Beziehungen zwischen Lösungsmittel und dem dispergierten Stoffe, in diesem Falle den Ionproteinen (die Albumine gehören vor allem hierher), während die nichthydrophilen (lyophoben, nur unter Mitwirkung von Elektrolyten hydratisierenden) Eiweißstoffe dem Typus der Suspensionskolloide entsprechen (die Globuline, Nukleoalbumine, unter diesen das Kasein, gehören vor allem hierher). Daraus ergibt sich für die Entquellung (Aussalzen, Ausflocken, Gerinnen, Koagulieren):

Elektrisch dissoziiertes Eiweiß (gesteigerter hydrophiler Typus) ist nur schwer und nur nach vorangegangener Entladung fällbar. Alkalisalze (darauf beruht das Aussalzen mit Ammonsulfat in verschiedenen Konzentrationsverhältnissen) vermögen nur in hoher Konzentration zu entladen; dieser Vorgang ist reversibel (Auswaschen der Alkalisalze und damit bedingte Regenerierung des Eiweißstoffes); Magnesiumsalze entladen schon in kleinen Mengen (nicht mehr reversibel). Die fällungsfördernde Kraft der Kationen steigt in Reihen an, ebenso die fällungshemmende Kraft der Anionen; die Reaktion des Milieus ist für die Reihenfolge von größter Bedeutung. Alkohol wirkt zumeist nicht reversibel fällend auf Eiweißkolloide; er „verdrängt" die dispersionsfördernden Ionen von der Oberfläche der kolloiden Teilchen. Erwärmung wirkt der Hydratation (Quellung) entgegen; lyophile, elektrisch dissoziierte

Eiweißstoffe vermögen die leichte Entquellbarkeit (Fällbarkeit, Gerinnbarkeit, Ausflockbarkeit) der wenig oder gar nicht dissoziierten suspensionskolloiden Eiweißstoffe als Schutzkolloide hinauszuzögern oder relativ zu verhindern. Der Angriff koagulierender Enzyme auf Eiweißstoffe kann chemisch — Zerlegung der Moleküle — und physikalisch-chemisch — Entladung von Proteinsystemen — gedeutet werden; wahrscheinlich gehen beide Prozesse nebeneinander her (z. B. Fällung des Kaseins durch Labenzym). Die verschiedenen Fällungsreaktionen auf Eiweißstoffe beruhen auf den geschilderten Entladungsvorgängen; eine Reihe von Farbreaktionen ist für die Unterscheidung einzelner Eiweißstoffe praktisch wichtig; sie beruhen auf der Feststellung bestimmter Molekulargruppen im Eiweiß.

Die Eiweißstoffe der Milch gehören dem Typus der suspensionskolloiden Phosphorproteiden oder Nukleoalbuminen und dem der emulsionskolloiden Albumine an.

Die Phosphorproteide zeichnen sich chemisch, wie gesagt, durch ihren Gehalt an Phosphor aus und unterscheiden sich dadurch vornehmlich von den sich sonst recht ähnlich verhaltenden Globulinen, mit denen sie die „Unlöslichkeit" in Wasser und in Neutralsalzlösungen und die leichte Fällbarkeit durch Säuren teilen. Bei der Hydrolyse entstehen im Gegensatz zu den Nukleoproteiden keine Nukleinsäuren oder Purinbasen und keine reduzierenden Körper (Ausbleiben der darauf gerichteten Eiweißreaktion nach Molisch). Bei der Verdauung mit Pepsin entstehen in Wasser schwer lösliche Anteile, die sogenannten Para- oder Pseudonukleine, hochmolekulare Komplexe, die vorläufig als unentwirrbare Gemische aufzufassen sind.

Das genuine Nukleoalbumin der Milch konnte bisher noch nicht studiert werden; es ist bis jetzt noch nicht gelungen, es aus der Milch zu gewinnen, ohne daß man annehmen müßte, daß es in seinem natürlichen Zustand gestört und durch darauf folgende Einflüsse, auch nur physiko-chemischer Art, mehr oder weniger verändert worden wäre. Es ist sehr wahrscheinlich, wie hier schon öfter erwähnt, in Form einer suspensioidkolloiden, an sich wenig kolloidstabilen Nukleoalbumin-Kalzium-Verbindung oder einer Kalziumverbindung einer komplexen Nukleoalbumin-Phosphorsäure im Milchserum verteilt, wobei zur Stützung des labilen Proteinsystems hydrophiles Albumin als Schutzkolloid und Zitrate und Phosphate (und Rhodanide) als fällungshemmende Peptisatoren verwendet werden. Das Wesen des ganzen in sich mühsam gestützten Eiweißsystems ist die große Empfindlichkeit gegen biochemische Angriffe: Enzymangriff in Form der Labfällung, Ionenangriff in Form der sauren Gerinnung. Bei diesen Angriffen fällt eine Stütze nach der anderen zusammen; durch Säurewirkung (spontane und künstliche Säuerung) erfolgt Veränderung bzw. Vernichtung der peptisierenden Ionen, Entladung der hydrophilen Albuminteilchen, worauf das entblößte Nukleoalbuminsystem als Gel ausfällt.

Das durch Beeinflussung der Milch, sei es auf „natürliche", sei es auf künstliche Weise gewinnbare Nukleoalbumin, das aber stets seines natürlichen Zustandes und seiner natürlichen Eigenschaft beraubt ist, wird als Kasein bezeichnet; man legt daher diesen Namen ohne weiteres, allerdings nicht richtig, auch dem natürlichen Nukleoalbumin zu, das man folgerichtig als „Prokasein" bezeichnen müßte oder als Kaseinogen. Damit wäre aber nicht zu verwechseln das „Kaseinogen" der englischen Literatur, das mit dem deutschen Begriff „Kasein" identisch ist. Die Engländer bezeichnen das als Spaltstück des („deutschen") Kasein angesehene Parakasein als ihr „Kasein". Diese Namensverwirrung ist bedauerlich.

Kasein kann aus jeder Milchart durch spontane Säuerung (Überführung des Milchzuckers durch Milchsäuregärung in Milchsäure) oder durch künstliche Säuerung gewonnen werden. Die an sich schwierige Gewinnbarkeit des Kaseins aus Frauenmilch ist kein Grund für eine Annahme, daß es sich hier um ein ganz besonderes Nukleoalbumin handle; sie wird verständlich durch den

Hinweis auf den Typus der Albuminmilch, bei dem das Nukleoalbumin an sich schon in der Menge zurücktritt, während das Albumin als Schutzkolloid in den Vordergrund tritt. Dazu tritt der Umstand, daß wahrscheinlich das Nukleoalbumin der Frauenmilch an sich hydrophiler, quellungsfähiger ist, indem es weniger als komplexes Nukleoalbumin-Kalzium-Phosphat in Erscheinung tritt, sondern mehr als ein Alkalinukleoalbuminat, dessen Existenz durch die meist schwach alkalische Reaktion der Frauenmilch unterstützt wird; man kann auch sagen, daß es zur alkalischen Reaktion der Frauenmilch infolge seiner schwachen hydrolytischen Aufspaltung beiträgt. Ein derartiges Albuminat ist schwerer zu entladen; es muß erst durch Zugabe von Wasserstoffionen in größerer Menge gewissermaßen zur „freien" Nukleoalbuminsäure und diese zum isoelektrischen Punkt geführt werden. Die Pufferung in der Milch ist eine erhebliche, und dementsprechend muß auch die Kaseinfällung aus Frauenmilch geleitet werden; bei richtigem Vorgehen macht dies dann keine besonderen Schwierigkeiten mehr.

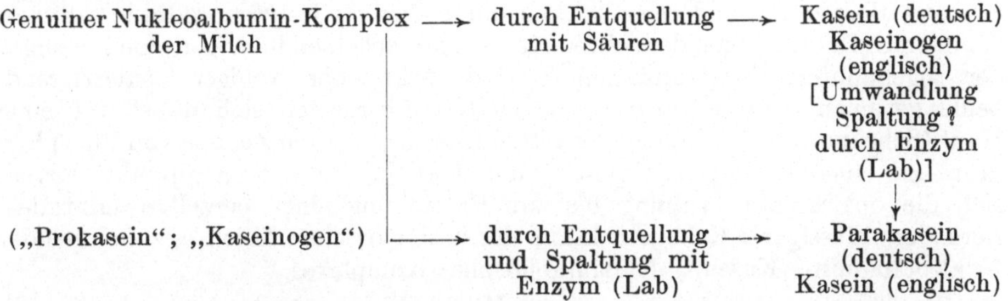

Bezüglich der mannigfachen Vorschläge, Kasein aus Milch in möglichst „reiner", daß heißt präparativ sauberer Weise zu gewinnen, muß auf die Spezialliteratur verwiesen werden. Es muß nur hier angedeutet werden, daß viele Untersuchungen über den Haupteiweißkörper der Milch aus Ergebnissen von Laboratoriumsversuchen stammen. Das hierzu verwendete Kasein wurde oftmals zumeist nur aus kleinen, oftmals beliebig dem Handel entnommenen, daß heißt wenig definierten Handelsmilchmengen gewonnen, oftmals mehrere Tage lang abwechselnd mit Wasser, Lauge, Säure, Alkohol, Äther und schließlich noch im Trockenschrank bei über 100° behandelt. Die auf diese verschiedene Weise präparierten Stoffe verhalten sich dann bei der Analyse ebenso verschieden wie die oft sehr differierenden Ergebnisse der einzelnen Versuchsreihen zum Ausdruck bringen. Man muß deshalb an die an sich schon schwer übersichtliche Kaseinliteratur kritisch herantreten und man wird zweckmäßig nur das registrieren, was die grundsätzlichen Fragen betrifft.

Das Kasein aller Milcharten stellt einen weißen, nicht hygroskopischen Stoff dar von den Eigenschaften einer schwachen bis mittelstarken Säure. In Wasser ist es praktisch unlöslich; mit Alkalien bildet es echte Salze, die Kaseinate, die in wässeriger Lösung einer hydrolytischen Spaltung unterliegen; aus Alkalikarbonaten treibt es Kohlensäure aus, ebenfalls unter echter Salzbildung; mit den Hydroxyden der Erdalkalien liefert es entgegen der allgemeinen Annahme keine echten Salze. Die im Schrifttum beschriebenen, auf präparativem Wege gewonnenen Kasein-Erdalkali-Verbindungen, z. B. die sogenannten Kalziumkaseinate mit ansteigendem Basengehalt, sind aller Wahrscheinlichkeit nach keine Verbindungen, die der chemischen Statik genügen, sie erscheinen vielmehr höchstenfalls als Bindungen im Sinne des HENRYschen Gesetzes, also Lösungen, gegebenenfalls feste Lösungen, wenn nicht nur Adsorbate vorliegen; die beschriebenen Verbindungen, wie z. B. die sogenannten Kalziumkaseinate mit 0,3—0,62—0,8—1,2—1,5—1,9—2,3—2,5—2,9% CaO liegen im Bereich der HENRYschen Lösungsformel.

Das Äquivalentgewicht des Kaseins als Säure liegt bei 1110 bis 1150; aus der Bestimmung des Dissoziationsgrades mit der Konzentrationsänderung folgt, daß Kasein wenigstens eine 4basische, vielleicht eine 5- oder 6basische oder auch mehrbasische Säure ist; das Molekulargewicht wäre dann wenigstens 4×1100 bis 1150 und könnte bis zu 8×1100 bis 1150 angenommen werden. Aus dem Arginingehalt des Kaseins ergäbe sich ein Molekulargewicht von 6500, aus dem Lysingehalt von 8000, aus dem Zystingehalt (Schwefelgehalt) von 16000.

Der isoelektrische Punkt des Kaseins liegt bei einer H-Ionen-Konzentration vom $p_h = 4,6$, das Flockungsoptimum ebenfalls bei $p_h = 4,6$. Aus neutralen Lösungen von echten Kaseinaten (Alkalikaseinaten) und sogenannten Kaseinaten (Erdalkalikaseinaten) wird das Kasein durch Säurezusatz und durch Schwermetallsalze ausgefällt und durch Sättigung mit Magnesiumsulfat und durch Halbsättigung mit Ammonsulfat ausgesalzen; eine Reihe von Salzen — Zitrate, Phosphate, Rhodanide, Fluoride, Arsenate, Oxalate, Zyanide und andere — wirken durch die spezifische Wirkung ihrer Anionen, andere Salze — Karbonate, Silikate, Borate und andere — wirken durch ihre Hydrolysenprodukte fällungshemmend. Die Lösungen der echten Kaseinate erscheinen homogen; die Lösungen der sogenannten Erdalkalikaseinate sind mehr oder weniger opaleszierend; beide gerinnen beim Kochen nicht, letztere überziehen sich dabei mit einer Haut (Schrumpfung des kolloid verteilten Kaseins). Durch Zugabe von Phosphorsäure zu einer Lösung von Kalziumkaseinat bis zum Neutralpunkt vertieft sich die opaleszente Trübung bis zur Entstehung einer porzellanweiß reflektierenden Flüssigkeit-Rekonstruktion des in der frischen Milch anzunehmenden Nukleoalbumin- (Kasein-) Kalziumphosphat-Komplexes.

Es ist schwierig, Kasein aus der Milch frei von Aschenbestandteilen, die mit ihm in natürlicher Weise verbunden waren, zu präparieren. Man findet da schwer eine Grenze der Reinigung, bei der die Struktur noch möglichst wenig verändert ist und trotzdem die Mineralstoffe genügend weggearbeitet sind. Aus diesem Grunde sind die Zahlen für die elementare Zusammensetzung in manchen Fällen nicht überzeugend, und es besteht kein Grund zur Annahme, daß das Kasein mancher Milcharten, weil es bei der Elementaranalyse abweichende Werte gegeben hat, wieder eine besondere Art von Kasein sei; es ist sehr wohl möglich, daß das Kasein der verschiedenen Milcharten im großen und ganzen, von den individuellen Schwankungen abgesehen, eine sehr ähnliche elementare Zusammensetzung zeigen. Die weitgehende biologische Differenz der einzelnen Kaseinsorten läßt sich durch die Elementaranalyse natürlich nicht belegen; die feinsten Unterschiede im chemischen und stereochemischen Aufbau kommen hier nicht zur Geltung.

. Beispiele:

	% C	% H	% N	% S	% P
Kuh	52,96 54,0	7,05 7,04	15,65 15,60 15,52	0,758 0,771 0,753	0,847 0,847 0,825
Schaf	52,92	7,05	15,71	0,717	0,809
Ziege	52,90	6,86	15,48	0,7	0,760
Frau	52,24	7,32	14,97 15,75	1,17 0,7	0,68 (ältere Analyse) 0,7 (neuere Analyse)

Ein mittlerer Stickstoffgehalt der verschiedenen Kaseine mit 15,5 ist sehr wahrscheinlich; daraus ergibt sich, daß bei den üblichen Stickstoffanalysen nach KJELDAHL der Stickstoffaktor 6,45 anzunehmen ist; der sonst viel gebrauchte Faktor 6,25 ergibt zu kleine Werte.

Das spezifische Drehungsvermögen des Kaseins läßt sich noch nicht endgültig angeben; man ist vorläufig darauf angewiesen, Kaseinatlösungen zu polarisieren, die aber in ihrem optischen Verhalten ganz von dem Grade der Hydrolyse abhängig sind, so daß die Verhältnisse noch nicht durchsichtig genug sind. Einzelheiten sind aus der Spezialliteratur zu entnehmen.

Kasein mit verdünnten Säuren behandelt, quillt auf und bindet Säure durch Adsorption. Die sogenannten Azidkaseine brauchen nicht als echte Säureverbindungen aufgefaßt werden; es handelt sich hier um reversible Bindungen an der stark gequollenen Oberfläche. Eine Ausnahme macht die Milchsäure, die in einem ziemlich breiten Bereich sehr wahrscheinlich ein echtes, in Wasser lösliches Milchsäurekaseinsalz, ein Azidkasein, bildet. Bei der Reifung des Käses z. B., bei der in den ersten Stadien Milchsäure in ziemlichen Mengen aus dem Milchzucker des Käsebruches entsteht, erhält man bei der Frühreife durch Extraktion mit Wasser, begünstigt durch die ständige Anwesenheit von Salzen, vor allem Kochsalz, große Mengen von löslichem Eiweißstoff, was damit erklärlich wird. Größere Mengen auch anderer Säuren lösen schließlich Kasein unter Bildung von Azidkaseinen.

Spaltprodukte aus Kasein. Vielfach enthalten die in üblicher Weise präparierten Kaseine noch Proteasen, so daß manchmal schon in Berührung mit Wasser eine Veränderung eintritt. Durch Trocknen von Kasein auf 95 bis 100° erfolgt Spaltung ohne Ammoniakentwicklung in einen alkalilöslichen Körper (Isokasein) und in ein Kaseid, das mit Alkali nur mehr quillt; die beiden Stoffe werden durch Labenzym nicht mehr verändert. Die Natur dieser Stoffe ist vorläufig noch unklar.

Durch Kochen mit Wasser erfolgt fortschreitende Zersetzung unter Abspaltung von phosphorhaltigen Stoffen und von Schwefelwasserstoff.

Durch Alkalien entstehen zunächst über die Kaseinate Abbauprodukte von der Art der Albumosen, später noch kleinere Spaltstücke; näher charakterisiert sind die Alkalisalze der Kaseoprotalbin- und Lysalbinsäure, die beide dadurch ausgezeichnet sind, Metalloxyde und Metalle in kolloider Form in Lösung zuhalten. Die gemäßigte Hydrolyse mit Alkalien erfolgt sehr leicht; sehr schnell verschwindet dabei die Labempfindlichkeit des Kaseins.

Kasein ist gegen verdünnte Säuren auch in der Hitze ziemlich beständig; mit der Fortdauer der Säurewirkung, besonders bei erhöhter Konzentration der Säure, entstehen zuerst Kyrine, dann Polypeptide und Aminosäuren.

Die Analyse des Kuhmilchkaseins nach vollständiger Säurehydrolyse nach der VAN SLYKE-Methode wird später im Zusammenhang mit den Werten für Parakasein und anderen Milcheiweißstoffen angegeben.

Vergleichende Analysen von Kasein aus Frauen- und Kuhmilch ergeben, daß beide annähernd die gleichen Mengen an den verschiedenen Aminosäuren enthalten (siehe später).

Durch Fäulnis, hervorgerufen durch die gewöhnlichen aeroben Fäulniserreger, entstehen neben Albumosen und Indol und Skatol die Aminosäuren, die durch fortschreitende Desaminierung in verzweigte und unverzweigte Fettsäuren übergehen, so daß man Essigsäure, Ameisensäure, Propionsäure, Buttersäure, Valeriansäure, Kapronsäure usw. findet.

Die Reifungsvorgänge am Käse werden gesondert besprochen. Die Spaltung durch Pepsinsalzsäure führt in einem bestimmten Verdauungszustande zu der sogenannten Para- (bzw. Pseudo-) Nukleinsäure, einem wasserlöslichen Produkt, das verschiedene Salze gibt, die zum Teil praktisch verwertet werden. Neben diesem Stoffe bleibt eine kleinere oder größere Menge des Kaseins als noch phosphorhaltige wasserunlösliche Substanz bzw. als Substanzgemisch von unbekannter Zusammensetzung = Para- (bzw. Pseudo-) Nukleine zurück; Menge und Zusammensetzung dieser Nukleine schwanken sehr je nach den Versuchsbedingungen.

Bei lange andauernder Pepsin-Salzsäure-Verdauung von Kasein entstehen freie Aminosäuren (vermutlich durch Säurewirkung); dabei gelingt es, selbst nach 150 Tagen, nur etwa 70% des Phosphors als Orthophosphorsäure abzuspalten.

Bei der Trypsinverdauung (Tryptase, Typ der eigentlichen Proteasen) geht dagegen schon innerhalb von 24 Stunden der gesamte Phosphor in Lösung, und zwar zu 35% als Phosphorsäure und zu 65% in organischer Bindung. Die Aminosäuren Tyrosin und Glutaminsäure sowie das Tryptophan werden frühzeitig frei; bei lange fortgesetzter Trypsinverdauung treten alle von der Säurehydrolyse her bekannten Aminosäuren auf, mit Ausnahme von Phenylalanin und Prolin, die in einem trypsinfesten, aber säurelabilen Polypeptid enthalten sein dürften. Die Käsereifung ist im allgemeinen ein tryptischer Aufspaltungsvorgang (siehe später).

Papain und Erepsin (= Peptidasen) spalten das Kasein zu Aminosäuren und abiureten Körpern.

Die Einwirkung des Labfermentes (Chymosin, Chymase) auf das Kasein ist bedauerlicherweise noch eines der weniger durchsichtigen Gebiete der Enzymlehre und der Milchkunde; trotzdem haben die Vorgänge ein ganz erhebliches praktisches Interesse, das bisher hauptsächlich nur durch empirische Beobachtungen genährt werden konnte. Abgesehen von dieser Frage, ist die Grundfrage noch nicht beantwortet, ob das Labferment überhaupt als eigenes Ferment existiert. Es geht zu weit, es einfach als eine Abart des Pepsins zu bezeichnen; sicher kommt es als besonderes Ferment mit ganz charakteristischen, nur ihm eigenen Merkmalen in nennenswerter Menge im Magen ganz junger Tiere vor. Man sollte nicht anstehen, das Labferment zu den Proteasen zu zählen, da es unzweifelhaft bei genügend langer Einwirkung das Kasein nicht nur zum Gerinnen bringt, sondern auch verdaut, also weitgehend aufspaltet; am besten bezeichnet man es der Enzymsystematik zuliebe als Chymosin, noch besser als Chymase. Eine noch engere Bezeichnung zu wählen, etwa Kasease, als ganz spezifisch gegen Kasein gerichtetes Enzym, geht wohl zu weit, da auch andere Proteine von ihm in der typischen Weise abgebaut werden. Diese typische Wirkungsweise dürfte unter anderem darin erblickt werden, daß es wahrscheinlich nur an isoelektrischen Substraten angreift, wodurch es sich schon wesentlich vom Pepsin, das nur in stark saurem Medium angreift, unterscheidet. Die Annahme eines eigenen spezifischen Enzymes Chymase gilt aber sehr wahrscheinlich nur für die Magenschleimhaut ganz junger Tiere. Bei älteren Tieren wird die Labwirkung ein untrennbares Attribut der Pepsinsekretion, so daß dann die Labwirkung, die immer noch da ist, mit der Pepsinwirkung vermengt ist. Das Nebeneinander ergibt sich dann so, daß das Pepsin in einem Medium $p_h < 4$ peptisch, das heißt schnell angreifend auf alle Proteine wirkt, bei $p_h = 4$ diese Tätigkeit einstellt und bei p_h zirka 5 bis 6 „labend", das heißt schwach aufspaltend auf Kasein und nahestehende Proteine einwirkt. Das würde bedeuten, daß die Chymase des Kälbermagens und anderer neugeborener und sehr junger Tiere, zuerst für die Zeit der ausschließlichen Milchernährung, ein eigenes vom Pepsin unabhängiges Enzym, eine Protease, ist, das im Laufe der Entwicklung in normales Pepsin übergeht, das eine labende Komponente hat, die bei schwach saurer Reaktion wirkt und der man am besten den Namen „Parachymosin" zulegt.

Wahrscheinlich ist die echte Chymase in Form einer Vorstufe, eines „Zygmogens" im Sekret der Fundusdrüsen der Magenschleimhaut, das erst bei Berührung mit der Magensäure oder bei künstlicher Extraktion mit Säuren in das wirksame Enzym aktiviert wird, indem ein gleichzeitig ausgeschiedener artspezifischer Hemmungskörper (ein Antilab) durch die Säurewirkung sehr schnell zerstört wird. Das Temperaturoptimum liegt bei 37^0 bis 45^0; das Enzym ist aber auch bei niedrigeren Temperaturen, wenn auch viel langsamer, wirksam; trotzdem kann die Gerinnung des Kaseins ausbleiben, weil dessen Ausfällung auch ziemlich von der Temperatur abhängig ist. Das optimale Bereich hinsichtlich Wasserstoffionen-Konzentration liegt bei $p_h = 5$; gegen das neutrale Gebiet zu nimmt die Wirksamkeit erheblich ab, von $p_h = 6,9$ ab hört die Wirkung auf und alkalische Reaktion zerstört schließlich das Enzym sehr schnell.

Die auffallende und praktisch wichtige Wirkung der Chymase (Lab) auf die Milch — Labgerinnung — hat eine sehr große Literatur veranlaßt, und es möchte bei einer eingehenden Würdigung scheinen, als ob es doch noch möglich sei, trotz der vielen Widersprüche eine befriedigende Anschauung zu gewinnen. Die dabei scheinbar nebeneinander hergehenden Phänomene: offensichtliche Umwandlung des Kaseins, Gerinnung des umgewandelten Kaseins und die maßgebliche Mitwirkung von zweiwertigen Ionen, hauptsächlich von Kalziumionen, könnten den Blick verwirren. Trotzdem läßt sich bei sorgfältiger Auseinanderhaltung der Teilerscheinungen ein Bild konstruieren, das recht befriedigend ist. Vor allem muß die klassische Anschauung von HAMMARSTEN, dem ersten und ausdauernden Bearbeiter dieser schwierigen Frage, angeführt werden: Das Kasein wird durch die Chymase (Lab) in Parakasein und andere Proteinbruchstücke zerlegt, unter welch letzteren die Molkenalbumose (Molkeneiweiß, nicht zu verwechseln mit dem Albumin) der Menge und der besonderen Zusammensetzung nach — relativ anderer Stickstoffgehalt — hervorsticht. Es wäre also ein Zerfall des Kaseins in wenigstens 2 ungleich große Bruchstücke mit ziemlich weit voneinander abweichender elementarer Zusammensetzung anzunehmen. Das Parakasein sollte dann besonders fällungsempfindlich sein und insbesondere bei Gegenwart von löslichen Kalksalzen als Parakalziumkaseinat = Käse, Käsestoff ausfallen; ob nur die löslichen Kalksalze, also die Ca-Ionen, oder ob auch der an das Kasein gebundene, nicht ionisierte Kalkanteil, mit oder ohne Mitwirkung von Phosphaten, den endgültigen Ausschlag für die Gerinnung geben, steht noch nicht fest.

Dieser älteren Theorie von HAMMARSTEN steht die Anschauung von BOSWORTH und VAN SLYKE entgegen, die keinen unregelmäßigen Zerfall des Kaseins annimmt, sondern mit einer dichotomischen Spaltung in 2 gleichgroße Hälften rechnet, etwa nach Art der Aufspaltung eines Disaccharids. Man begründet diese Anschauung durch die fast identische elementare Zusammensetzung der beiden Bruchstücke, durch das Anwachsen der basischen Eigenschaften in den beiden Bruchstücken auf das Doppelte, daß sich während des Gerinnungsvorganges keine analytisch nachweisbaren Aminosäuren als kleinere Bruchstücke bilden und daß ebensoviel Parakasein sich bildet, als vorher Kasein da war.

		C	H	N	P	S
Kasein	nach BOSWORTH und VAN SLYKE	53,50	7,13	15,80	0,71	0,72
Parakasein		53,50	7,26	15,80	0,71	0,72
					bis	bis
					0,83	0,87

Die Molatgröße des ursprünglichen Kaseins sollte also beim Übergang in das Parakasein um die Hälfte verkleinert werden (scheinbare Molekulargrößen, errechnet aus dem Äquivalentgewicht wie 8800 : 4400). Ob nun diese Verkleinerung, diese Disaggregierung, durch einen physikochemischen Angriff der Chymase (Entladung) oder durch den chemischen Angriff erfolgt, sei von untergeordneter Bedeutung.

Beiden Anschauungen (Hammarsten und Bosworth und van Slyke) kann stattgegeben werden und beide sind miteinander vereinbar. Es ist fast nicht mehr daran zu zweifeln, daß der gesamte Gerinnungsvorgang der Milch und der Kaseinlösungen mit Chymase (Lab) in mehreren Abschnitten verläuft: zuerst Molatverkleinerung, das heißt Aufspaltung des Kaseins in 2 Parakaseinbruchstücke, auch ohne Mitwirkung von Kalksalzen, dann Ausflockung des fällungsempfindlichen Parakaseins als Kalziumparakaseinat (Käse, Käsestoff), auch unabhängig vom Ferment, und schließlich mehr oder weniger weitgehende hydrolytische Aufspaltung des Parakaseins bzw. Parakaseinkalk durch die Chymase als proteolytisches Enzym unter allmählicher Verarmung an Phosphor und Stickstoff im Sinne der üblichen Proteasenverdauung. Das Parakasein wäre dann nichts anderes, als eine kolloidchemische Episode auf dem Abbauweg des Kaseins, etwa vergleichbar den Dextrinen auf dem Wege von der Stärke zur Glukose; diese kolloidchemische Episode wäre allerdings besonders gekennzeichnet durch ganz besondere Empfindlichkeit gegen Kalksalze, auch bei relativ niederen Temperaturen, während das Kasein als solches erst beim Erhitzen langsam oder teilweise (Hautbildung der Milch und der Kaseinlösungen) ausgefällt wird. Die Rolle der Kalksalze ist das Kernstück der Milchgerinnung, das noch keine befriedigende Erklärung gefunden hat; daraus ergibt sich auch die praktische Bedeutung des „richtigen" Gehaltes der Käsereimilch an Kalksalzen; die labträge Milch ist praktisch eine an Kalziumsalzen verarmte Milch (Ausgleich durch Zusatz von Ca Cl$_2$; Zunahme der labträgen Milch in Gegenden mit einer Kalkverarmung im Boden).

Die Säuregerinnung der Milch ist gegenüber der Labgerinnung leichter verständlich. Mit dem Zuwachs an Wasserstoffionen wird die an sich sehr geringe Dissoziation des natürlichen Kaseins vermindert; dieses wird immer mehr in eine nur kolloide Verteilung gedrängt und damit wächst seine Neigung zur Ausflockung, die im Ultramikroskop in ihrem Fortschritt gut beobachtbar ist und makroskopisch meist recht plötzlich in Erscheinung tritt; Weiteres ist schon früher gesagt worden.

Das Parakasein als solches ist durch die vorstehenden Ausführungen schon genügend gekennzeichnet. Es unterscheidet sich in seiner Zusammensetzung, wie gesagt, nicht wesentlich vom Kasein, liefert wie dieses Azidparakasein, mit Alkalien echte Salze, mit Erdalkalihydroxyden keine echten Salze nach festen Zahlenverhältnissen, ist empfindlich gegen Kalksalze unter Bildung von Kalziumparakaseinaten (Gegensatz zu Kaseinaten). Das Labkoagulat der Milch (Käse und Käsestoff) besteht aus derartigen „Verbindungen" gemischt oder locker verbunden mit anderen Kalksalzen.

Eiweißstoffe des Milchserums und der Molke

Im Milchserum, dem fett- und kaseinfreien Anteil der frischen Milch — zweckmäßig reserviert man diesen Namen dem durch künstliche Mittel erzeugbaren Milchanteil, wie er z. B. durch Zusatz von Kalziumchlorid oder von Tetrachlorkohlenstoff oder von Mineralsäuren bzw. organischen Säuren oder durch Spontansäuerung entsteht (Kalziumchloridserum, Tetraserum, Spontanserum, Essigsäureserum, Salzsäureserum usw.), während man die im praktischen Molkereibetrieb anfallenden serösen Flüssigkeiten, die stets noch größere oder kleinere Reste von Kasein und Umwandlungsprodukte von Kasein (Käsestaub, „Molkenprotein" und ähnliche) enthalten, als Molke bzw. Molken bezeichnete —, herrscht bei allen Milcharten das Laktalbumin vor.

Das Laktalbumin ist ein echtes, hydrophiles, das heißt leicht und ziemlich stabile kolloide Lösungen lieferndes, ionisierbares und meist auch ionisiertes Albumin, das dem Serumalbumin recht nahesteht. Es unterscheidet sich von diesem durch eine bedeutend niederere spezifische Drehung $[\alpha] D = -36{,}4^0$ bis $-36{,}98^0$; Gerinnungstemperatur, Fällungsoptimum, isoelektrischer Punkt, Verhalten gegen Säuren und Alkalien entsprechen den Verhältnissen wie beim Serumalbumin. Es wurde zuerst von SEBELIEN erkannt, aus der Milch gewonnen und des näheren untersucht; von WICHMANN konnte es kristallisiert erhalten werden. Die Einzelheiten über die Herstellung sind in der Spezialliteratur zu finden; grundsätzlich ist die Isolierungsweise ähnlich der des Serumalbumins: Das Milchplasma = entfettete Milch, wird mit Magnesiumsulfat in Substanz gesättigt, wodurch das Kasein und das sogenannte Globulin des Milchserums entfernt wird, das Filtrat wird hierauf mit 0,5 bis 1,0% Essigsäure behandelt, wobei das Laktalbumin gefällt wird. Andere Darstellungsweise führt im wesentlichen zu denselben Produkten (OSBORNE und Mitarbeiter).

Die elementare Zusammensetzung ergab bei den bisherigen Untersuchungen folgendes:

	C	H	N	S	O
SEBELIEN	52,19	7,18	15,77	1,73	23,13
OSBORNE	52,51	7,10	15,43	1,92	—

Die Mengenverhältnisse für Laktalbumin in den verschiedenen Milcharten ergeben sich, soweit es bisher bekannt wurde, aus den früher angegebenen Tafeln.

Die sogenannten Albuminmilcharten zeichnen sich, wie der Name sagt, durch den relativ hohen Gehalt an Laktalbumin bei meist gleichzeitig relativ niederem Kaseingehalt aus; auf die physiologisch bedeutungsvolle Funktion des hohen Albumingehaltes ist schon mehrfach hingewiesen worden (Gerinnungsform der Milch, Ausflockungsart des Kaseins, Verweildauer der Milch im Magen usw.).

Im Schrifttum über die Milch ist ferner als ein regelmäßiger Bestandteil des Milchserums und der Molke ein Laktoglobulin angeführt, dessen Menge meist nur in Spuren ausgewiesen wird. Diese Angaben sind auf SEBELIEN zurückzuführen, der als erster die Milcheiweißstoffe des Serums eingehend untersuchte und beschrieb. OSBORNE und andere Forscher haben auch mehrfach von Laktoglobulin gesprochen. Die Lösungs- und Fällungseigenschaften dieses Eiweißstoffes weisen diesen den Globulinen zu, also jenen Proteinen, die nur unter Beihilfe von Elektrolyten in kolloide Lösung gebracht werden können. Es wird gewöhnlich mit einem geringen Phosphorgehalt angegeben:

C	H	N	S	P
51,88	6,98	15,44	0,86	0,24

Dieser Phosphorgehalt, so klein er ist, macht die Angaben über das Laktoglobulin unsicher, es sei denn, daß man es als Lezithalbumin bezeichnen möchte; dann müßte es auch so benannt werden.

Es ist jedoch ebensogut möglich und zulässig, das „Laktoglobulin" als solches fallen zu lassen und es nicht mehr im Schrifttum der Milch weiter zu führen. Erfahrungsgemäß entziehen sich bei der Aufbereitung der Milch zum Zwecke der Isolierung und Trennung seiner Eiweißstoffe immer kleinere Reste von Kasein der Erfassung, die dann recht gut als „Globulin" zur Beobachtung kommen können; das wäre die eine „Globulin"quelle. Anderseits beobachtet man bei näherer Betrachtung am Laktalbumin, wie schließlich bei allen Albuminen, ein „Altern", das gegebenenfalls auch durch schwaches Erwärmen beschleunigt werden kann.

Dieser Vorgang soll hier des näheren erörtert werden, da er gerade auch für die noch zu besprechenden Eiweißstoffe der Molke von Bedeutung ist, wo der Vorgang des „Alterns" unter den meist gegebenen technischen Verhältnissen erheblich in Erscheinung tritt.

Das Albumin des Milchserums ist nach der Erwartung ein besonders lyophiles Protein, also ein selbsthydratisierender, ohne Hinzutun fremder Zusätze in Form von Elektrolyten in Wasser allein leicht zu dispergierender Eiweißstoff und das „Globulin" ein nicht mehr selbst hydratisierender, des Salzzusatzes bedürfender, aber dann auch in Wasser leicht zu zerteilender Eiweißstoff. Diese Eiweißstoffe bilden nach jetzt wohl allgemeiner Anschauung stark gequollene Proteinionen, und zwar durch das Hinzutreten von Wasser zum Protein unter Bildung von Komplexen, die wiederum als Ampholyte vermöge ihrer Oberflächenenergie doppelschichtige Heteroionen durch Adsorption von Säure bzw. Base bzw. Salzen bilden.

Diesen Vorgang kann man durch folgende schematische Formel kennzeichnen:

$$(E^{-} \longleftrightarrow OH)\ Na^{+} = \text{einfachster Fall.}$$

Eine bestimmte kleine Laugenmenge beispielsweise wirkt aufladend auf ein Teilchen im Sinne einer Adsorptionsaufladung. Das aufgeladene Teilchen wird zerteilt, indem der aufladende Elektrolyt seine Adsorptionsaffinitäten der Oberfläche des Teilchens entnimmt; die daraus entstehenden kleineren Teilchen werden hydratisiert; sie verbinden sich im Gegensatz zu den unelektrischen (elektrisch neutralen) ausgeflockten Massen mit Wasser. Das Wasser umhüllt die Kernkomplexe, es entsteht ein Schutzhydrat:

$$[(E^{-} \longleftrightarrow OH)\ Na^{+}] \longleftrightarrow H_2O$$

Das Maß dieser Hydration richtet sich natürlich nach dem Verhältnis von der relativen Größe der Aufladung zur verfügbaren Oberflächengröße. Beim Hinzutritt von Säure tritt mutatis mutandis ein gleicher Zustand ein.

Von diesem System gibt es Abweichungen. Die Albumine bilden ihre Kolloidionen auch ohne Hinzutun von Elektrolyten:

$$(E^{-} \longleftrightarrow OH)\ H^{+}$$

Die Globuline bedürfen, wie gesagt, des Salzzusatzes und bilden Kolloidkomplexe (Salzschutzhydrate) von der Formel:

$$(Globulin^{-}\ Cl)\ Na^{+} \longleftrightarrow \text{oder}\ (Globulin^{+} \longleftrightarrow Na)\ Cl^{-}$$

Die Schutzhydrate folgen daher der allgemeinen Formel:

$$(Protein \longleftrightarrow H^{+})\ Anion^{-}\ \text{oder}\ (Protein \longleftrightarrow CH^{-})\,Kation^{+},$$

wozu dann noch jeweils die Wasserhülle tritt.

Dieser Zustand wird nach der Helmholtz-Freundlichschen Doppelschichttheorie durch Potentialdifferenzen, durch Oberflächenenergien aufrechterhalten, die hauptsächlich bedingt sind durch die Differenz der Adsorptionsaffinitäten der beiden Ionen der aufladenden Elektrolyten.

Unter dieser dispersoid-chemischen Grundvorstellung kann man sich für das Milchserum und die Molke ein biologisches Optimum vorstellen, indem die beteiligten Proteidsysteme in optimalen Gleichgewichtsbedingungen zueinander sich befinden. Dieser „optimale" Zustand wird wohl hauptsächlich durch die in der Molke gelöste Kohlensäure aufrechterhalten. Durch Erwärmen oder durch längeres Stehenlassen entweicht die Kohlensäure langsam, die Schutzhydrate der beteiligten Proteidsysteme werden langsam entladen, dehydratisiert, und das Proteinsystem mit der schwächsten Potentialdifferenz zwischen den Bestandteilen der Doppelschichtung fällt zusammen. Der Entladungsvorgang wird auch weiterhin allem Anschein nach beschleunigt durch die Anwesenheit von Desinfektionsmitteln, vielleicht in der Weise, daß diese, wie z. B. Toluol oder Chloroform, als Dielektrikum wirken.

Eine im ganzen befriedigende Erklärung gibt diese Betrachtungsweise nicht, denn sie sagt nichts über eventuelle chemische Veränderungen der Eiweißstoffe aus. Solche liegen aber allem Anschein nach vor, da die Stickstoffmenge der ausfällbaren Anteile verhältnismäßig geringfügig ist, der Anteil an nicht mehr hitzekoagulierbarem Proteinstickstoff und der Anteil des nicht hitzekoagulierbaren Nicht-Proteinstickstoff = Reststickstoff, dagegen verhältnismäßig sehr stark ansteigt.

Diese Erscheinung muß noch von einem anderen, mehr chemischen Standpunkt aus betrachtet werden. Die Dispersionen der Eiweißkörper in Wasser zeigen ein von den übrigen Kolloiden in mancher Beziehung abweichendes Verhalten, bedingt durch ihre Molekularstruktur (komplexe Aminosäuren). Nach der Vorstellung von Robertson, die sich eng an die organisch-chemische Strukturlehre anlehnt, ist die Annahme zwingend, daß sich die Proteine auch gegenseitig, also nicht nur allein mit Wasser und mit Schutzstoffen, zu komplexen Verbindungen vereinigen können, so daß man auch voraussetzen kann, daß die einzelnen Eiweißkörper der Molke in Form ebensolcher komplexer Verbindungen vorkommen, was zur Folge hätte, daß wegen dieser gegenseitigen Bindung eine quantitative Trennung nicht möglich wäre.

Beim Blutserum hat man die Beobachtung gemacht, daß der lyophile Eiweißkörperkomplex des Serums, Albumin und Globulin, jedenfalls nicht stabil ist, daß vielmehr eine mit der Zeit fortschreitende Ausflockung der dispersen Teilchen eintritt, ein „Altern". Diese Ausflockungen bestehen nun in diesem Fall aus Euglobulin. Die Bildung dieses Euglobulins findet auf Kosten einer Umwandlung des Albumins statt, in dem zuerst hochdisperses, sehr lyophiles Pseudoglobulin entsteht, das dann sekundär in Euglobulin übergeführt wird. Für diese Erscheinung hat die Untersuchung von Rupel und seinen Mitarbeitern gute Belege gebracht. Es konnte festgestellt werden, daß bei einer Wasserstoffzahl von $p_h = 6{,}8$ das Euglobulin, das heißt jener Eiweißkörper im Serum, dessen Dispersion von der Anwesenheit von Elektrolyten und gleichzeitig von einer bestimmten OH-Ionen-Konzentration abhängig ist, auszuflocken beginnt und bei einer Wasserstoffzahl von $p_h = 6{,}4$ das Maximum der Ausfällung erreicht wird. Liegt nun der Anlaß für die Umwandlung von lyophilem Albumin über lyophiles Pseudoglobulin in lyophobes Euglobulin zum Teil in der Änderung des Ionenverhältnisses, so ist es doch sehr interessant, daß diese Umwandlung allem Anschein nach unter Abspaltung von Aminosäuren vor sich geht; das Pseudoglobulin erscheint geradezu als ein aminosäurearmes Spaltprodukt des Albumins. Durch den Einfluß der freien Aminosäuren wird dann das Pseudoglobulin in das lyophobe Euglobulin übergeführt, so daß, wenn kein Albumin von vornherein vorhanden ist, auch die Quelle für die Aminosäuren fehlt und damit die Möglichkeit entfällt für die Umwandlung des Pseudoglobulins. Es bestehen deshalb allem Anschein nach vollständige Übergänge von lyophilem zu lyophobem Eiweiß und mit Recht ist diesen Vorgängen eine besondere Bedeutung bei allen biologischen Erscheinungen zuzuschreiben.

Diese Anschauungsweise könnte man ohne weiteres vom Blutserum auch auf das Serum der Milch und die Molke übertragen. Das genuine Albumin altert, es gibt dabei in steigenden Mengen Aminosäuren als Reststickstoff ab und geht in stickstoffarmes Euglobulin über. Es ist deshalb die Anschauung wohl berechtigt, daß das „Globulin" des Milchserums und der Molke überhaupt kein normaler Bestandteil der Milch ist, sondern ein akzidentieller, während der Zeit der Aufbereitung erst entstandener.

Die verschiedenen H-Ionen-Konzentrationen in der typischen Labmolke und in der typischen Quarkmolke (Labmolke durchschnittlich $p_h = 6{,}3$, Quarkmolke durchschnittlich $p_h = 5{,}3$) bedingen einen anderen Ablauf der Umwandlung der lyophilen Eiweißkörper in lyophobe. Die Produkte sind hinsichtlich ihres N-Gehaltes im wesentlichen die gleichen. Für die Quarkmolke könnte man einen erheblichen Teil des Reststickstoffes der gealterten Molke auf Aminosäurestickstoff nehmen, obwohl ja nicht gesagt werden muß, daß die Abspaltungsprodukte tatsächlich Körper von der Molekulargröße der Aminossäure sein müssen, es können auch Peptone und andere niedrigmolekulare Eiweißbruchstücke sein.

Jedenfalls ist diese Betrachtungsweise fruchtbar und im allgemeinen befriedigend. Man kann sich jederzeit ganz gut vorstellen, wie manche Autoren beim Studium der Molkeneiweißkörper zu allen möglichen löslichen bzw. durch Essigsäure oder Aussalzung nicht fällbaren Stoffen gekommen sind: Hemikaseinalbumose oder Laktoserumproteose von ARTUR PAGÉS, die Substanz Kasein C von HERWAGEN und PETRI; hierher gehören wohl auch das Opalisin von WROBLLEWSKY und die alkohollösliche Proteinsubstanz von OSBORNE, das Laktoprotein von MILLON, das Galaktin von BLYTH, Fibrin von BABCOCK, die Laktomuzine von STORCK und andere.

Hinsichtlich der Eiweißstoffe der Molke besteht ein Sammelname für die Eiweißstoffe der durch Säuerung gewonnenen Molke der Quarkkäserei = Quarkmolkeneiweiß oder Quarkmolkenalbumin und der durch Labung gewonnenen Molke der Süßmilch-Labkäserei = Labmolkeneiweiß oder Labmolkenalbumin. Gewöhnlich wird im praktischen Leben und im Handel — zeitweise waren diese Produkte der Käserei gesuchte Handelsartikel — kein Unterschied bezüglich der Herkunft gemacht, sondern kurz von „Molkeneiweiß" bzw. „Molkenalbumin" gesprochen; der Handelsbegriff „Milcheiweiß" ist irreführend, er dürfte jedenfalls auf die Eiweißstoffe der Molke allein nicht angewendet werden, da die Abnehmerkreise darunter hauptsächlich das Kasein verstehen würden, den praktisch wichtigsten Eiweißstoff der Milch.

In der technisch im Käsereiverfahren gewonnenen Molke sind die Eiweißverhältnisse des Milchserums meist erheblich vergröbert. Fast immer finden sich größere oder kleinere Mengen von feinst verteiltem und verrührtem Kasein bzw. Käsestoff (Käsestaub) vor, sodann sind die proteolytischen Abbauprozesse an diesen Kaseinresten durch das Labenzym und andere Veränderungen durch Erwärmen, Rühren, Herumstehen usw. weitergegangen. Es sind also die ursprünglichen Proteine zumeist verändert, so daß die Käsereimolke eine Fundgrube für alle möglichen Proteinabkömmlinge ist und ein Rückschluß nicht mehr möglich ist. Das „Molkenprotein" mit seinem niedrigen Stickstoffgehalt gehört wohl hierher. Für die Praxis ist zu berücksichtigen, daß das „Molkeneiweiß" durch seinen regelmäßigen Gehalt an derartigen stickstoffärmeren Eiweißabkömmlingen bei der üblichen KJELDAHL-Analyse nicht mit dem üblichen Stickstofffaktor 6,25 gewertet werden kann; man müßte den Faktor 7,00 oder 7,1 nehmen, um auf einen dem vorhandenen Stickstoffgehalt entsprechenden „Rohproteinwert" zu kommen.

Der „Reststickstoff" der Milch

Neben den Haupteiweißstoffen der Milch — Kasein und Albumin — sind bisher andere stickstoffhaltige Bestandteile der Milch in ihrer Erforschung zurückgetreten. Man beobachtete allerdings schon frühzeitig eine Differenz zwischen dem Gesamtstickstoff der Milch und dem durch die Ausfällung der Eiweißstoffe wiederfindbaren Stickstoff. Gelegentlich bezeichnete man diese Differenz als „Eiweißrest"; nähere Untersuchungen unterblieben aber im allgemeinen, obwohl inzwischen die Analyse der stickstoffhaltigen Bestandteile anderer Sekrete und Körperflüssigkeiten (Blut, Harn) sehr gepflegt und ausgebaut wurde.

Harnstoff wurde in der Milch schon frühzeitig vermutet und schließlich auch qualitativ nachgewiesen; Ammoniak wurde nicht als normaler Bestandteil der Milch angesehen, höchstens wollte man Spuren gelten lassen. Außerdem wurde gelegentlich von der Anwesenheit von Kreatin, Kreatinin, Hypoxanthin, Xanthin, Rhodansalzen gesprochen, dagegen wurde Harn- und Hippursäure nicht erwähnt; einfache und gepaarte Aminosäuren wurden ebenfalls vermutet, jedoch nicht im einzelnen nachgewiesen und nichts bezüglich ihrer Präexistenz ausgesagt.

Insgesamt läßt sich der „Reststickstoff" der Milch als der „Nicht-Protein-Stickstoff" bezeichnen, als der Stickstoffanteil der nach vollständiger Entfernung der ausflockbaren Proteine noch im Filtrat zurückbleibt. Als Träger des Reststickstoffes sind in erster Linie Harnstoff, Kreatin, Kreatinin, Harnsäure, Purinbasen, Karbaminsäure, Ammoniak, Hippursäure, Allantoin, Mukoide und Muzine, Aminosäuren, Amine und schließlich noch die umstrittene Oxyproteinsäure, Anthoxyproteinsäure und Alloxyproteinsäure sowie die Albumosen und Peptone zu nennen.

In mehreren Experimentaluntersuchungen der letzten Jahre ist auch diesem Teil der Milchchemie Beachtung geschenkt worden; Einzelheiten über die Methodik sind in der Spezialliteratur zu finden.

Als Beispiel für die Aufteilung des Gesamtstickstoffes unter Berücksichtigung des Reststickstoffes seien folgende Tabellen angeführt:

Tabelle 23. Magermilch einer Kuh in mittlerer Laktation für sich gesammelt und allein verarbeitet

	Spez. Gewicht	Säuregrad HENKEL-SOXHLET	Fett Proz.
Vollmilch	1,0311	6,3	2,95
Daraus hergestellte Magermilch	1,0336	7,2	0,1
Aus der Magermilch hergestellte Labungsmolke (0,4 cm³ Labessenz 1 : 10000 auf 1,5 Liter)	1,0267	8,8	—
Aus der Magermilch hergestellte Sauermolke (Säurewecker Einwirkung bei 38⁰)	1,0276	26,8	—

Tabelle 24. Zahlenangaben in Milligrammen in 100 cm³

	Vollmilch	Labmolke	Sauermolke
Gesamtstickstoff	466,4	125,2	119,7
Eiweißstickstoff	392,0	65,8	56,3
Reststickstoff (rechnerisch)	74,4	49,4	63,4
Reststickstoff (gefunden) = Filtrat-Gesamtstickstoff	69,0	51,2	62,4
Albumosenstickstoff	33,1	18,9	24,3
Phosphor-Wolframsäure-Stickstoff (Peptonstickstoff)	19,5	20,4	18,2
Purinbasenstickstoff	2,3	1,2	2,2
Harnsäure	1,6	0,6	1,2
Kreatinin (präformiert)	1,4	1,2	1,2
Kreatin	2,6	2,1	2,1
Aminosäurestickstoff	2,9	3,1	7,8
Harnstoffstickstoff	10,1	10,8	12,0
Ammoniakstickstoff (präformiert)	—	1,2	3,0
Reststickstoff, nach W. DENIS und A. S. MINOT bestimmt	23,3	28,8	36,2

Verteilung des Stickstoffs in Milch (Durchschnitt aus Sammelmilch) (nach KIEFERLE und GLÖTZL, bisher noch nicht veröffentlicht)

Kasein-N	420,8	408,4	397,1	352,6
Albumin-N	74,7	71,3	66,6	81,0
Albumosen-N	32,0	27,1	27,3	36,2
Pepton-N	22,6	19,1	24,5	24,6
Gesamtrest-N	78,3	65,1	75,3	86,8
Rest-N	21,2	20,1	21,0	26,4

im einzelnen:

Amino-N	3,8	3,8	3,2	3,7
Harnsäure-N	0,9	1,2	1,3	1,0
Kreatinin-N	1,5	1,6	1,4	1,5
Kreatin-N	2,0	2,4	1,8	2,3
Ammoniak-N	1,0	1,1	0,9	1,5
Harnstoff-N	9,6	8,3	9,2	13,8
Gesamt-N.................	576,5	546,5	531,3	519,0

Schließlich sind dem stickstoffhaltigen Farbstoff der Milch, der in der Kuhmilch immer vorhanden ist, in anderen Milcharten vielleicht fehlt (darüber ist aber bis jetzt noch nichts bekannt), noch einige Worte zu widmen. Es handelt sich um den gelbgrünen, wasserlöslichen Farbstoff des Milchserums bzw. der Molke, der nicht zu verwechseln ist mit dem gelben bzw. gelbroten, fettlöslichen Farbstoff des Milchfettes mancher Milcharten, einem Lipochrom, das, wie schon früher ausgeführt, in ursprünglicher Beziehung zu den Pflanzenfarbstoffen steht, aus den Futterstoffen in mehr oder weniger großen Mengen herüberkommt, während der Serumfarbstoff zu den ständigen und normalen Bestandteilen der Milch gehört. Er gibt sich in den praktischen Milchbetrieben leicht dadurch zu erkennen, daß er auf die Faser von Käsetüchern und in das Holz von Geräten zieht.

Dieser Farbstoff ist früher schon einmal als „Laktochrom" bezeichnet und es ist dafür auch eine chemische Kennzeichnung gegeben worden. Neuere Bearbeitungen konnten aber dieses „Laktochrom" nicht bestätigen; sie haben vielmehr ergeben, daß der wasserlösliche, gelbgrüne Farbstoff der Milch aller Wahrscheinlichkeit nach ein Phenylalaninabkömmling ist, der in enger Beziehung zum Urochromogen und Urochrom steht, in systematischer Hinsicht zu der Alloxyproteinsäurefraktion gerechnet werden kann, jedoch vorläufig noch von dem typischen Urochromogen bzw. Urochrom (Harnfarbstoff) unterschieden werden muß. Mit Urobilin hat das Laktochrom nichts zu tun; es ist ein normaler und konstanter Bestandteil und in seinem Mengenverhältnis zur Milch keinen großen Schwankungen unterworfen. Das Laktochrom steht mit dem Eiweißstoffwechsel in enger Beziehung und gehört analytisch zu der Gruppe der „Peptone".

Die stickstoffhaltigen Phosphatide der Milch werden, da sie zu den Eiweißstoffen in keiner Beziehung stehen, an anderer Stelle besprochen.

Tabelle 25. Aufspaltung nach van Slyke

	vom Gesamt-N			
	Kasein %/0	Parakasein %/0	Albumin aus saurer Molke (Quarkmolke) %/0	Albumin aus süßer Molke (Labmolke) %/0
Ammoniak-N	10,32	11,09	7,17	7,09
Melanin-N.................	1,45	1,97	3,26	3,81
Gesamtbasen-N	22,87	22,29	—	—
Cystin-N...................	0,76	1,07	1,14	1,08
Arginin-N..................	7,33	8,84	8,34	5,85
Histidin-N	5,31	3,70	8,29	4,27
Lysin-N	9,61	8,97	8,65	9,66
Gesamt-N des Filtrats	64,95	65,62	—	—
Amino-N des Filtrats	47,33	45,30	52,29	53,03
Nichtamino-N des Filtrats	17,58	19,54	14,59	13,48

Endlich muß noch erwähnt werden, daß zu den normalen stickstoffhaltigen Bestandteilen der Milch auch noch die Rhodanide gehören, die auch sonst, in allerdings sehr kleinen Mengen, in tierischen Sekreten (Speichel, Harn) und im Blut vorkommen. Die Funktion der Rhodanide ist noch nicht mit Sicherheit erkannt; sie wirken im allgemeinen stark dispergierend, „lösend" auf Eiweißstoffe und Eiweißabkömmlinge ein, so daß sie schon in einer Beziehung zum Eiweißstoffwechsel stehen können. Die Menge in der Kuhmilch geht wahrscheinlich nicht über 10 mg Rhodanide im Liter hinaus.

Zur Beleuchtung der einzelnen Milcheiweißstoffe werden noch einige Ergebnisse der sauren Hydrolyse angeführt.

Tabelle 26. Aufspaltung nach anderen Methoden (ABDERHALDEN u. a.)

	Kuhkasein			Ziegen-kasein	Frauen-kasein	Kuhmilch-albumin
	ABDER-HALDEN	OSBORNE	VAN SLYKE	ABDERHALDEN		JONES und JAHNS
Alanin	0,9	1,5	—	1,5	1,2	3,30
Valin	1,0	7,2	—	—	1,3	2,41
Leuzin	10,5	7,2 (9,3)	—	7,4	8,8	3,30
Prolin	3,1	4,7 (6,7)	6,7	4,62	2,85	14,03
Phenylalanin	3,2	2,4 (3,2)	—	2,75	2,80	12,80
Glutaminsäure	10,7	15,6	—	10,25	10,95	9,30
Asparaginsäure	1,2	1,4	—	1,1	1,0	3,76
Zystin	0,06	—	—	—	—	1,95
Serin	0,2	0,5	—	—	—	1,95
Tyrosin	4,5	3,9 (4,5)	—	4,65	4,58	1,25
Oxyprolin	0,25	0,23	—	—	—	—
Histidin	2,6	2,5	6,21	—	—	—
Arginin	5,8	3,8	7,41	—	—	—
Lysin	4,9	3,8	10,30	—	—	—
Tryptophan	1,5	1,5	—	—	—	1,76
Diaminotri-oxydodekansäure	0,75	0,75	—	vorhanden	—	—
Ammoniak	—	1,61	10,43	—	—	—
	kein Glykokoll vorhanden					Glykokoll vorhanden

Bei den Zahlen ist zu berücksichtigen, daß manche Stoffe bei den einzelnen Analysen nicht eigens bestimmt wurden, und daß die Methoden als solche sehr schwierig sind. Das Fehlen von Glykokoll bei dem Kasein ist charakteristisch, ebenso der relativ hohe Gehalt an Tyrosin und an Lysin; das Tyrosin kommt bei der fortschreitenden Reife des Käses sehr zur Geltung; das Lysin ist eine besonders für das Wachstum maßgebliche Aminosäure.

Zusammenfassend lassen sich die stickstoffhaltigen Bestandteile der Milch folgendermaßen gruppieren:

1. Nukleoalbumin (Kasein);

2. Albumin; Globulin ist unwahrscheinlich; Entstehung des „Globulins", das gar kein echtes Globulin, sondern nur ein Pseudoglobulin ist, aus dem Albumin durch Zerfall unter gleichzeitiger Bildung von Aminosäuren;

3. Albumosen;

4. Peptone;

zu 3. und 4. gehören die vielen, mit Spezialnamen belegten, als ständige, feststehende Bestandteile der Milch angesehenen Eiweißbruchstücke (Kaseosen, Nukleone, Opalisin, Molkenprotein und ähnliche, die man am besten als Sonderbegriffe nicht mehr weiterführen sollte); in der ganz frischen Milch sind die Stoffe nach 3. und 4. unwahrscheinlich, sie bilden sich aber schnell durch milcheigene und durch Bakterienenzyme sowie bei der Verarbeitung und Behandlung der Milch.

5. Reststickstoffkörper (Purinbasen, Harnsäure, Harnstoff, Ammoniak, Kreatin, Kreatinin, Aminosäure;

6. Lezithine und Kephaline (Phosphatide);

7. Stickstoffhaltiger Serumfarbstoff = Laktochrom;

8. Rhodanide.

Der von manchen Autoren in der Milch angenommene stickstoffhaltige besondere „Schaumstoff" ist hier unberücksichtigt geblieben, da seine Existenz und seine chemische Individualität noch nicht endgültig bewiesen sind.

Die Kohlehydrate der Milch

Es ist nicht daran zu zweifeln, daß Laktose, Milchzucker, das einzige Kohlehydrat aller Milcharten ist. Die früher gelegentlich geäußerte Ansicht, daß Kuhmilch außerdem noch etwa 0,1% Glukose enthalte, oder daß Polysaccharide, im besonderen dextrinartige Stoffe, enthalten seien, konnte bei näherer Nachprüfung nicht aufrechterhalten werden; auch die Mitteilung, daß in Kuhmilch sich etwa 0,03% Arabinose (eine Pentose) vorfänden, müßte nochmals einer eingehenden Nachprüfung unterzogen werden. Auf die Irrigkeit der Annahme eines besonderen Kohlehydrates in der Büffelmilch, die Tewfikose genannt wurde, wurde schon früher hingewiesen.

Unzweifelhaft ist nur die Laktose, die allen Milcharten gemeinsam ist. Diese Zuckerart kommt nach den bisherigen Erfahrungen auch nur in der Milch und sonst nicht in der Natur vor; die Angaben, daß der Milchzucker in den reifen Früchten von Achras sapota, eines südamerikanischen, zur Familie der Sapotazeen gehörigen Baumes, auch vorkomme, sind unbewiesen; es besteht kein Anlaß, sie als stichhaltig zu übernehmen. Beim Nichtstillen der Frauen, bei unvollständigem Ausmelken, beim Absetzen des Säuglings und des Kalbes, am Ende der Laktation und bei ungenügender Exstirpation der Milchdrüse tritt infolge Stauung der Milchzucker teilweise in den Harn über, doch ist „Laktosurie" seltener, als gewöhnlich angenommen.

Der Laktose kommt als Disaccharid (Biose) die Bruttoformel $(C_{12}H_{22}O_{11})$ zu; sie kristallisiert in schiefen, rhombischen Säulen von glasheller bis weißer Farbe, ist ziemlich hart, leuchtet, gerieben oder gestoßen, wie der kristallisierte Rohrzucker, ist in wasserfreiem Alkohol und in Äther praktisch unlöslich, löst sich in Wasser bei 20 bis 25° zu rund 20%, in siedendem Wasser zu gleichen Teilen und kristallisiert mit 1 Mol. Kristallwasser, was 0,5% vom Gewicht des kristallisierten Hydrates ausmacht $= C_{12}H_{22}O_{11} \cdot H_2O = $ Mol. Gewicht 360,2.

Die elementare Zusammensetzung ergibt sich demnach für das Hydrat und das Anhydrid:

	Hydrat	Anhydrid
Kohlenstoff	40,00	42,11
Wasserstoff	6,11	6,43
Sauerstoff	48,89	51,46
Kristallwasser	5,00	—
	100,00	100,00

Die Konstitution ist noch nicht mit genügender Sicherheit festgestellt. Die größere Wahrscheinlichkeit gegenüber anderen Vorschlägen kommt der Formulierung: 5-Galaktosido-Glukose zu.

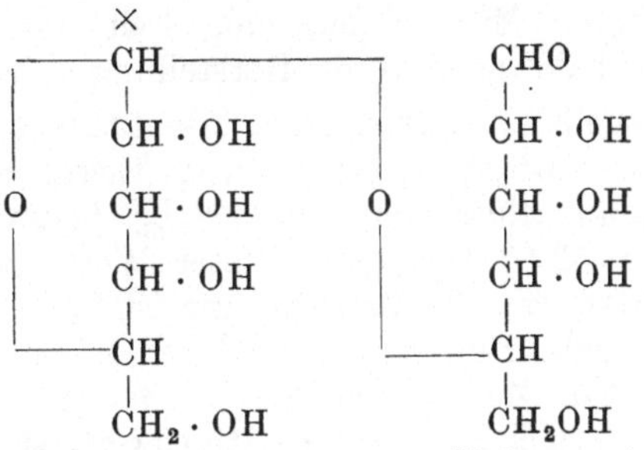

$$
\begin{array}{ll}
\times & \\
\mathrm{CH} & \mathrm{CHO} \\
\mathrm{CH \cdot OH} & \mathrm{CH \cdot OH} \\
\mathrm{O\quad CH \cdot OH} & \mathrm{O\quad CH \cdot OH} \\
\mathrm{CH \cdot OH} & \mathrm{CH \cdot OH} \\
\mathrm{CH} & \mathrm{CH} \\
\mathrm{CH_2 \cdot OH} & \mathrm{CH_2OH} \\
\text{Galaktoserest} & \text{Glukoserest}
\end{array}
$$

Milchzucker, Laktose

5-Galaktosido-Glukose

(Die Galaktose ist nach den neuesten Vorschlägen amylenoxydisch formuliert.)

Der gewöhnliche Milchzucker, wie er aus den wässerigen Lösungen auskristallisiert und mit dem Handelsmilchzucker identisch ist, enthält, wie schon erwähnt, 1 Mol. Kristallwasser, das beim Erwärmen auf 100^0 nicht abgegeben wird. Bei der Erhöhung der Temperatur auf 125^0 entsteht ein stark hygroskopisches Anhydrid $= \alpha$-Anhydrid, das bei der Berührung mit Wasser wieder in das gewöhnliche Hydrat übergeht. Von diesem α-Anhydrid verschieden ist das β-Anhydrid, auch als Milchzuckerlakton bezeichnet, das durch Verdampfen einer Lösung jeder Art von Milchzucker zur Trockne entsteht, ohne daß man die Lösung dabei kochen läßt oder umrührt; dieses β-Anhydrid ist viel leichter löslich in Wasser als gewöhnlicher Milchzucker und schmeckt deshalb süßer. Bei der technischen Milchzuckerfabrikation ist die Beobachtung dieses Anhydrids stets möglich; es kristallisiert unter diesen Umständen in kleinen, schmierigen Kristallen aus und bereitet als sogenannter „Schleimzucker" einige Schwierigkeiten. Bei Erhitzung auf 170 bis 180^0 wird jede Art von Laktose unter Bildung von Laktokaramel zersetzt. Diese Laktokaramelbildung wird auch bei niederen Temperaturen unter erhöhtem Druck begünstigt, worauf die Bräunung von Milch, die im Autoklaven sterilisiert wird, zum Teil zurückzuführen ist. Nicht zu verwechseln mit der Laktokaramelbildung ist die Bräunung von Milchzuckerlösungen und damit auch Milch, die schon bei erheblich niedrigeren (von 70^0 ab) Temperaturen einsetzen kann; hier handelt es sich um Zerstörung der Laktose unter Katalyse von Hydroxylionen, die selbst in geringer Konzentration eingreifen und die Bildung von sogenannten „Huminstoffen", neben anderen Stoffen, wie Milchsäure, bedingen; dieser besondere Abbau erfolgt besonders bei Gegenwart von Phosphaten.

Laktose zeigt als Aldosezucker Mutarotaion in seinen wässerigen Lösungen:

Tabelle 27.

Form	Schmelzpunkt	$[\alpha]$ D
α-Form	$222,8^0$	90^0
β-Form	$252,2^0$	35^0
Gleichgewicht .	—	$55,3^0$

Bei der Bestimmung der Löslichkeitskurve, ausgehend von der β- als auch von der α-Modifikation, ergibt sich ein typischer Knickpunkt bei $93,5^0$. Oberhalb dieser Temperatur geht die α-Laktose in β-Laktose über. Frisch bereitete Milchzuckerlösungen zeigen infolge der Mutarotation ein erheblich höheres Drehungsvermögen, als nach der „normalen", das heißt der Gleichgewichtsdrehung, anzunehmen ist. Beim Erhitzen, namentlich bei Gegenwart von Alkali, tritt Semirotation (Halbrotation) ein, was auf überwiegende Bildung der β-Form zurückzuführen ist. Der Zusatz einer winzigen Menge Ammoniakflüssigkeit zu einer frisch bereiteten Milchzuckerlösung läßt die Mutarotation schnell abklingen, so daß sie bald nach ihrer Herstellung polarisiert werden kann.

Das deutsche Arzneibuch läßt bei der Identitätsprüfung für Milchzucker (Saccharum lactis) eine 10%ige Lösung unter Erwärmen und unter Zusatz von 1 Tropfen Ammoniakflüssigkeit (10% NH_3) herstellen; für eine solche Lösung wird $[\alpha] D_{20}^0 = 52,5^0$ verlangt. Dieser Wert ist geringer als der tatsächliche Gleichgewichtswert; die Verringerung ist auf Kosten der Erwärmung unter Zusatz des Ammoniaks zu setzen, wodurch schon das Vorherrschen von β-Laktose begünstigt wird. Zusatz von Säuren oder weitere Verdünnung bilden die β-Laktose wieder um, so daß die Semirotationswerte sich dem Gleichgewichtspunkte nähern.

Es ist recht gut möglich, daß wie bei allen die Mutarotation zeigenden Zuckern auch bei der Laktose an dieser Erscheinung neben einer α- und einer β-Form auch noch eine Aldehydform mitbeteiligt ist, die in wässerigen Lösungen bereits vorgebildet sein müßte. Darauf deuten die merkwürdigen Vorgänge, die sich in neutralen Lösungen durch Zusatz von Natriumbisulfit abspielen.

Das Osazon der Laktose schmilzt bei 200^0; sein Drehungsvermögen in Pyridinalkohol ist gleich null.

Das spezifische Gewicht des Milchzuckers in wässeriger Lösung beträgt bei $\frac{20^0}{4^0} = 1,545$ im kristallisierten Zustand (je nach der Größe der Kristalle zwischen 1,52 bis 1,61). Beim Lösen des Milchzuckers in Wasser ist wie bei anderen Disacchariden eine Kontraktion unter Wärmeabgabe zu beobachten. Dementsprechend ist die Beziehung von Milchzucker zu Wasser eine komplizierte; sie folgt der Formel:

$$S \frac{20^0}{4^0} = 0,9982 + 3,7585 \cdot 10^{-3} \cdot x + 1,1284 \cdot 10^{-5} \cdot x^2 + 5,8405 \cdot 10^{-8} \cdot x^3.$$

$S =$ spezifisches Gewicht der Milchzuckerlösung; $x =$ prozentischer Gehalt der Lösung an reinem kristallinischem wasserhaltigen Milchzucker.

Die Inversion der Laktose unterscheidet sich in ihrer Geschwindigkeit erheblich von der Inversion der Maltose und der Saccharose (Rohrzucker); sie kann nur durch starke Säuren erzwungen werden. $\frac{3}{1} n$ Salzsäure ist beispielsweise bei Zimmertemperatur noch ohne wesentliche Wirkung; erst Konzentration in der Größenordnung von $\frac{24}{1} n$ Säure (Schwefelsäure) oder Salzsäure $s = 1,185$ oder Überchlorsäure $s = 1,67$ liefern praktisch beobachtbare Werte. Die Inversion ist in besonderem Grade von der Temperatur abhängig; sie folgt im Gegensatz zu der durch Enzyme bewirkten Inversion (siehe später) innerhalb der Versuchsfehler dem Gesetze der monomolekularen Reaktion: $b(t_2 - t_1) = \log K_2 - \log K_1$; die Reaktionsgeschwindigkeit der Inversion nimmt entgegen den Erwartungen mit steigender Konzentration der Laktose ab. Die Verschiedenheit der Inversionsmöglichkeit durch Säuren ist aus der verschiedenen Konstitution der Disaccharide erklärlich: Saccharose vom Trehalosetyp, das heißt beiderseitige glukosidische Verkettung der Monosen, ist sehr leicht aufspaltbar, Maltose und Laktose vom Maltosetyp, das heißt Disaccharide mit einer noch vorhandenen Karbonylgruppe, sind schwer bzw. sehr schwer aufspaltbar. Gerade umgekehrt ist das Verhalten gegen Alkalien: Saccharose ist wegen der Schließung der glukosidischen Karbonylgruppen sehr beständig, Maltose empfindlich und Laktose ganz besonders empfindlich. Der Abbau in alkalischer Lösung dürfte bei der Laktose ohne vorherige Inversion direkt vom Disaccharid zur Milchsäure und anderen Stoffen, darunter gefärbten Huminstoffen, führen. Eine vorhergehende Spaltung ist bisher experimentell noch nicht nachgewiesen worden; sie ist auch nicht wahrscheinlich, weil die dann hier entstehende Glukose gegenüber Alkali recht beständig ist. Die sehr leichte Aufspaltbarkeit im alkalischen Bereich ist für die physiologische Bedeutung des Milchzuckers in der Milch von großem Einfluß. Im Magen der säugenden oder mit Milch gefütterten Tiere und Säuglinge wird der Milchzucker, nachdem spezifische, laktosespaltende Enzyme im Magen zu fehlen scheinen, nicht verändert, der Abbau erfolgt erst im alkalischen Darmabschnitt unter Mithilfe der Laktase und da mit größter Leichtigkeit; beim Rohrzucker liegen die Verhältnisse umgekehrt, woraus sich manche Ernährungsstörungen bei künstlich ernährten Säuglingen erklären mögen.

In schwach alkalischer Lösung wird die Laktose durch Jod stöchiometrisch zur entsprechenden Aldonsäure oxydiert, worauf sich ein Bestimmungsverfahren gründet. Durch alkalische Kupfersalzlösung (FEHLING, SOXHLET usw.) wird Laktose leichter als Maltose oxydiert, dementsprechend ist die ausgeschiedene Kupfermenge relativ größer. Einzelheiten über die Bestimmungsmethoden für Laktose werden an anderer Stelle abgehandelt (polarimetrische, gewichtsanalytische, titrimetrische, kolorimetrische Verfahren, Trennung von anderen Milchstoffen).

Die enzymatische Aufspaltung der Laktose erfolgt in der Hauptsache durch das spezifische Enzym, die Laktose, die in einigen Milchzuckerhefen und in den Kefirkörnern sowie in der Darmschleimhaut gefunden wird. Besonders die Darmschleimhaut der Neugeborenen und der säugenden Tiere und der Säuglinge ist reich an Laktase, die bei zunehmendem Alter der Tiere bzw. Menschen zurücktritt, bei Milchnahrung aber wieder in Erscheinung tritt.

Über die Individualität der einzelnen „Laktasen" und ähnlicher Enzyme und über das komplizierte Spiel sind die Ansichten noch nicht geklärt, besonders deswegen, weil das Gemisch der Abbaustoffe, der Glukose und der Galaktose, mit der noch unveränderten Laktose schwer zu analysieren ist.

Die Laktose verfällt leicht dem Angriff von Oxydoredukasen oder, wie sie jetzt mit guter Kennzeichnung genannt werden, von Desmolasen. Die unter Bildung von Milchsäure bzw. Buttersäure bzw. Propionsäure bzw. Äthylalkohol ablaufenden Gärungsvorgänge mit Milchzucker als Substrat sind hierher gehörig. Der erste Angriff erfolgt wohl sehr wahrscheinlich durch Inversion mittels Laktasen, worauf Umlagerung der Monosen in biologisch angreifbare „Reaktionsformen" und Veresterung mit Phosphorsäure folgen dürften; Phosphate sind auch immer zugegen, wo Gärungsvorgänge an Kohlehydraten einsetzen; sodann erfolgt Zerbrechung der Kohlenstoffkette zu C_3-Körpern. Unklar sind noch der innere Mechanismus jedes dieser 3 Teilprozesse, ferner die Rolle, die, wie nachgewiesen, verschiedene Hexosephosphate (Zymophosphat, Laktatidogen) dabei spielen, und schließlich die Tatsache, daß manchmal die Phosphorylierung entbehrlich zu sein scheint und die Natur des primär gebildeten C_3-Körpers. Jedenfalls spielen noch allerlei Koenzyme, Aktivatoren usw., darunter vielleicht auch das Insulin, eine noch im einzelnen vorläufig unaufklärbare Rolle. Den Arbeiten von NEUBERG und seiner Schule kann man mit Sicherheit entnehmen, daß Methylglyoxal als wesentliches Zwischenglied entsteht, das, vorliegend in irgendeiner hydratisierten Form, je nach den Bedingungen in verschiedener Weise, weiter verarbeitet wird. Die nächstliegende Verarbeitungsmöglichkeit ist die Anlagerung von Wasser bzw. eine Stabilisierung des bereits vorher lokal gebundenen Hydratwassers; das Produkt dieser Stabilisierung ist die Milchsäure.

Beim tierischen und menschlichen Stoffwechsel sowie bei der „echten" Milchsäuregärung tritt diese Milchsäurebildung aus Kohlehydraten und damit auch aus Milchzucker deutlich hervor (glykolytische Fermente der tierischen Zelle und noch nicht benannte und bekannte Fermente der Pflanzen, Bakterien und Hefen). In der tierischen Zelle geht dann die Reaktion an der gebildeten „Milchsäure" weiter, die teilweise endgültig oxydiert, teilweise wieder zu Glykogen aufgebaut wird (Meyer-Hofsche Reaktion). Fehlen die Vorbedingungen für die oxydative Weiterzerlegung, wie dies zumeist im aeroben Stoffwechsel vieler Mikroorganismen, voran der „echten" Milchsäurebakterien, der Fall ist, gelegentlich aber auch im anaeroben Stoffwechsel im Tierkörper vorkommen kann, so bleibt die Milchsäure bestehen, und darauf gründet sich die Säuerung der Milch durch Infektion mit Milchsäurebakterien und die künstliche Milchsäuregärung, die zur optisch inaktiven Äthylidenmilchsäure führt, während bei der Spontansäuerung der Milch vielfach auch optisch aktive Milchsäure entsteht. Liegen die Bedingungen anders, in diesem Fall hauptsächlich durch die Mitanwesenheit von Hefen (z. B. bei Kefir u. dgl.), so geht der Abbau der Laktose über die Methylglyoxalstufe weiter, das in Form eines seiner Hydrate zu Brenztraubensäure dehydriert wird.

$$CH_3 \cdot CO \cdot CH \underset{\diagdown OH}{\overset{\diagup OH}{}} + Acc. \longrightarrow CH_3 \cdot CH \cdot COOH + Acc. \ldots H_2.$$

Als Acceptor fungiert der aus der Brenztraubensäure durch Karboxylaseangriff entstehende Azetaldehyd, der damit zu Äthylalkohol reduziert wird. Die vielfach gleichzeitige Entstehung von Milchsäure und Äthylalkohol neben Kohlensäure ist damit erklärt (Kefir, Kumys u. dgl.).

Das Enzym, das die Stabilisierung des Methylglyoxals zu Milchsäure bewirkt, ist weit verbreitet, aber nur selten in der reinen und beherrschenden Wirksamkeit, wie in der tierischen Zelle. Zumeist findet man es in einer undifferenzierten Form vor, die in allen Verhältnissen zueinander beide Haupttypen, die Milchsäure und die Alkoholbildung, vollziehen kann. Nur bei den echten Milchsäurebildnern (Laktobazillus, Streptococcus lactis, Bacillus casei ε und andere) ist die „Reinheit" und Spezifität wieder eine große.

Die Buttersäurebildung aus Laktose unter dem Einfluß von Bakterien dürfte wahrscheinlich auch über das Methylglyoxal, die Schlüsselsubstanz des Zuckerabbaues, verlaufen. Die Propionsäurebildung, ein Vorgang typisch für die Reifung des Emmentaler Käses und hervorgerufen durch die Propionsäurebakterien, ist noch nicht genügend studiert; wahrscheinlich liegt ein Cannizzaroabbau der primär gebildeten Milchsäure zu Essigsäure und Propionsäure zugrunde.

Die Herstellung des Milchzuckers, die gewöhnlich aus Käsereimolke erfolgt, wird an anderer Stelle beschrieben.

Der Gehalt der verschiedenen Milcharten an Milchzucker ist anderweitig eingefügt und aus den Zusammenstellungen ersichtlich; auf den relativ hohen Gehalt der menschlichen Milch an Milchzucker (reife Milch durchschnittlich 6,5%) sei hier nochmals hingewiesen; der langsam wachsende menschliche Säugling bedarf in bezug auf seine relativ große Oberfläche einer Verstärkung der wärmeliefernden Kohlehydrate.

Über die Bildung des Milchzuckers im tierischen Körper besteht noch Unklarheit. Man hat auf die im Pflanzenreich sehr verbreiteten Stoffe hingewiesen — Pflanzenschleime, Gummi, Pektinstoffe —, die als Aufspaltungsprodukte Galaktose liefern können, worauf sich eine Synthese mit der Glukose anschließe; bei fleischfressenden Tieren ist aber diese Erklärung nicht zutreffend. Als vorläufige Erklärungsweise ist die Annahme von spezifischen Stereokinasen befriedigend, die den Blutzucker (= Glukose) teilweise in Galaktose zu verwandeln und dann diese mit Glukose in der Drüsensubstanz zu Laktose zu kuppeln vermag. Nach anderer Ansicht soll dabei zuerst Maltose entstehen und diese partiell umgelagert werden.

Die Salze der Milch

Unsere Kenntnisse über die Salze der Milch sind noch recht wenig entwickelt. Man hat zwar sehr sorgfältige Untersuchungen angestellt über die „Aschenbestandteile" und über die „Mineralstoffe" der Milch; aber, ohne daß damit der Wert dieser mühsamen Arbeiten gering geachtet werden soll, wir sind doch noch weit davon entfernt, über die Menge, die Art und die Zustandsform der Milchsalze etwas Genaues sagen zu können. Das hängt natürlich mit dem komplizierten Aufbau der Milch zusammen, die in ihrem Serum zwar den Hauptanteil der Salze birgt, der aber wegen der gleichzeitigen Anwesenheit von Kolloiden sich nur schwer abtrennen läßt. Die Methodik des Auseinanderholens von Kolloiddispersen, Molekulardispersen und iondispersen Stoffen ist vorläufig noch zu unentwickelt, um mit Sicherheit und mit Berücksichtigung der natürlichen vorliegenden Verhältnisse etwa vorhandene Adsorbate von molekular- und iondispersen Stoffen an Kolloiden rückgängig zu machen. Man wird deshalb auf diesem schwierigen Gebiete nur langsam vorwärts kommen können und man wird bei der Milch sich eng an die Methoden der Blutforschung anschließen müssen, die nach Kräften gefördert wird, da man sich aus den etwaigen Möglichkeiten der Erfassung „normaler" und „anormaler" Zusammensetzung der Mineralstoffe des Blutes Rückschlüsse für die Erkennung von Krankheiten erhofft.

Es ist klar, daß die Bestandteile, die bei der Veraschung von Milch oder Milchbestandteilen (Magermilch, Rahm, Molke und anderen) oder Milchzubereitungen und Molkereiprodukten (Käse, Butter und anderen) zurückbleiben (die sogenannte „Asche"), nicht alle in freiem, das heißt für sich existierendem, unverbundenem Zustande vorkommenden Salze enthalten kann. Der eine der Aschenbestandteile war beispielsweise organisch gebunden, ein anderer Teil war molekular-dispers gelöst, ein anderer Teil war iondispers vorhanden. In qualitativer Hinsicht kann man schon einige Anhaltspunkte gewinnen, der quantitative Einblick in die einzelnen Zustandsformen fehlt aber noch, zumal die Beziehungen (Adsorption in kolloidchemischer Auffassung bis zur Bildung von echten Verbindungen), die zwischen den organischen Stoffen, zumeist mit ausgeprägter Oberflächenentwicklung und entsprechender Oberflächenenergie, und den anorganischen Stoffen bestehen und sich jeweils unter Veränderung der Verhältnisse sich neu bilden können, noch nicht überblickbar sind. So kann beispielsweise die in der Asche gefundene Phosphorsäure den verschiedensten Quellen entstammen: bei der Milch aus dem phosphorhaltigen Nukleoalbumin (Kasein), aus den Phosphatiden (Lezithin und anderen) und aus anorganischen Phosphaten, die wiederum als Elektrolyte oder als Nichtelektrolyte vorhanden sein können. Verwickelt liegen auch die Verhältnisse bei den Kalziumverbindungen. Ohne Zweifel kommen sie in der Milch in organischer Bindung — gebunden an das Kasein, vor, wahrscheinlich in Form eines Kalziumsalzes einer komplexen Kaseinphosphorsäure; daneben sind sie aber auch in relativ großer Menge als molekular gelöste und als ionisierte Salze vorhanden. Die Chloride, Sulfate, die Kalium-, Natrium- und Magnesiumsalze, die in relativ großer Menge vorkommen, die Eisen-, Mangan- und Aluminiumsalze und die Jodide, die in kleiner bzw. sehr kleiner Menge sich vorfinden, werden wohl in der Hauptsache iondispers vorhanden sein (bei Jod ist aber auch teilweise organische Bindung sehr wahrscheinlich); die Kieselsäure, auch regelmäßig, aber in sehr kleinen Mengen vorhanden, müßte vorläufig als Metakieselsäure in Anschlag gebracht werden; Fluorid ist als Kalziumfluorid wahrscheinlich; die Kohlensäure, die stets in jeder frischen Milch enthalten ist, wäre zu verteilen auf gelöstes CO_2, gelöste H_2CO_3 und als Bikarbonat-Ion (HCO^-_3); ein kleiner Teil ist vielleicht auch in Form von nichtdissoziierten Karbonaten, wie z. B. Kalziumkarbonat, anzusetzen. Die teilweise chemische Bindung der Kohlensäure ist unzweifelhaft, da beim Säuern der Milch sich aufs neue CO_2 bildet. Die Zitronensäure der Milch ist wohl zum allergrößten Teil in Form von Zitraten anwesend, doch läßt sich über die Art und den Zustand dieser Zitrate vorläufig nichts aussagen; sie werden wahrscheinlich als molekulardisperse Alkalizitrate neben den Phosphaten und den Karbonaten als Peptisatoren und Pufferstoffe zur Stützung des labilen Kaseinkomplexes dienen.

Eine erneute Inangriffnahme der sehr schwierigen Untersuchung über die Salze der Milch wird mit Hilfe von Ultrafiltration, Kompensationsdialyse,

Elektroosmose und Kapillaranalyse vorzugehen haben und sie wird schließlich dazu führen, den Analysenbericht so aufzustellen, daß für alle Ionen die Millivalwerte, für alle Nichtelektrolyte die Millimolwerte angegeben werden. Man müßte also so verfahren, wie es bei der Berechnung der Analysen von Mineralwässern geschieht. Diesen Werten sind die Werte für die Rohasche und die Reinasche der Milch gegenüberzustellen; hierfür sind schon aus früherer Zeit zuverlässige Anhaltspunkte da (Söldner und andere). Die Rohasche erhält man durch vorsichtiges Veraschen der eingetrockneten Milch; für die Nichtverflüchtigung der Chloride muß Sorge getragen werden, wie auch dafür, daß bei dem Zwischenstadium der Verkohlung keine Reduktion von Phosphaten zu elementarem, flüchtigem Phosphor eintritt. In die Rohasche gelangt ein Zuwachs an Sulfaten — aus dem Zystin der Eiweißstoffe — und an Phosphaten — aus dem auch im Molekül phosphorhaltigen Kasein — und schließlich an Karbonaten — aus den organischen Stoffen insgesamt. Nach Abzug dieses Zuwachses, der sich allerdings nicht genau berechnen läßt, da der organisch gebundene Schwefel- und Phosphorgehalt der Milch schwankt und der Verbrennungs- und Veraschungsvorgang, die aus den organischen Stoffen Kohlensäure liefern, auch nicht ganz gleich verlaufen, ergibt sich die Reinasche. Besser wäre noch die sogenannte Sulfatkontrolle — schwaches Glühen mit Schwefelsäure —, wobei die Anionen, deren Fixierung sonst die Hauptschwierigkeiten bereiten, durch äquivalente Mengen von Sulfatresten ersetzt werden.

Vorläufig lassen sich nur die bisherigen Aschenanalysen diskutieren, die nach den vorangegangenen Gesichtspunkten zu werten sind und, da sie vielfach unter gleichen Bedingungen durchgeführt wurden, wenigstens Vergleiche zulassen.

Bei dieser Betrachtung ergibt sich vor allem, daß der Salzgehalt des Blutserums und des Gesamtblutes bei den einzelnen Säugetieren und beim Menschen mit dem Salzgehalt der Milch und des Milchserums nicht übereinstimmen. Die Milchbildung ist also nicht kurzweg als eine „Filtration" aus dem Blut anzusehen. Der Mineralstoffgehalt ist überhaupt in begreiflicher Weise sehr eng mit den Salzbedürfnissen des säugenden Tieres verknüpft. Hierfür ergäben sich sicher erhebliche Unterschiede, wenn es einmal gelingen würde, die tatsächlichen Salzverhältnisse über die Aschenanalysen hinaus aufzuklären. Beim Menschen ist eine Übereinstimmung zwischen dem Gehalt der Asche des Fötus bzw. des Säuglings und demjenigen der Milch jedenfalls viel weniger vorhanden als bei Tieren, die sich durch rasches Wachstum auszeichnen (Hunde, Kaninchen und andere). Jede Milchart hat also in ihrem Mineralstoffgehalt eine besondere Zusammensetzung; man braucht nur die folgende Zusammenstellung ansehen, dann wird das klar:

Tabelle 28.

	Zeit der Verdopplung des Körpergewichts von Neugeborenen in Tagen	Eiweiß in 100 Teilen Milch (runde Zahlen)
Mensch	180	1,3
Pferd	60	2,3
Rind	47	4,0
Ziege.......	22	6,9
Schaf	15	7,0
Schwein ...	14	7,3
Katze......	9½	9,0
Hund	9	8,3
Ratte	6—8	?
Maus.......	4—6	?

Dehnt man den Vergleich weiter aus, z. B. auf das Kaninchen und Meerschweinchen, das bekanntlich vollständig entwickelt zur Welt kommt, einen fertigen Pelz besitzt, sehend ist, sofort nach der Geburt frei herumläuft und schon kurze Zeit nach der Geburt gewöhnliches Futter aufnehmen kann, so erklärt sich daraus, daß die Meerschweinchenmilch und Menschenmilch in dieser Hinsicht Extreme nach den verschiedenen Richtungen darstellen.

Tabelle 29. 100 Gewichtsteile Milch enthalten in Gramm (ABDERHALDEN)

	K_2O	Na_2O	Cl	Fe_2O_3	CaO	MgO	P_2O_5
Mensch	0,0795	0,0253	0,0468	0,0008	0,0489	0,0065	0,0585
Hund	0,1382	0,0779	0,1656	0,0020	0,4545	0,0195	0,5078
Schwein	0,0945	0,0776	0,0756	0,0040	0,2489	0,0157	0,3078
Schaf	0,0967	0,0864	0,1297	0,0041	0,2453	0,0148	0,2928
Ziege	0,1302	0,0617	0,1019	0,0036	0,1974	0,0154	0,2840
Rind	0,1776	0,0972	0,1368	0,0021	0,1671	0,0231	0,1911
Pferd	0,1050	0,0140	0,0310	0,0020	0,1240	0,0130	0,1310
Meerschweinchen	0,0754	0,0700	0,0999	0,0013	0,2417	0,0241	0,2880
Kaninchen	0,2516	0,1980	0,1355	0,0020	0,8914	0,0552	0,9966

Bei den schnellwachsenden Tieren ist die Übereinstimmung zwischen den Aschenbestandteilen der jeweils zugehörigen Milch und der neugeborenen Tiere, soweit Vergleichszahlen vorliegen, sehr bemerkenswert; beim sehr langsam wachsenden menschlichen Säugling ergeben sich sehr große Unterschiede.

Auffallend ist der hohe Eisengehalt der neugeborenen Tiere und der menschlichen Säuglinge. Der Eisengehalt nimmt mit der Dauer der Saugperiode immer mehr ab, um an ihrem Schluß mit einem Minimum zu enden, das sogleich behoben wird, wenn auf andere Nahrung übergegangen wird. Dementsprechend ist auch der Eisengehalt der Milch reguliert. Jedenfalls ist der Eisengehalt der Milch bei jeder Milchart stets relativ gering, da die Neugeborenen jeweils aus ihrem Eisendepot zu zehren haben. Das Ende der Säuglingsperiode zeigt sich durch die Erschöpfung dieses Depots, also durch die entstehende Blutarmut, an. Das „Eisendepot" der Neugeborenen hängt mit den relativ großen, meist ungeschützten Oberflächen zusammen, die zur Erhaltung der Körpertemperatur lebhafte Oxydationsvorgänge und damit lebhafte Sauerstoffaufnahme und Sauerstofftransport unter der wesentlichen Mitwirkung von Eisen (Hämoglobin und ionisiertes Eisen im Blutserum) notwendig machen.

Der Gesamtgehalt an Kalzium- und Phosphorsäureverbindungen wird ebenfalls, entsprechend den Bedürfnissen des Nachwuchses, weitgehend in den einzelnen Milcharten abgestuft. Die Milch schnellwachsender Tiere ist reich an diesen Stoffen und wird dann ärmer im Maße des Wachstumspotentials:

Mensch $\rightarrow$ Rind $\rightarrow$ Schaf und Schwein $\rightarrow$ Hund $\rightarrow$ Kaninchen.

Die Albuminmilcharten sind regelmäßig ärmer an „Kalk" und „Phosphorsäure"; sie enthalten auch das Kasein vielleicht nur zum Teil in einer Kalzium-Kasein-Phosphorsäurebindung, während die Kaseinmilcharten sich durch einen relativ höheren Gehalt daran auszeichnen. Das ist besonders wichtig für den Vergleich zwischen Frauen- und Kuhmilch und die Frage der Ersetzbarkeit der ersteren durch die letztere: die Frauenmilch enthält durchschnittlich 0,3 bis 0,45 g P_2O_5 und 0,3 bis 0,4 g CaO im Liter; letzteres zumeist als Kalziumsalze ohne besonders feste Bindung an Eiweißstoffen. Die Kuhmilch enthält 1,3 bis 1,9 g P_2O_5 und 1,5 bis 2,0 g CaO, wovon etwa $^1/_3$ in fester Bindung an Kasein vorliegen dürfte.

Für die Kuhmilch und die Frauenmilch liegen noch einige mehr ins einzelne gehende Untersuchungen vor:

Tabelle 30. Kuhmilch (ältere Zahlen von SÖLDNER)

	Rohasche	Reinasche
	Prozent	
Kohlensäure CO_2	2,0	0,00
Kaliumoxyd K_2O	20,5	25,92
Natriumoxyd Na_2O	9,5	11,92
Kalziumoxyd CaO	19,7	24,68
Magnesiumoxyd MgO	2,5	3,12
Eisenoxyd Fe_2O_3	0,1	0,01
Phosphorsäure	25,7	21,57
Schwefelsäure	9,9	0,00
Chlor	13,1	16,38
	103,0	103,60
Sauerstoff, in einer dem „Chlor" äquivalenten Menge	− 3,0	− 3,6
	100,0	100,00

Ein Versuch, daraus die Zusammensetzung der Milchsalze zu konstruieren, der natürlich in keiner Weise bindend sein kann, ergab folgendes:

Tabelle 31. Zusammensetzung der Milchsalze

	Prozent der	
	Salze	Milchmenge
Chlornatrium	10,62	0,0962
Chlorkalium	9,16	0,0830
Monokaliumphosphat KH_2PO_4	12,77	0,1156
Dikaliumphosphat K_2HPO_4	9,22	0,0835
Kaliumzitrat	5,47	0,0495
Dimagnesiumphosphat	3,71	0,0336
Magnesiumzitrat	4,05	0,0367
Dikalziumphosphat	7,42	0,0671
Trikalziumphosphat	8,90	0,0806
Kalziumzitrat	23,55	0,2133
Kalziumoxyd, an Kasein gebunden	5,13	0,0465
	100,00	

Auf Grund einer solchen Salztabelle müßten unlösliche Kalziumphosphate und unlösliches Kalziumzitrat angenommen werden, und zwar in ziemlich großer Menge. Das Vorhandensein dieser Verbindungen ist aber recht unwahrscheinlich, sonst könnte man sich nicht erklären, daß ein erheblicher Anteil des „Kalkes", also der gesamten vorhandenen Kalziumverbindungen, ohne weiteres dialysabel ist, welcher Anteil durch Verdünnen der Milch mit Wasser schnell ansteigt. Es sind auch die zweifellos vorhandenen Sulfate nicht berücksichtigt.

Tabelle 32. Frauenmilch (ältere Zahlen von BUNGE [A u. B] und SÖLDNER und COMERER [C]

	A	B	C
Kaliumoxyd K_2O	0,780	0,703	0,884
Natriumoxyd Na_2O	0,232	0,257	0,357
Kalziumoxyd CaO	0,328	0,343	0,378
Magnesiumoxyd MgO	0,064	0,065	0,053
Eisenoxyd Fe_2O_3	0,004	0,006	0,002
Phosphorsäureanhydrid P_2O_5	0,473	0,469	0,310
„Chlor" Cl	0,438	0,445	0,591

(in 1000 g Frauenmilch)

Interessant ist aus neuerer Zeit der Versuch von BOSWORTH und VAN SLYKE zur Aufstellung von Salztabellen für Kuhmilch, Ziegenmilch und Frauenmilch. Hiernach soll die Kuhmilch kein Trikalziumphosphat, sondern nur Dikalziumphosphat und Kalziumchlorid als nicht mit dem Kasein verbundene Kalziumverbindungen enthalten; die Menge an Phosphorsäure müßte sonst höher sein. Im Milchserum überwiegen die Basen über die Mineralsäuren, und der Überschuß der ersteren müßte an organische Säuren gebunden sein, unter welchen die Zitronensäure der Menge nach hervortritt und rechnungsgemäß $2,5^0/_{00}$ der ganzen Kuhmilch ausmachen müßte. Die Frauenmilch würde überhaupt kein Kalziumphosphat enthalten und die Phosphorsäure käme nur als Monomagnesiumphosphat und als Monokaliumphosphat vor; Chloride wären nur als Kalziumchlorid zu veranschlagen. Die praktischen Erfahrungen lassen manches an dem Versuch als wahrscheinlich erscheinen.

Tabelle 33.

Salze	Kuhmilch	Ziegenmilch	Frauenmilch
	Prozent		
Chlornatrium	0,901	0,939	0,313
Chlorkalium	0,000	0,095	0,000
Chlorkalzium	0,000	0,000	0,000
Monokaliumphosphat	0,119	0,115	0,059
Dikaliumphosphat	0,000	0,073	0,069
Dikalziumphosphat	0,175	0,092	0,000
Trikalziumphosphat	0,000	0,062	0,000
Monomagnesiumphosphat	0,103	0,000	0,027
Dimagnesiumphosphat	0,000	0,068	0,000
Trimagnesiumphosphat	0,000	0,024	0,000
Natriumzitrat	0,222	0,000	0,055
Kaliumzitrat	0,052	0,250	0,103

Die Schwierigkeit der Auswertung der Aschenanalyse ergibt sich noch aus folgendem Beispiel, das natürlich auch daran krankt, daß eine Salztabelle zugrunde gelegt wurde, die nicht bewiesen werden kann.

Tabelle 34. Mineralstoffe der Kuhmilch

Bestandteil	Formel	Prozent in der Milch		Bemerkungen
		vor dem Ver- aschen	nach dem Ver- aschen	
Natriumchlorid	NaCl	0,106	0,106	Die in der Milch nor-
Natriumbikarbonat	$NaHCO_3$	0,240	—	malerweise vorkom-
Kaliumchlorid	KCl	0,090	0,090	menden, allerdings
Kaliumsulfat	K_2SO_4	0,017	0,017	sehr kleinen Mengen
Monokaliumphosphat	KH_2PO_4	0,104	—	an Aluminiumsalzen,
Dikaliumphosphat	K_2HPO_4	0,094	—	Mangansalzen, Kiesel-
Dikalziumphosphat	$CaHPO_4$	0,065	—	säure, Jodiden, Rho-
Trikalziumphosphat	$Ca_3(PO_4)_2$	0,078	—	daniden und Fluoriden
Trikaliumzitrat	$K_3C_6H_5O_7$	0,065	—	sind in dieser Tabelle
Trimagnesiumzitrat	$Mg_3(C_6H_5O_7)_2$	0,074	—	nicht berücksichtigt
Trikalziumzitrat	$Ca_3(C_6H_5O_7)_2$	0,172	—	
Kalziumoxyd, verbunden mit Kasein	CaO	0,041	—	
Schwefel im Kasein und Albumin	S	0,030	—	
Phosphor im Kasein und Lezithin	P	0,024	—	

Bestandteil	Formel	Prozent in der Milch		Bemerkungen
		vor dem Ver-aschen	nach dem Ver-aschen	
Kaliumkarbonat........	K_2CO_3	—	0,045	
Kaliummetaphosphat ...	K_3PO_4	—	0,050	
Kaliumpyrophosphat ...	$K_4P_2O_7$	—	0,089	
Kalziummetaphosphat ..	$Ca_3(PO_4)_2$	—	0,060	
Kalziumpyrophosphat ..	$Ca_2P_2O_7$	—	0,072	
Kalziumoxyd..........	CaO	—	0,091	hauptsächlich gebunden mit den Produkten der Verbrennung des „Schwefels" und des „Phosphors"
Magnesiumoxyd	MgO	—	0,012	
Schwefeldioxyd (aus dem Schwefel)	SO_2	—	0,060	siehe oben
Phosphorpentoxyd (aus dem P des Kaseins und Lezithins[1]).......	P_2O_5	—	0,055	
Natriumkarbonat	Na_2CO_3	—	0,015	
		0,984	0,763	= typischer Aschenwert von Kuhmilch, der aber, wie man sieht, über den Zahlenwert der in der Frischmilch vorkommenden Mineralstoffe und Salze nichts Genaues aussagen kann

Das „Jod" ist ein normaler Bestandteil der Milch, nicht nur ein durch exogene Einflüsse bedingter Bestandteil. Der enge Zusammenhang zwischen der Tätigkeit der Milchdrüse mit Drüsen innerer Sekretion und damit mit der beherrschenden Schilddrüse, die Milch als Umwandlungsprodukt des Blutes, das ebenfalls ständig „Jod" enthält, lassen dies vermuten, und die eingehenden Versuche der letzten Zeit haben es einwandfrei bestätigt. Vorläufig läßt sich nur der Gesamtjodgehalt bestimmen; über die Zustandsform, ob es als Jodid, das heißt als Jodionen, oder organisch gebunden vorkommt, läßt sich noch nichts entscheiden; die erstere Zustandsform ist jedenfalls die vorherrschende. Die Werte sind sehr klein; sie betragen bei Kuhmilch bei normaler Fütterung (in einer „jodarmen" Gegend) im Sommer (Grünfütterung) etwa 4 bis 6 γ % und im Winter (Stallfütterung) 2 bis 4 γ %. Im Kolostrum ist, wie alle anderen Milchbestandteile entsprechend gesteigert sind, auch das Jod gesteigert; es sinkt wie die anderen Stoffe beim Übergang des Kolostrums in die reife Milch dem Normalwert zu. In der Frauenmilch finden sich im Durchschnitt bei reifer Milch 4,3 γ % ($= \gamma$ in 100 g; 1 $\gamma = 1$ Millionstel g). Durch Fütterung bzw. Ernährung mit Jod-angereichertem Futter bzw. Ernährung oder nach Verabreichung von Jodverbindungen aller Art erhält die Milch über den Blutweg einen Zuwachs an „Jod", der jedoch ziemlich schnell wieder abklingt und beim Aufhören der vermehrten Jodzufuhr dem Durchschnittswert Platz macht. Der Übertritt des peroral zugeführten Jods (in Form von Jodiden) in die Milch (bei der Kuh) ist schon in den ersten 30 Minuten so erheblich, daß in diesem Teilgemelk die ursprünglich normale Jodierung auf das 20fache erhöht wird. Der Höhepunkt wird schon nach wenigen Stunden erreicht. Eine in zweckmäßigen Grenzen gehaltene sehr schwache Jodzufuhr (von 5 mg Jodkali pro Tag und Kuh) erhöht entsprechend den Jodspiegel in der Milch auf 7 bis 8 γ % (im Winter), steigert dabei auch die Milchsekretion als solche gering, aber doch merklich, ohne dabei den Fett- und Trockensubstanzgehalt entsprechend zu vermindern. Eine derartige Wirkung, das heißt Milchleistungssteigerung, wurde auch an mehreren Stellen mit noch viel kleineren Jodidmengen gesehen, z. B. mit der Zufütterung von 50 g Kochsalz, das im Kilogramm 10 mg Kaliumjodid enthält, also mit ½ mg Kaliumjodid pro Tag und Kuh; eine merkliche Steigerung des Jodspiegels in der Milch konnte damit nicht beobachtet werden. Diese Dinge hängen aufs engste zusammen mit den besonders in den sogenannten Kropfgegenden (Schweiz, Gebirgsgegenden von Deutschland, Italien und anderer Länder) seit einigen Jahren eingehend betriebenen Studien über die Ätiologie und die Verhütung des Kropfes (vergrößerte Schilddrüse), die man in einen Zusammenhang mit dem relativen Jodmangel der betreffenden Gegenden (im Boden und damit in den davon sich ableitenden pflanzlichen und tierischen Produkten, in der Luft, im Wasser) bringt. Man hofft, in absehbarer Zeit durch den zweckmäßigen Ausgleich des Jodmangels in der menschlichen Ernährung wenigstens die hauptsächlichen Wirkungen des Mangels zu beheben, wenn auch damit die Ursache und Bekämpfung des Kropfes und seiner Folgeerscheinungen nicht in allen Einzelheiten erklärt und gestützt wird. Zu diesen Maßnahmen gehört auch der Jodausgleich über jodidhaltige Düngermittel auf dem Wege durch die Pflanzen, der in seinen Einzelheiten noch nicht einwandfrei erkennbar ist, und schließlich als Mittelweg der Jodausgleich über die Haustiere des Menschen, besonders solche, deren ständige Produkte zur ständigen Ernährung des Menschen gehören. Die dadurch ermöglichte „biologische Anpassung" der anorganischen Jodide könnte die zwar sehr geringen, aber doch vorhandenen Gefahren eines Jodismus bei überempfindlichen Menschen und vor allem bei Kindern hintanhalten, die sonst auch bei sorgfältigster Dosierung der hier üblichen minimalen Mengen von anorganischen Jodiden (z. B. in „Vollsalz", das durchschnittlich pro Tag und Kopf bei Erwachsenen 40 bis 50 Millionstel g Jod vermittelt) ganz gelegentlich vorkommen können.

Der Gehalt der Milch an Zitronensäure ist erstmalig von HENKEL festgestellt worden, doch konnte der auf Grund von Mineralstofftabellen zu erwartende Zitronensäuregehalt längere Zeit nicht erhalten werden; die Isolierung bzw. quantitative Bestimmung stieß auf große Schwierigkeiten. Bei der Untersuchung der Milch auf Zitronensäure hat man darauf zu achten, daß durch längeres Stehen, viel schneller durch Kochen, der Gehalt an dieser Säure bzw. Salzen dieser Säure sehr schnell zurückgeht; man findet in der gekochten Milch nur etwa die Hälfte. Auch der Gerinnungsvorgang verringert den Prozentgehalt sehr schnell, und im Serum von spontan gesäuerter Milch läßt sich die Zitronensäure kaum mehr nachweisen. Das stimmt auch mit der wiederholt angeführten Anschauung zusammen, daß die Zitrate in der frischen Milch in der Hauptsache als Puffer-, Dispergierungs- und Peptisierungsmittel dienen mögen. Mit den neueren Methoden der Erfassung läßt sich der erwartete Wert im vollen Maße feststellen; er beträgt bei Kuhmilch im Mittel 2,4 bis 2,5 bis 2,6 g (als freie Säure gerechnet) pro 1 Liter. In Ziegenmilch wurde nach den gleichen Verfahren 1,6 bis 1,8 g und in Frauenmilch 1,15 bis 1,4 g pro 1 Liter gefunden. Das jeweils dazugehörige Blutserum enthält keine Zitronensäure; sie wird nicht aus dem Futter bzw. der Nahrung entnommen, sondern erst im Stoffwechsel der Milchdrüse gebildet, ein an sich bemerkenswerter Vorgang, der zu diesem im tierischen und menschlichen Körper sonst nicht vorhandenen und im pflanzlichen Stoffwechsel auch verhältnismäßig seltenen Stoff führt. Nur die mächtige Schutzwirkung, der von Zitraten auf labile Eiweißsysteme ausgeht, läßt die Bildung dieser Säure erklären.

Beim Eindampfen von Milch und Molke kommt es zu einer Abscheidung von schwerlöslichem Kalziumzitrat, das sich gewöhnlich wegen der zu kleinen Menge und der feinen Form der Beobachtung entzieht. An Eindampfapparaten, wie sie in der Milchverarbeitung (z. B. beim Kondensieren in Vakuumapparaten) gebräuchlich sind, findet man nach längerem Arbeiten an den Wandungen und an den Heizkörpern Krusten von diesem Zitrat.

Die zuweilen in Milch gefundenen, sehr kleinen Mengen von Azeton sind ohne Zweifel ein Zersetzungsprodukt der Zitronensäure, die durch oxydatische und peroxydatische Enzyme über Azetondikarbonsäure zerfallen könnte; als „normaler" Bestandteil ist Azeton nicht anzusehen. Ebenso auch nicht Alkohol, Milchsäure und Essigsäure, die nur als Produkte von enzymatischen Vorgängen nach erfolgter

Infektion in Frage kommen, wenn nicht, wie bei Frauenmilch ein Übergang des Alkohols aus Getränken, der möglich und nachgewiesen ist, in Frage kommt.

Im Kolostrum aller Milcharten sind die Salze angereichert, wie schon erwähnt; sie nehmen beim Übergang in die reife Milch nach einer von Grimmer berechneten logarithmischen Funktion ab.

Die zweifellosen Einflüsse von Rasse, Fütterung, Laktation und Krankheiten auf die Menge und die Art der Zusammensetzung der Milchsalze sind wohl mehrfach beobachtet worden, doch kommen hier noch ganz besonders die grundsätzlichen Mängel der Untersuchung zur Geltung, so daß auf die Wiedergabe von Einzelheiten verzichtet wird.

Die Gase der Milch

Die Gase der Milch bestehen hauptsächlich aus Kohlendioxyd, CO_2, neben Stickstoff und kleinen Mengen von Sauerstoff. Die Gase entstehen im Blute.

Kuhmilch (ältere Zahlen von Pflüger)

$CO_2 = 7,4—7,6\%$ (Volum%),
$N_2 = 0,7—0,8\%$,
$O_2 = $ etwa $0,1\%$;

desgleichen (neuere Zahlen von Thörner)

$CO_2 = 5,5—7,3\%$ (Volum%),
$N_2 = 2,3—3,2\%$,
$O_2 = 0,4—1,1\%$;

Frauenmilch

$CO_2 = 2,3—2,9\%$ (Volum%),
$N_2 = 3,4—3,8\%$,
$O_2 = 1,1—1,4\%$.

Sonstige Milchbestandteile

Außer den schon beschriebenen, meist der Menge nach hervortretenden Bestandteilen der Milch, sind noch einige Stoffe zu besprechen, die zwar nur in sehr geringen Mengen, vielfach nur in Spuren gefunden werden, trotzdem aber wegen ihrer ständigen Anwesenheit und wegen ihrer besonderen physiologischen Stellung nicht unbedeutend sind. Sie sind ihrem Wesen nach noch nicht eingehend genug studiert worden, meistens fehlen auch bisher zuverlässige Angaben über die Mengenverhältnisse, was mit der Schwierigkeit ihrer Erkennung und ihrer Isolierung zusammenhängt.

Diese Stoffe sind begrifflich einzureihen in:

Phosphatide, Sterine, Enzyme, bakterizide Stoffe, Toxine, Antitoxine und Immunkörper und Vitamine (akzessorische Nährstoffe)

Phosphatide

Mit diesem Namen bezeichnet man Verbindungen, die Phosphorsäure, höhere Fettsäuren und organische Basen enthalten, in allen darauf untersuchten tierischen und pflanzlichen Zellen und Geweben gefunden wurden und besonders reichlich in der Nervensubstanz, im Eidotter, im Sperma, im Herzmuskel, im Samen, aber auch im Blut, in der Galle, im Kolostrum und in der Milch vorkommen, also zumeist in den „Brennpunkten" des physiologischen Geschehens.

Der Nachweis, die Isolierung und damit die Mengenbestimmung dieser Stoffe macht vorläufig noch sehr große Schwierigkeiten. Im allgemeinen extrahiert man mit Alkohol oder Äther oder Azeton usw. oder mit Gemischen solcher Lösungsmittel. Dabei wird aber ohne Zweifel mancher dieser sehr labilen Stoffe zerlegt oder sonstwie maßgebend verändert, so daß die Extraktionsprodukte hauptsächlich als Bruchstücke der natürlichen Phosphatide, als Laboratoriumsprodukte einer Alkoholyse usw., anzusehen sind. Es liegt eben wahrscheinlich im Wesen dieser physiologisch bedeutsamen Stoffe, daß sie gegen Angriffe und Eingriffe sehr empfindlich sind und kaum aus ihren natürlichen Komplexen mit Fetten, Fettsäuren und Sterinen herausgeholt werden können. Es kommt dabei recht wesentlich auf die Lösungsmittel selbst an, die nicht nur nach ihrer mehr oder weniger „lösenden" Eigenschaft gewertet werden dürfen, sondern auch nach ihrem besonderen Verhalten gegenüber den Komplexen, die auf die verschiedenen Lösungsmittel ganz verschieden „reagieren", das heißt verschieden entquellt werden; es spielen wahrscheinlich mehr oder weniger tiefgreifende elektrostatische Vorgänge, „Entladungen" usw. eine Rolle.

Die als Phosphatide bezeichneten, durch Extraktion gewinnbaren Stoffe werden vorläufig auf Grund des Verhältnisses von Phosphor zu Stickstoff im Molekül in Monoamino-monophosphatide, Diamino-monophosphatide usw. eingeteilt.

Von den ersteren sind am besten bekannt die Lezithine und Kephaline, amorphe Substanzen, die in Chloroform, Äther, Petroläther, Schwefelkohlenstoff und Benzol löslich und in Azeton schwer löslich sind; in Alkohol ist Lezithin löslich, Kephalin schwer löslich, doch wird durch Lezithin, Kephalin auch bei Gegenwart von Alkohol reichlich in Lösung gehalten, so daß praktisch durch Alkoholextraktion die beiden Phosphatide zusammen gelöst werden. Ein besonderes Merkmal der Phosphatide ist die ziemlich ausgeprägte Eigenschaft des Wasseranziehungsvermögens, die Empfindlichkeit gegen Luftsauerstoff und gegen Belichtung, die Jodaddition und die Vermittlungsmöglichkeit, Stoffe, die sonst in organischen Lösungsmitteln praktisch unlöslich sind, darin löslich zu machen, z. B. Kochsalz in Äther.

Das Lezithinmolekül enthält nach allgemeiner Annahme 1 Molekül Glyzerinphosphorsäure (linksdrehend), 1 Molekül Cholin und 2 Moleküle Fettsäuren, die unter Austritt von 3 Molekülen Wasser zusammengetreten sind.

Das Kephalinmolekül enthält nach allgemeiner Annahme an Stelle des Cholins Neurin.

Soweit die bisherigen Untersuchungen über den Gehalt der Milch an Phosphatiden nach dem derzeitigen Stand der Kenntnis auswertbar sind, kommen in der Milch 2 voneinander verschiedene Phosphatide vor, sehr wahrscheinlich ein Lezithin und ein Kephalin, die bei den bisher angewandten verschiedenen Extraktionsmethoden miteinander in Lösung gehen. Über die Konstitution dieser Stoffe, das heißt über die Art der Fettsäuren (Ölsäure bzw. Buttersäure allein oder beide nebeneinander, ferner der besonderen ungesättigten Säuren des Kephalins), kann noch nichts ausgesagt werden; es erübrigt sich deshalb, auf die sich größtenteils widersprechenden Angaben des näheren einzugehen.

Da man auch über die Vollständigkeit der einen oder anderen Extraktionsmethode noch nichts sagen kann, ist die Angabe über die Mengen der in der Milch vorhandenen Phosphatide sehr unsicher, dazu treten natürlich auch noch die als sicher anzunehmenden Schwankungen als solche. Da die Phosphatide hauptsächlich dem Wachstum des Nervensystems und des Gehirns dienen, wird der Gehalt im Verhältnis zum Eiweißgehalt um so höher zu veranschlagen sein, je höher das relative Gehirngewicht des Säuglings ist. Verwertet man die allerdings sehr auseinandergehenden Angaben in dieser Weise, so ergibt sich:

Tabelle 35.

	Kalb	Hund	Mensch
Relatives Hirngewicht	1:370	1:30	1:7
Phosphatidgehalt der Milch in Prozenten des Eiweißes	1,40	2,11	3,05

Die etwaige Größenordnung der extrahierbaren Phosphatide geht aus folgender Zusammenstellung hervor:

Tabelle 36.

	niedere Werte	mittlere Werte	hohe Werte
Frauenmilch	?	0,54	0,78
Kuhmilch	0,25	0,48	0,58
Ziegenmilch	0,17	?	0,75

g in 1 Liter.

Die Meinungen über die Verteilung der Milchphosphatide auf das Milchfett und das Milchplasma sind noch geteilt. Eigentlich sollte darüber keine Meinungsverschiedenheit bestehen. Die Verteilung dieser an sich lipoiden, aber doch auch wieder hygroskopischen Stoffe erfolgt nach dem Verteilungssatz, das heißt der größte Teil ist im Milchfett „gelöst" und geht mit diesem Stoff in den Rahm, der kleinere Teil ist im Milchplasma gequollen und wahrscheinlich adsorptiv an die Eiweißstoffe gebunden; der Quotient der Verteilung richtet sich nach dem Verhältnis von Fett zu Milchplasma. Durch Säuerung des Rahmes erfolgt schon eine Denaturierung der genuinen Phosphatide, und es ist deshalb verständlich, daß ein erheblicher Teil der Rahmphosphatide sich in der Buttermilch vorfindet.

Noch weitere Phosphatide in der Milch anzunehmen, liegt vorläufig kein Grund vor; man muß in derlei Dingen sehr zurückhaltend sein, da, wie gesagt, bei der Extraktion mit organischen Lösungsmitteln sich ganz eigenartige Lösungsvorgänge abspielen, die zu Stoffgemischen führen, denen nur ganz selten eine Individualität zuzusprechen ist.

Sterine

Als Sterine bezeichnet man eine Klasse von Stoffen, die als Grundskelett ein System von (wahrscheinlich 4) hydrierten Ringen aufweisen und die durch eine Hydroxylgruppe Alkoholcharakter haben; dementsprechend kommen sie teils frei, teils als Ester in fast allen tierischen und pflanzlichen Geweben und deren Produkten, also auch in der Milch, vor. Die pflanzlichen Sterine werden als Phytosterine bezeichnet. Der tierische Organismus ist wahrscheinlich nicht in der Lage, die für ihn notwendigen Sterine selbst zu bilden; er dürfte auf die pflanzlichen Sterine angewiesen sein. Die Förderung der Kenntnis über die Sterine ist vor allem Windaus, H. Fischer und anderen zu danken, in den letzten Jahren ist ein großer Fortschritt erzielt worden.

Die Isolierung und damit die Mengenbestimmung macht vorläufig noch erhebliche Schwierigkeiten, zumeist ist man derzeit noch auf kolorimetrische Methoden angewiesen, die zu relativen Werten führen und für vergleichende Analysen ausreichen. Begründete Zahlenwerte sind deshalb noch nicht angegeben; die Größenordnung dürfte sich bei der Kuhmilch auf etwa 0,02% und in der Frauenmilch auf etwa 0,03% beziffern lassen. Als lipoide Substanz wird das Sterin der Milch zum größten Teil das Milchfett begleiten, der kleinere Teil wird sich im Milchplasma aufhalten. Ob das Sterin der Milch im wesentlichen mit dem Sterin der Galle (Cholesterin) identisch ist, läßt sich nicht sagen, es wird wahrscheinlich ein Unterschied zwischen dem Sterin der Karnivoren- und der Hebivorenmilch bestehen.

Über die Bedeutung der Sterine im Organismus und damit in der Milch war bis vor kurzem noch wenig bekannt. Eine schlaglichtartige Beleuchtung erfuhr die Frage durch die bedeutsamen Forschungen von Windaus, Hess, Steenbock, Rosenheim, Pohl und anderen, die die einwandfreie Beziehung zwischen dem fettlöslichen Vitamin D (antirachitischer Faktor) und den Sterinen ergeben haben: das Ergosterin, ein Sterin mit besonders ungesättigtem Aufbau und pflanzlichen Ursprungs, geht nach Bestrahlung im ultravioletten Licht in das Vitamin D über. Dieses künstlich erzeugbare Vitamin, das erste in seinem Wesen erkannte Vitamin, zeigt alle Merkmale eines akzessorischen Nährstoffes.

Die Sterine sind an sich, wie schon erwähnt, recht widerstandsfähige Stoffe; sie halten auch Erwärmung und Erhitzung relativ gut aus; gegen Sauerstoff sind sie zum Teil empfindlich, was sich schon aus einer Verschiebung bestimmter chemischer Reaktionen ergibt. Je „ungesättigter" der Aufbau ist, also besonders die Aktivsterine, desto empfindlicher sind sie gegen die Einwirkung des Lichtes.

Enzyme (Fermente)

Die Milchenzyme stammen teils aus dem Blut und den Milchzellen, vor allem den Leukozyten, originäre Enzyme, Körper-Enzyme, teils sind sie durch die Milchbakterien bedingt. Eine befriedigende Einteilung nach ihrem Ursprung läßt sich jedoch bei der Schwierigkeit, mit Sicherheit sterile Milch zu gewinnen, nicht durchführen. Vorläufig lassen sich die Milchenzyme nur an ihrer Wirkung erkennen und dementsprechend gruppieren, wobei aber immer die Hauptschwierigkeit ihrer Zuerkennung zu den originären bzw. bakteriellen Enzymen in den Vordergrund tritt.

Zweckmäßig ist für die Kennzeichnung der Milchenzyme der Anschluß an die neuerdings in der Systematik der Enzyme eingeführte natürliche Einteilung:

a) Hydrolasen, die keine anderen Reaktionen als die einfachen hydrolytischen Spaltungen vollziehen; diese Enzyme sind sowohl in den Säften und damit auch in der Milch frei sezerniert, also auch in den Zellen (Leukozyten der Milch) wirksam aufzufinden.

Hauptgruppen: Esterasen im weitesten Sinne, die aus Säureestern Alkohole und Säuren aufspalten; sie sind in der Milch durch die fettspaltenden Zoolipasen vertreten. Sie sind mit Sicherheit in der Frauen-, Ziegen- und Eselinnenmilch nachgewiesen worden; in der Kuhmilch ist der Nachweis bisher noch nicht gelungen.

Eine weitere Esterase wird in einer Salolase der Milch angenommen, die in der Lage ist, Salol in seine Komponenten, Phenol und Salizylsäure, zu spalten. Dieses Enzym dürfte vornehmlich auf die Frauenmilch beschränkt sein; es ist aber auch in den Milchdrüsen von Rind, Pferd, Schaf, Ziege und Schwein gefunden worden. Die Enzymnatur wurde angezweifelt und die aufspaltende Wirkung der Milch gegenüber Salol auf Alkaliwirkung geschoben. Eine Entscheidung ist vorläufig nicht möglich.

Eine Lezithase wäre wahrscheinlich, doch ist hinsichtlich ihres Vorkommens in Milch noch nichts bekannt.

Karbohydrasen, die Enzyme der Kohlehydrataufspaltung.

Vor allem eine Zooamylase (Diastase), die schon frühzeitig beobachtet wurde. Sie ist sehr wahrscheinlich ein originäres Enzym, denn die gewöhnlichen Milchbakterien bilden nach den bisherigen Erfahrungen keine oder sehr wenig Amylase. Sie ist bis jetzt in allen daraufhin untersuchten Milcharten gefunden worden; sie vermag Stärke aufzuspalten und wird dadurch nachgewiesen. Sie ist wie alle Zooamylasen besonders temperaturempfindlich.

Das wiederholt beschriebene glykolytische Enzym der Milch (gefunden in Frauen- und in Kuhmilch), das den Milchzucker in Alkohol, Kohlendioxyd und Milchsäure zu zerlegen vermag, gehört nicht zu den Karbohydrasen, sondern zu der Gruppe der Zymasen (Desmolasen).

Proteasen, Amidasen und Peptidasen, die Enzyme, die die Kohlenstoff-Stickstoffbindung zu lösen vermögen; unter ihnen sind die Proteasen im allgemeinen am besten bekannt. Die Angaben über das Vorkommen solcher Hydrolasen in der Milch sind besonders unsicher, da sich hier Bakterienenzyme sehr schwer ausschließen lassen; das gilt vor allem für den Trypsingehalt. Eine Peptidase scheint in der Frauenmilch und in der Kaninchenmilch vorzukommen. In allen tätigen Milchdrüsen, nicht aber in den ruhenden, kommen Proteasen und Peptidasen vor. Das als „Galaktase" beschriebene proteolytische Enzym ist ganz unsicher.

Anhangsweise sei noch eine Thrombase erwähnt, deren Wirkung darin zu suchen ist, daß Hydrozelenflüssigkeit junger Säuglinge, mit einem Tropfen Frauenmilch versetzt, gerinnt, während dies bei Zusetzung von Kuhmilch nicht geschieht, und eine Kinase (Kuhmilch), welche inaktiven Pankreassaft zu aktivieren vermag; die Thrombase und Kinase gehören nicht zu dem System der Hydrolasen.

b) Desmolasen, jene Enzyme, die in einer Reihe von Stufenreaktionen die Kohlenstoffketten voneinander lösen und den letzten Zerfall der Nähr- und Zellstoffe mit der Gewinnung der ihnen innewohnenden freien Energie katalysieren. Sie sind ausgesprochene Zellfermente, die aus der lebenden Zelle (Leukozyten der Milch) nicht oder kaum herausgehen; sie sind durchwegs Stoffwechselfermente, spielen also bei der Verdauung keine Rolle.

Unter ihnen treten die Oxydoredukasen, die Wielandschen Dehydrasen, hervor, die katalytisch Wasserstoff lockern und damit die Dehydrierung organischer Stoffe bewirken. Der abgesprengte Wasserstoff kann dann — je nach den Reaktionsbedingungen — an Sauerstoff = sogenannte wahre Oxydation oder er kann an einen anderen Reaktionsteilnehmer (Wasserstoffakzeptor) gehen = Oxydoreduktion. Nach letzterem Typus verlaufen zumeist die Gärungsprozesse, hervorgerufen durch die „Zymasen", nach ersterem Typus die eigentlichen enzymatischen Oxydationsprozesse, die man bisher den „Oxydasen" zugeschrieben hat (z. B. „Essiggärung", „Zitronensäuregärung" und andere). Die Oxydasen neuerer Benennung sind die Enzyme, welche den Sauerstoff zu aktivieren vermögen und so den bei der Dehydrierung „abgedrängten" Wasserstoff zu Wasser oxydieren; hierher gehören vor allem Eisensysteme, die den Sauerstoff in Peroxydform einlagern und wieder abgeben = Peroxydasen.

Zum System der Desmolasen gehören wahrscheinlich auch die Katalasen, die man bisher nur schwer in einer Systematik unterbringen konnte. Sie beteiligen sich irgendwie an den Oxydationsprozessen, indem sie das überall vorkommende Wasserstoffperoxyd, das wahrscheinlich bei den biologischen Oxydationsprozessen als Zwischenprodukt immer entsteht, in molekularen Sauerstoff und Wasser zerlegen und so gewissermaßen als Regulatoren der Oxydationsprozesse — Zerstörung überschüssiger und giftiger Peroxyde — und der Ökonomie des Sauerstoffverbrauches dienen.

Der Nachweis und die Bestimmbarkeit der Desmolasen der Milch spielt für die Milchhygiene eine ausschlaggebende Rolle, da mit ihrer Hilfe die Feststellung der stattgefundenen Erhitzung und des Frischezustandes möglich ist. Man hat deshalb diesen Enzymen große Aufmerksamkeit zugewendet.

Die seit langem bekannte Guajaktinkturreaktion, die durch Storch eine erhebliche Verbesserung durch die Paraphenylendiamin-Guajakol-Wasserstoffsuperoxyd-Reaktion und durch Rothenfusser durch die Paraphenylendiaminchlorhydrat-Guajakol-Wasserstoffperoxyd-Reaktion erfuhr, ist eine Peroxydase-Reaktion. Dieses Enzym findet sich in relativ großen Mengen in der Milch der Wiederkäuer (von Rind, Schaf und Ziege), fehlt aber oder ist nur spurenweise in der Milch von Mensch, Hund, Pferd, Esel, Kaninchen vorhanden. Durch Erhitzen wird das Enzym zerstört, und zwar steht die Abnahme der Enzymmenge zur Erhitzungsdauer und Erhitzungstemperatur in einer logarithmischen Beziehung:

Temperatur	70°	75°	80°
Vernichtung nach	150′	2,5′	2,5″

Als Reaktionssystem ist dem Verständnis das Schardinger-System in der Milch nähergerückt: Aldehyd + Methylenblau + H_2O + Katalysator. Das Methylenblau wird durch Kuhmilch in wenigen Minuten entfärbt, bei Frauenmilch und Ziegenmilch bleibt die Reaktion aus. Man schreibt diese Oxydoreduktion einer Aldehydkatalase (Aldehydredukase, Perhydridase) zu. Der Vorgang ist der, daß der Aldehyd (man nimmt gewöhnlich Formaldehyd; es könnte auch ein anderer Aldehyd genommen werden) dehydriert und das Methylenblau hydriert (entfärbt) wird, äußerlich betrachtet auf Kosten des Wassers. Beim Schütteln mit Luft wird das farblose Leuko-Methylenblau wieder dehydriert und so scheinbar der Aldehyd direkt oxydiert. Man könnte demnach annehmen, es wäre Methylenblau an sich der Katalysator; es ist aber ein besonderer Katalysator notwendig, da Aldehyd und Methylenblau an sich nicht aufeinander wirken. Diesen Katalysator bringt die Milch mit, eine „Mutase", die bei Luftabschluß Aldehyd dismutiert (in Alkohol und Säure umlegt) und bei Sauerstoffzutritt oxydiert. Wahrscheinlich handelt es sich um eine Aldehydrase, die sowohl dismutiert, also die SCHARDINGER-Reaktion gibt, als auch bei Sauerstoffeinwirkung den Aldehyd ganz oxydiert, wodurch sich die Erscheinungen miteinander erklären lassen. Diese Aldehydrase dürfte ein originäres Milchenzym sein.

In Gegensatz hierzu wird gewöhnlich eine Redukase, hauptsächlich bakteriellen Ursprungs, gesetzt, die der rohen Milch die Fähigkeit verleiht, Methylenblaulösung auch ohne Aldehyd (Sauerstoffakzeptor) nach mehr oder weniger langer Zeit zu entfärben.

Es ist nicht notwendig, ein besonderes Enzym der Bakterien (und der Leukozyten?) anzunehmen, man kommt auch mit dem SCHARDINGERschen Enzym, der vorbeschriebenen dismutierenden Aldehydrase, aus; die Bakterien hätten dann nur die Funktion zu erfüllen, einen passenden Sauerstoffakzeptor zu produzieren, damit das reaktionsfähige System zustande kommt.

Praktisch benutzt man die SCHARDINGER-Probe zur Unterscheidung frischer von gekochter Milch, wofür sie aber nicht so zuverlässig ist wie die STORCHsche und die ROTHENFUSSERsche Probe („Peroxydase"-Probe), ferner für die Unterscheidung der Milch von frischmilchenden und altmelkenden Kühen (im ersten Fall ausbleibend) und für die Unterscheidung gekühlter Milch von ungekühlter Milch (im ersteren Falle rascher eintretend). Die Redukaseprobe wird in mehrfachen Variationen als „Schnellverfahren" für Abschätzung der Bakterienzahl in der Milch benutzt; zur Bemessung der Käsereitauglichkeit reicht sie nicht aus, da sie lediglich über die relative Menge, nicht aber über die Art der Bakterien Aufschluß gibt.

Die Katalasen der Milch, die in allen darauf untersuchten Milcharten gefunden wurden — in der Frauenmilch erheblich mehr als in der Kuhmilch —, sind zum geringeren Teil als originäre, zum größeren Teil als bakterielle Enzyme anzusprechen. Sie zersetzen Wasserstoffsuperoxyd und werden so erkannt und bestimmt; sie haften am Kasein und werden dementsprechend bei der Kaseinfällung mitgerissen. Es bestehen sehr große individuelle Unterschiede im Gehalt an Katalasen. Von den katalasebildenden Bakterien sind zu nennen: die peptonisierenden Bakterien, die Koli- und die Proteusarten; dagegen bilden die Milchsäure-, Buttersäure- und die Mastitisbakterien keine Katalasen.

Praktische Bedeutung hat die Katalaseprüfung oder die Bestimmung der Katalasezahl zur Beurteilung der Frische und der Käsereitauglichkeit der Milch, zur Auffindung von Milch, die Kolostrum enthält (besonders reich an Katalase), und von Milch, die von kranken Kühen stammt, ohne daß man deshalb behaupten kann, daß eine Milch mit hoher Katalasezahl auch immer gesundheitsschädlich ist, weil eben der Gehalt an Katalasen sehr großen natürlichen Schwankungen unterworfen ist und auch durch unschädliche Bakterien ziemlich schnell zunehmen kann.

Weiteres über Redukasen und Katalasen siehe bei ERNST: Hygienische Kontrolle.

Zum Schlusse soll noch eine übersichtliche Zusammenstellung das Bild der Aufteilbarkeit der Bestandteile von Kuhmilch und Frauenmilch geben (Durchschnittszahlen, teilweise auf Schätzungen und Annahmen, besonders bei der Aufteilung der Salze beruhend):

		Trockensubstanz:		Fettfr. Trockensubstanz		Stickstoffhaltige Stoffe:	
Kuhmilch = 100	Wasser = 87,55 Trockensubstanz = 12,45 —— 100,00	Fett	3,70	Stickstoffhaltige Stoffe = 3,25		Kasein	2,50
		Fettfreie Trockensubstanz	8.75	Milchzucker und Zitronensäure = 4,80		Albumin	0,50
	Gase: 6% CO_2		——	Aschenbestandteile = 0,70		Globulin	Spuren
	3% N_2		12,45	——		Fibrin	Spuren
	1% O_2			8,75		Reststickstoffsubstanzen	0,20
	Volum %					Lezithin	0,05

Kuhmilch

Reaktion: amphoter (auf Lackums) $P_H = >7,0$
Spez. Gew.: 1,0323
15°
Gefrierpunkt: —0,55° bis —0,60°
Innere Reibung: 2,00—2,20 bei 15°
Verbrennungswärme: 670

Olein	33,95 %	Fettsäure-Glyzerin-Ester mit nicht flüchtigen und wasserunlöslichen Fettsäuren	3,40
Palmitin	40,51 %		
Stearin	2,95 %		
Myristin	10,44 %		
Laurin	2,57 %		
Butyrin	6,23 %	Fettsäure-Glyzerin-Ester mit flüchtigen u. zum Teil wasserlöslichen Fettsäuren	0,30
Kaproin	2,32 %		
Kaprylin	0,53 %		
Kaprinin	0,34 %		

Fett = 3,70:
Schmelzpunkt: Beg.19°—43° Ende
Erstarrungspunkt: 21°—16°
Jodzahl: 30—40
Verseifungszahl: 216—236
Polenske-Zahl: 2,1—2,6
Reichert-Meissl-Zahl: 25—27

Kasein	2,50	Stickstoffhaltige Stoffe	3,25
Albumin	0,50		
Globulin	Spuren		
Fibrin	Spuren		
Reststickstoffsubstanzen	0,20		
Lezithin	0,05		
Milchzucker			4,55
Zitronensäure			0,25
Enzyme, Vitamine, Sterine	Mengen nicht bestimmbar		

Fettfreie Trockensubstanz 8,75

K_2O	0,175	Aschenbestandteile	0,70
Na_2O	0,070		
CaO	0,140		
MgO	0,017		
Fe_2O_3	0,001		
SO_3	0,027		
P_2O_5	0,170		
Cl	0,100		
Wasser			87,55

Trockensubstanz 12,45

100,00

Frauenmilch = 100

Wasser = 87,69
Trockensubstanz = 12,31
———
100,00

Gase: etwa 3% CO_2
„ 3% N_2
„ 1% O_2
Volum %

Trockensubstanz
Fett 4,00
Fettfreie Trockensubstanz 8,31
———
12,31

Fettfr. Trockensubstanz:
Stickstoffhaltige Stoffe = 1,40
Milchzucker und Zitronensäure = 6,65
Aschenbestandteile = 0,26
———
8,31

Stickstoffhaltige Stoffe:
Kasein 0,80
Albumin 0,40
Globulin Spuren
Reststickstoffsubstanzen 0,15
Lezithin 0,05
———
1,40

Frauenmilch

Reaktion: meist alkalisch (gegen Lackums) $P_H = >7,0$
Spez. Gew.: 1,0300
15°
Gefrierpunkt: —0,5° bis —0,6°
Innere Reibung: 1,40—2,5 bei 15°
Verbrennungswärme: 740—790
(1 C)

Olein	rund 50 %	Fettsäure-Glyzerin-Ester mit nichtflüchtigen und wasserunlöslichen Fettsäuren	
Palmitin	?		
Stearin	?		
Myristin	?		
Laurin	?		
Butyrin	?	Fettsäure-Glyzerin-Ester mit flüchtigen u. zum Teil wasserlöslichen Fettsäuren	
Kaproin	?		
Kaprylin	?		
Kaprinin	?		

Fett = 4,00:
Schmelzp.: 32°
Erstarrungspunkt: 22°
Jodzahl: 44—46
Verseifungszahl: 205—213
Polenske-Zahl: 1,6—2,2
Reichert-Meissl-Zahl: 1,4—2,2

Kasein	0,80	Stickstoffhaltige Stoffe	1,40
Albumin	0,40		
Globulin	Spuren		
Reststickstoffsubstanzen	0,15		
Lezithin	0,05		
Milchzucker			6,50
Zitronensäure			0,15
Enzyme, Vitamine, Sterine	Mengen nicht bestimmbar		

Fettfreie Trockensubstanz 8,31

K_2O	0,090	Aschenbestandteile	0,26
Na_2O	0,036		
CaO	0,038		
MgO	0,006		
Fe_2O_3	0,0002		
P_2O_5	0,031		
Cl	0,060		
Wasser			87,69

Trockensubstanz 12,31

100,00

Der Übergang fremder Stoffe in die Milch

Es ist eine altbekannte Tatsache, daß die Milch einen fremden Geschmack und Geruch annehmen kann, was schon ohne weiteres Zeugnis von der Möglichkeit des Überganges fremder Stoffe in die Milch ablegt; dies kann unter Umständen auf die Gesundheit und das Leben der Säuglinge und der anderen Milchkonsumenten von Einfluß sein. Bei den in Freiheit lebenden Tieren besteht diese Gefahr im allgemeinen nur sehr wenig, weil sie durch den „Nahrungsinstinkt" vor der Aufnahme giftiger Futterstoffe und -pflanzen bewahrt werden; bei den domestizierten Tieren ist diese Fähigkeit mehr oder weniger gemindert und es können Schädigungen von zugeführten Medikamenten hinzutreten. Das gilt natürlich besonders auch bei Menschen, so daß die Frauenmilch in dieser Hinsicht (sehr mannigfaltige Ernährungsweisen, Krankheitsbehandlung durch Medikamente usw.) vielfachen Einflüssen ausgesetzt sein kann.

Der Einfluß verschiedener Futtermittel und Nährstoffmengen auf die Menge und Zusammensetzung der tierischen Milch ist schon zum Teil behandelt worden, zum Teil wird er noch an anderer Stelle gesondert und zusammenhängend besprochen (fettreiche und fettarme, eiweißreiche und eiweißarme, kohlehydratreiche und kohlehydratarme, salzreiche und salzarme usw. Ernährung). Giftstoffe werden durch die Milchdrüsen wie durch die übrigen Drüsen und Ausscheidungsorgane ausgesondert; die tätige Milchdrüse bedingt daher eine größere Giftfestigkeit gegenüber nicht laktierenden und männlichen Individuen.

Soweit über den Übergang der Fremdstoffe in die Milch etwas Näheres bekannt ist, läßt sich dies folgendermaßen zusammenfassen:

Die wirksamen Bestandteile von Bilsenkraut, Stechapfel, Euphorbium, Senf sollen bei entsprechenden Mengen in die Milch übertreten können.

Stark riechende und schmeckende Stoffe anderer Art, die als Medikamente gelegentlich gegeben werden, wie Asa foetida, oder solche, die sich durch besonderen Gehalt an ätherischen Ölen auszeichnen und als die Freßlust anregende Stoffe gelegentlich an Milchtiere verabreicht werden, wie Fenchel, Anis, Kümmel, Enzian u. dgl., können der Milch einen spezifischen Geschmack verleihen, doch müßten schon recht große Gaben in Frage kommen. Aloe, Sennesblätter, Rhabarber und andere anthrachinonhaltige Drogen geben gelegentlich färbende und schmeckende Stoffe an die Milch ab.

Aus fauligen und abnorm gärenden Futterstoffen können Geruchs- und Geschmacksstoffe nach erfolgter Resorption im Darm in die Milch übergehen. Bei Silo- und sonstigem Sauerfutter, das neben der normalen Milchsäuregärung auch noch eine Buttersäuregärung zeigen kann, gehen die sehr stark riechende Buttersäure und Buttersäureverbindungen sehr wahrscheinlich nicht auf dem Resorptionswege in die Milch über; aus der mit Buttersäure und Buttersäureverbindungen geschwängerten Stalluft (aufgeschüttetes Sauerfutter) erfolgt eine Geruchs- und Geschmacksbeeinflussung der ermolkenen Milch, weshalb unter solchen Umständen die Milch nach dem Melken sogleich aus dem Stalle gebracht werden muß. Das gleiche gilt für andere der Stalluft mitgeteilten Geruchs- und Geschmacksstoffe, worauf schon wiederholt hingewiesen wurde („Bocksgeruch" der Ziegenmilch, eigentümlicher Geruch der Schafmilch und anderes); es sei hier nochmals angedeutet, daß überhaupt der typische Geruch und Geschmack der Kuhmilch auch bei größter Sauberkeit im Stall auf unvermeidliche, der Menge nach nur sehr geringfügige Verunreinigungen mit tierischen Abfallstoffen und die damit in die Milch gebrachten Mikroorganismen mit besonderer Fähigkeit zur Bildung riechender und schmeckender Stoffe zurückgeführt werden muß.

Opium und damit die Opiumalkaloide (Morphin usw.) sollen bei größerer oder länger andauernden Gaben in die Milch übergehen, ob die übergehenden Mengen so groß sind, daß eine Schädigung des Säuglings eintritt, ist noch ungewiß; es hängt dies natürlich von der Gabengröße in erster Linie ab. Das gleiche dürfte für andere Alkaloide und für Glykoside gelten.

Alkohol geht ohne Zweifel in die Milch über; in den meisten Fällen dürfte die Menge belanglos sein. Bei übermäßiger Verfütterung alkoholreicher Schlempe an Kühe und andere Milchtiere kann gelegentlich eine nicht mehr zu vernachlässigende Menge von Alkohol in die Milch übergehen, doch sind dies nur ganz seltene Ausnahmefälle, da die Schlempe praktisch alkoholfrei abgeliefert wird. Für die Fütterung von Kühen, die zur Lieferung von Vorzugsmilch (Kindermilch) dienen, ist die Verwendung von Schlempe bei der Fütterung vielfach untersagt.

Befallener Klee und anderes befallenes Futter kann bei der Verfütterung an Milchtiere zu Milch führen, die mehr oder weniger heftigen Durchfall bei Kindern und Erwachsenen herbeiführt. Ähnliche Erscheinungen beobachtet man vielfach am Ende einer Winterfütterung im Stall und beim Übergang auf die Grünfütterung und zum Weidegang; ob da noch besondere Einflüsse der Düngung der Weiden (starke Konzentration von Düngersalzen im jungen Grase u. dgl.) mit hereinspielen, ist noch nicht aufgeklärt.

Karbol- und Salizylsäure (und nahestehende Verbindungen) werden durch die Milch leicht ausgeschieden.

Jodverbindungen, vor allem die leicht resorbierbaren Jodide, gehen schnell in die Milch über; das Nähere ist schon bei den Mineralstoffen der Milch mitgeteilt worden.

Nitrate können aus Futterstoffen, die an sich durch relativen Nitratgehalt ausgezeichnet sind oder durch die Düngung besonders viel davon aufgenommen haben (z. B. Rüben), in die Milch übergehen; der Nitratnachweis in der Kuhmilch ist deshalb nicht bindend für die Annahme einer vorangegangenen Wässerung, wenn auch das in Frage kommende Wasser ebenfalls Nitrate enthält.

Schwermetalle (Eisen, Blei, Kupfer, Antimon und dementsprechend Brechweinstein) werden im allgemeinen in so geringer Menge durch die Milch ausgeschieden, daß diese bei den üblichen und an sich kaum überschreitbaren Gaben zu medikamentösen Zwecken als unschädlich zu bezeichnen sind.

Eine Ausnahme macht das Quecksilber in seinen Verwendungen, das nach stomachaler und nach kutaner Verabreichung schnell in der Milch erscheint und zum Teil ausgeschieden wird. Darauf ist unter Umständen Rücksicht zu nehmen.

Arsenverbindungen erscheinen ebenfalls nach ihrer Verabreichung (auch durch die Haut) bald in der Milch wieder, werden aber sehr langsam ausgeschieden, da sie vorher anderweitig im Organismus gespeichert werden.

Bei Ikterus (Gelbsucht) gehen weder Gallensäuren noch Gallenfarbstoffe in die Milch über.

Literatur

Allgemeine Literatur

Abderhalden: Biochemisches Handlexikon, Bd. III, IV, VIII, IX, u. X. Berlin: J. Springer.

Fleischmann, W.: Lehrbuch der Milchwirtschaft, 6. Aufl. Berlin: Parey. 1922.

Grimmer, W.: Lehrbuch der Chemie und Physiologie der Milch, 2. Aufl. Berlin: Parey. 1926.

Hammarsten: Lehrbuch der physiologischen Chemie. München u. Wiesbaden: Bergmann. 1922. — Hoppe-Seyler-Thierfelder: Handbuch der physiologisch- und pathologisch-chemische Analyse, 9. Aufl. Berlin: J. Springer. 1924.

Liesegang: Kolloidchemische Technologie. Dresden u. Leipzig: Steinkopff. 1927. — Lippmann, O. v.: Die Chemie der Zuckerarten, 3. Aufl., II. Bd. Braunschweig: Vieweg & Sohn. 1904.

OPPENHEIMER, C.: Vollständige Literatur über Laktasen. Die Fermente und ihre Wirkungen, I. Band. Leipzig. 1925; auszugweise: Lehrbuch der Enzyme. Leipzig: Thieme. 1927. — OPPENHEIMER, C. und R. KUHN: Die Fermente und ihre Wirkungen. Leipzig: Thieme. 1925. — Lehrbuch der Enzyme. Leipzig: Thieme. 1927.

RAHN und SHARP: Physik der Milchwirtschaft. Berlin: J. Springer. 1928.

SOMMERFELD: Handbuch der Milchkunde. Wiesbaden: J. F. Bergmann. 1909.

UBBELOHDE und GOLDSCHMIDT: Chemie, Analyse und Technologie der Öle und Fette. Leipzig: Hirzel. 1920.

Eingehendere Literatur

ABDERHALDEN und VOELTZ: Über die Hüllen der Fettkügelchen der Milch. Zeitschr. f. physiol. Chem., 59, 13. 1909. — AMBERGER: Über Glyzeride des Milchfettes. Zeitschr. f. Nahr.- u. Genußm., 26, 65. 1916; 35, 313. 1918. — ARNOLD: Über Frauenmilchfett. Zeitschr. f. Nahr.- u. Genußm., 23, 433. 1912.

BAUER: Zur Biologie der Milch. Bericht der 26. Versammlung. Gesellsch. Kinderheilkunde, 57. 1909. — BAUER und ENGEL: Über die chemische und biologische Differenzierung der 3 Eiweißkörper in der Kuh- und Frauenmilch. Biochem. Zeitschr., 31, 46. 1911. — BAUEREISEN: Die Beziehungen zwischen dem Eiweiß der Milch und dem Serumeiweiß von Mutter und Kind. Arch. f. Gynäkol., 90, 349. 1910. — BLEYER und DIEZ: Beiträge zur Kenntnis der Eiweißstoffe der Kuhmilch. Milchwirtschaftl. Forschg., 2. 1925; in mehreren Folgen. — BLEYER und KALLMANN: Biochemische Zeitschr., 153, 1924; 459, 155, 54. 1925. — BLEYER und Mitarbeiter: Jod als biogenes Element. Eine Reihe von Veröffentlichungen. Biochem. Zeitschr. ab 1926. — BLEYER, B. und H. SCHMIDT: Mutarotion, Modifikationen und Inversion. Biochem. Zeitschr., 141, 278, 546. 1923. — BLEYER und SCHWAIBOLD: Über Zitronensäure in der Milch. Milchwirtschaftl. Forschungen, 2, 260. 1925. — BLEYER und SEIDL: Beiträge zur Kenntnis des Kuhmilch-Kaseins. Biochem. Zeitschr., 128, 48. 1922. — BOSWORTH und VAN SLYKE: Preparation and composition of basic calcium caseinate and paracaseinate. Journ. of biol. Chem., 14, 207. 1913; The phosphorous content of casein, Journ. of biol. Chem., 19, 67. 1914. — Neue Bearbeitung der Milchsalze. Journ. of biol. Chem., 24, 187. 1916. — BRODRICK-PITTARD: Zur Methodik der Lezithinbestimmung in der Milch. Biochem. Zeitschr., 47, 382. 1914. — BUNGE: Über die Aschenbestandteile der Milch, des Blutes und der Neugeborenen. Zeitschr. f. Biologie, 10, 295. 1874.

CAMERER und SÖLDNER: Über die Aschenbestandteile der Milch. Zeitschr. f. Biologie, 36, 377. 1898. — CAVAZZANI: Über die Viskosität der Milch. Zentralbl. f. Physiol., 18, 841.

DAM, VAN: Beitrag zur Kenntnis der Labgerinnung. Zeitschr. f. physiol. Chem., 58, 295. 1909. — Über physikalische Eigenschaften des Milchfettes. Die landwirtschaftl. Versuchsstationen, 86, 393. 1915. — DENIS und MINOT: Beiträge zur Kenntnis einiger bisher weniger studierter Inhaltsstoffe der Milch (Kuhmilch). — Methods for the quantitative determination of the non-protein-nitrogenous constituents of milk. Journ. of biol. Chem., 37, 353. 1919.

EHRLICH, P.: Über Immunität und Vererbung durch Säugung. Zeitschr. f. Hygiene, 12, 183. 1892.

FELLENBERG und Mitarbeiter: Über das Vorkommen des Jods in der Natur. Verschiedene Arbeiten in Biochem. Zeitschr. ab 1923. — FLEISCHMANN, W. und G. WIEGNER: Zur Kenntnis des Milchzuckers und seines Verhaltens in wässerigen Lösungen. Journ. f. Landwirtschaft, 58, 45 ff. 1910. — Über das spezifische Gewicht der Milchbestandteile. Journ. f. Landwirtschaft, 283. 1913. — FIERZ-DAVID: Über die Träger des ranzigen Geruches und Geschmackes. Zeitschr. f. angew. Chemie, 7. 1925. — FISCHER, E.: Konstitution des Milchzuckers u. a. Ber. Dtsch. Chem. Gesellsch., 26, 2400. 1893; 27, 2991, 3481. 1894. — FREY: Über Mutarotion und Modifikationen. Zeitschr. f. physik. Chem., 46, 420. 1904.

Glikin: Über den Lezithin- und Eisengehalt in der Kuh- und Frauenmilch. Biochem. Zeitschr., 21, 348. 1909. — Bestimmungsmethoden in: Hoppe-Seyler-Thierfelder: Physiologisch- und pathologisch-chemische Analyse. Berlin: J. Springer. 1924. — Grimmer: Zur Frage nach der Fermentnatur der Milchperoxydase. Zeitschr. f. Unters. v. Nahr.- und Genußm., 25, 85. 1913. (Peroxydase). — Zur Frage nach der Fermentnatur der Peroxydase. Milchwirtsch. Zentralbl., 41, 165. 1912. — Theorien der Oxydoreduktionen: Wieland, Bach u. a. siehe bei Oppenheimer: A. a. O. — Grimmer, W.: Lehrbuch der Chemie und Physiologie der Milch, 2. Aufl. Berlin: Parey. 1926. — Grimmer, Kurtenacker und Berg: Zur Kenntnis der Serumeiweißkörper der Milch. Biochem. Zeitschr., 137, 465. 1923. — György: Zustand der Phosphate in der Milch. Biochem. Zeitschr., 142, 1. 1923.

Hammarsten: Über Kasein. Nova Acta Reg. Soc. Scient. Upsal. 1877 und später viele anschließende Arbeiten (auch über die Labfällung). — Über die Farbe der Milch. Zeitschr. f. physiol. Chem., 7, 240. — Henkel: Zitronensäure in der Milch. Münch. med. Wochenschr., 19, 1888; Landwirtsch. Vers. Stat., 39, 143. 1891. — Holtz: Die Rachitis und ihre Beziehung zum Ergosterin. Dtsch. med. Wochenschr., 53, 27. 1927. — Hudson, C. S.: Über die Multirotation des Milchzuckers. Zeitschr. physik. Chem., 44, 487. 1903. — Hudson, C. S., und Brown: Über die Multirotation des Milchzuckers. Journ. of the Chem. Soc., 113, 188. 1918.

Johnson und Hammer: Über die spezifische Wärme der Milch. Journ. of industr. and engin. Chem., 6, 569. 1914; Jowa station research bull., 14, 451. 1914.

Kieferle, Heckmann und Schwaibold: Über Zitronensäure in der Milch. Milchwirtschaftl. Forschungen, 2, 312. 1925. — Kieferle, Kettner, Zeiler und Hamasch: Über Jod in der Milch. Milchwirtschaftl. Forschungen, 4, 1. 1926. — Koeppe: Über die Leitfähigkeit der Milch. Jahrb. f. Kinderheilkunde, 47, 389. — Külz: Gase der Milch. Zeitschr. f. Biol., 32, 180. 1895.

Laan, van der: Über den Gefrierpunkt der Milch. Biochem. Zeitschr., 71, 289. 1915. — Laqueur und Sackur: Säureeigenschaften des Kaseins. Hofmeisters Beiträge, 3, 193. 1903.

Moro: Untersuchungen über die Alexine der Milch und des kindlichen Blutserums. Jahrb. f. Kinderheilkunde, 55.

Neuberg, C. (zum Teil mit Mitarbeitern): Vergärung des Milchzuckers. Biochem. Zeitschr., 89, 365. 1918; 92, 239. 1918; 96, 175. 1919; 100, 304. 1919; 105, 307. 1919; 110, 193. 1920; 112, 139, 144. 1920. Zusammenfassend: Chemikerztg., Nr. 2 und 3, 1920.

Oppenheimer, C.: Chemismus der Gärungsvorgänge, zusammengestellt im Lehrbuch der Enzyme, S. 586, 196. Leipzig: 1927. Thieme. — Die Enzyme und ihre Wirkung. I. u. II. Bd., mit vielen Literaturangaben. Leipzig: Thieme. 1925. — Osborne und Wakemann: The proteins of cow's milk. Journ. of biolog. Chem., 33, 7. 1918.

Pfaundler und Moro: Über hämolytische Substanzen der Milch. Zeitschr. f. experim. Pathol. u. Therapie, 4, 451. 1907. — Pflüger: Gase der Milch. Pflügers Archiv, 2, 156. 1869. — Pringsheim, H.: Gase der Milch. Zuckerchemie. Leipzig. 1925.

Quincke: Über die Hüllen der Fettkügelchen der Milch. Pflügers Archiv, 19, 129. 1879.

Rahn: Eine Reihe von Arbeiten über den Schaumstoff der Milch, die Hüllen der Milchkügelchen, das Entrahmen, den Butterungsvorgang u. ä. — Robertson: On the influence of the temperature upon the solubility of casein in alcaline solutions. Journ. of biol. Chem., 5, 147. 1909; Journ. of physic. Chem., 11, 12. — Röhmann: Über Bildung des Milchzuckers. Biochem. Zeitschr., 93, 237. 1919. — Rona und Michaelis: Zustand der Kalziumverbindungen in der Milch. Biochem. Zeitschr., 21, 114. 1907. — Rothenfusser: Peroxydase. In Zeitschr. f. Unters. v. Nahrungs- u. Genußmitteln, 16, 64. 1908.

Salkowski: Beiträge zu den Untersuchungsmethoden des Lebertrans und der Pflanzenöle. Zeitschr. f. analyt. Chem., 26, 557. 1887. — Schardinger: Oxydoreduktion. In Zeitschr. f. Unters. v. Nahrungs- und Genußmittel, 5, 1103. 1902; ebenda, 6, 865. 1903. Scheibe: Über Zitronensäure in der Milch. Landwirtschaftl. Vers. Stat., 39, 153. 1891; Zeitschr. f. Biolog., 33, 567. 1896; Zeitschr. f. analyt.

Chem., 41, 77. 1902. — Schlossmann und Moro: Zur Kenntnis der Arteigenheit der verschiedenen Eiweißkörper der Milch. Münch. med. Wochenschr., 38, 597. 1903. — Schmidt-Nielsen: Zur Kenntnis des Kaseins und der Labgerinnung. Hammarsten-Festschrift: Läkaref. forh., T. 16, 1. Upsala. 1906. — Die Beziehung des Molkeneiweißes zur Labgerinnung (Parakaseinbildung). Hofmeisters Beiträge, 9, 322. 1907. — Sebelien: Beitrag zur Kenntnis der Eiweißkörper der Kuhmilch. Zeitschr. f. physiol. Chem., 9, 453. 1885. — Siegfeld: Über Zusammensetzung des Milchfettes. Milchwirtschaftl. Zentralbl., 3, 288. 1907; 4, 250. 1908; 6, 122. 1910; Chemiker-Zeitung, 32, 505. 1908. — Söldner: Die Salze der Milch und ihre Beziehungen zu dem Verhalten des Kaseins. Landwirtschaftl. Vers.-Stat., 35, 361, 370. 1888. — Soxhlet: Über die Hüllen der Milchkügelchen. Die landwirtschaftl. Vers. Stat., 19, 118. — Stoklasa: Zur Kenntnis des Phosphors in der Frauen- und Kuhmilch. Zeitschr. f. physiol. Chem., 23, 343. 1897. — Storch: Über die Hüllen der Milchkügelchen. Monatshefte f. Chemie, 18, 244.

Thörner: Gase der Milch. Chemiker-Zeitung, 18, 1845.

Weigmann: Über Aromabildung im Milchfett. Jahrb. d. Vers.-Stat. f. Molkereiw. Kiel. 1895/96; Milchzeitung, 25, 793. 1896. — Wiegner: Über die Lichtbrechung des Milchserums. Milchwirtschaftl. Zentralbl. 5, 473. 1909; 7, 534. 1911. — Windaus: Über Cholesterin. XXV. Mitt. Ber. Dtsch. Chem. Gesellsch., 50, 134. 1917; 53, 488. 1920. — Windaus und Dalmer: Cholesterin. Ringsysteme im Cholesterin. XXVI. Ber. Dtsch. Chem. Gesellsch., 52, 162. 1919. — Windaus, Hess und Pohl: Sterine und antirachitisches Vitamin. Nachr. d. Ges. d. Wissensch. z. Göttingen, Math.-Phys. Klasse. 1926.

2. Vitamine der Milch

Von

A. Scheunert und **M. Schieblich**-Leipzig

Allgemeines

Da die Milch dem Neugeborenen alle Stoffe zuführen muß, die es zur Unterhaltung seines Lebens und zum Aufbau seines Körpers beim Wachstum benötigt, muß sie auch die Vitamine enthalten. Der Vitamingehalt der Milch ist Schwankungen unterworfen, die wiederum für die einzelnen Vitamine verschieden sind (vgl. daselbst). Die Ursache dieser Schwankungen beruht darauf, daß das milchproduzierende Tier die Vitamine nicht selbst zu bilden vermag, sondern auf ihre Zufuhr mit der Nahrung angewiesen ist. Dies zeigten zuerst 1916 McCollum, Simmonds und Pitz, die nachwiesen, daß junge Ratten nicht wachsen konnten, wenn Vitamin A oder B in der Kost der sie säugenden Mutter fehlte.

Die allgemeinen Grundlagen der Vitaminlehre werden im folgenden nur, soweit es für die hier speziell abzuhandelnden Fragen notwendig ist, kurz behandelt. Ausführliche Darstellungen der auf diesem Forschungsgebiet gegenwärtig erreichten Kenntnisse finden sich in den einschlägigen Werken der Vitaminliteratur (Berg, Funk, McCollum und Simmonds, Stepp und György).

Die Vitamine sind als organische Substanzen teils noch gänzlich unbekannter (Vitamin A, Vitamin B [Antipellagrafaktor], Vitamin E), teils noch nicht ganz sichergestellter Konstitution (Vitamin B [antineuritischer Faktor] und Vitamin D) anzusehen. Dementsprechend ist auch die Reindarstellung der Vitamine nur bei den beiden zuletzt genannten vielleicht ganz oder wenigstens nahezu ermöglicht. Der Reindarstellung stellt sich auch das mengenmäßig außerordentlich geringe Vorkommen der Vitamine entgegen. Es ist bisher auch nicht möglich, spezifische Reaktionen für ihren Nachweis anzugeben. Sofern für einzelne

Vitamine solche Reaktionen beschrieben sind, hat sich bisher immer herausgestellt, daß auch andere Naturstoffe diese Reaktion geben, so daß sie höchstens zum Nachweis in ganz bestimmten Stoffen gebraucht werden können (Reaktion für Vitamin A nach Drummond und Rosenheim, für Vitamin B nach Jendrassik, für Vitamin C nach Bezssonoff). Der spezifische Nachweis der Vitamine ist deshalb bisher immer noch an den Tierversuch gebunden. Bei allen Vitaminversuchen fällt von vornherein die ungeheuere Wirksamkeit der Vitamine auf, die in konzentrierten Präparaten schon in Dosen wirksam sind, die mit Recht als homöopathisch bezeichnet werden können. So kann man mit dem reinsten Vitamin-D-Präparat (bestrahltes Ergosterin) nach Coward schon die erste Wirkung bei jungen wachsenden Ratten bei Tagesgaben von 0,005 γ beobachten. Mit 0,5 γ eines guten, im Handel erhältlichen Präparates gelingt es, Ratten vor Rachitis zu schützen. Diese ungeheuere Wirksamkeit hat neuerdings vielfach dazu geführt, die Vitamine mit Hormonen oder sehr stark wirkenden Arzneimitteln und Giften zu vergleichen. Das mag für manche Fragestellungen Vorteile bieten und Möglichkeiten für Arbeitshypothesen auf dem Gebiet der Rolle der Vitamine im Stoffwechsel eröffnen. Ernährungsphysiologisch muß aber daran festgehalten werden, daß die Vitamine als Nährstoffe aufzufassen sind. Nährstoffe sind in Erweiterung der klassischen Definition Voits solche Stoffe, die in der Nahrung zugeführt werden müssen, um gesundes Leben, Wachstum und Fortpflanzungsfähigkeit zu erhalten (Aron und Gralka). Dies trifft durchaus für die Vitamine zu und wird noch dadurch betont, daß die Vitamine nicht vom Tierkörper selbst gebildet werden können, also keine tierischen Stoffwechselprodukte sind, sondern aus der Nahrung stammen (vielleicht mit Ausnahme von Vitamin C bei verschiedenen Tierarten [vgl. bei Vitamin C]). Vielleicht nimmt auch das Vitamin D im Hinblick auf seinen Zusammenhang mit Ultraviolettbestrahlung und die toxische Wirkung hoher Dosen dieses Vitamins eine Sonderstellung ein (vgl. bei Vitamin D). Im übrigen ist die Wirkung der Vitamine im Stoffwechsel noch durchaus ungeklärt. Es ist deshalb zunächst ratsam, an der Vorstellung festzuhalten, daß bei fortgesetztem Vitaminmangel der Organismus allmählich von für bestimmte Zellfunktionen unentbehrlichen und deshalb lebenswichtigen Nährstoffen entblößt wird und deshalb eine partielle Unterernährung mit den für die einzelnen Vitamine spezifischen und den für alle mehr oder weniger gemeinsamen, allgemeinen Folgen eintritt.

Nomenklatur

Die Bezeichnung „Vitamin" ist jetzt international allgemein angenommen, und es sind infolgedessen alle Sonderbezeichnungen, die früher von einzelnen Forschern gewählt worden sind, nur noch von historischem Interesse. Der Name Vitamin bezeichnet also eine bestimmte, durch ihre Wirkung charakterisierte Körperklasse und soll nicht etwa irgend etwas über deren chemische Konstitution oder dergleichen aussagen. Alle Versuche, durch neue Bezeichnungen den Namen Vitamin auszuschalten und an seine Stelle andere Namen, die auf die Wirkungsweise oder vermuteten Zusammenhänge der betreffenden Stoffe mit chemisch wohldefinierten Körperklassen hindeuten, zu setzen, sind gegenwärtig verfrüht und stiften nur Verwirrung. Beim derzeitigen Stand der Forschung genügt es durchaus, für die einzelnen Vitamine die international geübte Gepflogenheit, durch Anhängen der entsprechenden großen Buchstaben des Alphabetes eine Unterteilung zu schaffen, beizubehalten. Es ist hierbei nach unserer Ansicht geboten, die Buchstabenbezeichnung derjenigen Forscher anzunehmen, die die betreffenden Vitamine in ihrer Wirkungsweise erstmalig richtig erkannt und in das alphabetische Schema eingereiht haben. Deshalb werden wir die Nomenklatur für die einzelnen Vitamine wählen, die von McCollum, Osborne und Mendel, Steenbock, Evans und Drummond und Zilva angewandt worden ist und der sich auch von deutschen Werken das von STEPP und GYÖRGY herausgegebene Handbuch anschließt.

Vitamin *A*

Das Vitamin *A* ist fettlöslich und deshalb auch mit fettlöslichen organischen Lösungsmitteln sowie mit Alkohol extrahierbar. Seine chemische Konstitution ist unbekannt. Es ist leicht oxydierbar und vermutlich ein ungesättigter Alkohol vielleicht aliphatischer Natur, jedenfalls ist es nicht cholesterinähnlich, wenngleich es sich wie dieses im unverseiften Rückstand von vitamin-*A*-haltigen Fetten und Ölen, unter denen der Lebertran den weitaus höchsten Gehalt besitzt, findet. Der von FUNK vorgeschlagene Name „Vitasterin" ist also unzutreffend. Ein konzentriertes Präparat haben DRUMMOND, CHANNON und COWARD als eine im Hochvakuum zwischen 180 bis 200⁰ C siedende Fraktion aus dem Unverseifbaren des Lebertranes gewonnen. Das von TAKAHASHI beschriebene, „Biosterin" genannte Präparat kann nicht als mit dem Vitamin *A* identisch angesehen werden. Neuerdings wird von B. v. EULER, H. v. EULER und HELLSTRÖM auf Grund ihrer Arbeiten ein Zusammenhang zwischen Vitamin *A* und Lipochromen angenommen.

Das Vitamin *A* ist bei Abwesenheit von Sauerstoff sehr widerstandsfähig gegen Hitze. Bei Gegenwart von Sauerstoff (Durchleiten von Luft) wird es bei niederen Temperaturen ganz allmählich, bei höheren Temperaturen, über 100⁰ C, und unter Druck schneller zerstört.

Das Vitamin *A* ist lebenswichtig. Bei Mangel stockt das Wachstum junger Tiere und als typische Mangelkrankheit tritt nach allmählichem Versiegen der Tränensekretion eine Hornhauterkrankung ein, die mit entzündlichen Vorgängen als Xerophthalmie und Keratomalazie einhergeht und unter Leukozyteninvasion in den Bulbus zu einer Panophthalmie und Erblindung führt (FREISE, GOLDSCHMIDT und FRANK). Gleichzeitig besteht Hinfälligkeit und Resistenzschwäche, insbesondere scheint der Vitamin-*A*-Mangel infektiöse Lungenerkrankungen zu begünstigen. Bei Versuchstieren wird das Auftreten von Nieren- und Blasensteinen häufig im Gefolge von Vitamin-*A*-Mangel beobachtet und auf diesen zurückgeführt (OSBORNE und MENDEL).

Auch der Mensch benötigt Vitamin *A*. Bei Vitamin-*A*-Mangel ist häufig Auftreten von Wachstumshemmungen und Keratomalazie beobachtet worden. Auch besteht ein Zusammenhang zwischen Vitamin-*A*-Mangel und dem Ansteigen der Todesfälle infolge angeborener Schwäche (BLOCH, MONRAD, RONNE, GRALKA, McCARRISON und WIDMARK). Bei Erwachsenen, die ebenfalls das Vitamin *A* benötigen, kommt es meist nur zur Entwicklung von Hemeralopie (Nachtblindheit) (FRIDERICIA und HOLM). Es ist von großem Interesse, daß WIDMARK in statistischen Nachweisen über die Ernährungsverhältnisse während der Kriegsjahre in Dänemark einen deutlichen Zusammenhang zwischen dem Ansteigen von Keratomalazie-Erkrankungen der Säuglinge sowie der Tuberkulosesterblichkeit der Erwachsenen und der mangelnden Vitamin-*A*-Versorgung infolge eines zu geringen Milchfettverzehres pro Kopf der Bevölkerung nachweisen konnte (vgl. auch ARON).

Die Milch ist vitamin-*A*-haltig und stellt eine der wichtigsten Vitamin-*A*-Quellen für die Volksernährung dar. Das Vitamin *A* ist in den Fettkügelchen enthalten, wie schon durch die Löslichkeitsverhältnisse wahrscheinlich gemacht wird. Dementsprechend enthält also das Milchfett (technisch als Butter gewonnen) den weitaus größten Teil des Vitamins *A* (PLATON), ja wenn man das Milchfett quantitativ gewinnt, das gesamte Vitamin *A* der Milch. Es ist von historischem Interesse, daß gerade an Untersuchungen mit Butterfett die Erkenntnis der Existenz des Vitamins *A* gereift ist (zusammenfassende Darstellung und Literaturangaben bei McCOLLUM und SIMMONDS). In der auf technischem Wege erhaltenen Butter- bzw. Magermilch sind stets nur geringe Mengen Vitamin *A* enthalten, um so geringer, je weiter die Ausbutterung getrieben worden ist. Infolgedessen ergibt die Untersuchung des Vitamin-*A*-Gehaltes der zentrifugierten Milch wechselnde Ergebnisse. Hart (zit. nach McCollum und Simmonds) fand bei diesbezüglichen Untersuchungen, daß 90 % des Vitamins A beim Zentrifugieren entfernt werden. Morgan fand Vollmilch mindestens 8 mal wirksamer als Magermilch.

Der Vitamin-A-Gehalt der Vollmilch ist nach allen bisherigen Untersuchungen bedingt durch den Vitamingehalt der Nahrung. Da die günen Gräser ganz besonders reich an Vitamin A sind, ist es somit erklärlich, daß die Milch der Pflanzenfresser und unter ihnen die der ausgesprochenen Grasfresser einen besonders hohen Gehalt an Vitamin A besitzen muß. Bei den domestizierten Tieren dieser Art ist entsprechend der Fütterung mit Schwankungen zu rechnen, die im wesentlichen dem durch die Jahreszeiten bedingten periodischen Wechsel der Futterrationen entsprechen. Der Einfluß der Ration der Milchkuh auf den Vitamin-A-Gehalt der Milch ist von großer praktischer Bedeutung für die Volksernährung, insbesondere die Kinderernährung. Über diesen Zusammenhang liegen zahlreiche Untersuchungen vor. Als erste zeigten Steenbock, Boutwell und Kent, etwas später Drummond und Coward (1), daß nach 3 wöchiger Trockenfütterung der Vitamin-A-Gehalt der Milch der Versuchskühe vermindert wurde. Dementsprechend fanden Kennedy und Dutcher Wintermilch trocken gefütterter Kühe bezüglich ihres Vitamin-A-Gehaltes wesentlich der Sommermilch unterlegen. Sie zeigten aber auch, daß bei hinreichender Versorgung mit vitamin-A-haltigen natürlichen Futtermitteln im Winter 10 cm³ von Wintermilch ebenso wie von Sommermilch genügten, um den Vitamin-A-Bedarf junger Ratten zu decken. Die Beeinflussung des Vitamin-A-Gehaltes durch die Kost wurde des weiteren öfter bestätigt. Luce zeigte, daß sich der Einfluß der Nahrung ganz allmählich bemerkbar macht. Sie brauchte 3 Monate, bis bei vitamin-A-armer Ernährung eine entscheidende Erniedrigung des Vitamin-A-Gehaltes der Milch eingetreten war. Ein Einfluß des Lichtes, des Aufenthaltes im Dunkeln oder Hellen war hierbei nicht zu beobachten. Mit verbesserter Methodik ist dies von Chick und Roscoe sowie Golding, Soames und Zilva (letztere prüften die Frage der Besonnung nicht) bestätigt worden. Sie fanden den Vitamin-A-Gehalt so herabgesetzt, daß 10 mal soviel Butter aus dieser Milch nötig war, um Ratten zum Wachstum zu bringen, wie von Butter, die von grün gefütterten Kühen stammte. Drummond, Coward und Watson fanden die Butter aus gemischter Milch einer Shorthornherde nach Winterfütterung im April in Mengen von 0.2 g ungeeignet, Wachstum bei jungen Ratten hervorzurufen, während im frühen Mai nach 1 Woche Grasfütterung diese Menge genügte. Ebenso fand Hume die Milch von Weidekühen in England im Mai so vitamin-A-haltig, daß 2 cm³ normales Wachstum von Ratten gestatteten, und nach ihren Untersuchungen war 1921 bis 1922 die in Wien zur Milchversorgung dienende Milch, die von im Stalle gehaltenen Tieren, die Körner, Stroh und Rüben erhielten, stammte, entschieden geringer vitamin-A-haltig als die in England untersuchte, denn in Wien vermochten 2 cm³ nur etwa halb so gutes Wachstum zu erzeugen. Der Vitamin-A-Gehalt der Wiener Milch schwankte zwischen Oktober 1921 und August 1922 nur wenig, und der Versuch, durch Zufüttern von frischem Gras, Kohl und Leguminosen den Vitamin-A-Gehalt zu heben, war ebenso wie die Einwirkung von Sonnenlicht nicht erfolgreich. Für deutsche Verhältnisse wurden die von der Fütterung abhängigen jahreszeitlichen Schwankungen des Vitamin-A-Gehaltes von Scheunert aus Butterproben studiert, die von einer schlesischen Milchviehherde gewonnen worden waren. Nach Weidefütterung wurde der weitaus höchste, nach Heu- und Rübenfütterung der geringste Vitamin-A-Gehalt gefunden, und durch die Zufütterung von eingesäuertem Grünmais konnte eine deutliche Steigerung des Vitamin-A-Gehaltes des Winterfutters erzielt werden. Die Rationen waren in der Rübenperiode pro Kopf und Tag: 40 Pfund Futterrüben, 8 Pfund Heu und Kraftfutter; in der Silageperiode: 45 Pfund Maissilofutter, 8 Pfund Heu und Kraftfutter; in der Weideperiode: nur Grünfutter auf Dauerweiden. Wenngleich hier die Unterschiede deutlich zum Ausdruck kommen, so darf nicht übersehen werden, daß auch bei der Heu-Rübenperiode die Butter noch immer einen deutlichen Vitamin-*A*-Gehalt aufwies, also auch eine Winterbutter einen beachtlichen Vitamin-*A*-Gehalt für die Volks-ernährung besitzt. In dieser Richtung sind auch gerade die Untersuchungen von LUCE von Interesse, weil sie darauf hindeuten, daß die Verarmung der Milch und damit auch der Butter an Vitamin *A* nur ganz allmählich vor sich geht. Dies wird in neuen, noch nicht veröffentlichten Versuchen von SCHEUNERT und BERTRAM an Milchziegen deutlich gezeigt. Hier wurden die Tiere 4 Wochen nach dem Werfen auf eine Ration gesetzt, die äußerst vitamin-*A*-arm war. Trotzdem erwies sich das aus der Ziegenmilch hergestellte Milchfett nach 7 Monaten als vitamin-*A*-haltig, wenn auch der Gehalt gering war. Für die Volks-ernährung ist wichtig, daß man, da so lange Perioden weitgehenden Vitamin-*A*-Mangels praktisch nicht vorkommen, eine Vitamin-*A*-Freiheit der Butter eigentlich nicht zu befürchten braucht, wenn auch im Winter der Vitamin-*A*-Gehalt geringer ist. Da der Bedarf des Menschen an Vitamin *A* sicherlich nicht sehr groß ist, wird auch eine solche Butter noch immer eine befriedigende Vitamin-*A*-Quelle sein. Hierfür sprechen auch die Beobachtungen in Wien über das Verschwinden der Hungerödeme in der schweren Mangelzeit der Nachkriegsperiode im Winter, sobald der Bevölkerung tierische Fette irgendwelcher Art durch die amerikanische Hilfsaktion zugeführt wurden. Die nachweisliche Abnahme des Vitamin-*A*-Gehaltes der Milch bei der Winterfütterung ist die Veranlassung für eine Reihe von Arbeiten gewesen, die die Frage studierten, ob es gelingt, durch Zufütterung des als äußerst vitamin-*A*-reich bekannten Lebertranes den Vitamin-*A*-Gehalt der Milch in die Höhe zu drücken. In dieser Richtung liegen nach ersten Unter-suchungen von DRUMMOND, COWARD, GOLDING, MACKINTOSH und ZILVA Arbeiten von WAGNER und WIMBERGER, GOLDING, SOAMES und ZILVA vor. Die Versuche haben nicht zu ganz einheitlichen Ergebnissen geführt. Zu guten Resultaten kamen GOLDING und Mitarbeiter, die durch 4 Unzen Lebertran pro Tag und Kuh den Vitamin-*A*-Gehalt der Milch stallgefütterter Kühe bis zu seiner ur-sprünglichen Höhe wiederherstellen konnten, während WAGNER und WIMBERGER auch nach großen Dosen nur eine unbedeutende Erhöhung des Vitamin-*A*-Gehaltes der Milch von Kühen erzielen konnten. Auch bei den erwähnten neuen Untersuchungen von SCHEUNERT und BERTRAM wird durch 10 g tägliche Zugabe von Lebertran keine entscheidende Beeinflussung gefunden.

Die auffällige Eigenschaft des Vitamins *A* der Milch, trotz vitamin-*A*-armer Fütterung noch auf lange Zeit, wenn auch in sich vermindernder Quantität in der Milch enthalten zu sein, hängt mit seiner Speicherung im Organismus zusammen. Die Speicherung erfolgt, wie es bei einem fettlöslichen Körper auf der Hand liegt, am ersten in den Fettdepots des Körpers. Nach CRAMER ist das subpleurale Fett, das Nacken- und Interskapularfett, Achselhöhlen- und Nierenfett besonders ausgezeichnet. Wir zweifeln nicht, da nach vielfachen Untersuchungen Pflanzenfresserfett, und zwar dessen leicht schmelzbarer, öliger Anteil (OSBORNE und MENDEL), als vitamin-*A*-haltig bekannt ist, daß überhaupt das Fett des Organismus an der Speicherung beteiligt ist. Nach anderen, noch unveröffentlichten Untersuchungen, die ebenfalls mit anderen aus der Literatur bekannten Untersuchungen über den Vitamin-*A*-Gehalt von Muskel- und Par-enchymgeweben übereinstimmen, muß angenommen werden, daß eine ganze Reihe von Organen im Körper erhebliche Vitamin-*A*-Mengen enthalten. Daß diese zur Versorgung der Milch mit Vitamin A herangezogen werden, ist nicht zu bezweifeln. Es gilt für Vitamin A sicherlich dasselbe Prinzip wie für die anderen Bestandteile der Milch, daß diese ohne Rücksicht auf den Körper der Mutter von der Milchdrüse an sich gerissen werden, um die Zusammensetzung der Milch dem physiologischen Bedürfnis des Säuglings soweit und solange wie möglich anzupassen.

Es besteht kein Zweifel, daß die soeben geschilderte Abhängigkeit des Vitamin-A-Gehaltes von der Nahrung auch für die Frauenmilch gilt. Naturgemäß liegen hierüber nur sehr spärliche Beobachtungen vor. Poulsson beschrieb einen Fall von Wachstumshemmung bei einem Brustkind einer seiner Laboratoriumsangestellten, die durch Verabreichung von Lebertran behoben werden konnte. Wenngleich man bei Lebertran auch an eine Vitamin-D-Wirkung denken muß, so spricht dieser Versuch doch zweifellos für eine Vitamin-A-Wirkung. Im übrigen hat schon lange vor der Vitaminzeit Thalberg ein gehäuftes Auftreten von Keratomalazie bei Brustkindern am Ende der russischen Osterfastenzeit beobachtet. Dieses sich über mehrere Wochen erstreckende Fasten führte zu einer ausgesprochenen vitamin-A-armen, vor allem fettarmen Ernährung, die ganz besonders in Mangeljahren deshalb zu Folgen führen konnte, weil schon vorher Unterernährung bestand. Thalbergs Beobachtungen zeigten weiter, daß auch die Mütter der erkrankten Brustkinder Anzeichen ausgesprochener Unterernährung und insbesondere auch hemeralopische Störungen aufwiesen. Von neueren Brustmilchuntersuchungen sei die von Schlutz, Kennedy und Palmer erwähnt. Sie fanden immer genügend Vitamin A in der Frauenmilch und weisen auf die Beeinflußbarkeit seiner Menge durch die Ernährung der Mutter hin, indem die Milch einer vitamin-A-arm ernährten Mutter, im Rattenversuch geprüft, nicht genügte. Macy, Outhouse, Long, Hoobler, Graham und andere Mitarbeiter untersuchten die gemischte Milch von zahlreichen Ammen und fanden auch solche Mischmilch vitamin-A-haltig. Es genügten 2 cm^3, um junge Ratten im Wachstum zu erhalten, 3 cm^3, um vitamin-A-verarmte Tiere zu heilen. Bemerkenswert war, daß bei Fortpflanzung der mit der geringsten Dosis ernährten Ratten das Wurfgewicht und die Anzahl der Jungen sehr gering war und solche junge Tiere sehr rasch bei vitamin-A-armer Ernährung die Mangelerscheinungen entwickelten. Nach allem scheint die Frauenmilch also durchschnittlich etwas ärmer an Vitamin A als die Kuhmilch zu sein, sofern nicht eine besonders vitamin-A-reiche Ernährung der Stillenden besteht.

Von praktischer Bedeutung ist der Vitamin-A-Gehalt der in der Frauen- und Kinderernährung verwendeten Milchpräparate; eine Frage, die im wesentlichen mit der Beeinflussung des Vitamin-A-Gehaltes durch die üblichen Koch-, Sterilisier-, Kondensier- und Trocknungsverfahren zusammenhängt. Gerade bezüglich des Vitamins A liegen in dieser Richtung nur wenige Untersuchungen vor, was sich wohl daraus erklärt, daß die verhältnismäßig große Widerstandsfähigkeit dieses Vitamins und das sehr seltene Auftreten von Vitamin-A-Mangelerkrankungen bei Kindern von vornherein wenig Interesse für diese Frage aufkommen ließ. In der Tat muß angenommen werden, daß das haushaltübliche Kochen der Milch den Vitamin-A-Gehalt derselben nicht beeinflußt. Dies geht aus allem, was wir über den Einfluß solcher Maßnahmen auf das Vitamin A wissen, hervor, und auch in der Zusammenstellung des Medical Research Council ist keine Verminderung des Vitamin-A-Gehaltes der Milch durch Kochen angegeben. Das gleiche gilt auch für den üblichen Pasteurisierungsprozeß. Auch Sterilisieren unter Verwendung hoher Temperaturen kann keine sehr erheblichen Schädigungen herbeiführen. In dieser Richtung gibt uns die Untersuchung von Drummond und Coward (2) über die Stabilität des Vitamins *A* Auskunft. Bei Ausschluß von Oxydationsmöglichkeit konnte Butter über 12 Stunden auf 120°C ohne wesentlichen Verlust ihres Vitamin-*A*-Gehaltes erhitzt werden. Wurde bei dieser Temperatur durchlüftet, so war nach 4 Stunden das Vitamin *A* vollständig zerstört. Es kommt also bei allen diesen Prozessen im wesentlichen auf den Ausschluß von Luft an. Das Homogenisieren kann ebenfalls als unbedenklich angesehen werden.

Unter diesem Gesichtspunkt muß auch der Vitamin-*A*-Gehalt kondensierter Milch, also Büchsenmilch, betrachtet werden. Selbstverständlich ist bei derartigen aus Magermilch hergestellten Produkten entsprechend der oben (S. 89) gegebenen Darstellung nur mit einem sehr geringen Vitamin-*A*-Gehalt zu rechnen. Bei Verwendung von Vollmilch ist die Art des Verfahrens zu berücksichtigen. Das Eindampfen von mit Zucker versetzter frischer Milch im Vakuum bis zur Sirupkonsistenz vermag das Vitamin *A* nicht zu vernichten und ebensowenig muß das bei niedrigerem Zuckerzusatz notwendige Nachsterilisieren der in Dosen verschlossenen Milch, das meist während 30 Minuten bei 100° erfolgt, Schädigung herbeiführen. Man kann also bei allen diesen Verfahren mit einer ziemlich unveränderten Vitamin-*A*-Menge rechnen. Dementsprechend gibt das Medical Research Council auch für kondensierte Milch keine Herabsetzung des Vitamin-*A*-Gehaltes an und Daniels und Laughlin (zitiert nach Kennedy) fanden kondensierte Milch, zumal die nicht gezuckerte, hinreichend vitamin-*A*-haltig. Dutcher, Honeywell und Dahle haben neuerdings die Frage an amerikanischen Präparaten eingehend geprüft und deutliche Herabsetzung gefunden. Sie nahmen die Gewichtszunahme der Versuchstiere als Maßstab. Würde diese bei Rohmilchernährung mit 100% angenommen, so sank sie bei nach der Vakuummethode eingedampfter Milch auf 64,86 und nach der Sterilisierung auf 56,08%. Die Verwendung einer Durchlüftungsmethode zog eine Herabsetzung auf zirka $^1/_3$ nach sich.

Bei Herstellung der Trockenmilch kommt entweder die Walzentrocknung oder der Verstäubungsprozeß in Frage. Bei beiden Prozessen bestehen infolge der innigen Berührung mit Luft Oxydationsmöglichkeiten, was berücksichtigt werden muß. Beim Walzenprozeß wird die Walze auf 140° erwärmt, die Milch aber selbst dem Eintrocknungsvorgang bei dieser Temperatur nur sehr kurze Zeit ausgesetzt. Auch hierbei kann keine bedeutende Zerstörung erwartet werden. In der Tat kommt auch nach Kennedy der Vitamin-*A*-Gehalt der nach dem Walzenprozeß getrockneten Milch dem der ursprünglichen Milch am nächsten. Etwas ungünstiger kann das Verstäubungsverfahren wirken, besonders dann, wenn das bei einer Temperatur von 115° getrocknete Pulver längere Zeit in der Trockenkammer verweilt. Aber auch hierbei ist nach den vorliegenden Untersuchungen (Medical Research Council) eine nennenswerte Herabsetzung im allgemeinen nicht beobachtet worden. Nach Kennedy ist die nach dem Zerstäubungsverfahren getrocknete Milch der Walzenmilch offenbar etwas unterlegen, doch dürfte, wie gesagt, diese Schädigung nicht sehr beträchtlich sein. Supplee, Dow und Nelson sowie Jephcott und Bacharach fanden so in Milchpulvern den Vitamin-*A*-Gehalt nicht vermindert. Bei sehr langer Aufbewahrung von Milchpulver ist natürlich eine langsame Oxydation, die zu einer Verminderung des Vitamins *A* führt, möglich (Hume [1]).

Endlich sei noch darauf hingewiesen, daß alle solche Milchpräparate selbstverständlich vom Vitamingehalt der als Ausgangsmaterial verwendeten Frischmilch abhängig sind. Da dieser den ausführlich besprochenen Fütterungseinflüssen unterworfen ist, ist ein vielleicht geringer Vitamin-*A*-Gehalt in den Milchkonserven nicht ohne weiteres auf Kosten des Verfahrens zu setzen.

Von anderen Beeinflussungen des Vitamin-A-Gehaltes der Milch interessiert die neuerdings vielfach empfohlene Bestrahlung. Wenn diese in geeigneten Apparaten unter Sauerstoffausschluß erfolgt, so treten keine Zerstörungen ein (Supplee und Dow [1]).

Vitamin B

Das mit dem Buchstaben B bezeichnete Vitamin ist kein einheitlicher Körper, sondern muß als eine Gruppe von Vitaminen aufgefaßt werden. Dem gegenwärtigen Stand der Forschung entspricht es auf Grund gut gestützter Arbeiten von Hauge und Carrick, Laird, Smith und Hendrick, Goldberger, Wheeler, Lillie und Rogers, Sherman, Sherman und Axtmayer und anderen, in dem Vitamin B 2 Faktoren (antineuritischer und wachstumsfördernder oder Antipellagrafaktor) anzunehmen. Historisch ist wichtig, daß der antineuritische Faktor mit jenem wirksamen Prinzip identisch ist, das Funk seinerzeit isoliert zu haben glaubte und als „Vitamin" bezeichnete. Hiervon rührt der Name der ganzen Körperklasse her. Beide Faktoren sind wasserlöslich, aber unterscheiden sich durch ihre etwas ungleiche Hitzeempfindlichkeit und die bei ihrem Mangel auftretenden Ausfallserscheinungen. Beide Faktoren kommen, soviel man weiß, immer gemeinschaftlich und eng vergesellschaftet vor, und es ist nur durch besondere Maßnahmen in einzelnen Fällen gelungen, ihre Wirkung getrennt oder, noch besser gesagt, die Wirkung des einen vorzugsweise vor der des anderen zur Darstellung zu bringen. Im Hinblick auf diese Schwierigkeit ist es erklärlich, daß man sie zunächst noch, insbesondere bei der ernährungsphysiologischen Auswertung der Vitaminforschung, unter dem Namen Vitamin B gemeinsam zusammenfaßt. Dies gilt auch für die Milch. Vitamin B ist lebenswichtig, und sein Mangel führt unter Nachlassen des Appetites, Eintreten von Sekretionsstörungen am Verdauungsapparat zu Schädigungen des Nervensystems, die sich als Degenerationserscheinungen am zentralen und peripheren Nervensystem auswirken. Sie führen beim Menschen zu der bekannten Beriberikrankheit, deren echte Form, wie sie z. B. in den holländischen Kolonien infolge der vorzugsweisen Ernährung mit poliertem Reis auftritt, auf den Mangel an Vitamin B zurückgeführt wird. Diese bei Hühnern, Tauben und anderen Vögeln (Reisvogel) in Form einer Polyneuritis darstellbaren Mangelerscheinungen werden dem antineuritischen Faktor oder dem Beriberischutzstoff des Vitamins B zugeschrieben. Die mit Lähmungen und Krämpfen einhergehenden Erscheinungen sind auch an anderen Versuchstieren, z. B. an Ratten, nachweisbar (Hofmeister, Kihn, Scheunert und Lindner [1]). Bei jungen wachsenden Ratten bedingt der Mangel an Vitamin B Wachstumsstillstand, was aber nicht als eine spezifische Vitaminwirkung aufgefaßt werden muß, sondern eher eine Folge des Mangels jedes lebenswichtigen Stoffes ist. Im übrigen dient aber speziell dieser rasch eintretende Wachstumsstillstand zum experimentellen Nachweis des Vitamins B bei jungen wachsenden Ratten und wird ganz speziell dem Fehlen des zweiten Faktors des Vitamins B, den man deshalb auch als „growth promoting factor" bezeichnet hat, zugeschrieben. Der Mangel an diesem Faktor dürfte nach der gegenwärtig vorherrschenden Ansicht in irgendeiner Weise mit dem Zustandekommen der Pellagra des Menschen zusammenhängen. Es gelingt, gewisse Erscheinungen dieser Erkrankung, die aber nicht unbedingt als spezifisch angesehen werden müssen, durch Mangel an Vitamin B bei Versuchstieren hervorzubringen (Goldberger und Lillie, Scheunert und Lindner [2]).

Für den Zweck dieses Handbuches wird die einheitliche Sammelbezeichnung „Vitamin B" beibehalten. Das Vitamin B ist beim Erhitzen in alkalischer Lösung leicht zerstörbar, hingegen bei Erhitzen in wässeriger Lösung ziemlich widerstandsfähig. Erst Temperaturen über 100° wirken stärker zerstörend. Autoklavieren bei 120° bedingt dann, wenn es mehr als 1 Stunde lang ausgedehnt wird, deutliche Verluste, wobei sich die beiden Faktoren etwas verschieden verhalten (Emmet und Luros). Das Vitamin ist sehr widerstandsfähig gegen Erhitzen mit Säure (Cooper und Funk), ist nicht empfindlich gegen die Oxydation durch Luftsauerstoff und wird selbst nicht durch Ozon und Ultraviolettbestrahlung zerstört (Voegtlin und White, Zilva).

Es sind viel Versuche gemacht worden, das Vitamin *B* rein darzustellen. Zu Erfolg sind JANSEN und DONATH gekommen, die ein hochwirksames Präparat gewannen. Dem reinen Vitamin schrieben sie die Formel $C_6H_{10}NO_2$ zu. 1 mg dürfte nach diesen Untersuchungen einem Menschen wirksamen Schutz vor der Beriberikrankheit verleihen.

Die Beeinflussung des Vitamin-*B*-Gehaltes der Kuhmilch durch die Fütterung ist nicht so klar erkennbar, wie das beim Vitamin-*A*-Gehalt der Fall ist. Es ist das darauf zurückzuführen, daß 1. sämtliche Futtermittel, mit Ausnahme ausgelaugter technischer Produkte, vitamin-*B*-haltig sind, und 2. eine Neubildung von Vitamin *B* bei den bakteriellen Vorgängen im Verdauungstrakt der Wiederkäuer, insbesondere bei der Pansengärung, in Betracht gezogen werden muß. Beim ersten Punkt ist noch zu berücksichtigen, daß der Vitamin-*B*-Gehalt der Futtermittel nicht als hoch bezeichnet werden kann, sondern vielmehr selbst bei grünen Gräsern und Heu gering ist. Auch der Vitamin-*B*-Gehalt der Milch selbst ist nicht als hoch zu veranschlagen, da nach OSBORNE und MENDEL (3) erst 10 bis 16 cm³ genügten, um bei Ratten normales Wachstum zu gewährleisten. KENNEDY und DUTCHER haben einen Einfluß der Fütterung beobachtet. Die meisten anderen Autoren fanden aber einen solchen nicht, zum mindesten aber keinen Unterschied zwischen Sommer- und Wintermilch, was sich übrigens zwanglos aus dem ziemlich gleichmäßigen Vitamin-*B*-Gehalt der verwendeten Futtermittel erklärt. BECHDEL und HONEYWELL (1, 2) prüften Milch von Kühen, die vitamin-*B*-frei ernährt worden waren, im Rattenversuch und fanden die Milch dieser Tiere ebenso vitamin-*B*-haltig wie die jener, die unter normaler Fütterung gehalten worden waren. Hierdurch und durch andere Beobachtungen, die einen gleichmäßigen Vitamin-*B*-Gehalt der Milch, unabhängig von der Fütterung, aufweisen, wird man auf den oben erwähnten 2. Punkt, eine Vitamin-*B*-Bildung im Verdauungsschlauch der Tiere, hingewiesen. Als erste haben SCHEUNERT und SCHIEBLICH (1) die Bildung von Vitamin *B* im Verdauungstraktus der Pflanzenfresser gerade im Hinblick auf die Gleichmäßigkeit des Vitamin-*B*-Gehaltes der Milch aufgegriffen und dadurch zu lösen versucht, daß sie Darmbakterien aus dem Verdauungstrakt der Pflanzenfresser auf ihre Fähigkeit der Vitamin-*B*-Bildung mit vitamin-*B*-freiem Material prüften. Sie konnten einwandfrei eine Vitamin-*B*-Bildung durch den weitverbreiteten Bacillus vulgatus nachweisen (SCHEUNERT und SCHIEBLICH [2, 3, 4]). Unterdessen haben BECHDEL, BECHDEL und HONEYWELL (1), BECHDEL, ECKLES und PALMER und BECHDEL, HONEYWELL, DUTCHER und KNUTSEN eine ganze Reihe von Versuchen an Rindern und am Rinderpansen selbst gemacht, die für die Vitamin-*B*-Bildung im Pansen des Rindes, also für den 2. Punkt sprechen. Es kann somit als gut gestützt angesehen werden, daß der Vitamin-*B*-Gehalt der Kuhmilch ziemlich unabhängig von der Fütterung ist und aus bakteriell neu gebildetem Vitamin *B* gedeckt wird. Für eine Vitaminneubildung bei der Kuh spricht auch die Tatsache, daß der Vitamin-*B*-Gehalt der Frauenmilch deutlich abhängig vom Vitamin-*B*-Gehalt der Nahrung ist. Dies geht schon aus den alten, vor der Vitaminzeit bekannten Beobachtungen hervor, daß Säuglinge, deren Mütter an Beriberi erkrankt waren, ebenfalls an dieser Krankheit litten (52 Fälle von HIROTA, zitiert nach MANSON). Sie wurden geheilt, wenn sie entwöhnt wurden und mit frischer oder kondensierter Kuhmilch ernährt wurden. 5 Säuglinge, die nicht so behandelt wurden, starben hingegen. Überhaupt soll in Japan Säuglingsberiberi nur bei Brusternährung vorkommen. Auch auf den Philippinen bestehen bei der reisessenden Bevölkerung die gleichen Beziehungen. Übrigens hat REYHER, der (von anderer Seite stark bestritten) die Spasmophilie der Säuglinge auf Vitamin-*B*-Mangel zurückführt, an Tauben gefunden, daß nur solche Tauben erkrankten, welche eine Frauenmilch erhielten, die von Müttern stammte, deren Kinder Zeichen von Spasmophilie aufwiesen. Durch neuere Untersuchungen ist man über das Vorkommen des Vitamins B in der Milch noch etwas weitergehend unterrichtet worden. Schlutz, Kennedy und Palmer fanden wenig Vitamin B in der Milch und sahen deutlich die Beeinflußbarkeit der Menge durch die Ernährung der Mutter. Auch Macy und ihre Mitarbeiter fanden in der Mischmilch von 10 bis 16 Ammen einen verhältnismäßig geringen Vitamin-B-Gehalt, denn erst bei 20 cm³ täglicher Milchzufuhr war das Wachstum von an Vitamin B verarmten jungen Ratten zwar normal, doch vermochten selbst 25 bis 35 cm³ nicht, eine völlig befriedigende Entwicklung, insbesondere Fortpflanzung und Laktation, zu gewährleisten. Der Vitamin-B-Gehalt der Kuhmilch ist im übrigen nicht sehr beträchtlich, was z. B. deutlich aus amerikanischen Untersuchungen hervorgeht, die zeigten, daß zwar 3 cm³ frische Kuhmilch den Bedarf wachsender Ratten an Vitamin A zu decken vermögen, während für Vitamin B hiervon täglich 20 bis 25 cm³ nötig sind. Auf diese Vitamin-B-Armut der Milch hat insbesondere Reyher als wichtig für die Kinderernährung hingewiesen. Er fand bei Untersuchung von in Berlin zur Verfügung stehender Kuhmilch an Tauben nur einen sehr geringen Vitamin-B-Gehalt, wobei allerdings darauf hingewiesen werden muß, daß gerade die Taube nicht unerhebliche Ansprüche zur Deckung ihres Vitamin-B-Bedarfes stellt. Er fand übrigens auch Wintermilch erheblich ärmer an Vitamin B als Sommermilch. Von mit Silofutter ernährten Kühen stammende Milch dürfte auch bezüglich Vitamin B allen Anforderungen menschlicher Säuglinge genügen, wie die gute Verwendungsmöglichkeit dieser Milch, über die Abderhalden berichtet, zeigt. Hunt und Krauss untersuchten Wintermilch auf ihren Gehalt an den beiden Faktoren des Vitamins B und fanden sie reich an Antipellagra- und relativ arm an antineuritischem Faktor.

Im Hinblick auf das, was bereits oben über die Widerstandsfähigkeit des Vitamins B beim Erhitzen ausgeführt wurde, kommt beim Abkochen der Milch eine nennenswerte Zerstörung nicht in Frage, und ebenso kann man annehmen, daß bei den technischen Pasteurisier-, Kondensier-, Sterilisier- und Trocknungsverfahren keine ernstliche Zerstörung dieses Vitamins stattfindet. In der Tat wird z. B. in der Zusammenstellung des Medical Research Council keine Veränderung für solche Milcharten angegeben. So konnten Dutcher, Francis und Combes bei vergleichenden Untersuchungen über den Vitamingehalt von Frischmilch und von 2 daraus nach verschiedenen Verfahren hergestellten Kondensmilcharten keine bemerkenswerte Zerstörung von Vitamin B nachweisen. Diese Autoren schließen deshalb, daß nur bei ungewöhnlichen und im allgemeinen nicht gebräuchlichen Bedingungen bei der technischen Kondensmilchherstellung Zerstörung des Vitamins B in Frage kommen könne. Auch Sherman und McArthur benutzten eingedampfte Milch mit Erfolg als Vitamin-B-Quelle. Hartwell verglich frische, eingedampfte und nach dem Walzen- und Zerstäubungsverfahren getrocknete Milch und fand, daß die eingedampfte Milch etwas weniger Vitamin B enthielt, so daß er zu dem Schluß kam, daß das Eindampfen schädlicher als die Trocknung war, die an sich keine nennenswerte Verschlechterung gegenüber Frischmilch herbeiführte. Daniels und Brooks und ferner Lavialle treten auf Grund ihrer Versuche für eine Zerstörung des Vitamins B der Milch beim Trocknen ein. Lavialle verwendete allerdings bei 140° bereitete Trockenmilch und fand im Vergleich dazu bei 105 bis 110° sterilisierte Milch durch diesen Vorgang wesentlich weniger geschädigt. Nach diesen etwas widersprechenden Versuchsergebnissen besteht immerhin einige Unsicherheit und sicherlich sind weitere

Untersuchungen sehr erwünscht. Diese könnten aber nur dann Klarheit bringen, wenn ganz die gleiche Milchprobe roh und den verschiedenen Verfahren unterworfen, natürlich unter Zugrundelegung gleicher Trockensubstanzmengen, geprüft würde. Dies dürfte aber immerhin im Hinblick auf die lange Dauer der Tierversuche und die Schwierigkeit der Konservierung der Frischmilch nicht ganz einfach sein. Wir stehen auf dem Standpunkt, daß die Ansichten, die im Report of Vitamins vom Medical Research Council vertreten werden, und die Angaben von DUTCHER, FRANCIS und COMBES die tatsächlichen Verhältnisse am besten charakterisieren werden, glauben also, daß bei einem vernünftigen Vorgehen unter Vermeidung extremer Temperaturen und zu langer Dauer der einzelnen Prozesse eine wesentliche und praktisch bedeutungsvolle Zerstörung des Vitamins *B* bei den fraglichen Verfahren nicht erfolgen wird. Selbstverständlich darf nie vergessen werden, daß der Vitamin-*B*-Gehalt der Kuhmilch niemals eine konstante Größe und niemals sehr groß ist. Somit ist von vornherein beim Vergleich verschiedener solcher Milchpräparate, auch wenn sie gleicher Herstellungsart sind, mit einem verschiedenen Vitamin-*B*-Gehalt zu rechnen, der in seinem Ausmaß genau nicht beurteilt werden kann.

Vitamin *C*

Das Vitamin *C*, das antiskorbutische Vitamin, ist zwar in der Wirkung frischer grüner Pflanzen und des Zitronensaftes als Gegen- und Heilmittel bei Skorbut schon weit über 100 Jahre bekannt, aber als Vitamin erst mit der Entdeckung des Meerschweinchenskorbuts durch HOLST und FRÖLICH im Jahre 1907 wissenschaftlich erforschbar geworden. Das geeignetste Versuchstier ist das Meerschweinchen, das bei vitamin-*C*-freier Ernährung in kurzer Zeit Symptome entwickelt, die denen des menschlichen Skorbuts weitgehend ähneln. Bei wachsenden Tieren treten unter Abnahme des Körpergewichtes weitverbreitete diffuse Hämorrhagien im Unterhautzellgewebe, vor allem an den Gelenken und Knochenknorpelgrenzen der Rippen, auf, die mit großer Schmerzhaftigkeit in den Gliedmaßen einhergehen. Die Tiere schonen deshalb die Gliedmaßen, gehen in eine an sich anormale Seitenlage über und zeigen Druckempfindlichkeit. Die Zähne können ganz locker, mit einer Pinzette herausziehbar werden. Veränderungen der Knochen, makroskopisch als Rosenkranzbildung erkennbar, treten ebenfalls in Erscheinung. Außerdem werden die Röhrenknochen vielfach brüchig und zeigen häufig Frakturen, besonders an der Diaphysen-Metaphysengrenze. Die gleichen Erscheinungen sind bei Affen als Versuchstieren ebenfalls leicht zu erzielen. Zahlreiche andere Tiere scheinen hingegen sehr wenig empfindlich gegen Vitamin-*C*-Mangel zu sein, ja können es vielleicht ganz entbehren oder besitzen sogar die Fähigkeit, es selbst zu bilden. Dies wird insbesondere von der Ratte angenommen. Auch die Haustiere und unter ihnen auch die Wiederkäuer kommen selbst im Wachstumsalter mit so minimalen Vitamin-*C*-Mengen aus, daß man geneigt ist, ihnen einen Vitamin-*C*-Bedarf überhaupt abzusprechen (THURSTON, ECKLES und PALMER). Die Frage des Vorkommens von Vitamin *C* in der Weide-Kuhmilch ist aber deshalb von Bedeutung, weil der Mensch, insbesondere im Kindesalter, erhebliche Vitamin-*C*-Ansprüche besitzt. Kompliziert wird die Frage noch dadurch, daß das Vitamin *C* von allen Vitaminen das durch äußere Eingriffe am leichtesten zerstörbare ist.

Das Vitamin *C* ist wasserlöslich und außerordentlich leicht oxydabel. Vitamin-*C*-haltiges Material (grüne Gräser, grünes Gemüse) verliert beim Trocknen und trockenen Aufbewahren an der Luft seinen Vitamin-*C*-Gehalt in kurzer Zeit. Bei Erhitzen unter Luftzutritt oder Durchleiten von Luft findet schon bei Temperaturen, die weit unter dem Siedepunkt des Wassers liegen, also schon bei 30 bis 50°, in kurzer Zeit eine Beeinträchtigung statt. Kochen von $\frac{1}{2}$ bis 1 Stunde zerstört je nach dem Material 50 bis 90% des darin enthaltenen Vitamins *C*. Bei inniger Berührung mit Luft genügen schon niedrige Temperaturen zur vollständigen Zerstörung. Ganz besonders leicht erfolgt die Zerstörung bei alkalischer Reaktion. Bei höheren Temperaturen werden diese zerstörenden Wirkungen gesteigert und beschleunigt. Anderseits erweist sich bei sorgfältigem Ausschluß von Sauerstoff die Widerstandsfähigkeit des Vitamins gegen bloßes Erhitzen als recht erheblich, so daß selbst Temperaturen über 100° nicht vernichtend wirken.

Ein Zusammenhang zwischen Fütterung und dem Gehalt der Milch an Vitamin C ist deutlich erkennbar. Der Vitamin-C-Gehalt der Milch geht stark zurück, wenn die Tiere mit vitamin-C-armer Ration gefüttert werden (Hart, Steenbock und Ellis, Dutcher, Eckles und Mitarbeiter, Hess, Unger und Supplee). Z. B. fanden Dutcher und Mitarbeiter in Wintermilch nur $^1/_3$ der Wirksamkeit der Sommermilch. Hughes, Fitch, Cave und Riddell fanden allerdings selbst nach 3jähriger Fütterung mit vitamin-C-armer Ration eine gewisse Menge Vitamin C in der Milch, woraus sie schließen, daß das Vitamin C, wenigstens bis zu einem gewissen Grade, von den Kühen synthetisiert werden kann. Bei gleichmäßiger Fütterung während des ganzen Jahres bleibt, wie McLeod zeigte, der Vitamin-C-Gehalt gleich. Diese Frage ist für die Kindermilchversorgung der Städte von recht großer Bedeutung und hat weitgehende Aufmerksamkeit hervorgerufen. Besonders war dies durch die Befunde von Meyer und Nassau veranlaßt, die zeigten, daß die Milch der Berliner Großmolkereien keine Skorbutschutzwirkungen ausübt. Frank konnte in Leipziger Markt- und Vorzugsmilch hingegen eine Verzögerung des Todes der Versuchstiere an Skorbut beobachten, und Loewy vermochte mit Kölner Milch Skorbut bei Meerschweinchen zu verhüten, machte aber darauf aufmerksam, daß Wintermilch einen äußerst geringen Vitamin-C-Gehalt besitze. Umfassende Untersuchungen von Reyher zeigten, daß im Verlauf der Winterfütterung die Milch als vitamin-C-arm anzusehen ist, und daß ihr Vitamin-C-Gehalt um so geringer wird, je länger die Winterfütterung andauert. Er zeigte aber auch, daß bei geeigneter Fütterung, insbesondere bei Zugabe von Grünfutter, unter dem sich vor allem Grünkohl als sehr geeignet erwies, auch im Winter eine vitamin-C-reiche Milch erzielt werden kann. Hierzu scheint ganz besonders wiederum das eingesäuerte Grünfutter geeignet zu sein, wofür Olson sowie Oertel und Kieferle Beweise erbrachten.

Als ein ganz allgemeines Ergebnis kann aus diesen Versuchen entnommen werden, daß der Vitamin-C-Gehalt der Kuhmilch niemals als sehr erheblich angesehen werden kann. Nur in ganz seltenen Fällen, bei sehr großem Reichtum des Futters an Vitamin C, also bei bester Grünfütterung im Sommer, gelingt es, mit etwa 20 cm³ Milch Meerschweinchen vor Skorbut zu schützen. Von vitamin-C-ärmerer Milch wird aber noch mehr, z. B. 45 cm³ (Silagemilch [Kieferle, Zeiler und Hoch]), ja noch mehr, 60 bis 100 cm³ pro Tag benötigt, um ein Meerschweinchen zu schützen. Dies gilt nun auch für andere Milcharten, z. B. für Ziegenmilch, mit der es Nassau und Pogorschelsky erst bei forcierter Vitaminernährung der Ziegen gelang (150 g Apfelsinensaft täglich), Meerschweinchen zu schützen. Sudholt konnte diese Ergebnisse in umfassenden Untersuchungen neuerdings bestätigen. Auch die Frauenmilch ist im Hinblick auf die Ansprüche des Meerschweinchens nicht sehr vitamin-C-reich, wie die Versuche von Meyer und Nassau (2) sowie Frank (1, 2) und Reyher (2) zeigen. Man muß aber hierbei natürlich beachten, daß der Meerschweinchenversuch lediglich als qualitativer Nachweis des Vitamins C gewertet werden darf, da wir keinerlei Anhaltspunkte über den quantitativen Bedarf des menschlichen Säuglings an diesem Vitamin besitzen. Es ist deshalb wohl zu beachten, daß eine Kuhmilch oder Frauenmilch durchaus einen Säugling vor Skorbut zu schützen vermag, wenn sie auch nach dem Meerschweinchenversuch nur sehr wenig von diesem Vitamin enthält, oder Meerschweinchen sogar nicht dauernd davor bewahren kann.

Die Erhitzung der Milch spielt nun hierbei eine wichtige Rolle. Schon gewöhnliches kurzes Aufkochen der Milch hat eine Zerstörung zur Folge. BARNES und HUME fanden diese allerdings nicht beträchtlich, wenn sie die Milch in einem emaillierten Topf kurz aufkochen und an der Luft erkalten ließen. Man hat angenommen, daß die sich sogleich bei Unterbrechung der Hitzezufuhr bildende Haut einen Luftabschluß darstellt und weitere Oxydation verhindert. ANDERSON, DUTCHER und Mitarbeiter fanden den Vitamin-*C*-Gehalt gekochter Milch nahezu unverändert. SEELEMANN und HADENFELDT, die die Milch über der Flamme kurz aufkochten, vermochten damit bei Meerschweinchen keinen Skorbutschutz zu erzielen.

Das Pasteurisieren bei 63°, 30 Minuten lang, ist ein viel schwererer Eingriff als das gewöhnliche Kochen, weil die Milch in innigster Weise mit Luft in Berührung kommt. Somit wurde schon von ANDERSON und DUTCHER gefunden, daß pasteurisierte Milch Meerschweinchen nicht mehr zu schützen vermag. Ebensowenig konnten in neuer Untersuchung SEELEMANN und HADENFELDT in gewöhnlicher, durch Erhitzen im Wasserbad pasteurisierter Milch und solcher, die im DEGERMA-Verfahren bereitet war, Vitamin *C* im Meerschweinchenversuch nachweisen. Auch nach dem BERGEDORF-Verfahren im Hochpasteur erhitzte Milch konnte den Meerschweinchenskorbut nicht verhüten. Das gleiche war natürlich bei lang erhitzter oder autoklavierter Milch der Fall. Für die starke Herabsetzung des Vitamin-*C*-Gehaltes bei Pasteurisierungsverfahren erbrachten auch OLSON und COPELAND, BLUMENBERG und v. LEERSUM Beweise. Letzterer hat mit einem elektrischen Sterilisierverfahren bei Verwendung von Kohle-Elektroden beste Erfahrungen gemacht. Die Berührung der Milch mit Luft bei allen diesen Verfahren ist das Entscheidende; dies geht schon aus älteren amerikanischen Forschungen, die eine Zerstörung des Vitamins *C* beim Transport beobachteten, hervor und wird besonders durch v. LEERSUMS Untersuchungen gezeigt, nach denen in der rohen Milch beim Transport oder Lagern infolge des Durchschüttelns mit der in der Kanne enthaltenen Luft Zerstörung erfolgt. v. LEERSUM empfiehlt deshalb, die Milch in vollgefüllten, luftdicht geschlossenen Kannen zu transportieren.

Bei der Herstellung von kondensierter Milch ist, wie man aus dem vorhergehenden sieht, die Anwesenheit von Luftsauerstoff der entscheidende Faktor. Wird unter Luftausschluß gearbeitet, so ist mit einer weitgehenden Erhaltung des Vitamins *C* zu rechnen. HUME (2) fand bei Untersuchung von gesüßter kondensierter Milch an Affen keine Veränderung der antiskorbutischen Wirksamkeit gegenüber Frischmilch. Auch HESS fand in solcher Milch noch hohe antiskorbutische Wirksamkeit. Die Ergebnisse von LESNÉ und VAGLIANO (1) sprechen in diesem Sinne. Erheblich ist die Zerstörung in der ungesüßten kondensierten Milch, da der Herstellungsgang einen wesentlich stärkeren Eingriff darstellt. HART, STEENBOCK und SMITH fanden einen Verlust von 40%. Das eigentliche Sterilisieren ist mehrfach studiert worden. Es ist als sicher anzunehmen, daß Erhitzen auf 120° für 1 Stunde das Vitamin *C* der Milch gänzlich zerstört. Eine häufige Bearbeitung haben die Trockenmilcharten erfahren mit zum Teil widersprechenden Ergebnissen, wie dies nach den theoretischen Überlegungen nicht anders zu erwarten ist. HART, STEENBOCK und ELLIS fanden somit Unterschiede entsprechend dem Herstellungsprozeß und sind der Meinung, daß das Zerstäubungsverfahren größere Verluste bedingt als die Walzentrocknung. Hierfür treten auch JEPHCOTT und BACHARACH (2) ein. CAVANAUGH, DUTCHER und HALL fanden dagegen solche Milch unverändert antiskorbutisch wirksam. Trotzdem ist es wahrscheinlich, daß die Trockenmilch einen wesentlich geringeren antiskorbutischen Wert besitzt als die Frischmilch, doch dürfte diese Menge in allen Fällen genügen, den Vitamin-C-Bedarf von Säuglingen und Kindern zu decken (Clark und Collins). Wie schon oben bei Vitamin C ausgeführt, muß im Hinblick auf den schon an und für sich wechselnden Vitamin-C-Gehalt der Milch und die Verschiedenheit der Verfahren bzw. deren Durchführung mit großen Unterschieden im Vitamin-C-Gehalt solcher Präparate von vornherein gerechnet werden. Es ist infolgedessen nicht möglich, ohne eine Spezialuntersuchung den Vitamin-C-Gehalt eines solchen Präparates zu beurteilen. Sicherlich haben auch McCollum und Simmonds recht, wenn sie besonders solchen Untersuchungen Mißtrauen entgegenbringen, die aus kaufmännisch an den betreffenden Präparaten interessierten Laboratorien hervorgegangen sind. Interessant ist die Beobachtung von Smith, daß in frisch getrockneter Brustmilch noch 80 % und in 2 Jahre gelagerter noch 40 % des ursprünglichen Vitamin-C-Gehaltes vorhanden sind. Eine gute Konservierungsmethode des Vitamins C in der Milch scheint nach Saleck das Einfrieren zu sein. Nach 3 tägiger Aufbewahrung war der Vitamin-C-Gehalt nur geringfügig verringert.

Nach allem ist es klar, daß Ultraviolettbestrahlung der Milch bei Gegenwart von Luft eine Zerstörung des Vitamins C durch Oxydation leicht hervorbringen wird (Reyher [3]), während in den nach den neuen, unter Luftausschluß arbeitenden Verfahren erzeugte Milch Vitamin C ungestört erhalten wird.

Vitamin D

Vitamin D, das antirachitische Vitamin, ist als selbständiges Vitamin erst verhältnismäßig spät erkannt worden. Es ist fettlöslich und wurde deshalb früher mit dem die gleiche Eigenschaft besitzenden Vitamin A als ein einheitlicher Körper aufgefaßt. Daher die oftmals noch jetzt vorkommende Verwechslung zwischen Vitamin A und D. Die Wirkungsweise des Vitamins D besteht darin, daß diese Substanz das osteoide Gewebe befähigt, Kalksalze auch dann zurückzuhalten und einzulagern, wenn in dieser Richtung ungünstige Verhältnisse bestehen. Vitamin D befördert also die Verknöcherung, somit auch Knochenbildung und Wachstum und heilt und schützt vor Rachitis. Dabei tritt als weitere Vitamin-D-Wirkung eine Erhöhung des Ca-P-Spiegels des Blutes und eine Verbesserung der Ausnutzung des Kalkphosphorsäureangebotes der Nahrung ein. Im übrigen sind die einschlägigen Fragen der Wirkungsweise des Vitamins D im Stoffwechselgetriebe und seine Beziehungen zur Ätiologie der Rachitis noch ziemlich dunkel. Die Beurteilung wird um so schwieriger, als neuerdings festgestellt worden ist, daß hochkonzentrierte Vitamin-D-Präparate bei Überdosierung starke toxische Wirkungen zu entfalten vermögen (Kreitmair und Moll, Bamberger und Spranger, Adam (2), Pfannenstiel, Reyher und Walkoff, Wurzinger).

Von größter Wichtigkeit ist die zunächst von Steenbock sowie Hess und ihren Mitarbeitern gewonnene Erkenntnis, daß ultraviolette Bestrahlung von Cholesterin sowie von allen möglichen pflanzlichen und tierischen Stoffen, ja von Tieren selbst, Vitamin D aus unwirksamen, sehr weit verbreiteten Vorstufen entstehen läßt. Dies hat bekanntlich zu der Entdeckung des durch Ultraviolettbestrahlung aktivierbaren Provitamins des Vitamins D in Gestalt des schon länger bekannten Ergosterins durch Windaus geführt. Damit war es möglich, in Form des bestrahlten Ergosterins höchst wirksame Präparate zu gewinnen, die schon in Bruchteilen von 0,001 mg das gebräuchlichste Versuchstier, die junge wachsende Ratte, trotz rachitogener Kost vor Rachitis zu schützen vermögen. Allerdings ist es bisher nicht gelungen, die durch die Ultraviolettbestrahlung hervorgerufene Konstitutionsveränderung zu erkennen, und somit ist man, obwohl man das Vitamin D scheinbar im bestrahlten Ergosterin in reinster Form in den Händen hat, dennoch immer von der Lösung des Problems der Reindarstellung eines Vitamins und der Kenntnis seiner Konstitution entfernt.

Der Vitamin-*D*-Gehalt der Milch ist ebenfalls wie bei den anderen Vitaminen von der Fütterung abhängig. Da nun aus noch unaufgeklärten Gründen der Vitamin-*D*-Gehalt der Grünfuttermittel außerordentlich schwankend, ja oft minimal oder sogar gleich Null ist, so ist es erklärlich, daß der Vitamin-*D*-Gehalt der Kuhmilch erheblichen Schwankungen unterworfen sein muß und von vornherein nicht beurteilt werden kann. Wenn man weiter bedenkt, daß alle anderen pflanzlichen Futtermittel als Grünfutter und Heu überhaupt kein Vitamin *D* zu enthalten pflegen und auch die meisten menschlichen Nahrungsmittel als vitamin-*D*-frei angesehen werden müssen, wird es erklärlich, daß der Vitamin-*D*-Gehalt der Milch der Kühe, vor allem aber der des Menschen in den allermeisten Fällen vermutlich nur sehr gering sein wird (vgl. HESS und WEINSTOCK, OUTHOUSE, MACY und BREKKE). Abgesehen von der Fütterung, muß natürlich nach den obigen Ausführungen auch der Belichtung und insbesondere der Ultraviolettbestrahlung der Milchspenderin als Quelle des Vitamins *D* in der Milch Bedeutung beigemessen werden. Durch Versuche wurde dies von LUCE (1), und BOAS und CHICK an Milchkühen nachgewiesen und der besondere Wert des Weideganges (Vitamin *D* aus Fütterung und natürlicher Bestrahlung) für die Gewinnung einer an antirachitischem Vitamin reichen Milch behauptet. Unter natürlichen Verhältnissen scheint vor allem die Fütterung mit vitamin-*D*-haltigem Grünfutter oder Heu von ausschlaggebender Bedeutung zu sein (LUCE [2]), während CHICK und ROSCOE in erster Linie dem Grad der Besonnung diesbezügliche Wirkung zuschreiben. BANDL wies auf den hohen Gehalt der Almenmilch an Vitamin *D* hin. Eigene unveröffentlichte Untersuchungen über den Vitamin-*D*-Gehalt von Almenheu zeigten dessen große antirachitische Wirksamkeit. Durch künstliche Ultraviolettbestrahlung der Milchtiere haben verschiedene Autoren zum Teil recht beträchtliche Erhöhungen der antirachitischen Wirksamkeit der Milch nachgewiesen (STEENBOCK, HART, HOPPERT und BLACK, GOWEN, MURREY, GOOCH und AMES, VÖLTZ, KIRSCH und FALKENHEIM). Zur Erhöhung der antirachitischen Wirksamkeit der Milch hat man auch mehrfach versucht, durch Zufütterung von Lebertran, der besonders reich an antirachitischem Vitamin ist, den Vitamin-*D*-Gehalt der Milch zu erhöhen. LESNÉ und VAGLIANO (2) gelang dies mit einem aus Lebertran konzentrierten Präparat. Ebenso vermochten GOLDING, SOAMES und ZILVA in einem ersten Versuch eine Steigerung hervorzurufen, während sie in einer neuen Mitteilung mit 57 g Lebertran täglich keinen Erfolg hatten (GOLDING und ZILVA). Auch WAGNER und WIMBERGER kamen zu keiner entscheidenden Steigerung. Offenbar ist also die Menge des verabreichten Lebertrans von ausschlaggebender Bedeutung. In der Tat scheint es nicht immer zu gelingen, durch Lebertran den Vitamin-*D*-Gehalt der Milch sehr erheblich zu steigern. GERSTENBERGER und Mitarbeiter vermochten bei einer stillenden Frau die Milch nicht so mit antirachitischen Schutzstoffen anzureichern, daß der genährte Säugling vor dem Ausbruch der Rachitis geschützt wurde. Hingegen sahen sie nach der Bestrahlung der Mutter mit Höhensonne gute Wirkung. Mit Recht ist hiergegen nach TRENDTEL einzuwenden, daß Rachitis bei Brustkindern nur in ganz verschwindendem Maße auftritt und die Höhensonnenbestrahlung einer stillenden Mutter schon diese außerordentlich günstig beeinflußt. Über eine Anreicherung der Kuhmilch an Vitamin *D* durch Verfütterung bestrahlter Hefe berichtet WACHTEL.

Die Aktivierbarkeit des Vitamins *D* durch Ultraviolettbestrahlung hat dann zu der Frage geführt, ob es nicht ratsam sei, die Milch als solche direkt zu bestrahlen. Da die Milch Sterine enthält, gelingt es in der Tat leicht, sie auf diese Weise antirachitisch wirksam zu machen. Daß dabei die Sterine die Ursache sind, zeigte Edelstein. Mit bestrahlter Milch und bestrahlten, in der Säuglingsernährung üblichen Milchmischungen erzielte György Heilung von Rachitisfällen. Hottinger, der auch Frauenmilch bestrahlte, sowie Halac und Nassau fanden das gleiche. Geschieht die Bestrahlung ohne besondere Vorsichtsmaßregeln unter Luftzutritt, so kommt es leicht, worauf schon Reyher aufmerksam gemacht hat, zu einer derartigen geschmacklichen Veränderung der Milch, daß ihre Genußfähigkeit stark beeinträchtigt wird (vgl. auch Ahrens-Salder). György nannte den zu einem tranähnlichen Geruch und Geschmack führenden Vorgang in Benutzung eines von Moro geprägten Ausdruckes „Jekorisation“. Schoedel weist auf die Möglichkeit toxischer Erkrankungen der Säuglinge und auch darauf hin, daß die übrigen Vitamine der Milch zerstört werden.

Zur Verhütung dieser Schädigungen sind mehrere Apparaturen beschrieben worden, z. B. nach Scholl, Gillern und Hussa usw. Insbesondere hat sich das Verfahren nach Scholl verbreitet, das in Kohlensäureatmosphäre arbeitet. Mit solcher Milch sind gute Erfahrungen bei der Rachitisbehandlung gemacht worden. Es wird angegeben, daß täglich 300 bis 600 cm³ solcher bestrahlter Milch zur Heilung von Rachitis innerhalb 4 bis 8 Wochen genügen (Scheer und Rosenthal, Scheer, Schoedel, Bach, Seiffert, Adam (1). Mouriquand und Schoen fanden nicht nur in bestrahlter Kuh-, sondern auch in Frauenmilch ausgezeichnete Wirkung.

Es ist natürlich ebensogut möglich, Milchpräparate zu bestrahlen. Supplee und Dow (2) steigerten auf diese Weise die antirachitische Wirksamkeit der Sommer- und Wintertrockenmilch erheblich, denn es muß bedacht werden, daß die Trockenmilch an sich einen Vitamin-D-Gehalt besitzen kann, da das Vitamin D infolge seiner großen Widerstandsfähigkeit gegen Erhitzen und Oxydation beim Herstellungsprozeß unverändert erhalten bleiben dürfte. Allerdings wird von gewichtiger amerikanischer Seite (Honeywell, Dutcher und Dahle) neuerdings angegeben, daß Vitamin D in der Milch bei Vakuum- und Lufttrocknung teilweise zerstört wird, wobei der Lufttrocknung eine stärkere schädigende Wirkung zukommt. Sterilisieren soll die Zerstörung weiter steigern. Uns erscheint die weitere Bearbeitung dieser Fragen geboten, da die Widerstandsfähigkeit des Vitamins D eigentlich eine beachtliche Schädigung bei solchen Prozessen ausschließt.

Wohl aber besteht bezüglich des Vitamin-D-Gehaltes unbestrahlter Milchpräparate eine noch größere Unsicherheit als bei den anderen Vitaminen, da der Vitamin-D-Gehalt der als Ausgangsmaterial dienenden Milch höchst gering sein, ja fehlen kann. So ist nicht zu verwundern, daß Mouriquand und Mitarbeiter in unbestrahlter Trockenmilch keine befriedigenden antirachitischen Wirkungen fanden.

Bestrahlte, wiederaufgelöste und aufgekochte Trockenmilch konnte ebenso wie bestrahlte, gezuckerte Kondensmilch von Mackay und Shaw mit Erfolg zur Heilung von Rachitis bei Kindern verwendet werden, und György fand, daß einmal bestrahltes Milchpulver seine Wirksamkeit mindestens 4 Monate ungeschwächt behält. Auch er konnte in 50 Fällen sichere Heilwirkung erzielen. An bestrahlten Präparaten ist ferner ein von Schultz und Schultz und Maurmann empfohlenes, enteiweißtes Milchfett mit Erfolg verwendet worden. Bei richtiger Vorbereitung des Ausgangsmaterials gelingt hier die Bestrahlung ohne nachteilige Folgen und Geschmacksverschlechterungen leicht (Rohr und Schultz).

Vitamin *E*

Daß es ein für die Fortpflanzung notwendiges Vitamin gibt, ist von BISHOP und EVANS erkannt worden. Sie gaben diesem Vitamin den Namen Vitamin „*E*". Es ist fettlöslich und außerordentlich widerstandsfähig gegen chemische Eingriffe. Es wird durch Hitze nicht zerstört, ist im Vakuum bei 233° destillierbar und wird auch durch Oxydation nicht angegriffen. Es kommt so weit verbreitet vor, daß es eine praktische Bedeutung nicht besitzt. Auch ist bisher seine Wirksamkeit nur im Rattenversuch nachgewiesen worden. Der Vitamin-*E*-Gehalt der Milch ist nach EVANS sehr gering und abhängig von der Nahrung. Bei Grünfütterung, vor allem aber nach Luzernefütterung, ist er am beträchtlichsten. Das Vitamin findet sich im Milchfett, also der Butter angereichert. Bei Rationen, die davon 24 % enthalten, wird bei Ratten bei sonst vitamin-*E*-freier Kost Fruchtbarkeit ermöglicht. Geringere Mengen sind unwirksam.

Es kann darnach nicht wundernehmen, daß Milchpulver nur sehr geringe Vitamin-*E*-Wirkung entfalten. Stammt die Ausgangsmilch von Weidetieren, so findet sich Erfolg, wenn $^1/_3$ der Ration der Versuchsratten aus Milchpulver besteht. Auch aus solcher zentrifugierter Milch sind dann wirksame Trockenpräparate gewinnbar (EVANS). Die Überlegenheit der getrockneten Weidemilch bestätigen Versuche von SURE. Über das Vorkommen von Vitamin *E* in Milchpulvern haben auch ANDEREGG und NELSON berichtet.

Literatur

ADAM, A.: Rachitis und Strahlenforschung. Fortschr. d. Medizin. Jahrg. 46, Nr. 10. 1928. — Zur Frage der Rachitisprophylaxe. Klin. Wochenschr. 1825. 1928. — ABDERHALDEN, E.: Weitere Beiträge zur Kenntnis der alimentären Dystrophie. PFLÜGERS Arch. f. d. ges. Physiol. 217, 88. 1927. — AHRENS-SALDER: Die Bildung des Vitamins *D* durch ultraviolette Strahlen. Mitt. d. D. L. G. 1, 24. 1927. — ANDEREGG and NELSON: Whole and skimmed milk powders as food. Observations on a new vitamin for reproduction. Industr. a. engineer. chem. 17, 451. 1925. — Milk powders as food. II. Observations on the existence of vitamin *E*. 18, 620. 1926. — ANDERSON, DUTCHER und Mitarbeiter: The influence of heat and oxidation upon the nutritive and antiscorbutic properties of cow's milk. Science 53, 446. 1921. — ARON, H. und R. GRALKA: Allgemeine Stoffwechsellehre. Hand. d. Biochemie, herausgeg. von C. OPPENHEIMER, 2. Aufl., 6. Bd. S. 279. Jena: Gustav Fischer. 1926. — ARON, H.: Nährstoffmangel als Krankheitsursache. Berl. klin. Wochenschr. 57, 773, 1920.

BACH, H.: Rachitisprophylaxe durch mit Quarzlicht (Original Hanau) bestrahlte Frischmilch (System Dr. SCHOLL). Milchwirtsch. Forsch. 6, Orig., 530. 1928. — BAMBERGER und SPRANGER: Vigantol bei tuberkulösen Kindern. Dtsch. med. Wochenschr., 1116. 1928. — BANDL, E.: Vitaminbildung in Alpenweidenpflanzen. Fortschr. d. Landwirtsch., Jahrg. 1, 596. 1926. — BARNES and HUME: Relative anti-scorbutic value of fresh, dried and heated cow's milk. Biochem. Journ., 13, 306. 1919 und Lancet, 323. 1919. — BECHDEL, S. I.: Experiments with dairy cattle at the Pennsylvania Station. Pennsylvania Sta. Bul., 196, 18. 1925. — BECHDEL, S. I., C. H. ECKLES and L. S. PALMER: The vitamin *B* requirement of the calf. Journ. of dairy Science, 9, 409. 1926. — BECHDEL, S. I. and H. E. HONEYWELL: Experiments with dairy cattle at the Pennsylvania Station. Pennsylvania Sta. Bul., 204, 18. 1926. — The relation between the vitamin *B* content of the feed eaten and of the milk produced. Journ. Agr. Research (U. S.), 35, 283. 1927. — BECHDEL, S. I., H. E. HONEYWELL, R. A. DUTCHER and M. H. KNUTSEN: Synthesis of vitamin *B* in the rumen of the cow. Journ. of biol. chem., 80, 231. 1928. — Berg, R.: Die Vitamine. Leipzig: S. Hirzel. 1922. — Bezssonoff, N.: A simplified method of the preparation of the Bezssonoff reagent for vitamin C and some polyphenols. Biochem. journ., 17, 420. 1923. — Bloch, C. E.: Klinische Untersuchungen über Dystrophie und Xerophthalmie bei jüngeren Kindern. Jahrb. f. Kinderheilk., 89, 405. 1919. — Eye diseases and other disturbances in infants from deficiency of fat in the food. Ugeskr. for Laeger., 79, 309. 1917; 80, 825, 868. 1918. — Blumenberg, W.: Experimentelle Untersuchungen über den C-Vitamingehalt der Kuhmilch und über den Einfluß der verschiedenen Pasteurisierungsverfahren. Zeitschr. f. Kinderheilk., 40, 177. 1925. — Boas, M. A. and H. Chick: The influence of the diet and management of the cow upon the deposition of calcium in rats receiving a daily ration of the milk in their diet. Biochem. journ., 18, 433. 1924.

Cavanaugh, G. W. R., A. Dutcher and J. S. Hall: The effect of the spray process of drying on the vitamin C content of milk. Americ. Journ. of dis. of children, 25, 498. 1923. — Chick, H. and M. H. Roscoe: Influence of diet and sunlight upon the amount of vitamin A and vitamin D in the milk afforded by a cow. Biochem. journ., 20, 632. 1926. — Clark and Collins: Dried milk powder in infant feeding. Pub. Health Rep. U. S. P. H. S., 37, 2415. 1922. — Cooper, E. A. and C. Funk: Experiments on the causation of beri-beri. Lancet, 2, 1266. 1911. — Coward, K.: The minimum amount of vitamin D required for a positive antirachitic effect in the „line" test. Biochem. journ., 22, 1221. 1928. — Cramer, W.: On glandular adipose tissue and its relation to other endocrine organs and to the vitamin problems. Brit. journ. of exp. pathol., I, 184. 1920.

Daniels, A. L. and L. Brooks: Further evidence of destruction of vitamin B in evaporated milk. Proc. of the soc. f. exp. biol. a. med., 25, 161. 1927. — Drummond, Channon and Coward: Studies on the chemical nature of vitamin A. Biochem. journ., 19, 1047. 1925. — Drummond, J. C. and K. H. Coward: The nutritive value of animal and vegetable oils and fats considered in relation to their color. Biochem. journ., 14, 668. 1920. — Researches on fat-soluble accessory factor (vitamin A) VI. Effect of heat and oxygen on nutritive value of butter. Biochem. journ., 14, 734. 1920. — Drummond, J. C., K. H. Coward and F. A. Watson: Notes on the factors influencing the value of milk and butter as sources of vitamin A. Biochem. journ., 15, 540. 1921. — Drummond, J. C., Coward, Golding, Mackintosh and Zilva: Cod liver oil in the winter feeding of milk cows. Journ. of agricult. science, 13, Teil 2, 144. 1923. — Drummond, J. C. und O. Rosenheim: A delicate colour reaction for the presence of vitamin A. Biochem. journ., 19, 753, 1925. — Dutcher, Eckles und Mitarbeiter: The influence of diet of the cow on the nutritive and antiscorbutic properties of cow's milks. Journ. of biol. chem., 45, 119. 1920/21. — Dutcher, R. A., E. Francis and W. B. Combes: Vitamin studies. XIII. Vitamin B in evaporated milks made by vacuum and aeration processes. Journ. of dairy science, 9, 379. 1926. — Dutcher, R. A., H. E. Honeywell and C. D. Dahle: Vitamin studies. XVI. Vitamin A in evaporated milks made by vacuum and aeration methods. Journ. of biol. chem., 75, 85. 1927.

Edelstein, E.: Ist die antirachitische Aktivierung der Milch an die Milchsterine gebunden? Zeitschr. f. Kinderheilk., 43, 683. 1927. — Emmet, A. D. and G. O. Luros: Water-soluble vitamines I. Are the antineuritic and the growth-promoting water-soluble B vitamin the same? Journ. of biol. chem., 43, 265. 1920. — Euler, B. v., H. v. Euler und H. Hellström: A-Vitamin-Wirkungen der Lipochrome. Biochem. Zeitschr. 203, 370. 1928. — Evans H. M. and K. S. Bishop: On the existence of a hitherto unknown dietary factor essential for reproduction. Americ. journ. of physiol. 63, 396. 1922/23. — Evans, H. M. und Burr: The antisterility vitamine fat soluble E. With the assistance of Th. L. Althausen. Mem. of the univ. of California, Vol. 8. Edit. by Armin O. Leuschner. Berkeley: Univ. of California press, 176, S. 1927.

FRANK, A.: Über den Gehalt der Milch an skorbutverhütenden Stoffen. Klin. Wochenschr., Jahrg. 4, 1204. 1925. — Über den Vitamingehalt der Frauenmilch. Bemerkungen zu der gleichnamigen Arbeit von L. F. MEYER und E. NASSAU im Jahrg. 4, Nr. 50, S. 2380 dieser Wochenschrift. Klin. Wochenschr. Jahrg. 5, 605. 1926. — FREISE, E., M. GOLDSCHMIDT und A. FRANK: Experimenteller Beitrag zur Ätiologie der Keratomalazie. Monatsschr. f. Kinderheilk., 13, 424. 1914. — FRIDERICIA, L. S. und E. HOLM: Experimental contribution to the study of the relation between night blindness and malnutrition. Americ. journ. of physiol., 73, 63. 1925. — FUNK, C.: Die Vitamine. 3. Aufl. München: J. F. Bergmann. 1924.

GERSTENBERGER, H., J. HARTMANN, J. D. N. NORMAN, C. WETZEL and D. SMITH: Studie in rickets. Ann. of intern. med., 1, 305. 1927. — GILLERN und HUSSA: Ultraviolett bestrahlte Milch als Antirachitikum. Wiener med. Wochenschr., Nr. 50. 1927. — GOLDBERGER, J. and R. D. LILLIE: A note on an experimental pellagralike condition in the albino rat. Pub. Health Rep. U. S. P. H. S., 41, 1025. 1926. — GOLDBERGER, J., G. A. WHEELER, R. D. LILLIE and L. M. ROGERS: Pub. Health Rep. U. S. P. H. S., 41, 297. 1926, zit. nach SHERMAN und AXTMAYER. — GOLDING, J., K. M. SOAMES and S. S. ZILVA: The influence of the cow's diet on the fat-soluble vitamins of winter milk. Biochem. journ., 20, 1306. 1926. — GOLDING, J. and S. S. ZILVA: The influence of the cow's diet on the fat-soluble vitamins of winter milk. II. Biochem. journ., 22, 173. 1928. — GOWEN, J. W., J. M. MURREY, M. E. GOOCH and F. D. AMES: Rickets, ultra-violet light, and milk. Science, 63, 97, 98. 1926. — GRALKA, R.: Über gehäuftes Auftreten von Keratomalazie. Monatsschr. f. Kinderheilk., 26, 217. 1923. — GYÖRGY, P.: Therapeutische Versuche mit bestrahlter Milch bei Rachitis. Klin. Wochenschr., 4, 1118. 1925. — Weitere Erfahrungen zur Behandlung und Verhütung der Rachitis mit bestrahlter Milch. Dtsch. med. Wochenschr., 52, 1110. 1926.

HALAC und NASSAU: Über die Heilung von Rachitis und Tetanie durch bestrahlte Milch. Zeitschr. f. d. ges. phys. Ther., 31, H. 6. 1926. — HART, STEENBOCK and N. R. ELLIS: Influence of the diet on the antiscorbutic potency of milk. Journ. of biol. chem., 42, 383. 1920. — HART, STEENBOCK and SMITH: Effect of heat on the antiscorbutic properties of some milk products. Journ. of biol. chem., 38, 305. 1918/19. — HART, STEENBOCK and ELLIS: Antiscorbutic potency of milk powder. Journ. of biol. chem. 46, 309. 1921. — HARTWELL, G. A.: A comparison of dried and evaporated milks by a dietetic method. Biochem. journ., 19, 226. 1925. — HAUGE, S. M. and C. W. CARRICK: A differentiation between the water-soluble growth-promoting and antineuritic substances. Journ. of biol. chem., 69, 403. 1926. — HESS: Zit. nach Med. Res. Council, Rep. on Vitamines, S. 73. London. 1924. — HESS, UNGER and G. C. SUPPLEE: The relation of fodder to the antiscorbutic potency and the salt content of milk. Proc. soc. exp. biol. med 18, 39. 1920; Journ. of biol. chem. 45, 229. 1920/21. — HESS und WEINSTOCK: Die antirachitische Wirksamkeit von Frauen- und Kuhmilch. Americ. journ. of dis. of children 34, 845. 1927. — HOFMEISTER, F.: Studien über qualitative Unterernährung. I. Mitt. Die Rattenberiberi. Biochem. Zeitschr. 128, 540. 1922; II. Mitt. Der experimentelle Nachweis des Antineuritins. 129, 477. 1922. — HOLM, E.: Demonstration of hemeralopia in rats nourished on food devoid of fat-soluble-A-vitamin. Americ. journ. of physiol., 73, 79. 1925. — HOLST, A. and T. FRÖLICH: Experimental studies relating to ship-beriberi and scurvy. Journ. of hyg., 7, 634. 1907. — HONEYWELL, H. E., R. A. DUTCHER. and C. A. DAHLE: Vitamin A in evaporated milks made by vacuum and aeration methods. Journ. of biol. chem., 74, 77. 1927. — HOTTINGER: Mit ultraviolettem Licht bestrahlte Milch als Rachitisheilmittel. Schweizer med. Wochenschr., 56, 170. 1926. — HUGHES, J. S., J. B. FITCH, H. W. CAVE and W. H. RIDDELL: Relation between the vitamin C content of a cow's ration and the vitamin C content of its milk. Journ. of biol. chem., 71, 309. 1927. — HUME: Zit. nach

Medical Research Council, Spec. Report Ser., Nr. 77. 1923. — Investigation of the antiscorbutic value of full cream sweetened condensed milk by experiments with monkeys. Biochem. journ., 15, 163. 1921. — Hunt, C. H. and W. E. Krauss: The relative antineuritic and antipellagric potency of cow's milk. Journ. of biol. chem., 79, 733. 1928.

Jansen, B. C. P. und W. F. Donath: Isolation of the anti-beriberi vitamin. Mededeelingen van den Dienst der Volksgezondheid in Ned. Indie Anno 1927, Part 1, 186. — Jendrassik, A.: A color test for water-soluble B. Journ. of biol. chem. 57, 129. 1923. — Jephcott, H. et A. L. Bacharach: L'effet de la dessication sur les vitamines du lait. Lait, 6, 249. 1926. — The antiscorbutic value of dried milk. Biochem. journ., 15, 129. 1921. — Kennedy, C.: Vitamin in konservierter Milch. Milchw. Forsch. 2, 106. 1925. — Kennedy, C. and R. A. Dutcher: The influence of the diet of the cow upon the quantity of vitamins A and B in the milk. Journ. of biol. chem., 50, 339. 1922. — Kieferle, F., K. Zeiler und L. Hoch: Die antiskorbutische Fähigkeit der Silagemilch, ihre biologische Wertung im Vergleich mit Trockenfutter sowie Schlempe-Trebermilch und ihre Eignung als Kindermilch. Milchwirtsch. Forsch., 3. Orig. 21. 1926. — Kihn, B.: Zur Pathologie und Nosologie der Beriberi kleiner Nager. Sonderband z. Zentralbl. f. allg. Pathol. und pathol. Anat., 33, 21. 1923. — Kreitmair und Th. Moll: Hypervitaminose durch große Dosen Vitamin D. Münch. med. Wochenschr. 637. 1928.

Laird, C. N.: A comparison of the pigeon and the rat as test subjects for vitamin B. Americ. journ. of hyg., 6, 201. 1926. Lavialle, P.: Contributions à l'étude des vitamines specialement du lait de vache. Cpt. rend. des séances de la soc. de biol., 89, 1001. 1923. — Leersum, E. C. van: Sur la teneur en vitamine C du lait cru ou pasteurisé. Bull. de la soc. scient. d'hyg. aliment., 14, 391. 1926. — The vitamin C content of electrically treated milk. Journ. of hyg., 25, 461. 1926. — Lesné, E. et M. Vagliano: Le pouvoir antiscorbutique du lait condensé sucré de vieille préparation. Cpt. rend. des séances de la soc. de biol., 90, 393. 1924. — Production d'un lait de vache doué de propriétés antirachitiques. Cpt. rend. hebdom. des séances de l'acad. des sciences. 179, 539. 1924. — Loewy, E.: Untersuchungen über den antiskorbutischen Gehalt der Kölner Milch. Münch. med. Wochenschr., Jahrg. 73, 1690. 1925. — Luce, E. M.: The influence of diet and sunlight upon the growth-promoting and anti-rachitic properties of the milk afforded by a cow. Biochem. journ., 18, 716. 1924. — Further observations on the influence of sunlight upon the growth promoting and anti-rachitic properties of cow's milk. Biochem. journ. 18, 1279. 1924.

Mackay und Shaw: Irradiation of foodstuffs with ultraviolet light. A clinical investigation of the curative value of irradiated food in rickets. Lancet, 210, 8. 1926. — Macy, I. G., J. Outhouse, M. L. Long and B. R. Hoobler: A study of the vitamin A und B content of mixed human milk. Journ. of biol., chem. 67, 51. 1926. — Macy, J. G., J. Outhouse, M. L. Long and A. Graham: Human milk studies I. Technique employed in vitamine studies. Journ. of biol. chem., 73, 153. 1927. — Macy, I. G., J. Outhouse, A. Graham and M. L. Long: Human milk studies II. The quantitative estimation of vitamin A. Journ. of biol. chem., 73, 175. 1927. — Human milk studies III. The quantitative estimation of vitamin B. Journ. of biol. chem., 73, 189. 1927. — Manson, P.: The etiology of beri-beri. Lancet, 1391. 1901. — McCarrison, R.: Über den gegenwärtigen Stand der Vitamine in der klinischen Medizin. Brit. med. journ., II, 154. 1920. — McCollum, E. V., N. Simmonds and W. Pitz: The relation of the unidentified dietary factors, the fat-soluble A and water-soluble B of the diet to the growth-promoting properties of the milk. Journ. of biol. chem., 27, 33. 1916. — McCollum, E. V. and N. Simmonds: The newer knowledge of nutrition, 3. Aufl. New York: The McMillan Company. 1925. — McLeod: Gehalt der Kuhmilch an antiskorbutischen Vitaminen bei Stallfütterung im Laufe des Jahres. Journ. of the americ. med. assoc., 88, 1947. 1927. — Medical Research Council-Report of Vitamines, S. 116. 1914. — MEYER, L. F. und E. NASSAU: Experimentelle Untersuchungen über den Vitamingehalt der Milch. Klin. Wochenschr., 3. Jahrg., 2132. 1924. — Über den Vitamingehalt der Frauenmilch. Klin. Wochenschr., Jahrg. 4, 2380. 1925. — MONRAD: Ugeskr. for Laeger, 79, 1177. 1917; zit. nach ARON und GRALKA. — MORGAN, A. F.: Biological food tests. II. Vitamin A in skim milk. Americ. journ. of physiol. 64, 538. 1923. — MOURIQUAND, L. et SCHOEN: Lait irradié et rachitisme. Le Lait, 8. Jahrg., 82. 1928.

NASSAU, E. und H. POGORSCHELSKY: Über den Vitamingehalt der Ziegenmilch. Dtsch. med. Wochenschr., Jahrg. 51, 985. 1925.

OERTEL und F. KIEFERLE: Ernährungsversuche mit Silomilch. Münch. med. Wochenschr. Jahrg. 72, 2097. 1925. — OLSON, T. M.: Relative value of wholemilk, skimmilk and skimmilk powder for growth of cattle and the best grains to supplement each as indicated by the selections made by the various calves. South Dakota Sta. Rpt., 18. 1923. — OLSON, T. M. and L. COPELAND: The influence of pasteurization and diet of the cow on the anti-scorbutic potency of the milk. Journ. of dairy science, 7, 370. 1924. — OSBORNE and MENDEL: The incidence of phosphatic urinary calculi in rats fed on experimental rations. Journ. americ. med. assoc., 69, 32. 1917. — Further observations on the influence of natural fats upon growth. Journ. of biol. chem., 20, 379. 1915. — Zit. nach Medical Research Council Rep. on vitamines. 1924. — OUTHOUSE, J., I. G. MACY and V. BREKKE: Human milk studies V. A quantitative comparison of the antiricketic factor in human milk and cow's milk. Journ. of biol. chem., 78, 129. 1928.

PFANNENSTIEL: Weitere Beobachtungen über Wirkung bestrahlten Ergosterins im Tierversuch. Münch. med. Wochenschr. 1928. 1113. — PLATON, J. B: Der A-Vitamingehalt der Magermilch. Biochem. Zeitschr., 185, 238. 1927. — POULSSON: Das fettlösliche Vitamin. Dtsch. med. Wochenschr., 52. Jahrg. 6. 1926.

REYHER, P.: Über den Gehalt der Kuhmilch an antineuritischem B-Vitamin. Arch. f. Kinderheilk. 84, 55. 1928. — Zur Frage des Gehaltes der Frauen- und Kuhmilch an antiskorbutischen Stoffen. Arch. f. Kinderheilk. 77, 161. 1926. — Über den Einfluß ultravioletter Strahlen auf den C-Vitamingehalt der Kuhmilch. Klin. Wochenschr. 5. Jahrg., 2341. 1926. — REYHER und WALKOFF: Über die toxische Wirkung ultraviolett bestrahlter Milch und anderer Substanzen. Münch. med. Wochenschr., 1071. 1928. — ROHR, F. und O. SCHULTZ: Aktivierung von Nahrungsmitteln durch Ultraviolettbestrahlung ohne Geschmacksverschlechterung. Klin. Wochenschr., 6, 64. 1927. Ultraviolettbestrahltes enteiweißtes Milchfett, ein wirksames, wohlschmeckendes Antirachiticum. Klin. Wochenschr., 6, 848. 1927. — RONNE, H.: Ugeskr. for Laeger., 79, 1479. 1917; zit. nach ARON und GRALKA.

SALECK, W.: Über den C-Vitamingehalt von frischer und von gefrorener roher Winterkuhmilch. Milchwirtsch. Forsch., 6, Orig. 464. 1928. — SCHEER, R. und P. ROSENTHAL: Die antirachitische Wirkung von in Kohlensäureatmosphäre bestrahlter Milch., Zeitschr. f. Kinderheilk. 44, 235. 1927. — SCHEER, R: Die Behandlung der Rachitis mit in Kohlensäureatmosphäre bestrahlter Milch. Münch. med. Wochenschr., 75. Jahrg., 643. 1928. — SCHEUNERT, A.: Beitrag zum Gehalt der Butter an Vitamin A unter dem Einfluß der üblichen Fütterung. Milchwirtsch. Forsch., 3, 117. 1926. — SCHEUNERT, A. und W. LINDNER: Über Rattenpolyneuritis infolge Vitamin-B-Mangels. Krankheitsforsch., 4, 389. 1927. — Über neue pellagraartige Mangelerscheinungen bei vitamin-B-armer Ernährung weißer Ratten. Krankheitsforsch., 5, 268. 1927. — SCHEUNERT, A. und M. SCHIEBLICH: Studien über die Magendarmflora polyneuritischer Tauben und die Bildung antineuritischen Vitamins durch Darmbakterien. Zentralbl. f. Bakteriol., 1. Abt., Orig. 88, 290. 1922. — Zur Kenntnis der Vitamine II. Über die Bildung von Vitamin B durch obligate Darmbakterien. Biochem. Zeitschr., 139, 57. 1923. — Über die Bildung von Vitaminen durch Bac. vulgatus und den Einfluß des p_H der Nährlösung auf die Menge des gebildeten Vitamins B. LIEBIGS Annalen der

Chemie, 453, 249. 1927. — Bildung von Vitamin B durch Bac. vulgatus (Flügge) Migula aus vitaminfreien Nährlösungen. Biochem. Zeitschr., 184, 58. 1927. — Schlutz, F. W., C. C. Kennedy and L. Palmer: The vitamine content of breast milk. Arch. of pediatr., 40, 436. 1923. — Schoedel, J.: Die augenblickliche Bewertuug bestrahlter Tiermilch als Prophylaktikum und Therapeutikum gegen die Rachitis. Münch. med. Wochenschr., 75. Jahrg., 644. 1928. — Schultz, O.: Neue Wege zur Aktivierung. Milchwirtsch. Forsch., 4, 37. 1927. — Beeinflussung der experimentellen Rattenrachitis durch ultraviolett bestrahltes enteiweißtes Milchfett. Mitteld. Ärztebl. vom 15. Februar 1927. — Schultz, O. und G. Maurmann: Über experimentelle Rattenrachitis und ihre Beeinflussung durch ultraviolett bestrahltes fettgebundenes Sterin. Arch. f. wissensch. u. prakt. Tierheilk., 56, 293. 1927. — Seelemann, M. und A. Hadenfeldt: Über den Einfluß verschiedener Erhitzungsarten auf den C-Vitamingehalt der Milch II. Prüfung der Sommermilch auf Gehalt an Vitamin C. Berlin. tierärztl. Wochenschr., 41. Jahrg., 765. 1925 und 42. Jahrg., 225. 1926. — Seiffert, H.: Vitaminanreicherung der Milch. Erfolgreiche Bekämpfung der Rachitis durch bestrahlte Frischmilch. Schweizer Milch-Ztg., 54. Jahrg., 219. 1928. — Sherman, H. C.: Journ. Chem. Ed., 3, 1241. 1926; zit. nach Sherman und Axtmayer. — Sherman, H. C. and E. H. McArthur: A quantitative study of the determination of vitamin B. Journ. of biol. chem., 74, 107. 1927. — Sherman, H. C. and J. H. Axtmayer: A quantitative study of the problem of the multiple nature of vitamin B. Journ. of biol. chem., 75, 207. 1927. — Smith, L. W.: The experimental feeding of dried breast milk. Journ. of biol. chem., 61, 625. 1924. — Smith, M. I. and E. G. Hendrick: Pub. Health Rep. U. S. P. H. S., 41, 201. 1926; zit. nach Sherman und Axtmayer. — Steenbock, H., P. W. Boutwell and H. E. Kent: Fat-soluble vitamin I. Journ. of biol. chem., 35, 517. 1918. — Steenbock, H., E. B. Hart, C. A. Hoppert and A. Black: Fat-soluble vitamin. XXVI. The antirachitic property of milk and its increased by direct irradiation and by irradiation of the animal. Journ. of biol. chem., 66, 441. 1925. — Stepp, W. u. P. György: Avitaminosen und verwandte Krankheitszustände. Berlin: Springer. 1927. — Sudholt, H.: Die Ziegenmilchanämie als C-Avitaminose. Zeitschr. f. Tierzucht. u. Züchtungsbiol., 14, 175. 1929. — Supplee, G. C. and O. D. Dow: Vitamin A potency of irradiated milk. Journ. of biol. chem., 75, 227. 1927. — The antirachitic and calcifying properties of summer and winter produced dry milk, irradiated and non irradiated. Journ. of biol. chem., 73, 617. 1927. — The antirachitic properties of irradiatad dried milk. Americ. journ. of dis. of children, 34, Heft 3. 1927. — Supplee, G. C. and O. D. Dow: Vitamin A potency of irradiated milk. Journ. of biol. chem., 75, 227. 1927. — The antirachitic and calcifying properties of summer and winter produced dry milk, irradiated and non irradiated. Journ. of biol. chem., 73, 617. 1927. — The antirachitic properties of irradiated dried milk. Americ. journ. of dis. of children 34, H. 3. 1927. — Supplee, G. C., D. Dow et J. W. Nelson: Richesse en vitamines du lait liquide et du lait sec. Lait, 7, 12. 1927. — Sure: Dietary requirements for reproduction. VI. Types of sterility produced on a skimmed milk powder reproduction-deficient diet. Journ. of biol. chem., 69, 41. 1926.

Takahashi, K.: Nutritive value of lipoids. IV. Separation and identification of active principle (vitamin A) of cod liver oil. Journ. chem. soc. Japan, 43, 828. 1922. — Thalberg, J.: Zur Kasuistik der durch Inanitionszustände bedingten Hornhautgangrän. Arch. f. Augenheilk., 12, 315. 1883. — Thurston, L. M., C. H. Eckles and L. S. Palmer: The rule of the antiscorbutic vitamin in the nutrition of calves. Journ. dairy science 9, 37. 1926. — Trendtel: Milchwirtsch. Forsch., 6, Referate 140. 1928. Siehe Referat der Arbeit von Gerstenberger und Mitarbeitern: Studies in rickets. Ann. of internal med., 1, 305. 1927.

Voegtlin, C. and G. F. White: Can adenin acquire antineuritic properties? Journ. of pharm. and exp. therap., 9, 155. 1917. — Völtz, W., W. Kirsch und C. Falkenheim: Der Einfluß der Bestrahlung von Kühen mit der künstlichen Höhensonne und mit Sonnenlicht auf die Sekretion von antirachitisch wirkender Milch. Landwirtsch. Jahrb., 65, 375. 1927.

Wachtel, M: Die Vermehrung und Vitaminanreicherung der Muttermilch und Kuhmilch mittels bestrahlter Hefe. Münch. med. Wochenschr., Nr. 36, 1513. 1929. — Wagner, R. und H. Wimberger: Über den Einfluß von Lebertranverfütterung an Milchkühe auf den Vitamingehalt der Milch. Eine klinisch-experimentelle Studie. Zeitschr. f. Kinderheilk., 40, 295. 1925/26. — Widmark: Vitamin *A* deficiency in Denmark and its results. Lancet, 1, 1206, 1924. — Windaus: Sterine und antirachitisches Vitamin. Chem.-Ztg., 51. Jahrg., 113. 1927. — Wurzinger, St.: Erfahrungen mit Vigantol bei der Behandlung der Rachitis. Klin. Wochenschr., 1859. 1928.

Zilva, S. S.: The action of ultra-violet rays on the accessory food factors. Biochem. journ., 13, 164. 1919.

3. Haptine und Antigene der Milch

Von

J. Bauer-Hamburg

1 Abbildung

A. Haptine

a) Immunkörper

1. Antitoxine in der Milch

Die Vererbung erworbener Immunität, ein Teil des Problems der Vererbung erworbener Eigenschaften, ist von Ehrlich 1892 zum erstenmal einer Analyse unterzogen worden. Ehrlich stellte fest, daß die Immunität gegen die Pflanzengifte Abrin, Robin und Ricin auf der Bildung von Antitoxinen beruht, und daß diese erworbene Immunität bei Mäusen auf die Jungen übertragbar ist. Er immunisierte Mäuse durch Verfütterung steigender Dosen dieser Gifte und kreuzte dann immunisierte Weibchen mit normalen Männchen und zweitens behandelte Väter mit normalen Müttern. Es erwiesen sich nur die Jungen der vorbehandelten Mütter etwa 4 Wochen lang giftfest. Die Giftfestigkeit durch diesen klassischen „Vertauschungs- oder Ammenversuch“ war nur eine temporäre. Daraus konnte Ehrlich schließen, daß es sich nicht um eine zelluläre, durch Vater oder Mutter vermittelte Giftfestigkeit handelt, sondern um eine Übertragung von Antitoxinen auf plazentarem Weg oder durch die Milch. Die wichtigste Rolle spielt dabei die Milch, denn die Jungen verloren ihren Schutz nach Aufhören der Säugung durch die geschützte Mutter, und normale Junge ungeschützter Eltern, von immunisierten Mäusen gesäugt, erwarben Giftfestigkeit, eine passive Immunität. Überdies ließen sich in der Milch Antitoxine nachweisen. Durch zahlreiche Beispiele auch an anderen Antitoxinen (Tetanus, Diphtherie usw.) von Ehrlich und seinen Mitarbeitern gestützt, konnte das Gesetz aufgestellt werden, daß es eine erbliche Übertragung der Immunität im eigentlichen Sinne des Wortes, das heißt eine germinative, überhaupt nicht gibt, sondern daß es sich um eine Übertragung seitens der Mutter auf plazentarem Weg oder durch die Milch handelt. Dieses „Gesetz von Ehrlich“, wie Levaditi sich ausdrückt, erwies zum erstenmal eine Laktationsimmunität. Bei der Immunisierung eines Tieres gegen Toxin entstehen nicht nur im Blutserum, sondern auch in der Milch Antitoxine. Die umfassenden Untersuchungen über den Gehalt der Milch an Antitoxinen und anderen Antikörpern, die sich an die genannten Entdeckungen anschlossen, hatten fast alle Ehrlichs Zielrichtung im Auge, nämlich Heilwirkungen durch Säugung und Milchverfütterung zu erzielen. Leider waren diesen Arbeiten die praktischen Erfolge bisher versagt. Dafür wissen wir aber über den Übergang von Antitoxin in die Milch gut Bescheid. Zunächst wurden von Ehrlich und Brieger Milchziegen gegen Tetanusgift immunisiert. Beim Einspritzen steigender Dosen von Tetanusbouillon stieg die Antikörperkurve der Milch wellenförmig an. Es zeigte sich, daß die Antitoxine in der Milch an das Eiweiß der Milch gebunden sind. Brieger und Cohn, A. Wassermann, Brieger und Boer versuchten die Antitoxine aus der Milch zu konzentrieren. Es schien hier der Weg gegeben, ohne den Tod des Versuchstieres Antitoxine zu Heilzwecken zu gewinnen. Allein dieser Weg hat sich als unzweckmäßig erwiesen, so daß sich die Heilkunde der Serumtherapie zugewandt hat. Ehrlich und Wassermann haben nämlich herausgefunden, daß der Gehalt der Ziegenmilch bei Tetanus und Diphtherie an Antitoxin etwa $^1/_{15}$ bis $^1/_{30}$ des Antitoxingehaltes des Blutserums beträgt, der des Pferdes nach Ransom nur etwa $^1/_{50}$. Auch der Versuch, durch Säugung oder Verfütterung von Immunmilch prophylaktische oder therapeutische Erfolge zu erzielen, scheiterte. Die Immunkörper werden bei der Verdauung im allgemeinen abgebaut. Nur in seltenen Fällen gelangen sie, auf stomachalem Weg aufgenommen, wirksam in die Blutbahn des Gefütterten. Das war in größerem Ausmaße nur bei kleinen Laboratoriumstieren und bei Neugeborenen kurz nach der Geburt oder unter pathologischen Verhältnissen der Fall (v. Behring, Ehrlich, Römer). Letzteres gilt für Eiweißstoffe überhaupt (Gänghofner und Langer, Moro, J. Bauer, Uffenheimer, Hamburger, Bertarelli, Andersson und Schloss). Dieser Übergang des Antitoxins findet nach Römer, Much, Ikeda und Salge statt, wenn das Antitoxin an artgleiche, also an die Muttermilch gebunden ist. Daß die Milch bei diesem Übergang eine besondere Rolle spielt, wie Ehrlich bereits vermutete, lehrten Salges Untersuchungen. Beim neugeborenen Menschen gelangt Antitoxin auch in die Blutbahn, wenn es der stillenden Mutter als antitoxiertes Serum unter die Haut gespritzt wurde, nicht aber, wenn das antitoxische Serum in der Flasche mit der Milch gemischt wurde, oder man das Kind mit artfremder Ziegenmilch fütterte, die durch aktive Immunisierung des Milchtieres Antitoxin enthielt. So zeigte sich bei Römer der Intestinaltraktus eines Fohlens für Muttermilchantitoxin durchlässig, nicht aber für Serumantitoxin, selbst nicht für artgleiches (homoleges). Hat sich also weder in der menschlichen Therapie noch in der Heilkunde des Haustieres eine Immunisierung mittels Milch als möglich erwiesen, so spielt der Übergang von Schutzstoffen doch beim Neugeborenen eine Rolle. Das Neugeborene, in der „extrauterinen Abhängigkeit" (Hamburger) von der Mutter, erhält mit der ersten Muttermilch Immunkörper von der Mutter. Dazu kommt auch die Tatsache, daß die Kolostralmilch in reichem Besitze von Antikörpern ist, sofern die Mutter diese Stoffe im Blute hat, während die spätere Milch nur arm daran ist oder keine mehr enthält. Ob im übrigen passiv einverleibte Antikörper regelmäßig in die Milch übergehen oder nur in pathologischen Fällen, vielleicht durch Läsion des Drüsengewebes, ist noch nicht entschieden (de Blasi). In den Fällen Salges und Römers müßte man sich nach Römer und Much vorstellen, daß das mittels eines heterologen Serums passiv dem Milchtier einverleibte Antitoxin in der Milchdrüse arteigenen Charakter angenommen habe, weil es nämlich wie homologes Milchantitoxin die Darmwand des jungen Tieres passiert hat. Es wäre natürlich auch denkbar, daß das an heterologe Proteinstoffe gebundene Antitoxin in die Milchdrüse gelangt ist und dort am Orte der Milchbildung so unter die homologen Milcheiweißstoffe verankert wurde, daß es mit ihnen die Darmpassage bestand, während das mit der Milch in vitro gemischte heterologe Serum-

antitoxin von den Darmsäften abgebaut wird (HAMBURGER). Im übrigen haben
MUCH und HAPPICH tatsächlich beim neugeborenen Kind und Kalb einen
Übergang von heterologem Antitoxin durch die Darmwand gefunden, wenn
auch in weit geringerem Maß als mit homologem Milchantitoxin. Es würde
zu weit hier führen, alle Autoren, die sich mit der Durchgängigkeit von un-
abgebauten Eiweißstoffen durch die Darmwand beschäftigt haben, anzuführen.
Artfremdes Eiweiß wird nur in Spuren und beim Menschen und den größeren
Versuchstieren nur in den ersten Lebenstagen passieren, es sei denn in pathologischen Fällen. Arteigenes Eiweiß wird in der Darmwand ebenfalls abgebaut,
kann aber bei den Neugeborenen vielleicht etwas länger als fremdes die Darmwand
unverletzt passieren. Dementsprechend gehen auch stomachal einverleibte
Antikörper nur in den ersten Lebenstagen in das Blut des jungen Tieres über,
an arteigenes Eiweiß gebunden und besonders als Milchantikörper reichlicher
und länger als in heterologem Eiweiß. Auch diese Sätze sind nach UFFENHEIMER
nicht allgemein gültig, sondern je nach der Tierart verschieden; indem er z. B.
beim Meerschweinchen einen Antitoxindurchgang durch die Darmwand, aber
nicht den von Eiweißantigen feststellen konnte, anderseits beim Kaninchen
auch diesen Übergang.

Für uns ist es wichtig festzustellen, daß beim Immunisieren eines Tieres
gegen ein Toxin sich das Antitoxin nicht nur im Blutserum befindet, sondern
bei einem laktierenden Tier auch in der Milch. Aber auch bei einer Krankheit,
in deren Verlauf Antitoxine im Blut erscheinen, gehen diese in die Milch über.
Das zeigte KAYSER bei einer Frau, die in der Schwangerschaft Diphtherie überstand ohne Heilserum zu erhalten, und die 5 Tage nach der Geburt Diphtherie-
antitoxin in ihrer Milch hatte, $^1/_{10}$ der im Blut enthaltenen Menge.

Die Milch ist im Beginn der Laktation gewöhnlich
in reichlicherem Besitze von Antitoxin als später. Das
demonstriert am besten eine Kurve aus RÖMERS Arbeit.

Während das Blut hier (ausgezogene Linie) stetig
und langsam an Antitoxin abnimmt, fällt die Antitoxin-
kurve der Milch zuerst steil ab. Wir erkennen daran
(gestrichelte Kurve) den reichlichen Gehalt der Kolostral-
und Mittelmilch an Antitoxinen im Gegensatz zur
späteren Milch. Dies Verhalten entspricht auch dem
größeren Gehalt der Anfangsmilch an Eiweißstoffen der
Molke, den Trägern der Antikörper. Es macht auch
wahrscheinlich, daß Albuminmilchen, das heißt Milcharten, die in reichlicherem Besitz von löslichen Eiweiß-

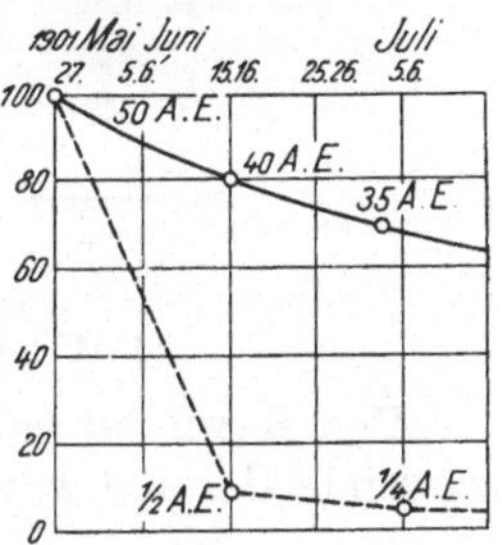

Abb. 1. Antitoxingehalt des
Blutes (—) und der Milch (---)
zu Beginn der Laktation

stoffen sind als die sogenannten Kaseinmilcharten, eine stärkere Laktimmunität
besitzen.

2. Agglutinine und Präzipitine

Agglutinine wurde zum ersten Male von R. KRAUS in der Ziegenmilch
festgestellt, nachdem die Tiere mit Bacillus typhi, cholerae und coli immunisiert
worden waren. Er fand auch zuerst, daß gelegentlich ein Tier mehr Antikörper
in der Milch als im Serum haben kann. Er meinte in seinem Falle, daß die Milchproduktion im Versiegen und die Milch daher konzentriert war. Wir wissen,
daß Milch im Versiegen häufig Kolostralcharakter annimmt. Tatsächlich ist
später der Befund öfter erhoben worden, daß im Kolostrum mehr Antikörper
als im Blute des Tieres vorhanden waren (STÄUBLI). Überhaupt ist von vielen
Autoren der Milchagglutiningehalt sehr hoch gefunden worden im Vergleich
zum Blute, wenn man die relativ niedrigen Zahlen der Antitoxine in der Milch

berücksichtigt. Stäubli nimmt sogar eine aktive Beteiligung der Brustdrüse an der Antikörperbildung an. Von vornhinein besteht die Ansicht, daß die Antikörper des Blutes mit den Eiweißstoffen in die Milch übergehen und sich dort konzentrieren. Aber Stäubli fand das unwahrscheinlich in einem Stadium der Laktation, in dem die Produktion der Drüse noch nicht angeregt wird. Auch fand er bei passiver Einverleibung der Agglutinine stets weniger davon in der Milch als im Blute. Rodella fand in der Milch von Meerschweinchen, die mit Proteuskulturen vakziniert wurden, Agglutinine. Bertarelli sah auch in Kaninchen- und Hündinnenmilch Agglutinine. Mit Abortusbazillen infizierte Kühe haben nach Theobald Smith und Mitarbeitern im Serum und in der Milch Agglutinine. Die Milch kann sogar in reichlicherem Besitze der Antikörper sein als das Blut, wenn in ihr auch Bazillen vorhanden sind. Der Autor bezieht diesen Befund auf die Zuwanderung polynukleärer Zellen. Zahlreiche Forscher fanden in Frauenmilch Agglutinine, die durch Krankheit, nicht durch experimentelle Vakzination hervorgerufen waren. Die ersten, die in einem Typhusfall die Milch der stillenden Frau auf Typhusagglutinine mit Erfolg untersuchten, waren Achard und Bensaude, bald darauf Thiercelin und Lenoble. Die Befunde in der Frauenmilch, besonders im Frauenkolostrum, wurden bestätigt von Mossé, Landoucy und Griffon, Castaigne, Kasel und Mann, Courmont und Cade, Bernhard, Mahrt, Schuhmacher, Löhr, Giffon und Abrami.

Über die quantitativen Verhältnisse des Überganges von Immunagglutininen in die Milch beim kranken Menschen orientieren folgende Tabellen. Eine Wöchnerin Stäublis, die 7 Monate vor der Geburt einen gutartig verlaufenden Typhus überstand, hatte folgende Agglutininwerte:

Tabelle 1

Im Blute	In der Milch
1 Tag nach der Geburt 1:200 (1:400)	1:6400
4 Wochen nach der Geburt 1:200	1:400

Von Bamberg und Brugsch ist dagegen ein Typhusfall bei einer Wöchnerin am Ende der Schwangerschaft beobachtet worden mit folgenden Werten:

Tabelle 2

Im Blute	In der Milch
8 Tage nach der Geburt 1: 50000 (1:100000) mindestens	1:5000 (1:10000)
12 Tage nach der Geburt 1:5000	1:500 (1:1000)

In beiden Fällen finden wir den Antikörperwert der Milch entweder höher oder nicht sehr verschieden von dem des Blutes, wenn wir zum Vergleich die Antitoxinwerte erinnern. Beide Male fällt die Agglutininkurve ab im Laufe der Laktation. Castaigne fand einen Milchtiter von 1:1200 gegen 1:600 im Blut. Eine praktische Bedeutung hat der Gehalt von Milchagglutininen weder in der Human- noch in der Tiermedizin gefunden. Zu diagnostischen Zwecken hat sich die Agglutininbestimmung im Blutserum (Widal-Reaktion) eingebürgert, für die die Agglutininbestimmung in der Milch in positivem Ausfall einen gelegentlichen Ersatz bilden kann.

Präzipitine hat BARTARELLI im Milchserum von Hündinnen gesehen, die mit Rinder- und Pferdeserum vorbehandelt waren.

STRUBELL hat bei immunisierten Frauen und Kühen Antikörper gegen ein tuberkulöses Antigen der Milch, die er zu Heilzwecken verfüttern will, beschrieben.

3. Bakterizidine, Hämolysine, Opsonine

Immunantiκörper vom Charakter der Ambozeptoren sind ebenfalls in der Milch gefunden worden. F. KLEMPERER hat eine Ziege aktiv gegen Typhus immunisiert und mit ihrer Milch Mäuse vor der Typhusinfektion geschützt. Die Laktimmunität betrug $1/10$ der Blutimmunität. Die Versuche von KLEMPERER und LEVY, durch Ernährung mit Immunmilch von der Ziege therapeutische Wirkungen beim Menschen zu erzielen, schlugen fehl. Es gelang niemals, durch Ernährung mit Milch, die im Besitze bakteriolytischer Antikörper war, eine Immunitätsübertragung zu erreichen.

BERNHARD fand in der Milch einer typhösen Amme auch bakterizide Stoffe, so daß er Mäuse mittels dieser Milch vor einer tödlichen Dosis von Typhusbazillen schützen konnte. Im Tierexperiment ist dann noch häufiger durch Vakzinieren baktiolytischer Ambozeptor in der Milch erzeugt worden von KRAUS, KLEMPERER, KETSCHER, POPOFF. Es handelte sich um Bakteriolysine gegen Typhus und Cholera bei Ziegen und Kühen.

Auch hämolytischer Immunambozeptor ist von BULLOCH in der Kaninchenmilch, von BERTARELLI in der Schafmilch gefunden worden. Die Versuchstiere wurden aktiv immunisiert und zwecks Ambozeptornachweises komplementhaltiges Serum zugefügt.

VON EISLER und SOHMA konnten bei Meerschweinchen, mit Staphylokokken, und Kaninchen, mit Streptokokken vorbehandelt, Immunopsonine in der Milch finden.

4. Andere Immunκörper, Reagine

Auch anaphylaktische Antikörper kommen nach OTTO mit Wahrscheinlichkeit in der Milch vor. Allein keiner der zahlreichen Forscher, die die Übertragung der Überempfindlichkeit von dem Muttertier auf das Junge studiert haben, konnte die Übertragung durch die Milch feststellen. Durch das Säugen an den Zitzen eines anaphylaktischen Tieres konnte ein Junges nicht überempfindlich gemacht werden (MORO).

Im Tierexperiment und im Krankheitsfalle ließen sich also Antikörper in der Milch finden, die eine Schutzwirkung gegen bekannte Krankheitserreger entfalten. Aber auch bei einer Krankheit, deren Erreger noch nicht bekannt ist, ließ sich der Immungehalt der Milch erweisen. Im Muttermilchkolostrum des Menschen fand PETÉNGI einen Immunκörper, der die Entwicklung der Masern nach erfolgter Ansteckung hintanhält, MOLL in reifer Frauenmilch nicht. Es ist daher möglich, daß die temporäre Immunität junger Säuglinge von durchmaserten Müttern teilweise auf dem Gehalt der Muttermilch an Schutzkörpern beruht, im wesentlichen aber wohl auf plazentater Übertragung.

Scharlachimmune Mütter, die auf Dicktest negativ reagieren, besitzen im Kolostrum einen hohen Schutzgehalt gegen die DICKschen Toxine, einen höheren als in der Milch (HAINISS).

Immer wieder fanden wir, daß das Kolostrum reich an Schutzkörpern ist, im Gegensatz zur reifen Milch. SMITH und LITTLE, ferner RAGSDALE und BRODY finden den Wert des Kolostrums bei der Aufzucht neugeborener Kälber in dieser Schutzfunktion begründet. Kuttner und Ratner lassen ihre praktischen Erfahrungen beim neugeborenen Menschen nicht für eine Überlegenheit der Frühmilch eintreten. Ratner, Jackson und Gruehl zeigten, daß das Kolostrum bei der Übertragung von Antikörpern des aktiv immunisierten Muttertieres auf das Junge nicht immer eine Rolle spielt, wenigstens gelang ihnen beim Menschen dieser Transport nicht.

Hierher gehört wohl auch der Befund von J. Bauer, daß in der Milch bzw. dem Kolostrum syphilitischer Frauen der bei der Wassermannschen Reaktion vorkommende „Hemmungskörper" gefunden wurde. Diese Luesreagine fand auch Thomsen und nach ihm eine Reihe von Autoren. Lipinsky und Keller sahen bis zum 16. Tage nach der Geburt die Wassermann-Reaktion in der Milch positiv. Sie hatten den positiven Befund stets, wenn das Blut Wa.-positiv war. In gelegentlichen Fällen fanden sie sogar die Milch positiv bei negativer Wassermann-Reaktion des Blutes. Ähnliche Resultate hatten in letzter Zeit Scheer, Rojas, Hackermann, Cocelessa, Schwarz, Rottmann und Franken (weitere Literatur siehe dort).

Wir können also zusammenfassen, daß das Luesreagin in das Kolostrum übergeht, sich gelegentlich noch in der Mittelmilch (3. bis 10. Woche) nach Rottmann und Franken findet, in seltenen Fällen auch bei Stauung der Milch, wenn sie offenbar Kolostralcharakter annimmt. Zur Diagnosenstellung wird man zweckmäßig aber stets Blutproben daneben anstellen.

b) Normalantikörper und Komplement

Aus Gründen der Heilkunde hat das Vorkommen von durch Immunisieren entstandenen Antistoffen die Forscher stets an erster Stelle interessiert. Allein es wurde auch die Frage aufgeworfen, ob ebenso wie im Blute Normalantikörper in der Milch vorhanden sind.

In Frauenmilch wollten Schmid und Pflanz Antitoxin gegen Diphtheriegift gefunden haben. Schütz aber leugnet das Vorkommen von Normalantitoxin in der Frauenmilch. Nach H. Sachs vermag rohe Milch, nicht aber gekochte, die hämolytische Fähigkeit von Kobragift und Arachnolysin aufzuheben, allein nur die gegen Rinderblut gerichtete, nicht gegen Kaninchenblut. Auch das Vorkommen von Normalagglutininen in der Frauenmilch ist zweifelhaft. Kasel und Mann wollen es spurweise nachgewiesen haben. Achard hat das Normalagglutinin gegen Typhusbazillen in der Frauenmilch vermißt. Langer beschreibt eine agglutinierende Wirkung von Frauenkolostrum auf Menschenblut. Aber er selbst glaubt nicht, daß es sich hierbei um die Wirkung natürlicher Hämagglutinine handelt, sondern um Leukozytentätigkeit.

Isohämagglutinin fand Minoru Hara und Rimpei Wakao-Fuknoku im Kolostrum der Stillenden stärker als in reifer Milch. In der Ziegenmilch kommt nach Morgenroth ein natürlicher Antikörper gegen Lab nicht vor, wohl aber ein Immunkörper in der Milch einer mit Lab immunisierten Ziege. Nach Schern kommen labhemmende und antitryptische Stoffe im Kolostrum und in der Mastitismilch vor. Schern gründet auf diesen Befund eine Methode zum Nachweis „kranker Milch" (vgl. J. Bauer: Methodik usw).

Normalopsonine sind nach von Eisler und Sohma in der Milch unbehandelter Tiere nicht vorhanden.

Turton und Appleton bezeichnen die Milch von Versuchstieren, die im Blute normalen opsonischen Index für Tuberkelbazillen und Staphylokokken hatten, als arm an opsonischen Körpern.

Meine Assistenten Levy und Stein haben neuerdings trypanozide Stoffe in Milch und Kolostrum von Frau und Kuh vergeblich gesucht.

Ausgedehnter als über die bisher beschriebenen Normalantikörper ist die Literatur über das Vorkommen von Normalambozeptoren in der Milch. Bakteriolysine, Zytolysine und Hämolysine haben in zweifacher Hinsicht interessiert. Erstens ist der Gehalt von Bakterien in der Milch, der die Hygieniker bei einem verbreiteten Nahrungsmittel stets beschäftigt, abhängig von dem Vorkommen von bakteriziden Stoffen. Zweitens haben sich Pädiater, namentlich von Pfaundler und seine Mitarbeiter, mit der Frage des Vorkommens natürlicher Haptine in der Milch angelegentlich beschäftigt, weil sie den Vorteil arteigener Milch vor fremder für das Neugeborene und den Säugling in dem Vorkommen dieser Stoffe, und das Wesen der Milch für den natürlichen Empfänger derselben, den Säugling, nicht allein in dem durch Kalorien auszudrückenden Nährwert, sondern in dem Nutzeffekt dieser Stoffe für das Gedeihen und den Selbstschutz des Säugetierjungen sahen. In diesem Zusammenhang wurde auch das Vorkommen von Komplement in der Milch studiert, ein Stoff, der zur Wirksamkeit von Ambozeptoren stets notwendig ist.

Anfänglich hat man Ambozeptor und Komplement zusammen als Alexin bezeichnet. Durch Erhitzen auf 55^0 bereits ging die Alexinwirkung verloren. Heute wissen wir, daß diese Tatsache darauf beruht, daß das Komplement dabei zerstört wird, nicht aber der Ambozeptor. Die Alexinwirkung wurde immer wieder in der Milch studiert an der Zerstörung der Bakterien im Medium der Milch. Weigmann, Hesse und von Behring glaubten, daß Cholerabazillen durch bakterizide Kräfte in der Milch zugrunde gingen. Bakterienvernichtende Stoffe der Milch haben auch Fokker, Freudenreich, Conn und Flügge beschrieben. Die letzteren Autoren nehmen nicht mit Bestimmtheit an, daß es Haptine sind, die das immer wieder beobachtete anfängliche Abnehmen des Bakterienwachstums in frischer Milch bewirken. Von zahlreichen früheren Beobachtern dieses Phänomens wurde die Säuerung der Milch mit ihm in Zusammenhang gebracht. Uffelmann, Basenau, Weigmann und Zinn, Moro, Klimmer lehnen die Haptinwirkung dabei ab. Sie nehmen als Ursache des Phänomens teils die Einwirkung anderer Bakterien, teils das Ungeeignetsein des Nährbodens, teils Zersetzungen der Milch an. Sommerfeld schreibt dem Pukallfiltrat der Milch keine bakterizide Kraft gegenüber Bacterium coli oder Bacterium typhi zu. Kolle fand bei Bacterium cholerae Entwicklungshemmung in frischer Milch, bei Bacterium coli und Bacterium typhi nicht. Auf einem ablehnenden Standpunkt stehen bezüglich der Frauenmilch Moro und Honigmann. Conn und Stocking, die ebenfalls eine anfängliche Senkung der gewöhnlichen Milchbewohnerzahl fanden, unterscheiden Gruppen derselben, die an der Senkung teilnehmen, und solche, die sich stetig vermehren.

Zweifellos beobachtet man bei frischgemolkener, namentlich keimarmer Milch, wenn man in gewissen Zeitabständen die Keimzahl feststellt, ein vorübergehendes Stehenbleiben oder sogar ein Zurückgehen der Bakterienzahl, dem allerdings immer ein Ansteigen folgt. Auch beim Einimpfen milchfremder, sogar pathogener Keime kommt der Rückgang der Keimzahl ebenfalls vor. C. J. Koning nennt diese Periode die „bakterizide Phase" der Milch. Er kennt drei Ursachen für diese Erscheinung: 1. Lähmung des Bakterienwachstums durch Änderung in der Zusammensetzung des Nährmediums, 2. Keimen der Sporen bei den Sporenbildnern und 3. die Gegenwart einer bakteriziden Substanz.

Bis in die neueste Zeit ist über diese bakterizide Phase gearbeitet worden. Hanssen sah eine Hemmung in der Vermehrung von Bacterium typhi und paratyphi in der Milch, bezieht sie aber auf Fermentwirkung. Hingegen erklären

J. BORDET und M. BORDET die Wirkung der Milch auf nichtpathogene Luftkeime durch bakteriolytische Kräfte der Milch, die bei Erhitzen bis 62° wegfallen. MAZÉ sah jahreszeitliche Schwankungen, indem im Frühjahr die bakterizide Kraft der Milch die Milchsäurebildner in ihrer Entwicklung hemmt. Auch HENNINGER spricht von Alexinwirkung der frischen Milch. SHERMAN und CURRAN studierten die Wachstumshemmung von Streptococcus lactis in Rohmilch. Wenn die Milch eine bakterizide Kraft besitzt, so müssen wir, sofern es sich hierbei um Haptinwirkung handelt, den getrennten Nachweis von Komplement und Ambozeptor verlangen. MORO hat 1907 in erneuten Experimenten bakteriolytisches Komplement in Kuh- und Frauenmilch nachgewiesen. KOLFF und NOEGGERATH haben diesen Befund für die Frauenmilch nicht bestätigt. In diesen Versuchen wurde noch Immunserum zugesetzt, um das bakteriolytische Komplement allein zu finden. Mein Mitarbeiter SASSENHAGEN bestätigte ebenfalls, daß in der Kuhmilch Wachstumshemmung in bezug auf die gewöhnliche Milchflora als auch das zugesetzte Bacterium coli commune vorkommt. Er prüfte aber auch Biestmilch und konnte bei dieser eine stärkere bakterienvernichtende Kraft feststellen. Das erlaubte ihm den Schluß, daß zum mindesten in der Kolostralmilch Haptine, also auch bakteriolytisches Komplement, vorhanden ist. Zwei Beispiele seien hier wiedergegeben:

Frische Kuhmilch und Kuhkolostrum hat SASSENHAGEN auf eine Kolikultur einwirken lassen.

Tabelle 3

Kolostrum vom 5. Tag		Kuhmilch	
In dem mit **aktivem** und **inaktivem** Kolostrum beschickten Platten wuchsen Keime		in den mit **aktiver** und **inaktiver** Kuhmilch beschickten Platten wuchsen Keime	
nach 0 Stunden 384	1920	1216	768
„ 4 „ 128	2048	1676	1344
„ 24 „ unzählige	unzählige	unzählige	unzählige

Tabelle 4

Kolostrum vom 7. Tag		Kuhmilch	
aktiv	inaktiv	aktiv	inaktiv
nach 0 Stunden 960	1024	1484	1280
„ 4 „ 832	1792	1792	2560
„ 24 „ unzählige	unzählige	unzählige	unzählige

MUCH hat bei seinen Versuchen, in denen er Bakterizidine gegen Typhusbazillen, Staphylococcus aureus und Kolibazillen in der Milch nachwies, das Mitwirken gewöhnlicher milchbewohnender Keime ausgeschlossen, indem er absolut keimfreie Perhydrasemilch verwandte. In einem Versuche, in dem er noch Typhusimmunserum im Medium der Perhydrasemilch auf Typhusbazillen wirken ließ, konnte er durch die verstärkte bakterizide Wirkung den Nachweis erbringen, daß komplexe Kräfte, Ambozeptor und Komplement, die Ursache der Bakterienhemmung war. KLEINSCHMIDT hat auch den bakteriziden Ambozeptor isoliert in der Kuhmilch nachgewiesen. Er hat die Milch ½ Stunde auf 56° C erhitzt zwecks Abtötung des Komplements. Dieses wurde ersetzt durch frisches Normalserum. Tatsächlich hatte die komplementberaubte Milch keine bakterizide Wirkung, ferner das Normalserum in auf 100° C erhitzter, also immunkörperfreier Milch, auch keinen Effekt, hingegen wirkte die auf 56⁰ C erhitzte Milch im Verein mit Komplementserum bakterizid. Es war tatsächlich in der Kuhmilch normaler Ambozeptor gegen Bacterium typhi und Bacterium coli vorhanden. Auch SASSENHAGENS Befund von der stärkeren bakteriziden Wirkung des Kuhkolostrums wurde bestätigt und auf den höheren Komplementgehalt bezogen. Dieser SASSENHAGENsche Befund macht es schon sehr wahrscheinlich, daß es sich bei der keimtötenden Wirkung der Milch um die Tätigkeit von Normalhaptinen handelt, die im Kolostrum vermehrt auftreten. (Siehe Normalhämolysine und zugehöriges Komplement.) Aber auch CHAMBERS Arbeit unterstützt diese Behauptung. Er fand die Bakterizidie der Milch spezifisch, indem sie bei verschiedenen Kühen ungleich auftritt, und nur gegen bestimmte Bakterien gerichtet ist, z. B. Bacterium coli, nicht aber Bacterium lactis acidi. DREWES hält den Einfluß der bakteriziden Substanzen in gewöhnlicher Marktmilch für bedeutungslos, weil in dem Bakteriengemisch der Marktmilch immer Bakterienarten vorhanden sind, die den bakteriziden Kräften gegenüber widerstandsfähig sind, so daß lediglich eine Auslese der Bakterienflora stattfindet. In keimarm gewonnener Vorzugsmilch und insbesondere im Euter selbst ist die Bakterizidie höher zu veranschlagen. Gerade die Euterbakterien werden besonders stark von ihr beeinflußt. Der Ablauf der bakteriziden Phase wird durch Wärme beschleunigt. Erhitzen auf 70 bis 80⁰ C vernichtet die bakteriziden Substanzen. Die Bakterizidie der Kolostralmilch ist stärker als die der normalen Milch. Sie ist wechselnd in der Milch verschiedener Kühe, in Frauenmilch und Ziegenmilch in ähnlicher Weise wie in der Kuhmilch vorhanden. Sie hat keine Beziehung zum Leukozyten- oder Peroxydasegehalt der Milch. Sie ist eine Äußerung der natürlichen Immunität des Organismus.

KLEINSCHMIDT konnte auch in der Frauenmilch bakteriolytischen Normalambozeptor nachweisen, und die von früheren Autoren (MORO, HONIGMANN, KOLFF-NOEGGERATH) vermißten bakteriziden Leistungen der Frauenmilch auf den Komplementmangel bzw. die Komplementarmut der Frauenmilch beziehen. Es dürfte daher erwiesen sein, daß in der Milch bakterizider Ambozeptor und auch in geringem Grade Komplement vorkommt, daß diese Stoffe aber im Kolostrum reichlicher und daher leichter nachzuweisen sind. Viel kritische und subtile Arbeit, namentlich der letztgenannten Autoren, zwingen uns zu dieser Schlußfolgerung, obgleich wir uns der Bemerkung nicht enthalten können, daß das Bakterienwachstum in der Milch von vielfachen und vieldeutigen Faktoren abhängig ist, so daß hier die bestdurchdachte Schlußfolgerung angezweifelt werden kann.

Bei dieser Sachlage ist es gut, daß reichliche Literatur über das Vorkommen von hämolytischem Komplement und Ambozeptor in der Milch vorliegt, so daß wir Analogieschlüsse auf die bakteriolytischen Haptine machen können. Blutserum einer Tierart hat oft blutlösende Kraft für das Blut einer anderen Tierart, ebenso wie es oft bakterizide Wirkung ausübt. Beide Vorgänge sind komplex und beruhen auf der Anwesenheit von Ambozeptor und Komplement. Manches Serum hat für eine Blutart nur Normalambozeptor, der sich durch komplementhaltiges Serum eines anderen Tieres ergänzen läßt. Es erhebt sich die Frage: Gehen die beiden blutlösenden Faktoren auch in die Milch über ? Der erste, der glaubte, Komplement in der Milch gesehen zu haben, war CATTANEO (1905), der sah, daß Menschenmilch Menschenblut löste. FREY hat aber (1907) die Versuche dieses Autors wegen mangelnder Asepsis angezweifelt. PFAUNDLER und MORO hatten in der Frauenmilch keine hämolytische Wirkung erweisen können. Es war von vornherein unwahrscheinlich, daß eine Milch hämolytische Stoffe gegen arteigene Blutkörper besitzen sollte. Wir glauben, daß CATTANEO ein Phänomen falsch gedeutet hat, das mein Mitarbeiter Ellenbeck zuerst beschrieb. Frauenmilch, die man einige Stunden stehen läßt, bildet, unabhängig von Bakterieneinwirkung, ein inkomplexes, stabiles Hämolysin, das mit Haptinen gar nichts zu tun hat und daher auch unspezifisch ist, also auch arteigene Blutkörper löst. Der erste, der in der Tat hämolytisches Komplement in der Milch sah, war Bertarelli (1906). Er stellte Untersuchungen an über den Übergang hämolytischer Immunambozeptoren in die Milch. Die Milch eines Schafes, das mit Blut vorbehandelt war, wirkte an sich schwach blutlösend. Der Komplementgehalt war aber nach Bertarelli so gering, daß er zum sicheren Nachweis von Ambozeptorgehalt der Milch künstlich Komplement zusetzte. Pfaundler und Moro haben 1907 in der Kuhmilch Komplement gefunden, das mit Hilfe von Rinderserum als Ambozeptorträger Meerschweinchenblut löste. Von Lane-Claypon wurde der Befund bestätigt. Auch in Frauenmilch wurde von Pfaundler und Moro nach anfänglichem Mißerfolg (1908) Komplement gefunden. Pfaundler und Moro haben auf hämolysehemmende Stoffe in der Milch hingewiesen. Sie glaubten, daß Blutkörperchen in der Milch verändert würden, so daß sie für blutlösende Haptine weniger angreifbar seien als vorher. J. Bauer bewies aber, daß dem nicht so ist, sondern daß der Milch, besonders der Frauenmilch, eine koplementhemmende Eigenschaft innewohnt.

Bauer und Noeggerath konnten zuerst in der Kuhmilch kein hämolytisches Komplement für Meerschweinchenblut bei Verwendung von Rinderambozeptor entdecken. Sie überzeugten sich aber von dem Vorkommen geringer Mengen Komplements, dessen Nachweis von dem Ambozeptorreichtum des Rinderserums abhängig ist (Noeggerath, B. Schmidt). Der Nachweis von Komplement in der normalen Kuhmilch gelang meinem Mitarbeiter Bernard Schmidt aber leicht, wenn er Immunambozeptor anwandte. So wurde Meerschweinchenblut von Kuhmilch gelöst, wenn er inaktives Serum vom Rind, das vorher mit Meerschweinchenblut gespritzt worden war, zusetzte. Kaninchenblut wurde von Kuhmilch gelöst, wenn man inaktives Ziegenserum von einer Ziege, die mit Kaninchenblut vorbehandelt war, als Ambozeptor zufügte.

Schon vorher hatte mein Mitarbeiter Kopf gezeigt, daß im Kuhkolostrum reichlich Komplement vorhanden war, so daß es mit Hilfe eines natürlichen Ambozeptors gefunden werden konnte. Kopf hat bei seinen Studien ein interessantes, auch schon von Lane-Claypon studiertes Phänomen konstant gefunden. Bringt man Meerschweinchenblut mit inaktivem Rinderserum und frischer Kuhmilch zusammen, so steigen im Brutschrank nach einiger Zeit die Erythrozyten in die obenstehende Sahnenschicht, wo sie als rote Kuppe zur Beobachtung kommen. Sie lassen sich durch Aufschütteln und Zentrifugieren nicht niederschlagen. Lane-Claypon glaubte, daß die Ambozeptoreigenschaft der Kuhmilch hier zur Geltung käme. Dem ist nicht so. Zur Herbeiführung des Phänomens gehört tatsächlich eine bestimmte Menge der Kuhmilch und auch eine gewisse Serumquantität. Rinderserum läßt sich durch Hammelserum und in geringerem Grade durch Schweineserum, nicht durch andere Sera, ersetzen. Hier war von keiner Komplementwirkung die Rede, da die Milch erst durch halbstündiges Erhitzen auf 64° C ihre Suspensionseigenschaft verlor. Schon daraus geht hervor, daß auch das Rinderserum nicht als Ambozeptorträger hier tätig ist, und von einer solchen Leistung der Milch auch nicht gesprochen werden kann. Es handelt sich nicht um einen Immunitätsvorgang.

J. Bauer und Sassenhagen haben dann gezeigt, daß nicht nur im Kolostrum, sondern auch in der Mastitismilch reichlich hämolytisches Komplement gefunden wird. Sie benutzten die Komplementbestimmung zum Nachweis des Kolostralcharakters einer Milch und der Mastitismilch. Das gelingt oft schon zu einer Zeit, in der klinisch die Mastitis der Kuh noch nicht zu diagnostizieren ist (vgl. J. BAUER: die Methodik der biologischen Milchuntersuchung). MOSER bestätigt den Befund von hämolytischem Komplement in Mastitismilch. Er fand ihn in wechselnder Menge. Normaler hämolytischer Ambozeptor wurde in der gesunden Milch weder von PFAUNDLER und MORO, noch von anderen Autoren gefunden. Hingegen wiesen J. BAUER, KOPF und SASSENHAGEN natürlichen hämolytischen Ambozeptor in Kolostrum und Mastitismilch nach.

Wir fassen also zusammen: In der Milch kommt hämolytisches Komplement in geringer Menge vor, im Kolostrum ist sowohl hämolytisches Komplement als auch hämolytischer Normalambozeptor leicht nachweisbar. Auch in der Mastitismilch sind diese beiden Haptinstoffe vorhanden.

Kolostral- und Mastitismilch, die sowohl in reichlichem Besitze zelliger Bestandteile als auch von Serumeiweißstoffen sind, haben auch beide hämolytische und bakteriolytische Haptine, sowohl vom Komplement- als auch Antikörpercharakter.

Nach HEINE gehen auch Isoantikörper bei der Frau vom Blut in die Milch über.

B. Antigene
a) Mit der Präzipitinreaktion erwiesene Antigene

Das Produkt der Milchdrüse, die Milch, bezieht ihr Material mittelbar, in geringerem Maße unmittelbar, aus dem Blute. Ebenso wie das Blut, spielt daher die Milch in der Immunitätslehre eine doppelte Rolle. Wir haben die Eigenschaft der Milch als Träger von Antikörpern und Komplementstoffen bereits erörtert. Wir gehen dazu über, die Antigene der Milch zu besprechen. Daß im übrigen in der Milch heterogenetische Antigene und Haptene im Sinne LANDSTEINERS vorkommen, ist erwiesen. Wir haben in der Literatur einige Anhaltspunkte für das Bestehen solcher „komplexer Antigene" in der Milch gefunden.

BORDET hat im Jahre 1899 das erste Laktoserum hergestellt. Er hat Kaninchen Milch eingespritzt und nachgewiesen, daß das Serum dieser Kaninchen spezifische Präzipitine gegen Milch enthält. BORDETS Befunde fanden ihre Bestätigung durch FISH, EHRLICH, WASSERMANN und SCHÜTZE. SCHÜTZE hat sich besonders mit der Spezifität der Laktosera beschäftigt. Ein Kaninchen, dem man die Milch einer Tierart einspritzt, bildet ein Präzipitinserum, das die Milch dieser Tierart, nicht einer anderen fällt. Doch besteht wie bei den anderen Präzipitinseren auch bei den Laktoseren keine absolute Spezifität. Ein Präzipitinserum, das durch Injektion von Kuhmilch gewonnen wurde, präzipitiert auch die Milch der artverwandten Ziege, wenn auch in schwächerem Grad als Kuhmilch. In einem ganz geringen Grade fällt dieses gegen Kuhmilch gerichtete Präzipitinserum auch die Milch weitläufig verwandter Tiere, z. B. Eselinnenmilch (mamalian reaction NUTTALS). Wir finden hier bei den Laktoseren dieselben Verhältnisse, wie sie für die Präzipitinsera gegen andere Eiweißstoffe, namentlich das Blutserum, studiert worden sind. Wir sprechen von Gruppen- und Verwandtschaftsreaktionen auch bei der Milch (GENGOU, UHLENHUTH, MORO).

SCHÜTZE will auch Isopräzipitine durch Immunisieren von Ziegen mit Ziegenmilchsorten gewonnen haben.

MORO hat durch quantitative Differenzierung mit einem Laktoserum nicht nur Art- und Verwandtschaftsreaktionen ausgedrückt, sondern auch eine Individualreaktion. Laktosera, die durch Menschenmilch gewonnen waren, reagierten am stärksten immer nur mit der Milch derjenigen Amme, deren Milch zur Injektion benutzt worden war. Kraus und Eisenberg haben Antipräzipitine hergestellt. Mit einem Laktoserum vom Kaninchen gegen Ziegenmilch wurden Hunde und Ziegen eingespritzt. Diese lieferten Sera, welche die Wirkung des Laktoserums aufhoben.

Durch eines fiel unter den Präzipitinseren die Wirkung des Laktoserums auf, indem auch gekochte Milch von ihm gefällt wurde (Schütze, Uhlenhuth, P. Th. Müller, Moro, Fuld). Dementsprechend fanden Moro, Pope-Sollmann, daß mittels gekochter Milch ebenfalls Laktoserum hergestellt werden kann, das nach Obermeyer-Pick und W. A. Schmidt sogar besser mit erhitzter als mit roher Milch reagiert. Fish und Fuld gaben das zuerst nicht zu. Fuld gewann aber später ebenfalls mit erhitzter Milch ein Laktoserum. Nach Meyer und Aschoff gab erhitzte Milch mit Laktoserum sogar eine stärkere Reaktion als rohe Milch. Dieser differente Ausfall der Präzipitinreaktion ist aber von der Methodik abhängig. Zur Anstellung der Präzipitinreaktion mit Laktoserum gehört nämlich ein bestimmter Gehalt an gelösten Kalksalzen. P. Th. Müller hat nämlich festgestellt, daß für die präzipitierende Wirkung des Laktoserums die Anwesenheit von Kalksalzen notwendig ist. P. Th. Müller gelang es nicht, mit den Produkten der peptischen oder tryptischen Verdauung des Kaseins ein kaseinfällendes Antiserum zu erlangen. Hingegen gelang es ihm, durch Immunisieren mit Kasein und Parakasein Präzipitinseren zu erzeugen, die nicht miteinander identisch waren. Das Kasein konnte beide Präzipitine verankern, das Parakasein nur das Präzipitin des Parakaseins. Ferner hat Müller erwiesen, daß Kasein weit mehr Präzipitin zu binden vermag, als zu seiner Fällung erforderlich ist. Diese Untersuchung Müllers hatte zum Ziele festzustellen, daß zwischen Kasein und Präzipitin eine chemische Bindung besteht. Weiterhin hat Müller konstatiert, daß das Laktoserumpräzipitin nur in der Euglobulinfraktion enthalten ist.

Fuld stellte die Behauptung auf, daß nur das Kasein auf das Laktoserum reagiert.

Welcher Körper in der Milch ist es, der präzipitierenden Antikörper hervorruft, bzw. welcher bindet sich mit dem Laktoserum?

F. Hamburger hat als erster chemisch definierbare Eiweißkörper der Kuhmilch injiziert. Er trennte Kasein und Albumin der Milch durch Essigsäurefällung und ferner stellte er ein Albumin der Milch durch Tonzellenfiltration nach Schlossmann her. Mit diesen Stoffen stellte er Antisera her, die folgendes Resultat ergaben:

Tabelle 5

Serum eines Kaninchens, vorbehandelt mit	Geprüft mit				
	Kuhmilch	Rinderserum	Kasein (Essigsäurefällung)	Albumin (Tonzellenfiltrat)	Albumin (Essigsäurefiltrat)
Kuhmilch	+	+	+	+	
Albumin (Essigsäurefiltrat)	+	+ (zweimal negatives Resultat)	feinste Fällung / O	+	+
Kasein (Essigsäurefällung)	+	+ (zweimal negatives Resultat)	+	O	O

Serum eines Kaninchens, vorbehandelt mit	Geprüft mit				
	Kuhmilch	Rinderserum	Kasein (Essigsäurefällung)	Albumin (Tonzellenfiltrat)	Albumin (Essigsäurefiltrat)
Albumin (Tonzellenfiltrat)	O feine Fällung	O	O	O +	
Rinderserum	unsicher, ob Fällung	++	O	+	
Kontrolltier (unbehandelt)	O	O	O	O	

HAMBURGER schloß, daß Kasein und Albumin zwei durch die biologische Reaktion trennbare Körper sind. Allein eindeutig sind die Resultate der Tabelle keineswegs.

SCHLOSSMANN und MORO spritzten Kaninchen mit dem Pukallfiltrat von Kuhmilch, das sie Laktalbumin nennen, und gewannen ein Antiserum, das mit dem Pukallfiltrat der Kuhmilch, nicht dem der Frauenmilch, Fällung gab. Sie schlossen daraus, daß die Arteigenheit einer Milch nicht nur am Kasein, sondern auch an den „gelösten Eiweißstoffen" haftet. Sie bestätigten ferner HAMBURGERS Befund, daß ein Laktoserum nicht nur die Milch, sondern auch das Serum derselben Tierart fällt. Also sind die oder ist wenigstens ein Eiweißkörper des Blutes identisch mit dem gelösten Eiweißkörper der Milch. SCHLOSSMANN und MORO ziehen daraus Schlüsse im Sinne HAMBURGERS und WASSERMANNS, daß nämlich das Eiweiß der Muttermilch, soweit es sich um „gelöste Eiweißkörper" handelt, von dem Säugling einfach resorbiert wird, während artfremdes Eiweiß beim künstlich genährten Kind erst abgebaut und assimiliert werden muß. Darin liege der Vorteil der Säugung.

Wir sahen, daß HAMBURGER, ferner SCHLOSSMANN und MORO bereits die Milch als ein Gemisch von Antigenen ansahen und daraus den Umstand erklärten, daß das Laktoserum nicht nur mit Milch, sondern auch mit einzelnen Eiweißstoffen der Milch, ferner mit dem Blutserum derselben Tierart reagierte. Mit hochwertigen Blutantiseren fand übrigens UHLENHUTH auch eine Reaktion in artgleicher Milch. JONES sah, daß mit einem Kuhserumpräzipitin vom Kaninchen Kolostrum und Mastitismilch besser als reife Milch reagierten. Er gründet seinen Nachweis von Mastitismilch auf dieses Verhalten. Im Laktoserum fanden sich aber nicht nur die Präzipitine gegen Eiweißstoffe der Milch und des Serums, sondern auch Zytolysine gegen gewisse Zellen derselben Tierart, ferner Lysine gegen arteigene Blutkörperchen. MEYER und ASCHOFF fanden im METSCHNIKOFFschen Laboratorium, daß Kuhmilchpräzipitinsera auch die Erythrozyten des Rindes lösten und Rindersparmatozoen immobilisierten. Die zur Injektion verwandte Milch war mikroskopisch frei von Erythrozyten. Es müssen also Erythrozytenrezeptoren vorhanden gewesen sein. MEYER und ASCHOFF fanden, daß gekochte Milch im Gegensatze zu roher Milch ein Laktoserum hervorrief, das frei von Hämolysinen war, während es doch Präzipitine enthielt. Umgekehrt konnten sie durch Injektion von Blut, Sperma und Trachealepithel Antisera gewinnen, die Milch koagulierten. Auch bewirkte Seruminjektion milchpräzipitierende Antikörper. Dieses Übergreifen der Reaktionen beruht darauf, daß eine Zelle, die wir injizieren, nicht als morphologische Einheit zur Wirkung kommt, sondern als Rezeptor bzw. Rezeptorengemisch. Ein Teil der mit der Zelle eingespritzten

Rezeptoren finden sich auch in den verschiedenen Organen desselben Tieres, also auch in anderen Zelleneinheiten desselben Tieres, ja in geringerem Grad auch in den Zellen verwandter Tiere; sie finden sich aber auch in den Körperflüssigkeiten. v. Dungern hat Tiere mit Flimmerepithel des Rindes und mit Milch behandelt und gewann Sera, die auf Epithel abtötend wirkten. Ein solches Epithelimmunserum löste auch artgleiche Erythrozyten. Immer findet sich also ein Übergreifen auf andere Zellgruppen derselben Tierart, ebenso wie ein Übergreifen auf andere Proteingruppen artgleicher Natur. Philipp hat ein Kuhmilchmolken-Antiserum geprüft, das Kuhmilchglobulin und -albumin präzipitierte. Die Fällung der Globuline gab in den Reagiergläsern mit größeren Antigenmengen das Phänomen der Doppelringbildung. Globulin reagierte weit stärker als Albumin, Kasein gar nicht.

Die Laktosera, gewonnen durch Milchinjektionen, sind zum Teil sehr schwach in ihrem präzipitierenden Vermögen. Langer hat daher Kuhkolostrum, und zwar Erstkolostrum, injiziert und erhielt damit ein sehr hochwertiges Laktoserum. Die Ursache bestand in einem höheren Gehalt des Kolostrums an Antigenen. Kolostrumantiseren reagierten auch stark mit Blutserum und reifer Milch. Langer fand die auffallende Tatsache, daß Kolostrumantiserum mit dem Serum neugeborener Kälber nicht reagierte, wohl aber wenn die Kälber bei der Mutter bereits getrunken hatten. Dieses Antigen im Kalbserum nahm von der Geburt ab zu, bis es im reifen Alter eine konstante Größe gewann. Es handelt sich also um Antigene des Kolostrums, die durch Säugung ins Blut des Neugeborenen übergehen (?); daher dem Flaschenkinde fehlen. Alle bisher geschilderten Laktoserumreaktionen waren mit der Ausfällungsmethode, der Präzipitation, angestellt worden.

So interessant die Resultate dieser Untersuchungen im ganzen waren, im einzelnen hafteten ihnen Mängel an. Die Präzipitation ist nicht spezifisch genug. Sie gibt ein zu starkes Übergreifen, erstens im Sinne der Gruppen- und Verwandtschaftsreaktion, zweitens aber auch innerhalb einer Tierart zwischen den chemischen Einheiten der einzelnen Proteinstoffe und zwischen den zellulären Einheiten, den Epithelzellen, den Blutkörperchen usw.

b) Mit der Komplementbindungsreaktion nachgewiesene Antigene

Diese biologische Methode ist feiner und spezifischer als die Präzipitation (Rickmann, J. Bauer). Organische Flüssigkeiten, Blut, Milch, Sekrete und Zellen sind Rezeptorengemische. Die Rezeptoren dürfen wir aber als chemische Einheiten auffassen. Stellen wir Antisera gegen solche Rezeptorengemische her, so haben wir auch Antikörpergemische zu erwarten. Wir haben dafür genügend Beispiele angeführt (siehe Meyer-Aschoff, Metschnikoff, v. Dungern, Moxter). Nehme ich von dem Antiserumgemisch eine kleinere Dosis, wie es die Komplementbindung im Gegensatz zur Präzipitation erlaubt, so habe ich die Möglichkeit, nur oder fast ausschließlich die Antikörper gegen das Hauptantigen zu benutzen.

J. Bauer hat bei dieser Sachlage die Komplementbildung zur Differenzierung der einzelnen Antigene der Milch, zur Erschließung der Laktoserumwirkung und zur Unterscheidung verschiedener Milchsorten herangezogen. Sie überragt hier die Präzipitation nicht nur durch Feinheit und Spezifität, sondern sie hat bei Milchuntersuchungen noch andere Vorteile. Eine Fällungsreaktion ist im Medium der Milch schwer zu beurteilen, während eine hämolytische Reaktion augenfällig ist. Die Anwesenheit von Kalksalzen ist bei der Komplementbildung nicht notwendig. Es wurden daher folgende Fragen mit der neuen Methode angegangen:

1. In welcher Weise kommt die Verwandtschaftsreaktion bei der biologischen Milchdifferenzierung mittels der Komplementbindung zum Ausdruck?

2. Welcher Eiweißkörper der Milch reagiert bei der Komplementbindung mit dem Laktoserum?

3. Läßt sich die Milch von dem Blute desselben Tieres mit dieser Reaktion trennen bzw. besitzt die Milch Eiweißantigene, die mit Antigenen des Blutes identisch sind?

4. Kann man mit Hilfe der chemisch trennbaren Eiweißkörper der Milch spezifische Antikörper gegen Milch oder Milcheiweißkörper herstellen?

5. Welche biologische Eigenstellung hat das Kolostrum?

6. Welchen Einfluß hat das Kochen auf die Milchantigene bei der Komplementbindung?

Die Verwandtschaftsreaktion kommt mit der Komplementbindung ebenfalls zum Ausdruck. Ich führe eine Tabelle meines Mitarbeiters KOLL-MEYER an:

Tabelle 6.

Mengen der Milch cm³	0,025 cm³ Kuhmilch-Antiserum wirkt auf Milch von				
	Kuh	Büffel	Ziege	Esel	Frau
0,1	+	+	+	+	+
0,05	+	+	+	+	—
0,01	+	+	+	+	—
0,005	+	±	±	—	—
0,001	±	±	±	—	—
0,0005	—	—	—	—	—
0	—	—	—	—	—

Hieraus resultiert die Möglichkeit, mittels der Komplementbindung Milchdifferenzierung beim Verdacht der Milchverfälschung vorzunehmen (J. BAUER). Zur Erkennung der Verfälschung von Marktmilch haben zuerst A. WASSERMANN und SCHÜTZE die Präzipitation vorgeschlagen. J. BAUER und SACHS haben aber erwiesen, daß zur Differenzierung von Eiweiß in Gemischen verschiedener Eiweißarten die Komplementbindung die zweckmäßigste Methode sei. So hat denn auch J. BAUER in 1 Liter Frauenmilch die Vermischung mit 1 cm³ Kuhmilch nachgewiesen. Für Säuglingsspitäler, in denen Ammen Milch abspritzen bzw. solche Milch zur Verfütterung gegen Entgelt eingeliefert wird, spielt diese Differenzierung eine Rolle (siehe J. BAUER, Methodik der biologischen Milchuntersuchung). Auch im Milchhandel kann diese Unterscheidung notwendig werden (siehe HORROCKS).

Tabelle 7

Mengen der Milch cm³	0,05 cm³ Eselmilch-Antiserum wirkt auf Milch von			
	Esel	Kuh	Ziege	Frau
0,1	+	+	+	—
0,05	+	+	+	—
0,01	+	±	—	—
0,005	+	—	—	—
0,001	+	—	—	—
0,0005	±	—	—	—
0,0001	±	—	—	—
0,00001	—	—	—	—

Tabelle 8

Stammlösung (0,05 g Eiweiß in 3 cm³, 1⁰/₀₀ NaOH)	0,025 cm³ Kuhmilch-Antiserum wirkt auf			
	Kuhmilch-Kasein	Eselmilch-Kasein	Frauenmilch-Kasein	Kuhmilch-Albumin
0,1	+	±	—	±
0,05	+	—	—	±
0,01	+	—	—	±
0,005	±	—	—	—
0,001	±	—	—	—
0,0005	—	—	—	—
0	—	—	—	—

Aus der letzten Tabelle erhellt, daß das Kuhmilchantiserum vorzugsweise ein Kaseinantiserum ist. Anders verhält sich übrigens das Kolostrumantiserum, in dem die Eiweißstoffe der Molke quantitativ prävalieren. Im übrigen erweist das Kasein sich als spezifisch.

Läßt sich Milch und Blutserum derselben Tierart biologisch trennen? Mit der Präzipitation gelang das nicht. Mit der Komplementbindung hat J. Bauer eine vollkommene Differenzierung ermöglicht. Ein Antiserum gegen Kuhmilch, das Kuhmilch in der Verdünnung von $^1/_{100\,000}$ noch ablenkte, reagierte mit Rinderserum gar nicht. Ein Frauenlaktoserum verhielt sich entsprechend gegen Frauenmilch und Menschenserum. Anderseits ließ sich ein Menschenserum-Antiserum gewinnen, das nur Menschenserum, nicht Menschenmilch ablenkte. Ein Antiserum gegen Kuhkolostrum, vom ersten Tag nach dem Kalben stammend, reagierte mit Kolostrum bis $^1/_{100\,000}$, mit Kuhmilch bis $^1/_{10\,000}$, mit Rinderserum etwa ebenso gut. J. Bauer schloß daraus, daß im Kolostrum antigene Stoffe vorkommen, die aus dem Blute stammen und die in der reifen Milch fehlen. Bauer hat aber später zeigen können, daß die Eiweißstoffe der Molke, Albumin und Globulin, in Milch, Kolostrum und Blut identisch sind, im Kolostrum aber viel reicher enthalten sind. Die Möglichkeit der biologischen Trennung von Milch und Blut desselben Tieres beruht auf der Feinheit der Komplementbildung. Hier kann man mit so geringen Antiserummengen bei starker Hochwertigkeit des Serums arbeiten, daß nur die hauptsächlichen Partialantikörper, das heißt hier die Kaseinantikörper, zur Wirkung kommen. Daß bei grober Anstellung der Komplementbindung ein stärkeres Übergreifen stattfindet, ähnlich wie bei der Präzipitation, ist jedem Serologen bekannt. Das Interessante und wissenschaftlich Wichtige ist hier, daß sich die Differenzierung herausarbeiten läßt. Nach Bauer reagiert ein Antiserum gegen Kasein einer Tierart stärker mit dem Kasein einer verwandten Tierart als mit dem arteigenen Albumin und Globulin. Das ist biologisch überaus merkwürdig, weil wir von vorneherein annahmen, daß das Gesamteiweiß einer Art eine biologische Einheit bildete. In diesem Sinne hat das Kasein eine konstitutive Spezifität.

Ob diese Sonderstellung des Kaseins so weit geht, daß, wie Boldrini behauptet, laktierende Frauen in ihrem Blutserum ein Präzipitin gegen Menschenmilch haben, bedarf noch der Bestätigung.

Nicht so leicht wie bei Kuhmilch gelingt diese Differenzierung mittels Laktoserum bei Albuminmilchen. Die Herstellung von Antisera gegen die einzelnen Eiweißkörper der Milch, Kasein, Albumin, Globulin, hat jedenfalls gelehrt (J. Bauer, Heuner, Kleinschmidt), daß Albumin und Globulin in Milch, Kolostrum und Blut identisch sind, daß dem Kasein aber eine Sonderstellung zukommt, daß dem Kasein Organeigenheit zuzusprechen ist. Graetz hat übrigens vereinzelt Kolostrumantisera gefunden, die mit Kolostrum und Milch, aber nicht mit Serum reagierten. Er führt das auf ein individuelles Verhalten mancher Immunsera zurück. Im allgemeinen aber bekennt er sich zu der Ansicht, daß zwischen Serum und Kolostrum eine größere biologische Verwandtschaft als zwischen Serum und Milch besteht. Sie ist der Ausdruck eines höheren Albumin- und Globulingehaltes der Frühmilch.

J. Bauer und St. Engel haben Kasein, Albumin und Globulin der Milch getrennt und folgende Resultate erhalten:

Tabelle 9

Verdünnungen (je 1 cm³)	Einwirkung von 0,1 cm³ Kuhmilch-Kasein-Antiserum auf 0,5 %ige Eiweißlösungen von			
	Kuhmilch-Kasein	Kuhmilch-Globulin	Kuhmilch-Albumin	Kuhmilch-Molke
1/4	+	+	+	+
1/8	+	+	+	+
1/16	+	+	+	+
1/32	+	+	±	+
1/64	+	±	±	+
1/128	+	±	−	+
1/256	+	±	−	−
1/512	±	−	−	−
1/1024	−	−	−	−

Das Kaseinantiserum hat also eine Verwandtschaftsreaktion mit Globulin und Albumin derselben Milchart, bei der das Globulin sich als näherstehend erweist.

Tabelle 10

Verdünnungen	Einwirkung von 0,05 cm³ Kuh-Kolostrum-Albumin-Antiserum auf 0,5 %ige Eiweißlösungen von		
	Kuhmilch-Albumin	Kuhmilch-Globulin	Kuhmilch-Kasein
1	+	+	±
1/2	+	+	±
1/4	+	+	−
1/8	+	+	−
1/16	+	±	−
1/32	+	±	−
1/64	+	−	−
1/128	±	−	−
1/256	−	−	−

Hier war es Bauer und Engel zum ersten Male gelungen, Albumin und Globulin zu differenzieren. Globulinantisera reagierten stärker mit Globulin als mit Albumin und umgekehrt.

Tabelle 11

Verdünnungen	Einwirkung von 0,05 cm³ Kuhmilch-Globulin-Antiserum auf 0,6 %ige Eiweißlösungen von		
	Kuhkolostrum-Globulin	Kuhmilch-Albumin	Kuhmilch-Kasein
1/2	+	+	+
1/4	+	+	+
1/8	+	+	±
1/16	+	+	−
1/32	+	+	−
1/64	+	±	−
1/128	+	±	−
1/256	+	±	−
1/512	+	±	−
1/1024	+	−	−

Verdünnungen	Einwirkung von 0,05 cm³ Kuhmilch-Globulin-Antiserum auf 0,6 % Eiweißlösungen von		
	Kuhkolostrum-Globulin	Kuhmilch-Albumin	Kuhmilch-Kasein
$1/2048$	+	—	—
$1/4096$	+	—	—
$1/8192$	±	—	—
$1/16384$	±	—	—
$1/32768$	—	—	—
$1/65536$	—	—	—

Die Antisera des Laktalbumins und des Laktoglobulins reagierten wechselseitig mit den zugehörigen Antigenen besser als mit dem Kasein. Ihre Verwandtschaft untereinander war größer als die mit Kasein. Molkenantiserum reagierte mit Globulin und Albumin weit besser als mit Kasein.

Im allgemeinen scheint das Globulin ein besserer Antikörperbildner zu sein als das Albumin. Für die Eiweißkörper des Kolostrums gilt das gleiche wie für diejenigen der Milch. Die Eiweißkörper, Albumin und Globulin, sind in Milch, Kolostrum und Serum identisch:

Tabelle 12

Verdünnungen	Einwirkung von 0,1 cm³ Rinderserum-Globulin-Antiserum auf 0,19 %ige Eiweißlösungen von		
	Rinderserum-Globulin	Kuhkolostrum-Globulin	Kuhmilch-Globulin
$1/256$	+	+	+
$1/512$	+	+	+
$1/1024$	±	±	±
$1/2048$	—	—	—

Tabelle 13

Verdünnungen	Einwirkung von 0,1 cm³ Rinderserum-Globulin-Antiserum auf 0,19 %ige Eiweißlösungen von		
	Kuhmilch-Globulin	Kuhmilch-Albumin	Kuhmilch-Kasein
1	+	+	+
$1/2$	+	+	±
$1/4$	+	+	±
$1/8$	+	+	—
$1/16$	+	+	—
$1/32$	+	+	—
$1/64$	+	+	—
$1/128$	+	±	—
$1/256$	+	—	—
$1/512$	+	—	—
$1/1024$	±	—	—
$1/2048$	—	—	—

Die Komplementbindung erlaubt uns also, in der Milch Albumin und Globulin derselben Art voneinander zu trennen. Das Globulin ist von beiden der biologisch wirksamere Körper.

Das Kasein der Milch steht von den Eiweißstoffen der Molke volkommen getrennt. Es ist organeigenes Produkt, während die Eiweißstoffe der Molke aus dem Blute stammen. Das Globulin steht dem Kasein etwas näher als das Albumin; aber untereinander sind Globulin und Albumin näher verwandt als eines mit Kasein. Die Kolostrumeiweißkörper verhalten sich untereinander wie die der Milch und lassen sich biologisch von ihnen nicht trennen, ebensowenig aber lassen sich die Eiweißstoffe der Milch oder Kolostrummolke von denen des Blutserums derselben Tierart differenzieren.

J. Bauer konnte die merkwürdige Beobachtung machen, daß ein gegen Frauenmilchalbumin gerichtetes Antiserum zwar mit Serum des erwachsenen Menschen reagierte, nicht aber mit dem des Neugeborenen. Kurze Zeit nach der Geburt gewinnt aber das Menschenserum die Fähigkeit, mit dem Antiserum in Reaktion zu treten. Sonderbarerweise reagierte das neugeborene Rind auf das entsprechende Antiserum wie ein erwachsenes. J. Bauer meint, daß hier eine ontogenetische Differenzierung zum Ausdruck kommt, die der phylogenetischen entspricht. Wie bereits erwähnt, hat Langer mittels der Präzipitation gefunden, daß ein Kolostrum-Antiserum mit dem Serum neugeborener Kälber von 11 Fällen 9 mal nicht reagierte und in 2 Fällen nur Spuren von Niederschlägen gab. Ob es sich hier um ein Antiserum handelte, bei dem zufällig die Kaseinantikörper überwogen, ob es sich um das von Graetz bei der Komplementbindung beobachtete individuelle Verhalten eines Immunserums handelt, bleibt offen. Bei der Präzipitation mit ihrem starken Übergreifen bleibt dieser Befund beachtenswert. An der Tatsache, daß Kälber 6 bis 8 Stunden nach der ersten Nahrungsaufnahme schon mit dem Kolostrum-Antiserum reagierten, schließt Langer, daß diese präzipitablen Stoffe dem Jungen durch die Säugung zugeführt werden.

Das von Bauer beobachtete Verhalten des Neugeborenenblutes schwand übrigens auch bei reinen Flaschenkindern. Ich möchte daher eher annehmen, daß das vermißte Antigen, vom Filter der Plazenta zurückgehalten, sich im Blute des Säugers erst findet, wenn er sein erstes Eiweiß selbst aufgebaut hat, sei es aus arteigenem oder fremdem Material.

Bei der Präzipitation sah auch Bauer eine geringe Trübung. Es ist daher noch nicht klar, welcher Rezeptor hier im Neugeborenenblute fehlt. Wenn bei anderer Methodik selbst dieser Befund nicht in Erscheinung tritt, so bedeutet das gar nichts. Der positive Befund erweist, daß im Neugeborenenblut ein Rezeptorenmangel ist. Da wir wissen, daß im Blute des Neugeborenen auch Normalambozeptoren fehlen, so setzt uns die biologische Sonderstellung des Neugeborenenblutes nicht in Erstaunen.

c) Die anaphylaktische Methode als Antigennachweis

Auch mit der Anaphylaxie sind Untersuchungen zur Biologie der Milch gemacht worden. Mein Mitarbeiter Heuner, ferner Kleinschmidt und Graetz benutzten im Jahre 1911 diese Methode. Kleinschmidt gelang es sogar, auf enteralem Wege Meerschweinchen milchüberempfindlich zu machen. Auch Péhu und Bertoye haben auf stomachalem Weg Anaphylaxie hervorgerufen. Heuner und Kleinschmidt kamen zu dem Resultat, daß Kasein, Albumin und Globulin der Milch sich mittels der Anaphylaxie trennen lassen; nach Heuner auch die des Kolostrums. Albumin der Kuhmilch und des Rinderserums sind identisch, dasselbe gilt für die Globuline. Beide geben dem Kasein eine Sonderstellung. Globulin steht dem Kasein näher als Albumin. Auch das Kasein ist artspezifisch. Heuner fand noch, daß Kolostrum ebenfalls die 3 Eiweißkörper der Kuhmilch besitze, und daß sie ebenfalls anaphylaktisch zu trennen sind. Sowohl das Kolostrum als auch die Milch bei Euterentzündung besitzen mehr mit dem Blutserum gemeinschaftliche Antigene, Albumin und Globulin, als die reife Milch. Nach Kleinschmidt besteht die Trennungsmöglichkeit zwischen Milch und Blutserum in anaphylaktischem Versuch auf dem Reichtum der Milch an Kasein. Sie hört auf, sobald der Gehalt an Molkenproteinen ein gewisses Maß erreicht. Bachrach versuchte vergebens die Differenzierung von Serumeiweiß, Kasein und Molkenprotein. Uhlenhuth und Haendel hatten festgestellt, daß milchgespritzte Meerschweinchen nicht nur mit homologem Antigen, Milch, sondern auch mit Rinderserum reagierten.

Nach Thomsen wurden mit menschlichen Blutkörperchen sensibilisierte Tiere weder für Menschenserum noch für Frauenmilch anaphylaktisch, dagegen serumsensibilisierte Tiere für Frauenmilch. Bei Graetz hatten die mit Rinderserum vorbehandelten Meerschweinchen nur auf Rinderserum und Kuhkolostrum, nicht auf Kuhmilch reagiert. Auch Besredkas Rinderserumtiere reagierten nicht auf Kuhmilch. Mit Recht macht Graetz dafür die quantitativen Verhältnisse der Milcheiweißkörper verantwortlich. Der Gehalt verschiedener Milchsorten an Globulin und Albumin unterliegt ganz erheblichen Schwankungen. Sassenhagen hat diesbezügliche Werte bestimmt:

Tabelle 14. Albumin- und Globulinbestimmung der Kolostral-, Mastitis- und normalen Kuhmilch

Milch Nr.	Kolostrum				Mastitismilch				Kuhmilch		
	Albumin + Globulin	Albumin	Globulin	Gesamt-eiweiß	Albumin + Globulin	Albumin	Globulin	Gesamt-eiweiß	Albumin + Globulin	Albumin	Globulin
a	8,535	0,657	7,885	—	3,94	1,56	2,38	—	0,39	0,27	0,12
b	1,51	1,850	0,425	—	1,11	0,465	0,645	—	—	—	—
c	6,52	3,073	3,45	9,75	2,45	0,12	2,33	5,475	—	—	—
d	—	—	—	—	2,945	0,532	2,415	4,785	—	—	—

d) Milchveränderung und antigene Fähigkeit

Auch Kasein und Parakasein lassen sich biologisch trennen. Das Produkt der Labgerinnung bildet ein eignes Laktopräzipitin nach Müller. Es bindet sich hingegen nur in stärkerer Konzentration an ein Laktopräzipitin, mit genuiner Milch gewonnen. Mit der Komplementbindung bestätigte Bauer, daß Kaseinantiserum Kasein weit stärker ablenkt als Parakasein. Ein Parakaseinantiserum reagierte allerdings mit Kasein und Parakasein in gleich starkem Maße. Tiefere Fermenteinwirkung zerstört die antigene Fähigkeit der Milch. De Waele konnte allerdings nachweisen, daß in autolysierter Milch die präzipitogene Wirkung gesteigert wird gegenüber genuiner Milch. Hier ist vielleicht in einer Umänderung des Antigens durch Leukozytenfermente die Ursache zu suchen.

e) Kochen der Milch und biologische Fähigkeit derselben

Während man früher die Koktolabilität als ein besonderes Kriterium der Eiweißantigene angesehen hat, so gilt das nur für Serumeiweißstoffe. Wir sahen aber, daß gekochte Milch ein Laktoserum hervorrufen kann, und daß ein Laktoserum mit gekochter Milch reagiert (Schütze, Uhlenhuth, Müller, Moro). Daß die Milch auch bei der Komplementbildung koktostabil ist, haben Bauer und Kollmeyer geprüft, und Bauer zeigte, daß diese Eigenschaft auf der Hitzeresistenz des Kaseins beruht. Mit gekochter Milch ließ sich ein Laktoserum herstellen, das mit gekochter und roher Milch reagierte. Ein Laktoserum, mit Rohmilch hergestellt, reagiert auch mit gekochter Milch. Kudicke und H. Sachs zeigten, daß Laktosera, durch gekochte Milch gewonnen nur auf Milch wirken, niemals mit Blutserum eine Komplementbindung gaben, während Laktosera von Rohmilch bei geeigneter Versuchsanordnung auf das Blutserum übergriffen. Serumantisera gaben bei geeigneter Versuchsanordnung auch mit homologer Milch eine Reaktion, nicht aber wenn diese gekocht wurde. So gelingt es rohe, von gekochter Milch zu unterscheiden. In der Milch finden wir neben koktostabilen Rezeptoren koktolabile, so daß durch das Kochen das koktostabile Kasein isoliert wird.

Nach VON BAEYER können bei Vorbehandlung mit roher Ziegenmilch die Molkeneiweißkörper so dominieren, daß das betreffende Antiserum nur mit roher Kuhmilch, nicht mit gekochter reagiert. Bei Vorbehandlung mit gekochter Ziegenmilch war das nicht der Fall.

Auch VERSELL sah gekochte Milch mit Kaseinantiserum in Reaktion treten, nicht aber mit Molkenantiserum.

f) Milchantianaphylaxie

ARTHUS (1903) und BESREDKA (1908) hatten schon mit Milch Anaphylaxie erzeugt. BESREDKA trennte noch die sensibilisierende und toxische Substanz von der schützenden. Er fand, daß die sensibilisierende bei Milch durch Erhitzen auf 120° C nicht verloren geht, bei Serum schon durch leichtes Erhitzen. Mit Kuhserum konnte BESREDKA sensibilisieren, nicht aber mit Molke. Ebenso konnte er mit Molke milchüberempfindliche Tiere nicht töten. Hingegen ließen sich überempfindliche Tiere durch Molke antianaphylaktisieren, sogar auf oralem oder rektalem Wege. Er nennt diese vakzinierende oder immunisierende Komponente der Molke „Laktoprotein". Wir können uns nicht vorstellen, warum BESREDKA das Sensibilisieren mit Molke nicht gelang. An der Kleinheit der Dosis kann es nur liegen, wenn Molkenprotein das milchüberempfindliche Tier nicht tötete oder krank machte. Warum ihm die Antianaphylaxie mit Molkenprotein gelang, hat BAUER analysiert, weil jeder Eiweißbestandteil der sensibilisierenden Milch auch schützen kann. Es hat sich nämlich herausgestellt, daß beim Sensibilisieren mit 2 Antigenen das eine davon vor dem anderen schützen kann. Mit Milch spritzen wir nun ein Antigengemisch, und jedes der Antigene, also auch Molkenprotein, kann vor der Zweitinjektion von Milch oder jeglichem Milchbestandteil schützen.

Schon PFEIFFER und MITA zeigten, daß eine nichtspezifische Unterempfindlichkeit nach Überstehen eines anaphylaktischen Schocks besteht. Die Antianaphylaxie beruht nicht auf einem spezifischen Vorgang. Der antianaphylaktische Schutz, also der bei einem milchüberempfindlichen Tiere durch die Molkenproteine ausgeübt wird und der sowohl gegen eine sonst tödliche Gabe der Gesamtmilch als auch des Kaseins schützt, basiert darauf, daß das Molkenprotein als ein Partialantigen bei der Sensibilisierung mit Milch mitinjiziert wurde. Das milchüberempfindliche Tier ist sowohl kasein- als auch molkenproteinüberempfindlich. Durch Injektion einer unterwirksamen Dosis des Molkenproteins entsteht ein aspezifischer Status antianaphylacticus. Das Tier ist einige Zeit gegen Anaphylatoxin geschützt, das z. B. durch Kaseininjektion hervorgerufen werden kann. Ein mit Kasein sensibilisiertes Tier kann naturgemäß durch Molkenprotein nicht geschützt werden (EISENBERGER).

g) Fremde Antigene in der Milch

P. H. RÖMER konnte 1909 schreiben, daß der Übergang echter Toxine in die Milch noch nicht erwiesen ist. Allein es dürfte wahrscheinlich sein, daß bei Entzündung oder entzündungsähnlichen Vorgängen, also in Mastitismilch oder in Kolostrum, mit den homologen flüssigen und zelligen Elementen auch löslische Antigene fremder Herkunft in die Milch übergehen. Hamburger hat, wie bereits erwähnt, Antitoxin an artfremdes Eiweiß gebunden in der Milch nachweisen können. Weiter hat er aber in der Milch von Kaninchen, die mit tetanusantitoxinhaltigem Pferdeserum gespritzt worden waren, nicht nur das Antitoxin, sondern auch Pferdeeiweiß mit der Präzipitation gefunden. Hamburger nimmt den Standpunkt ein, daß die antitoxische Funktion eines Serums untrennbar an die präzipitable Substanz gebunden ist. Stuart hat artfremdes Eiweiß in der Frauenmilch auch nach reichlichem Eigenuß nicht gefunden. Antigene bakterieller Herkunft sind mit Sicherheit in der Milch erwiesen worden. Namentlich für das tuberkulöse Antigen ist der Beweis erbracht worden. Guillement, Rappin und Fortineau, Patron konnten durch die Injektion von Milch tuberkulöser Frauen bei tuberkulös infizierten Meerschweinchen Fieberreaktion hervorrufen. De Michele und Michelazzi, zwei Schüler Maffuccis, haben den Durchgang von Tuberkelbazillen-Antigenen in die Milch tuberkulöser Tiere sicher nachgewiesen. Die mit dieser Milch gesäugten Jungen gingen an progressiver Kachexie zugrunde, ohne spezifische organische Veränderungen aufzuweisen. Auch Michelazzi hat diese Stoffe in der Milch demonstriert, indem nach Einspritzung dieser Milch bei tuberkulös gemachten Tieren Fieberreaktion auftrat. Diese auswärtige Literatur findet man von Cozzolino zusammengestellt, der sich den genannten Autoren anschließt und annimmt, daß durch die Ernährung mit solcher antigenhaltigen Milch Erkrankungen von Säuglingen in Gestalt von Darmstörungen und Marasmus entstünden.

Strubell hat den Übergang von tuberkulösen Antigenen in die Milch von Frauen und Kühen, die aktiv immunisiert waren, dargetan und erwähnt gleiche Befunde Maragllianos.

Neuerdings hat Berthold Epstein tuberkulöse Antigene in der Milch tuberkulöser Kühe mit Sicherheit nachgewiesen. Er injizierte bei auf Tuberkulin reagierenden Kindern konzentrierte Milch lungenkranker Kühe, in der aber Tuberkelbazillengehalt ausgeschlossen wurde, intrakutan. Von 35 Injektionen mit Milch tuberkulöser Tiere trat 18mal eine positive Hautreaktion ein, bei Milch nichttuberkulöser Tiere niemals.

Hiermit dürfte erwiesen sein, daß fremde Antigene sehr wohl in die Milch übergehen können, sofern sie in der Blutbahn des Milchtieres kreisen. Ob in Kolostrum und Mastitismilch der Übergang häufiger ist als in gesunder Milch, muß der zukünftigen Forschung überlassen bleiben. Doch ist es sehr wahrscheinlich.

h) Heterogenetische Antigene und Haptene in der Milch
Antilytische und giftaktivierende Rezeptoren in der Milch

Im Jahre 1911 hat Forssmann die Entdeckung bekanntgemacht, daß man vom Kaninchen Hammelbuthämolysine nicht nur durch Vorbehandlung des Tieres mit Erythrozyten vom Hammel oder verwandten Tierarten gewinnen kann, sondern auch durch Einspritzung von Organzellen fernstehender Tierarten, z. B. von Meerschweinchennierenextrakten. Es entstand die Lehre von den heterogenen Antigenen bzw. Antikörpern, auch Forssmannsche Antigene und -Antikörper genannt. Dieses Antigen ist kochbeständig und alkohollöslich. Landsteiner beschrieb dann Stoffe von Lipoidcharakter, Haptene. In Zusammenarbeit mit einem Serumeiweiß als „Schlepperkomponente" vermögen sie auch Antikörper auszulösen, mit denen sie dann isoliert in Reaktion traten. Für sich sind sie nicht imstande, diese Lipoidantikörper zu bilden.

H. SACHS und A. KLOPSTOCK haben angegeben, daß ein Milchantiserum mit einem Lipoid, nämlich luetischen Leberextrakt, reagiere. F. KLOPSTOCK hat dann bei Kaninchen durch Injektion aufgekochter Milch mit Sicherheit Lipoidantikörper erzeugt. Das Milchantiserum reagierte mit Leber- und Rinderherzextrakten, mit Spirochätenauszügen und auch mit alkoholischem Milchextrakt.

FREI und GRÜNMANDEL haben durch Injektion von aufgekochter Ziegenmilch, nicht aber von Kuhmilch, bei Kaninchen FORSSMANNsche Antikörper entstehen sehen. Ob die Vermutung, daß die Anämie der Säuglinge, die nach Ziegenmilchgenuß oft beschrieben wurde, die „Ziegenmilchanämie", mit dem Auftreten heterogenetischer Antikörper im Blute der Kinder zusammenhängt, ist nicht erwiesen.

Bei der Injektion artfremder Milch können also neben den isogenetischen Antikörpern auch heterogenetische entstehen. VON BAEYER bestätigte den Befund von Lipoidantikörpern in Laktoseren, indem sie mit alkoholischen Milchextrakten reagierten. Laktosera, durch gekochte Milch erzeugt, erwiesen sich stärker wirksam als solche, die durch Rohmilchinjektion gewonnen waren.

Durch den Kochprozeß scheint in der Milch die Disponibilität der Lipoide eine größere zu werden (H. SACHS). KYES und SACHS stellten fest, daß Kobragift durch gekochte, nicht durch rohe Milch aktiviert wird. Anderseits wurde von H. SACHS konstatiert, daß rohe Kuhmilch die Hämolyse von Rinderblut durch das Schlangengift, Arachnolysin, hemmt, während gekochte Kuhmilch das nicht vermag. Laktosera hoben die Hämolyse das Rinderblutes durch das Arachnolysin vollkommen auf, jedoch nur durch Rohmilch gewonnene, nicht aber durch Immunisieren mit gekochter Milch erzeugte. H. SACHS nimmt in der Milch einen antihämolytisch wirkenden Rezeptor an, der durch Kochen zerstört wird, und dessen Wirksamkeit so zu erklären ist, daß er die Blutzelle, an die er sich bindet, vor der Giftwirkung schützt. Nicht nur in Kuhmilch, auch in Ziegenmilch, Frauenmilch und Pferdemilch ist diese antilytische Funktion zu finden. Die antilytische Eigenschaft der Milch läßt sich zur Unterscheidung von roher und gekochter Milch benutzen.

i) Milch- und Proteinkörpertherapie

Wenn auch in der Menschen- und Tierphysiologie der Gehalt der Milch an Immunkörpern und Komplementen seine Bedeutung hat, so hat uns in der Therapie die Hoffnung auf die Verwertung des Schutzkörpers in der Milch im Stiche gelassen. In ganz anderer Weise sollte die Milch auch in der Heilkunde eine Rolle spielen. Hat uns das wissenschaftlich gesicherte und umfangreiche Material über Milchantikörper keine Handhabe zur praktisch-therapeutischen Auswertung gegeben, so führte uns, wie so oft, die tastende Empirie der therapeutischen Injektion von Eiweißstoffen, auch zu erfolgreicher Verwendung der Milch in der Heilkunde.

Die neuzeitliche Proteinkörpertherapie nimmt wohl ihren Ausgang von der Beobachtung, daß die Injektion spezifischer Bakterienprodukte in der Bekämpfung chronischer Infektionskrankheiten durch unspezifische Vakzinen, durch heterologe Eiweißkörper, selbst durch Nichteiweißkörper zu ersetzen ist, indem durch Erregung von Fieber und Entzündung mannigfache Krankheitszustände heilsam beeinflußt wurden. So wuchs aus der Proteinkörpertherapie, zumal als auch die orale Verabreichung dieser Heilfaktoren von einigen Therapeuten eingeführt wurde, die Reiztherapie.

Von Schmidt und Saxl ist die Milch in die Zahl der Therapeutika unspezifischer Reizwirkung eingeführt worden.

Ob die Heilwirkung der Milch mit ihrer biologischen Fähigkeit irgend etwas zu tun hat, steht bei ihr wie bei den andern Proteinkörpern noch aus. Der Begründungen ihrer Wirksamkeit gibt es genügend. Es ist hier nicht der Ort, auf alle diese Spekulationen einzugehen.

Einige für die Milch als Kombination von Teilrezeptoren annehmbare will ich anführen. So nimmt Weichardt an, daß die Reizkörper in unspezifischer Weise im Blut des Behandelten vorhandene Immunstoffe steigerten. Es reagierte also nur ein sensibilisierter Organismus durch Vermehrung seiner Antikörper. Aber auch Normalantikörper werden auf dem Wege unspezifischer Reiztherapie vermehrt. So haben Hirszfeld und Halber bei Tieren den Titer von Menschenblut-Agglutininen durch Milchinjektionen wesentlich erhöht. Bei der eigentlichen Proteinkörpertherapie ließe sich auch an die Bildung von „Mitantikörpern" denken. Auch wird angenommen, daß durch Reizkörper Organe, die sich in entzündlichem Zustande befinden (Schmidt) oder in erhöhter Zellfunktion, eine Herdreaktion zeigen, das heißt zu erhöhter Tätigkeit angeregt werden. Eine solche ist z. B. für die Milchdrüse schon beobachtet worden. So werden auch gewebsspezifische Reizkörper unterschieden, und von Siegmund ist dem Kasein zugeschrieben worden, daß es lymphozytäre Proliferationen bedingt.

Es gilt noch zu erwähnen, daß eine ganze Reihe von Milch- und Kaseinpräparaten, z. B. Aolan, auf dem Heilmittelmarkte geführt werden. Dieses ganze therapeutische Gebiet ermangelt noch der exakten Bearbeitung, nicht nur soweit es die Verwertung von Milch und Milchpräparaten betrifft.

Literatur

Achard: Action agglutinante du lait des femmes de fièvre typhoide. Semaine med., S. 303. 1896. — Achard et Bensaude: Fièvre typhoide chez une nourrice et agglutination du bacille d'Eberth par le lait. Bull. et mém. Soc. méd. des hôpit. Paris. 1896. — Andersen und Schloss: Allergy to cows milk in infants with nutritional disorders A prelim. report. Americ. journ. of dis. of childr., 26, S. 451. 1923.—Arthus: Compt. rend. Soc. biol. à Paris, No. 22., p. 817. 1903, und Archives internationales de physiologie, 7, p. 473. 1908/09.

Bachrach: Die Verwertung der spezifischen Überempfindlichkeitsreaktion zur biologischen Eiweißdifferenzierung mit besonderer Berücksichtigung forensischer Zwecke. Vierteljahrschr. f. gerichtl. Med. u. öffentl. Sanitätswesen, 3. F., 40, 2. — Baeyer, E. von: Zur Kenntnis der Antigenfunktionen der Milch. Zeitschr. f. Immunitätsf. 56. 1928. — Bamberg und Brugsch: Über den Übergang von Agglutininen von Mutter auf Kind. Med. Klinik, 31. 1907. — Basenau: Über die Ausscheidung von Bakterien durch die tätige Milchdrüse und über die sogenannten bakteriziden Eigenschaften der Milch. Arch. f. Hyg., 23, S. 44. — Bauer, J.: Über den Nachweis der präzipitablen Substanz der Kuhmilch im Blute atrophischer Säuglinge. Berlin. klin. Wochenschr., H. 22. 1906. — Über Spezifität der biologischen Eiweißdifferenzierung. Arbeiten aus d. Inst. f exper. Therap. zu Frankfurt a. M., H. 3. 1907. — Die biologische Luesreaktion in der Säuglingsklinik. Versammlung der Vereinigungen der südwestdeutschen und niederrheinisch-westfälischen Kinderärzte in Heidelberg am 3. Mai 1908. Ref. in der Monatschr. f. Kinderheilk., H. 6, S. 358. 1908. — Über biolog. Milchdifferenzierung. Münch. med. Wochenschr., H. 16. 1908. — Zur Biologie des Kolostrums.

Dtsch. med. Wochenschr., H. 38. 1909. — Zur Biologie der Milch. Verhandl. d. Dtsch. Gesellschaft f. Kinderheilk. (Naturforscherversamml. zu Salzburg). 1909. — Die Biologie der Milch. Ergebn. d. inn. Med. u. Kinderheilk., 5., S. 183. — Die Biologie des Kolostrums. Ergebn. d. Physiol. (von ASHER u. SPIRO). Wiesbaden. 1912. — Die Methodik der biologischen Milchuntersuchung. Stuttgart: F. Enke. 1913. — Über die Milchantianaphylaxie. Zentralbl. f. Bakteriol., I. Abt., Orig., 66. S. 303. 1912. — Anaphylaxiestudien über Proteinkörper der Milch. Zeitschr. f. Immunitätsf., 39, S. 171. 1924. — und M. SASSENHAGEN: Ein neues Verfahren zum Nachweis der Mastitismilch, Med. Klinik. Nr. 51. 1909. — und M. SASSENHAGEN: Der forensische Nachweis des Frischmilchendseins der Kühe. Berlin. tierärzt. Wochenschr., Nr. 8. 1910. — v. BEHRING: Säuglingsmilch und Säuglingssterblichkeit. Therapie d. Gegenw., 45. 1904. — BERNHARD, C.: Über Immunisierung durch die Milch typhöser Ammen. Inaug.-Diss. Straßburg/Elsaß. 1899. — BERTARELLI: Über aktive und passive Immunisation der Neugeborenen und Säuglinge usw. Zentralbl. f. Bakteriol., 39, S. 285. 1905. — Über den Durchgang der hämolytischen Ambozeptoren und der Präzipitine der aktiv immunisierten Tiere. Ebenda, 41. S. 767. 1906. — BESREDKA: De l'anaphylaxie lactique. Compt. rend. Soc. biol. à Paris, 1, S. 888. 1908. — De l'anaphylaxie (sixième mémoire) de l'anaphylaxie lactique. Ann. Pasteur, 23, S. 166. 1909. — DE BLASI: Über die Passage der Antikörper in die Milch usw. Zentralbl. f. Bakt., 36 (Ref.), S. 353. 1905. — BOLDRINI: Su alcune reazioni biologiche riscontrate nel siero di sangue durante e dopo la culata lattea. Atti d. reale accad. naz. dei Lincei, rendi conti, 2. Sem., Bd. 33. 1924. — BORDET: Sur l'agglutination et dissolution des globules rouges. Ann. Pasteur. 1899. — Les sérums hémolytiques, leurs antitoxins et les théories des sérums cytolytiques. Ebenda. 1900. — BORDET J. et BORDET M.,: Le Pouvoir bactériolytique du Colostrum et du lait. Cpt. rend. hebdom. de l'acad. des sciences, 179, S. 1109. 1924. — BRIEGER und BOER: Über Antitoxine und Toxine. Zeitschr. f. Hyg. u. Infektionskrankh., 21. S. 259 — und COHN, G.: Über die gegen Wundstarrkrampf schützende Substanz aus der Milch. Ebenda, 15, S. 439. — und EHRLICH: Über die Übertragung der Immunität durch Milch. Dtsch. med. Wochenschr., 18. 1892. — Beiträge zur Kenntnis der Milch immunisierter Tiere. Zeitschr. f. Hyg. u. Infektionskrankh., 13, S. 336. — BULLOCH, W.: Über die Übertragung von Hämolysinen von den Eltern auf die Nachkommen. Versamml. der bakteriol. Abteil. der Path. Gesellsch. von London am 21. Februar 1902. Zentralbl. f. Bakteriol. (Ref.), 31. 1902.

CASTAIGNE: Transmission par l'allaitement du pouvoir agglutinant typhique de la mère a l'enfant. Semaine méd. 1897. — CATTANEO: La Pediatria, S. 488. 1905. Zit. nach FREY. — Über die hämolytische Tätigkeit der Frauenmilch. V. Kongr. der ital. Gesellsch. f. Kinderheilk. 1905. Ref. Monatsschr. f. Kinderheilk., 4., S. 450. — CHAMBERS, W. H.: Bacterial inhibition. I. Germicidal action in milk. Journ. of Bact., 5, S. 527. 1920. — COCELLESSA, M.: Contributo allo studio della reazione di Wassermann sul latte di donna. Pediatria, 31., No. 16. 1923. — COEN: Bacteria in milk and its Product. London 1903 (zit. nach KOLLE). — CONN and STOCKING: Studies on the so - called germicidal action of milk. Révue gén. du lait, S. 265 u. 298. 1902/03 (nach LANE-CLAYPON). — COURMONT et CADE: Transmission de la substance agglutinante par l'allaitement. Compt. rend. Soc. biol. à Paris. 1899. — COZZOLINO, O.: Zur Frage: Stillen bei Mutter-Tuberkulose. Festschrift für ADOLF BAGINSKY, Bd. 60/61 des Archivs f. Kinderheilk., S. 221. 1913.

DREWES, K.: Über die Bakterizidie der Milch. Milchwirtschaftliche Forschungen, 4, S. 403. 1927. — DUNGERN, V.: Spezifisches Immunserum gegen Epithel. Münch. med. Wochenschr. 1899.

EHRLICH: Über Immunität durch Vererbung und Säugung. Zeitschr. f. Hyg. und Infektionskrankh., 12, S. 183. — Gesammelte Arbeiten zur Immunitätsforschung. Berlin: A. Hirschwald. 1904. — On immunity with special reference to Cell-life. Croonian-lecture. Proc. Roy. Soc. 1900. — und WASSERMANN: Über die Gewinnung der Diphtherie-Antitoxine aus Blutserum und Milch immunisierter Tiere. Ebenda, 18, S. 239. — und HÜBENER, W.: Über die Vererbung der Immunität bei Tetanus. Ebenda, 18, S. 51. — EISENBERGER: Anaphylaxiestudien über Proteinkörper der Milch. Zeitschr. f. Immunitätsf., 36, S. 291. 1923. — Eisler, v. und Sohma: Untersuchungen über den Opsoningehalt des Blutes gesunder immunisierter Mütter und Neugeborener. Wien. klin. Wochenschr., H. 19. 1908. — Epstein, B.: Tuberkulöse Antigene in der Milch tuberkulöser Kühe. Jahrb. f. Kinderheilk., 95, S. 64. 1921. — Ellenbeck: Zur Hämolyse der Frauenmilch. Verhandlung der Dtsch. Gesellsch. f. Kinderheilk. in Münster. Wiesbaden: J. F. Bergmann. 1912.

Fish: Studies on lactoserums and other cellsera. Courier of med. St. Louis. 1900. — Flügge: Die Mikroorganismen, 3. Aufl., 1., S. 255. Leipzig. 1895. — Fokker: Über die bakterienvernichtenden Eigenschaften der Milch. Fortschritte d. Med., 8. 1890. — Über die bakterienvernichtenden Eigenschaften der Milch. Zeitschr. f. Hyg. u. Infektionskrankh., 9, S. 41. 1890. — Zur Alexinenfrage. Zentralbl. f. Bakteriol., 31, S. 524. 1902. — Freudenreich: De l'action bactéricide du lait. Ann. de Micrographie, 3. 1891 (zit. nach Moro). — Frey: Hämolysiert die Frauenmilch? Münch. med. Wochenschr., S. 1782. 1907. — Frei, W. und S. Grünmandel: Studien über Forssmannsches Antigen und Forssmannschen Antikörper. Klin. Wochenschr., Nr. 34, S. 1608. 1927. — Fuld: Über das Bordetsche Laktoserum. Hofmeisters Beiträge, 2, 425. 1902, 3, 523. 1903.

Ganghofner und Langer: Über die Resorption genuinen Eiweißes im Magen-Darm-Kanal neugeborener Tiere und Säuglinge. Münch. med. Wochenschr., 34. 1904. — Gengou: Sur les sensibilisatrices des serums actifs contre les substances albuminoides. Ann. Pasteur, 16, S. 734. 1902. — Giffon und Abrami: Transmission par l'allaitement de la mère à l'enfant, des agglutinines au cours du fièvre typhoide. Bull. et mém. de la Soc. méd. des hôp. de Paris, S. 1117. 1906. — Guillemet, C.: R. Soc. biol., 61. 1901 (n. Cozzolino).

Hackermann: Milch luetischer Wöchnerinnen. Münchn. med. Wochenschr., Nr. 42. 1926. — Hainiss: Zur Kenntnis der Immunsubstanzen des Kolostrums. Dtsch. med. Wochenschr., Nr. 37. 1926. — Hamburger, F.: Biologisches über die Eiweißkörper der Kuhmilch usw. Wien. klin. Wochenschr., 49. 1900. — Über Eiweißresorption bei der Ernährung. Jahrb. f. Kinderkrankh., 65, Ergänzungsheft, S. 15. 1907. — Über Antitoxin und Eiweiß. Münch. med. Wochenschr., S. 254. 1907. — Hannssen, Finn. S.: The bactericidal property of milk. Brit. jour. of exp. pathol., 5, S. 271. 1924. — Heim, K.: Über menschliche Isoantikörper in Blut und Milch. Monatschr. f. Geburtsh. u. Gynäkol., 74, S. 52. 1926. — Henninger, E.: Über die Bakterizidie der Milch. Arch. f. Hygiene, 97, S. 183. 1926. — Hesse: Über Beziehungen zwischen Kuhmilch und dem Cholerabazillus. XI. Internat. med. Kongr., Rom. Dtsch. Vierteljahrsschr. f. öffentl. Gesundheitspflege, 26, S. 652, und Zeitschr. f. Hyg. u. Infektionskrankh., 17, S. 238. 1894. — Hirszfeld, L. und Halber: Studien über die Konstitutionsserologie. Zeitschr. f. Immunitätsf., 53, S. 419. — Honigmann: Bakteriologische Untersuchungen über Frauenmilch. Zeitschr. f. Hyg., 14. 1900. — Horrocks: A means of distinguishing goats milk from cows milk. The Veterinary Journ., S. 89. 1909.

Jeda: How the antitoxic immunity is transmitted into the system of newborn child through lactation? (Experiment on horses). Scient. reports from the govern. inst. for infect. dis. Tokyo., Bd. 3, S. 29. 1924. — Jones, F. S.: The reaction of cows milk to blood serum precipitin. Journ. of exp. med., 43, S. 451. 1926.

Kasel und Mann: Beiträge zur Kenntnis von der Gruber-Widalschen Serumdiagnose bei Unterleibstyphus. Münch. med. Wochenschr., S. 584. 1899. — Kayser: Diphtherieantitoxinbestimmungen bei Mutter und Neugeborenen. Zeitschr. f. klin. Med., 56, S. 17. 1905. — Ketscher: De l'immunité contre le cholera conferée par le lait. Compt. rend. Soc. biol. à Paris. 29. Okt. 1892. — Kleinschmidt: Die Bakterizidine in Frauen- und Kuhmilch. Monatsschr. f. Kinderheilk., S. 254. 1911. — Die biologische Differenzierung der Milcheiweißkörper. Monatsschr. f. Kinderheilk., X, S. 402. 1911. — Klemperer: Untersuchungen über Schutzimpfung gegen asiatische Cholera. Berlin. klin. Wochenschrift, H. 39. 1892. — Über natürliche Immunität und ihre Verwertung für die Immunisierungstheorie. Arch. f. exp. Pathol. u. Pharm., 31, S. 356. 1893. — und Levy: Über Typhusheilserum. Berlin. klin. Wochenschr. 1895. — Klimmer:

Untersuchungen über den Keimgehalt der Eselinmilch usw. Zeitschr. f. Tiermed., 6, H. 3. 1902. — KLOPSTOCK, F.: Experimentelle Untersuchungen zur Entstehung der syphilitischen Blutveränderung. Klin. Wochenschr., Nr. 15, S. 685. 1927. — KOLFF und NOEGGERATH: Über die Komplemente der Frauenmilch. Jahrb. f. Kinderheilk., S. 701. 1909. — KOLLE: Milchhygienische Studien. Klin. Jahrb. 1904. — KONING, C. J.: Biologische und biochemische Studien über Milch. H. 1. Leipzig. 1906. — KOPF: Haptine im Rinderserum und in der Rindermilch. Zeitschr. f. Hyg., 63, S. 291. 1909. — KRAUS: Über Antikörper in der Milch, Zentralbl. f. Bakteriol., 21. 1897. — Über das Vorkommen der Immunhämagglutinine und Immunhämolysine in der Milch. Wien. klin. Wochenschr., H. 31, 1901. — KUDICKE, R. und H. SACHS: Über das biologische Verhalten roher und gekochter Milch. Zeitschr. f. Immunitätsf., 20, S. 316. 1913. — KUTTNER and RATNER: The importance of colostrum to the newborn infant. American. journ. of dis. of children, 25, S. 43. 1923. — KYES, P. und H. SACHS: Zur Kenntnis der Kobragift aktivierenden Substanzen. Berlin. klin. Wochenschr., Nr. 2 bis 4. 1903.

LANDOUZY et GRIFFON: Transmission par l'allaitement du pouvoir agglutinant typique de la mère à l'enfant. Compt. rend. Soc. biol. à Paris. 1897. — LANDSTEINER: Über komplexe Antigene. Klin. Wochenschr., Nr. 3, S. 103. 1927. — LANE-CLAYPON, J. E.: On the presence of haemolytic factors in milk. Journ. of Path. 1908. — Report to the local governement Board upon the „Biological properties" of milk, both of the human species, and of cows, considered in special relation to the fleding of infants. London. 1913. — LANGER, J.: Über die Isoagglutinine beim Menschen, mit besonderer Berücksichtigung des Kindesalters. Zeitschr. f. Heilkunde, 24, H. 5, S. 111. 1903. — Zur Resorption des Kolostrums. Tagung der Dtsch. Gesellsch. f. Kinderheilk. Dresden. 1907. — LEVADITI: L'hérédité, de l'état réfractaire acquis. P. EHRLICH. Eine Darstellung seines wissenschaftlichen Wirkens. Jena: Gustav Fischer. 1914. — LEVY, S. und W. STEIN: Sind trypanozide Substanzen in der Milch nachweisbar? Milchwirtschaftliche Forschungen, 4, S. 535. 1927. — LIPINSKI, W. und T. KELLER: Die diagnostische Bedeutung der WASSERMANNschen Reaktion mit der Milch der Gebärenden. Polska Gazeta Lekarska, Jg. 4, Nr. 50, S. 1058. 1925. Ref. Zentralbl. f. d. ges. Kinderheilk., 19, H. 17. 1926. — LÖHR: Zur Agglutination der Muttermilch bei Paratyphus B. Med. Klinik, S. 629. 1921.

MAHRT: Über den Übergang der Typhusagglutinine auf das Kind. Zentralbl. f. Stoffwechselkrankh., H. 1. 1901. — MAZÉ: De l'influence du pouvoir bactéricide du lait cru sur les ferments lactiques etc. Cpt. rend. hebdom. des séances de l'académie des sciences, 178, S. 1434. 1924. — METSCHNIKOFF: Die Immunität bei Infektionskrankheiten. Übersetzt von J. MEYER. Jena. 1902. — MEYER und ASCHOFF: Über die Rezeptoren der Milcheiweißkörper. Berlin. klin. Wochenschrift, 27. 1902. — MICHELAZZI: Gugli effetti tossici della prolungata alimentazione con latte sterilizzato di animale tubercolotico. Annali d'Igiene spezinentale, H. 1, 1901. — MICHELA, P. DE: Ricerche sperimentatisal pozere tossico del latte di animali tubercolotici. La Pediatria, 8, S. 228. 1894. — MINORU, HAZA und RIMPEI WAKAO-FUKUSKA: Isohämoagglutination beim Kind und in der Frauenmilch. Zeitschr. f. Kinderheilk., 114, S. 313. 1926. — MOLL: Diskussion in d. Gesellsch. f. inn. Medizin u. Kinderheilk. Wien 26. Januar 1927. — MORGENROTH: Über den Antikörper des Labenzyms. Zentralbl. f. Bakteriol., 26, S. 349. 1899. — Zur Kenntnis der Labenzyme und ihrer Antikörper. Ebenda, 27, S. 721. 1900. — Über die Erzeugung hämolytischer Ambozeptoren durch Seruminjektion. Münch. med. Wochenschr., H. 25. 1902. — MORO: Biologische Beziehungen zwischen Milch und Serum. Wien. klin. Wochenschr., H. 44. 1901. — Untersuchungen über Alexine der Milch und des kindlichen Blutserums. Jahrb. f. Kinderheilk., 55, S. 396. 1902. — Beziehungen zwischen Milch und Serum. Verhandl. der Gesellsch. f. Kinderheilk. (Naturf.-Versamml. Hamburg 1901), Wiesbaden 1902, S. 173, ref. i. Jahrb. f. Kinderheilk. 54, S. 675. — Kuhmilchpräzipitin im Blute eines 4½ Monate alten Atrophikers. Münch. med.

Wochenschr., 8. 1905. — Weitere Untersuchungen über Kuhmilchpräzipitin im Säuglingsblut. Ebenda, 49. 1906. — Über das bakteriolytische Alexin der Milch. Zeitschr. f. exp. Pathol. u. Therap., 4, S. 170. 1907. — Experimentelle und klinische Überempfindlichkeit (Anaphylaxie). Lubarsch-Ostertags Ergebnisse der pathol. Anatomie, XIV. Jahrg. 1910. — Moser, F.: Untersuchungen über die hämolytische Wirkung der Mastitismilch. Zentralbl. f. Bakteriol., Abt. I, Orig., Bd. 65, S. 269. 1912. — Mosse: Action agglutinante du colostrum sur le bacille d'Eberth. Soc. méd. des hôpit. 1896. — Moxter: Über ein spezifisches Immunserum gegen Spermatozoen. Dtsch. med. Wochenschrift, 4. 1900. — Much: Über Bakteriozidine in Perhydrasemilch. Münch. med. Wochenschr., S. 384. 1908. — und Happich: Über die antitoxische Funktion von Eiweiß. Münch. med. Wochenschr., S. 2589. 1907. — Müller, P. Th.: Vergleichende Studien über die Gewinnung des Kaseins durch Lab- und Laktoserum. Arch. f. Hyg., 44, S. 126. 1902. — Weitere Studien über die Fällung des Kaseins durch Lab- und Laktoserum. Zentralbl. f. Bakteriol., Abt. I, Orig. Bd. 32, S. 521. 1902.

Noeggerath: Zur Kuhmilchhämolyse. Münch. med. Wochenschr., S. 2485. 1909.

Obermayer und Pick: Über die chemischen Grundlagen der Arteigenschaften der Eiweißkörper. Wien. klin. Wochenschr., S. 327. 1906. — Otto: Zur Frage der Serumüberempfindlichkeit. Münch. med. Wochenschr., H. 34. 1907.

Patron: Recherches experimentelles sur le lait des femmes tuberculeuses. Thèse de Paris 1909. — Pehuet Bertoye: Sur l'anaphylaxie lactée. Lait, I. 1921. Ref. Milchwirtschaftliche Forschungen, Ref., III. Bd. S. 98. 1926. — Petényi, G.: Zur Kenntnis der Antikörper der Muttermilch. Monatsschr. f. Kinderheilk., 22., S. 486. 1921. — Philipp, F.: Die chemische und biologische Differenzierung der drei Eiweißkörper der Kuhmilch. Inaug.-Diss. Stuttgart. 1910. — Pfaundler: Säuglingsernährung und Seitenkettentheorie. Verhandl. d. Gesellschaft f. Kinderheilk. 1907 und Experimentell-Biologisches zur Säuglingsernährung. Ebenda, 1908. — Die Antikörperübertragung von Mutter auf Kind. Arch. f. Kinderheilk., 47. 1908. — und Moro: Über hämolytisches Komplement in der Frauenmilch. Münch. med. Wochenschr., H. 20. 1908. — Über hämolytische Substanzen der Milch. Zeitschr. f. exp. Pathol. u. Therap., 4, S. 551. 1907. — Pfeiffer und Mita: Zur Kenntnis der Eiweißanaphylaxie. Zeitschr. f. Immunitätsf., 6, S. 727. 1910. — Pope, C. und T. Sollmann: Americ. Medic., 4, 2. 1902. — Popoff, zit. nach Galeotti: Über den heutigen Stand der Frage über die Immunität und Bakterientherapie gegen die asiatische Cholera. Zentralbl. f. allg. Pathol., 6, S. 472. 1895.

Ragsdale and Brody: The colostrum problem and its solution. Journ. of dairy science, 6. 1923. — Rappin et Fortineau: Sur les toxines du bacille tuberculeux dans le lait des femmes tuberculeuses. Gaz. d'Hôpitaux, 52. 1908. — Ratner, Bref, Homes, Jackson and Helen Lee Gruehl: Transmission of protein hypersensitiveness from mother to offspring. II. The rôle of colostrum. Journ. of immunol., Bd. 14, Nro. 5, S. 267. 1927. — Remlinger: Contribution experimentale à l'étude de la transmission héréditaire de l'immunité etc. Ann. Pasteur., 13. 1899, und 23, S. 430. 1909. — Repetto: Experimentelle und histologische Beobachtungen über die Milch und die Amnionflüssigkeit eines an der Tollwut gestorbenen Schafes. Zentralbl. f. Bakteriol., 50, S. 442. 1909. — Rickmann: Beitrag zur biologischen Eiweißdifferenzierung. Arbeiten aus dem Kgl. Inst. f. exper. Therap. zu Frankfurt a. M., H. 3. 1907 und Zeitschr. f. Fleisch- u. Milchhyg., S. 197. 1907. — Rodella: Experimentelle Beiträge zur Serumreaktion bei Proteus vulgaris. Ebenda, 27. 1900. — Rojas, D. A.: Wassermann, Reaktion der Brustmilch. Semana med., Buenos-Aires. 26. 1919. Ref. Monatsschr. f. Kinderheilk., 20. — Römer: Über die intrauterine und extrauterine Antitoxinübertragung von der Mutter auf ihre Nachkommen. Berlin. klin. Wochenschr., H. 46. 1901. — Über die intestinale Resorption von Serumantitoxin und Milchantitoxin. Zeitschr. f. Immunitätsforsch., 1, S. 171. 1909. — Weitere Studien zur Frage der intrauterinen und extrauterinen Antitoxinübertragung von der Mutter auf ihre Nachkommen. Beitr. z. exp. Therap., H. 9. — Über den physiologischen Stoffaustausch zwischen Mutter und Fötus. Zeitschr. f. phys. u. diät. Therap., 8. — Über den Übergang von Toxinen und Antikörpern in die Milch usw. SOMMERFELDS Handbuch der Milchkunde. Wiesbaden: J. F. Bergmann. 1909. — und MUCH: Antitoxin und Eiweiß. Jahrb. f. Kinderheilk., 63, H. 6. — ROTTMANN und FRANKEN: Die WASSERMANNsche Reaktion in der Milch der Wöchnerin. Klin. Wochenschr., No. 2, S. 66. 1927. — RULLMANN und TROMMSDORFF: Milchhygienische Untersuchungen. Arch. f. Hyg., S. 224. 1906.

SACHS, H.: Über den Einfluß der Milch und ihrer Antikörper auf die Wirkung hämolytischer Toxine. Berlin. klin. Wochenschr., S. 764. 1915. — und K. ALTMANN: Komplementbindung. Sep.-Abdruck aus KOLLE-WASSERMANNS Handb. d. pathog. Mikroorganismen, 2. Suppl. Jena. 1909. — und J. BAUER: Über die Differenzierung des Eiweißes in Gemischen verschiedener Eiweißarten. Arbeiten aus dem Kgl. Inst. f. exper. Therap. zu Frankfurt a. M., H. 3. 1907. — und A. KLOPSTOCK: Deutsche med. Wochenschr., S. 650. 1926. — SALGE: Die biologische Forschung in den Fragen der natürlichen und künstlichen Säuglingsernährung. Ergebn. d. inn. Med. u. Kinderheilk., 1, S. 484. — Über den Durchtritt von Antitoxin durch die Darmwand des menschlichen Säuglings., Jahrb. f. Kinderheilk. 60, S. 1. 1904. — Immunisierung durch Milch. Ebenda, 61, S. 486. 1905. — SASSENHAGGEN: Über die biologischen Eigenschaften der Kolostral- und Mastitismilch. (Inaug.-Diss.) Arch. f. Kinderheilk. 1910. — SAXL: Über die Behandlung von Typhus mit Milchinjektionen. Wien. klin. Wochenschr., S. 1043. 1916. — SCHEER: Untersuchungen über die SACHS-GEORGIsche Reaktion mit Milch luetischer Frauen. Zeitschr. f. Immunitätsf., 30, S. 178. 1920. — SCHERN: Beobachtungen über die SCHARDINGER-Reaktion der Milch. Biochem. Zeitschr., 18, S. 261. 1909. — Hemmung der Labwirkung durch Milch. Ebenda, 20, S. 231. 1909. — Über die quantitative Bestimmung des Antilabgehaltes der Milch durch die Labhemmprobe. Berlin. tierärztl. Wochenschr., S. 123. 1910. — Die Säurebestimmung und die Labhemmprobe der Milch. Dtsch. med. Wochenschr., Nr. 20. 1911 und Berlin. tierärztl. Wochenschr. 1911. — SCHLOSSMANN und MORO: Zur Kenntnis der Arteigenheit der verschiedenen Eiweißkörper der Milch. Münch. med. Wochenschr., H. 14. 1903. — SCHMIDT, W. T.: Studien über Präzipitinreaktion und erhitzte Eiweißstoffe. Biochem. Zeitschr., 14. 1908. — SCHMIDT, B.: Über Milchhämolyse. Inaug.-Diss. Stuttgart. 1911. — und PFLANZ: Über das Verhalten der Frauenmilch zum Diphtherietoxin. Wien. klin. Wochenschr., H. 42. 1896. — SCHMIDT, R.: Zur Frage der Herdreaktionen usw. Med. Klinik, S. 171. 1916; D. Arch. f. klin. Med. 131. — SCHÜTZE, A.: Über ein biologisches Verfahren zur Differenzierung der Eiweißstoffe verschiedener Milcharten. Zeitschr. f. Hyg., 36. 1801. — Weitere Beiträge zum Nachweis verschiedener Eiweißarten auf biologischem Wege. Ebenda, 38. 1901. — Zur Kenntnis der natürlichen Immunität des Kindes im ersten Lebensjahr. Jahrb. f. Kinderheilk., 61, S. 122. 1905. — SCHUHMACHER: Übergang der Agglutinine auf den Fötus. Zeitschr. f. Hyg., 37, S. 337. 1901. — SCHWARZ: Die luetische Infektiosität der Frauenmilch. Arch. f. Gynäkol., 125, S. 617. 1925. — SHERM and JAMES, M. and HAROLD R. CURRAU: The germicidal action of milk. Proc. of the soc. f. exp. biol. a med., 22, S. 15. 1924. — SIVORI: Über die Gegenwart von Antikörpern in der Milch von mit Tuberkulin immunisierten Kühen. Pediatria, 23, S. 248. 1915. Ref. Monatsschr. f. Kinderheilk., 18. 1920. — SMITH, THEOBALD, ORCUT and LITTLE: The source of agglutinins in the milk of cows. Journ. of exp. med., 37, S. 153. 1923. — and LITTLE: The significance of colostrum to the new-born calf. Journ. of exp. med., 36, S. 181. 1922. — SOMMERFELD: Besitzen die löslichen Eiweißkörper der Milch spezifische bakterizide Eigenschaften? Zentralbl. f. Bakteriol., 37, 1904. — SHERMAN, J. M. and HAROLD R. CURRAN: The germicidal action of milk. Proc. of the Soc. f. exp. biol. a. med., 22, S. 15. 1924. — SIEGMUND: Reizkörpertherapie usw. Münch. med. Wochenschr., H. 1. 1923. — STÄUBLI: Über das Verhalten der Typhusagglutinine im mütterlichen und fötalen Organismus. Münch. med. Wochenschr., H. 17, S. 798. 1906. — Experimentelle Untersuchungen über die Ausscheidung der Typhusagglutinine. Zentralbl.

f. Bakt., 33, S. 375. 1903. — Zur Frage des Übergangs der Typhusagglutinine von der Mutter auf den Fötus. Ebenda, 33, S. 485. 1903. — Strubell A. und Theodora Strubell: Tuberkulose-Immunmilch. Beiträge zur Klinik der Tuberkulose, 45, S. 38. 1920. — Stuart, H. C.: Die Ausscheidung von artfremdem Eiweiß durch die Milch. Americ. journ. of dis. of childr., 25, S. 134. Ref. Monatsschr. f. Kinderheilk. 26, S. 522.

Thiervelin et Lenoble: Action agglutinante du lait d'une thyphique sur les cultures du bacille d'Eberth. Presse méd. 1896. — Thomsen, O.: Wassermannsche Reaktion der Milch. Berlin. klin. Wochenschr., H. 46. 1909. — Untersuchungen über Blutanaphylaxie usw. Zeitschr. f. Immunitätsforsch. u. exper. Therap., 3, H. 6. 1909. — Turton and Appleton: Die opsonische Kraft des Blutes und der Milch. Brit. med. Journ., April 1907.

Uffelmann: Beiträge zur Biologie des Cholerabazillus. Berlin. klin. Wochenschr. 1892. — Uhlenhuth: Zur Lehre von der Unterscheidung verschiedener Eiweiß-arten mit Hilfe spezifischer Sera. Festschrift für Robert Koch. Jena: G. Fischer. 1903. — Demonstration der Laktoserumreaktion. Dtsch. med. Wochenschr., H. 5. Vereinsbeilage. 1903. — und Weidanz: Praktische Anleitung zur Aus-führung des biologischen Eiweiß-Differenzierungsverfahrens. Jena. 1909. — und Haendel: Die Anaphylaxie mit besonderer Berücksichtigung der Versuche zu ihrer praktischen Verwertung. Ergebn. d. wissensch. Med. Oktober 1910. — Uffenheimer: Experimentelle Studien über die Durchgängigkeit der Wandungen des Magen-Darm-Kanals neugeborener Tiere für Bakterien und gemeine Eiweißstoffe, München: R. Oldenbourg. 1906.

Vaillard: Sur l'hérédité de l'immunité acquise. Ann. Pasteur, 11. 1895. — Versell: Über das serologische Verhalten von Milch und Milcheiweißkörpern in frischem und gekochtem Zustande. Zeitschr. f. Immunitätsf., 24, S. 267. 1915.

Wassermann: Über Konzentrierung der Diphtherieantitoxine aus der Milch im-munisierter Tiere. Zeitschr. f. Hyg. und Infektionskrankh., 18, S. 235. — Über biologische Mehrleistung des Organismus bei der künstlichen Ernährung von Säuglingen gegenüber der Ernährung mit Muttermilch. Dtsch. med. Wochenschr., S. 16. 1903. — und Schütze: Dtsch. med. Wochenschr., H. 30. 1900. — Über eine neue forensische Methode zur Unterscheidung von Menschen- und Tierblut. Berlin. klin. Wochenschr. 1901. — de Waele: Über die Beeinflussung der präzipitogenen Eigenschaften der Milch durch Autolyse. Biochem. Zeitschr. 7, S. 401. 1908. — Weichardt und Schrader: Über unspezifische Leistungssteigerungen. Münch. med. Wochenschr., S. 289. 1919. — Weigmann: Über das Verhalten von Cholerabazillen in Milch. Milchzeitung, S. 491. 1894. — und Zinn: Über das Verhalten der Cholera-bakterien in Milch und Molkereiprodukten. Zentralbl. f. Bakteriol., 15, S. 286. 1894. — Wells, H. Gideon and Thomas B. Osborne: Anaphylaxis reactions with purified proteins from milk. Journ. of int. dis., 29, S. 200. 1921.

II. Mykologie (Mikrobiologie) der Milch

1. Allgemeine Bakteriologie und Mykologie der Milch

Von

F. Löhnis-Leipzig

Mit 18 Abbildungen

Milch und Milcherzeugnisse bieten wegen ihres hohen Nährwertes einer zahl- und artenreichen Mikroflora von Bakterien und Pilzen einen besonders zusagenden Standort dar. Die Veränderungen, die infolge der Entwicklung dieser Mikroorganismen früher oder später an Milch, Butter und Käse wahrzunehmen sind, sind teils erwünscht, teils unerwünschter Art. Es ist deshalb die Aufgabe bakteriologischer und mykologischer Prüfungen der Milch, erstens Zahl und Art der auftretenden Kleinlebewesen festzustellen, zweitens zu ermitteln, in welcher Weise die Infektion erfolgt, drittens zu prüfen, welche Veränderungen der Milch durch deren Mikroflora veranlaßt werden, und viertens zu untersuchen, auf welchem Wege die Mikroorganismen, je nachdem ihre Leistungen erwünscht sind oder nicht, in ihrer Entwicklung gefördert oder gehemmt werden können.

Seit nahezu 100 Jahren ist es bekannt, daß die Veränderungen, die während der Aufbewahrung der Milch an ihr wahrzunehmen sind, in der Hauptsache durch die Tätigkeit von Mikroorganismen zustande kommen. Bereits im Jahre 1839 forderte DONNÉ, daß diese Veränderungen nicht nur chemisch, sondern auch mikroskopisch untersucht werden sollten, und es gelang in der Tat C. J. FUCHS schon zu jener Zeit, den bakteriellen Ursprung sowohl der Milchsäuerung als auch einiger wichtiger „Milchfehler" festzustellen. In den nächsten Jahrzehnten lehrte HAUBNER manche wichtige Tatsache aus dem Gebiete der Milchbakteriologie kennen, und auf Grund eingehender Studien stellte v. HESSLING bereits im Jahre 1866 den Satz auf:

„Alle Käsegärung steht gerade wie die Milchgärung mit der Anwesenheit von Pilzen in gleichem Zusammenhange."

In den siebziger Jahren des vorigen Jahrhunderts beschäftigte sich der berühmte englische Chirurg JOHN LISTER genauer mit der Säuerung der Milch sowie mit der versuchsweisen Gewinnung von keimfreier Milch. Bald darnach traf der Engländer OTTO ERNEST POHL auf dem Hofe Sierhagen bei Neustadt (Reg.-Bez. Schleswig) zum erstenmal Einrichtungen zur Erzielung einer möglichst keimarmen Milch im praktischen Betriebe, über die HELBIG berichtet hat. 1884 veröffentlichte dann FERDINAND HUEPPE seine umfangreichen „Untersuchungen über die Zersetzung der Milch durch Mikroorganismen", denen weiterhin in stets wachsender Zahl im In- und Auslande Forschungsberichte gefolgt sind, welche die große Bedeutung der Mikrobiologie für die Milchwirtschaft erwiesen haben. Namentlich in der Schweiz und in den Vereinigten Staaten von Nordamerika hat dieser Wissenszweig große Bedeutung erlangt, insbesondere auch in bezug auf die praktische Verwertung der erlangten Ergebnisse.

Die Mikroflora der Milch besteht in der Regel vornehmlich aus Bakterien und nur zu einem verhältnismäßig kleinen Teil aus niederen Pilzen. Deshalb ist es auch vielfach üblich, nur von der Bakteriologie (Bakterienkunde) der Milch zu sprechen. Der Ausdruck Mykologie (Pilzkunde) der Milch ist allerdings umfassender, wenigstens dann, wenn man die Bakterien als „Spaltpilze" der großen Familie der Pilze hinzurechnet. Indessen sind die Ansichten darüber geteilt, ob ein so enger Zusammenschluß dieser Organismen als gerechtfertigt und zweckmäßig erachtet werden kann. Die Bakterien weisen in verschiedenen Richtungen Besonderheiten auf, die nur dieser Gruppe von niedersten Lebewesen zukommen. Schon aus diesem Grunde kann es infolgedessen angezeigt erscheinen, ihnen einen besonderen Platz im weiten Reich der Mikroorganismen anzuweisen. Dazu kommt, daß sowohl die Zahl der bisher bekannt gewordenen Bakterien wie diejenige der Pilze bereits heute sehr groß ist und daß sie sich täglich vergrößert. Infolgedessen erscheint auch aus praktischen Gründen die Nebeneinanderstellung der beiden Gruppen von Mikroorganismen von Vorteil. Sie entspricht außerdem einem weit verbreiteten Sprachgebrauch, demzufolge unter der Bezeichnung „Pilz" etwas anderes verstanden wird als unter dem Ausdruck „Bakterie". Es hätte vieles für sich, wenn an Stelle von „Bakteriologie" und „Mykologie" von der „Mikrobiologie" der Milch gesprochen werden würde, da hierunter die Kenntnis aller in der Milch vorkommenden Kleinlebewesen zu verstehen ist. Man würde damit jenen, doch nicht zu behebenden Meinungsverschiedenheiten über die systematische Einordnung dieser Organismen von vornherein aus dem Wege gehen. Indessen ist kaum damit zu rechnen, daß jene beiden, seit Jahrzehnten gebräuchlichen Bezeichnungen durch diesen neueren Ausdruck verdrängt werden. Zudem kommt es ja in allen Fällen weit weniger auf den Namen als auf den Inhalt einer Wissenschaft an; das zeigt aufs deutlichste ein Vergleich mit den schon seit Jahrhunderten gepflegten Zweigen der Forschung (Chemie, Physik u. a.).

A. Die Mikroflora der Milch

Form und Größe der Bakterien und Pilze

Bis vor kurzem war man fast allgemein der Ansicht, daß sich die Bakterien einerseits durch ihre außerordentlich geringe Größe, anderseits durch eine sehr einfache und konstante Zellform von allen anderen Mikroorganismen, insbesondere von den hier in Betracht kommenden niederen Pilzen, den Hefen und den Schimmelpilzen, deutlich unterscheiden. Abb. 1 bis 3 veranschaulichen diese Verhältnisse, wobei zu berücksichtigen ist, daß die Vergrößerung bei Abb. 1 doppelt so stark gewählt wurde als bei 2 und 3.

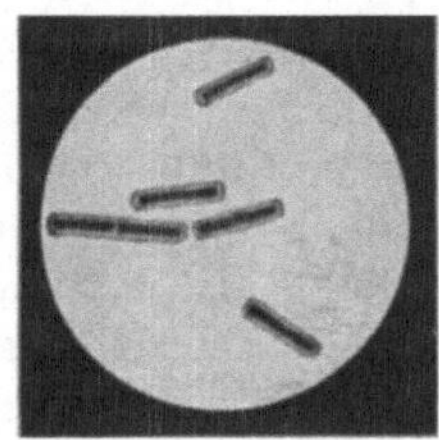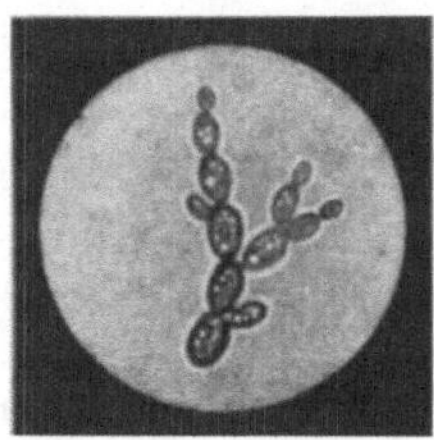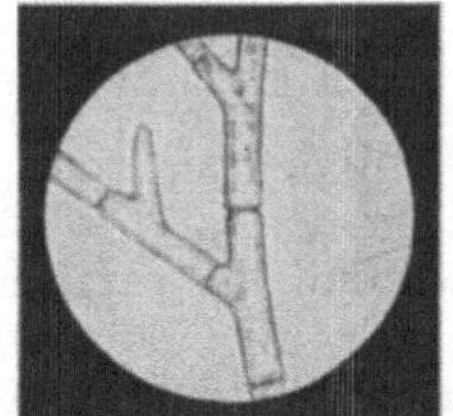

Abb. 1	Abb. 2	Abb. 3
Stäbchenförmige Bakterien 1200fach vergrößert	Sproßverband einer Hefe 600fach vergrößert	Verzweigter Faden eines Schimmelpilzes 600fach vergrößert

Neben der Stäbchenform sind bei den Bakterien der Milch kugelige Zellgestalten sehr verbreitet, die entweder völlig rund oder eiförmig ausgebildet sind. Zwischen den letzteren und den kurzen, plumpen Stäbchenformen gibt es vielerlei Übergänge. Kommaförmige oder schraubenförmig gekrümmte Formen sind in der Milch selten, dagegen in Wasser und Düngerjauche häufig anzutreffen. Außer diesen 3 Grundformen wurden nun allerdings schon immer mancherlei andere Wuchsformen, insbesondere fadenförmige, verzweigte und keulenförmige Gebilde bei den Bakterien beobachtet, wie sie auch bei niederen Pilzen regelmäßig vorkommen. Aber diesen abweichenden Formen wurde in der Regel wenig Beachtung geschenkt; sie wurden als Abnormitäten oder als Degenerationserscheinungen, sogenannte Involutionsformen, aufgefaßt und nicht näher verfolgt. Einige im letzten Jahrzehnt durchgeführte, sehr eingehende Untersuchungen von Löhnis (1), Haag und Hadley haben indessen erwiesen, daß auch die Bakterien, genau wie die niederen Pilze und alle anderen Mikroorganismen, pleomorph sind, das heißt, daß jede Art in verschiedenen Zell- und Wuchsformen auftreten kann. Abb. 4 zeigt die Veränderungen der Zellform, die den in kettenförmiger Anordnung auftretenden Kugelbakterien, den sogenannten Streptokokken, eigentümlich sind.

Unter anderem hat sich herausgestellt, daß alle Bakterien zeitweise in Kugelform auftreten können; bei Besprechung der Vermehrung der Bakterien wird hierauf näher einzugehen sein. Die bisher fast allgemein vertretene Auffassung von der Konstanz der Bakterienform ist allerdings insofern in der Hauptsache zutreffend, als unter bestimmten, gleichbleibenden Bedingungen das

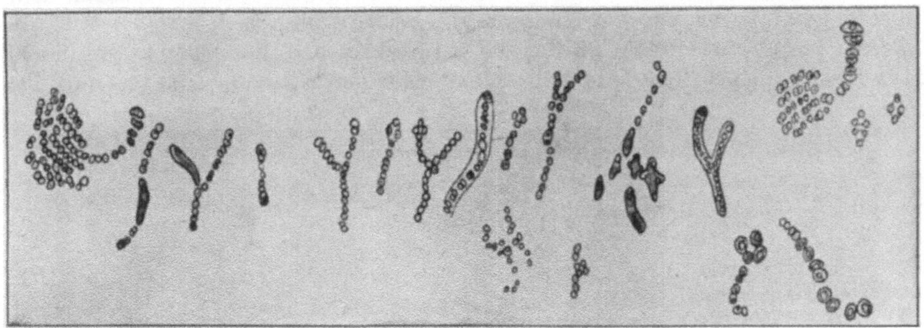

Abb. 4. Pleomorphismus eines Streptococcus (nach Babes). 1000fach vergrößert

Wachstum in der Regel einheitlich und konstant erscheint, soweit wenigstens die rein vegetative Vermehrung in Frage kommt.

Die Mykologie hat dieselbe Entwicklung durchgemacht, wie sie der Bakteriologie noch bevorsteht. Auch bei den Pilzen glaubte man zunächst, es mit einfachen, konstanten Formen zu tun zu haben. Aber seit der Mitte des vorigen Jahrhunderts hat man mehr und mehr erkannt, daß die Pilze je nach den gegebenen Wachstumsbedingungen in verschiedenen Formen auftreten können, daß also nicht eine Form, sondern ein Formenkreis für jede Pilzart charakteristisch ist. Diese vollständigen Formenkreise aufzufinden, stößt naturgemäß in vielen Fällen auf erhebliche Schwierigkeiten, und so besteht gegenwärtig noch die große Gruppe der sogenannten Fungi imperfecti, d. h. der unvollkommenen Pilze, die allerdings selbst nicht „unvollkommen" sind, wohl aber sind unsere Kenntnisse über ihre Entwicklungskreise noch unvollkommen. In bezug auf die Bakterien gilt dies allerdings in weit höherem Grade.

Der eingehenden Erforschung dieser Mikroorganismen steht vor allem deren Winzigkeit hindernd im Wege, die aber anderseits in verschiedenen Richtungen von sehr großer Bedeutung ist. Die Zellen der kugelförmigen Bakterien weisen in der Regel einen Durchmesser von annähernd $^1/_{1000}$ mm oder

1 Mikromillimeter (1 μ) auf. Nach unten können diese Maße bis auf etwa $^1/_{10}\,\mu$ sinken, nach oben hin bis auf ungefähr 5 bis 8 μ ansteigen. Ähnliche Verhältnisse liegen bei den stäbchenförmigen Bakterien vor. Meist sind sie $^1/_2$ bis $^3/_4\,\mu$ breit und 1 bis $1^1/_2\,\mu$ lang. Oft treten sie indessen in der Längsrichtung vereint als Ketten oder als Fäden auf, die unter Umständen 100 μ und mehr messen können. Die für Sproß- und Schimmelpilze geltenden Maße sind wesentlich größer, wie Abb. 1 bis 3 ohne weiteres erkennen lassen. Der Durchmesser ist meist 3- bis 5- bis 10 mal so groß als derjenige der Bakterien, die Längenausdehnung übersteigt dagegen, da es sich fast stets um Zellverbände handelt, diejenige der Bakterien um das Vielfache.

Aus diesen Zahlen ergeben sich einige Folgerungen, die für die Gewinnung einer richtigen Vorstellung über das Verhalten der Bakterien und der Pilze in der Milch von grundlegender Bedeutung sind. Was zunächst den Raumanteil betrifft, der von den in Milch, Butter und Käse zur Entwicklung gelangenden Bakterien eingenommen wird, so schwankt dieser naturgemäß innerhalb gewisser Grenzen, je nachdem im einzelnen Falle der Keimgehalt höher oder niedriger ist. Im großen Durchschnitt kann aber angenommen werden, daß in je 1 cm³ gewöhnlicher Handelsmilch annähernd $2^1/_2$, in Butter 20 und in Käse 500 Millionen Bakterien anzutreffen sind. Setzt man das Volumen einer Bakterienzelle demjenigen eines Würfels von 1 μ Kantenlänge gleich, so ergibt sich, daß 1 Milliarde Zellen in 1 mm³ Platz finden würde. Die in 1 cm³ Milch vorhandenen $2^1/_2$ Millionen Bakterien beanspruchen demnach nur 0,0025 mm³ Raum, oder es entfallen

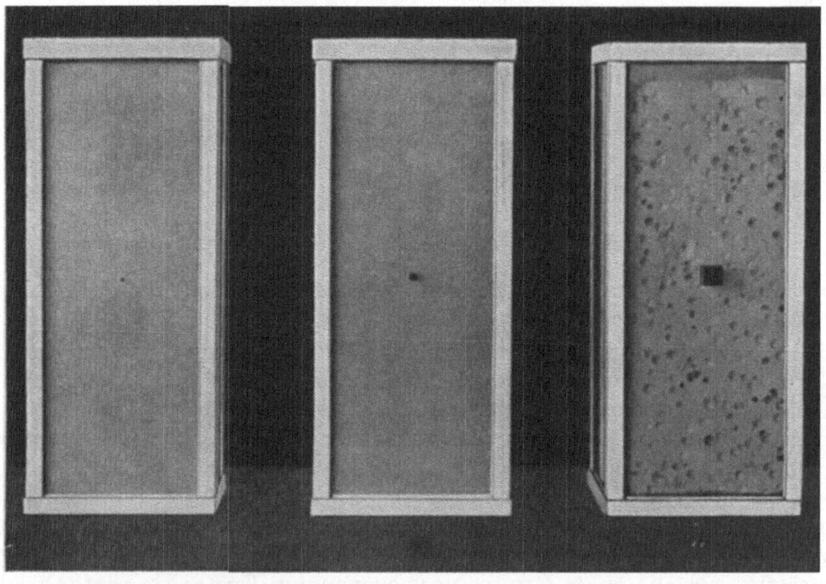

Abb. 5. Glaskasten mit Milch, Butter und Käse ($^1/_{10}$ natürlicher Größe

auf je 999 997,5 Teile Milch nur 2,5 Teile Bakterien. Abb. 5 zeigt 3 Schaukästen, die diese Raumverhältnisse für Milch, Butter bzw. Käse und die darin enthaltenen Bakterien (schwarze Würfel) zur Darstellung bringen.

In saurer Milch steigt die Keimzahl gewöhnlich auf 1000 und mehr Millionen je 1 cm³. Auch in diesem Falle ist die Verteilung der Bakterien in der Milch noch sehr groß, wie Abb. 6 erkennen läßt. In und zwischen den heller gefärbten Käsestoffteilchen sieht man die dunkler gefärbten Milchsäurebakterien. Daß aber diese der Masse nach so wenig hervortretenden Mikroorganismen trotzdem in kurzer Zeit tiefgreifende Veränderungen in der Milch hervorrufen können, lehrt die folgende Überlegung.

1 Milliarde Bakterien von je 1 μ Durchmesser erfüllen 1 mm³ Raum, dessen Oberfläche (bei Würfelform) 6 mm² ausmacht. Denkt man sich wieder die Bakterien als kleinste Würfel von 1 μ Kantenlänge, so würde ihre Gesamtoberfläche 6000 mm² groß sein. Nimmt man für die Sproß- und Schimmelpilze das durchschnittliche Längen-, Breiten- und Tiefenmaß 10mal so groß als dasjenige der Bakterien an, so würden von ihnen 1 Million in 1 mm³ Platz finden, ihre Gesamtoberfläche würde mithin 600 mm² bedecken (vgl. Abb. 7). Es leuchtet ohne

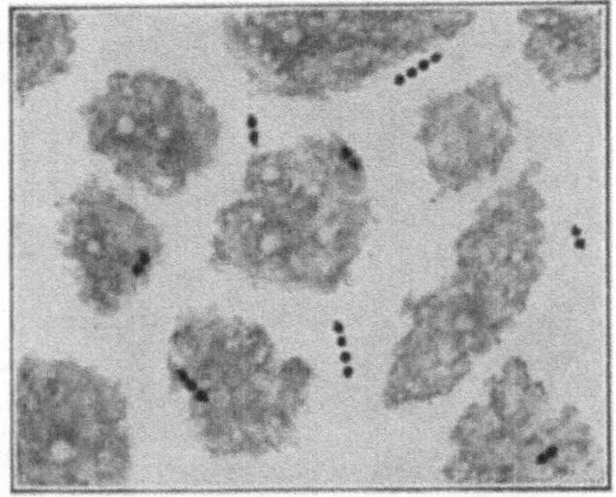

Abb. 6
Mikroskopisches Bild von saurer Milch mit 1000 Millionen Bakterien in 1 cm³
1000fach vergrößert

weiteres ein, daß die verhältnismäßig sehr starke Oberflächenvergrößerung, die sich aus der Winzigkeit der Einzelzellen ergibt, für den überaus lebhaften Stoffwechsel der Bakterien von ausschlaggebender Bedeutung ist, namentlich wenn man berücksichtigt, daß die gesamte Oberfläche jeder Einzelzelle hieran teilnimmt.

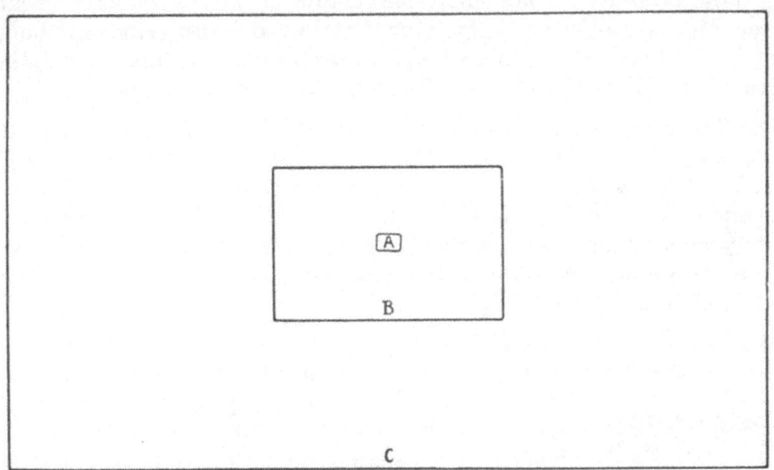

Abb. 7
Rechteck A: Oberfläche eines Würfels von 1 mm Kantenlänge,
B: Gesamtoberfläche von 1 Million Würfeln von je 10 μ Kantenlänge,
C: Gesamtoberfläche von 1000 Millionen Würfeln von je 1 μ Kantenlänge

Die Kleinheit der Bakterienzellen ist noch in anderer Hinsicht von Wichtigkeit. Abb. 8 zeigt das Verhältnis zwischen der Größe der Milchfettkügelchen und derjenigen der Bakterien in der Milch. Hieraus folgt zweierlei: Erstens, es ist im allgemeinen nicht möglich, durch das Seihen der Milch deren Bakteriengehalt merklich zu verringern, da die einzelnen Bakterien kleiner sind als die Fettkügelchen, welche die Seihvorrichtung ungehindert passieren müssen. Nur etwa zufällig vorhandene Bakterienklumpen oder Einzelzellen, die größeren Fremdkörpern (Haaren, Hautschuppen usw.) anhaften, werden zurückgehalten. Zweitens, beim Auf- und Entrahmen befördern die größeren Fettkügelchen verhältnismäßig zahlreiche Bakterien, die sich in ihrem Weg befinden oder die ihnen zufällig anhaften, mit in den Rahm. Dieser erweist sich infolgedessen verhältnismäßig keimreich und säuert rascher als die Milch.

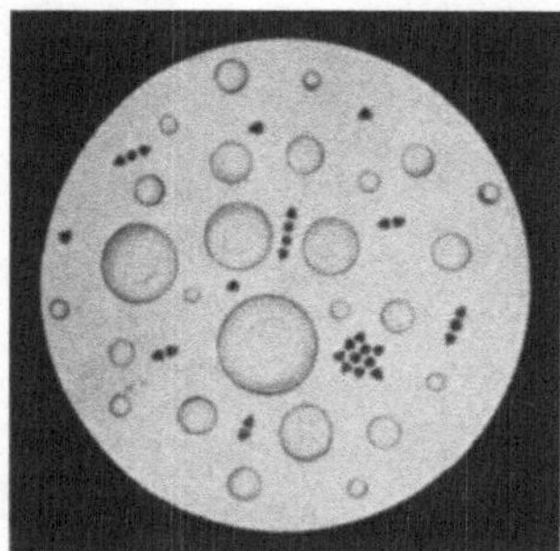

Abb. 8
Fettkügelchen und Bakterien in
der Milch
1000fach vergrößert

Zellstruktur, Fortpflanzungs- und Bewegungsorgane

Der einfachen Form entspricht ein verhältnismäßig einfacher Bau der Bakterienzelle. Die lebende Substanz, das Protoplasma, ist von der Zellwand umschlossen, die an der Außenseite eine dünne oder dickere Schleimhülle trägt. Im Innern der Zelle finden sich Zelleinschlüsse verschiedener Art, die entweder als Kerne oder als Fortpflanzungsorgane am Leben der Zelle selbst teilnehmen oder aber als Reservestoffe (Fett, Glykogen usw.) lediglich Stoffwechselprodukte darstellen. Auch sogenannte Vakuolen (mit Zellsaft erfüllte Hohlräume) sind zuweilen in den größeren Bakterien sichtbar; weit regelmäßiger treten sie dagegen in den Zellen der Sproß- und der Schimmelpilze auf. Mitunter sind die wie Körnchen erscheinenden Zelleinschlüsse so häufig und auffallend, daß man sie geradezu als besonderes Kennzeichen gewisser Mikroorganismen aufgeführt hat; z. B. wird eine in bulgarischer Sauermilch (Joghurt) nicht selten vorkommende Gruppe von Milchsäurebakterien im Schrifttum oft als „Körnchenbazillus" erwähnt.

Die Zellen der Bakterien und Pilze sind im allgemeinen sehr wasserreich; das hat zur Folge, daß ihr spezifisches Gewicht nur wenig höher ist als das des Wassers selbst. Es kommt demjenigen der Milch sehr nahe. Es ist hiernach ohne weiteres verständlich, daß und weshalb es nicht möglich ist, die in der Milch vorkommenden Bakterien durch Zentrifugieren aus ihr zu entfernen. Nur sofern sie anderen, schwereren Bestandteilen anhaften, gehen sie zum Teil in den Zentrifugenschlamm über.

Wasserärmer und infolgedessen etwas schwerer als die vegetativen Zellen sind in der Regel die Fortpflanzungsorgane der Bakterien und der Pilze. Von den den Bakterien eigentümlichen Fortpflanzungsorganen wurde bisher fast nur den sogenannten Sporen (genauer: Endosporen, weil sie im Innern der Zelle entstehen) angemessene Beachtung geschenkt. Sie treten als hellglänzende, ovale oder kreisrunde Gebilde fast ausnahmslos in der Einzahl in der Zelle auf; Zellfäden weisen allerdings oft zahlreiche Sporen auf, entsprechend der Zahl ihrer Einzelglieder, wie Abb. 9 zeigt.

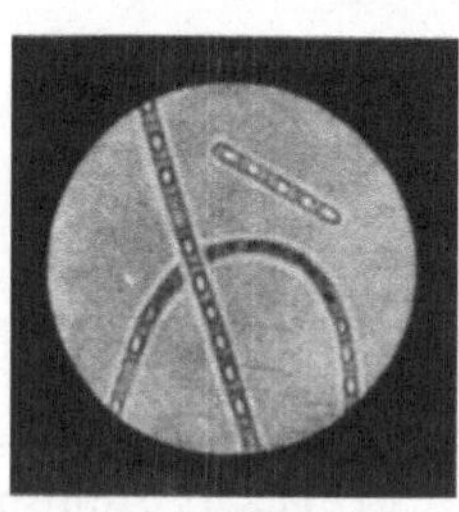

Abb. 9
Heubazillen-Fäden
mit Sporen
1000fach vergrößert

Außer diesen Endosporen, die nur von manchen Bakterienarten gebildet werden, dient bei allen Bakterienarten ein Teil der in den Zellen auftretenden Körnchen (meist 1 bis 4 in einer Zelle) gleichfalls der Fortpflanzung. Von einigen sehr großen Wasserbakterien waren diese schon immer als sogenannte Gonidien bekannt. Dagegen wurden sie bei den übrigen Bakterienarten sowohl wegen ihrer außerordentlichen Winzigkeit als auch wegen der Schwierigkeiten, die sich ihrer Fortzüchtung im Laboratorium oft entgegenstellen, bisher meist übersehen. Gleichwohl ist ihr Vorkommen für viele Arten nachgewiesen, und ihre Entwicklung wird namentlich dann sehr deutlich, wenn sie als kleine Knospen oder Seitenzweige aus der Mutterzelle hervorsprossen. Abb. 10 bis 12 zeigen diese Erscheinung für die

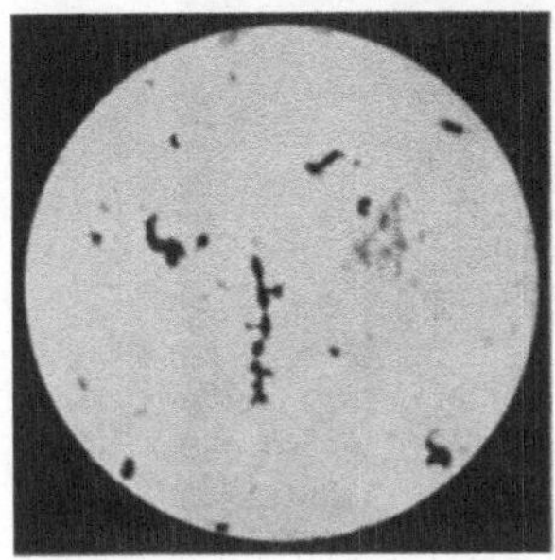

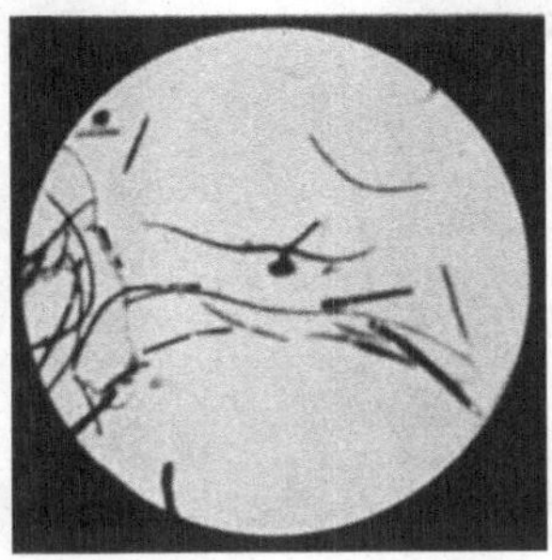

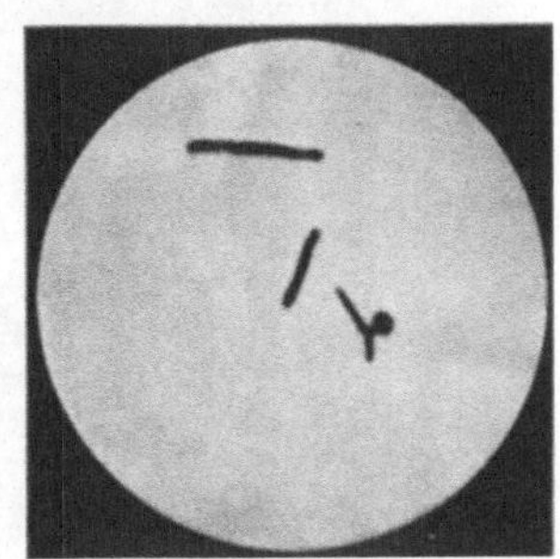

<table>
<tr><td>Abb. 10
Milchsäure-Kurzstäbchen
1000fach vergrößert</td><td>Abb. 11
Milchsäure-Langstäbchen
1000fach vergrößert</td><td>Abb. 12
Heubazillen
1000fach vergrößert</td></tr>
</table>

Hauptvertreter der Milchsäurebakterien sowie für den weitverbreiteten „Heubazillus".

Ein Teil der Gonidien ist so klein, daß die feinsten Bakterienfilter passiert werden; aber auch für diese filtrierbaren Formen ist von MIEHE u. a. festgestellt worden, daß sie zur Neubildung von normalen Bakterienzellen Veranlassung geben können.

Sehr oft kommt es indessen zunächst zur Bildung von verhältnismäßig großen, kugeligen, sogenannten Regenerativkörpern (Abb. 11 und 12), die entweder bald wieder zu Stäbchen auskeimen oder aber sich erst kürzere oder längere Zeit als solche, also in Kugelform, sowohl durch Teilung wie durch Sprossung vermehren. Ähnliche runde Fortpflanzungsorgane können außerdem auf zweierlei Art gebildet werden. Manche fadenförmige Bakterien zerfallen in kurze, eiförmige oder kugelige Glieder, die sich mit einer verhältnismäßig dicken Zellhaut umgeben und zu sogenannten Arthrosporen werden, während manche kugelförmige Bakterienzellen ohne Änderung ihrer Form, lediglich durch Verdickung der Zellwand, in einen Dauerzustand übergehen können. Man bezeichnet solche Gebilde als Mikrozysten.

Die Fortpflanzungsorgane der Pilze entstehen gleichfalls auf verschiedene Weise. Den Mikrozysten und Arthrosporen der Bakterien entsprechen bei den Schimmelpilzen die sogenannten Chlamydosporen und Gemmen. Die Sproßpilze (Hefen) bilden zum Teil Endosporen, die denjenigen der Bakterien ähnlich sind, aber meist zu 2 bis 4 in einer Zelle entstehen. Bei einer anderen, milchwirtschaftlich in Betracht kommenden Pilzgattung, Mucor genannt, entstehen die Sporen in großer Zahl in kugelig ausgebildeten Körpern, den sogenannten Sporangien. Dagegen sind für die eigentlichen Schimmelpilze die auf Weichkäsen, Brot usw. oft wahrnehmbaren, grauen oder weißlichen bis schwärzlichen, staubigen Massen charakteristisch, nach denen sie benannt sind. Diese bestehen aus kugeligen bis eiförmigen sogenannten Luftsporen oder Konidien[1]); sie

---

[1]) Die Bezeichnung Konidie ist abgeleitet von dem griechischen Worte κονίς (konis) = Staub, während der Ausdruck Gonidie von γόνος (gonos) = Abkömmling abgeleitet ist. Beide Worte haben also trotz des ähnlichen Klanges verschiedene Bedeutung.

werden am Ende besonderer Sporenträger in großer Zahl abgeschnürt und durch die Luft überallhin verbreitet. Die Abb. 13 bis 16 veranschaulichen diese verschiedenen Fortpflanzungsorgane der hier in Betracht kommenden Pilze.

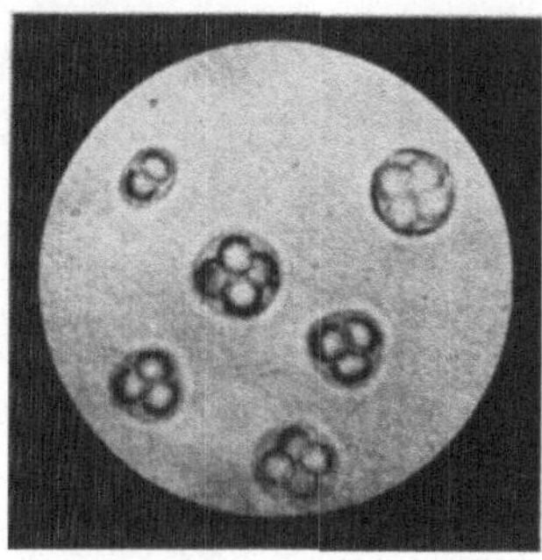

Abb. 13
Hefe mit Sporen
800fach vergrößert

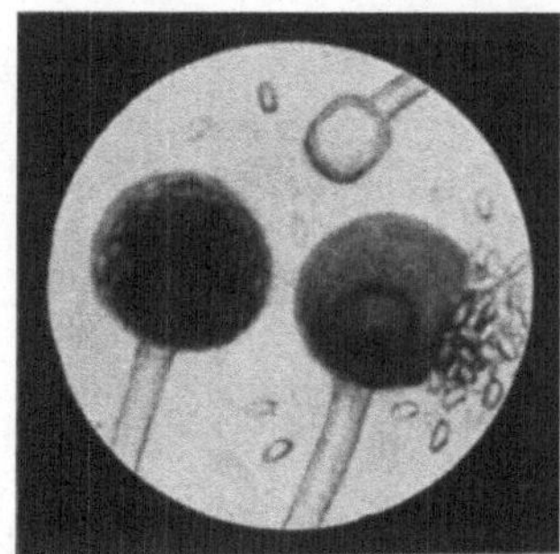

Abb. 14
Mucor-Sporangien
500fach vergrößert

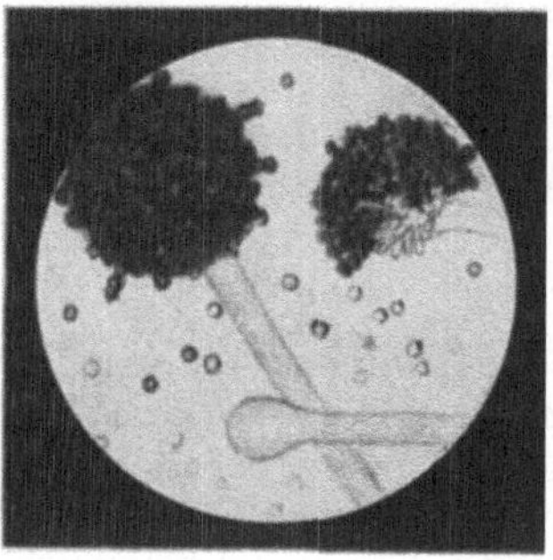

Abb. 15
Aspergillus mit Konidien
500fach vergrößert

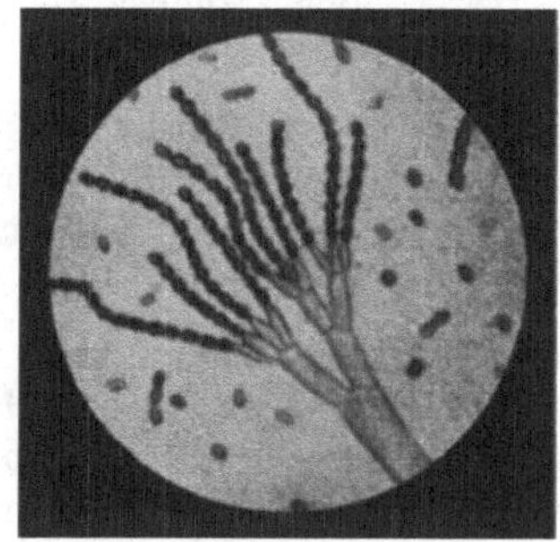

Abb. 16
Penicillium-Sporenträger
500fach vergrößert

Die Bewegungsorgane, die an zahlreichen Bakterien nachgewiesen worden sind, während sie bei Pilzen nicht vorkommen, sind als haarartige Gebilde, sogenannte Geißeln, entweder gleichmäßig über den Zelleib verteilt, oder sie finden sich in der Ein- oder Mehrzahl am Ende der Zelle angeheftet. Die zuerst genannte Art der Begeißelung wird als peritrich, die zweite als polar (mono- bzw. lophotrich) bezeichnet. Obwohl in Milch und Milcherzeugnissen die willkürliche Ortsveränderung, die von den begeißelten Bakterien ausgeführt werden kann, von geringerer Bedeutung ist als bei der Verbreitung der Bakterien im Wasser, im Dünger und im Boden, ist doch das Fehlen oder das Vorhandensein von Geißeln und die Art ihrer Anheftung an den Zellen stets beachtens- und wissenswert zur genauen Kennzeichnung und Wiedererkennung der verschiedenen Bakterienarten. Noch häufiger als bei den normalen Zellen kommt aktive Beweglichkeit vor bei den Gonidien zahlreicher Bakterien, auch solcher, die in vegetativer Form keine Geißeln besitzen. Ob aktive Beweglichkeit vorhanden ist oder nicht, ist übrigens nicht immer leicht zu entscheiden. Die in einer Flüssigkeit (Wasser oder Milch) verteilten Bakterien zeigen, wenn man sie im Mikroskop betrachtet, auch dann oft eine scheinbare Beweglichkeit, wenn sie tatsächlich keine Geißeln besitzen. Wie an allen, auch leblosen, kleinsten Teilchen ist an ihnen eine tanzende Hin- und Herbewegung wahrzunehmen, die als Brownsche

Molekularbewegung bezeichnet wird. Sie hört erst auf, wenn nach längerer Zeit alle Teilchen des Flüssigkeitstropfens völlig zur Ruhe gekommen sind. Bei lebhaft beweglichen Bakterienarten ist diese passive Bewegung von der aktiven Ortsveränderung leicht zu unterscheiden. Bei langsam beweglichen Arten ist dies schwieriger, und es finden sich deshalb im Schrifttum in dieser Hinsicht manche unsichere und unrichtige Angaben.

Vermehrung der Bakterien und Pilze

Die Vermehrung der Bakterien erfolgt hauptsächlich durch Querteilung der vegetativen Zellen in 2 gleichgroße Hälften. Nach diesem Verhalten hat man ihnen den Namen „Spaltpilze" beigelegt. Diese Querteilung ist zwar die wichtigste, aber doch nicht die einzige Art der Bakterienvermehrung, wie bisher meist angenommen worden ist. Wie soeben dargelegt wurde, beteiligen sich Goniden und Regenerativkörper mit an der Vermehrung, und ihre Entwicklung geschieht außer durch Teilung zum Teil auch durch Sprossung. Dagegen beteiligen sich die Endosporen der Bakterien nicht an der Vermehrung, obwohl sie in Lehrbüchern mitunter als Organe der Vermehrung angeführt werden. Da sie in jeder Zelle, sofern sie überhaupt gebildet werden, nur in der Einzahl entstehen, können sie naturgemäß zu keiner Vermehrung Veranlassung geben. Sie sind, wie die Arthrosporen und Mikrozysten, lediglich als Dauerformen für die Erhaltung der Art von Bedeutung.

Die Hefen vermehren sich zum Teil ebenfalls durch Querteilung, vornehmlich dagegen durch Sprossung; sie werden deshalb allgemein als Sproßpilze bezeichnet. Außerdem dienen bei ihnen die Endosporen, da diese hier zu mehreren in einer Zelle gebildet werden, nicht nur der Erhaltung der Art, sondern zugleich auch der Vermehrung.

Bei den Schimmelpilzen sorgen vor allem die leicht durch jeden Luftzug verstreuten Konidien für die Ausbreitung und Vermehrung. Am Orte selbst aber wachsen die Pilzfäden an der Spitze sehr rasch fort, es entstehen zudem immer neue Seitenzweige, und daher kommt es, daß z. B. saurer Rahm und frischer Weichkäse sich sehr bald mit einer geschlossenen Pilzdecke überziehen. Bei manchen Pilzarten neigen diese als „Myzel" bezeichneten, fädigen Wucherungen sehr zum Zerfall in kurze, eiförmige Glieder, sogenannte Oidien. Besonders der gewöhnliche, auf saurem Rahm oft zur Entwicklung gelangende Milchschimmel, das Oidium lactis, ist durch dieses Verhalten gekennzeichnet.

Für die winzigen Bakterienzellen ist es naturgemäß leicht, rasch die zur Vermehrung erforderliche Zellmasse zu bilden, besonders wenn sie sich an einem so nährstoffreichen Standorte befinden wie in der Milch. Unter besonders günstigen Bedingungen, z. B. in warm gehaltener Milch, kann die Zweiteilung und damit die Verdopplung der vorhandenen Bakterien etwa aller 30 Minuten erfolgen. Was das zu bedeuten hat, zeigt die folgende Berechnung. Aus einer einzigen Bakterienzelle werden (bei Ausschluß jeder Störung):

<pre>
Nach 1 Stunde ....   4 Bakterien,
  „   2 Stunden   16   „
  „   3   „   64   „
  „   8   „   65536   „
  „ 15   „   .... 1074 Millionen Bakterien.
</pre>

Je mehr die Zahl anwächst, um so mehr wird die Vermehrung infolge von Nahrungsmangel und durch den schädlichen Einfluß von Stoffwechselprodukten gehemmt. Es kommt schließlich nicht nur zu einem Stillstand in der Vermehrung, sondern sogar zu einem deutlichen Rückgang in der Zahl lebender Bakterienzellen. Es tritt eine Auflösung (Autolyse) der Bakterien durch körpereigene Verdauungsenzyme ein. Diese ist aber nicht, wie vielfach angenommen wird, gleichbedeutend mit dem Tode der Bakterien. Gelöst wird nur die Zellwand, infolgedessen sind bei mikroskopischer Betrachtung keine normalen Zellformen mehr sichtbar. Das Protoplasma wird frei; seine winzigen, kaum sichtbaren und zum Teile filtrierbaren, kernartigen Zelleinschlüsse (Gonidien) können aber, wenn die Lebensbedingungen wieder günstiger werden, zur Neubildung normaler Zellen Veranlassung geben. Nicht selten treten zunächst jene oben erwähnten kugeligen Regenerativkörper auf, die erst weiterhin vegetative Zellen entstehen lassen. Diese Neubildung von Bakterienzellen aus ungeformter lebender Substanz ist schon oft beobachtet, aber erst in neuerer Zeit genauer untersucht worden. Fokker hat sich durch derartige Erscheinungen, namentlich durch die Neubildung runder Regenerativkörper aus Eiweißflocken in der Milch, zu der Annahme verleiten lassen, es seien hier unter seinen Augen Bakterien von besonderer Form aus Käsestoffteilchen entstanden. Die Abb. 17

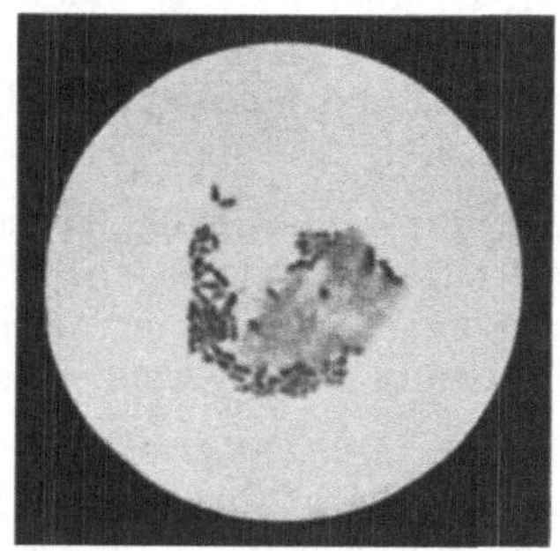

Abb. 17
Neubildung
von Milchsäurebakterien
1000fach vergrößert

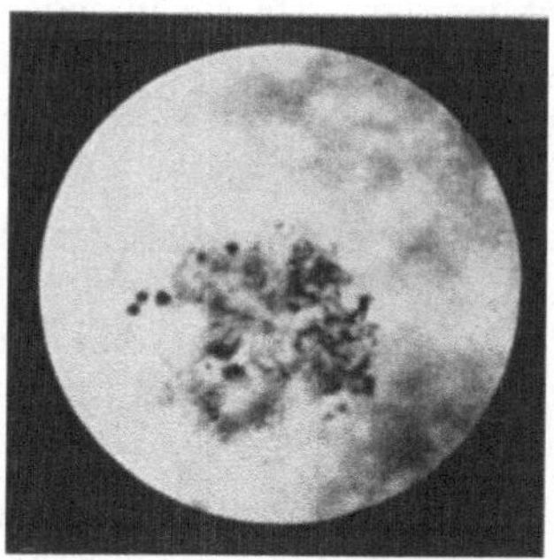

Abb. 18
Entstehung von Regenerativkörpern von Milchsäurebakterien
1000fach vergrößert

und 18 zeigen die entsprechende Neubildung von Milchsäurebakterien, in Abb. 17 in der normalen Kurzstäbchenform, in Abb. 18 dagegen als kugelige Regenerativkörper.

Da es sich hierbei um nur erst wenig bekannte Vorgänge handelt, die noch eingehender Erforschung bedürfen, mögen diese wenigen Angaben genügen. Eine sorgfältige Berücksichtigung dieses eigenartigen Verhaltens der Bakterien ist aber auch deshalb nötig, weil in ihm der Schlüssel zum vollen Verständnis jener Vorgänge gegeben zu schein scheint, die gegenwärtig als sogenannte Bakteriophagenwirkung zusammengefaßt werden. Als Bakteriophagie werden Auflösungserscheinungen der Bakterien bezeichnet, die von der medizinischen Bakteriologie bereits sehr eingehend studiert worden sind, die aber auch von seiten der Milchbakteriologie Beachtung verdienen. Besonders von W. Dorner ist hierauf hingewiesen worden. Bisher war und ist man vielfach der Ansicht, daß besondere, kleinste, mikroskopisch nicht mehr sichtbare Lebewesen als „Bakteriophagen", das heißt als Bakterienfresser, die Auflösung der Bakterien bewirken, während andere Forscher der Ansicht sind, daß ungeformte Fermente (Enzyme) hierbei im Spiele seien. Nachdem sich jedoch herausgestellt hat. daß der Auflösung der Bakterien nicht selten eine

Neubildung von Zellen, und zwar gerade auch solcher, die oben als Regenerativkörper beschrieben wurden, folgen kann, gewinnt die Vermutung sehr an Wahrscheinlichkeit, daß es sich entweder meist oder sogar immer um jene Entwicklungsvorgänge handelt, die regelmäßig an den Bakterien beobachtet werden können, aber bisher gewöhnlich übersehen worden sind.

Wenn Bakterien und Pilze Gelegenheit haben, sich auf einer festen Unterlage zu vermehren, die ihnen reichliche Mengen an Nährstoffen zur Verfügung stellt, so kommt es nach verhältnismäßig kurzer Zeit zu einer so großen Anhäufung von neu gebildeten Zellen, daß diese mit dem bloßen Auge gesehen werden können. Wie soeben berechnet wurde, entstehen unter günstigen Bedingungen aus einer Bakterienzelle innerhalb von 15 Stunden 1000 Millionen. Diese nehmen annähernd 1 mm³ Raum ein, das heißt sie werden auf der festen Unterlage als eine kleine, meist scheibenförmige Wucherung sichtbar, die sich rasch weiter ausbreiten kann. Solche Ansiedlungen von Bakterien und Pilzen, die man als Kolonien bezeichnet, können besonders auf der Oberfläche von Weichkäsen in verschiedener Form und Färbung wahrgenommen werden. Die Mehrzahl der verschiedenfarbigen Flecken, die auf Rahm sowie auf und in den Käsen als fehlerhafte Erscheinungen nicht allzu selten sind, erweist sich bei näherer Untersuchung als Bakterien- oder Pilzkolonien. Auf den künstlichen Nährböden, die im Laboratorium zur Gewinnung und Fortzüchtung der Mikroorganismen in Reinkulturen benutzt werden, können diese Kolonien zu sogenannten Riesenkolonien entwickelt werden. Diese sind nach Form, Färbung und Struktur oft charakteristisch, und eine genaue Beachtung und Kenntnis dieser Merkmale ist für die Erkennung der verschiedenen Arten von Mikroorganismen von großem Werte.

Einteilung und Benennung der Bakterien und Pilze

Je nachdem es sich um praktische oder um wissenschaftliche Gesichtspunkte bei der Einteilung und Benennung der in der Milch vorkommenden Mikroorganismen handelt, wird entweder der Tätigkeit oder dem Aussehen der Bakterien und Pilze die größere Bedeutung beigelegt. Form, Farbe und Struktur der Einzelzellen und deren Anhäufungen in den Kolonien, die auf verschiedenen Nährböden zur Entwicklung gebracht werden, müssen in erster Linie für die genaue Kennzeichnung und die hierauf zu gründende wissenschaftliche Benennung jeder Bakterien- und Pilzart maßgebend sein, ganz ebenso wie auch die wissenschaftliche Benennung und Einteilung der höheren Pflanzen und Tiere vor allem nach morphologischen und anatomischen Merkmalen erfolgt. Nun ist aber, wie dargelegt worden ist, gegenwärtig nur erst verhältnismäßig wenig über den jeder Art eigentümlichen vollständigen Formenkreis bekannt. Namentlich bei den Bakterien hat man lange Zeit nur eine Form (Kugel, Stäbchen oder Schraube) als charakteristisch und konstant angenommen. Alle jetzt gebräuchlichen wissenschaftlichen Benennungen der Bakterien sind auf diese (unvollständige) Kenntnis von deren Eigenschaften gegründet; sie bezeichnen deshalb nur sogenannte „Formarten", nicht wirkliche, „natürliche" Arten, und jedes System, nach dem die Bakterien eingeteilt werden, ist ein künstliches, kein natürliches System. Solange aber wegen des Fehlens genauerer Kenntnisse eine Einteilung auf natürlicher Grundlage nicht möglich ist, muß ein künstliches System an deren Stelle treten, über dessen Aufbau die Ansichten jedoch vielfach auseinandergehen. Am längsten im Gebrauch ist die folgende Einteilung und Benennung der Hauptgattungen von Bakterien nach K. B. Lehmann und R. O. Neumann:

I. Zellen, kugelförmig ...
1. einzeln, zu 2, zu 4 oder in regellosen Haufen .... Micrococcus,
2. in Ketten angeordnet .... Streptococcus,
3. in Warenballen-ähnlichen Verbänden .... Sarcina;

II. „ stäbchenförmig
1. ohne Endosporen .... Bacterium,
2. mit „ .... Bacillus;

III. „ gekrümmt ....
1. Komma-Form .... Vibrio,
2. Schraubenform .... Spirillum.

Je nach ihrer Anordnung werden die Mikrokokken oft noch mit besonderen Namen belegt: Monococcus (Einzelzellen), Diplococcus (in Paaren), Tetracoccus (zu 4 angeordnet) und Staphylococcus (in Haufen). Die Namen Bacterium und Bacillus werden gelegentlich nicht nach der Sporenbildung, sondern nach der Kürze oder Länge der Zellen, oder nach dem Fehlen bzw. Vorhandensein von Geißeln verwendet. Ein von Migula aufgestelltes System legte der verschiedenen Begeißelung größte Bedeutung bei. Peritrich begeißelte Stäbchen werden nach dieser Einteilung Bacillus, polar begeißelte Pseudomonas und unbewegliche Bacterium benannt ohne Rücksicht auf die Sporenbildung. Weiter wurden mancherlei besondere Gattungen aufgestellt je nach Fundort oder sonstigen zufälligen Merkmalen, z. B. Karphococcus (ein auf Stroh gefundener Micrococcus), Betacoccus und Betabacterium (Kokken und Stäbchen, die auf Rüben vorkommen), Thermobacterium (Stäbchen, die vorzugsweise bei höheren Wärmegraden gedeihen), Mikrobacterium (besonders kleine Stäbchen), Coccobacillus (Mittelform zwischen Kugel und Stäbchen), Streptobacillus oder Streptobacterium (in Ketten angeordnete Stäbchen) u. a. m. Am weitesten in der Aufstellung neuer Namen ist neuerdings eine Gruppe von amerikanischen Bakteriologen gegangen, die unter der Führung von D. H. Bergey eine Neuordnung und Neubenennung aller Bakterien durchgeführt haben, die bereits mit Recht auch von amerikanischer Seite (J. C. Hall) scharf kritisiert worden ist. Die Benutzung dieser neuen Benennungen in amerikanischen Veröffentlichungen macht es auch dem erfahrenen Leser oft unmöglich zu erkennen, welche Arten denn eigentlich gemeint sind. Erst aus einem dem genannten Werke von Bergey nachträglich beigegebenen Schlüssel kann man ersehen, worum es sich handelt. Europäische Bakteriologen haben zwar nicht immer, aber doch meist die Regel befolgt, bei der Versetzung einer Art in ein anderes Genus den bisher gebräuchlichen Artennamen beizubehalten, z. B. ist deshalb entweder von einem Bacterium coli oder einem Bacillus coli, von einem Bacterium fluorescens oder einer Pseudomonas fluorescens die Rede. Der Artname gibt in solchen Fällen stets genügend Auskunft. In Amerika hat man sich leider nicht an diese Regel gehalten, und eine weitgehende Zersplitterung sowie Neubenennungen von Gattungen und Arten haben zu einer Unübersichtlichkeit und Unordnung auf dem gesamten Gebiete geführt, die ungemein störend wirkt.

Der allein gangbare Ausweg aus den bestehenden Schwierigkeiten scheint der zu sein, sämtliche künstlichen Bakteriensysteme unberücksichtigt zu lassen, und statt dessen die milchwirtschaftlich wichtigen Bakterien in mehrere große Gruppen einzuordnen, deren Umgrenzung sich vor allem nach den Leistungen der betreffenden Arten zu richten hat (Milchsäurebakterien, Käsestoff lösende Bakterien usw.). Als Artennamen sollten allgemein diejenigen gebraucht werden, die lange eingebürgert und eindeutig sind. Des besseren Verständnisses halber werden aber weiterhin bei der Besprechung der verschiedenen Gruppen von

Milchbakterien auch die sonst noch in Vorschlag gebrachten Benennungen (als Synonyme) aufgeführt werden.

In bezug auf die Einteilung und Benennung der milchwirtschaftlich wichtigen Pilze ist der Sachverhalt insofern günstiger, als hier größere Einheitlichkeit in der Verwendung der wissenschaftlichen Namen herrscht, und es sich außerdem nur um verhältnismäßig wenige Gruppen von Organismen handelt.

Eine Zwischenstellung zwischen Bakterien und den eigentlichen Pilzen nehmen die Aktinomyzeten oder Strahlenpilze ein. Statt der Bezeichnung Actinomyces wird noch zuweilen der früher häufig gebrauchte Name Streptothrix benutzt, der in der Tat ein hervortretendes Merkmal dieser Gattung richtig kennzeichnet, nämlich das regelmäßig eintretende Zerfallen der sehr dünnen, pilzartigen, in der Kolonie strahlenförmig vom Mittelpunkt ausgehenden Fäden in kürzere oder längere Ketten von kurzstäbchenförmigen Gliedern. In Staub, Streu und in Butter sind Aktinomyzeten regelmäßig anzutreffen. Eine besonders häufige Art, Actinomyces odorifer (Streptothrix odorifera), ist durch einen muffigen, erdartigen Geruch ausgezeichnet, den sie unter Umständen auch der Milch und der Butter mitteilen kann.

Von den Sproßpilzen sind 4 Gattungen zu nennen: 1. die sporenbildende Gattung Saccharomyces von kugliger, ovaler oder gestreckter Form; 2. die sporenfreie, meist kugelrunde Gattung Torula; 3. die ebenfalls sporenfreie, an der Oberfläche von Flüssigkeiten als Kahmhaut auftretende Gattung Mycoderma von länglicher Zellform; 4. die teils kuglige, teils langgestreckte Zellen bildende Gattung Monilia. Den 2 zuerst genannten Gruppen gehören die wichtigsten Milchhefen an.

Von den Fadenpilzen sind die milchwirtschaftlich wichtigsten Gattungen bereits erwähnt worden: 1. das leicht zu „Oidien" zerfallende Oidium lactis; 2. die artenreiche Gattung Penicillium, von der einige Arten für die Reifung der Käse nach Roquefort-Art von ausschlaggebender Bedeutung sind; 3. die Gattung Aspergillus und 4. Cladosporium, die beide der Milchwirtschaft schädliche Arten umschließen.

B. Die Lebensbedingungen der Mikroorganismen

Die Ansprüche, welche die Bakterien und Pilze in bezug auf die Lebensbedingungen stellen, wechseln nicht nur bei den verschiedenen Gattungen und Arten innerhalb weiter Grenzen, sondern auch bei derselben Art können erhebliche Schwankungen in dieser Hinsicht auftreten. Diese praktisch sehr wichtige Tatsache hat vor allem ihren Grund in dem einfachen Bau der Bakterien- und Pilzzellen sowie in der raschen Aufeinanderfolge verschiedener Generationen, die sich geänderten Lebensbedingungen naturgemäß viel leichter anpassen können, als dies den länger lebenden und komplizierteren, höheren Organismen möglich ist. Es ist bekannt, wie sehr sich die Eigenschaften unserer Haustiere durch Zuchtwahl und Gewöhnung im Laufe der letzten 100 Jahre geändert haben. Bei den Bakterien, die alle halben Stunden eine neue Generation entstehen lassen, bedeutet in dieser Hinsicht ein Tag so viel wie ein Jahrhundert für die höheren Organismen; Wochen, Monate und Jahre entsprechen Jahrtausenden und Jahrmillionen. Wenn man diese Unterschiede angemessen berücksichtigt, erscheint die oft wahrzunehmende Beständigkeit der bakteriellen Eigenschaften tatsächlich erstaunlicher als deren Veränderlichkeit.

Wie die höheren, bedürfen auch die niederen Organismen zum Leben einer zusagenden Nahrung, einer ausreichenden Menge Feuchtigkeit, des zur

Atmung benötigten Sauerstoffes sowie eines gewissen Maßes von Wärme. Dagegen ist das für alle grünen Gewächse unentbehrliche Licht nicht nötig, oft wirkt es deutlich schädlich. Dasselbe gilt für ultraviolette Strahlen und für die Elektrizität.

Nahrung und Reaktion

Durch ihren Gehalt an Eiweiß, an Fett, an Milchzucker und an mineralischen Stoffen erweist sich die frische Milch als vorzüglicher Nährboden für die verschiedenartigsten Bakterien und Pilze; denn diese Mikroorganismen bedürfen, im Gegensatz zu den höheren Pflanzen, neben den Aschebestandteilen fast ausnahmslos organischer Kohlenstoff- und meist auch organischer Stickstoffverbindungen. Nur sehr wenige Bakterien sind imstande, die Kohlensäure der Luft für ihre Ernährung nutzbar zu machen, während es schon verhältnismäßig viele Arten gibt, die ihren Kohlenstoffbedarf aus den Salzen organischer Säuren (Milchsäure, Essigsäure usw.) decken können. Mehrwertige Alkohole, wie das im Milchfett enthaltene Glyzerin, bewähren sich im allgemeinen noch besser. Der höchste Nährwert kommt jedoch in der Regel den Kohlehydraten zu, in Milch und Milcherzeugnissen also dem Milchzucker. Mit der Deckung des Stickstoffbedarfs verhält es sich ähnlich. Am besten nähren im allgemeinen die Eiweißstoffe, weniger gut die Amide und Aminosäuren, und den geringsten Nährwert weisen die mineralischen Stickstoffverbindungen (Ammoniaksalze und Salpeter) auf, wenigstens soweit die überwiegende Mehrzahl von Mikroorganismen in Frage kommt. Milch und Käse bieten deshalb, soweit die Reaktion nicht störend wirkt, einen sehr günstigen Nährboden dar, während in der Butter und noch mehr in Butterschmalz infolge des Mangels an stickstoffhaltiger Nahrung die Entwicklung von Bakterien und Pilzen ziemlich bald zum Stillstand kommen muß.

Solange die Reaktion der Milch annähernd neutral bleibt, sind der Vermehrung der Bakterien kaum irgendwelche Schranken gesetzt. Da aber in der Regel der Säuregrad der Milch bei längerer Aufbewahrung rasch ansteigt, tritt eine andauernde Keimvermehrung nur dann in die Erscheinung, wenn durch Zugabe von säurebindenden Mitteln (z. B. von Natron) die Reaktion neutral erhalten wird. Die Mehrzahl der Milchbakterien stellt ihre Vermehrung ein, ·wenn die Wasserstoffionen-Konzentration einer P_H-Zahl von 5 bis 4,5 entspricht. Mehr Säure vertragen dagegen die Milchsäurebakterien (etwa bis P_H 4,0 bis 3,5); in längere Zeit aufbewahrter Milch herrschen sie deshalb bei weitem vor. Am wenigsten säureempfindlich sind aber die Sproß- und Schimmelpilze, die infolgedessen auf und in saurem Rahm und Quark üppig gedeihen können, während die Zahl der darin lebenden Bakterien immer mehr sinkt. Die Pilze nähren sich von der vorhandenen Säure und veratmen sie zum Teil. Das hat zur Folge, daß die Reaktion sich wieder mehr dem Neutralitätspunkte nähert, und Bakterienentwicklung von neuem einsetzen kann. Bei der Reifung der Weichkäse sind diese Reaktionsänderungen zum Teil von großer Bedeutung. Besonders anschaulich wird ihre Wirkung aber dann, wenn man Milch in einem offenen Gefäß einige Wochen oder Monate sich selbst überläßt. Erst wird sie sauer und gerinnt gleichmäßig, dann entwickelt sich an der Oberfläche eine Pilzdecke, hauptsächlich aus Oidium lactis bestehend, die einen Teil der Säure in der Oberschicht verzehrt. Nun tritt von oben nach unten langsam fortschreitend, Auflösung des Käsestoffes ein, und die Pilzdecke sinkt tiefer in die erst gelbliche, später sich bräunende Flüssigkeit ein. Neue Pilzdecken entstehen nacheinander an der Oberfläche und versinken später. Zuletzt ist aller Käsestoff gelöst, die

Reaktion ist neutral oder alkalisch, und es verbleibt eine übelriechende, dunkelbraune Flüssigkeit.

Solange es nicht an Nährstoffen fehlt, und die Reaktion nicht störend wirkt, kann die Vermehrung vegetativer Bakterien- und Pilzzellen andauern. Werden aber die Verhältnisse ungünstig, so werden Dauerformen (Sporen usw.) gebildet, die dafür sorgen, daß das Leben erhalten bleibt. In Milch kommt es, wegen des reichlichen Vorrats an Nährstoffen, nur ausnahmsweise zur Sporenbildung. Vermischt man aber geringe Milchmengen mit viel Wasser, so tritt rasch Sporenbildung ein, vorausgesetzt, daß die vorhandenen Bakterien hierzu ihrer Natur nach befähigt sind. Gelangen anderseits die in nährstoffarmem Substrat gebildeten Sporen wieder in nährstoffreiche Umgebung, so keimen sie rasch zu neuen vegetativen Zellen aus.

Bedarf an Feuchtigkeit

Der soeben besprochene Wechsel zwischen vegetativer Vermehrung, Sporenbildung und Sporenkeimung wird außer durch An- oder Abwesenheit zusagender Nahrung oft auch durch An- oder Abwesenheit von ausreichenden Mengen an Feuchtigkeit bedingt. Die vegetativen Zellen sind wasserreich und benötigen deshalb zur Erhaltung ihres Lebens und zur Neubildung von Tochterzellen reichlicher Wassermengen. Die Sporen besitzen dagegen einen wasserärmeren Zellinhalt, und dieser ist geschützt durch eine verhältnismäßig dicke, wenig durchlässige Hülle; außerdem ist ihr Stoffwechsel nur sehr gering, entsprechend ihrer Eigenschaft als Dauerformen. Noch mehr als bei den Bakterien wirkt bei den Pilzen Wassermangel bestimmend auf die Sporenbildung ein. Das lehrt das reichliche Auftreten der meist grau gefärbten Sporenmassen auf trockenem Brot, auf der mit fortschreitendem Alter immer mehr abtrocknenden Käseoberfläche und an ähnlichen, erst feuchten, später trockenen Stellen ohne weiteres. Durch oft wiederholtes Befeuchten, sogenanntes „Schmieren" der Käse oder durch Einlegen in das Salzbad läßt sich der in solchen Fällen unerwünschten Sporenbildung entgegenarbeiten. In anderen Fällen, wo man die Sporenbildung fördern will, macht man dagegen von dem sie begünstigenden Einfluß des Trocknens des Nährbodens absichtlich Gebrauch (z. B. bei der Züchtung sporenbildender Hefen auf Gipsblöcken).

Mangel an Feuchtigkeit kann infolgedessen die zur Sporenbildung befähigten Bakterien und Pilze nur wenig schädigen; er hemmt ihre Vermehrung, tötet sie jedoch nicht. Aber auch viele der nicht sporenbildenden Mikroorganismen können lange Perioden von Trockenheit ohne größeren Nachteil überdauern. Zunächst stehen ihnen jene bisher erst wenig untersuchten Fortpflanzungsorgane zur Verfügung, die zum Teil gegen Trockenheit weit weniger empfindlich sind als die vegetativen Zellen; namentlich für die stets in Kugelform auftretenden Regenerativkörper trifft dies zu. Weiterhin sind aber auch zahlreiche vegetative Zellen selbst gegen zeitweiliges Eintrocknen wenig empfindlich. Ihre an der Außenseite mehr oder minder schleimige Zellhaut verleiht ihnen ziemlich beträchtlichen Schutz, und auch der Zellinhalt verträgt zum Teil eine weitgehende Verminderung des Wassergehaltes. Bei vielen Bakterienarten und bei fast allen Pilzen ist diese „Trockenstarre" der Zellen durchaus nichts Ungewöhnliches, manche Bakterienarten werden dagegen sehr leicht durch Austrocknen geschädigt; das gilt insbesondere für die Milchsäurelangstäbchen, die deshalb in den im Handel befindlichen Trockenpräparaten zur Bereitung von Joghurt usw. oft sämtlich abgestorben sind. Aber auch bei denjenigen Bakterienarten, die von Haus aus widerstandsfähiger sind, wie es z. B. bei den Milchsäure-Streptokokken der

Rahmreifungskulturen der Fall ist, nimmt es erst einige Zeit in Anspruch, bis die aus einem trockenen in ein wasserreiches Substrat zurückverpflanzten Zellen ihre volle Lebenskraft wiedererlangt haben.

Eine „phyiologische" Trockenheit eines an sich wasserhaltigen Nährbodens kann durch Salzzusatz herbeigeführt werden. Das Salz nimmt das Wasser zu seiner Auflösung in Anspruch und entzieht es damit den Bakterien. Besonders in der Butter sowie in den trocken gesalzenen Käsen spielt diese Salzwirkung eine wichtige Rolle, die allerdings noch verstärkt wird durch die chemische Schädigung, die das Salz auf die Bakterien ausübt.

Verhalten zum Sauerstoff der Luft

Wie alle anderen Lebewesen bedürfen auch die Bakterien und Pilze des Sauerstoffes zur Atmung. Während aber für alle höheren Organismen hierfür nur der freie Sauerstoff der Luft in Betracht kommt, liegen bei den Bakterien, zum Teil auch bei den Pilzen, andere, sehr eigenartige Verhältnisse vor. Manche von ihnen, so namentlich die Schimmelpilze, können allerdings, wie die höheren Pflanzen und Tiere, nur bei ungehindertem Luftzutritt gedeihen. Man nennt sie deshalb luftliebend oder aerob. Dagegen sind viele andere Arten, insbesondere die Hefen und die Mehrzahl der Bakterien, in der Lage, auch bei Luftabschluß zu leben, indem sie sich den zur Atmung nötigen Sauerstoff aus sauerstoffreichen Verbindungen (Zucker, Salpeter usw.) beschaffen. Verschiedenheiten bestehen hier wieder insofern, als ein Teil dieser Arten durchaus auf diese Lebensweise eingestellt ist; man nennt die betreffenden Arten luftscheu oder anaerob. Der freie Sauerstoff der Luft wirkt wie Gift auf sie ein und bringt sie rasch zum Absterben. Die meisten Bakterien und Hefearten sind dagegen befähigt, sowohl bei Luftzutritt wie bei Luftabschluß zu gedeihen. Sie werden deshalb als fakultiv anaerob bzw. aerob bezeichnet.

Dieses verschiedene Verhalten der Bakterien und Pilze ist milchwirtschaftlich von sehr großer Bedeutung. Die Luftbedürftigkeit der Schimmelpilze wird augenfällig, wenn man die Pilzdecke auf saurem Rahm oder auf den flachen Weichkäsen betrachtet. Dagegen zeigt die gleichmäßige Reifung des gesamten Teiges der großen Hartkäse, denen man mitunter, wie beim Edamer Käse, absichtlich eine im Verhältnis zum Körperinhalt möglichst kleine Oberfläche gibt, die man außerdem noch zur Unterdrückung des Pilzwachstums einer besonderen Behandlung unterzieht, daß in diesen Fällen Bakterien tätig sind, die des freien Sauerstoffes nicht bedürfen, denn dieser ist im Inneren der großen Hartkäse schon nach kurzer Zeit aufgebraucht. Sollen sich dagegen luftliebende Mikroorganismen im Innern der Käse entwickeln, wie im Roquefort-, Gorgonzola- und verwandten Käsen, so muß für die nötige Luftzufuhr in der Weise gesorgt werden, daß der Käseteig mit nadelförmigen Instrumenten durchbohrt, also künstlich mit Luftkanälen versehen wird.

Für die Deckung des Sauerstoffbedarfes der luftscheuen Bakterien sind manche sauerstoffreiche Verbindungen besser geeignet als andere. So wird z. B. von vielen Arten dem Salpeter der Vorzug gegeben vor dem Milchzucker. Bei der Entnahme des Sauerstoffes aus dem Salpeter bleibt Ammoniak zurück, während bei der Zerlegung des Milchzuckers Wasserstoff, Methan und Kohlensäure entstehen. Die zuletzt genannten Gase geben, wenn sie im Käse in ansehnlichen Mengen gebildet werden, zu dessen „Blähen" Veranlassung, während das Ammoniak dies nicht tut. Dank jener Vorliebe für den Salpeter kann man also die Blähung erregenden Bakterien dadurch an der Vergärung des Milchzuckers eine Zeitlang hindern, daß man dem Käseteig Salpeter zusetzt. Dieser wird dann zunächst seines Sauerstoffes beraubt (zu Ammoniak reduziert) und inzwischen setzen die Milchsäurebakterien den Milchzucker in Milchsäure um. Die unerwünschte Gasbildung aus Milchzucker wird so verhindert. Die Reduktion des Nitrats erfolgt aber stets innerhalb verhältnismäßig kurzer Zeit, deshalb kann ein Salpeterzusatz nicht vor jenen spät auftretenden, sogenannten nachträglichen Blähungen schützen, die von luftscheuen Bakterienarten verursacht werden, die verschieden sind von den in den ersten Tagen wirkenden Milchzuckervergärern.

Die Milchsäurebakterien gedeihen meist bei Luftabschluß ebensogut oder sogar besser als bei Luftzutritt. Deshalb gerinnt die in der verschlossenen Flasche aufbewahrte Milch ebenso schnell oder noch schneller, als wenn sie sich in einem offenen flachen Gefäß befindet. Daß aber in der Rahmschicht die Säuerung früher einsetzt als in der darunter befindlichen Milch, ist nicht auf den Lufteinfluß, sondern auf den höheren Keimgehalt des Rahmes zurückzuführen, in den, wie oben dargelegt wurde, die aufsteigenden Fettkügelchen viele Bakterien mit sich emporheben.

Wie nachteilig unrichtig angewandter Luftabschluß auf die Tätigkeit der Mikroorganismen einwirken kann, zeigt sich deutlich bei dem Verpacken von Weichkäsen nach Brie- und Camembertart in Stanniolumhüllung. Die diesen Käsen eigentümlichen Mikroorganismen, namentlich die oberflächlich wuchernden Schimmelpilze, bedürfen der Luft. Wird diese durch die Umhüllung fern gehalten, so treten nun sehr oft zufällig vorhandene, aber unerwünschte Käsestoff lösende luftscheue Bakterien als typische Fäulniserreger in Tätigkeit; ein rasches Verderben der Käse ist die unvermeidliche Folgeerscheinung.

Einfluß von Wärme und Kälte

Wie die Förderung oder Hemmung des Luftzutritts, so ist auch die Regelung der Temperatur von sehr großer Bedeutung für die richtige Leitung der Entwicklung und der Tätigkeit der Mikroorganismen in der Milch und in den Milcherzeugnissen. Niedrige Wärmegrade (unterhalb 0^0 C) bringen das Leben der Bakterien und Pilze ebenso wie dasjenige der höheren Pflanzen vorübergehend zum Stillstand. Eine Abtötung erfolgt allerdings auch durch sehr starke Kälte nur in verhältnismäßig geringem Umfange. Wenn das Auftauen nicht zu rasch erfolgt, kehren die meisten der zuvor fest gefrorenen Zellen wieder in den normalen Zustand zurück. Dauerformen, insbesondere die Sporen, werden naturgemäß durch Kälte so gut wie gar nicht beeinflußt.

Die obere Grenze für **jede** Lebenstätigkeit liegt zwischen 70 und 80^0 C. Die Mehrzahl der vegetativen Zellen geht schon bei niedrigeren Wärmegraden, meist zwischen 45 bis 60^0, zugrunde. Die Sporen dagegen sind sehr wärmebeständig. Namentlich zeichnen sich die Dauerformen mancher in Erde, auf Heu und Stroh vorkommenden Bakterienarten in dieser Hinsicht aus. Sie überstehen zum Teil ohne Schaden stundenlanges Kochen oder die Einwirkung des strömenden Dampfes. Erst gespannter Dampf von 120 bis 130^0 C oder trockene Hitze von 150 bis 170^0 C vernichten ihre Keimfähigkeit. Ihr Vorkommen in der Milch bedingt es, daß es fast unmöglich ist, in der gewöhnlichen Weise gewonnene, also verhältnismäßig keimreiche Milch durch Erhitzen haltbar zu machen. Früher oder später setzt fast ausnahmslos von neuem Bakterienentwicklung ein, auch wenn dafür Sorge getragen wird, daß keine neue Infektion durch die in der Luft schwebenden Keime erfolgt.

Die zwischen 0⁰ und 80⁰ zur Entwicklung kommenden Mikroorganismen kann man nach ihrem Wärmebedürfnis in 3 große Gruppen gliedern. Diejenigen Arten, die sich am besten bei niedriger Temperatur, hauptsächlich zwischen 0 und 10⁰ C, entwickeln, nennt man kälteliebend, psychro- oder kryophil. Ihnen gerade entgegengesetzt sind die wärmeliebenden oder thermophilen Arten, die am besten bei etwa 50 bis 60⁰ C gedeihen und deren untere und obere Wachstumsgrenzen in der Nähe von 30 bzw. 80⁰ C liegen. Die Hauptmenge der Bakterien und Pilze vermehren sich dagegen am reichlichsten bei einer mittleren Temperatur von etwa 25 bis 35⁰ C; sie werden deshalb mesophile Mikroorganismen genannt. Die untere Wachstumsgrenze liegt für die Mehrzahl von ihnen bei 5 bis 10⁰ C, die obere bei 45 bis 50⁰ C. Manche mesophile Arten gedeihen aber auch noch bei 0 bis 10⁰ C ziemlich gut; man stellt sie als psychrotolerante (das heißt als Kälte ertragende) Arten den ausgesprochenen Psychrophilen an die Seite. Auf der anderen Seite vertragen manche an sich mesophile Arten auch Temperaturen oberhalb 50⁰ C noch verhältnismäßig gut. Sie vermitteln als thermotolerante Arten nach den Thermophilen hin.

Wahl und Anwendung der geeigneten Temperaturen gestatten in weitgehendem Maße, die Entwicklung der Mikroorganismen zu hemmen oder zu fördern und je nach dem angestrebten Ziel die eine oder die andere Gruppe von Bakterien zur Vorherrschaft zu bringen. Zu den ausgesprochen psychrophilen Organismen gehören vor allem allerhand Wasserbakterien, die besonders den Käsestoff und das Fett in der Milch angreifen. Wird Milch längere Zeit bei 0 bis 5⁰ aufbewahrt, so tritt in der Regel keine Säuerung, sondern eine teilweise Auflösung des Käsestoffs und eine merkliche Verschlechterung des Geschmackes ein. Bei 5 bis 10⁰ sind die Veränderungen weit geringer, weil nun die Tätigkeit der Milchsäurebakterien einzusetzen beginnt, die bei einer Steigerung der Wärme auf 20 bis 30⁰ ihren ersten Höhepunkt erreicht. Ein zweiter Höhepunkt liegt bei etwa 45⁰, weil bei dieser Temperatur die wärmeliebenden Milchsäurebakterien in Tätigkeit treten. Sie überdauern auch zum großen Teile die (beim Nachwärmen in der Hartkäserei angewandten) Temperaturen von 50 bis 55⁰, die für die überwiegende Mehrzahl der mesophilen Keime tödlich sind. Selbst die noch höheren, beim Pasteurisieren der Milch in Anwendung gebrachten Wärmegrade überstehen sie zum Teil.

Dem Tierkörper, insbesondere dem Darm entstammende Bakterienarten sind den Temperaturen von 38 bis 40⁰ am besten angepaßt. Deshalb wird durch Benutzung dieser Wärmegrade in der Milchgärprobe ihre Anwesenheit in der Milch am sichersten ermittelt. Sollen dagegen mit Hilfe der Gärprobe die Erreger irgendwelcher anderen Milchfehler nachgewiesen werden, so muß stets überlegt werden, ob nicht eine niedrigere oder höhere Temperatur als die übliche von 38⁰ C den Vorzug verdient. Zum Beispiel tritt Schleimbildung in der Milch schon bei niedrigeren Wärmegraden ein und kann bei höheren ganz ausbleiben.

Werden durch Anwendung hoher Temperaturen (beim Pasteurisieren) zunächst die nicht hitzebeständigen Arten vernichtet und wird darnach die Temperatur so stark erniedrigt, daß auch die überlebenden Thermophilen größtenteils zugrunde gehen, so kann nahezu Keimfreiheit von Milch und Milcherzeugnissen bzw. (beim Ausschluß von Neuinfektionen) große Haltbarkeit erreicht werden. Die Möglichkeit, sorgfältig behandelte Butter sehr lange Zeit fast unverändert in Kühlräumen unterhalb 0⁰ aufzubewahren, hängt zum Teil mit diesen Temperatureinwirkungen zusammen. Außerdem aber tragen gerade in der Butter auch der bereits erörterte Mangel an eiweißreicher Nahrung, der hohe Salzgehalt und der Wassermangel mit dazu bei, daß die Bakterien kaum zur Wirkung kommen. Die Kältereifung mancher Käsesorten, wie beim Roquefort- und Cheddarkäse, bietet ebenfalls ein bemerkenswertes Beispiel dafür dar, wie durch Regelung der Temperatur die Bakterien- und Pilztätigkeit beeinflußt werden kann. Wird z. B. Roquefortkäse statt bei niederer Temperatur, bei 20 oder 30° aufbewahrt, so wird er infolge der nun stark einsetzenden Fettzersetzung und Ammoniakbildung bald ungenießbar. Sehr bemerkenswert ist auch, wie beim Nachwärmen des Bruchs in der Emmentaler Käserei allein durch Ausprobieren in der Praxis gerade diejenige Temperatur herausgefunden worden ist, die für die gefährlichsten Blähungserreger, insbesondere für Hefen, tödlich ist. In anderen Fällen zeigt sich gleichfalls, wie schon lange gebräuchliche Maßnahmen den verschiedenen Temperaturansprüchen der jeweils in Frage kommenden Mikroorganismen genau Rechnung tragen, obwohl zu der Zeit, als sie zuerst zur Anwendung kamen, von Bakterien und Pilzen noch kaum irgend etwas bekannt war.

Verhalten zum Licht und zur Elektrizität

Das Licht, das für das Leben der höheren Pflanzen unentbehrlich ist, wirkt auf die Entwicklung der Bakterien und Pilze mehr oder weniger hemmend ein. Sehr empfindlich erweisen sich im allgemeinen die krankheiterregenden, dem Aufenthalt im Tierkörper angepaßten Bakterien, während die in der Außenwelt verbreiteten Mikroorganismen meist nur durch sehr kräftige Bestrahlung geschädigt werden. Immerhin gedeihen auch sie in der Regel in dunklen Räumen besser als in hellen. Neben der meist höheren Luftfeuchtigkeit trägt dieser Umstand hauptsächlich dazu bei, daß in Kellerräumen das Pilzwachstum mitunter in sehr unerwünschter Weise überhandnehmen kann.

Von den verschiedenen, im Sonnenlicht enthaltenen Strahlenarten wirken die violetten und in noch höherem Grade die unserem Auge nicht mehr sichtbaren ultravioletten Strahlen schädigend auf das Bakterienwachstum ein. Die letzteren hat man deshalb auch mehrfach zur Keimtötung benutzt, namentlich bei der Sterilisierung von Trinkwasser. Wiederholt ist auch der Vorschlag gemacht worden, etwa in der Milch vorhandene Krankheitserreger durch eine entsprechende Behandlung abzutöten. Dabei wurde jedoch nicht genügend berücksichtigt, daß die ultravioletten Strahlen zwar in reinem Wasser wirksam sind, nicht dagegen in einem, das durch Schwebestoffe getrübt ist. In die noch viel weniger durchsichtige Milch dringen sie, wie besonders O. SCHULTZ betont hat, nur eine sehr kurze Strecke, kaum über 1 mm tief, ein, ein Umstand, der die praktische Anwendung der Bestrahlung ausschließt.

Der elektrische Strom ist ebenfalls sowohl in England wie in Amerika wiederholt zur Abtötung der in der Milch enthaltenen Keime benutzt worden. Ob jedoch die Elektrizität hierbei als solche schädigend auf das Leben der Mikroorganismen einwirkt, wie von BEATTIE und LEWIS vermutet wird, ist eine noch gänzlich offene Frage. Hauptsächlich wirksam ist jedenfalls auch in diesem Falle die eintretende Temperatursteigerung (auf 60 bis 70° C), zu deren Erzielung indessen die Benutzung des elektrischen Stromes meist zu teuer ist.

Symbiose und Antagonismus

Wenn durch entsprechende Versuche im Laboratorium geprüft wird, welche Lebensbedingungen für die verschiedenen Arten von Bakterien und Pilzen günstig oder ungünstig sind, so muß notwendigerweise zur Erlangung eindeutiger Resultate mit Reinkulturen bestimmter Arten gearbeitet werden. Selbst diese zeigen nicht selten mancherlei Abweichungen für verschiedene Stämme derselben Art oder auch für denselben Stamm, wenn dieser zu verschiedenen Zeiten geprüft wird. Die Ursachen solcher Unbeständigkeiten sind bereits besprochen worden. Unter den in der Natur und im milchwirtschaftlichen Betriebe herrschenden Bedingungen gestaltet sich der Sachverhalt indessen noch verwickelter. Je nach der augenblicklichen, mehr oder minder zufälligen Mischung der Arten kann es zu einem Zusammenwirken, zu einer gegenseitigen Förderung, kommen oder aber zu einer Hemmung und Schädigung. Im ersten Fall spricht man von Symbiose (Zusammenleben) und im zweiten von Antagonismus (feindlichem Verhalten).

Am längsten bekannt ist das enge Verhältnis, das zwischen aeroben und anaeroben Bakterien besteht. Da die letzteren nur bei vollkommenem Luftabschluß gedeihen, und der Luftsauerstoff giftig auf sie einwirkt, wäre ihr Leben in vielen Fällen ernstlich bedroht, wenn nicht zugleich aerobe Arten anwesend wären, die den freien Sauerstoff so rasch veratmen, daß er die anaeroben Symbionten nicht schädigen kann. Ein gleichfalls schon ziemlich lange bekanntes Beispiel antagonistischen Verhaltens, das praktisch seit alters her genutzt worden ist, ist die Hemmung fast aller zufällig in die Milch gelangenden Keime durch die infolge der Tätigkeit der Milchsäurebakterien rasch eintretende saure Reaktion. Solange allerdings die Säuerung noch nicht ihren Höhepunkt erreicht hat, vermehren sich manche der anwesenden Bakterien in Gegenwart der Milchsäurebildner besser als ohne sie; ebenso werden die Säurebildner selbst deutlich gefördert. Das gilt nach Untersuchungen von Luxwolda, insbesondere für Arten, die den Stickstoff der Eiweißstoffe zu Ammoniak abbauen, das durch die Säure gebunden wird und so eine für beide Teile günstigere, annähernd neutrale Reaktion schafft. Das Hand-in-Hand-Arbeiten von Milchsäurebakterien, Sproß- und Schimmelpilzen in manchen Weichkäsen läßt gleichfalls die durch Symbiose mögliche Verbesserung der Ernährungsbedingungen klar erkennen. Anderseits können die Schimmelpilze in solchen Fällen der Bakterienentwicklung vorarbeiten und diese unterstützen, wo anfangs der Wassergehalt für das Bakterienwachstum zu niedrig ist. Die Schimmelpilze sind weniger anspruchsvoll in dieser Hinsicht. Bei der Veratmung der deshalb zunächst nur ihnen zugänglichen Nahrung entstehen Kohlensäure und Wasser; ist das letztere vor Verdunstung geschützt, so steigt der Wassergehalt des Nährbodens immer weiter an, bis er schließlich auch den Bakterien Vermehrung und Tätigkeit gestattet. Namentlich in Kraftfuttermitteln, die in großen Mengen in geschlossenen Räumen gelagert werden, kann diese Art von Symbiose nicht allzu selten beobachtet werden. Bei der Atmung entsteht gleichzeitig Wärme, die ihrerseits wieder innerhalb gewisser Grenzen fördernd einwirkt. Dazu kommt, daß naturgemäß dann, wenn die anderen Lebensbedingungen besonders günstig sind, Schädigungen durch zu hohe oder zu niedrige Wärmegrade weniger ins Gewicht fallen. Umgekehrt verengern sich die dem Wachstum einer Art gezogenen Grenzen, sofern durch antagonistische Einwirkungen anderer Arten die Lebenskraft der betreffenden Keime eine Schwächung erfahren hat.

Alle diese verschiedenen Möglichkeiten müssen im Auge behalten werden, wenn das Verhalten des mehr oder minder bunten Gemisches von Arten, mit denen man es in der Milch und in den Milcherzeugnissen zu tun hat, richtig verstanden werden soll. Daß es sich hierbei um mitunter sehr schwierig zu lösende Fragen handelt, ist leicht verständlich. Gleichwohl müssen die Aufgaben erledigt werden, denn die Beschäftigung mit den Reinkulturen im Laboratorium gleicht, wie der amerikanische Bakteriologe Ch. E. Marshall einmal treffend bemerkt hat, dem Bemühen, die sozialen Beziehungen eines Menschen kennenlernen zu wollen, indem man ihn für sich allein studiert, losgelöst von aller menschlichen Gesellschaft. Wie die Lebensbedingungen, werden auch die Leistungen der Mikroorganismen durch Symbiose und Antagonismus weitgehend beeinflußt, denn sie sind als Lebensäußerungen von jenen abhängig.

C. Die Leistungen der Mikroorganismen

Nach ihren Leistungen und ihrer wirtschaftlichen Bedeutung werden die Mikroorganismen der Milch oft in 3 große Gruppen eingeteilt: 1. Nützliche; 2. harmlose; 3. schädliche Bakterien und Pilze. Noch einfacher ist die Zweiteilung in krankheitserregende (pathogene) und nichtpathogene Mikroorganismen. Es liegt jedoch auf der Hand, daß die Zugehörigkeit einer Art zu einer der 2 oder 3 Gruppen je nach den Umständen wechseln kann. Zum Beispiel sind die Milchsäurebakterien in Sauermilch, Butter und Käse ausgesprochen nützlich, dagegen in Trinkmilch, bei zahlreichem Vorkommen, entschieden unerwünscht. Im Käse sind fettzersetzende Mikroorganismen zum Teil nützlich, weil sie sich an der Geschmacksbildung beteiligen, in der Butter aber schädlich, weil sie diese ranzig machen. Die gleichen Schimmelpilze sind für die Reifung mancher Käse nützlich und sogar notwendig; treten sie dagegen auf anderen Käsen auf, so wirken sie schädlich. Gewisse Streptokokken, die Erreger des seuchenhaften Verwerfens (Abortus), und andere in der Milch anzutreffende Arten können das eine Mal pathogen sein, das andere Mal nicht.

Ein richtiger und zugleich vollständiger Einblick in die Leistungen der Mikroorganismen erschließt sich, wenn man, soweit zunächst die nichtpathogenen Arten in Frage kommen, die Umsetzungen der Milchbestandteile ins Auge faßt, die von den betreffenden Bakterien oder Pilzen ausgelöst werden. Indessen ist auch in diesem Fall auf die weitgehende Variabilität aller Funktionen der Mikroorganismen angemessen Rücksicht zu nehmen. Von den auf symbiotische und antagonistische Einflüsse zurückzuführenden Abweichungen wurde bereits gesprochen. Aber auch jede Art für sich ist, wie in ihrer Erscheinung so auch in ihren Leistungen, durchaus nicht konstant. Zum Teil stehen diese Schwankungen mit den bisher nur wenig erforschten verschiedenen Stufen im Lebenskreislauf jeder Art in Zusammenhang. Zum anderen Teil aber handelt es sich um Variationen, die durch Änderungen in den Lebensbedingungen verursacht werden.

So gerät bei den Milchsäurebakterien die Befähigung zur Säurebildung nicht selten in Verlust; statt dessen kann Schleimbildung stark in den Vordergrund treten. Die Käsestofflösung, die Fettzersetzung, die Bildung von Gasen und namentlich die Erzeugung bestimmter riechender und schmeckender Stoffe können bei denselben Arten das eine Mal sehr kräftig, das andere Mal wenig oder gar nicht wahrnehmbar sein. Für krankheitserregende Bakterien gilt das gleiche, sie können in ihrer Virulenz alle Abstufungen von „hochvirulent" bis „avirulent" (ungiftig) aufweisen[1]. Bei dieser bisher am genauesten untersuchten Gruppe von Mikroorganismen liegen auch bereits mancherlei Beobach-

---

[1] Der Ausdruck „Virulenz" ist abgeleitet von dem lateinischen Worte virus = Gift, ist also gleichbedeutend mit „Giftigkeit". Nicht selten wird er aber, auch in milchbakteriologischen Schriften, unrichtigerweise für nicht krankheitserregende Arten so gebraucht, als ob er mit dem Ausdruck „Wirksamkeit" gleichbedeutend sei. Dieser Mißbrauch sollte vermieden werden.

tungen vor, durch die festgestellt worden ist, daß im Leben einer Art virulente und avirulente Entwicklungsstufen miteinander abwechseln können. Zahlreiche derartige Befunde sind von Hadley zusammengestellt worden. Wenn erst einmal dieses Gebiet, einschließlich der milchwirtschaftlich wichtigen Bakterien, gründlich bearbeitet sein wird, werden jedenfalls viele von den Unsicherheiten und Widersprüchen in Fortfall kommen, die gegenwärtig das Arbeiten mit den Bakterien auf Schritt und Tritt erschweren.

Die Leistungen der Bakterien und Pilze, wegen deren sie wirtschaftlich von so großer Bedeutung sind, kommen in der Regel, vielleicht sogar stets, dadurch zustande, daß die betreffenden Umsetzungen nicht durch die Zelle selbst, sondern durch von ihr für diesen besonderen Zweck gebildete Enzyme (Gärstoffe) bewirkt werden. Die Enzyme verbleiben entweder in der Zelle (sogenannte Endoenzyme) oder sie werden nach außen abgeschieden (sogenannte Ektoenzyme). Namentlich die letzteren zeichnen sich durch sehr hohe Leistungsfähigkeit aus. Den allseits geschlossenen Bakterien- oder Pilzzellen wäre naturgemäß die Lösung des Käsestoffs oder die Spaltung des Fettes unmöglich, wenn sie nicht befähigt wären, Enzyme nach außen hin abzuscheiden, die auf die in Wasser nicht löslichen Stoffe einwirken. Die Sachlage ist hier genau dieselbe wie im tierischen Organismus, in dem die Verdauung von zunächst unlöslicher Nahrung ebenfalls durch Enzyme erfolgt.

Sobald die Enzyme von der lebenden Zelle einmal gebildet sind, ist deren Fortbestehen für ihre Wirksamkeit fast oder völlig bedeutungslos. Das dem Magen des geschlachteten Kalbes entstammende Labenzym bietet in dieser Hinsicht ein bekanntes Beispiel dar. Mit der Enzymwirkung der Bakterien und Pilze verhält es sich ebenso. Sie können weiterwirken, lange nachdem die Zellen, in denen sie ursprünglich gebildet und aus denen sie abgeschieden worden sind, ihr Leben beendet haben. Das ist besonders in den langsam reifenden Hartkäsen in großem Umfange der Fall. Es läßt sich leicht ermessen, daß diese Tatsachen der milchbakteriologischen Forschung ungemein große Schwierigkeiten bereitet haben und noch bereiten. In jedem Käse ist anfangs eine bunte Flora von allerhand Arten vorhanden, die früher oder später zugrunde gehen. Aber die von ihnen gebildeten Enzyme wirken fort; ja gerade erst nach dem Tode und nach der Auflösung der Zellen kommen sie zu voller Wirkung. Wie soll aber entschieden werden, in welchen Zellen die verschiedenen, nebeneinander an der langsam fortschreitenden Reifung der Hartkäse beteiligten Enzyme ursprünglich gebildet worden sind? Es ist ohne weiteres klar, daß nur durch sehr ausgedehnte, mühevolle Forschungen Klarheit auf diesem Gebiete geschaffen werden kann. Namentlich die in der bakteriologischen und milchwirtschaftlichen Versuchsanstalt Bern-Liebefeld von v. Freudenreich, Orla-Jensen, Burri und deren Mitarbeitern in jahrzehntelanger Arbeit erlangten Einblicke in den Verlauf der Reifung des Emmentaler Käses zeigen deutlich, welche großen Schwierigkeiten sich derartigen Untersuchungen in den Weg stellen.

Die Leistungen der milchwirtschaftlich wichtigen Mikroorganismen können in die folgenden 7 Gruppen eingeteilt werden: 1. Bildung und Zersetzung von Säuren; 2. Schleimbildung; 3. Bildung von Gasen und von Alkohol; 4. Zersetzung des Fettes; 5. Abbau der stickstoffhaltigen Verbindungen; 6. Bildung von riechenden und schmeckenden Stoffen; 7. Erzeugung von Farbstoffen. Zunächst mag der größeren Übersichtlichkeit halber nur das Wichtigste über das Zustandekommen dieser Leistungen selbst auf den folgenden Seiten gesagt werden. Dagegen wird über die an den verschiedenen

Vorgängen beteiligten Arten von Mikroorganismen erst weiterhin (im 2. Kapitel dieses Abschnittes) eingehender zu sprechen sein.

Bildung und Zersetzung von Säuren

Die Bildung von Milchsäure aus Milchzucker ist die auffälligste und deshalb am frühesten genauer untersuchte Leistung verschiedener Arten von Bakterien und Pilzen. Schnelligkeit und Umfang der Umsetzung richten sich vornehmlich nach den Wärmegraden, bei denen die Milch aufbewahrt wird; sie lassen bald die eine, bald die andere Gruppe von Milchsäurebakterien in den Vordergrund treten. Die Umsetzung selbst ist enzymatischer Natur; sie erreicht infolgedessen ihren Höhepunkt erst, wenn die Zahl der lebenden Bakterien bereits wieder im Abnehmen begriffen ist. Neben der Milchsäure entstehen aus dem Milchzucker stets kleine oder größere Mengen anderer Säuren, namentlich Ameisen-, Essig- und Bernsteinsäure. Bei Abwesenheit von Milchsäurebakterien (in erhitzter Milch) kann die Bildung von Butter- und Valeriansäure bemerkbar werden. Größere Bedeutung kommt der Bildung dieser und anderer flüchtiger Säuren, wie der Propion- und Kapronsäure, bei der Käsereifung zu. Hierbei entstehen allerdings die flüchtigen Säuren in der Regel nicht aus dem Milchzucker, sondern aus den zuerst gebildeten milchsauren Salzen (Laktaten), teilweise aber auch aus dem bei der Fettspaltung frei werdenden Glyzerin oder aus den beim Eiweißabbau freiwerdenden, am Aufbau des Eiweißmoleküls beteiligten Kohlenhydraten. An der Verarbeitung der Laktate beteiligen sich auch die Milchsäurebakterien, sowie namentlich die Schimmelpilze. Manche Milchsäurebakterien und verschiedene andere Arten bringen die in der Milch vorhandenen zitronensauren Salze ziemlich rasch zum Schwinden.

Schleimbildung

aus Milchzucker ist nicht allzu selten besonders bei solchen Bakterien und Pilzen wahrnehmbar, die sonst zur Milchsäurebildung befähigt sind. Wenn sich die Schleimbildung innerhalb verhältnismäßig enger Grenzen hält, ist sie in manchen Fällen geradezu erwünscht, wie bei der Bereitung von Zähmilch (Taettmjölk) in Schweden und Norwegen sowie (als gros lait) in der Bretagne. Stets handelt es sich dabei um verhältnismäßig schwach säurebildende Stämme, bei denen die Schleimhülle der Zellhaut mächtiger ausgebildet ist als sonst. Rahmreifungskulturen weisen zuweilen dieselben Veränderungen auf, die hier als Degenerationserscheinungen angesehen werden müssen. Handelt es sich um sehr starke Schleimbildung, die dann gewöhnlich auf spezifische, aus Erde, Wasser oder Streu stammende Bakterien zurückzuführen ist, so können sich sehr unangenehme Betriebsstörungen ergeben. Die schleimige Milch ist zwar nicht gesundheitsschädlich, aber sie ist trotzdem zum Verkauf ungeeignet.

Die Bildung von Gasen und von Alkohol

ist ebenfalls teils erwünscht, teils unerwünschter Art. In den sogenannten fermentierten Milchsorten (Kefir und Kumiß) ist sie von wesentlicher Bedeutung für das Gelingen des Produktes. In manchen Käsesorten ist die Bildung von Gasen von Wichtigkeit für das Zustandekommen der charakteristischen Lochbildung (Emmentaler, schwedischer Güterkäse). In den meisten Fällen dagegen gelten diese Umsetzungen als fehlerhaft, als Zeichen unrichtiger Gewinnung und Behandlung der Milch und der Milcherzeugnisse.

Sowohl Bakterien wie Sproßpilze können in Tätigkeit treten. In erster Linie sind es verschiedene, aus dem Darm der Tiere stammende, aerobe und anaerobe Bakterien, die als „Blähungserreger" unangenehm werden können. Die wichtigsten aeroben (fakultativ anaeroben) Arten sind **Bacterium coli** und **aerogenes**. Sie werden mitunter wegen der von ihnen bei der Umsetzung des Milchzuckers bewirkten starken Gasbildung als Vertreter einer als **Aero-bakter** bezeichneten Gattung aufgefaßt. Die von ihnen gebildeten Gase bestehen teils aus Kohlensäure und Wasserstoff, mitunter auch aus Methan. Unter den echten Milchsäurebakterien gibt es ebenfalls gasbildende Arten (oder Varietäten); das von diesen gebildete Gas besteht jedoch nur aus Kohlensäure. Die wichtigsten streng anaeroben Gasbildner sind die **Buttersäure-bakterien**, die milchwirtschaftlich ebenso schädlich werden können wie die Angehörigen der Coli-Aerogenes-Gruppe. Weil sowohl die aeroben wie die anaeroben Gasbildner regelmäßig im Darm anzutreffen sind, gewährt die Stärke der Gasbildung (Blähung) in der **Milchgärprobe** im allgemeinen einen sehr sicheren Anhalt für den Grad der Sauberkeit, der bei der Gewinnung der Milch erreicht worden ist. Jedoch darf nicht übersehen werden, daß in allerdings seltenen Ausnahmefällen stark gasbildende **Sproßpilze** zufällig in die Milch gelangt sein können. Namentlich Blähungserscheinungen in Büchsenmilch sind wiederholt als durch Hefen veranlaßt festgestellt worden.

In Kefir und Kumiß sind die **Hefen**, die den Milchzucker zu Alkohol und Kohlensäure vergären, unentbehrlich. In geringer Zahl und in ihrer Wirkung weniger stark hervortretend finden sie sich auch in den anderen orientalischen Sauermilchsorten, wie denn überhaupt überall dort, wo, wie in diesen Milchsorten, Milchsäurelangstäbchen das Feld beherrschen, auch Hefen fast ausnahmslos zugegen sind. Es besteht zwischen beiden Gruppen von Mikroorganismen eine enge Symbiose, die nach Ursache und Bedeutung noch nicht hinreichend klargestellt werden konnte. Zum Teil ist sie darin begründet, daß durch die von den Milchsäurebildnern eingeleitete Hydrolisierung des Milchzuckers diese Kohlenstoffquelle auch solchen an Häufigkeit überwiegenden Hefen zugänglich gemacht wird, die den unveränderten Milchzucker selbst nicht verwerten können.

Die verhältnismäßig geringen Gasmengen, die für die **normale Loch-bildung** in den oben genannten Käsesorten erforderlich sind, entstammen nicht, wie mehrfach angenommen wurde, der Milchzuckervergärung. Diese führt stets zu Blähungserscheinungen. Die Gase, die jene „Augen" entstehen lassen, entstammen entweder der Laktat- oder der Glyzerinzersetzung. Geringe Mengen von Kohlensäure können auch beim Eiweißabbau in Freiheit gesetzt werden.

Die Zersetzung des Fettes

erfolgt, soweit sie nicht durch rein chemische Vorgänge (Lipasenwirkung, Oxydation durch Luftsauerstoff) zustande kommt, unter der Einwirkung von Bakterien oder von Pilzen. Eine große Zahl verschiedener, vorwiegend aerober, meist dem Wasser entstammender Bakterien ist bekannt, die durch Spaltung des Fettes zum „Ranzigwerden" Veranlassung geben können. Manche dieser Bakterien, in erster Linie das im Wasser regelmäßig vorkommende, durch Bildung eines grünen Farbstoffes ausgezeichnete **Bacterium fluorescens** und eine diesem nahestehende farblose Varietät, sowie gleichfalls ziemlich weit-verbreitete avirulente Stämme von B. abortus nisten sich mitunter im Euter ein und beginnen schon hier eine teilweise Zersetzung des Milchfettes, die nach der Gewinnung rasch fortschreitet und zum Auftreten von deutlich „ranziger"

Milch Veranlassung geben kann. Beim Ranzigwerden der bei Luftzutritt aufbewahrten Butter spielt gleichfalls Bacterium fluorescens und die ihm nahestehenden Formen, dann aber auch verschiedene Mikrokokken und namentlich Schimmelpilze eine wichtige, in diesem Falle allerdings unwillkommene Rolle. In den Weichkäsen sind die zuletzt genannten Mikroorganismen in gleicher Richtung tätig; hier ist jedoch die von ihnen bewirkte Fettspaltung erwünscht, da sie auf den Geschmack und Geruch dieser Käse bestimmend einwirkt. Bei Luftabschluß findet nur selten Fettzersetzung statt; doch wurden gelegentlich sowohl anaerobe Bakterien wie Hefen aufgefunden, die in Büchsenbutter diesen Vorgang verursacht hatten.

Die Umsetzungen der stickstoffhaltigen Verbindungen

in Milch und Milcherzeugnissen werden stets durch die Koagulierung des Käsestoffes eingeleitet, die, soweit sie durch Mikroorganismen veranlaßt wird, entweder allein auf Säurewirkung oder allein auf Labwirkung oder aber, und das ist in der Regel der Fall, auf ein Zusammenwirken beider Faktoren zurückzuführen ist. Erfolgt die Gerinnung des Käsestoffes in rein saurer Milch, also nur infolge der Tätigkeit von Milchsäurebakterien, so tritt sie ein, wenn diese so viel Säure gebildet haben, daß die P_H-Zahl annähernd 4,7 beträgt. Da aber sehr viele Bakterien- und Pilzarten zur Bildung labartiger Enzyme befähigt sind, so treten diese fast immer nebenher in Wirksamkeit, zumal ihre Tätigkeit durch die von den Milchsäurebakterien herbeigeführte saure Reaktion beschleunigt wird. Nicht wenige der hier in Betracht kommenden Arten erzeugen überdies sowohl Lab als auch Säure. Unter ihnen finden sich insbesondere manche schon im Euter vorkommende Mikrokokkenarten, die bei reichlichem Vorkommen und reger Tätigkeit zum sogenannten vorzeitigen Gerinnen der Milch Veranlassung geben können.

Der Fällung des Käsestoffes folgt fast ausnahmslos eine teilweise oder vollständige Auflösung des Koagulums. Sobald diese eingeleitet ist, setzt auch sogleich der weitere Abbau der Stickstoffverbindungen ein. Es kommt zur Bildung von allerhand Amiden, Aminosäuren und schließlich von Ammoniak. Manche Milchsäurebakterien beteiligen sich an diesen Abbauvorgängen; aber ihre Tätigkeit verläuft verhältnismäßig langsam und hält sich innerhalb enger Grenzen. Für die Umsetzungen in den feineren Käsesorten ist gerade dieser Umstand von großer Bedeutung, wie bei Besprechung der Käsereifung näher zu erörtern sein wird. Weit lebhafter verläuft der Abbau unter dem Einfluß anderer Bakterien, unter denen einige sporenbildende aerobe und anaerobe Arten besonders aktiv werden können, sowie (namentlich in Weichkäsen) unter dem Einfluß von Schimmelpilzen. In längere Zeit aufbewahrter Milch kann der Stickstoffabbau nur dann ziemlich weit fortschreiten, wenn entweder die Milchsäurebakterien von vornherein durch Erhitzen oder durch Aufbewahren der Milch bei einer Temperatur unterhalb 5° C mehr oder weniger vollständig ausgeschaltet sind, oder wenn Schimmelpilzen Gelegenheit geboten wird, sich auf der Rahmschicht zu entwickeln und durch Oxydation der Milchsäure dem Stickstoffabbau die Wege zu ebnen. Je unreiner die Milch gewonnen und behandelt wurde, um so reicher ist sie naturgemäß an Eiweiß abbauenden, insbesondere an Ammoniak bildenden Organismen, die im Dünger ihren eigentlichen Standort haben. Es ist deshalb mehrfach vorgeschlagen worden, den Ammoniakgehalt der im Handel befindlichen Milch als Maßstab für deren bakterielle Beschaffenheit zu benutzen. Der Nachweis der verhältnismäßig geringen Mengen an Ammoniakstickstoff in Milch ist indessen ziemlich unsicher, und verschiedene einfachere und sicherere Verfahren ermöglichen eine raschere und zuverlässigere Prüfung der Milch.

Die Bildung von riechenden und schmeckenden Stoffen

geht großenteils Hand in Hand mit den bisher besprochenen Umsetzungen und ist infolgedessen in erster Linie auf die sie bewirkenden Mikroorganismen zurückzuführen. Die Säurebildung bedingt den säuerlichen Geschmack, der in frischer Milch unerwünscht, in Sauermilch und Weichkäse dagegen erwünscht ist. Flüchtige Säuren liefern vereint mit Alkohol Ester, denen zum Teil ein angenehmes, fruchtartiges Aroma eigentümlich ist. Die Zersetzung des Fettes veranlaßt das Auftreten eines mehr oder weniger ranzigen Geruchs und Geschmacks. Der Käsestoffabbau führt zu Zwischenprodukten von teils bitterem, teils angenehm nußartigem Geschmack. Außerdem aber finden sich ab und zu mancherlei Arten und Rassen von Bakterien und Pilzen in Milch, Butter und Käse, die Geschmack und Aroma günstig beeinflussen können. In den meisten Fällen sind diese Eigenschaften wenig beständig. Viele der hier in Betracht kommenden Organismen entstammen entweder dem Dünger oder dem Wasser. Zeitweise mögen die durch sie gebildeten riechenden und schmeckenden Stoffe (von unbekannter chemischer Zusammensetzung) bei der Sinnenprüfung einen angenehmen Eindruck hervorrufen; nicht selten aber verändern sich die betreffenden Bakterien nach kürzerer oder längerer Zeit in einer solchen Weise, daß sie die mit ihnen beimpfte Milch und die daraus hergestellten Erzeugnisse geradezu ungenießbar machen. Namentlich zur Verbesserung des Aromas der unter Verwendung von Milchsäure-Reinkulturen hergestellten Butter hat man wiederholt ausgedehnte Versuche mit derartigen „Aromabakterien" gemacht. Sie haben sich sämtlich nur kürzere oder längere Zeit, aber nie auf die Dauer bewährt. Nachdem man dann aber erkannt hatte, daß auch die einzelnen Rassen von Milchsäurebakterien in sehr verschiedener, teils günstiger, teils ungünstiger Weise auf Geschmack und Aroma einwirken können, ist man mehr und mehr dazu übergegangen, die zu Reifungskulturen benutzten Stämme von Milchsäurebakterien unter Berücksichtigung dieses Gesichtspunktes auszuwählen, in derselben Weise, wie man es bei den in den Gärungsgewerben benutzten Hefen schon seit längerer Zeit getan hat.

Die Erzeugung von Farbstoffen

ist gleichfalls bei Bakterien und Pilzen weit verbreitet. Milchwirtschaftlich ist sie aber gegenwärtig nur noch von untergeordneter Bedeutung mit Ausnahme von fehlerhaften Verfärbungen in oder an reifenden Käsen. In früheren Zeiten, als die zum Aufrahmen in meist nicht gut gelüfteten Kellern aufgestellte Milch allen möglichen Infektionen ausgesetzt war, traten blaue, gelbe und rote Bakterienwucherungen oft in sehr störendem Umfange auf. Teils befindet sich der Farbstoff in unlöslicher Form in den Bakterien- und Pilzzellen selbst, teils wird er in löslicher Form nach außen abgeschieden und verteilt sich, wenn Gelegenheit geboten ist, weithin in der Milch. Das trifft außer bei den schon genannten blauen und roten Verfärbungen namentlich auch bei grünen und braunen Verfärbungen der Milch zu. Die zuletzt genannten Änderungen sind fast immer auf die Entwicklung von Bacterium fluorescens und von braunen Varietäten dieser Art zurückzuführen. Auch Sporenbildner sind bekannt, die dunkle Verfärbungen hervorrufen können. Über sie wie über die anderen Farbstoffbildner wird Näheres im 2. Kapitel dieses Abschnittes zu sagen sein.

D. Bekämpfung und Züchtung der Mikroorganismen

Je nachdem die Leistungen der vorhandenen Mikroorganismen oder deren Gegenwart an sich im einzelnen Falle unerwünscht oder erwünscht sind, wird man Maßnahmen treffen, die hemmend oder fördernd auf die Organismen und deren Tätigkeit einwirken. Diese Maßnahmen können entweder direkter oder indirekter Art sein. Direkte Eingriffe sind möglich mit Hilfe von physikalischen, chemischen oder biologischen Methoden, die naturgemäß für eine erfolgreiche Anwendung in jedem Falle eine genaue Kenntnis der Eigenschaften der zu bekämpfenden oder zu fördernden Mikroorganismen zur Voraussetzung haben. Da eine solche vielfach noch nicht erlangt ist und in früheren Zeiten vollständig fehlte, so war und ist die Anwendung indirekter Methoden, wie sie in den auf praktischer Erfahrung beruhenden Maßnahmen der Gewinnung und Behandlung von Milch und Milcherzeugnissen gegeben sind, gleichfalls von großer Bedeutung. Diese indirekten Methoden laufen sämtlich darauf hinaus, die Lebensbedingungen der Bakterien und Pilze so zu beeinflussen, daß diese in ihrer Entwicklung je nach Bedarf gehemmt oder gefördert werden. Wie bereits angedeutet worden ist, erweist sich ein gründliches Studium der zum Teil seit alters her üblichen Maßnahmen der milchwirtschaftlichen Praxis unter Verwertung der neuzeitlichen Feststellungen bakteriologischer und mykologischer Art äußerst lehrreich. Es ist nicht selten, geradezu überraschend zu sehen, wie durch rein praktische Beobachtung und Erfahrung diejenigen Mittel und Wege gefunden worden sind, die zur jeweils geeignetsten Regelung der Lebensbedingungen der Mikroorganismen geführt haben, vielfach schon zu einer Zeit, in der man von Bakterien und Pilzen so gut wie nichts wußte.

Die Bekämpfung der Mikroorganismen ist möglich durch Fernhaltung oder durch Abtötung. Da aber die Milch in der Regel schon beim Verlassen des Euters einen gewissen Bakterienbestand aufweist und weiterhin die zu einer erfolgreichen Fernhaltung aller Keime notwendigen aseptischen Maßregeln, wie sie bei umfangreichen operativen Eingriffen in Anwendung gebracht werden, praktisch undurchführbar sind, so kann es sich stets nur um eine teilweise Asepsis handeln, insbesondere um die Fernhaltung wirklich schädlicher Keime (Krankheitserreger, Erreger von Milchfehlern usw.) sowie um eine mehr oder weniger weitgehende Einschränkung der Keimzahl überhaupt. Neben allgemeiner Sauberkeit bei der Gewinnung und Behandlung der Milch kommen hier die verschiedenen Möglichkeiten der Desinfizierung und Sterilisierung der Gerätschaften und Räumlichkeiten in Betracht. Über die bei der Gewinnung der Milch sowie bei der Herstellung und Aufbewahrung von Butter und Käse in Betracht kommenden Infektionsquellen wird weiterhin zu sprechen sein. Durch Sauberkeit allein lassen sie sich nur unvollkommen ausschließen. Denn schon das Wasser an sich ist nicht selten keimreich, und wie wenig die gewöhnliche Art der Reinigung der Gerätschaften in bakteriologischer Hinsicht erreichen kann, ergibt sich ohne weiteres aus den bekannten Größenverhältnissen der Bakterien. Lebewesen, die nur $^1/_{1000}$ mm groß sind, können in jeder dem bloßen Auge kaum sichtbaren Vertiefung in den Gerätschaften, in den kleinsten Milch- und Wassertröpfchen, in scheinbar ganz unbedeutenden eingetrockneten Milchresten usw. in großer Zahl Platz finden. Nur durch Desinfektion oder Sterilisation läßt sich eine wesentliche Herabsetzung des Keimgehaltes aller milchwirtschaftlichen Gerätschaften erzielen.

Chemisch wirksam sind vor allem stark basische Stoffe, wie Soda, Natronlauge, Kalkmilch usw. Werden sie in heißer Lösung angewandt, so wird der Erfolg der Behandlung erhöht infolge der physikalischen Schädigung der Bakterien- und Pilzzellen durch hohe Temperaturen. Fehlerhaft ist es naturgemäß, einer solchen Behandlung ein Nachspülen mit nicht erhitztem Wasser folgen zu lassen, da hierdurch sofort Gelegenheit zu Neuinfektionen gegeben ist. Nachspülen mit heißem Wasser ist aber auch deshalb zweckmäßiger, weil so behandelte Gefäße rasch trocknen und infolgedessen Keimvermehrungen in sonst verbleibenden Wassertröpfchen von vornherein ausgeschlossen sind.

Einige von Burri und Carlberg ermittelte Zahlen mögen das auf diesem Wege Erreichbare veranschaulichen. Der Keimgehalt in einem Melkeimer betrug je nach der Behandlung:

Mit kaltem Wasser		flüchtig	gespült			56 000 000
„	„	„	sorgfältig	„		10 600 000
„	„	„	gut gebürstet			4 000 000
„	„	„	„	„	kalt gespült	1 000 000
„	„	„	„	„	heiß „	640 000
„	heißer Sodalösung	„	„	kalt	„	40 000
„	„	„	„	„	heiß „	4 500

Von anderen chemisch wirkenden Desinfektionsmitteln kommen für milchwirtschaftliche Zwecke insbesondere in Betracht die verschiedenen Formaldehyd oder Wasserstoffsuperoxyd enthaltenden Präparate, wie Antiformin, Formulsin, Festoform, Autan, Pergenol, Hyperol, Ortizon usw. Recht günstige Ergebnisse wurden neuerdings erzielt mit Roh-Chloramin oder sogenanntem Aktivin (Bleyer, Schnegg und Trautwein). Insbesondere für Melkmaschinendesinfektion eignen sich Hypochloritsalzlösungen (Ruehle, Breed und Smith), deren Wirkung ebenfalls durch Heißwasserbehandlung vervollkommnet werden kann (Burgwald).

Physikalische Maßnahmen zur Hemmung und Bekämpfung der Bakterienentwicklung in und an Molkereigerätschaften sind, soweit anwendbar, chemischen Methoden im allgemeinen vorzuziehen. Ganz besonders empfehlenswert ist die Trockensterilisation aller Geräte und Gefäße, soweit diese eine solche Behandlung ihrer Beschaffenheit nach vertragen. Eine restlose Abtötung der Keime in der Milch selbst ist auch bei intensiver Erhitzung nicht mit Sicherheit zu erreichen. Die sogenannte sterilisierte Milch des Handels ist nach Untersuchungen von Kurt Müller u. a. fast immer keimhaltig. Da zudem durch die in solchen Fällen angewandten hohen Temperaturen die Beschaffenheit der Milch, insbesondere deren Geruch und Geschmack, ungünstig beeinflußt wird, so ist die Pasteurisierung bei weniger hohen Temperaturen vorzuziehen. Namentlich hat sich die Dauerhitzung (30 Minuten) auf 62 bis 63⁰ C mit anschließender Kühlhaltung der Milch (unterhalb 10⁰ C) in der amerikanischen Milchversorgung glänzend bewährt (Löhnis, 3). Neuerdings wird dort sogar eine noch schonendere Pasteurisierung der Milch befürwortet (Demeter, 1). Die allgemeine Einführung dieses Verfahrens ist, wie besonders von Weigmann (3) betont worden ist, entschieden am Platze, da sich eine in bakteriologischer Hinsicht gleich befriedigende Wirkung nur durch eine möglichst aseptische Milchgewinnung erzielen läßt, diese aber die Milcherzeugungskosten mindestens um das Vierfache erhöht. Derselbe keimtötende Effekt, der durch 30 Minuten dauernde Erhitzung auf 62 bis 63⁰ C erzielt wird, kann nach Weigmann (2) erzielt werden

bei 70⁰ 75⁰ 80⁰ 85⁰ 90⁰ C
nach 15 10 5 1 Minute, wenigen Sekunden.

Soweit die chemischen Wirkungen der Erhitzung auf hohe Temperaturen weniger störend hervortreten, wird man, wie bei der Rahmpasteurisierung, dieser den

Vorzug zu geben haben. In jedem Falle aber bedarf die Pasteurisierung, da sie nur keimvermindernd wirkt, der Ergänzung durch eine rasch nachfolgende Abkühlung auf weniger als 10° C. Namentlich bei längere Zeit andauernder Benutzung von Dauerpasteurisierapparaten ist stets die Möglichkeit gegeben, daß in ihnen thermophile oder thermotolerante Keime in großer Menge zur Entwicklung kommen und infolgedessen eine Anreicherung der Milch mit solchen Keimen stattfindet (RODENKIRCHEN). Anschließende Tiefkühlung bringt deren Vermehrung in der Milch nicht nur zum Stillstand, sondern bewirkt auch, daß eine erhebliche Anzahl von ihnen zum Absterben gebracht wird.

Die durch das Pasteurisieren erreichbare Herabsetzung des Gehaltes an lebenden Keimen ist abhängig von dem ursprünglichen Keimgehalt. Deshalb fordern einige amerikanische Milchverordnungen mit Recht, daß der Keimgehalt der zur Pasteurisierung gelangenden Milch eine bestimmte Grenze nicht überschreiten soll. Diese Tatsache bedarf besonderer Betonung, weil von Gegnern der Milchpasteurisierung zu Unrecht behauptet wird, daß die Erhitzung lediglich dazu dienen solle, Mängel bei der Gewinnung der Milch zu verdecken.

Tiefkühlung an sich wirkt im ganzen nur einige Tage lang hemmend auf die Keimvermehrung ein. Manche Bakterienarten sterben zwar ab, dafür vermehren sich aber psychrophile Keime, die weiterhin sogar zu einem sehr starken Anschwellen der Keimzahl Veranlassung geben können.

Wie sich die Verhältnisse in roher und in pasteurisierter Milch gestalten können, zeigen die folgenden von RULLMANN ermittelten Zahlen. In je 1 cm³ Milch wurden gefunden, wenn die Aufbewahrung bei 4,5 bis 5,5° C erfolgte:

	am 1.	2.	3.	4.	5.	6. Tage
Rohe Milch	21 120	23 680	121 080	338 560	unzählig viele	
Pasteurisierte Milch	60	40	30	360	23 040	209 920

Wird der Wassergehalt durch Eindicken oder durch Trocknen der Milch bzw. durch Pressen des Käseteiges herabgesetzt, so ist aus den oben dargelegten Gründen eine weitere Hemmung der Bakterienentwicklung und -tätigkeit die natürliche Folge. Eine Abtötung läßt sich allerdings auch auf diesem Wege nicht erzielen, und es ist deshalb bei der Herstellung ungesüßter kondensierter Milch auf sauberste Gewinnung und ausreichende Erhitzung großer Wert zu legen. Zuckerzusatz zur Milch setzt wie das Salzen der Butter die Menge des für die Bakterien verfügbaren Wassers herab; infolgedessen wird größere Haltbarkeit erzielt. Auch Trockenmilch ist bei ordnungsgemäßer Arbeitsweise und sorgfältiger Aufbewahrung ziemlich arm an lebenden Keimen und frei von Krankheitserregern.

Durch Filtrieren und Zentrifugieren läßt sich der Keimgehalt nur wenig vermindern. Die Gründe wurden oben dargelegt. Sofern die Bakterien größeren Fremdkörpern (Haaren, Hautschuppen usw.) anhaften, können sie allerdings mit diesen zusammen ausgeschieden werden. Gleichzeitig findet aber bei beiden Verfahren eine weitgehende Zertrümmung von Zellverbänden statt, so daß vor und nach der Behandlung vorgenommene Keimzählungen meist ein scheinbares Ansteigen des Keimgehaltes ergeben. Tatsächlich handelt es sich jedoch nur um eine Vermehrung der auf den Zählplatten zur Entwicklung kommenden Kolonien. Für das Homogenisieren gilt das gleiche, sofern nicht Neuinfektionen im Apparat stattfinden (FABIAN). Wattefilter sind aus bakteriologischen Gründen Tuch- und Kiesfiltern entschieden vorzuziehen. Mangelhaft gereinigte Tuchfilter können naturgemäß zu sehr starken Infektionen Veranlassung geben. Um ein Abspülen der größeren Fremdkörpern anhaftenden

Keime möglichst zu vermeiden, ist eine schräge oder senkrechte Anordnung der Filterflächen im allgemeinen vorzuziehen. Sehr günstig wirkt auch das Durchströmen von Wattefiltern von unten nach oben, wie es sich insbesondere in größeren Sammelbehältern einrichten läßt.

Neben diesen physikalischen und chemischen Methoden der Bakterienbekämpfung ist auch die biologische Regelung des Keimgehaltes milchwirtschaftlich von großer Bedeutung. Die antagonistische Wirkung, welche die Milchsäurebakterien vornehmlich durch ihre Säureproduktion auf die meisten anderen in der Milch vorkommenden Bakterienarten ausüben, hat man sich bei der Bereitung von Sauermilch, bei der Rahmreifung und bei der Käsebereitung seit alters her zunutze gemacht. Reste von freiwillig gesäuerter Milch, das den Mägen frischgeschlachteter Kälber, Lämmer oder Ziegen entnommene Gerinnsel der zuvor verzehrten Milch, oder die Mägen selbst dienten zum Teile seit Jahrhunderten als „Rohkulturen" zur Bereitung von fermentierter Milch, von Käse usw. Im Laufe der letzten Jahrzehnte sind sie zum größten Teil durch „Reinkulturen" verdrängt worden, die von bakteriologischen Laboratorien in den Handel gebracht werden.

Die Züchtung milchwirtschaftlich wichtiger Mikroorganismen hat zuerst durch Herstellung und Verwendung von Reinkulturen für die Rahmreifung praktische Bedeutung erlangt. Sie wurden 1888 von Storch in Dänemark und 1890 von Weigmann (1) in Deutschland eingeführt. Ihnen folgten Reifungskulturen in Rein- oder in Mischzuchten für die verschiedenen Käsesorten sowie zur Herstellung von Sauermilch (Kefir, Joghurt, „Reform-Joghurt" usw.). Die Auswahl und Isolierung besonders gut wirkender „Rassen" aus dem mehr oder minder bunten Gemisch von Arten und Rassen, mit denen man es in den nach herkömmlicher Weise geleiteten milchwirtschaftlichen Betrieben zu tun hat, ist nicht weniger schwierig als die Erhaltung der erwünschten Eigenschaften bei der Fortzüchtung von Reinkulturen. Es wurde bereits darauf hingewiesen, daß über den Wechsel der Eigenschaften einer Art in den verschiedenen Stufen ihres Entwicklungskreislaufes vorläufig noch recht wenig bekannt ist, und ebenso wurde hervorgehoben, daß die Bedingungen, unter denen Reinkulturen zu leben gezwungen sind, sich oft recht wesentlich von denen unterscheiden, die für die stets aus einem Gemisch verschiedener Arten und Rassen bestehende „natürliche" Mikroflora maßgebend sind. Eine Erhaltung der Eigenschaften durch Aufbewahrung der Kulturen in der Kälte oder in getrocknetem Zustande ist nur in beschränktem Umfange möglich. Trocknung gefrorener Kulturen im Vakuum hat sich nach den Erfahrungen von L. Rogers verhältnismäßig am besten bewährt.

Literatur

Baumgärtel, T. und H. Struve: Über den Einfluß mechanischer Erschütterungen auf den Keimgehalt der Milch. Milchw. Forsch., 4. Bd., Orig. S. 492. 1927. — Beattie, J. M. and F. C. Lewis: The electric current (apart from the heat generated) a bacteriological agent in the sterilisation of milk and other fluids. Journ. Hyg., Vol. 24, p. 123. 1925. — Bergey, D. H.: Manual of Determinative Bacteriology. Baltimore: Williams & Wilkins. 1923. — Bleyer: Desinfektion in Molkereibetrieben. Südd. Molk. Ztg., 48. Bd., S. 560. 1927. — Burgwald, L. H.: Some variations of the heat method for sterilizing milking machines. Journ. Agric. Research, Vol. 34, p. 27. 1927. — Burri, R. und E. Carlberg: Läßt sich Milchgeschirr bei Reinigung ohne Dampf hinreichend von Bakterien befreien? Schweiz. Zentralbl. f. Milchw., Nr. 39, 43, 45. 1925.

Demeter, K. J. (1): Über Pasteurisierung von Milch auf elektrischem Wege. Milchw. Forsch., 4. Bd., Orig., S. 100. 1927. — (2): Zur Standardisierung der Dauerpasteurisierung der Milch in den Vereinigten Staaten von Nordamerika. Milchw. Forsch., 4. Bd., Ref., S. 129. 1927. — Donne: Du lait en général considéré sous le rapport des divers phénomènes qu'il présente au contact de l'air, de la fermentation acide et la fermentation putride etc. Cpt. rend. Acad. Paris, T. 9, p. 367, 800. 1839. — Dorner, W.: Die Bakteriophagie und die Milchwirtschaft. Landw. Jahrb. d. Schweiz, S. 265. 1926.

Fabian, F. W.: A bacteriological study of the homogenizing process in making ice cream. Journ. Dairy Science, Vol. 8, p. 246. 1925. — Fokker, A. P.: Versuch einer neuen Bakterienlehre. Zentralbl. f. Bakt., I. Abt., Ref., 33. Bd., S. 1. 1903. — Fuchs, C. J.: Beiträge zur näheren Kenntnis der gesunden und fehlerhaften Milch der Haustiere. Magaz. f. d. ges. Tierheilk., 7. Bd., S. 150, 174, 180. 1841.

Haag, F. E.: Der Milzbrandbazillus, seine Kreislaufformen und Varianten. Arch. f. Hyg., 98. Bd., S. 272. 1927. — Hadley, Ph.: Microbic dissociation. The instability of bacterial species etc. Journ. Infect. Diseases, Vol. 40, p. 1. 1927. — Hall, I. C.: Some fallacious tendencies in bacteriologic taxonomy. Journ. Bact., Vol. 13, p. 245. 1927. — Helbig: Zur Geschichte der keimfreien Milch. Pharm. Zentralbl., 51. Bd., S. 1051. 1910. — Hessling, v.: Über den Pilz der Milch. Virchows Arch. f. path. Anat. u. Physiol., 35. Bd., S. 571. 1866. — Hueppe, F.: Untersuchungen über die Zersetzung der Milch durch Mikroorganismen. Mitteil. a. d. Kais. Gesundheitsamte, 2. Bd., S. 309. 1884.

Lehmann, K. B. und R. O. Neumann: Bakteriologie. 7. Aufl. München: F. Lehmann. 1927. — Lister, J. (1): A further contribution to the natural history of bacteria. Quart. Journ. Microsc. Science, Vol. 13, p. 397. 1873. — (2): On the nature of fermentation. Transact. Pathol. Soc. London, Vol. 29, p. 426. 1878. — Löhnis, F. (1): Zur Morphologie und Biologie der Bakterien. Zentralbl. f. Bakt., II. Abt., 56. Bd., S. 529. 1922. — (2): Vorlesungen über landwirtschaftliche Bakteriologie, 2. Aufl. Berlin: Gebr. Borntraeger. 1926. — (3): Der Verbrauch von roher und von erhitzter Milch in Deutschland und in Amerika. Südd. Molk. Ztg., 47. Bd., S. 1145. 1926. — Luxwolda, W. B.: Wachstum und Wirkung einiger Milchbakterien bei verschiedenen Temperaturen. Zentralbl. f. Bakt., II. Abt., 31. Bd., S. 129. 1911.

Marshall, Ch. E.: A preliminary note on the associative action of bacteria in the souring of milk. Zentralbl. f. Bakt., II. Abt., 11. Bd., S. 740. 1904. — Miehe, H.: Sind ultramikroskopische Mikroorganismen in der Natur verbreitet? Biol. Zentralbl., 43. Bd., S. 1. 1923. — Migula, W.: System der Bakterien. Jena: G. Fischer. 1897 bis 1900. — Müller, K.: Untersuchungen über sterilisierte, Backhaus-, Enzyma- und Uviol-Milch. Zentralbl. f. Bakt., II. Abt., 47. Bd., S. 385. 1917.

Orla-Jensen, S.: Die Bakteriologie in der Milchwirtschaft. Jena: G. Fischer. 1913.

Rodenkirchen, J.: Der Einfluß von Erhitzung und Aufbewahrung auf den Keimgehalt und die Haltbarkeit der Milch. Milchw. Forsch., 6. Bd., Orig., S. 65. 1928. — Rogers, L.: The preparation of dried cultures. Science, Vol. 38, p. 377. 1913. — Ruehle, G. L. A., Breed, R. S., and G. A. Smith: Milking machines. I. As a source of bacteria in milk. II. Methods of maintaining in a bacteria-free condition. New York State Agr. Exp. Stat. (Geneva) Bull., 450. 1918. — Rullmann, W.: Über Pasteurisieren und Sterilisieren der Milch usw. Zentralbl. f. Bakt., II. Abt., 9. Bd., S. 663. 1902.

Schnegg, H. und K. Trautwein: Das „Aktivin" der chemischen Fabrik Pyrgos in Radebeul-Dresden. Allg. Brauer- u. Hopfenztg., 64. Bd., S. 603. 1924. — Schultz, O.: Die Einwirkung der Ultraviolettstrahlung auf die Bakterienflora aktiver Milchprodukte. Dtsch. tierärztl. Wochenschr., S. 315. 1927.

Weigmann, H. (1): Die Bakteriologie im Dienste der Milchwirtschaft. Milchztg., 20. Bd., S. 227. 1891. — (2): Pilzkunde der Milch., 2. Aufl. Berlin: P. Parey. 1924. — (3): Erläuterungen zur Eingabe des Deutschen Milchwirtschaftlichen Reichsverbandes, betreffend Zulassung der Dauererhitzung von Milch usw. Milchw. Forsch., 2. Bd., Ref., S. 1. 1925.

2. Nichtpathogene Mikroorganismen in der Milch

Von

F. Löhnis-Leipzig

Mit 7 Abbildungen

A. Herkunft der Mikroflora der Milch

Der Keimgehalt der zur Verwendung oder zur Verarbeitung gelangenden Milch schwankt innerhalb weiter Grenzen. Teils entstammt er dem Euter, teils den verschiedenen Infektionsquellen, denen die Milch bei der Gewinnung, beim Versand und bei der Verarbeitung ausgesetzt ist. Die Veränderungen des Keimgehaltes während der Aufbewahrung sind gleichfalls von erheblichem Einfluß.

Keimgehalt des Euters

Längere Zeit war man der Ansicht, daß die Milch im gesunden Euter keimfrei sei. Es hat sich indessen herausgestellt, daß zwar mitunter, insbesondere von jungen Tieren mit straffer Muskulatur an der Zitzenöffnung, durch sterilisierte Melkröhrchen kleine Mengen wirklich keimfreier Milch gewonnen werden können, daß aber im allgemeinen mit einer Infektion im Euter selbst gerechnet werden muß, und zwar auch dann, wenn das Eutergewebe völlig gesund erscheint.

Über die Herkunft dieser Keime gehen die Meinungen auseinander. Manche Forscher halten die Infektion von der Blutbahn aus, die sogenannte hämatogene Infektion, für am wichtigsten, während andere den exogenen Ursprung der Keime, also dem Einwandern von außen durch die Zitzenöffnung, größere Bedeutung beimessen. Jedenfalls ist mit beiden Möglichkeiten zu rechnen. Handelt es sich um krankheitserregende Keime, so ist das Eindringen von der Blutbahn das Wahrscheinlichere, im entgegengesetzten Falle dagegen das Eindringen von außen.

Die Zitzenöffnungen des Kuheuters sind naturgemäß Verunreinigungen besonders ausgesetzt, und beim Melken kommt es nicht selten vor, daß ein geringer Milchrest im Ausführungsgange zurückbleibt, der eine lokale Keimvermehrung sehr begünstigt. Infolgedessen sind die beim nächsten Melken dem Euter zuerst entströmenden Milchstrahlen verhältnismäßig keimreich, namentlich wenn die Sauberkeit des Euters mangelhaft war. Unter solchen Verhältnissen können sich für je 1 cm³ Milch Zahlen ergeben, wie sie z. B. von L. Schulz ermittelt worden sind:

Erste Milch	Mitte des Gemelkes	Letzte Milch
55566 bis 97240	2070 bis 9985	0 bis 500

Neben der Fettarmut der ersten Milchstrahlen ist deren hoher Keimgehalt ein wichtiger Grund, weshalb diese nicht mit der übrigen Milch vermischt werden sollten. Allerdings sollten sie nie (obwohl manche Polizeiverordnungen dies vorschreiben) in die Streu gemolken werden, da auf solche Weise die Verbreitung von Infektionen von kranken auf gesunde Euter ganz besonders begünstigt wird.

Das gesunde Euter ist wie jedes andere Organ des gesunden tierischen Körpers mit Schutzkräften ausgestattet, die bewirken, daß nicht-krankheitserregende Bakterien, die tiefer in das Eutergewebe vorzudringen versuchen, dort abgetötet oder mindestens in ihrer Vermehrung und Wirksamkeit stark gehemmt werden.

Das hat zur Folge, daß von der zahl- und artenreichen Mikroflora, die sich an der Zitzenöffnung vorfindet, ein nur verhältnismäßig kleiner Teil in die Zisterne und in die Ausführungsgänge des Drüsengewebes zu gelangen und sich hier zu halten vermag. Werden irgendwelche der gewöhnlichen Erd- oder Wasserbakterien absichtlich in größeren Mengen in ein gesundes Euter eingeführt, so verschwinden sie in der Regel in kurzer Zeit. Nur verhältnismäßig wenige Arten zeigen ein abweichendes Verhalten, und zwar handelt es sich hierbei ausnahmslos um solche, die als avirulente Rassen von krankheitserregenden Bakterien aufgefaßt werden müssen. Das ist eine sehr beachtenswerte, obwohl durchaus nicht immer genügend beachtete Tatsache.

In erster Linie handelt es sich hier um mancherlei weiße oder gelbe Mikrokokken, die wegen ihres regelmäßigen Vorkommens geradezu als Euterkokken bezeichnet werden. Sie sind nahe verwandt mit Micrococcus pyogenes, einer Gruppe von Eiter- und Entzündungserregern, denen sie nach Aussehen und Verhalten in künstlicher Kultur fast oder völlig gleichen (W. STECK). Zweitens können sich in normalen Eutern Streptokokken vorfinden, die selbst nicht krankheitserregend wirken, aber doch nahe verwandt sind mit dem am weitesten verbreiteten Erreger von Euterentzündungen, dem Streptococcus pyogenes (FROST, GUMM und THOMAS). Weit seltener finden sich solche Streptokokken, die den gewöhnlichen Milchsäurebildnern nahestehen. Eine dritte Gruppe von Euterbewohnern, auf die man im Laufe der letzten Jahre besonders in Amerika aufmerksam geworden ist, sind avirulente Stämme des Bacillus abortus, des Erregers des seuchenhaften Verwerfens (A. C. EVANS). Mitunter kommen auch avirulente Rassen von Bacterium coli und Bacillus pyogenes vor. Stets also handelt es sich bei diesen Euterbakterien um Organismen, die in nahen Beziehungen zu Krankheitserregern stehen, und hierauf beruht es auch zweifellos, daß sie in der Lage sind, den bakterientötenden Schutzkräften des gesunden tierischen Gewebes Widerstand zu leisten, während die gewöhnlichen harmlosen Bakterien diesen rasch erliegen. Außerdem aber ist die Möglichkeit nie völlig ausgeschlossen, daß diese zunächst avirulenten Euterbewohner unter Umständen virulent werden, also zu Entzündungs- und Eiterungsprozessen im Euter Veranlassung geben können. Jede Herabsetzung der natürlichen Widerstandskraft des Eutergewebes (durch Erkältung, rohe Behandlung, schlechtes Ausmelken des Euters usw.) kann diesen Vorgang begünstigen. Das erste Anzeichen hierfür ist bereits darin gegeben, daß schon bei einer nur vorübergehenden Verminderung des Wohlbefindens der Tiere die Keimzahlen im Euter bedeutend ansteigen können, wie z. B. aus den nachstehend wiedergegebenen Befunden hervorgeht, die von LUX für dasselbe Tier nach verschieden langen Pausen zwischen den Melkungen festgestellt worden sind.

Die Melkpausen betrugen 2   4   6   8   12   24 Stunden
je 1 cm³ Milch enthielt   44   293   315   165   1472   2075 Keime.

Noch deutlicher kann die gleiche Erscheinung wahrgenommen werden, wenn an schwülen, zu Gewitterbildung neigenden Sommertagen die im Stalle gehaltenen Kühe unter den atmosphärischen Einflüssen zu leiden haben. An besonders empfindlichen Tieren ergab sich unter solchen Bedingungen ein Hinaufschnellen des normalen Keimgehaltes auf das Vielfache (LÖHNIS, 3).

Als „normal" ist der Keimgehalt im Euter anzusehen, wenn die aseptisch ermolkene Milch etwa 300 bis 600 Keime im Kubikzentimeter enthält. Zeigen sich statt dessen ein oder einige Tausend, so ist ein solcher Befund stets als ein Warnungszeichen anzusehen. Bestehen außerdem, wie in Amerika, sehr strenge

Vorschriften für die Gewinnung und den Keimgehalt von Kur- und Kindermilch, so muß durch eine ständige bakteriologische Überwachung des Betriebes dafür gesorgt sein, daß Kühe mit abnorm hohem Keimgehalt des Euters rechtzeitig erkannt und ausgeschieden werden.

Die Einwirkungen der Euterflora auf die Milch sind in der Regel kaum wahrnehmbarer Art. Deshalb gelingt es in vielen Fällen, bei aseptischem Melken eine Milch zu erzielen, die sich wochenlang fast unverändert hält. Indessen bedarf es auch in dieser Hinsicht ständiger Nachprüfungen. Denn die Euterkokken gehören zu einer Gruppe von Organismen, in der sowohl die Lab- wie die Säureproduktion mitunter sehr stark ausgebildet ist; ebenso stehen die Streptokokken den Säurebildnern nahe und Bacterium coli ist gleichfalls ein Säureproduzent. Infolgedessen ist stets mit der Möglichkeit zu rechnen, daß sich das Verhalten der bis dahin vielleicht völlig harmlosen Euterbewohner gelegentlich ändert und zu unerwünschten Erscheinungen, insbesondere zu einem vorzeitigen Gerinnen der Milch, Veranlassung gibt. Zuweilen zeigt die aseptisch gewonnene Milch auch einen unangenehmen, bei der Aufbewahrung deutlich wahrnehmbaren ranzigen Geschmack. Das ist besonders dann der Fall, wenn das Euter von der avirulenten Form des Bacillus abortus besiedelt ist. Seltener kommt es vor, daß sich Angehörige der Gruppe des Bacillus fluorescens im Euter einnisten, die dann die gleiche Veränderung der Milch hervorrufen können. Erreger anderer „Milchfehler" kommen ebenfalls im Euter selbst zuweilen vor; doch handelt es sich hier um seltene Ausnahmefälle. Meist sind durch Bakterien veranlaßte Milchfehler auf nachträgliche Infektionen zurückzuführen.

Infektion beim Melken

Sind das Euter und das Tier selbst sowie der Melker und insbesondere seine Hände in tadellos sauberem Zustande, und wird außerdem die Milch in einem sterilisierten Melkeimer aufgefangen, der zur Fernhaltung von Luftkeimen einen Deckel trägt, in dem sich nur eine kleine Öffnung zum Hineinmelken befindet, so ist es möglich, Milch zu gewinnen, die in der Hauptsache nur die dem Euter entstammenden Keime enthält, deren Keimzahl sich also meist unterhalb 1000 je Kubikzentimeter hält. Die Kosten einer solchen völlig einwandfreien Melkweise sind indessen verhältnismäßig hoch, so daß in der Mehrzahl der Fälle weniger sorgfältig verfahren werden muß.

Es ist naturgemäß besser und billiger, die Tiere dauernd in einem möglichst sauberen Zustande zu erhalten, als sie erst vor dem Melken zu reinigen. Eine gute Stalleinrichtung, die wie die Schweinsburger Aufstallung eine Beschmutzung der Flanken und des Euters durch Exkremente nach Möglichkeit ausschließt, kann hierzu wesentlich beitragen. Weiterhin ist auf regelmäßiges Putzen der Tiere Wert zu legen sowie auf sachgemäße Reinigung des Euters vor dem Melken. Abreiben mit einem sauberen Tuch und leichtes Einfetten der Striche ist im allgemeinen besser als ein Waschen des Euters, das bei starker Beschmutzung desselben allerdings notwendig wird. Die Hände des Melkers sollen rein und trocken sein. Beim Naßmelken wird fast immer keimreichere Milch gewonnen als beim Trockenmelken. Das Waschen der Hände sollte nach dem Melken jeder Kuh wiederholt werden, um Keimübertragungen nach Möglichkeit vorzubeugen. Kühe, die streptokokkenhaltige Milch liefern, sollten getrennt aufgestellt und zuletzt gemolken werden. Melkeimer mit weiter Öffnung erleichtern naturgemäß das Eindringen von Keimen aus der Luft. Werden sie nicht sterilisiert oder wenigstens nach den oben angegebenen

Regeln gereinigt, so ist ein sofortiges Emporschnellen des Keimgehaltes unvermeidlich.

Einige Zahlenbeispiele mögen dies veranschaulichen. Bei einer Kuh, deren Milch nur 200 Keime im Kubikzentimeter enthielt, wurde die Euterreinigung einige Zeit absichtlich unterlassen. Infolgedessen stieg die Keimzahl auf 300000 je Kubikzentimeter und trotz mehrfach wiederholter gründlicher Reinigung ließ sich zunächst nur eine Verminderung auf 90000 erzielen (PUSCH). An Flanken und Euter angetrocknete Kuhexkremente enthalten stets eine oder einige Milliarden Keime im Gramm. Gelangt $^1/_{10}$ g solchen Schmutzes in 1 Liter Milch, so steigt die Keimzahl je Kubikzentimeter um ein bis einige Hunderttausende. Gewöhnlicher Putzstaub enthält meist einige hundert Millionen im Gramm. Besondere Umständlichkeiten bei der Euterreinigung, insbesondere das Anlegen von Euterbeuteln, die zur Aufnahme desinfizierender Flüssigkeiten bestimmt waren, haben sich nicht bewährt (LÖHNIS, 1). Beim Melken selbst spielt neben der Sauberkeit die rasche, sachgemäße Durchführung der Arbeit eine wichtige Rolle. Getrennte Melkräume sind überflüssig, wenn der Stand der Tiere reinlich gehalten und der Melkeimer in sterilisiertem Zustande verwendet wird. Was sich auf diesem Wege erzielen läßt, geht aus den folgenden von E. v. FREUDENREICH bei vergleichenden Versuchen erlangten Zahlen hervor. Es wurden je 1 cm³ gezählt:

bei gewöhnlicher Melkweise   bei sehr sorgfältiger Gewinnung
    6360 bis 11250.   50 bis 420.

Der Keimgehalt der Luft im Stall ist namentlich dann von merklichem Einfluß, wenn Melkeimer mit weiter Öffnung verwendet werden. Erfolgt das Füttern, insbesondere das Verabreichen von Rauhfutter, das Auflockern der Streu oder das Ausbringen des Düngers kurze Zeit vor oder gleichzeitig mit dem Melken, so nimmt die Keimzahl in der Luft stets zu. Werden aber mit Deckeln versehene Milcheimer verwendet, so kann nach Beobachtungen von W. WINKLER die Zahl der aus der Luft in die Milch gelangenden Keime auf ¼ bis $^1/_{10}$ herabgesetzt werden.

Es ist vielfach die Ansicht verbreitet, daß es leicht möglich sei, durch Verwendung der Melkmaschine eine verhältnismäßig keimarme Milch zu gewinnen, denn es werden ja in der Tat manche Infektionsquellen, wie die Luft und die Hand des Melkers, in diesem Fall ausgeschlossen. Auf der anderen Seite werden jedoch durch den komplizierten Bau der Melkmaschine eine ganze Reihe von neuen Infektionsmöglichkeiten eingeführt, denen im praktischen Betrieb im allgemeinen schwieriger vorzubeugen ist als jenen, die in Fortfall kommen. Wird die Melkmaschine peinlichst sauber gehalten und werden alle Teile nach jeder Reinigung einer möglichst durchgreifenden Sterilisation unterworfen, über die das Nötige oben mitgeteilt wurde, so läßt sich allerdings auch auf diesem Wege eine keimarme Milch erzielen. Dazu gehört aber ein williges, verständnisvolles, gut geschultes Personal, an dem es oft fehlt. Infolgedessen lauten die Urteile über den Einfluß der Melkmaschinen-Anwendung auf den Keimgehalt der Milch meist nicht allzu günstig.

Wird sehr sauber in sterilisierte Gefäße gemolken, so bleibt der Artenbestand in der Milch naturgemäß annähernd so, wie er im Euter war. Werden nicht sterilisierte, sondern nur in gewöhnlicher Weise gereinigte Melkeimer benutzt, oder wurde die Maschine lediglich mit Wasser gereinigt, so steigt vor allem die Zahl der Milchsäurebakterien in der Milch, da diese in und an allen Molkereigerätschaften sich sehr stark zu vermehren pflegen. Weniger wegen seines Keimreichtums als wegen der Art der zugeführten Bakterien und Pilze muß der an den Händen der Melker und an dem Körper der Tiere etwa vorhandene Schmutz beanstandet werden. Zum größten Teil entstammen diese Organismen dem Darm der Tiere und sind deshalb für die bakterielle Beschaffenheit der Milch besonders nachteilig. Das gilt namentlich für die Coli-Aerogenes- sowie für die Buttersäurebakterien, deren Entwicklung ein rasches Verderben der Milch veranlaßt. Außerdem ist zu beachten, daß die Buttersäurebakterien, wie verschiedene andere aerobe und anaerobe Arten, die im Kot, Staub usw. häufig vorkommen, Sporenbildner sind; infolgedessen können sie auch durch Pasteurisieren nicht unschädlich gemacht werden. Das Pasteurisieren ist also kein Mittel, um grobe Fehler bei der Milchgewinnung ungeschehen zu machen.

Kontaktinfektionen

Jede bei der Berührung eines keimhaltigen Gegenstandes erfolgte Erhöhung des anfänglichen Bakterienbestandes in der Milch stellt eine „Kontaktinfektion" dar. Im praktischen Betriebe sind solche Infektionen oft von sehr großer Bedeutung, wie die folgenden von Backhaus und Cronheim ermittelten Zahlen zeigen:

In je 1 cm³ Milch wurden gezählt:

	I. Versuch	II. Versuch
unmittelbar nach dem Melken	14400	19000
nach dem Umgießen in ein zweites Gefäß	19400	28000
„ „ Passieren des Kühlers	21600	38000
„ „ Auffangen in einem dritten Gefäß	21400	78000
„ „ Einfüllen in die Flasche	35000	162000

Vor allem sind es die Filter sowie die Flaschen und Kannen, die zu sehr erheblichen Steigerungen des Keimgehaltes Veranlassung geben können. Namentlich die Tuchfilter wirken höchst nachteilig, sofern sie nicht sehr gründlich gereinigt werden. Flaschen und Kannen sind stets dann reich an Bakterien, wenn sie in der gemeinhin üblichen Weise gereinigt und in feuchtem Zustand einige Stunden aufbewahrt werden. Die an sich zwar unbedeutend erscheinenden Wasserreste gewähren vielen Millionen von Bakterien Gelegenheit zur Entwicklung. Infolgedessen steigt die Keimzahl je Kubikzentimeter Milch unmittelbar nach dem Einfüllen um einige bis viele Tausende und sie nimmt weiterhin in entsprechend vermehrtem Umfange zu. Ausdämpfen der Kannen wirkt naturgemäß besser als Waschen; verbleibt jedoch Kondenswasser in den Gefäßen, so kann gleichwohl nachträglich reichliche Bakterienentwicklung einsetzen. In Amerika wird deshalb das Ausdämpfen durch Einblasen von trockener, heißer Luft ergänzt. Für Flaschen empfiehlt sich (bei Erzeugung von keimarmer Milch) Trockensterilisation im Heißluftschrank, bei der auch mit weniger Flaschenbruch zu rechnen ist als bei Dampfbehandlung. Aus bakteriologischen Gründen haben die aus Zellstoff hergestellten, nur einmal zu gebrauchenden Milchflaschen vieles für sich. Leider stehen dem aus der Undurchsichtigkeit des Materials herrührende Schwierigkeiten gegenüber, die sich insbesondere beim Füllen der Flaschen und bei der Beurteilung der Milch im Haushalt bemerklich machen.

Die bakterielle Beschaffenheit des in den milchwirtschaftlichen Betrieben zur Verwendung kommenden Wassers läßt nicht selten viel zu wünschen übrig. Infolgedessen sind Kontaktinfektionen besonders nachteiliger Art dann keine Seltenheit, wenn solches Wasser in nicht erhitztem Zustande zum Nachspülen der Geräte verwendet wird. Bacillus fluorescens und verwandte Arten kommen als psychrophile Organismen fast regelmäßig im Wasser vor. Sie zersetzen Fett und bilden Ammoniak, wirken demnach auf den Geschmack der Milch nachteilig ein. Nicht selten sind auch solche Organismen im Wasser anzutreffen, die Schleimbildung in der Milch hervorrufen, sowie andere, namentlich Bacterium coli und Buttersäurebakterien, die Gasbildung sowie üblen Geruch und Geschmack erzeugen. Das Tränkwasser in Selbsttränken ist gleichfalls oft reich an Keimen, die, wenn sie in die Milch gelangen, deren Beschaffenheit nachteilig beeinflussen können. Allerdings gelangen sie nicht, wie zuweilen angenommen worden ist, von der Blutbahn aus in das Euter. Beim Tränkwasser wie beim Futter sind solche hämotogene Infektionen nur dann zu erwarten, wenn es sich um krankheiterregende Bakterien handelt. In anderen Fällen können die betreffenden Organismen entweder auf dem Umwege durch den Darm in die Milch gelangen, oder durch Verspritzen von Wassertröpfchen bzw. durch Verschleudern von Futterteilen kann zu Kontaktinfektionen der Milch Veranlassung gegeben sein.

Eine besondere Art von Kontaktinfektionen kann dadurch zustande kommen, daß der Milchkühler im Stalle selbst aufgestellt wird, was zwar nicht vorkommen sollte, gleichwohl aber noch ein ziemlich verbreiteter Brauch ist. Auch in einem sauber gehaltenen Stall ist die Luft reich an Keimen und sie wird um so keimreicher, je mehr es an Sauberkeit fehlt. Wird nun der Kühler im Stalle selbst benutzt, so beschlägt er, wie es jeder kalte Gegenstand in einem warmen Raume tut, das heißt seine kühlen Flächen überziehen sich mit einem Hauch von kleinsten Wassertröpfchen, die sich aus der Luft kondensieren und dabei zahlreiche zuvor in der Luft schwebende Bakterien auf der Oberfläche des Kühlers niederschlagen. Naturgemäß spielt sich dieser Vorgang auch ab, während die Milch den Kühler passiert, nur ist er dann nicht mehr dem bloßen Auge wahrnehmbar. Eine wesentliche Erhöhung der Keimzahl während des Kühlens ist unter diesen Bedingungen unvermeidlich.

Einfluß der Aufbewahrung auf den Keimgehalt der Milch

Wird Milch unachtsam gewonnen und in nicht oder mangelhaft gekühltem Zustand aufbewahrt, so macht sich bald eine lebhafte Vermehrung der vorhandenen Keime geltend. Wurde dagegen bei der Gewinnung allen vermeidbaren Infektionen nach Möglichkeit vorgebeugt, so tritt während einiger Stunden keine Zunahme, sondern eine mehr oder minder deutliche Abnahme der anfänglichen Keimzahl ein, und zwar auch dann, wenn die Kühlung der Milch unterblieb. Erfolgte aber die Kühlung in ordnungsmäßiger Weise, so dehnt sich die Zeit, in der Keimvermehrungen nicht nachweisbar sind, bis auf 24 Stunden und länger aus, während sie sonst nach etwa 6 bis 10 Stunden ihr Ende erreicht. Man hat diesen Stillstand oder Rückgang der Keimzahl in verschiedener Weise zu erklären versucht. Gelegentlich ist die Ansicht geäußert worden, es handle sich lediglich um das Absterben von solchen Keimen, denen die Milch als Nährsubstrat nicht zusage. Dem steht jedoch entgegen, daß vergleichende Versuche mit zuvor erhitzter Milch keine derartigen Keimabnahmen erkennen lassen. Die jetzt meist verbreitete Annahme ist die, daß die Milch, ähnlich wie das Blut, wenn auch in wesentlich geringerem Grade, bakterientötende Eigenschaften besitzt. Man spricht deshalb von der „Bakterizidie" der Milch. Hiermit steht im Einklang, daß Kolostralmilch, die in ihrer Beschaffenheit dem Blutserum näher steht als die gewöhnliche Milch, derartige bakterizide Wirkungen am deutlichsten erkennen läßt. Allerdings tritt nie, auch nicht im Kolostrum, eine durchgreifende Abtötung aller Keime ein. In vielen Fällen handelt es sich lediglich um einen vorübergehenden Stillstand in der Vermehrung, die zuvor gleichmäßig in der Milch verteilten Zellen verkleben miteinander und bilden Klümpchen, wodurch bei Anwendung des meist üblichen Zählverfahrens eine Verringerung der Koloniezahlen verursacht wird. Diesen beim Blute ebenfalls festgestellten Vorgang bezeichnet man als Agglutination.

Die verschiedenen Bakterienarten verhalten sich gegenüber den bakteriziden Wirkungen frischer Milch durchaus nicht gleich. Am wenigsten geschädigt werden im allgemeinen die Milchsäurebakterien; im übrigen aber widersprechen die bisher vorliegenden Beobachtungen einander nicht selten. Es ist jedenfalls nach K. Drewes damit zu rechnen, daß nicht nur die verschiedenen Arten, sondern auch verschiedene Rassen der gleichen Art bald in höherem, bald in geringerem Grade gehemmt und geschädigt werden.

Je nach den wechselnden Umständen endet die „bakterizide Phase" früher oder später, und es folgt eine lange andauernde Zeit der Keimvermehrung. Mit welcher Geschwindigkeit und in welchem Umfange die Keimzahl wächst, hängt vornehmlich ab von dem jeweils vorhandenen Bakterienbestand, von der Temperatur, bei der die Milch aufbewahrt wird, sowie vom Luftzutritt. Sind vielleicht durch keimreiches Wasser viel kälteliebende Bakterien in die Milch gelangt, so vermehren sich diese naturgemäß auch dann sehr rasch, wenn die Milch gut gekühlt und kühl aufbewahrt wird. Die häufigsten Milchsäurebakterien wachsen dagegen nur schwach bei oder unterhalb 10^0 C, gut dagegen bei 20 bis 30^0 C. Noch höhere Temperaturen, namentlich Körperwärme (38^0), ist den dem Darme entstammenden Organismen, vor allem den Gasbildnern (Bacterium coli, aerogenes) förderlich; um ihre Anwesenheit festzustellen, wird bei der Milchgärprobe meist gerade diese Temperatur gewählt. Sehr keimarm gewonnene Milch enthält fast nur Euterkokken, die gleichfalls 38^0 bevorzugen, dagegen in der Kälte fast gar keine Vermehrung zeigen.

Entsprechende Prüfungen lieferten z. B. die folgenden Ergebnisse (Löhnis, 2). In aseptisch gewonnener Milch (mit anfänglich 200 bis 300 Keimen je Kubikzentimeter) betrug die Keimzunahme bei 0 bis 6^0 C innerhalb von einer Woche das 25- bis 50fache, dagegen bei 13 bis 15^0 nach nur 24 Stunden das 2000fache und bei 22 bis 24^0 sogar das 60000fache. Sogenannte Vorzugsmilch (mit anfänglich rund 20000 Keimen) enthielt am Nachmittag des Lieferungstages 360000 bis 85 Millionen, im Mittel 45 Millionen, das heißt 2200mal soviel Bakterien als am Morgen, wenn sie, wie das leider noch oft geschieht, nicht im Eisschrank, sondern bei Lufttemperatur aufbewahrt wurde. In gewöhnlicher Marktmilch stieg die Keimzahl unter denselben Bedingungen von durchschnittlich 6 auf rund 900 Millionen, also um das 150fache. Daß die Vermehrung hier verhältnismäßig geringer war als in Vorzugsmilch, ist jedenfalls in erster Linie, wenn nicht ausschließlich, den antagonistischen Wirkungen, insbesondere der Säurebildung zuzuschreiben, die in so keimreichen Milchproben stark zur Geltung kommen. Von Rodenkirchen durchgeführte Prüfungen einer größeren Zahl von Marktmilchproben, die sowohl im nicht erhitzten wie im pasteurisierten Zustande (30 Minuten bei 63^0 gehalten), wie auch nach erfolgtem Abkochen je 1 Tag im Eisschrank und bei Zimmerwärme aufbewahrt wurden, lieferten die nachstehenden Durchschnittszahlen (je Kubikzentimeter):

Milch	anfangs	nach 1 Tag im Eisschrank	bei Zimmerwärme
nicht erhitzt ..	17 Millionen	387 Millionen	2270 Millionen
		(20 ×)	(134 ×)
pasteurisiert...	25000	745000	$17^2/_3$ Millionen
		(30 ×)	(700 ×)
abgekocht	6200	129000	$6^1/_3$ Millionen
		(20 ×)	(1000 ×)

Diese Zahlen bestätigen das soeben Gesagte. Sie lassen aber zugleich die hohe Bedeutung ausreichender Kühlung und Kühlhaltung der Milch bis zum Verbrauche klar hervortreten. Mit gutem Grunde fordern die meisten amerikanischen Milchregulative, daß die Temperatur der Milch bei der Ablieferung noch unterhalb 10° C liegen muß. In Deutschland wird gerade auf diesen Punkt viel zu wenig Gewicht gelegt; der meist recht hohe Keimgehalt sowie die ungenügende Haltbarkeit der Milch ist hier sicherlich oft mehr der mangelnden Kühlhaltung bei der Versendung, beim Verkauf und bei der Aufbewahrung im Haushalt zuzuschreiben als mangelnder Sorgfalt bei der Milchgewinnung.

B. Der Keimgehalt der Handelsmilch

Je nach der Art der Gewinnung und Behandlung der zum Verkauf bzw. zum Verzehr gelangenden Milch schwankt deren Keimgehalt innerhalb weiter Grenzen. Zweifellos ist eine Milch mit verhältnismäßig wenigen und gutartigen Keimen weit wertvoller als eine solche, die zahlreiche Bakterien schädlicher Art enthält. Gleichwohl tragen die städtischen Milchregulative in Deutschland dieser Tatsache im allgemeinen nicht in angemessener Weise Rechnung; die physikalische und die chemische Beschaffenheit der Milch wird der Beurteilung immer noch fast allein zugrunde gelegt. In anderen Ländern, insbesondere in Schweden, Dänemark und in den Vereinigten Staaten von Nordamerika, ist man dagegen mehr und mehr dazu übergegangen, auch der mikrobiologischen Beschaffenheit der Milch die ihr gebührende Beachtung zu schenken. Die Folge davon war, daß sich die Qualität der dort zum Verkauf gebrachten Milch wesentlich gebessert und infolgedessen der Milchverbrauch sich bedeutend gehoben hat. Die neuerdings auch in Deutschland hervortretenden Bestrebungen, die Bevölkerung zu vermehrtem Milchverbrauch zu veranlassen, werden gleichfalls nur in dem Umfange von Erfolg sein, wie es gelingen wird, bei der Gewinnung und Behandlung der Milch den bakteriologischen Gesichtspunkten angemessene Geltung zu verschaffen und eine bessere, haltbarere Milch auf den Markt zu bringen, als es bisher meist der Fall war.

Es muß jedoch von vornherein im Auge behalten werden, daß eine solche Verbesserung der Milchbeschaffenheit nicht ohne eine entsprechende Steigerung der Erzeugungskosten und damit des Verkaufspreises zu erreichen ist. Und ein weiterer, ebenso wichtiger, trotzdem aber oft übersehener Gesichtspunkt ist der, daß eine völlig einwandfreie Beschaffenheit der Milch in bakteriologischer Hinsicht keineswegs allgemein gefordert werden kann und auch gar nicht gefordert zu werden braucht. Nur in besonderen Fällen ist eine völlig einwandfreie Milch am Platz, und nur verhältnismäßig wenige, ganz besonders gut geleitete Betriebe sind überhaupt in der Lage, eine solche zu liefern. In den Vereinigten Staaten von Nordamerika wird die Erzeugung und der Verkauf derartiger Milch von Ärztekommissionen so streng überwacht, daß von sämtlichen Betrieben, die im Lande vorhanden sind (rund 6½ Millionen), nur etwa 250 in der Lage sind, den für die Lieferung einer solchen Milch (der sogenannten certified milk) aufgestellten Bedingungen zu genügen. Werden sämtliche für die Erzeugung einer völlig einwandfreien Milch notwendigen Sicherheitsmaßnahmen gewissenhaft angewandt, so verteuern sich die Erzeugungskosten gegenüber der gemeinhin üblichen Arbeitsweise mindestens um das Vierfache. Eine entsprechende Steigerung des Milchpreises macht die Verwendung solcher Milch im Haushalt im allgemeinen unmöglich. Völlig einwandfreie Beschaffenheit muß nur diejenige Milch aufweisen, die als Kur- und Kindermilch in unerhitztem Zustande Verwendung finden soll. In diesem besonderen Fall ist aber ein angemessener Preis auch durchaus gerechtfertigt und erschwinglich.

Soweit die Milch als Getränk dienen soll, ist neben möglichst sorgfältiger Gewinnung und Behandlung eine schonende, aber ausreichende Pasteurisierung sowie dauernde Kühlhaltung bis zum Verbrauch von wesentlicher Bedeutung. Rohmilch ist ein so vorzüglicher Nährboden für alle Arten von krankheiterregenden Bakterien, die aus der Umgebung von Mensch und Tier doch eben nur bei allergrößter Vorsicht mit einiger Sicherheit auszuschließen sind, daß selbst bei recht sorgfältiger Arbeitsweise im milchwirtschaftlichen Betriebe stets mit der Möglichkeit gefährlicher Fremdinfektionen gerechnet werden muß. Nur durch ausreichende Pasteurisierung mit nachfolgender Tiefkühlung und Verkauf der kühl aufbewahrten Milch in Flaschen, läßt sich diesen Gefahren vorbeugen. Die Mehrkosten für die Erzeugung einer solchen Trinkmilch sind verhältnismäßig gering, so daß sie im Hinblick auf den erhöhten Wert der Milch kaum ins Gewicht fallen.

Wenn demgegenüber eingewendet wird, daß das Erhitzen den Vitamingehalt der Milch herabsetze, und zudem keine volle Sicherheit dafür geboten sei, daß alle etwa vorhandenen Krankheitserreger wirklich abgetötet werden, so bestehen diese Bedenken zweifellos zu Recht. Es ist jedoch auf der anderen Seite zu beachten, daß die Gefahr von Krankheitsübertragungen durch Rohmilch bei weitem größer und daß es unschwer möglich ist, die durch das Erhitzen bewirkte Minderung des Vitamingehaltes durch Beigabe vitaminreicher Nahrung völlig auszugleichen. Ein anderer, ebenfalls oft wiederholter Einwand, daß nämlich die Pasteurisierung nur dazu dienen sollte, Mängel bei der Gewinnung der Milch zu verdecken, besteht nicht zu Recht. Eine wirklich schlechte Milch verträgt in der Regel das Pasteurisieren überhaupt nicht mehr, und die Herabsetzung des Keimgehaltes durch das Erhitzen steht in engem Zusammenhange mit dem ursprünglichen Keimgehalt der Milch. Eine an sich keimreiche Milch enthält auch nach dem Pasteurisieren noch zahlreiche lebende Keime. Deshalb ist in amerikanischen Milchverordnungen mit Recht nicht nur für die in den Verkehr gebrachte pasteurisierte, sondern auch für die zur Pasteurisierung gelangende Rohmilch die Keimzahl nach oben hin begrenzt worden. Die vorbildliche Versorgung der amerikanischen Städte mit Milch, der sehr starke Verbrauch von Trinkmilch sowie die Tatsache, daß seit Einführung der Dauerpasteurisierung aller Milch (mit Ausnahme der „certified milk") Krankheitsübertragungen durch Milch dort nicht mehr beobachtet worden sind, zeigt einwandfrei, daß jenen Einwendungen keinerlei ausschlaggebende Bedeutung beigemessen werden kann (Demeter, Löhnis, 4).

Soweit die Milch im Haushalt vor der Verwendung abgekocht oder anderweit bei der Verarbeitung zu Milchspeisen einer durchgreifenden Erhitzung ausgesetzt wird, kann naturgemäß auf die Pasteurisierung verzichtet werden. Dadurch wird es möglich, für Kochzwecke eine Milch zu beschaffen, in der die notwendigen Nahrungsstoffe zu erheblich niedrigeren Preisen zur Verfügung stehen als in anderen menschlichen Nahrungsmitteln, namentlich in Fleisch und in Eiern.

Die bei derartiger ohne Anwendung besonderer Vorsichtsmaßregeln gewonnenen Milch nachweisbaren Keimzahlen sind naturgemäß meist ziemlich hoch. Unmittelbar nach der Gewinnung belaufen sie sich unter solchen Bedingungen oft schon auf eine oder mehrere Millionen je 1 cm³. Wegen der meist ungenügenden Kühlung setzt bald eine rasche Vermehrung ein, infolgedessen enthält die im Haushalt zur Verwendung kommende Rohmilch nicht selten mehrere bis Hunderte von Millionen Bakterien je 1 cm³. Im Sommer sind die Zahlen gewöhnlich höher als im Winter, ebenso ist die erst am nächsten Tage zur Verwendung gelangende Abendmilch in der Regel keimreicher als die am

Morgen des Lieferungstages ermolkene Milch. Erfolgt der Verkauf nicht in Flaschen, sondern in offenen Kannen, so sind mancherlei weitere Infektionsquellen gegeben.

Der Keimgehalt pasteurisierter Trinkmilch in Flaschen kann namentlich dann, wenn auf dauernde Kühlhaltung die nötige Sorgfalt verwendet wird, innerhalb verhältnismäßig enger Grenzen gehalten werden. 50 000 oder 100 000 lebende Keime im Kubikzentimeter gelten in britischen und amerikanischen Städten vielfach als oberste Grenze. Außerdem ist oft noch der zulässige Gehalt an Bacterium coli in den Milchverordnungen festgesetzt. Z. B. darf in England nach den (im „Journal of the Ministry of Agriculture" 1922 und 1923 abgedruckten) Verordnungen $1/_{100}$ cm³ solcher Milch keinen Coli-ähnlichen Keim in lebendem Zustande enthalten.

Für die „certified milk" haben die amerikanischen Ärztekommissionen als höchst zulässige Keimzahlen 10 000 (zum Teil sogar nur 5000) je 1 cm³ festgesetzt. In England ist die Grenze bei 30 000 gezogen, in einigen deutschen Städten bei 50 000 (für „hygienisch einwandfreie Vorzugsmilch"). Die zuletzt genannte Bedingung ist naturgemäß verhältnismäßig leicht zu erfüllen.

Die Ermittlung des Keimgehaltes in der Handelsmilch kann nur in beschränktem Umfange unter Benutzung bakteriologischer Untersuchungsverfahren durchgeführt werden. Man hat deshalb versucht, bestimmte Beziehungen aufzufinden zwischen Keimgehalt und anderen Eigenschaften der Milch, um so auf verhältnismäßig einfachem und rasch zum Ziele führendem Weg, einen wenigstens annähernd richtigen Einblick in deren bakterielle Beschaffenheit zu erlangen.

In erster Linie hat man nach Beziehungen zwischen Keim- und Schmutzgehalt der Milch gesucht. Sofern es sich um die Beurteilung von nicht geseihter Milch handelt, sind naturgemäß gewisse Übereinstimmungen zu erwarten. Sofern aber, wie es die Regel ist, der unlösliche Schmutzanteil durch Filtrieren oder Zentrifugieren aus der Milch mehr oder minder vollständig entfernt worden ist, sind derartige Übereinstimmungen nicht vorhanden. Dazu kommt, daß eine zwar sehr reine, aber längere Zeit bei hoher Temperatur aufbewahrte Milch leicht einen sehr viel höheren Keimgehalt aufweisen kann als eine wenig saubere, jedoch bald nach der Gewinnung geprüfte Milch.

Es ist demnach ohne weiteres verständlich, daß und weshalb sich bei vergleichenden Untersuchungen so wechselvolle und scheinbar einander so widersprechende Ergebnisse herausstellen können, wie folgende von UHL ermittelten:

Milligramm Schmutz im Liter	36,8	25,3	20,7	15,5	11,7	5,2
Millionen Bakterien in 1 cm³	13	36	7	55	4	3

Entschieden bessere Übereinstimmungen sind im allgemeinen vorhanden zwischen Keimzahl und der sogenannten Reduktionszeit, das heißt derjenigen Zeitdauer, in der ein der Milch zugesetzter Farbstoff, meist Methylenblau, unter dem Einflusse der Bakterientätigkeit vollständig entfärbt wird. Viele, aber keineswegs alle Milchbakterien, bewirken eine solche Reduktion des Farbstoffes, und die Schnelligkeit, mit der sie es tun, kann sowohl bei den verschiedenen Arten als auch innerhalb derselben Art bei verschiedenen Rassen mehr oder weniger schwanken. Das hat zur Folge, daß bei der Ermittlung der Reduktionszeit für einzelne Milchproben von annähernd gleicher Keimzahl sich mehr oder weniger große Abweichungen ergeben können, wobei allerdings auch die unvermeidlichen Ungenauigkeiten bei der Feststellung der Keimzahlen selbst mit zu berücksichtigen sind. Die Befunde werden wesentlich zuverlässiger, wenn aus einer größeren Zahl von Einzelbestimmungen, die im Verlauf eines längeren

Zeitraumes mit der aus einem Betriebe stammenden Milch ausgeführt worden sind, Durchschnittsergebnisse errechnet werden. Besonders die in Dänemark und Schweden seit einer Reihe von Jahren gesammelten Erfahrungen lehren, daß eine Beurteilung und Einteilung der Milch nach ihrem Keimgehalt mit Hilfe der Reduktionsprobe ebensogut, aber wesentlich rascher und einfacher durchführbar ist als bei der Anwendung bakteriologischer Untersuchungsverfahren. Ziemlich ausgedehnte Anwendung hat die folgende von Chr. Barthel und Orla-Jensen in Vorschlag gebrachte Einteilung gefunden:

Reduktionszeit >5½ Stunden 5½ bis 2 Stunden 2 Stunden bis 20 Min. <20 Min.
Milchklasse   I   II   III   IV
Milchbeschaffenheit gut   mittel   schlecht   sehr schlecht
Keime je 1 cm³   <½ Million ½ bis 4 Millionen   4 bis 20 Millionen >20 Millionen

Noch einfacher und für viele Zwecke ausreichend ist eine Dreiteilung in: gute Milch mit mehr als 5½stündiger Reduktionszeit, Milch von mittlerer Beschaffenheit mit einer zwischen 2 und 5½ Stunden liegenden Reduktionszeit, und schlechte Milch mit einer Reduktionszeit von weniger als 2 Stunden.

Von der im pasteurisierten Zustand in den Verkehr gebrachten Milch sollte stets eine Reduktionszeit von mehr als 5½ Stunden erwartet werden. Ist sie kürzer, so geht daraus deutlich hervor, daß die Milch entweder ungenügend erhitzt oder nach der Erhitzung in ungeeigneter Weise aufbewahrt worden ist.

Die obere Kurve in Abb. 1 veranschaulicht das soeben Gesagte für eine größere Zahl von Einzelmilchproben. Besonders bei den keimärmeren Proben (bis zu etwa 250000 Keimen je Kubikzentimeter) sind die Ausschläge nach oben und unten sehr stark; stets aber hielt sich die Reduktionszeit oberhalb 5½ Stunden. Weiterhin ist der Verlauf der Kurve wesentlich gleichmäßiger;

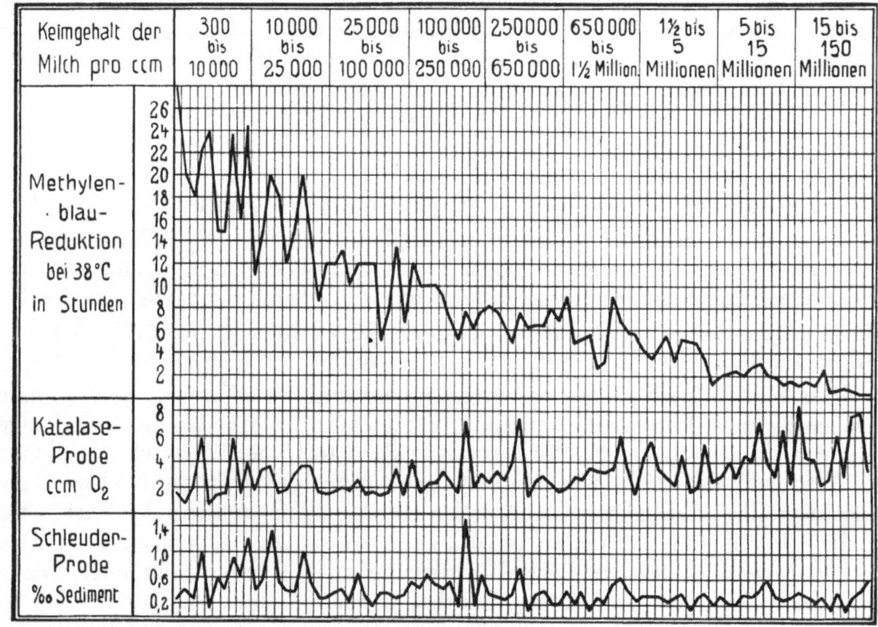

Abb. 1. Ergebnisse der Reduktions-, Katalase- und Schleuderprobe bei 90 Milchproben nach Untersuchungen von O. Schroeter

bei 5 Millionen Keimgehalt sinkt die Reduktionszeit auf 2 Stunden. Würde man aus mehreren (etwa 5) aufeinanderfolgenden Einzelproben die Durchschnittswerte errechnen, so würde sich ein mit den bakteriologischen Befunden sehr gut übereinstimmender Verlauf der Reduktionskurve ergeben.

Die beiden unteren Kurven in Abb. 1 zeigen, daß sie wenig oder überhaupt nicht vom Keimgehalt der Milch abhängig sind. Die sogenannte Katalaseprobe glaubte man deshalb zur annähernden Schätzung des Keimgehaltes der Milch verwenden zu können, weil viele Bakterien befähigt sind, aus Wasserstoffsuperoxyd den Sauerstoff mit Hilfe eines katalytischen Enzymes abzuspalten. Die Sauerstoffentwicklung würde darnach um so mehr zunehmen, je mehr Bakterien in der Milch vorhanden sind. Ein allmählicher Anstieg der die Sauerstoffentwicklung kennzeichnenden Kurve in Abb. 1 ist in der Tat vorhanden. Aber er ist im Verhältnis zu den unregelmäßigen Abweichungen im Kurvenverlauf so gering, daß die für die verschiedenen Milchproben erlangten Ergebnisse jedenfalls keinen annähernd zuverlässigen Anhalt für die jeweils zu erwartenden Keimzahlen gewähren können.

Ein Vergleich der für die Katalase- und der für die Schleuderprobe sich ergebenden Kurven zeigt dagegen namentlich bei den stärkeren Abweichungen weitgehende Übereinstimmungen zwischen beiden. Wie die Bakterien sind auch die Zellelemente der Milch imstande, Sauerstoff aus Wasserstoffsuperoxyd abzuspalten, und da ihre Menge die der Bakterien dem Gewicht nach oft um das Vielfache übersteigt, ist auch ihr Vorhandensein auf den Ausfall der Katalaseprobe von überwiegendem Einfluß.

Das beim Ausschleudern entstehende Sediment kann zur Beurteilung der bakteriologischen Beschaffenheit der Milch dann wertvolle Dienste leisten, wenn es einer eingehenden mikroskopischen Prüfung unterworfen wird. Ist die Zahl der sichtbar werdenden Bakterien verhältnismäßig gering, so war die Milch sauber gewonnen und sorgfältig behandelt. Sind fast nur Milchsäurebakterien sichtbar, so handelt es sich um eine zwar reine, aber nicht mehr frische und wahrscheinlich mangelhaft gekühlte Milch. Vorherrschen von Stäbchenbakterien, namentlich in Haufen angeordnet, kennzeichnet eine unsauber gewonnene Milch, während das gleichzeitige Vorhandensein zahlreicher Streptokokken und Leukozyten auf das Bestehen einer Euterentzündung hinweist (vgl. I. Band, 1. Teil, Abschn. IV/2 und I. Band, 2. Teil, Abschn. II und III).

Weniger über die Zahl als über die Art der in der Milch vorhandenen Keime unterrichten diejenigen Ergebnisse, die mit Hilfe der Milch- und Labgärproben erzielt werden können. Obwohl diese Prüfungen in erster Linie für die Beurteilung der Käsereimilch von Bedeutung sind, können sie doch auch bei der Untersuchung der zum unmittelbaren Verbrauch bestimmten Milch mit großem Nutzen Verwendung finden, wie RODENKIRCHEN gezeigt hat. Reine Milch hält sich in der Milchgärprobe mindestens 12 Stunden lang unverändert; gleichmäßige gallertige Gerinnung deutet auf einen normalen Bestand an Milchsäurebakterien hin, während unregelmäßige Gerinnung und starke Gasbildung meist die Folgen unerwünschter Kontaktinfektionen sind. Beim Auftreten von Milchfehlern kann diese Art der Milchprüfung mit großem Nutzen Verwendung finden, namentlich dann, wenn Proben von allen den Stellen, an denen eine Infektion möglich ist, in sterilisierten Gefäßen entnommen und getrennt untersucht werden.

Nicht so sehr über den Keimgehalt als über die Haltbarkeit der Milch im allgemeinen unterrichtet der Ausfall der Säurebestimmung und der Alkoholprobe. Ein gewisser Zusammenhang besteht allerdings insofern, als in der Regel die Milchsäurebakterien unter allen in der Milch vorhandenen Keimen bei weitem vorherrschen und deshalb eine starke Säurebildung stets auch auf eine hohe Keimzahl hindeutet. Bei der Alkoholprobe sind diese Beziehungen weniger deutlich, da ja in diesem Falle nicht nur die verschiedenen durch Produktion von Labenzym an der Milchgerinnung sich beteiligenden Bakterienarten in Frage kommen, sondern auch die Beschaffenheit der Milch an sich den Ausfall der Probe wesentlich mit beeinflußt.

C. Die wichtigsten nichtpathogenen Mikroorganismen der Milch

Es wurde oben dargelegt, daß eine wissenschaftlich einwandfreie Charakterisierung und Klassifizierung der Bakterien und der niederen Pilze vorläufig nicht möglich ist. Infolgedessen muß man sich damit begnügen, unter Verwendung der am meisten hervortretenden morphologischen und physiologischen Merkmale die in Frage kommenden Mikroorganismen vorwiegend mit Rücksicht auf ihre praktische Bedeutung in eine Anzahl von Gruppen zu ordnen, deren Umgrenzung allerdings mehr oder minder willkürlich ist und sein muß. Man kann so etwa die folgenden 10 Gruppen aufstellen: 1. Mikrokokken, 2. Streptokokken; 3. Laktobazillen (Milchsäure-Langstäbchen); 4. Coli-Aerogenesformen (Aerobakter); 5. sonstige sporenfreie Kurzstäbchen; 6. aerobe Sporenbildner; 7. anaerobe Sporenbildner; 8. Aktinomyzeten (Strahlenpilze); 9. Sproßpilze; 10. Schimmelpilze.

Die Mikrokokken

sind milchwirtschaftlich zunächst insofern von Bedeutung, als sie regelmäßig im Euter und deshalb auch in möglichst sauber gewonnener Milch anzutreffen sind. Guillebeau hat sie deshalb Galaktokokkus benannt. Wie oben dargelegt wurde, sind diese meist weiß oder gelb, seltener orange oder bräunlich gefärbten Euterkokken nahe verwandt mit dem krankheiterregenden Micrococcus pyogenes. Manche von ihnen bringen die Milch früher oder später zur Gerinnung, während andere ohne bemerkenswerte Einwirkung bleiben oder aber die Milch mehr oder weniger deutlich schleimig machen. Die Gerinnung erfolgt meist sowohl durch Säure- als auch durch Labwirkung. Derartige „Säure-Lab-Kokken" sind besonders bei der Käsereifung von Bedeutung, da sie im Anschluß an die Gerinnung sich auch an der Auflösung des Käsestoffes beteiligen. In manchen Fällen unterbleibt dagegen die Käsestofflösung, während die Säurebildung gegenüber der Labwirkung stark in den Vordergrund tritt. Derartige Kokken sind vielfach als echte Milchsäurebakterien (Micrococcus lactis, acidi lactis oder lactis acidi) beschrieben worden. Fast alle Mikrokokken sind ziemlich luftbedürftig und gedeihen deshalb im Rahm, an der Außenseite von Butter und Käse wesentlich besser als im Inneren. In Butter und Käse sind sie mitunter als von Einfluß auf die Aromabildung befunden, und deshalb gelegentlich als Micrococcus aromafaciens benannt worden. Sie beteiligen sich oft an der Zersetzung des Fettes und erzeugen mitunter bitter schmeckende Stoffe in der Milch. Wenn Schleimbildung auftritt, sind die kugeligen Zellen von mächtigen Schleimhüllen umgeben. Neu aufgefundene Stämme solcher Art hat man einem besonderen Genus Ascococcus eingereiht, das aber wegen der sehr geringen Beständigkeit gerade dieser Eigenschaft keine Berechtigung hat. Ein anderer zufällig von Stroh isolierter, aber auch in Erde, Wasser, Luft und Dünger weitverbreiteter schleimbildender Mikrokokkus hat nach seinem ersten Fundort den Namen Karphococcus pituitoparus erhalten. Da die Mikrokokken unter dem Mikroskop oft in traubenförmiger Anordnung zu sehen sind, werden sie nicht selten als Staphylococcus bezeichnet. Orla-Jensen hat statt dessen, weil mitunter 4 Zellen vereint auftreten, die Bezeichnung Tetracoccus in Vorschlag gebracht. Die in Luft nicht selten vorkommenden rosa oder rot gefärbten Mikrokokken werden in der amerikanischen Literatur mitunter als Rhodococcus bezeichnet.

Da die Mikrokokken sich infolge ihrer kugeligen Form nach den 3 Richtungen des Raumes zu teilen vermögen, können sie, sofern die Schleimhülle an der Außenseite genügend entwickelt ist, um die Einzelzellen zusammenzuhalten, in warenballenähnlicher Anordnung auftreten. Auch für diese Wuchsform ist ein besonderer Gattungsname (Sarcina) eingeführt worden.

Praktisch wichtiger ist, daß viele Mikrokokken gegen schädliche Einwirkungen verhältnismäßig recht widerstandsfähig sind. Sie überleben zum Teil eine Erhitzung der Milch auf 75 bis 80° C, kommen aber auch bei tiefen Temperaturen zu reichlicher Vermehrung. Sie sind wenig empfindlich gegen Wassermangel und deshalb besonders in eingedickter Milch nicht selten in lebendem Zustande anzutreffen. Allerdings ist es nicht unwahrscheinlich, daß diese besonders ausdauernden kugeligen Bakterienformen nicht wirkliche Mikrokokken sind, sondern jene Regenerativkörper, die von allen Bakterienarten gebildet werden können und von denen oben (S. 145) die Rede war. Diese Wuchsformen können sich als solche längere Zeit, mitunter Jahre hindurch, vermehren. Bei der gewöhnlichen, wenig eingehenden bakteriologischen Prüfung werden sie als Mikrokokken angesprochen; nur ihre ungewöhnliche Widerstandsfähigkeit sowie der bei genauer Untersuchung feststellbare Übergang in eine andere Wuchsform zeigen an, daß hier Entwicklungsformen anderer Bakterienarten vorliegen.

Die Streptokokken

Die jetzt meist als Streptokokken zusammengefaßten Milchbakterien umschließen die für die Säuerung der Milch in erster Linie in Frage kommenden Organismen. Wie die Euterkokken in naher Beziehung stehen zu dem Eiterung und Entzündung erregenden Micrococcus pyogenes, so sind diese in saurer Milch stets in großer Menge anzutreffenden Diplo- oder Streptokokken verwandt mit dem leider weit verbreiteten Erreger von Euterentzündungen (Mastitis), dem Streptococcus pyogenes oder mastitidis. Auf künstlichen Substraten wachsen sie oft nicht in der charakteristischen Form von Kugel-

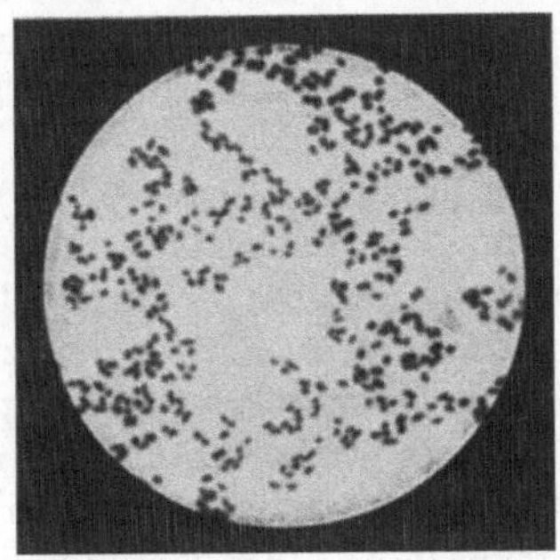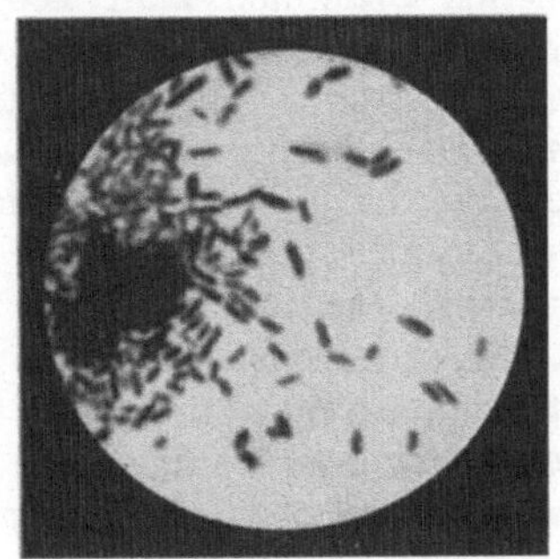

Abb. 2   Abb. 3
Milchsäure-Streptokokken, Übergang zur Stäbchenform (nach WEIGMANN)
1000fach vergrößert

ketten, sondern als kurze plumpe Stäbchen, wie sie in Abb. 2 und 3 wiedergegeben sind.

Sie wurden deshalb früher vielfach der Gattung Bacterium eingereiht; besonders die von LEICHMANN eingeführte Benennung Bacterium lactis acidi war vor etwa 20 Jahren viel in Gebrauch. Es ist jedoch insbesondere durch Kruse darauf hingewiesen worden, daß sie sowohl in ihren morphologischen wie in ihren physiologischen Eigenschaften den krankheiterregenden Streptokokken sehr ähnlich sind und deshalb dieser Gattung eingereiht werden sollten. Diese Auffassung ist seither allgemein zur Geltung gekommen. Lister, der Angehörige dieser wichtigsten Gruppe von Milchsäurebakterien zuerst genauer untersuchte, nannte sie ebenfalls der Stäbchenform wegen Bacterium lactis. Seine als Abb. 4 wiedergegebenen bereits vor 50 Jahren angefertigten Zeichnungen lassen die verschiedenen Wuchsformen ebenso deutlich erkennen wie Abb. 2 und 3. Der von ihm gewählte Artenname (lactis) verdient sowohl aus Prioritätsgründen wie der Einfachheit halber vor allen später eingeführten den Vorzug. Die Zahl dieser anderen Bezeichnungen ist sehr groß. Außer Bacterium lactis acidi Leichmann wurden und werden zum Teil als gleich bedeutend mit Streptococcus lactis gebraucht: Streptococcus acidi lactici Grotenfelt, Bacillus oder Streptococcus lacticus Kruse, Bacterium oder Streptococcus Güntheri Lehm. et

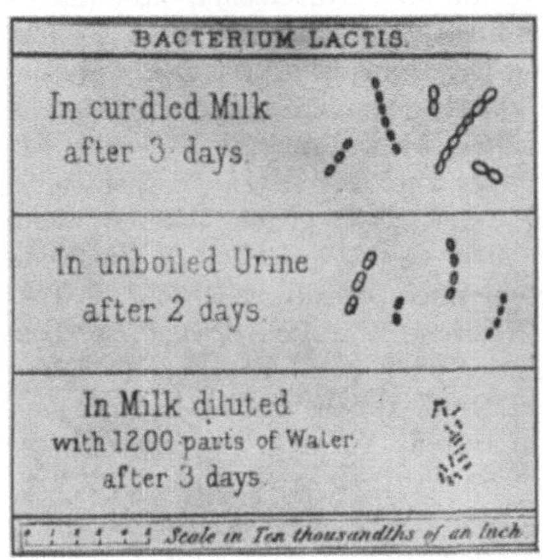

Abb. 4. Listers Zeichnungen seines Bacterium (Streptococcus) lactis. Oben: In geronnener Milch nach 3 Tagen. Mitte: In unverdünntem Harn nach 2 Tagen. Unten: In Milch, verdünnt mit 1200 Teilen Wasser, nach 3 Tagen. Maßstab in $^1/_{10000}$ Zoll (= 2,5 μ)

Neum., Bacterium acidi lactici Conn et Esten, Bacillus acidi paralactici Kozai und andere mehr.

Streptococcus lactis ist, wie fast alle Streptokokken, durch Neigung zu anaerober Lebensweise ausgezeichnet. Er bildet in der Milch bis zu 0,7% Milchsäure. Manche Varietäten erzeugen keinen rein sauren, sondern einen malzigen oder „bratigen" Geschmack, mitunter auch einen unreinen, an Maschinenöl erinnernden Geruch. Der Käsestoff wird besonders bei niederen Temperaturen von manchen Stämmen zum Teil gelöst, von anderen nicht. Pasteurisieren wirkt meist tödlich; unterhalb von 10° C kommt die Säurebildung durch Streptococcus lactis fast oder völlig zum Stillstand. Die gebildete Milchsäure ist Rechtsmilchsäure, Gasbildung ist nicht wahrzunehmen.

Milch, die der üblichen Dauerpasteurisierung (30 Minuten bei 62° C) unterworfen war, enthält gleichfalls in der Regel noch lebenskräftige Milchsäure-Streptokokken, die jedoch nicht, wie zuweilen angenommen wird, identisch sind mit Streptococcus lactis. Es handelt sich hier vielmehr um den ziemlich hitzebeständigen Streptococcus thermophilus, dessen Temperaturoptimum wesentlich höher liegt als dasjenige des Streptococcus lactis. Er kommt infolgedessen besonders in den bei höherer Temperatur bereiteten orientalischen Sauermilchsorten sowie in den nachgewärmten Hartkäsen zur Entwicklung.

Eine andere milchwirtschaftlich sehr wichtige Art oder Varietät ist der Streptococcus cremoris, der bei der Rahmsäuerung die Hauptrolle spielt. Er neigt besonders zu deutlicher Kettenbildung, wächst auch bei niedriger Temperatur etwas besser als Streptococcus lactis und bildet mitunter Gas, das nur aus Kohlensäure besteht. Ähnliche gasbildende Streptokokken kommen im Kefir und im Cheddarkäse vor.

Im Kuhkot sind säurebildende Streptokokken gleichfalls nicht selten, namentlich gilt das für die als Streptococcus bovis und Streptococcus inulinaceus bezeichneten Varietäten, die von hier aus ebenfalls in die Milch gelangen können. Eine besonders auf Glyzerinvergärung eingestellte und deshalb Streptococcus glycerinaceus benannte Form ist häufig in Käsen anzutreffen. Ihr steht der Streptococcus liquefaciens nahe, der früher wegen des von ihm in Milch und Käse beim Käsestoffabbau erzeugten bitteren Geschmackes als Micrococcus casei amari bezeichnet wurde.

Zwei auf das Butteraroma besonders günstig einwirkende, deshalb in den Rahmreifungskulturen neben Streptococcus lactis erwünschte Arten oder Varietäten sind Streptococcus citrovorus und paracitrovorus HAMMER et BAKER, die ihre Namen deshalb erhalten haben, weil sie für die Aromabildung die in der Milch vorhandenen Zitrate verbrauchen.

Fast alle in der Milch vorkommenden Streptokokken bilden wie Streptococcus lactis Rechtsmilchsäure, dagegen sind auf Feldfrüchten, namentlich auf Rüben, im Sauerfutter usw. solche Streptokokken häufig, die Linksmilchsäure, nebenbei gewöhnlich auch mehr oder minder große Mengen Essigsäure erzeugen. ORLA-JENSEN hat sie wegen ihres abweichenden physiologischen Verhaltens in ein besonderes Genus Betacoccus zusammengefaßt (so benannt nach Beta, dem lateinischen Gattungsnamen der Rübe). Milchwirtschaftlich sind sie größtenteils nicht von erheblicher Bedeutung.

Sämtliche Streptokokken können ihre Befähigung zur Säurebildung mehr oder minder vollständig verlieren. Zugleich kann aber eine ausgesprochene Neigung zur Schleimbildung hervortreten. Auch diese besonders bei Rahmreifungskulturen unerwünschten Änderungen der physiologischen Eigenschaften hat zur Aufstellung von verschiedenen weiteren Artennamen Veranlassung gegeben. Hierher gehört z. B. der Streptococcus hollandicus, der Erreger der holländischen „langen Wei" und das Bacterium lactis longi der schwedischen „Tättmjölk". Auch der in Zuckerfabriken gefürchtete Leuconostoc mesenterioides ist ein stark schleimbildender Streptokokkus, der sich ebenfalls wieder leicht unter Verlust der Schleimbildung in einen Betacoccus zurückverwandeln kann.

Laktobazillen

Von etwa ebenso großer Bedeutung wie die Streptokokken sind die Milchsäurelangstäbchen, die jetzt meist als Laktobazillen bezeichnet werden, aber gleichfalls schon viele verschiedene Namen erhalten haben. Auch hier handelt es sich um eine große Gruppe von einander nahestehenden Organismen, bei deren Einteilung man oft im Zweifel bleibt, ob man es wirklich mit verschiedenen Arten oder gar Gattungen, oder nur mit mehr oder minder konstant gewordenen Varietäten zu tun hat. Physiologisch stehen die Laktobazillen den Streptokokken ziemlich nahe, während sie in morphologischer Hinsicht meist an ihrer langen schlanken Stäbchenform unschwer erkennbar sind. Indessen ist auch dieses Unterscheidungsmerkmal nicht immer ausreichend. Streptokokken-ähnliche Wuchsformen treten bei den Laktobazillen vorübergehend ebenfalls auf. Sie bilden oft wesentlich mehr Säure als die Streptokokken und bleiben auch bei stark saurer Reaktion länger am Leben. Infolgedessen herrschen sie in stark saurer fermentierter Milch, in Käse und in Sauerfutter in der Regel vor. In den beiden zuerst genannten Fällen wirkt zugleich ihr meist größeres Wärmebedürfnis zum Teil begünstigend mit.

Neben der Bezeichnung Lactobacillus, die im amerikanischen Schrifttum jetzt am häufigsten gebraucht wird, sind für diese Gruppe von Organismen mehrere besondere Gattungsnamen in Vorschlag gebracht worden, wie Lactobacterium, Acidobacterium, Plocamobacterium, Streptobacillus

oder Streptobacterium, Thermobacterium, Betabacterium und
Mikrobakterium. Vielfach hat man sich damit begnügt, sie den Gattungen
Bacterium oder Bacillus einzureihen. Das war insbesondere der Fall mit den
wichtigsten Arten aus Käse (Bacillus casei α, γ, δ und ε v. Freudenreich),
aus Joghurt (Bacillus bulgaricus Massol), aus dem Darm (Bacillus
acidophilus Moro) und aus der Milch (Bacillus lactis acidi Leichmann).

Orla-Jensen sonderte die hier in Betracht kommenden Organismen in
4 Gattungen, vornehmlich auf Grund von physiologischen Unterschieden.
Die vorzugsweise unter Luftabschluß bei höherer Temperatur, am besten bei
40 bis 45° wachsenden, gegen das Pasteurisieren bei 60 bis 75° unempfindlichen,
reichliche Mengen von Milchsäure (meist L-Säure) erzeugenden Laktobazillen
wurden dem Genus Thermobacterium zugewiesen. Der für die Reifung
des Emmentaler Käses besonders wichtige Bacillus casei ε v. Freudenreich
erhielt den Namen Thermobacterium helveticum, und 2 aus Joghurt
stammende Formen die Bezeichnung Thermobacterium bulgaricum und
Thermobacterium Joghurt. Andere mehr hitzeempfindliche, etwa bei 30° C
am besten wachsende, in Butter und Käse besonders lange ausdauernde, Rechts-
und inaktive Säure bildende Stäbchen, die meist in kettenförmiger Anordnung
auftreten, wurden zur Gattung Streptobacterium vereint. Streptobacterium casei ist die von Freudenreich als Bacillus casei α bezeichnete
Art. Als dritte Gattung wurde ein dem oben genannten Betacoccus entsprechendes Betabacterium aufgestellt, das durch verhältnismäßig niedrige
Temperaturansprüche und kräftige Gasbildung ausgezeichnet ist. Ihm wurde
der im Kefir gefundene Lactobacillus caucasicus als Betabacterium
caucasicum eingereiht, außerdem v. Freudenreichs Bacillus casei γ und δ
als Betabacterium breve bzw. longum. Der vierten, Microbacterium
benannten, verhältnismäßig wenig Milchsäure bildenden Gattung wurde unter
anderen die besonders im Säuglingsfäzes vorherrschende, bisher Bacillus
acidophilus benannte Form als Microbacterium lacticum zugewiesen sowie
verschiedene andere am Eiweißabbau bei der Käsereifung beteiligte Laktobazillen.

Sowohl die morphologischen als auch die physiologischen Eigenschaften
der Milchsäurebakterien sind bei wechselnden Lebensbedingungen zu einem
großen Teile sehr wenig beständig. Bei dem gegenwärtigen Stande unserer
Kenntnisse ist es meist nicht möglich, mit Sicherheit zu entscheiden, ob es sich
bei den in Frage kommenden Stämmen um verschiedene Arten oder nur um
Varietäten einer Art handelt. Dies gilt insbesondere für die dem menschlichen
oder tierischen Magen und Darm entstammenden und von da aus unmittelbar
oder mit dem Lab in die Milch und in den Käse gelangenden Laktobazillen.
Die hier namentlich in den verschiedenen fermentierten Milchsorten, wie Kumiß,
Kefir, Joghurt, Mazun, Lebben, Gioddu usw., anzutreffenden Milchsäurebakterien unterscheiden sich naturgemäß bei längerem Verweilen an ihrem besonderen Standort sowohl von den Ausgangsformen wie untereinander. Ob
sie deshalb aber als verschiedene Arten oder gar als Angehörige mehrerer
Gattungen angesehen werden sollten oder nicht, wird meist eine nicht sicher
zu beantwortende Frage bleiben. Die in den Abb. 5 und 6 gezeigten Laktobazillen aus Kumiß und aus bulgarischer Sauermilch (Joghurt) weisen sowohl
morphologisch wie physiologisch so viele Unterschiede auf, daß man über ihre
Verschiedenartigkeit zunächst nicht im Zweifel sein kann. Namentlich die
Körnchenbildung bei den Laktobazillen aus Joghurt ist mitunter so konstant
befunden worden, daß darnach der Name „Körnchenbazillus" geprägt
worden ist. Trotzdem hat sich bei neueren Untersuchungen von Druckrey
sowie von Kulp und Rettger herausgestellt, daß zwar ein typischer

Bacillus bulgaricus von einem typischen Bacillus acidophilus namentlich auf Grund seines physiologischen Verhaltens unverkennbar verschieden ist, daß aber nicht nur zahlreiche Zwischenformen in der Natur vorkommen, sondern daß sich auch bei der künstlichen Züchtung die Eigenschaften so ändern können, daß Bacillus bulgaricus mehr und mehr dem Bacillus acidophilus

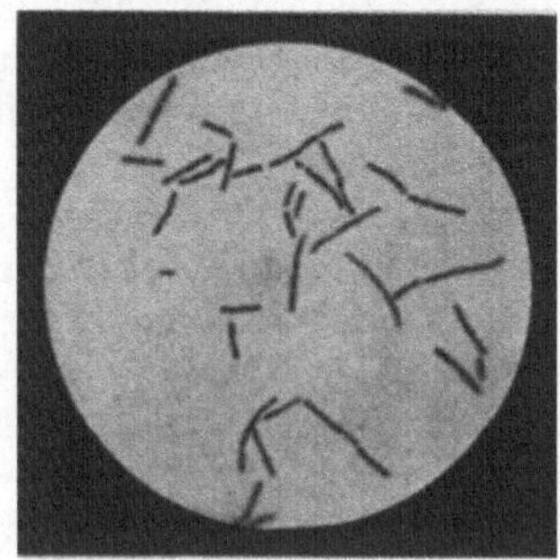

Abb. 5
Kumißbazillus
1000fach vergrößert

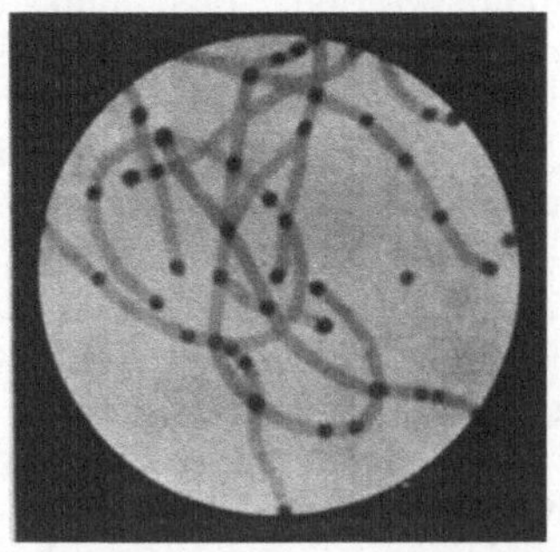

Abb. 6
Körnchenbazillus aus Joghurt
1000fach vergrößert

ähnlich wird und dieser jenem. Eine Sonderung von einander so nahestehenden Formen in verschiedene Genera (Thermobacterium und Microbacterium) entspricht nicht den Regeln der botanischen Klassifikation.

In milchwirtschaftlicher Hinsicht sind solche Arten- oder Rasseunterschiede oft von großer Wichtigkeit. Das gilt vor allem in bezug auf die Verwendung und die Wirkung verschiedener Stämme von Milchsäurebakterien bei der Bereitung von Joghurt, Kefir, Kumiß usw. sowie in der Hartkäserei. Sowohl auf die Auswahl der geeignetsten Laktobazillen wie der mit ihnen meist in enger Gemeinschaft tätigen Streptokokken kommt es hierbei vor allem an. Meist treten noch andere Mikroorganismen, in erster Linie Hefen, in dieses symbiontische Verhältnis ein, das sich unter Umständen zu einem so innigen

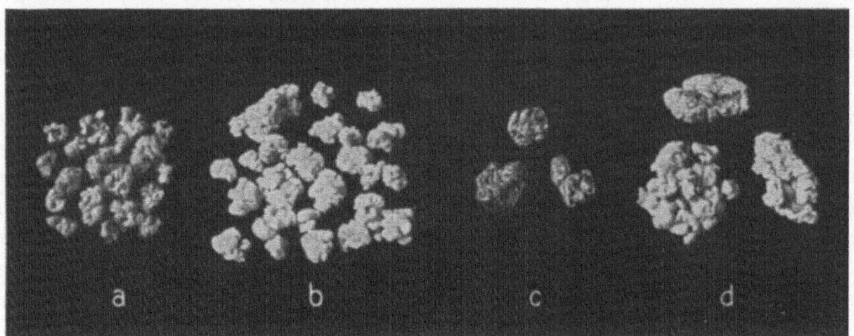

Abb. 7. Kleine und große Kefirkörner, trocken (a und c) sowie aufgequollen (b und d)
¹/₂ natürlicher Größe

Gemeinschaftsverhältnis entwickelt, daß dies auch äußerlich zum Ausdruck kommt. Die zur Bereitung des Kefirs dienenden sogenannten Kefirkörner oder Kefirpilze sind das bekannteste Beispiel in dieser Richtung. Die in trockenem Zustande harte, hornartige, nach dem Aufquellen weiche, blumenkohlartige Masse besteht aus einem dichten Gewirr von Bakterien und von Hefen. Die letzteren sind für Kefir wie für Kumiß als Erreger von Alkohol und Kohlensäure von wesentlicher Bedeutung (Abb. 7).

Bacterium coli und aerogenes. Aerobakter

Während die meisten Laktobazillen und Streptokokken aus dem Milchzucker vorwiegend Milchsäure bilden, dagegen keine oder nur wenig andere organische Säuren, wie Essigsäure und nur ausnahmsweise etwas Kohlensäure, verläuft die Zerlegung des Milchzuckers durch die Angehörigen der 4. Gruppe von Milchbakterien, das sind die Formen aus der Verwandtschaft des Bacterium coli und aerogenes meist unter sehr lebhafter Entwicklung von Gasen (Kohlensäure, Wasserstoff, mitunter auch Methan): neben Milchsäure entstehen gleichzeitig, oft sogar in überwiegender Menge, Ameisen-, Essig-, Bernstein- und Propionsäure. Wegen der starken Gasbildung ist von Beijerinck für die hierher gehörigen Arten das Genus Aerobakter aufgestellt worden. Allerdings ist die Gasbildung mitunter auch bei Angehörigen dieser Gruppe sehr schwach oder fehlt völlig, und gleichzeitig kann die Milchsäurebildung so rein und kräftig sein, daß die betreffenden Stämme den „echten" Milchsäurebakterien zugerechnet werden könnten, während diese Bezeichnung sonst nur den Streptokokken und Laktobazillen beigelegt wird. Eine genauere Prüfung der sonstigen Eigenschaften solcher Kulturen bringt jedoch in der Regel bald Klarheit über die Zugehörigkeit zur Gruppe des Aerobakter. Sowohl das morphologische wie das kulturelle Verhalten ist meist recht charakteristisch und deutlich verschieden von dem der anderen Milchsäurebakterien. Namentlich ist das Wachstum auf den künstlichen Nährböden in der Regel weit üppiger als bei den Streptokokken und Laktobazillen. Das ist auch der Grund, weshalb gerade die wichtigsten Milchsäurebildner (Streptococcus lactis und Bacillus acidophilus) erst verhältnismäßig spät isoliert und genauer studiert worden sind, während der dem Bacterium aerogenes sehr nahestehende Bacillus acidi lactici Hueppe eine der zuerst in Reinkultur gezüchteten Arten war. Jahre hindurch galt er geradezu als „der" Milchsäurebazillus.

Der Hauptunterschied zwischen Bacterium coli und Bacterium aerogenes liegt darin, daß die erst genannte Art beweglich, die zweite unbeweglich ist. Auf den verschiedenen Nährböden wächst Bacterium coli meist etwas weniger üppig als Bacterium aerogenes. Aber auch diese Eigenschaften sind nicht konstant; es gibt vielerlei Übergänge zwischen den beiden typischen Aerobakter-Formen. Mitunter sind auch unbewegliche Coli-Varietäten beschrieben worden.

Milchwirtschaftlich wesentlich ist, daß die Angehörigen dieser Gruppe typische Darmbewohner sind, die nicht nur durch die von ihnen meist hervorgerufene lebhafte Gasbildung (Blähung) nachteilig wirken, sondern auch oft unangenehm riechende und schmeckende Stoffe erzeugen. Mitunter kommt es vor, daß dieselben Stoffe, wenn sie in ganz geringer Menge vorhanden sind, nicht unangenehm, sondern geradezu angenehm auf Geruch und Geschmack einwirken. So erklärt es sich, daß unter den Kulturen von sogenannten Aromabakterien, mit denen man früher viele Versuche angestellt hat, solche aus der Coli-Aerogenes-Gruppe nicht selten waren. Meist aber war ihr günstiges Verhalten nur von kurzer Dauer; früher oder später machte sich ihre wahre Natur um so mehr wieder geltend.

Entsprechend ihrem natürlichen Standort sagt ihnen die Körperwärme von 38° C am meisten zu. Ihretwegen findet gerade diese Temperatur bei den Gärproben meist Anwendung. Sie bilden keine Endosporen und werden deshalb bei der Pasteurisierung fast oder völlig vernichtet. Daß mitunter einzelne Zellen die Erhitzung überstehen, dürfte vornehmlich seinen Grund darin haben, daß die auch von diesen Bakterien gebildeten Regenerativkörper dank ihrer dickeren Zellhaut etwas hitzebeständiger sind als die vegetativen Formen.

Ihre Form ist meist die eines plumpen Kurzstäbchens, das oft in Paaren auftritt; doch sind sowohl kurze, an Streptokokken erinnernde als auch schlanke, den Laktobazillen ähnliche Wuchsformen nicht allzu selten. Wie dies bei jenen beiden Gruppen gleichfalls vorkommt, kann die Säurebildung mitunter stark zurücktreten und sogar ganz schwinden oder sie kann ersetzt werden durch kräftige Schleimbildung. Einer der häufigsten Schleimbildner in Milch, der meist unreinem Wasser entstammende Bacillus lactis viscosus ADAMETZ ist eine solche Aerogenes-Varietät.

Im neueren amerikanischen Schrifttum wird der Gattungsname Aerobakter nur für Bacillus aerogenes und einige ihm nahestehende Formen benutzt, während Bacterium coli, das seinerzeit von ESCHERICH aufgefunden worden ist, zum Repräsentanten einer neuen Gattung Escherichia gewählt wurde. Als Unterscheidungsmerkmal beider „Gattungen" gilt lediglich das Eintreten oder Ausbleiben der Azetyl-Methyl-Karbinol-Bildung (VOGES-PROSKAUER-Reaktion). Daß diese Scheidung nicht gerechtfertigt ist, geht namentlich daraus deutlich hervor, daß der HUEPPEsche Bacillus acidi lactici, eine typische Aerogenes-Varietät, mit in das Genus Escherichia eingereiht worden ist. Nicht selten wird übrigens in amerikanischen Veröffentlichungen der Gattungsname der betreffenden Arten lediglich mit E. abgekürzt; infolgedessen ist es für den nichtamerikanischen Leser oft sehr schwierig zu erkennen, um was für eine Bakterie es sich überhaupt handelt.

Andere sporenfreie Kurzstäbchen

Zu ihnen gehören zunächst einige Arten bzw. Gruppen von Bakterien, die wie die bisher angeführten ohne auffällige Farbstoffbildung wachsen. Eine von ihnen ist die als Proteus vulgaris oder Bacterium vulgare bekannte Art, ein ausgesprochener Fäulniserreger, der durch Abbau von Käsestoff in Milch und Milcherzeugnissen nachteilig wirken kann. Weniger bedenklich ist das Vorkommen der sogenannten alkalibildenden Kurzstäbchen. Die Mehrzahl von ihnen steht der Coli-Aerogenes-Gruppe nahe; einer ihrer Hauptvertreter führt den kennzeichnenden Namen Bacillus faecalis alcaligenes. Sie neutralisieren die entstehende Säure zum Teil, setzen organische Salze zu Karbonaten um und bilden unangenehm riechende Stoffe.

Auf die milchsauren Verbindungen wirken gleichfalls die Propionsäure-bildner ein (Bacterium oder Bacillus acidi propionici a, b, c und d), fakultiv anaerobe, meist weiß wachsende Kurzstäbchen, die in ihrer Form teils den Milchsäure-Streptokokken, teils den Laktobazillen ähneln. Für die Reifung der Hartkäse nach Schweizer Art sind sie von wesentlicher Bedeutung.

Außerdem kommen in der Milch noch manche andere, weiß oder gelblich wachsende Kurzstäbchen vor, die sich nur langsam entwickeln, deshalb die Milch nur wenig verändern und infolgedessen meist wenig beachtet werden. Da sie aber ziemlich hitzebeständig sind, finden sie sich mitunter in großer Zahl in pasteurisierter Milch. Bei der üblichen bakteriologischen Prüfung kommen in solchen Fällen zahlreiche, winzige Kolonien zur Entwicklung. In amerikanischen Arbeiten ist von solchen „pin point colonies" oft die Rede, die allerdings zum Teil auch aus thermophilen Streptokokken oder aus Alkali bildenden Kurzstäbchen bestehen können.

Fast ebenso groß wie die Zahl der weiß wachsenden Kurzstäbchen ist die der gelb gefärbten; wie bei den Mikrokokken besteht auch hier keine scharfe

Trennung. In der Milch kommen sie jedoch nur selten zu nennenswerter Wirkung. Eine mitunter wahrnehmbare Gelbfärbung des Rahmes ist häufiger auf das Vorhandensein gelber Mikrokokken (Micrococcus aurantiacus) als auf das Wachstum gelber Kurzstäbchen zurückzuführen. Eines von ihnen, das Bacterium synxanthum, ist von geschichtlichem Interesse, weil es eine der am frühesten (1841) von Fuchs als Erreger von „Milchfehlern" näher untersuchten Arten darstellt. Eine ebenfalls gelb gefärbte, auf Grünfutter regelmäßig anzutreffende Art, das Bacterium herbicola, macht seine Farbstoffbildung in der Milch kaum jemals geltend; mitunter überträgt es aber den spezifischen Geruch des Futters, von dem es stammte, auf die Milch. Das Bacterium trifolii Huss ist wahrscheinlich eine solche Herbicola-Varietät.

Ähnliche Verhältnisse liegen vor bei den Angehörigen der meist durch' Bildung eines grünen, wasserlöslichen Farbstoffes ausgezeichneten Gruppe des Bacterium fluorescens. Da gerade diese Art auch in reinem Wasser sehr verbreitet ist und sich bei Eisschranktemperatur sehr gut entwickelt, so hat man, wenn keimarm gewonnene Milch einige Tage im Eisschrank aufbewahrt wird, nicht selten Gelegenheit, an solcher Milch grüne Verfärbung und gleichzeitig ein Durchscheinend-Werden (infolge teilweiser Lösung des Käsestoffs) wahrzunehmen. Wie Bacterium fluorescens wirken auch die ihm nahestehenden Arten Bacterium putidum und punctatum, von denen die letztere die Grünfärbung meist ganz vermissen läßt, sowohl auf die Eiweißstoffe wie auf das Fett der Milch energisch ein. Bei diesen Abbauvorgängen treten teils angenehm, teils unangenehm riechende Stoffe auf. Namentlich ein an Ananas oder Erdbeeren erinnerndes Aroma wurde wiederholt bemerkt, das allerdings durch Ammoniak-, Trimethylamin- oder einen ranzigen Geruch abgelöst werden kann. Einige Fluorescens- oder Punctatum-Varietäten, die sich lange Zeit hindurch in der Bildung von Erdbeeraroma konstant erwiesen haben, wurden mit entsprechenden Speziesnamen belegt: Bacterium fragariae I und II Gruber, Bacterium fragaroides Huss und Bacterium fragi Eichholz.

Den Fluoreszenten gleichfalls sehr nahe steht das Bacterium syncyaneum, auch Bacillus cyanogenes genannt, der wichtigste Erreger der blauen Milch. Die von ihm an der Oberfläche von längere Zeit aufbewahrter roher Milch gebildete kräftige blaue Farbe kommt unter dem Einfluß der eintretenden sauren Reaktion zustande. In sterilisierter Milch, wie sie zur Prüfung von Reinkulturen verwendet wird, ist die Farbe schmutzig-graublau; sie nimmt aber den kräftigeren Ton an, wenn der Kultur ein wenig Milchsäure hinzugesetzt wird. Die für blaue Milch charakteristische Fleckenbildung auf der Rahmschicht wird durch das Wachstum des Milchschimmels (Oidium lactis) begünstigt, der den blauen wasserlöslichen Farbstoff in seinen Zellen speichert. Gleichzeitig blauen und grünen Farbstoff bildet das Bacterium cyaneofluorescens, das die engen Beziehungen zur Fluoreszenten-Gruppe besonders deutlich aufweist. Diese kommt außerdem darin zum Ausdruck, daß in beiden Fällen die im Laboratorium fortgezüchteten Kulturen entweder die Farbstoffbildung vollkommen einstellen oder statt des grünen und blauen später einen braunen und schwarzen Farbstoff erzeugen, wie er auch bei Stämme zu finden ist, die man namentlich im Dünger nicht selten antreffen kann. In der oberflächlichen Schleimschicht von Käsen können solche Abarten gleichfalls zur Entwicklung kommen. Außerdem gibt es verschiedene andere, in Wasser und Erde heimische Bakterien, die einen violetten Farbstoff bilden und die Milch zugleich schleimig machen können. Das Bacterium viscofucatum Harrison et Barlow ist eines von ihnen.

Das in Reinkultur durch seine dunkel-blutrote Färbung ausgezeichnete Bacterium prodigiosum, die „Wunderbakterie", die früher wegen ihrer oft sehr kurzen Zellform als Micrococcus prodigiosus bezeichnet wurde, ruft in der Milch meist nur eine schwache Rosafärbung der Rahmschicht hervor, wie sie auch durch verschiedene der Luft entstammende Mikrokokken erzeugt werden kann. Eine gleichmäßige Rotfärbung größerer Milchmengen ist entweder auf beigemischtes Blut (aus entzündeten Eutern) zurückzuführen oder auf die Entwicklung einer Bakterienart, die den Namen Bacterium oder Bacillus erythrogenes erhalten hat. Im ersteren Falle ist die Rotfärbung von vornherein vorhanden und das Blut setzt sich allmählich am Boden ab, im letzteren Falle tritt die Verfärbung erst später ein und nimmt weiterhin unter teilweiser Auflösung des Käsestoffs zu. Typische Kulturen von Bacterium erythrogenes sind besonders farbenprächtig; die Zellen selbst sind kräftig gelb gefärbt und ein schön weinroter löslicher Farbstoff durchdringt den Nährboden. Bei der Weiterzüchtung geht die Befähigung zur Farbstoffbildung leicht verloren, wie das auch sonst oft der Fall ist. Ein zweites die Milch gelegentlich rot färbendes Kurzstäbchen ist das Bacterium lactorubefaciens GRUBER. Weit häufiger als in Milch sind rote durch Bakterien oder Pilze verursachte Verfärbungen an und in Käsen wahrzunehmen, die teils erwünschter, teils unerwünschter Art sind; ihrer wird bei Besprechung der Käsereifungsvorgänge zu gedenken sein.

Aerobe Sporenbildner

Von den in Erde, auf Heu, Stroh, Rüben usw. sehr zahlreich vorkommenden aeroben Sporenbildnern gelangen die sogenannten Heu- oder Kartoffelbazillen (Bacillus subtilis und Bacillus mesentericus) häufig in die Milch, in der sie jedoch nur dann zu größerer Wirkung kommen, wenn durch Erhitzen die Zahl der nicht Sporen bildenden Bakterien stark vermindert worden ist. Die labartige Gerinnung, die an hoch pasteurisierter oder abgekochter Milch besonders dann regelmäßig zu bemerken ist, wenn die Aufbewahrungstemperatur verhältnismäßig hoch war, ist meist auf die Tätigkeit derartiger Sporenbildner zurückzuführen. Der Käsestoffällung folgt später Auflösung und Abbau mit entsprechender Verschlechterung des Geschmackes der Milch. In manchen Käsen wirken aerobe Sporenbildner an der Reifung mit. DUCLAUX nannte solche von ihm in französischen Käsen aufgefundene Formen geradezu Tyrothrix, d. h. Käsefaden. Bei der Herstellung von Dosenmilch können Infektionen mit Sporenbildnern sehr störend wirken. Da die Sporen auch durch sehr ausgiebige Erhitzung nicht sicher abgetötet werden können, ist möglichst reinliche Gewinnung der Milch von großer Bedeutung. Manche Subtilis- und Mesentericus-Varietäten erzeugen (zeitweise) einen braunen bis schwarzen Farbstoff und sind deshalb zum Teil mit besonderen Namen belegt worden, z. B. Bacillus lactis niger GORINI.

Eine dritte den beiden genannten Sporenbildnern nahestehende Art ist Bacillus mycoides, so genannt nach den wurzelartigen Ausläufern, die seine Kolonien und Stichkulturen auf festen Nährböden aufweisen. Sehr verbreitet in Erde, auf Stroh usw. ist ferner der Bacillus asterosporus, der beim Wachstum in Milch, abweichend von den genannten Arten, Säure und Gas bildet. Eine Milchkultur dieser Art sieht derjenigen von Bacterium coli sehr ähnlich. Noch stärker ist die durch manche Stämme von aeroben Buttersäurebakterien bewirkte Gasbildung, die sich ebenfalls in pasteurisierter oder unvollständig sterilisierter Milch in unerwünschter Weise einstellen kann. Milchsaure Salze werden von den hierher gehörigen Arten, wie von den anaeroben Buttersäurebazillen, in buttersaure Salze verwandelt. Bei eintretender Sporenbildung nehmen viele

Buttersäurebazillen Keulenform an; man bezeichnet sie dann oft als Clostridien. Auch als Gattungsname ist diese Bezeichnung benutzt worden; eine in Milch nicht selten vorkommende Art wurde z. B. Clostridium polymyxa benannt.

Ein anderer, milchwirtschaftlich wichtiger Sporenbildner ist der Bacillus esterificans, der als Aromabildner wirkt und insbesondere im Kefir regelmäßig vorzukommen scheint. In längere Zeit warm gehaltener Milch können sich neben den gewöhnlichen Heu- und Kartoffelbazillen mitunter auch ausgesprochen wärmeliebende, thermophile, Arten entwickeln, die gleichfalls in der Regel sehr widerstandsfähige Sporen bilden und deshalb in erhitzter Milch Schaden stiften können, sofern dem nicht durch Kühlung vorgebeugt wird.

Anaerobe Sporenbildner

Die letzte der in Milch vorkommenden Gruppen von Bakterien sind die anaeroben Sporenbildner. Sie finden sich in großer Menge im Kuhkot sowie im unreinen Wasser und können sich entweder als Buttersäurebildner oder als Fäulniserreger in Milch, Butter und Käse unangenehm bemerkbar machen. Nur bei der Reifung bestimmter Käsesorten ist ihre Mitwirkung zum Teil erwünscht. Eingesäuertes Grünfutter begünstigt ihre Vermehrung im Darm und infolgedessen auch ihr Vorkommen in der Milch. Die anaeroben Buttersäurebazillen sind teils beweglich, teils unbeweglich, darnach sind sie in 2 Hauptarten gesondert worden (Granulobacillus saccharobutyricus mobilis bzw. immobilis). Es ist aber, soweit es sich um die wissenschaftliche Einordnung und Benennung handelt, jedenfalls richtiger, bei der älteren und umfassenderen Bezeichnung Bacillus amylobacter zu bleiben, denn es steht fest, daß nicht nur die Beweglichkeit, sondern auch andere wichtige Eigenschaften, sogar das anaerobe Verhalten, bei den Angehörigen dieser Art im Laufe ihrer Entwicklung sich ändern können. Es handelt sich also um verschiedene Wuchsformen einer Art. Ja es fehlt sogar nicht an Übergangsformen zwischen den typischen Buttersäurebildnern und den typischen anaeroben Eiweißzersetzern. Der Hauptvertreter dieser Gruppe ist der Bacillus putrificus, der sowohl morphologisch wie physiologisch leicht von Bacillus amylobacter zu unterscheiden ist. Die sporentragenden Zellen des Bacillus putrificus haben die Form eines Trommelschlegels und werden darnach als Plektridien bezeichnet, während für Amylobakter die keulenförmig angeschwollenen sogenannten Clostridien kennzeichnend sind. Aber auch in diesem Falle sind allerhand Zwischenformen bekannt. Etwa die Mitte zwischen Bacterium putrificum und Bacillus amylobacter hält Bacillus paraputrificus. Im amerikanischen Schrifttum werden sämtliche anaerobe Sporenbildner ohne Rücksicht auf die verschiedene Form der sporentragenden Zelle als Arten einer Gattung Clostridium zusammengefaßt.

Sowohl der Milchzucker wie die milchsauren Salze können zu Buttersäure umgesetzt werden. In beiden Fällen ist Gasbildung wahrnehmbar. Die in Freiheit gesetzten Mengen an Kohlensäure und Wasserstoff geben zu Blähungen Veranlassung, die sich im Hartkäse (bei der Laktatzersetzung) als sogenannte nachträgliche Blähung in besonders unliebsamer Weise bemerkbar machen können. Manche Angehörige dieser Gruppe bilden neben Buttersäure ansehnliche Mengen von anderen organischen Säuren, insbesondere Ameisen-, Essig- und Milchsäure, aber auch Valerian- und Kapronsäure, sowie Propyl- und Butylalkohol.

Aktinomyzeten (Strahlenpilze)

spielen in Milch und Milcherzeugnissen im allgemeinen keine hervortretende Rolle, trotzdem sie als weitverbreitete Bewohner von Erde, Stroh usw. oft

Gelegenheit haben, in die Milch zu gelangen. Ganz besonders ist das dann der Fall, wenn verdorbenes, muffiges Stroh als Einstreu verwendet wird. Es kann unter solchen Umständen vorkommen, daß die Hälfte der gesamten Mikroflora der Milch aus Aktinomyzeten besteht, die allerdings auf den meist gebrauchten Nährböden nur langsam wachsen und deshalb bei der üblichen Prüfung nicht als solche erkannt werden. Manche von ihnen, namentlich die als Actinomyces griseus und albus beschriebenen Arten können der Milch nach Beobachtungen von FELLERS einen bitteren Geschmack und einen unangenehmen, erdig-muffigen Geruch verleihen. Auch die Beschaffenheit der Butter können sie nachteilig beeinflussen.

Den Aktinomyzeten stehen die sogenannten Gras- und Mistpilze nahe, die wegen ihrer verwandtschaftlichen Beziehungen zum Tuberkelbazillus auch als Pseudotuberkelbazillen bezeichnet werden. Ihr Vorkommen in Milch und Butter hat früher mehrfach zu Verwechslungen mit den genannten Krankheitserregern Veranlassung gegeben.

Sproßpilze

Wesentlich größere milchwirtschaftliche Bedeutung als den Strahlenpilzen kommt den Sproßpilzen (Hefen) zu, die teils harmlos, teils nützlich, teils schädlich sind. Sie sind entweder, und zwar in den meisten Fällen, sporenfrei (Gattungen Torula, Mycoderma und Monilia), oder — weniger oft — befähigt, Sporen zu bilden (Gattung Saccharomyces). Der Milchzucker wird nur von manchen Arten unmittelbar angegriffen, häufiger kommt ein Hand-in-Hand-Arbeiten von Milchsäurebakterien und Hefen in Frage. Namentlich die Laktobazillen sind in der Natur fast stets von Hefen begleitet, z. B. im Sauerfutter, in den sogenannten fermentierten Milchsorten, in der Butter und im Käse. Durch ihre Befähigung zur Alkoholbildung sind die Sproßpilze für die alkoholreichen Milchgetränke Kefir und Kumiß von wesentlicher Bedeutung. Aber auch in den anderen sauren Milchspeisen (Joghurt, Mazun usw.) sind sie nützlich, insofern sie zur Aromabildung beitragen. Mitunter erzeugen sie selbst so ansehnliche Mengen von Milchsäure, daß sie als Rahmreifungskulturen Verwendung finden können. Da sie, wie alle Pilze, eine saure Reaktion vorziehen und außerdem auch gegen höhere Salzkonzentrationen ziemlich unempfindlich sind, wie z. B. ihr reichliches Vorkommen in Heringslake anzeigt, so sind sie besonders in alter Butter in großen Mengen anzutreffen. Manche von ihnen greifen Fett so kräftig an, daß sie geradezu das Ranzigwerden der Butter begünstigen; noch schädlicher sind aber solche Arten die, wie Torula amara, aus den Eiweißstoffen der Milch Bitterstoffe erzeugen. In Büchsenmilch können Hefen durch starke Gasbildung Schaden stiften. Auch die Befähigung zur Farbstoffbildung ist ziemlich vielen Sproßpilzen eigen. Gelbe, rote und schwarze Flecke können namentlich auf Rahm und in Käse infolge der Entwicklung von Sproßpilzkolonien zustande kommen. Ein sogenannter „hefiger" Geruch weist gelegentlich auf ein reichliches Vorkommen von Sproßpilzen hin.

Schimmelpilze

Von den Schimmelpilzen sind verschiedene Varietäten oder Arten der Gattung Oidium am häufigsten in Milch, auf Butter und Käse anzutreffen. Oidium lactis gilt geradezu als „der Milchschimmel". Auf saurem Rahm und jungem Weichkäse ist er stets als weißer Flaum sichtbar. Die verschiedenen Oidiumstämme können in ihren Eigenschaften ziemlich weitgehende Unterschiede aufweisen. Manche bilden ansehnliche Säuremengen, andere machen die Milch schleimig. Sie beteiligen sich an der Fettzersetzung beim Ranzigwerden der Butter und beim Eiweißabbau im reifenden Käse. Auch durch Farbstoffbildung können sie sich bemerkbar machen, mitunter erzeugen sie die Verfärbung allerdings nicht selbst, sondern speichern nur das von Bakterien gebildete Pigment, wie oben bei Besprechung der blauen Milch bereits erwähnt worden ist.

Der Schimmelpilzgattung Cladosporium gehören 2 milchwirtschaftlich unerwünschte Arten an. Die eine ist das auf Stroh, an Wänden und Decken von Molkereiräumen nicht seltene, durch seine schwarze Färbung ins Auge fallende Cladosporium herbarum, das auf Käsen Schwarzfleckigkeit erzeugen kann. Die andere Art hat den Namen Cladosporium butyri erhalten, weil sie in Butter häufig anzutreffen ist und zu deren Ranzigwerden wesentlich beiträgt.

Etwa ebenso häufig und milchwirtschaftlich wichtig wie die Oidien sind die verschiedenen „Pinselschimmel" der Gattung Penicillium. Unter der Bezeichnung Penicillium glaucum werden eine ganze Anzahl von Varietäten oder Unterarten zusammengefaßt, deren graue oder graugrüne Konidienmassen auf Holzunterlagen, Butterpapier, Brot usw. anzutreffen sind. Sie erzeugen den charakteristischen, muffigen Schimmelgeruch sowie die „Staffigkeit" der Butter. Auch zum Ranzigwerden der Butter tragen sie bei. Das sogenannte Penicillium Roqueforti wirkt sowohl auf das Fett wie auf den Käsestoff kräftig abbauend ein und erzeugt gleichzeitig das Aroma des Roquefort-Käses. An der Reifung der dem Roquefort ähnlichen Schimmelkäse (Gorgonzola, Stilton und anderer) beteiligen sich verschiedene nahestehende Spielarten; ihre bläulich- bis schwarzgrünen Konidienmassen sind im Innern dieser Käse deutlich sichtbar. Für die französischen Weichkäse (Camembert, Brie usw.) sind dagegen andere Penizillien mit weißen oder nur hell-blaugrün gefärbten Konidien als Reifungserreger von Wichtigkeit, insbesondere Penicillium candidum, album oder Camemberti.

Angehörige der Gattungen Mucor und Aspergillus sind milchwirtschaftlich von untergeordneter Bedeutung. Sie können sich an den Schimmelbildungen an Wänden und Gerätschaften usw. beteiligen sowie als Fett- und Käsestoffzersetzer unter Umständen für Butter und Käse schädlich werden. Eine Mucor-Art, die den Namen Clamydomucor casei erhalten hat, ist an der Reifung des norwegischen, Gammelost genannten Käses beteiligt.

Literatur

Backhaus, A. und W. Cronheim: Über aseptische Milchgewinnung. Ber. d. Landw. Inst. Königsberg, 2. Bd., S. 29. 1898. — Barthel, Chr. und Orla-Jensen: Über internationale Methoden zur Beurteilung der Milch. Milchw. Zentralbl., 41. Bd., S. 417. 1912.

Demeter, K. J.: Zur Standardisierung der Dauerpasteurisierung der Milch in den Vereinigten Staaten von Nordamerika. Milchw. Forsch., 4. Bd., Ref., S. 129. 1927. — Drewes, K.: Über die Bakterizidie der Milch. Milchw. Forsch., 4. Bd., Orig., S. 403. 1927. — Druckrey, O.: Über Lactobacillus acidophilus und Acidophilus-Milch. Zentralbl. f. Bakt., II. Abt., 74. Bd., S. 373. 1928.

Evans, A. C.: ¡The bacteria of milk freshly drawn from normal udders. Journ. Infect. Diseases, Vol. 18, p. 437. 1916.

Fellers, C. R.: Actinomyces in milk with special reference to the production of undesirable odors and flavors. Journ. Dairy Science, Vol. 5, p. 485. 1922. — Freudenreich, E. v.: Milchsäurefermente und Käsereifung. Zentralbl. f. Bakt., II. Abt., 8. Bd., S. 678. 1902. — Frost, W. D., M. Gumm and R. C. Thomas: The types of hemolytic streptococci in certified milk. Journ. Bact., Vol. 13, p. 61. 1927.

Guillebeau: Studien über Milchfehler und Euterentzündungen bei Rindern und Ziegen. Landw. Jahrb. d. Schweiz, 4. Bd., S. 27. 1890.

Hammer, B. W. and M. P. Baker: Studies on the Streptococcus paracitrovorus group. Abstr. Bact., Vol. 13, p. 12. 1927.

Kruse, W.: Das Verhältnis der Milchsäurebakterien zum Streptococcus lanceolatus. Zentralbl. f. Bakt., I. Abt., Orig., 34. Bd., S. 737. 1903. — Kulp, W. L. and L. F. Rettger: Comparative study of Lactobacillus acidophilus and L. bulgaricus. Journ. Bact., Vol. 9, p. 357. 1924.

Leichmann, G.: Über die freiwillige Säuerung der Milch. Milchztg., 23. Bd., S. 523. 1894. — Löhnis, F. (1): Handbuch der landwirtschaftlichen Bakteriologie. Berlin: Gebr. Borntraeger. 1910. — (2): Untersuchungen über den Keimgehalt der in Leipzig im Handel befindlichen Milchsorten. Milchw. Zentralbl., 43. Bd., S. 9. 1914. — (3): Untersuchungen über das vorzeitige Gerinnen der Milch an Gewittertagen. Molk. Ztg. (Hildesheim), 28. Bd., S. 785. 1914. — (4): Der Verbrauch von roher und von erhitzter Milch in Deutschland und in Amerika. Südd. Molk. Ztg., 47. Bd., S. 1145. 1926. — Lux, A.: Über den Gehalt der frischgemolkenen Milch an Bakterien. Zentralbl. f. Bakt., II. Abt., 11. Bd., S. 275. 1903.

Orla-Jensen, S.: The lactic acid bacteria. Mém. Acad. d. sci. Copenhague, Sect. d. sciences, 8. Sér. T. 5, no. 2. 1919.

Pusch, G.: Die Kindermilchproduktion in wirtschaftlicher und hygienischer Beleuchtung usw. Zeitschr. f. Infektionskrankh. d. Haustiere, 3. Bd., S. 439. 1908.

Rodenkirchen, J.: Der Einfluß von Erhitzung und Aufbewahrung auf den Keimgehalt und die Haltbarkeit der Milch. Milchw. Forsch., 6. Bd., Orig., S. 65. 1928.

Schröter, O.: Vergleichende Prüfung bakteriologischer und biochemischer Methoden zur Beurteilung der Milch. Zentralbl. f. Bakt., II. Abt., 32. Bd., S. 181. 1912. — Schulz, L.: Über den Schmutzgehalt der Würzburger Marktmilch und die Herkunft der Milchbakterien. Arch. f. Hyg., 14. Bd., S. 260. 1892. — Steck, W.: Untersuchungen über die bakterielle Besiedlung normaler Kuheuter. Landw. Jahrb. d. Schweiz, S. 511. 1921.

Uhl: Untersuchungen der Marktmilch in Gießen. Zeitschr. f. Hyg., 12. Bd., S. 479. 1892.

Winkler, W.: Wie kann die Milch haltbar gemacht werden? Österr. Molk. Ztg., 15. Bd., S. 129. 1908.

3. Pathogene Bakterien, die gelegentlich in der Milch vorkommen

Von

W. Ernst-München

A. Bakterien vom Menschen

Pathogene, für den Menschen oder das Tier oder beide krankmachende Keime können auf verschiedenstem Weg in die Milch gelangen. Sie kommen entweder aus infizierten oder kranken Tieren oder Eutern, von kranken Menschen oder solchen, die Bazillenträger sind, ohne krank zu sein, oder sie können sonst aus der Umwelt gelegentlich der Milchgewinnung und -zurichtung, der weiteren Herstellung, des Transportes und des Verschleißes oder im Haushalt des Konsumenten in die Milch gelangen. Auch Krankenpersonal trägt zur Infektion der Milch gelegentlich bei. In der Milch selbst können sich die Krankheitserreger zum mindesten in der ersten und zweiten Phase der Milchzerlegung nach Koning gut halten oder sie können sich unter Umständen sogar vermehren. Von den Erregern, die hier eine Rolle spielen und die vom Menschen stammen, seien kurz erwähnt die Typhusbazillen, die Ruhrerreger, die Paratyphusbazillen, Diphtheriebazillen, Scharlacherreger und Menschentuberkelbazillen.

Nach Wedemann kann die spontane Säuerung der Milch gefährlich werden, weil innerhalb der Zeit, in der die Säurebildung vor sich geht, auch pathogene Keime sich entwickeln können. In Kaseinflocken entziehen sie sich nicht selten der Milchsäureeinwirkung. Demnach ist mit einer Keimvernichtung bei der gewöhnlichen Aufbewahrungsdauer nicht zu rechnen. Tuberkelbazillen bleiben bis 18 Tage ohne Schwächung am Leben. Typhusbazillen können tagelang trotz hoher Säuerung überdauern.

Die praktische Marktmilchuntersuchung wird kaum in die Lage kommen, auf derartige Krankheitserreger untersuchen zu müssen, das ist Sache der hygienischen Institute und der bakteriologischen Untersuchungsanstalten. Der Verdacht, daß Milch die Überträgerin ist, wird erweckt, wenn unter den Hauptmilchkonsumenten, den Frauen, Dienstmädchen und Kindern, gleichzeitig vermehrte Krankheitsfälle auftreten. Man spricht dann von Milchepidemien, das sind Massenerkrankungen, die durch Milchgenuß verbreitet werden. Plötzlich, explosionsartig, treten solche Erkrankungen bei Konsumenten von Milch einer bestimmten Herkunft auf.

Wird die in Frage kommende Milch ausreichend erhitzt oder die Bezugsquelle geschlossen, dann steht die Seuche. Auch bei der Dauererhitzung (30′ bei 63° C) gehen die meisten Typhus- und Paratyphusstämme zugrunde. Einige Male wurde ein Überleben festgestellt (Seelemann).

Am häufigsten sind unter solchen Milchepidemien Typhuserkrankungen. Solche sind zusammengestellt von Schüder, Rosenau, Lumsden und Castle, Trask, Kossel, Forster, Scheller und anderen. Dabei üben nicht selten die Fliegen, die an den Entleerungen Typhuskranker saugen und an Milchgefäße auffliegen, die infizierende vermittelnde Rolle. Fliegen, die Typhusbazillen aufgenommen haben, können solche noch nach 23 Tagen in lebensfähigem Zustand enthalten (Ficker). Gewöhnlich werden aber die Typhusbazillen durch Bazillenträger oder nur leicht erkrankte Personen oder Rekonvaleszenten beim Melkgeschäft oder anderen Hantierungen im Milchverkehr oder in Molkereien, durch Milchhändler oder Krankenpfleger der Milch oder den Milchspeisen zugeführt. Besonders gefährlich wirken sich dabei Dauerausscheider von Typhusbazillen aus, die wie Kossel lehrreich beweist, jahrelang zu Typhusausbrüchen in entfernten Milchversorgungsgebieten Anlaß geben können. Nach dem Wasser spielt die Milch die Hauptrolle bei der Typhusverbreitung (v. Drigalski). Neben den infizierten Händen ist das Spülwasser oder bei Fälschungen der Wasserzusatz die Quelle der Milchinfektion. Auch ungereinigte Milchflaschen, die aus Krankenstuben zurückkommen, spielen eine Rolle. Vielleicht kommt auch die Einstreu von Bettstroh in Betracht. In Sammelmolkereien werden Milchmengen weiterer Produzenten mit der gefährlichen Milch vermischt, große Mengen Milch infiziert, die Magermilch davon an zahlreiche Produzenten zurückgesandt. Unter solchen Verhältnissen erklärt sich das explosionsartige Aufflammen von Milchepidemien. In roher Milch können sich Typhuskeime vermehren (Heim), in Sauermilch und Kefir, in Buttermilch bleiben sie meist nur 1 bis 3 Tage am Leben. Zunehmende Säuerung zerstört die Typhuskeime gewöhnlich (Heim, Broers, Fraenkel und Küster). Andere Autoren, wie Bolley und Field, Bruck, Cantley, haben trotz Säuerung und Gerinnung die zugesetzten Keime noch nach 5, 7, 10, 11, 13, 21 und 35 Tagen lebend und vermehrungsfähig gefunden.

In Süßrahmbutter halten sie sich 3 bis 4 Wochen lebensfähig. Neben Kolikeimen hat Fioriani aus fehlerhafter Butter, die Wasser eines Berieselungsgrabens enthielt, Typhuskeime nachgewiesen. Talaufwärts lag an dem Graben ein Spital, das Typhuskranke beherbergte.

In sterilisierter Milch wächst Bacillus typhi, ohne die Milch zur Gerinnung zu bringen. Auch in roher Milch wachsen Typhusbazillen vorzüglich.

Der Versuch, Typhusbazillen in Milch, die Veranlassung zur Seuchenverbreitung gab, nachzuweisen, mißlingt sehr häufig, einmal weil die Untersuchung im Vergleich zur Ansteckung stets sehr spät erfolgt (es handelt sich bei der Untersuchung zwar um Milch gleicher Herkunft, aber nicht mehr um die gleiche Milch; das Personal kann gewechselt haben. Die Bakterienausscheidung wechselt bei den in Frage stehenden Personen). Zum Nachweis dienen Rahm und Zentrifugenbodensatz. Die Bakterien werden in Heuinfus, Galle oder Gallenährböden oder Lösungen von Nutrose und Koffein und Kristallviolett elektiv angereichert und dann auf den bekannten Spezialnährböden nach Endo, Drigalski und Conradi, auf Malachitgrünagar usw. ausgesät.

Den Gegensatz, der zwischen den nicht seltenen Übertragungen von Typhus durch Milch und der Zahl der gelungenen Nachweise des Bazillus in der in Frage kommenden Ausgangsmilch besteht, suchte Wohlfeil durch eine Auswahlmethode auszugleichen, die in der Milch schon die Wucherung der übrigen Bakterien, insbesondere des Bacterium coli, zurückdrängt. Er mischte 7,5 cm³ Milch mit 2,5 cm³ Koffeinbouillon (1,2%) und alkalisierte bis zur deutlichen Rotfärbung (Phenolphthalein) mit 10% Sodalösung. Nach 4 bis 7 Stunden wird auf Endoplatten usw. ausgestrichen.

Paratyphus-B-Bazillen sollen in Milch gefunden worden sein, auch sind Paratyphusfälle beim Menschen beobachtet worden, die auf Milch, Sahne oder Milchspeisen (Vanilletorte) zurückgeführt wurden. Bacillus enteritidis Gärtner und Bacillus enteritidis Breslau werden in Milchproben wohl mitunter und häufiger enthalten sein als der Bacillus Paratyphus B. Klein hat den Bacillus Gärtner in 10 von 39 Proben verschiedener englischer Farmen nachgewiesen, Aumann fand ihn in 279 Proben nie. Hübener hat bei 70 Marktmilchproben in 7 Paratyphusbazillen gefunden.

Parakolibazillen, Bacillus enteritidis Gärtner, Bacterium coli variet. dysentericum sind in Milch, Milchspeisen, in Käse, Quarg, Knetkäse, weniger in Butter, gefunden worden (W. Türk, Jensen, Fonteyne, Holst, Berg, Hübener). Infektionen sind mehrfach beobachtet worden (v. Vagedes, Fischer, Nielsen, Gram und anderen).

Bei diesen Bakterien der Koli-Typhusreihe werden neuere Forschungen erst den Beweis erbringen müssen, welchen Anteil an Milchepidemien der echte Bacillus paratyphi-B-Schottmüller nimmt, der bekanntlich bei Tieren nicht oder höchstens sehr selten vorkommt, und welchen der Bacillus enteritidis Breslau hat, ferner wie oft echte Gärtner-Stämme und endlich wie oft andere, abtrennbare Typen vorkommen, die im Darm von gesunden Milchkühen gefunden werden können und gelegentlich auch als Blutvergifter bei Tieren auftreten oder bei örtlichen Leiden (hochakuten Mastitiden, akuten Darmentzündungen, Tragsackentzündungen) der Rinder gefunden wurden. Besonderes Augenmerk ist dabei auf die Ställe zu richten, in denen Kälberruhr und Kälberlähme herrschen, oder Todesfälle und Notschlachtungen vorkommen, bei denen die folgende Zerlegung oder Fleischbeschau keine oder keine wesentlichen Veränderungen ergaben.

Dysenteriebazillen

Ruhrbazillen, und zwar sowohl die des Typus Shiga-Kruse wie auch die Pseudodysenteriebazillen Flexner sind mehrfach bei Säuglingen gefunden worden (Jehle, Wollstein, Hastings, Pease und Shaw, Anche und Campana,

Sommerfeld). Die Bazillen dieser Gruppe gehen in gewöhnlicher Milch nach deren Säuerung erst in etwa 8 Tagen zugrunde. Ähnlich ist ihr Verhalten in Butter und Käse (E. Pfuhl).

In steriler Milch bildet der Typus Shiga-Kruse etwas Säure, ohne die Milch zu koagulieren.

Cholerabazillen

Sommerfeld zitiert mehrere Fälle, in denen Cholera höchstwahrscheinlich durch Milch übertragen wurde. Diese Fälle sind von Gaffky, Simpson und Knüppel studiert und dabei ist unter anderem nachgewiesen worden, daß die in Frage kommende Milch mit Wasser verdünnt war, in einem Falle mit Wasser aus einem Behälter, in den die Entleerungen eines Cholerakranken geraten waren. Auch durch Butter kann Cholera übertragen werden, obwohl die Cholera-vibrionen sich im allgemeinen schlecht in Butter halten (Heim: gewöhnlich nicht länger als 1 Tag, Cunningham: nicht 24 Stunden, Friedrich: 1 bis 2 Tage, Laser: 5 bis 8 Tage, Rowland: nur wenige Tage, Heim: 1 bis 2 Tage, 1 Fall bis 49 Tage). Nach Kitasato tötet starke Säurebildung sie ab. Frische Butter enthält sie länger, bis zu 1 Woche (Schrank), ranzige tötet sie rasch ab.

In Käse, der aus Milch, der Cholerabazillen zugemischt waren, hergestellt wurde, fanden sich schon 9 Stunden später keine mehr (Weigmann und Zirn).

In sterilisierter Milch wachsen Cholerabazillen unter geringer Säurebildung mit oder ohne schwache Koagulation. Rohe, keimarme Milch tötet sie ab (Hesse, Kolle).

Diphtheriebazillen

Diphtheriebazillen wachsen in sterilisierter und roher Milch (falls sie zur Zeit der Infektion noch keimarm war) gut (Schottelius, Ellerhorst, Eyre, Feinberg, Montefusco, Jensen, Escherich, Beck, Zarniko). Dabei scheint es auf die Temperatur anzukommen. Klein fand gute Vermehrung bei 20⁰ C, keine bei 37⁰ C. Der Säuerung widerstehen sie nach Jensen, doch gehen sie in roher Buttermilch innerhalb 24 Stunden zugrunde, es sei denn, daß größere Mengen eingebracht wurden. Milchepidemien sind beobachtet. Eyre hat Diphtheriebazillen aus Milch unter Verwendung des Rahmes züchten können. In der durch solche Milch belieferten Schule kamen Diphtheriefälle vor.

In der Milch kommen häufig Pseudodiphtheriebazillen vor. Bacillus pyogenes crassus z. B. ist sehr diphtheriebazillenähnlich, er scheint identisch mit dem Corynebacillus pyelonephritidis bovis und weit verbreiteten Bakterientypen zuzugehören. Eine besondere Rolle scheint die Milch bei der Verbreitung der Diphtherie nicht zu spielen.

Scharlach

Scharlacherreger sollen ebenfalls mit Milch Verbreitung gefunden haben (Trask, Sieveking).

Andere Krankheitskeime

Mehr oder weniger gut wachsen andere Bazillen in Milch, z. B. Pestbazillen in sterilisierter Milch langsam; Pneumokokken lassen die Milch gerinnen, Meningokokken wachsen schlecht, Säurebildung unterdrückt sie; der Bazillus der Pseudotuberkulose der Nagetiere wächst gut, ebenso der Bazillus des blau-grünen Eiters, ferner Tetanusbazillen, Bazillus des malignen Ödems.

Bacterium coli.

Die Zugehörigen des Kolitypus (ESCHERICH) wachsen in roher und sterilisierter Milch ausgezeichnet. Sie bilden Milchsäure; die Milch gerinnt; die Gasbildung ist bei echten Kolistämmen stets vorhanden. Sie sind in frisch ermolkener Milch wenig, dagegen häufig nach 24stündiger Aufbewahrung gefunden worden (HUNTER). Sie vermehren sich besonders bei 37 bis 40° C. Ihr Fund ist ohne Bedeutung, zeigt aber geringe Stallreinlichkeit an. Sie gehören zu den gewöhnlichen Dickdarmbewohnern des Menschen und der Tiere.

Nach KITT gehört der Bacillus phlegmasiae uberis zur Koligruppe.

B. Krankheitserreger vom Tiere

Bei Tierkrankheiten können Bakterien in die Milch unmittelbar übergehen, z. B. bei Euterleiden, oder mit der Milch ausgeschieden werden oder bei Darm- oder Tragsackleiden beim Melken mit dem Melkschmutz in die Milch gelangen.

Besonderes Interesse haben:

Milzbrand

Nach v. OSTERTAG vermögen die Auskleidungen der Euterdrüschen und das unversehrte Endothel der Haargefäße den Übertritt von Milzbrandbazillen aus dem Gefäßstrom in die Milchwege abzuhalten. Wenn aber Blutungen im Euter auftreten, dann dringen auch Milzbrandbazillen in die Milch ein und werden mit ihr ermolken. Der Autor konnte bei 20 an Milzbrand leidenden Kühen 1 mal unter angegebenen Umständen Bazillen nachweisen. Ebenso gelang der Nachweis von Milzbrandbazillen BOLLINGER, CHAMBRELLENT und MOUSOUS, FESER und MONATZKOW. M. FADYEAN fand in Milch, die nach dem Tode von Milzbrandtieren ermolken war, in einigen Fällen Milzbrandkeime. Die Milch kranker und verdächtiger Tiere ist unschädlich zu beseitigen. Durch tägliche Temperaturmessung findet man erkrankende Tiere früh genug heraus, um mit Sicherheit den Übergang von Bazillen in die Milch auszuschließen. M. FADYEAN hält den Übergang erst einige Stunden vor dem Tode für möglich.

In der Milch vermehren sich die Milzbrandkeime nur die ersten 3 Stunden. Dieser Vermehrung folgt in 18 bis 24 Stunden die Bazillenvernichtung (CARO). Sporen bleiben allerdings auch bei Säuerung der Milch am Leben (INGHILLERI). Sterile Milch ist ein guter Nährboden für Anthraxbazillen. Die Milch gerinnt dabei unter Einwirkung des Bakterienlabs, das Koagulum wird langsam wieder peptonisiert.

Mit Milzbrandvakzine geimpfte Tiere schieden nach Versuchen von N. ANTONI keine Milzbrandbazillen aus. Von solchen Tieren dürfte erst dann eine Gefahr drohen, wenn sie, wie es ab und zu bei besonderen Impfstoffen vorkommt, krank werden. Nach der Heilimpfung fieberlos gewordene Tiere sind nicht gefährlich, wenn nicht vor der Heilimpfung Euter oder Striche lokal erkrankt waren.

Rauschbrand

Rauschbrandbazillen wachsen in Milch schlecht, sie degenerieren. Die Krankheit hat keine Bedeutung für die Milchhygiene.

Rotz (Malleus)

GAFFKY erwähnt einen Fall, bei dem 2 Menschen auf Genuß von Milch einer an Rotz erkrankten Stute hin erkrankt sein sollen. Es ist nicht bekannt, ob andere Ansteckungsgelegenheiten fehlten. Marktmilch kommt als Überträgerin der Krankheit nicht in Betracht.

Keine wesentliche Bedeutung für die Milchhygiene besitzen die Rinderseuche, eine durch bipolare Bakterien der Gruppe der hämorrhagischen Septikämie hervorgerufene, heute in Deutschland seltene Krankheit, die Rinderpest, die Lungenseuche, die ebenfalls nicht oder seit kurzem nicht mehr in Deutschland vorkommt, und die im übrigen nicht auf den Menschen übertragbar sind.

Die weitverbreiteten Erreger von Eiterungen oder Entzündungen anderer Art finden sich häufig in der Milch. Staphylokokken, Sarzinen und Streptokokken sind gewöhnliche Vertreter der Milchflora. Eine Bedeutung kommt diesen Bakterien, ebenso wie den Aktinomyzeten erst dann zu, wenn sie zufällig eine Euterentzündung verursachen. Milch aus solchen Eutern ist verdorben und ekelerregend.

Bevor auf die Bedeutung der übrigen Euterentzündungserreger eingegangen wird, seien noch die übrigen in unseren Milchviehbeständen zeitweise herrschenden Seuchen oder einzelne Tiere befallenden Tierkrankheiten, die auf den Menschen übergehen können, besprochen.

Maul- und Klauenseuche

Die Aphthenseuche oder Maul- und Klauenseuche ist eine hochakute, fieberhafte Erkrankung von außerordentlich leichter Übertragbarkeit. Mit dem strömenden Blut gelangt der Erreger vom primären Ansteckungsherd in der Zeit des Fieberanstieges in den ersten 24 Stunden oder ersten Tagen in alle Organe. In dieser Zeit kann der Erreger in der Milch ausgeschieden werden, auch ohne daß das Euter lokal erkrankt ist (Ernst und Göbel, Lebailly und Porcher). Der Übertritt von Erregern ist besonders reichlich bei der bösartigen Form der Krankheit, oder wenn das Euter lokal erkrankt. Die Aphthen, die die ansteckende Lymphe enthalten, sitzen ja dann gewöhnlich im Strichkanal oder auf den Strichen. Seltener ist die Euterhaut befallen. Die Erreger sind unsichtbar, gehen durch Tonkerzen unter Druck in das bakterienfreie Filtrat über. Erkrankungen des Menschen nach Genuß von Milch, Rahm, Süßrahmbutter sind bekannt geworden durch die Arbeiten von Bussenius und Siegel, Jensen, Hertwig, Stickler, Schreyer, Krajewsky, Walkowsky, Gerlach und die Jahresberichte des kaiserlichen und des Reichsgesundheitsamtes.

Das Virus geht mit Sicherheit bei einer Erhitzung der Milch auf 60 bis 70° C, bei Dauererhitzung bei 60 bis 63° C zugrunde. 3 bis 4 Tage alte, saure Milch ist nicht mehr ansteckungsfähig. Durch frischen Käse und durch Butter sind Übertragungen verursacht worden (Fröhner, Ebstein, Thiele, Schneider, Frick, Fröhlich).

Besonders gefährlich sind Rahm, Sahne, Schlagobers und rohe Rahmspeisen aus Milch verseuchter Gehöfte.

Maltafieber und seuchenhafter Abortus

Unter „Maltafieber", Mittelmeerfieber ist eine Erkrankung der Menschen bekannt, die auf Malta bei Angehörigen der englischen Garnison zuerst bekannt und erforscht wurde. Die Krankheit entsteht durch Genuß von roher Ziegenmilch. Die befallenen Ziegen zeigen keine oder nur geringe Krankheitserscheinungen. Es ist ferner an den Küsten des Mittelmeeres, in Südafrika, in Indien, in China, auf den Philippinen, in Amerika beobachtet worden. In Deutschland ist die Krankheit noch nicht festgestellt worden.

WEYRAUCH veröffentlicht einen Fall echten Maltafiebers bei einer Dame in Jena. Diese hatte an der Riviera ungekochte Ziegenmilch genossen. Das Blut agglutinierte das Bacterium melitense 1 : 16000. Kulturen aus dem Blut gelangen nicht mehr. BURNET unterscheidet neben dem Bacterium melitense noch ein paramelitense (schlechte Agglutininbildner, agglutiniert häufig mit Normalserum). Der Erreger ist der Form und seinen Kultureigenschaften nach vom Bacillus abortus BANG nicht wegzukennen, aber der Epidemiologie nach sind die durch beide verursachten Krankheiten verschieden. Alle Allgemeinerkrankungen durch Bacillus abortus BANG, die mir bekanntgeworden sind und die den leichteren Fällen des Maltafiebers klinisch ähneln, betreffen Tierärzte, die sich bei ihrer Praxistätigkeit (Abnahme der Nachgeburten) ansteckten.

Die Nachrichten über Infektionen mit Bacillus abortus BANG durch Milchgenuß sind im Gegensatze zu der starken Verbreitung der Krankheit unter den Rindern sehr selten.

So meldet FAVILLI eine Erkrankung des Menschen, verursacht durch eine an Abortusinfektion erkrankte Kuh. Nach GRÄUBS Zusammenstellung sind in Italien, Frankreich und Amerika Krankheitsfälle bekanntgeworden, die auf Genuß abortusbazillenhaltiger Milch hin entstanden sind. Der Verlauf war dem Maltafieber ähnlich und trug typhösen Charakter.

Wenn man Affen mit Abortusbazillen per os infizieren will, so braucht man etwa 1000mal soviel Material als beim Maltafieber, mit dessen Erreger die Infektion sehr leicht gelingt (FABIAN, FLEISCHNER, MAYER und SHAW, VECKI).

Durch entsprechende Vorbehandlung mit Abortusbazillen kann man Affen gegen den Bacillus melitensis immunisieren. Deswegen ist es fast selbstverständlich, daß mit Abortus infizierte Kühe auch gegen Bacillus melitensis mit ihrem Blutserum reagieren. KENNEDY hat 1914 bei einem hohen Prozentsatz von Kühen der Umgebung Londons Agglutinine gegen den Bacillus melitensis nachgewiesen. Auf die nahe Verwandtschaft beider Erreger haben A. EVANS sowie ZELLER hingewiesen.

Die Impfreaktionen und die pathologischen Verhältnisse beim Meerschweinchen sind in beiden Fällen gleich. MOHLER und TRAUM haben Material aus 56 Tonsillen und Drüsen von Menschen verimpft und erhielten einmal beim Versuchstier nach 3 Monaten die Erscheinungen der Abortusinfektion. Bei Verimpfung von Marktmilch kann man solche Veränderungen verhältnismäßig häufig (4,6 bis 36,8%) erzielen. Man untersucht die Impftiere dann nach 2 bis 6 Wochen öfters auf das Vorkommen von spezifischen Agglutininen im Blut, die frühestens 8, spätestens 28 Tage nach der Infektion auftreten. VERCELLANA glaubt durch Säureagglutination (1 : 100 Milchsäureverdünnung agglutiniert Maltakokken, nicht aber den Bacillus abortus BANG) die beiden Typen trennen zu können. Er gibt zu 1 cm³ Kulturabschwemmung 1 cm³ der Säureverdünnung.

In neuerer Zeit wurde von FICAI und ALESSANDRINI (zit. nach FAVILLI) angegeben, daß bei Erhitzung des Serums die Agglutination für Maltabakterien verschwinde, die für Abortus nicht. FAVILLI kann dies nicht bestätigen, der Titer gegen beide nimmt gleichmäßig ab. Der Autor hält eine Infektion des Menschen auch durch Rohsalate für erwiesen. Der Nachweis durch Kultur gelingt nur, wenn die Milchproben unter sterilen Kautelen entnommen sind, auf Agar mit 1% Traubenzucker und 5 bis 10% sterilem Rinderserum. Auch Milchzuckerserumagar ist geeignet. Zur Unterdrückung Gram-positiver Bakterien kann man ferner 1 : 10000 Gentianaviolett zusetzen. Die Untersuchung der Marktmilch auf Abortusbazillen hat vorerst für die Milchkontrolle nur wissenschaftliches Interesse.

Rindertuberkulose

Tuberkelbazillen können in die Milch gelangen aus tuberkulösen Menschen bei der Milchherstellung und Verleitgabe oder sie stammen aus tuberkulösen Tieren. Am 23. Juli 1901 erklärte R. KOCH auf dem Londoner internationalen Tuberkulosekongreß, daß die Tuberkulose des Menschen und die des Rindes durch 2 voneinander verschiedene Tuberkelbazillen verursacht sei. Es ist heute allgemein anerkannt, daß zwischen dem Typus humanus und dem Typus bovinus konstante und tiefgreifende Unterschiede bestehen. Die Rindertuberkelbazillen sind besonders für das Rind, weniger für den Menschen gefährlich, umgekehrt ist der Tuberkelbazillus des Menschen für das Rind weniger virulent. KOSSEL, WEBER und HEUSS haben durch Impfversuche am Rind erwiesen, daß Menschentuberkelbazillen in den regionären Lymphdrüsen zurückgehalten werden, während solche vom Rind zu fortschreitender Tuberkulose führten. Bei galaktiferer Infektion mit Typus bovinus entstand Eutertuberkulose mit fortschreitender Abmagerung und Tod als Folge, der Typus humanus erzeugte vorübergehende Entzündungsreizung und bindegewebige Atrophie des Euters (NOCKARD, MEYER, CALMETTE und GUERIN sowie ZWICK) ohne Beteiligung der Lymphdrüse. Kälber, die von solchen Eutern (Infektion mit Typus humanus) sich nährten, blieben meistens gesund, einmal entstand Darm- und Mesenterialtuberkulose.

Fast genau dieselben Verhältnisse sind beim Menschen gegenüber dem Rindertuberkelbazillus zu finden. Der Mensch infiziert sich in der Hauptsache vom kranken Menschen her. Obwohl die Möglichkeit, mit Rohmilch Tuberkelbazillen aufzunehmen, sehr häufig gegeben ist, ist die Erkrankung der Menschen durch Typus bovinus sehr selten. Das für den Typus bovinus sehr empfängliche Schwein zeigt die Infektion unter Umständen außerordentlich häufig (Molkereischweine z. B.).

Tabelle I

| Autor | Art der Fälle | | Sitz der Erkrankungen | Zahlen der Funde von Typus bovinus |
	Zahl der Fälle	Alter der Kinder		
B. MÖLLERS	2050	—	—	1,86%
	—	unter 5 Jahren	—	18,1%
	—	5 bis 16 Jahren	—	15,8%
	—	über 16 Jahre	—	3,1%
	—	—	Lungentub.	0,5%
	—	—	Fütterungstub.	Mehrheit
	—	—	andere Formen	16,8%
LAWFORD KNAGGS	---	—	Knochen, Gelenke	doppelt wie Typus humanus
	72	--	Zervikaldrüsen	65 (abs. Zahl)
HART und RABINOWITSCH	0,8 bis 2,59% d. Sektionen	—	isoliert in den Mesenterialdrüsen	83,3%
GAFFKY, ROTHE, UNGERMANN .	76 von 400 Kindern	Kinder	—	1,32 bis 5,1%
WEBER	—	Kinder	Halsdrüsen	40%
	—		Mesenterialdrüsen	40 bis 50%

Bei dem für Menschen sehr günstigen Virulenzverhältnis des Typus bovinus müßten ungeheure Mengen von solchen Tuberkelbazillen genossen werden, um zum Haften der alimentären Infektion zu führen. Diese ist daher beim Menschen eine Seltenheit. Nur in etwa 8,6% menschlicher Tuberkulose

(1602 Fälle) fanden sich Tuberkelbazillen tierischer Herkunft, und zwar in etwa 8 davon solche des Typus bovinus. Bei der Lungenschwindsucht findet sich letzterer Typus nur in etwa 0,6%, bei den übrigen Tuberkuloseformen in etwa 16%. Bei Kindern ist das Verhältnis wesentlich schlechter: Hier sind unter 100 tödlichen Fällen fast ¼ (24%) durch den Typus bovinus erzeugt. Bei Gehirnhautentzündung sind dabei in etwa 11% Tuberkelbazillen tierischer Herkunft, 5% bei Knochen- und Gelenktuberkulose (KOSSEL). Nimmt man zur Berechnung als Grundlage alle, nicht nur die tödlich verlaufenden Fälle, so fanden sich bei der Berliner Bevölkerung unter den infizierten Kindern nur 4 bis 5% zoogener Infektionen (KOSSEL). Die Zahlen anderer Autoren sind ähnlich, aber naturgemäß verschieden, s. Tabelle S. 202.

Die Möglichkeit, mit Rindertuberkelbazillen sich zu infizieren, ist sehr oft gegeben. Die Zahlen der Fälle, in denen Tuberkelbazillen vom Rind in Marktmilch gefunden wurden, schwanken zwischen 10,5 und 61% der untersuchten Proben und je nach der Herkunft der Proben (Berlin, Halle, Leipzig, dänische Importmilch usw.), Milch einzelner Bestände, Mischmilch aus Molkereien usw. (OBERMÜLLER, BUEGE, PETRI, BECK, EBER, KÖHLISCH). Bei Sammelmilch aus Molkereien ist der Prozentsatz hoch (60%), während er bei Untersuchungen von 8070 Gesamtmilchproben aus einzelnen Herden, die dem Tuberkulosetilgungsverfahren angeschlossen waren, 7,23% betrug. In einzelnen Jahren schwankte der Prozentsatz zwischen 4,5 und 15% (PRÖSCHOLD).

TONNEY, WHITE und DANFORTH fanden von 258 Proben Chikagoer Marktmilch 3,5% und einmal von 73 Proben 6,8% mit Tuberkelbazillen behaftet; das wären schätzungsweise täglich 43000 Quarts oder etwa 1640 Liter tuberkelbazillenhaltiger Milch für Chikago.

In einer Probe wurden Tuberkelbazillen von Typus humanus nachgewiesen (RABINOWITSCH).

In die Milch gelangen die Tuberkelbazillen vom Rind im wesentlichen aus offen tuberkulösen Tieren. Bei den Arbeiten der Tuberkulosetilgungsstationen der Landwirtschaftskammern fiel die Untersuchung von einwandfrei entnommenen Proben der Mischmilch stets negativ aus, wenn die Kühe mit offener Tuberkulose entfernt waren. MÜLLER und HESSLER fanden in 2949 Proben Mischmilch aus je 30 bis 200 Kühen 151mal Tuberkelbazillen und in den betreffenden Herden 8mal je 2 Kühe und 150mal je 1 Kuh mit Eutertuberkulose (113 Bestände), 16mal 1 oder mehr Kühe mit Tragsacktuberkulose, 1mal Tuberkulose der Nieren oder Gebärmutter, 1mal Nieren- und Darmtuberkulose, 1mal 1 Kuh mit Tuberkelbazillen im Sputum und 19mal offene Lungentuberkulose. Die übrigen Mischmilchproben enthielten keine Tuberkelbazillen, obwohl darunter noch zahlreiche Tiere standen, die tuberkulös infiziert auf Tuberkulin positiv reagiert hatten.

Wenn wir nach den Arbeiten von DELÉPIN, RAVENEL, RABINOWITSCH und KEMPNER, GEHRMANN, GEHRMANN und EVANS, MOUSSU, MOHLERS auch annehmen müssen, daß Kühe, die ihre tuberkulöse Infektion lediglich durch Tuberkulinüberempfindlichkeit anzeigen, ab und zu Tuberkelbazillen in geringer Anzahl mit der Milch ausscheiden können, so müssen wir in Berücksichtigung der Erfahrungen der Tuberkulosetilgungsstationen doch ebenso annehmen, daß diese Ausscheidung in sehr geringer Quantität erfolgt, die Milch oft so wenig Tuberkelbazillen enthält, daß diese in der Mischung mit der Milch gesunder Kühe nicht mehr nachgewiesen werden können.

Die Milch von Tieren, die nur auf Tuberkulin reagieren, kann praktisch als völlig ungefährlich für den Menschen angesehen werden. Dagegen muß die Milch von Kühen, die an äußerlich erkennbarer Tuberkulose, insbesondere des

Euters, der Gebärmutter, der Lungen und des Darmes leiden, als geeignet, die menschliche Gesundheit zu zerstören, unter allen Umständen aus dem Verkehr ausgeschaltet werden.

Erfreulicherweise steigt bei den Tierbesitzern die Einsicht darüber, daß die Tuberkulosebekämpfung sehr große wirtschaftliche Vorteile bietet und daß ihre Einführung in den Beständen sich empfiehlt.

Die Tuberkulosetilgungsverfahren sind nach v. Ostertag imstande, die Tuberkulosebefallsziffern erheblich herabzudrücken. Regner hat zusammengestellt, daß von 1366 Beständen anfangs mit insgesamt 49 112 Tieren bei der ersten Tuberkulinisation 28,9% reagierten. Im Jahre 1909 enthielten die Bestände insgesamt 57 734 Tiere mit 3,1% reagierenden. In Dänemark konnte Bang die Zahlen von 40% im Jahre 1893 auf 8,5% im Jahre 1908 herabdrücken, Malm in Norwegen 1896 bis 1903 von 8,4 auf 4,9%, Hojer in Finnland von 24 auf 10,1% in den Jahren 1894 bis 1900.

Nach Hutyra hatten in Mezöhegyes von 647 Rindern im Jahre 1898 26,6% (von 329 Kühen 44,8%) reagiert. 1903 reagierten von allen Tieren nur mehr 1,8%, von 502 Kühen 2,8%. In den 6 Jahren ist der Rinderbestand ohne Neuanschaffung um 75% gestiegen, der Prozentsatz der Reaktionen ist um 88% gefallen.

Das v. Ostertagsche Verfahren wirkt ebenfalls hervorragend. Es sanken die Zahlen der klinisch tuberkulösen Tiere in Ostpreußen in der Zeit von 1900 bis 1904 von 2,7 auf 1,3%; in Pommern 1902 bis 1906 von 2,93 bis 0,6%, in Brandenburg von 3,46 bis 1,5% (1903 bis 1907), in Schleswig-Holstein 1903 bis 1906 von 2,8 bis 1,93%, in Sachsen von 3,6 bis 2,41% (1903 bis 1907), in Westfalen von 4,7 (1909/10) auf 2,3% (19011/12), in Pommern von 2,62 (1902/03) auf 1,01% (1904/05), 0,6% (1906/07), 0,35 (1908/09), 1,3% (1912/13).

Das sind, nach den Prozentsummen gerechnet, Zahlen, die vielleicht an sich wenig auffallen, aber bedeutend werden, wenn man die Gefahrenminderung ins Auge faßt.

Die Tuberkulosebekämpfung ist ein Problem, das nur Erfolg haben kann, wenn man es als Wirtschaftsaufgabe einleitet. Sie wird scheitern, wenn gleich anfangs allzu einschneidende Forderungen gestellt werden. Es empfiehlt sich daher, zu Beginn der Tilgungsarbeit die Feststellung der Zahl der verseuchten Bestände und der darin enthaltenen klinisch verdächtigen, hochwahrscheinlich kranken und kranken Tiere in den Vordergrund der Tilgungsarbeit zu stellen und dabei die Tierhalter zu überzeugen, wie unwirtschaftlich die Haltung solcher Tiere ist. Letzteres ist nicht schwer, und die Überzeugung, daß rascheste Ausmerzung solcher Tiere im Belange der Wirtschaft liegt, die Folge.

Nun erst wird auf die Gefahr der Ansteckung hingewiesen und die Notwendigkeit tuberkulosefreier Aufzucht erläutert. Gerne lassen sich die Landwirte darauf ein, Laufkoppeln und Jungviehweiden zu errichten. Schwierig ist manchmal die frühzeitige Trennung der Kälber vom übrigen Bestand durchzusetzen. Häufig schwierig deswegen, weil eben die Raumfrage eine maßgebende Rolle spielt. Es genügt aber die Trennung in einem Raum, der mit Brettern in Nut und Federn verfugt, vom Boden bis zur Decke vom allgemeinen Stall abgegrenzt ist. Die Ernährung mit bazillenfreier Rohmilch (Ammenmilch) aus sorgfältig ausgewählten Kühen wird durchwegs der Ernährung mit erhitzter Milch vorgezogen. Bei Ernährung mit erhitzter Milch wird allgemein über die Entstehung von Durchfällen geklagt. Nach dem Absetzen werden die Kälber der Tuberkulinprobe unterzogen und die Zuchttiere nur von den nicht reagierenden ausgewählt. Der genauen klinischen Untersuchung auf offene Tuberkulose werden die Tiere mindestens 1 mal im Jahre, besser 2 mal unterworfen.

Die Mischmilch der Herden wird 2- bis 4mal im Jahre auf Tuberkelbazillengehalt geprüft. Nach jedem Fund von Tuberkelbazillen wird sofort eine außerordentliche Untersuchung des Bestandes eingeschoben.

Hat man auf diese Weise die Tuberkulose nach einigen Jahren auf ein niederes Maß herabgedrückt, dann mag das BANGsche Verfahren Platz in solchen Beständen greifen, in denen die Raum- und Personalfrage es ermöglicht. Die Ausmusterung klinisch erkrankter Tiere geht wie bisher weiter. Die klinisch gesunden Tiere aber werden sämtlich tuberkulinisiert. Die reagierenden Tiere werden abgesondert. Die Trennung von den nicht reagierenden Tieren muß energisch durchgeführt werden. Die Pfleger der reagierenden Gruppe dürfen nicht in Berührung mit denen der nicht reagierenden kommen. Jede Gruppe hat auch ihren eigenen Bullen. Tiere der reagierenden Gruppe, die klinisch erkennbar erkranken, sind möglichst bald der Schlachtung zuzuführen. Jungtiere, die reagieren, werden von der Zucht ausgeschlossen oder sind wenigstens der reagierenden Gruppe zuzuteilen.

Tiere unter einem halben Jahr, die Reaktionen geben, sind der Schlachtung zuzuführen. Die Kälber der nicht reagierenden Kühe bleiben bei der Mutter, die der reagierenden Kühe bekommen am ersten Tag das Kolostrum der Mutter, um dann in die Gesundenabteilung zu kommen. Sie werden dort mit der Milch der gesunden Kühe aufgezogen oder Ammenkühen zugeführt. Nach dem Absetzen werden alle Kälber möglichst bald der Tuberkulinisation unterworfen und die reagierenden (1 bis 2%) geschlachtet. Vor dem ersten Sprung werden die Kalbinnen wieder mit Tuberkulin geprüft und je nach dem Ausfall den einzelnen Gruppen zugeteilt. Die Tuberkulinisation wird alljährlich wiederholt. Bei Zukauf wird jedes Stück klinisch und durch Tuberkulin geprüft.

Schutzimpfungen gegen Tuberkulose ergeben nur eine vorübergehende Erhöhung der Widerstandskraft. EBER hat 1917 nach eingehendster Prüfung und Zusammenstellung der bis dahin bekanntgewordenen Ergebnisse diese dahin zusammengefaßt, daß es zur Zeit kein Schutzimpfungsverfahren gibt, „welches imstande wäre, Rindern einen ausreichenden Schutz gegen die natürliche Tuberkuloseansteckung zu verleihen. Auch die bei der Anwendung einzelner Impfstoffe gelegentlich zu beobachtende Heilwirkung auf bereits vorhandene tuberkulöse Prozesse ist kein Faktor, mit dem bei der Bekämpfung der Rindertuberkulose ernstlich gerechnet werden kann".

Von dem FRIEDMANNschen Tuberkuloseschutz- und Heilmittel sowie von der PONNDORF-Impfung ist nach Versuchen von E. MEYER und von A. IMMAMURA und J. NAKADA gleiches zu sagen. Demnach bleiben zur Tuberkolusebekämpfung nur die bisher bewährten sanitätspolizeilichen Maßnahmen und die Besserung der allgemeinen Verhältnisse der Aufzucht, Haltung und Pflege.

Der Nachweis von Tuberkelbazillen in Milch

Der Nachweis von Tuberkelbazillen kann durch Mikroskopie und durch den Impfversuch versucht werden. Der mikroskopische Nachweis arbeitet nicht schlecht bei Einzelkuhproben und besonders bei Viertelsproben verdächtiger Tiere.

Der lufttrocken gewordene Ausstrich des Sediments kann ohne weiteres nach Hitzefixation der Färbung unterworfen werden; Rahmaufstriche werden nach der Fixation entfettet oder in Ätheralkohol fixiert.

Die Färbung auf Tuberkelbazillen geschieht mit Karbolfuchsinlösung (1 Teil Fuchsin auf 10 Teile absoluten Alkohol und 90 Teile 5% Karbolsäurewasser), unter Erwärmen. Das gefärbte Präparat wird dann rasch in 33%iger

Schwefelsäure geschwenkt und mit Alkohol abgespült. Die Entfärbung wird durch Wasserspülung unterbrochen und das Präparat in seinen entfärbten Teilen mit wässerigem Methylenblau oder Methylgrün nachgefärbt.

Bei Marktmilch gibt diese einfache Methode gewöhnlich negative Resultate. Nicht nur, daß aus Kot- und Futterteilchen andere säurefeste Stäbchen Tuberkelbazillen vortäuschen können (manche davon sind der Größe und Form nach sehr ähnlich), es sind die Tuberkelbazillen auch meistens in so geringer Anzahl vorhanden, daß man sie im einfachen Ausstrich übersieht. Man wendet deshalb besondere Kunstgriffe an, z. B. die Homogenisation der Milch vor dem Ausschleudern. Knut Arnell mischt 25 cm³ Milch in einem Scheidegefäß mit 2 cm³ Liquor ammonii caustici, gibt 100 cm³ Äther-Petroläther-Gemisch (zu gleichen Teilen) zu, schüttelt mehrmals, bis das Fett sich löst, läßt ruhig zur Abscheidung stehen und nimmt die unten befindliche, durch einen Hahn abgelassene wässerige Schicht. Diese wird 15 Minuten lang zentrifugiert; der Bodensatz gefärbt.

Thörner mischt 20 cm³ Milch mit 1 cm³ 50% Kalilauge — Einstellen in kochendes Wasserbad — Zentrifugieren — Untersuchung des Bodensatzes.

Ilkewitsch und Thörner geben folgendes Verfahren an: Zu 20 cm³ Milch wird verdünnte Zitronensäure bis zur Gerinnung zugesetzt. Die durch Filtration gewonnenen Gerinnsel werden in Wasser mit etwas phosphorsaurem Natron gelöst, die Lösung 10 bis 15 Minuten in einem Scheidetrichter mit 6 cm³ Äther geschüttelt, die unten stehende Flüssigkeit abgelassen, zu ihr so viel Essigsäure zugesetzt, daß eben Trübung eintritt, und dann scharf zentrifugiert. Untersucht wird der Bodensatz.

Biedert nimmt zu 10 cm³ Milch 100 cm³ Wasser und 4 bis 8 Tropfen Natronlauge — Schütteln — Kochen — Stehenlassen — Untersuchen der Flocken am Boden.

Schmitt und Pröscholdt setzen zu Milch das 9- bis 10fache einer 2,5%igen Antiforminlösung, gelöst in frisch destilliertem Wasser oder solchem, das nachweislich keine säurefesten Stäbchen enthält, lassen ½ bis 2 Stunden stehen und zentrifugieren.

Zwick, Schmitt und Pröscholdt haben ferner die bei der Butyrometrie angewandten Zusätze der Sal- oder Neusalmethode für Homogenisation gut befunden.

Andersen behandelt den Zentrifugenbodensatz mit 10 bis 15% Antiformin und gewinnt daraus erneut den Bodensatz. Er zieht diese Methode allen anderen vor.

Der sicherste Nachweis der Tuberkelbazillen ist der durch Impfung. Die Milchprobe wird zentrifugiert, der Bodensatz mit Rahm vermischt, mit geringen Mengen der Magermilch verrührt und dann am besten intramuskulär in der Menge von 0,5 bis 1 cm³ einem Meerschweinchen an einem hinteren Oberschenkel eingespritzt. Auch 1 bis 2 cm³ Vollmilch kann verwendet werden (v. Ostertag, Schmitt und Pröscholdt).

Nach einigen Wochen sind Lymphknotenschwellungen vorhanden. Die auf nicht tuberkulöser Basis entstandenen sind in der Zwischenzeit wieder verschwunden. Sind die regionären Lymphdrüsen hart geschwollen, so kann man die Tiere töten oder man wendet vorher noch die intrakutane Tuberkulinprobe an (Römer: 0,02 Tub. bovin. in 0,2 steriler Kochsalzlösung und davon 0,2 cm³ in die enthaarte Haut). Von den verendeten oder getöteten Tieren werden die grünlichweißen Nekrosestellen der geschwollenen Lymphknoten — geeignet sind am meisten die Kniefaltenknoten, Darmbeinknoten — zu Aufstrichen verrieben, fixiert und gefärbt.

Zum Versuch soll man der Sicherheit wegen stets 2 Meerschweinchen verwenden (v. OSTERTAG).

Wieweit zum Nachweis der Tuberkelbazillen in Milch sich Kulturverfahren eignen, ist noch nicht nachgeprüft, doch könnte das Verfahren, das J. HOHN angibt, sich dazu eignen, wenn man Rahm und Bodensatz verwendet: Zum Abtöten der Begleitbakterien hat sich 10 bis 12% Schwefelsäure bewährt, die 20 Minuten einwirken soll. Nach Schütteln in Röhrchen wird zentrifugiert und das Sediment, wie es ist, auf 3 Eiernährböden gebracht. Diese bestehen nach LUBENAU aus 3 Teilen ganz frischen Eies (Dotter und Eiweiß) und 1 Teil 5% Glyzerinbouillon. Diese wird natursauer verwendet und besteht wieder aus je 1% LIEBIGS Fleischextrakt und Pepton und 0,5% Kochsalz mit 5% Glyzerin, vorsichtig erstarren lassen! Zusatz von 0,5 cm³ obiger Bouillon als künstliches Kondenswasser, Verschluß mit zeresingetränkten Zellstoffstopfen. Das Wachstum geht nach 8 bis 27 Tagen an. Die Methode ginge verhältnismäßig rasch. Sie war mit Material vom Menschen sehr sicher und dem Tierversuch überlegen.

SEELEMANN und KLINGMÜLLER haben das Säureverfahren mit 10 bis 15% zur Herausholung des Tuberkelbazillus aus verschiedenem Ausgangsmaterial mit Erfolg durchgeführt. Sie wandten das oben beschriebene Verfahren an, doch konnten sie nicht erweisen, daß die Methode den Tierversuch ersetzen könnte. Die Meerschweinimpfung war der Züchtung an Sicherheit überlegen.

Bei der Auswertung von Tuberkelbazillenfunden dürfte größte Vorsicht am meisten Erfolg zeitigen. Es wird sich empfehlen, lediglich durch sofortige tierärztliche Untersuchung des Bestandes die Tuberkuloseausscheider ermitteln und von der Milchproduktion ausmerzen zu lassen und die sonstigen Maßnahmen der Tuberkulosebekämpfung einzuleiten. Falls durch die Verimpfung von Milch oder durch Kulturverfahren die Bakterien nachgewiesen sind, das ist 2 bis 6 Wochen nach Inverkehrgabe der Milch, ist zu bedenken, daß z. B. durch Verkauf, Schlachtung die Bazillenausscheiderin längst entfernt, die einschlägige Milch längst wieder frei von Tuberkelbazillen sein kann.

Unter Umständen würden gerade die Tierbesitzer, die durch ihren Beitritt zum Tuberkulosetilgungsverfahren und die Unterstellung ihrer Produktion unter periodische tierärztliche Kontrolle zeigen, daß sie Bestes leisten wollen, den stärksten Schaden erleiden, während die Gleichgültigen und Fahrlässigen solchen Schäden weniger ausgesetzt sind.

Milch einzelner klinisch erkennbar tuberkulöser Kühe, besonders eutertuberkulöser, gehört außer Verkehr.

Mastitiserreger

Treten Euterentzündungen auf, so können deren Erreger naturgemäß in die Milch kommen. Dies wird in besonderem Maße dann der Fall sein, wenn die Entzündungen des Euters langsam, unkennbar einsetzen, weniger dann, wenn hochakute Entzündungen rasch zum Milchversiegen führen. Zu den in den meisten Fällen chronisch verlaufenden Entzündungen gehören die Eutertuberkulose, die im vorstehenden Absatz bereits besprochen ist, dann die Streptokokkenmastitis, ferner die Pyobazillose. Wenig Bedeutung für die Milchhygiene haben die sehr seltenen Fälle der Euteraktinomykose.

Akute Erscheinungen rufen die bei Tieren vorkommenden Vertreter der Koli-Typhus-Gruppe hervor, die Kolibazillen, der Bacillus Breslaviensis und Bacillus GÄRTNERI.

Das Prozentverhältnis des Vorkommens einzelner Gruppen ist nach Haltung und Pflege verschieden. Die Infektion mit Bacillus pyogenes z. B., ist meistens als Weideseuche bekannt; die Streptokokkenmastitis ist bei vorwiegender Stallhaltung in den Abmelkwirtschaften verbreiteter als sonst. Vrijburg fand in 68,4% Streptokokken, in 14.5% Bacillus pyogenes, in 7% Staphylokokken, in 5% Bacterium coli und in 2,4% der Euterentzündungen Tuberkelbazillen.

Die meisten dieser Erreger finden ihren Weg durch den Zitzenkanal ins Euter, nur der Tuberkelbazillus gelangt vom Blute her metastatisch in die Drüse. Eine Infektion von der Zitze her ist besonders bei feuchter Streu und unter Beteiligung von Fliegen (Bacillus pyogenes auf der Weide) sehr leicht denkbar. Manche Autoren halten die Besiedlung der Zisterne mit Bakterien noch nicht für einen anormalen Zustand (Steck). Der Reiz kann geringfügig bleiben und es bildet sich ein Gleichgewichtszustand heraus zwischen Keimwachstum und wachstumhemmenden Faktoren. Erst wenn dieser Gleichgewichtszustand gestört wird, z. B. durch Milchstauung (Steck), Verwundung der Schleimhaut, Quetschung (Götze), dann wird aus dem normalen Zustand ein pathologischer, und das Sekret wird verändert. Steck hat besonders Streptokokken als Besiedlungsbakterien gefunden. C. Gorini unterscheidet neben der Zitzenmikroflora die „Euterkokken", den Mammokokkus (Coccus mammarius), die Säure oder Säure und Lab bilden und sich bei ¾ aller Kühe bis in das Drüsenparenchym hinauf finden sollen.

Unter solchen Umständen wird auch die Infektion des Parenchyms leicht verständlich. Das „Gleichgewicht" wird leicht gestört, und die Drüse reagiert darauf durch Funktionsstörungen und leichtere oder energischere Abwehrmaßnahmen. Von der chemischen Zusammensetzung eines normalen zum leicht veränderten Eutersekret (räßsalzige Milch) bis zum hochgradig veränderten Produkt bestehen ununterbrochen fließende Übergänge (Köstler, Steck, Radosavljevitch).

Der Nachweis solcher Besiedlungen des Euterkanalsystems kann auf zweierlei Weise versucht werden: 1. durch die Mikroskopie des Rahmes und Bodensatzes, und 2. durch sterile Entnahme von Proben und deren Bebrütung, oder besser, um die elektive Wirkung der Milch auszuschalten, durch Verarbeitung zu Agar- und Gelatineplatten.

Bei chronischen Euterentzündungen empfehlen sich folgende Methoden: Zentrifugieren der Proben in Trommsdorff-Röhrchen, Ausgießen der Milch, Aushebern des Bodensatzes mit einer feinen Platindrahtschleife, Ausstreichen auf dem Objektträger, Färben mit dünner, wässeriger Thioninlösung, Untersuchen auf Diplokokken, Streptokokken usw. (siehe I. Band, I. Teil, S. 365 u. 366, I. Band, 2. Teil, S. 289). Man wird so häufig Gelegenheit haben, Vertreter der Streptokokken und andere Keime zu finden. Die Methodik ist für Scheidung gesunder und mit Streptokokken infizierter Kühe (verdächtiger und kranker) außerordentlich wertvoll. Sie gibt rasch und mit großer Sicherheit einen Überblick. Alle Tiere, die wesentliche Mengen von Diplokokken oder Streptokokken und nennenswerte Mengen Leukozyten ausscheiden, sind der Infektion oder der Streptokokkenmastitis verdächtig, alle, bei denen größere Mengen von Leukozyten mit Diplokokken, mit Streptococcus brevis oder Streptococcus longus gefunden werden, sind je nach dem Befund als hochwahrscheinlich krank oder als krank an infektiösem Galt zu bezeichnen.

Für Marktmilch ist die Mikroskopie die einzige Methode, um aus dem Funde der sogenannten „tierischen Streptokokkenformen" auf das Beimelken von galtkranken Tieren zu schließen.

Zur weiteren Unterscheidung der Streptokokken müssen besondere Untersuchungsmethoden herangezogen werden. Unter diesen scheint zur Eingruppierung besonders geeignet die Züchtung auf Blutagar (SCHOTTMÜLLER). Die Galtstämme verhalten sich dabei wie die weniger pathogenen Stämme des Menschen (GMINDER, eigene Erfahrung). Ferner empfiehlt sich die Züchtung in Milch. Auch hier verhalten sich die Galtstämme ähnlich wie der Streptococcus pyogenes und Streptococcus mitis (SV. WALL). L. HEIM trennt den Säurestreptokokkus (Streptococcus lactis KRUSE, Streptococcus lacticus LISTER), durch das Wachstum in 7% Lackmusmilch von anderen Stämmen ab. Dabei traten in dem Substrat folgende Veränderungen auf:

1. a) Die Milch wird weiß und gerinnt binnen 7 bis 17 Stunden (Streptococcus lactis, Stämme aus Bindehautentzündung, aus einem Hautpustelchen, aus Lumbalsekret, aus Stuhl und Harn). b) Die Milch wird weiß bis auf eine bläuliche Schicht, die sich später nach unten verbreitert, mit Weißlich wechselt oder ins Rötliche übergeht. Es besteht keine oder verspätete Gerinnung (Stämme des Streptococcus lactis mit vermindertem oder fehlendem Säurebildungsvermögen, Stämme aus Pockenlymphe, aus Stuhl).

2. Die Lackmusmilch wird erst rot, dann teilweise weiß. a) Sie wird erst rosa oder deutlicher rot, später unten teilweise weiß, schließlich im ganzen rot und gerinnt vollständig oder nur teilweise (Stämme aus Rotlauf, Phlegmone, Pyogenesstämme aus Marktmilch, Stämme aus kranken Zähnen). b) Die Milch wird erst ein wenig rosa, dann mitunter in der Kuppe weiß, später dauernd bläulichrot und bleibt flüssig, höchstens daß in der Kuppe etwas Gerinnsel auftritt (Pyogenesstämme aus Eiter).

3. Die Lackmusmilch wird nie weiß: a) Bald stärker, bald schwächer rot und gerinnt (ein Stamm starrer Streptokokken aus Milch). b) Ebenso, aber die Gerinnung setzt verspätet ein, wird nicht vollständig oder bleibt aus (Streptococcus pneumoniae, Streptococcus aus Pulpitis und anderen Zahnkrankheiten). c) Die Milch bleibt blau, wird höchstens schwächer blau oder schwach rötlich mit Blaustich, sie gerinnt nicht (Stämme aus Rotlauf, Phlegmonen, Streptococcus longissimus aus Zungenbelag und Stämme aus Zahnkrankheiten).

Die HEIMschen Versuche bauen auf der Feststellung ESTENs auf, der 1909 erwies, daß Streptococcus lacticus KRUSE Lackmusmilch entfärbt, und der HASTINGS, der 1911 feststellte, daß sich die Milchsäurestreptokokken von anderen Streptokokkentypen der Milch dadurch unterscheiden, daß sie die Milch erst nach der Entfärbung zur Gerinnung bringen. SHERMAN und ALBUS zeigen 1918 den Weg, den Streptococcus pyogenes durch Lackmusmilch von dem Streptococcus lacticus zu trennen. RUDOLF hat das Verfahren 1926 dazu benützt, den Typus des Streptococcus mastitidis von den Milchsäurestreptokokken wegzubekommen, letztere sollen innerhalb 24 Stunden die Milch zur Gerinnung bringen.

Nach KLIMMER und HAUPT bringen sie Lackmusmilch bei 10° und bei 37° zur Gerinnung und reduzieren gleichzeitig. Nach der Entfärbung wird die Milch von oben her fortschreitend nach unten rot. Auch der Mastitisstreptokokkus bringt die Milch zur Gerinnung und in der unteren Hälfte zur Entfärbung, aber schwächer und nur bei 37°. Bei 10° tritt weder Säuerung noch Reduktion ein.

Galtstreptokokken bilden in Milchzuckerbouillon Flocken ohne Trübung, Milchsäurestreptokokken trüben zuerst die Bouillon und flocken sie dann unter Aufhellung aus. Auch auf Blutagar nach BROWN zeigen sich Unterschiede und insbesondere auch bei der Reduktion von Janusgrün und Molybdat, die beide von Galtkokken nicht reduziert werden.

Eine Arbeit neuerer Zeit von DEMETER befaßt sich mit den besonderen Wachstumsbedingungen (Sauerstoff, Temperaturen, Zugabe von Stimulantien oder Nährstoffen), die den Reaktionsablauf und das Bild der Reaktion beeinflussen. Demnach unterscheiden sich die Milchsäurestreptokokken von den anderen Typen.

Die Beobachtung der Einsaaten hat mehrere Tage nacheinander zu geschehen. Die Kultureigenschaften der Streptokokken sind bekanntlich leicht veränderlich; eine stark säurebildende Art kann durch langes Weiterzüchten in Milch die Eigenschaften verlieren und zu einer schleimbildenden Art werden. Streptokokken finden sich in jeder Milch, Galtstreptokokken in nur 20 bis 40% der Marktmilchen. Trotz dieser großen Häufigkeit sind Erkrankungen des Menschen, die auf Genuß solcher Milch entstanden sein sollen, sehr selten. Die 2 Fälle mit schweren Erkrankungen von Holst—(1894) Darmkatarrh—oder von Johannesen (4 Kinder) — Darmkatarrh —, von Jakobsen — Diarrhoe, Erbrechen, Fieber —, von Edwards und Severn—Tonsillitis—, von Lameris und v. Harreveld — Massendiarrhoe auf Genuß gekochter Milch — ließen bei Nachforschung zwar Kühe mit Streptokokkenmastitis bei den betreffenden Milchlieferanten nachweisen, das ist aber bei der Häufigkeit der Streptokokkenmastitis in einzelnen Beständen und bei der verhältnismäßig großen Ausbreitung unter den Beständen kein Wunder. Der Nachweis, daß die Krankheiten, die angeführt sind, tatsächlich durch Galtstreptokokken verursacht sind, ist nicht erbracht. In einem neueren Fall in New York (v. Ostertag) wurde zwar auch in der verdächtigen Milch Sekret galtkranker Euter, daneben aber nach genauester Untersuchung Paratyphusbazillen ermittelt. Trotzdem darf das Sekret aus kranken Vierteln mit Streptokokkenmastitis nicht der Mischmilch zugemolken werden. Milch, die nachweislich mit Galtsekret verunreinigt ist, ist verdorben im S. d. R.-N.-M.Gs., und unter Umständen ekelerregend. Nebenbei gesagt, ist die Galtmilch in der Hartkäserei besonders gefürchtet.

Ähnlich ist Milch aus Vierteln zu beurteilen, die mit dem Bacillus pyogenes infiziert sind. Er läßt sich schlecht nachweisen durch gewöhnliche Färbung, schlecht durch Gramsche Färbung, bei der Weigertschen Färbung ist er positiv. Positive Anhaltspunkte zur Beurteilung der Frage, ob Milch mit Sekret aus pyogeneskranken Eutern gesundheitsschädlich ist, liegen nicht vor.

Die akuten Mastitisformen

Tiere, die an akuter Euterentzündung leiden, dürfen nicht oder nicht vor bakteriologischer Entscheidung der Infektionsart zur Herstellung von Genußmilch, Trinkmilch dienen. Auch die Milch gesunder Striche neben den akut erkrankten Vierteln ist verdächtig, mit den in Frage kommenden Erregern verunreinigt zu sein, und daher vom Nahrungsmittelverkehr auszuschalten. Neben den im Darm unschädlichen Koli- und Aerogenes-Bazillen finden sich unter den Erregern der akuten, unter Fieber mit Allgemeinerscheinungen und hochgradiger Schwellung des infizierten Viertels einsetzenden Euterentzündungen Vertreter, die beim Menschen vom Darm her schwere Intoxikationen hervorrufen. Es besteht kein Zweifel, daß die bisher nach Milchvergiftungen aufgetretenen Krankheitserscheinungen, wie Fieber, Mattigkeit, Ohnmachten, Übelbefinden, Erbrechen, Durchfälle, Wadenkrämpfe (Jakobsen) oder Schüttelfrost, Übelkeit, Kopfschmerzen, später Durchfall, Erbrechen, Durstgefühl — durch Enteritisbakterien hervorgerufen sein können. Die Milch liefert diesen „Parathyphusbazillen" günstige Vermehrungsmöglichkeit. Weichel berichtet über einen Fall, in dem sogar das Sekret aus einer „Kolimastitis" bei Frau und Tochter des Tierbesitzers Durchfälle hervorgerufen hat. Weigmann und Th. Gruber referieren über einen Fall von Gesundheitsschädigung durch Dickmilch, die aus Mastitismilch hergestellt war. Sie führen die Erkrankung auf ein Bacterium coli immobile (Ruhrbazillus?) zurück.

Weichel hat aus septischer Mastitis einen „Paratyphusstamm" isoliert, damit auch das Euter einer Ziege infiziert und nach Auftreten von Euterentzündung beim Versuchstier mit dessen Sekret einen Hund gefüttert, der bereits 3 Stunden darnach schwere Intoxikationserscheinungen aufwies. Einem zweiten Versuchshund ging es ebenso.

Kochen genügt nicht, um die Toxine der in Frage kommenden Bakterienstämme zu zerstören.

Die Untersuchung auf Bakterien der ganzen Gruppe geschieht bei stark veränderten Sekreten einzelner erkrankter Viertel durch Anzüchten auf Anreicherungsnährböden. Für diese Gruppe eignen sich Nährböden mit Zusätzen von Kristallviolett oder Malachitgrün, z. B. Lackmus-Laktose-Agar nach v. Drigalski-Conradi: 1000 cm³ Fleischwasser + 10 g Nutrose + 20 g Agar wird 1 Stunde gekocht, filtriert und auf $p_H = 7{,}6$ eingestellt, dann heiß dazugemischt eine 25 Minuten lang gekochte Lackmuslösung, der nach 10 Minuten Kochen 15 g Milchzucker zugesetzt worden war. Ist der Schüttelschaum der Mischung nicht blau, wird noch Sodalösung zugegeben. Dazu kommen noch 10 cm³ einer frisch hergestellten Lösung von 0,1 Kristallviolett-B in 100 cm³ erwärmter Aqua destillata, dann folgt die übrige Sterilisation. Sehr zu empfehlen ist ferner der Chinablau-Malachitgrün-Agar nach Bitter: 1000 Nähragar, 20 Milchzucker, 10 Minuten kochen, dazu 90 Tropfen gesättigter Chinablaulösung (Höchst) in Wasser und 25 cm³ 0,1% Malachitgrün (krist. extra Höchst) abfüllen, entkeimen!

Die Kolibazillen wachsen auf dem ersten Nährboden rötlich, die „Fleischvergifter" und Paratyphus B blaugraudurchscheinend, ähnlich Typhus. Auf dem zweiten Nährboden werden die Paratyphus- und Enteritidiskeime stark hervortreten.

Andere geeignete Anreicherungsverfahren sind sterile Rindergalle oder Galle-Fleischbrühe-Mischungen (20% Galle) oder Galle-Malachitgrün nach Hoder.

Zur Bakterienauslese nimmt man ferner Endos Fuchsin-Laktose-Agar, auf dem Kolibazillen tiefrot bis metallisch glänzend wachsen, die übrigen blaß, oder Bromthymolblau und andere. Die verdächtigen Keime dürfen die Gramsche Färbung nicht behalten und müssen beweglich sein. Dann werden sie in der „bunten Reihe" und durch serologische Methoden eingestuft.

Standfuss hat eine klare Zusammenstellung über die biochemische Leistungsfähigkeit gebracht. Nach ihm wirken Kolibazillen kräftig auf Milch, Rohrzucker, Milchzucker, Glyzerin, Arabinose, Mannit, Traubenzucker; Lackmusmolke wird kräftig und dauernd rot. Der Bacillus enteritidis Breslau wirkt kräftig auf Glyzerin, Dulzit, Arabinose, Mannit, Traubenzucker; Lackmusmolke wird schnell rot und schlägt in Blau um. Paratyphus B arbeitet ebenso, nur vergärt er Glyzerin langsam und Dulzit schwach und verzögert. Ebenso ähnlich ist es beim Bacillus enteritidis Gärtner, der mit Glyzerin zeitlich wechselnde Reaktionen gibt, Dulzit kräftig angreift, aber die Arabinose nur verzögert und schwach. Paratyphus A greift kräftig an Dulzit, Arabinose, Mannit und Traubenzucker und gibt schnelle Rötung in Lackmusmolke, deren Umschlag in Blau ausbleiben kann. Der Typhusbazillus greift nur Traubenzucker an, Mannit nicht immer, die Lackmusmolke zeigt langsam fortschreitende Rötung.

Gerade die Mastitiserreger dieser Gruppe sind in ihrer genaueren Zugehörigkeit noch nicht bestimmt.

Wir wissen noch nicht, welche genauere Verwandtschaft die bei Mastitis oder in Milch und Käse gefundenen „Paratyphuskeime" zu den einzelnen Vertretern der Gruppe haben.

Finden sich in Marktmilch Keime der Gärtner- oder Breslau-Gruppe, so können sie von Tieren stammen, die im Anfang einer akuten Mastitis stehen oder davon geheilt erscheinen. Die Dauer der Ausscheidung der Bakterien beträgt nach Fauss 12 bis 30 Tage, bei tödlich verlaufenden Fällen der Tiere bis zum Tode. Sie nimmt ab oder hört auf, wenn die Milch sich wieder normal zeigt.

Die Gefahr, daß bei Gelegenheit von Eutererkrankungen Paratyphuskeime und Enteritisbazillen in die Milch gelangen, ist nicht groß. Das Euter reagiert gegen die einschlägigen Infektionen mit so stürmischen Erscheinungen, und die Milch versiegt so rasch unter dem Einfluß der nicht selten sehr schweren Allgemeinerkrankung, daß kaum zu befürchten ist, daß solche Sekrete in die Marktmilch eingemolken werden. Immerhin sind Paratyphuskeime in Milch gefunden worden, und zwar unter anderen von Uhlendorf und Hübener, in 2 Fällen bei 100 Proben, von Hübener 4mal in 40 Proben und 3mal bei 30 und von Kleine 9mal Enteritisbazillen in 39 Mischmilchproben. Sie können auch durch Verunreinigungen beim Melken oder durch infiziertes Kannenspülwasser in die Milch gelangt sein.

Im übrigen darf Milch nur dann bei einschlägigen „Milchvergiftungen" bestimmt als Ursache angesehen werden, wenn kulturell, biologisch-chemisch und serologisch der Beweis erbracht ist, daß die Keime in der verdächtigen Milch und die im Stuhle der erkrankten Menschen gefundenen gleich sind, und daß sie in der Milch in einer Menge vorhanden sind, daß die Annahme einer Milchvergiftung gerechtfertigt erscheint.

Auch gelegentlich sonst, z. B. durch Verschmutzung mit Melkschmutz, könnten Keime der Enteritis-Gärtner- oder Breslau-Gruppe in die Milch gelangen. Bekanntlich kommt Bacillus enteritidis Gärtner bei Milchtieren als Krankheitserreger vor, nach Lütje meistens in Einzelfällen, selten seuchenhaft. Besonders verdächtig sind Darmentzündungen, Erkrankungen der Geburtswege, der Luftwege, Gelenksentzündungen und fieberhafte Euterentzündungen oder fieberhafte Erkrankungen unbestimmten Charakters.

Literatur

Antoni, N.: Über den Einfluß der Pasteurschen Milzbrandschutzimpfung auf Fleisch und Milch geimpfter Tiere. Inaug.-Diss. Hannover. 1909. — Arnell: Über den Nachweis der Tuberkelbazillen in der Milch. Königl. Landbrucks akad. Scand. orle Tidskrift. 1894. — Ascher: Die Verbreitung von Typhus durch Milch usw. Vierteljahrsschr. f. gerichtl. Med., 9. Folge, Bd. 24, S. 132. 1902.

Bang: Die Tuberkulose unter den Haustieren in Dänemark. Dtsch. Zeitschr. f. Tiermed., Bd. 16, S. 401. 1890. — Über die Eutertuberkulose der Milchtiere und über tuberkulöse Milch. Dtsch. Zeitschr. f. Tiermed., Bd. 2, S. 62. 1885. — Experimentelle Untersuchung über tuberkulöse Milch. Ebenda, Bd. 17, S. 1. 1891. — Über die Abtötung der Tuberkelbazillen bei Wärme. Zeitschr. f. Tiermed., neue Folge, Bd. 6, S. 81. 1902. — Barthel und Stenström: Beitrag zur Frage des Einflusses hoher Temperaturen auf Tuberkelbazillen in Milch. Zentralbl. f. Bakt., Abt. 1, Orig., Bd. 30, S. 429. 1901, ebenso Bd. 37, S. 459. 1904. — Bassenge: Über das Verhalten des Typhusbazillus in der Milch und deren Produkten. Dtsch. med. Wochenschr., Nr. 9 u. 29. 1908. — Beck: Experimentelle Beiträge zur Untersuchung über die Marktmilch. Dtsch. Vierteljahrsschr. f. öffentl. Gesundheitspfl., Bd. 32, S. 430. 1900. — Zur Frage der säurefesten Bazillen. Tuberkul.

Arb. a. d. K. Gesundheitsamte, S. 145. 1903. — Diphtherie. Handbuch der path. Mikroorganismen, Bd. 2, S. 754. Jena: G. Fischer. 1902—1904. — Bitter, Weigmann und Habs: Bestimmung der gebildeten Säuremenge zur Unterscheidung verwandter Bakterien. Münch. med. Wochenschr., Nr. 23, S. 940. 1926. — Bollinger: Milzbrand. Spez. Pathol. u. Therap. Bd. 3, S. 490. — Die Wutkrankheit des Menschen. Ebenda, S. 591. — Über Fleischvergiftung, intestinale Sepsis und Abdominaltyphus. Ärztl. Intellig.-Bl. 1880. — Bolly und M. Field: Bacillus typhi abdominalis in milk and butter. Zentralbl. f. Bakt., Abt. 2, Bd. 4. 1898. — Brörs: Typhusbazillen in boter en karnemelk. Nederlantsch. Tijdschr. v. Geneesk., 40. Jahrg., II. Teil, S. 1260. 1904. — Brörs und Ten Sande: Tuberkel- en Typhusbac. in Kefir. Nederlantsch Tijdschr. v. Geneesk. 42. Jahrg., Nr. 25. 1906. — Bruck: Experimentelle Beiträge zur Frage der Typhusverbreitung durch Butter. Dtsch. med. Wochenschr., S. 460. 1903. — Buege: Über die Untersuchung der Milch auf Tuberkelbazillen. (Inaug.-Diss. Halle a. d. S. 1896. Ref. Zentralbl. f. Bakt., I. Abt., Bd. 21, S. 70. 1897. — Bussenius und Siegel: Der gemeinsame Krankheitserreger der Mundseuche des Menschen und der Maul- und Klauenseuche der Tiere. Dtsch. med. Wochenschr., S. 65. 1897. — Kann Maul- und Klauenseuche auf den Menschen übertragen werden? Zeitschr. f. klin. Med., Bd. 32, S. 147. 1897.

Cantley: Report on the behaviour of the typhoid bacillus in milk. 26. Ann. rep. of the local government board. Suppl. Rep. of the medical officer, p. 243. 1896/97. — Caro: Della maniera in cui i bacilli del carbonchio si comportano nel latte nelle prime 24 ore. La Rif. med., p. 84, 1893. Zentralbl. für Bakt. u. Parasitenkunde, 14. 1893. — Chamberland et Mousons: Experiences sur le passage des bactéridies charbonneuses dans le lait des animaux atteind du charbon. Compt. rend., T. 97, S. 1142. 1883. — Conradi: Eiskonservierung und Fleischvergiftung. Münch. med. Wochenschr., Nr. 18. 1909. — Eine neue Methode der bakt. Fleischbeschau. Zeitschr. f. Fleisch- und Milchhyg., 10. H. 1909. — Conradi, v. Drigalski und Jürgens: Über eine unter dem Bilde des Typhus verlaufende, durch einen besonderen Erreger bedingte Epidemie. Zeitschr. f. Hyg. u. Infektionskrankh., Bd. 42. — Cunningham: Die Milch als Nährmedium für Cholerakommabazillen. Scientific memoirs by medical officers of the army of India. Part V. Übers. v. Emmerich. Arch. f. Hyg., Bd. 12, S. 133. 1891.

Demeter: Studien über Milchsäurestreptokokken. Bd. 5, Milchwirtschaftl. Forsch., Bd. 5, S. 505 bis 531. 1928. — v. Drigalski und Conradi: Über ein Verfahren zum Nachweis von Typhusbazillen. Zeitschr. f. Hyg. u. Infektionskrankh., Bd. 39. 1902.

Eastes: The pathologie of milk. Brit. med. Journ., Vol. 2, p. 1341. 1899. — Eber: Untersuchungen über den Tuberkelbazillengehalt der in Leipzig zum Verkauf kommenden Milch- und Molkereiprodukte. Zeitschr. f. Fleisch- u. Milchhyg. 1908. — Feststellung einheitlicher Grundsätze für die Beurteilung der Tuberkulinreaktion beim Rind. Bericht über den VIII. Internat. tierärztl. Kongreß in Budapest. — Ebstein: Einige Mitteilungen über die durch das Maul- und Klauenseuchegift beim Menschen veranlaßten Krankheitserscheinungen. Dtsch. med. Wochenschr., S. 37. 1896. — Ellenhorst: Die Milch als Verbreitungsmittel menschlicher Infektionskrankheiten. Inaug. Diss. Freiburg i. Breisgau. 1896. — Endo: Über ein Verfahren zum Nachweis der Typhusbazillen (aus dem Privatinstitut v. Professor Dr. S. Kitasato). Zeitschr. f. Bakteriol., Abt. 1., Orig., Bd. 35, S. 109. 1903. — Escherich: Ätiol. u. Pathog. d. epid. Diphth. Jahrb. f. Kinderheilk., 1899, Bd. 49, S. 163. Wien. 1894. — Über die Verbreitung des Scharlachs durch Milch usw. Münch. med. Wochenschr., S. 537. 1889. — Esser und Schütz: Mitt. aus amtl. Veterinärberichten. — Esten und Hastings, Ayers, Johnson und Mudge: Zit. n. Klimmer und Haupt, siehe diese. — Evans: B. abortus in market milk. Science n. ser., 1915, Bd. 42, S. 352. 1916, ref. Zentralbl. f. Bakt., Bd. 63, Ref. S. 526. 1915. — Eyre: Contagious abortion and undulant fever. Brit. med. Journ, T. S. 554. 1925. — The bac. diphtherial. in milk. Brit. med. Journ., 2, p. 586. 1899. — On the presence of members of the diphtheria group of bacilli other than the Klebs-Loeffler bac. in milk. Brit. med. Journ., S. 426. 1900.

Fabyan: A contribution to the pathogenesis of bac. abort Bang. Journ. of med. Res. Bd. 26, S. 441. 1912. — A note on the presence of bac. abort. in cows milk. Ebenda, Bd. 28, S. 85—89. 1913. — Fadyeau, M.: Tierärztl. Mitwirkung bei der Milchkontrolle. Zit. nach v. Ostertag. Berlin: R. Schötz. 1926. — Fadyeau und Stockmann: Report of the Departmental Committed appointed by the Board of Agriculture and Fisheries to inquire into epizootic abortion. Journ. of comp. path. a. therap., Bd. 25, S. 22. 1912. — Fauss: Über die Dauer der Ausscheidung von Bakterien bei Mastitis acuta parenchymatosa. Inaug. Diss. Bern. 1909. — Favilli: Ricerche e considerazioni critiche sulla febbre mediterranea e sull' aborto epizootico. Sperimentale, 80, H. 1/2, S. 41—76. 1926. — Feinberg: Über das Verhalten des Klebs-Loefflerschen Diphtheriebazillus in der Milch usw. Zeitschr. f. klin. Med., Bd. 33, S. 432. — Feser: Beobachtungen und Untersuchungen über den Milzbrand. Dtsch. Zeitschr. f. Tiermed. 1880. — Ficker: Typhus und Fliegen. Arch. f. Hyg., Bd. 46, S. 275. 1903. — Fiorentini: La tuberculose mammaire au point de vue de l'infection du lait. L'écho vétér. 1895. — Sulla emolisi dei prodatti sossici del microc. melitense. Lavori Ist. Clin. med., Bd. 28, S. 43 u. 46. Messina. 1907. — Fischer: Zur Epidemiologie des Paratyphus. Festschrift f. Koch, S. 271. Jena: G. Fischer. 1903. — Zur Ätiologie der sogenannten Fleischvergiftungen. Zeitschr. f. Hyg. u. Infektionskrankh., Bd. 39, 1902. — Fleischner und Meyer: Preliminary observations on the pathogeni city for monkeys of the Bac. abort. bovin. Transact. of the Americ. ped. soc., XXXII., 141. 1920 u. Zentralbl. f. Bakteriol., Abt. 2, Ref., Bd. 72, S. 367. — Fleischner, Mayer und Shaw: A resume of some experimental studies on cutaneous hypersensitiveness. Americ. journ. of dis. of childr., Bd. 18, S. 577. 1919. — Forster: Über die Beziehungen des Typhus und Paratyphus zu den Gallenwegen. Münch. med. Wochenschr. 1908. — Fränkel und Küster: Über Typhusbazillen in Buttermilch. Münch. med. Wochenschr., S. 197. 1898. — Friedrich: Beiträge zum Verhalten der Cholerabakterien auf Nahrungs- und Genußmitteln. Arb. a. d. K. Gesundheitsamte, Bd. 8, S. 465. 1893. — Fröhner: Ein Fall von Übertragung der Aphthenseuche (Maul- und Klauenseuche) vom Rinde auf den Menschen durch Süßbutter. Zeitschr. f. Fleisch- u. Milchhyg., Bd. 1, S. 55. 1891.

Gaethgens: Über die Bedeutung des Vorkommens von Paratyphusbazillen. Arb. a. d. K. Gesundheitsamte, Bd. 25. — Beitrag zur Biologie des Bacillus faecalis alcaligenes. Arch. f. Hyg., Bd. 62. 1907. — Über das Vorkommen von Paratyphusbazillen in Wasser. Arb. a. d. K. Gesundheitsamte, Bd. 30. — Gaffky: Bericht über die Tätigkeit der zur Erforschung der Cholera im Jahre 1883 entsandten Kommission. Arb. a. d. K. Gesundheitsamte, Bd. 3. 1887. — Gärtner: Über die Fleischvergiftungen in Frankenhausen. Korresp. Blätter des allg. ärztl. Vereins in Breslau. 1888. — Gehrmann und Evans: Tuberculosis and the tuberculin test by the State Board of live stock commissioners of Illinois, S. 70. Springfield. 1902. — Microscopical examination of milk and inoculation experiments. 14. Annual rep. of Illinois state board of live stock commissioners for the year 1899, p. 48—55. Springfield. — Erkrankung an infektiöser Enteritis infolge des Genusses ungekochter Milch. Dtsch. med. Wochenschr., Nr. 14. 1892. — Gminder: Untersuchungen über Mastitis-Streptokokken und ihre Differenzierung von saprophytischen Streptokokken. Zentralbl. f. Bakteriol. usw., Abt. 1, Orig., Bd. 63, S. 152. — Nachweis von Spirillen als Ursache des ansteckenden Verkalbens auch in Deutschland. Berl. Tierärztl. Wochenschr., S. 184. 1922. — Goebel: Beitrag zur Frage, welche Organe, Sekrete und Exkrete des kranken Tieres den Maul- und Klauenseucheerreger enthalten. Zeitschr. f. Veterinärkunde, Bd. 34. 1922. — Gorini: Über die Euterkokken (Mammococcus). Milchwirtschaftl. Forsch., Bd. 3, S. 178. Berlin: Jul. Springer. 1926. — Gräub: Infektionen beim Menschen durch den Bazillus des infektiösen Abortus Bang. Schweizer Arch. f. Tierheilk., Bd. 69, S. 394. 1927.

Hastings: Marshalls Microbiology, S. 447. Blakistons Sons and Co. 1911, zit. nach Demeter. — Journ. of Dairy Science. Vol. II, Nr. 4. 1919. — Hastings, Davenport and Wright: Journ. of Dairy Science, Vol. V, Nr. 5. 1922. — Haupt: Zur Frage der Unterscheidung tierpathogener Streptokokken. Dtsch.

Tierärztl. Wochenschr., S. 607. 1927. — HEIM: Über das Verhalten der Krankheitserreger der Cholera des Unterleibstyphus und der Tuberkulose in Milch, Butter, Molken und Käse. Arb. a. d. K. Gesundheitsamte, 5. Bd. 1889. — Milchsäure- und andere Streptokokken. Zeitschr. f. Hyg. u. Infektionskrankh., 101, S. 104—118. 1923. — Nochmals zur Frage der vermeintlichen Einheit der Streptokokken. Zentralbl. f. Bakteriol. Parasitenk. u. Infektionskrankh., Abt. 1, Orig., Bd. 105, S. 186. 1928. — HERTWIG: Übertragung tierischer Ansteckungsstoffe auf den Menschen. Med. Ver. Ztg., Nr. 48, S. 226. 1928. — HESSE: Unsere Nahrungsmittel als Nährböden für Typhus und Cholera. Zeitschr. f. Hyg. u. Infektionskrankh., Bd. 5, S. 527. 1889. — Über das Verhalten pathogener Mikroorganismen in pasteurisierter Milch. Zeitschr. f. Hyg. u. Infektionskrankh., Bd. 34, S. 346. 1900. — HESSLER: Ein Beitrag zur Frage der Infektiosität der Milch tuberkulöser Kühe. Inaug.-Diss. Bern. 1909. — HEYMANN: Weitere Beiträge zur Frage über die Beziehungen zwischen Säuglingsernährung und Tuberkulose. Zeitschr. f. Hyg. u. Infektionskrankh., Bd. 60, S. 424. 1908. — HOHN: Die Kultur des Tuberkelbazillus zur Diagnose der Tuberkulose. Münch. med. Wochenschr., S. 609. 1926. — HOLST: Om kjedekokker og yverbetaendelser hos kjör som aarsag til akut mavetarmkatarr hos mennesker. Ref. Zentralbl. f. Bakteriol. usw., Abt. 1, Bd. 18. 1111. — HÜBENER: Paratyphusbazillen und ihnen ähnliche Bakterien bei gesunden Menschen. Zentralbl. f. Bakteriol. usw., Abt. 1, Ref. 1909. — Über das Vorkommen von Bakterien der Paratyphus-B-Gruppe in der Außenwelt. Dtsch. med. Wochenschr., Nr. 24. 1908.

ILKEWITSCH: Neue Methode zur Entdeckung von Tuberkelbazillen in der Milch mit der Zentrifuge. Münch. med. Wochenschr., S. 69. 1892. — INGHILLERI: Über das Verhalten des Milzbrandbazillus in unsterilisierter Milch. Ref. Zentralbl. f. Bakteriol. usw., S. 820. 1894.

JAKOBSEN: Verschiedenes aus der Praxis der Fleisch- und Milchkontrolle. Ref. Zeitschr. f. Fleisch- u. Milchhyg., S. 86. 1905. — Die Milchkontrolle der Stadt Kristiania. Zeitschr. f. Fleisch- u. Milchhyg., Bd. 25, H. 6. 1914/15. — JEHLE: Neue Beiträge zur Bakteriologie und Epidemiologie der Ruhr im Kindesalter. Jahrb. f. Kinderheilk., S. 540. 1905. — JEHLE und CHARLETON: Über epidemische und sporadische Ruhr im Kindesalter. Zeitschr. f. Heilk. Inn. Med., Bd. 26, S. 402. 1905. — JENSEN, C. O.: Kälberruhr. Handb. d. pathog. Mirkoorganismen v. KOLLE u. WASSERMANN, Bd. 3. 1903. Jena: G. Fischer. 1902—1904. — Grundriß der Milchkunde. Stuttgart: F. Enke. 1903. — JENSEN, ORLA-: Über den Ursprung der Oxydasen und Reduktasen der Kuhmilch. Zentralbl. f. Bakteriol. usw., Abt. 2, Bd. 18, S. 211. 111. — JOHANNESEN: Die epidemische Verbreitung des Scharlachfiebers. Kristiania. 1884. — JONG: Über Tuberkelbazillen der Milch tuberkulöser Kühe. Zentralbl. f. Bakteriol. usw., Abt. 1, Orig., Bd. 46, S. 213. 1908.

KAISER: Über die Häufigkeit des Streptokokkenbefundes in der Milch. Arch. f. Hyg., Bd. 56, S. 51. — KARLINSKI: Eine seltene Darmtyphuskomplikation. Berlin. klin. Wochenschr., S. 866. 1888. — KITASATO: Die Widerstandsfähigkeit der Cholerabazillen gegen Eintrocknen und Hitze. Zeitschr. f. Hyg. u. Infektionskrankh., Bd. 5, S. 134. 1889. — Das Verhalten der Cholerabazillen in Milch. Ebenda. — KLEIN, E.: Zur Ätiologie der Diphtherie. Zentralbl. f. Bakteriol. usw., Abt. 1, Orig., Bd. 7. 1890. — Über die Verbreitung des Bacillus enteritidis GÄRTNER in der Kuhmilch. Zentralbl. f. Bakteriol. usw., Abt. 1, Orig., Bd. 38, S. 392. 1905. — Ein weiterer Beitrag zur Ätiologie der Diphtherie. Zentralbl. f. Bakteriol. usw., Abt. 1, Orig., Bd. 7, S. 785. 1890. — KLIMMER: Untersuchungen über den Keimgehalt der Eselinmilch, über die bakterienvernichtende Eigenschaft usw., Zeitschr. f. Tiermed., Bd. 6. 1902. — Besitzt die unerhitzte Milch bakterizide Eigenschaft? Arch. f. Kinderheilk., Bd. 36, S. 1. 1903. — KLIMMER und HAUPT: Beitrag zur Trennung verschiedener tierpathogener und saprophytischer Streptokokken. Zentralbl. f. Bakteriol. usw., Abt. 1, Orig., Bd. 101, S. 126—148. 1927. — KLIMMER, HAUPT und ROOTS: Zur Trennung einiger in der Milch vorkommenden Streptokokken mit besonderer Berücksichtigung der Isolierung des Str. agalact.

Quillebeau. Zentralbl. f. Bakteriol. usw., Abt. I, Orig., Bd. 107, S. 206. 1928. — Knüppel: Die Erfahrungen der englisch-ostindischen Ärzte betreffs der Choleraätiologie usw. Zeitschr. f. Hyg. u. Infektionskrankh., Bd. 10. 1891. — Koch: Tuberkulosenkongreß London. 1901. — Koestler, Steck und Radosavljevitch: Störungen in der Milchbildung und ihr Zusammenhang mit der natürlichen Bakterienbesiedlung des Euters. Zentralbl. f. Bakteriol. usw., Abt. 2, Bd. 57. — Kolle: Milchhygienische Untersuchungen. Klin. Jahrb., Bd. 13. 1905. — Koning: Biologische und biochemische Studien über Milch. Milchwirtschaftl. Zentralbl. 1905 u. 1906. — Kossel: Zur Verbreitung des Typhus der Bazillenträger. Dtsch. med. Wochenschr., S. 1584. 1907. — Übertragung der Cholera asiatica durch Lebensmittel. Dtsch. med. Wochenschr., S. 1024. 1892. — Vergleichende Untersuchungen über Tuberkelbazillen verschiedener Herkunft. Tuberkul. Arb. a. d. K. Gesundheitsamte. 1904 u. 1905. — Krajewsky: Über Maul- und Klauenseuche bei Haustieren und ihr Übergehen auf den Menschen. Przeglad Weterynarski, Nr. 3. 1901.

Lameris und v. Harreveld: Bakterienfund in Kuhmilch nach abgeheilter Mastitis. Zit. nach Ref. Zentralbl. f. Bakteriol. usw., Bd. 30, S. 83. — Laser: Über das Verhalten von Typhusbazillen, Cholerabakterien und Tuberkelbazillen in Butter. Zeitschr. f. Hyg. u. Infektionskrankh., Bd. 10, S. 513. 1891. — Limon: Über Bakterien am und im Euter. Inaug.-Diss. Erlangen. 1898. — Lister: Transactions of the Patholog. Soc. of London, Vol. XXIX, p. 425. — Löffler: Hygiene der Molkereiprodukte. Dtsch. med. Wochenschr., S. 885. 1901. — Lumsden, Rosenau und Castle: Report on the origin and prevalence of typhoid fever in the district of Columbia Treasury Departm. Bull., Nr. 35. 1907 u. Nr. 44. 1908. — Lütje: Paratyphuserkrankungen, verursacht durch das Bacterium enteritidis Gärtner bei erwachsenen Rindern. Dtsch. Tierärztl. Wochenschr., S. 34. 1926. — Lux: Über den Gehalt der frisch gemolkenen Milch an Bakterien. Zentralbl. f. Bakteriol. usw., Orig., Abt. 2. Bd. 11. 1111. — Lzasz: Über den Bakteriengehalt der Milch. Dtsch. Tierärztl. Wochenschr., S. 462. 1906.

Marshall: Note on the occurrence of diphtheria bacilli in milk. The Journ. of Hygien. V., Bd. 7, Nr. 1, S. 32. 1907. — Mohler: Infectiveness of milk of cows which have reacted to ble tuberculin test. U. S. Dep. of Agricult, Bureau of animal industry. Bull., Nr. 44. Washington. 1903. — Monatzkow: Über Veränderung der Milch bei Impfmilzbrand. Petersburg. 1881. — Montefusco: Del modo di comportarsi del bacillo della difterite sulle sostanze alimentari. Ann. D'Igien. sperim., Vol. VI, p. 425. 1896. — Monvoisin: Le lait. Paris. 1920. — Moussu: Le lait des vaches tuberculeuses. Compt. rend. de la Soc. de Biol., S. 617. 1904. — Ref. Die Milch tuberkulöser Kühe. Arch. f. wissensch. u. prakt. Tierheilk., Bd. 32, S. 279. 1906. — Müller: Milch und Molkereiprodukte als Verbreiter der Tuberkulose. Bericht d. internat. tierärztl. Kong., Bd. 2, S. 175. — Müller, Lindemann und Lange: Bericht über die Maßnahmen der ostpreußischen Holländer Herdbuchgesellschaft zur Bekämpfung der Rindertuberkulose. Berlin. Tierärztl. Wochenschr. 1902.

Obermüller: Über neuere Untersuchungen, das Vorkommen echter Tuberkelbazillen in der Milch usw. Hyg. Rundschau, 10. Jahrg., S. 845. 1900. — Ostertag, v.: Tierärztliche Mitwirkung bei der Milchkontrolle. Berlin: R. Schötz. 1926. — Handbuch der Fleischbeschau, 4. Aufl., S. 237. Stuttgart: F. Enke. 1902. — Untersuchungen über den Tuberkelbazillengehalt der Milch von Kühen, welche auf Tuberkulin reagiert haben, klinische Erscheinungen der Tuberkulose aber noch nicht zeigten. Zeitschr. f. Hyg. u. Infektionskrankh. d. Haustiere, Bd. 38, S. 415. 1913. — Weitere Untersuchung usw. Zeitschr. f. Fleisch- u. Milchhyg., Bd. 9, S. 168 u. 221, u. Bd. 12, S. 1, 72 u. 109. — Die Bekämpfung der Tuberkulose. Berlin: Rich. Schötz. 1913. — Ostertag, Breidert, Kaestner und Krautstrunk: Untersuchungen über die klinische und bakteriologische Feststellung der Tuberkulose des Rindes. V. Arbeit aus dem Hyg. Institut d. Tierärztl. Hochschule Berlin. Pape: Ein Beitrag zur Maul- und Klauenseuche des Menschen. Berlin. Tierärztl. Wochenschr., S. 245. 1921. — Petri: Zum Nachweis der Tuberkelbazillen in Butter und Milch. Arb. a. d. K. Gesundheitsamte, Bd. 14. 1897/98. — Pfuhl:

Vergleichende Untersuchungen über die Haltbarkeit der Ruhrbazillen und der Typhusbazillen außerhalb des menschlichen Körpers. Zeitschr. f. Hyg., Bd. 40. 1902. — Poppe: Die Bang-Infektion des Menschen. Dtsch. Tierärztl. Wochenschr. 36. Jahrg., S. 781. 1928. — Die Berufsinfektionen des Tierarztes. Tierärztl. Rundschau, S. 293. 1920. — Pröschold: Die Bekämpfung der Geflügeltuberkulose unter Zuhilfenahme der Intrakutanimpfung zur Feststellung der tuberkulösen Kühe. Berlin. tierärztl. Wochenschr., S. 553. 1921. — Impfversuche an Meerschweinchen und Fütterungsversuche an Schweinen zur Prüfung der Zuverlässigkeit der Dauerhitzung usw. Arch. f. wissenschaftl. u. prakt. Tierheilk., Bd. 58, S. 297. 1928.

Ravenel: Transactions of the British Congress of Tuberculosis, Bd. 3. 1901. Ref. Zeitschr. f. Tiermed., Bd. 8. S. 208. — Rowland: Cheese and butter as possible carriers of typhoid and cholera infection. British med. journ., Vol. 1, S. 1392. — Rubinowitsch: Über Tuberkelbazillen in Milch und Molkereiprodukten. Zeitschr. f. Untersuch. d. Nahrungs- u. Genußmittel, S. 810. 1900. — Zur Frage der Infektiosität der Milch tuberkulöser Kühe. Zeitschr. f. Tiermed., Bd. 8, S. 202. — Beitrag zur Frage der Infektiosität der Milch tuberkulöser Kühe sowie über den Nutzen der Tuberkulinimpfung. Zeitschr. f. Hyg. u. Infektionskrankh., Bd. 31, S. 137. — Verhandlungen der 78. Versammlung deutscher Naturforscher und Ärzte, II. Teil, 2. Hälfte, S. 364. Stuttgart. 1906. — Rudolf: Über das Verhalten verschiedener tierischer Streptokokken in der Lackmusmilch unter besonderer Berücksichtigung des Streptococcus mastitidis und Streptococcus lactis. Zentralbl. f. Bakteriol. usw., Abt. 1, Orig., Bd. 100, S. 47, 61. — Beitrag zur Morphologie und Biologie des Galtstreptokokkus. Ebenda, Bd. 98, S. 47.

Sande, v.: Die Veränderung der Lackmusmilch durch Streptokokken. Dtsch. tierärztl. Wochenschr., S. 329. 1927. — Scheller: Beiträge zur Typhusepidemiologie. Zentralbl. f. Bakteriol. usw., Abt. 1, Orig., Bd. 46, S. 385. 1908 — Scheurlen: Über die Wirkung des Zentrifugierens, besonders auf die Verteilung der Bakterien in der Milch. Arb. a. d. K. Gesundheitsamte, Bd. 7, S. 2 u. 3. 1891. — Schmitt und Pröschold: Über die Verwendbarkeit des Antiformins zum Nachweis der offenen Formen der Rindertuberkulose. Zeitschr. f. Hyg. u. Infektionskrankh. d. Haustiere, Bd. 11. 1912. — Schneider: Erfahrungen über die Maul- und Klauenseuche. Zit. nach Baum. Arch. f. wissenschaftl. u. prakt. Tierheilkunde. — Schottelius: Über das Wachstum der Diphtheriebazillen in Milch. Zentralbl. f. Bakteriol. usw., Abt. 1, Bd. 20, S. 897. 1896. — Schottmüller: Die Artunterscheidung der für die Menschen pathogenen Streptokokken durch Blutagar. Münch. med. Wochenschr., Nr. 20 u. 21. 1903. — Schüder: Zur Ätiologie des Typhus. Zeitschr. f. Hyg. u. Infektionskrankh., Bd. 38., S. 343. 1901. — Schrank: Über das Verhalten der Cholerabakterien in einigen Nahrungs- und Genußmitteln. Zeitschr. d. allg. österr. Apothekervereines, Nr. 1, S. 5. 1895. — Schröder: Further experimental observations on the presence of tub. bac. in the milk of cows. U. S. Dep. of agriculture, Bureau of animal industry. Bull. 7, S. 75. — Schulz: Über den Schmutzgehalt der Würzburger Marktmilch und die Herkunft der Milchbakterien. Arch. f. Hygiene, Bd. 14, S. 260. — Seelemann: Untersuchungen über die Sekretionsstörungen der Milchdrüse usw. Arch. f. wissenschaftl. u. prakt. Tierheilk., Bd. 58, S. 1. 1928. — Weitere Untersuchungen über die Zuverlässigkeit der Dauer- und Hochpasteurisierung der Milch zwecks Abtötung von Tuberkelbazillen. Dtsch. Tierärztl. Wochenschr., 35. Jahrg., S. 765—770. 1927. — Seelemann und Klingmüller: Die Züchtung von Tuberkelbakterien aus verschiedenen Ausgangsmaterialien mit Hilfe des sogenannten Säurebehandlungsverfahrens. Zentralbl. f. Bakteriol. usw., Abt. 1, Orig., Bd. 104, S. 483. 1927. — Über die Widerstandskraft der Bakterien der Typhus-Paratyphus-Gruppe in dauererhitzter Milch. Zeitschr. f. Fleisch- u. Milchhyg., Bd. 36, S. 250. 1926. — Seligmann: Zur Biologie der Kuhmilch. Zeitschr. f. Hygiene u. Infektionskrankh., Bd. 88, S. 333. — Shermann and Albus: Journ. of Bacteriol., 3, 153, zit. nach Demeter. — Sieveking: Welche Rolle spielt die Milch bei der Verbreitung von Typhus, Diphtherie und Scharlach? Die Milch und ihre Bedeutung für Volkswirtschaft und Volksgesundheit. Hamburg: C. Boysen. 1903. — Simpson: Report on the butbreak of cholera usw. Veröffentl. d. K. Gesundheitsamtes, S. 494. 1888. — Skar, O.: Nachweis und Bekämpfung der Euterentzündung beim Rinde. Zeitschr. f. Infektionskrankh., parasitäre Krankh. u. Hyg. d. Haustiere, 34. Bd., S. 385. 1908. — Smith und Fabian: Über die pathogene Wirkung des Bacillus abortus Bang. Zentralbl. f. Bakteriol. usw., Abt. 1, Orig., Bd. 61, S. 549. 1912. — Sommerfeld: Beitrag zur katalysierenden Eigenschaft der Milch. Zeitschr. f. Fleisch- u. Milchhyg., S. 105. 1908. — Handbuch der Milchkunde. Wiesbaden: J. F. Bergmann. 1909. — Standfuss: Bakteriologische Fleischbeschau. Berlin: R. Schötz. 1928. — Steck, W.: Beiträge zur Kenntnis der Bakterienansiedlung in normalen Kuheutern. Schweizer Zentralbl. f. Milchwirtschaft, Nr. 38 u. 39. 1920, ferner Schweizer Arch. f. Tierheilk., Bd. 62, S. 525. — Untersuchungen über bakterielle Besiedelung normaler Kuheuter. Landwirtschaftl. Jahrbuch der Schweiz, S. 511. 1921. — Steinert: Zur Frage: Ist der Bacillus abortus Bang für Menschen pathogen? Münch. Tierärztl. Wochenschr., 77. Jahrg., S. 63. 1926. — Stenström: Beitrag zur Frage über das Vorkommen von Tuberkelbazillen in der Milch reagierender Kühe. Zeitschr. f. Tiermed., Bd. 6., S. 241.

Titze: Die Ätiologie der Kälberruhr. Zentralbl. f. Bakteriol. usw., Abt. 1, Ref., Bd. 42, Beiheft, S. 139. 1908. — Thörner: Tuberkulosennachweis. Milchzeitung, 1156. 1891. — Trask: Milk as a cause of epidemics of typhoid fever, scarlet fever and diphtheria. Hygienic. Laborat. Bull., Nr. 41, S. 21, Washington. 1908.

Uhlenhuth: Zur Kenntnis der gastrointestinalen Fleischvergiftung und der biologischen Eigenschaften ihrer Erreger. Gedenkschrift f. R. v. Leuthold, Bd. 1. 1906. — Uhlenhuth und Hübener: Über die Verbreitung der Bakterien der Paratyphus-B- und Gärtner-Gruppe und ihre Beziehungen zur gastrointestinalen Form der Fleischvergiftungen. Zentralbl. f. Bakteriol. usw., Abt. 1, Orig. 1908. — Bericht über die Tagung der freien Vereinigung f. Mikrobiologie, Beilage zu Abt. 1, Bd. 42. 1908.

Vagedes, v.: Paratyphusbazillen und Mehlspeisenvergiftung. Klin. Jahrb., Bd. 14, S. 517, 1905. — Vandevelde, de Waele und Sugg: Über proteolytische Enzyme der Milch. Hofmeisters Beiträge zum chem. Physiol. und Pathol. Bd. 5, S. 571. 1804. — Vercellana und Zanzucchi: Pathologica Jahrbuch, 18, S. 247. 1926. — Vieth: Die Verbreitung ansteckender Krankheiten durch Milch. Milchzeitung, S. 569. 1886.

Wall, Sv.: Die Euterentzündungen. Stuttgart: F. Enke. 1908. — Weber und Titze: Die Immunisierung der Rinder gegen Tuberkulose. Tub. Arb. a. d. Reichs-Gesundheitsamte. 1908. — Weitere Passagenversuche mit Bazillen des Typus humanus. Fütterungsversuche mit Hühnertuberkulosebazillen an Schweinen und an einem Fohlen. Tub. Arb. a. d. K. Gesundheitsamte, 7., 9., 10. H. 1907. — Die Immunisierung der Rinder gegen Tuberkulose. Versuche über die'Haltbarkeit der behufs Immunisierung eingespritzten menschlichen Tuberkelbazillen im Körper des Rindes. Ausscheidung von Tuberkelbazillen mit der Kuhmilch nach intravenöser Injektion menschlicher Tuberkelbazillen. Tub. Arb. a. d. K. Gesundheitsamte, 9. H. 1908. — Wedemann: Der Einfluß der Milchsäuregärung auf in Milch enthaltene pathogene Keime. Zentralbl. f. Bakteriol. usw., Abt. 1, Orig., 97. Bd., Beiheft. 1926. — Weichel und Zwick: Bakteriologische Untersuchungen über die Erreger der Mastitis acuta des Rindes mit besonderer Berücksichtigung der Beteiligung von sogenannten Fleischvergiftungserregern an der Entstehung der Krankheit. Arb. a. d. Reichs-Gesundheitsamte, Bd. 33, S. 250. 1910. — Weigmann, Gruber, Huss: Über armenisches Mazun. Zentralbl. f. Bakteriol. usw., Abt. 2, Bd. 19, S. 70. 1908. — Weigmann und Zirn: Über das Verhalten der Cholerabakterien in Milch und Molkereiprodukten. Zentralbl. f. Bakteriol. usw., Abt. 1, Orig., Bd. 15, S. 286. 1894. — Weyrauch: Ein Fall von Maltafieber in Jena. Münch. med. Wochenschr. 73, S. 321. 1926. — Wladimiroff: Contribution à l'étude du rôle du lait dans l'étiologie de la diphtherie. Arch. des science biol. Petersburg. 1895. — Wohlfeil: Zur Methodik des Typhusbazillennachweises in der Milch. Zentralbl. f. Bakteriol. usw., Abt. 1, Orig., Bd. 101, S. 311. 1927.

ZANGEMEISTER: Über die Verbreitung der Streptokokken im Hinblick auf ihre Infektiosität und ihre hämolytische Eigenschaft. Münch. med. Wochenschr. 1910. — ZARIBNICKY: Über den Einfluß von Krankheiten der Rinder auf die Milch. Arch. f. wissenschaftl. u. prakt. Tierheilk., S. 355. 1914. — Die tierärztliche Kontrolle in Vorzugsmilchstallungen. Wien. Tierärztl. Monatsschr., 14. Jahrg., 8. H. 1927. — Beiträge zu chemischen Leistungen einiger in der Milch vorkommenden Bakterien. Milchwirtschaftl. Forsch., Bd. 3., S. 432 u. Bd. 5, S. 361. — ZARNIKO: Zur Kenntnis des Diphtheriebazillus. Zentralbl. f. Bakteriol. usw., Abt. 1, Bd. 6. 1889. — ZELLER: Über den infektiösen Abortus des Rindes. Berl. tierärztl. Wochenschr. S. 645. 1913. — Beziehungen zwischen dem Erreger des infektiösen Abortus der Rinder und des Maltafiebers. Berlin. Tierärztl. Wochenschr., S. 345. 1920. — Weitere Untersuchungen über das seuchenhafte Verwerfen des Rindes. Arch. f. wissenschaftl. u. prakt. Tierheilk., Bd. 49, S. 65. 1922. — Seuchenhafter Abortus. ABDERHALDENS Handbuch der biologischen Arbeitsmethoden, XIII, S. 269. 1921. — Differenzierungsversuche in der Paratyphus-GÄRTNER-Gruppe. Zeitschr. f. Infektionskrankh. d. Haustiere, 23, S. 191. 1922. J. 191. — ZWICK: Vergleichende Untersuchungen über die Tuberkelbazillen des Menschen und der Haustiere. Zeitschr. f. Infektionskrankh. d. Haustiere, S. 161. — ZWICK und KRAGE: Über die Ausscheidung von Abortusbazillen mit der Milch infizierter Tiere. Berlin. Tierärztl. Wochenschr., Bd. 29, S. 41. — ZWICK und WEICHEL: Bakteriologische Untersuchungen über die Erreger der Mastitis acuta des Rindes mit besonderer Berücksichtigung der Beteiligung von sogenannten Fleischvergiftungserregern an der Entstehung der Krankheit. Arb. a. d. K. Gesundheitsamte, Bd. 34, S. 391 1910. — ZWICK und ZELLER: Über den infektiösen Abortus des Rindes. Arb. a. d. K. Gesundheitsamte, Bd. 43, S. 1. 1913. — ZWICK und ZELLER, KRAGE und GMINDER: Die Immunisierung gegen das ansteckende Verkalben. Arb. a. d. Reichs-Gesundheitsamte, Bd. 52, S. 375. 1921.

Sammelwerke:

ERNST: Grundriß der Milchhygiene. Stuttgart: F. Enke. 1926.

GRIMMER: Milchwirtschaftliches Praktikum. Leipzig: Akad. Verlagsges. Leipzig: 1926. — Chemie und Physiologie der Milch. Berlin: Paul Parey. Berlin. 1910.

ORLA-JENSEN: Die Bakteriologie in der Milchwirtschaft. Jena: Gustav Fischer. 1913.

RIEVEL: Handbuch der Milchkunde. Hannover: V. Schaper. 1910. — RUBNER, GRUBER, FICKER: Handbuch der Hygiene. Leipzig: Hirzel. 1911—1913.

SOMMERFELD: Handbuch der Milchkunde. Wiesbaden: J. F. Bergmann. 1909.

III. Veränderungen der Milch
1. Durch physikalische, chemische und biologische Vorgänge

Von

W. Kieferle-Weihenstephan

Mit 1 Abbildung

Das Altern der Milch

Die experimentelle Forschung vermochte bisher nur wenig die Veränderungen zu klären, die in frisch ermolkener Milch zweifelsohne vor sich gehen und die man in Anlehnung an biologische und kolloid-chemische Denkweise mit dem Ausdruck das „Altern der Milch" bezeichnet. Da diese Veränderungen überleiten zu der sinnfälligsten Veränderung der Milch, der Säuerung bzw. der Säuregerinnung, so sind sie aufs engste mit der Lebensdauer der Milch verbunden. Am ehesten gewährt in diese Vorgänge noch Einblick eine Betrachtung des Systems Bikarbonat — gelöste Kohlensäure der Milch.

Der beträchtlich hohe Gehalt frisch ermolkener Milch an Kohlensäure ist bekannt. Er beträgt in Milch normaler Zusammensetzung ungefähr 10 Volumenprozent. L. van Slyke beobachtete bei 25 Viertelsgemelken Schwankungen des Kohlensäuregehaltes von 7 Volumenprozent bis zu 86 Volumenprozent. Man wird mit der Annahme nicht fehlgehen, daß die Milch wie andere Körperflüssigkeiten einen Teil dieser Kohlensäure absorbiert enthält. Die Absorptionsbindung der gasförmigen Kohlensäure hängt außer von der Temperatur auch von der Spannung des CO_2 ab. Letztere ist in der Milch nach L. van Slyke ungefähr dieselbe wie in den meisten Flüssigkeiten des Tierkörpers. Bei 20^0 entspricht sie ungefähr 50 bis 55 mm Quecksilber bei Annahme einer 0,01/n-Lösung und einem p_H-Wert von 6,60. Die absorbierte Kohlensäure wird zum Teil als freie Kohlensäure, H_2CO_3, zum Teil chemisch gebunden, wahrscheinlich als Natriumbikarbonat, $NaHCO_3$, vorhanden sein. L. van Slyke untersuchte diese Verhältnisse näher. Nach seinen Angaben entfallen von der in Milch gelöst vorhandenen Kohlensäure $\frac{1}{3}$ auf freie Kohlensäure und $\frac{2}{3}$ auf Bikarbonat. Von dem letzteren wird ein Teil undissoziiert, die Hauptmenge dagegen als dissoziiertes Ion, HCO'_3, sich vorfinden. Wir haben also hinsichtlich freier Kohlensäure und Bikarbonat in Milch mit Gleichgewichten zu rechnen, die, ähnlich den Verhältnissen im Blut, eine große Beweglichkeit des Systems ermöglichen. Letztere ist trefflich gekennzeichnet durch die Möglichkeit, die Kohlensäure unter Beachtung gewisser Vorsichtsmaßregeln aus der Milch vollständig durch Evakuieren zu entfernen. Es vermag also selbst das Bikarbonat unter vermindertem Druck seine Kohlensäure abzugeben. Wahrscheinlich vollzieht sich die Umsetzung unter dem Einfluß der Phosphate der Milch.

Auf Grund dieser Darlegungen ist es nicht unwahrscheinlich, daß das System echt gelöste Kohlensäure—Bikarbonat für eine Reihe von Vorgängen verantwortlich gemacht werden kann, die in der Milch nach ihrem Ermelken und — wenigstens in der ersten Phase — unbeeinflußt von biologischen Vorgängen vor sich gehen. Man könnte sich den Ablauf des Geschehens vielleicht folgendermaßen vorstellen:

In der Drüse wird eine Imprägnierung der Milch mit gasförmiger und gelöster Kohlensäure vor sich gegangen sein. Hat die Milch den Drüsenkörper verlassen, so wird sie das Bestreben haben, ins Gleichgewicht mit ihrer Umgebung zu kommen, es wird Kohlensäure entweichen, die Milch entspannt sich. Die entweichende Kohlensäure stört das Kohlensäure-Karbonat-Gleichgewicht und damit ist der erste Anreiz gegeben, die gegenseitige Verstrickung des Kolloidsystems zu lockern und letzteres in Bewegung zu bringen. Dazu kommt eine weitere, nicht zu unterschätzende Störung, eine allmähliche Änderung der Zustandsform des Milchfettes. QUEVENNE hat als erster die Beobachtung gemacht, daß das spezifische Gewicht frisch ermolkener Milch um 0,0008 bis 0,0015 niedriger ist und daß es erst nach mehrstündigem Stehen konstant wird. Untersuchungen von TOYONAGA, von FLEISCHMANN und WIEGNER gestützt, lassen es als zutreffend erscheinen, daß die Veränderung des spezifischen Gewichts auf eine Zustandsänderung der Fettkügelchen zurückzuführen ist. Letztere erstarren allmählich und bewirken dabei Kontraktion. Sehr bald setzt dann auch durch bakterielle Tätigkeit, vielleicht auch durch milcheigene Enzyme, eine Verminderung des Gehaltes der Milch an Zitronensäure bzw. an Zitraten ein, die neben den Dissoziationsprodukten der Phosphate und Bikarbonate mitstützend auf das hydrophobe System des Kaseins wirken. Damit beginnt eine schwerwiegende Unterhöhlung des Kolloidkomplexes der Milch, die sich in erster Linie in einer Veränderung der Dispersionsverhältnisse des Kaseinsystems kundgibt. Die Milch wird zusehends reif und dieses Reifwerden ist kolloidchemisch gleichbedeutend mit einem Altern des Sekretes. Treten dann weiterhin durch die freiwillige Säuerung der Milch große Mengen von Wasserstoffionen auf, so werden diese wohl zuerst von dem Puffersystem der Milch abgefangen, auch vom Pufferungsvermögen des Albumins und Kaseins noch wirksam unterdrückt; aber schließlich werden sie in einer derartigen Konzentration auftreten, daß sie entladend auf das hydrophile Albumin wirken und damit auch das Kaseinsystem lahmlegen, das nun der Gerinnung verfallen ist.

Die Veränderungen, welche die Milch im Verlauf dieses Alterungsprozesses erfährt, sind zum Teil auch analytisch erfaßbar. Auf die Abnahme der Trockenmasse bei zunehmendem Alter der Milch wird im Schrifttum mehrfach hingewiesen. So sagt KIRCHNER in seinem Lehrbuch der Milchwirtschaft: Die Untersuchung der Milch muß, wenn es sich namentlich um die Bestimmung der Trockensubstanz handelt, möglichst bald vorgenommen werden, weil sonst der Trockengehalt der Milch infolge von Milchsäure- und vielleicht auch Alkoholgärung des Milchzuckers abnimmt. VIETH fand, daß diese Abnahme sich bei 10 bis 15° nach 48 Stunden auf 0,3% belief, bei 19 bis 21° innerhalb dieser Zeit 0,78% und nach 96 Stunden 1,0 und 1,92% ausmachte. Auch HÖFT stellte ebenfalls eine Abnahme der Trockensubstanz mit zunehmendem Säuregrad fest. Nach REINSCH und LÜHRIG findet beim Stehenlassen der Milch unzweifelhaft von Tag zu Tag eine Verminderung der Trockensubstanz statt. Eine Regelmäßigkeit der Abnahme konnte nicht festgestellt werden. Die Größe der Abnahme ist verschieden und dürfte außer von der Temperatur auch von der Zahl und Art der in der Milch vorhandenen Mikroorganismen abhängig sein. Im Gegensatz zu der steten Abnahme des Trockenmassegehaltes der Milch bei deren zunehmendem Alter hatte das spezifische Gewicht, abgesehen von der geringfügigen Erhöhung im Verlauf der ersten Stunden nach dem Melken, keine oder doch nur belanglose Veränderungen erfahren. Auch DROST und Mitarbeiter fanden, daß das spezifische Gewicht sich beim Altern nur wenig, höchstens um einige Stellen in der letzten Dezimale, ändert. Zeigt die Milch jedoch auch nur die geringsten Anzeichen von Gerinnung, so werden bei Vornahme der Bestimmung des spezifischen Gewichtes völlig falsche Werte erhalten. Die Abnahme der Trockenmasse beim Altern der Milch ist nach DROST im allgemeinen nicht unwesentlich. Vielfach geht eine merkliche Veränderung in der Trockenmasse schon innerhalb 10 Stunden nach dem Melken, also noch während des Inkubationsstadiums, vor sich. Irgendwelche Gesetzmäßigkeiten in der Abnahme der Trockenmasse der Milch sind jedoch nicht erkennbar.

Auf Grund des Rückganges der Trockenmasse bei zunehmendem Alter der Milch und bestehender Unveränderlichkeit des spezifischen Gewichtes wird der Wert der gewichtsanalytisch ermittelten Trockenmasse mit dem nach der FLEISCHMANNschen Formel berechneten nicht mehr übereinstimmen. Ersterer wird je nach dem Alter der Milch variabel sein, während letzterer eine nahezu konstante Größe bilden wird. So fanden REINSCH und LÜHRIG in frisch ermolkener Milch wohl eine gute Übereinstimmung zwischen der berechneten und gefundenen Trockenmasse, bei einem Alter der Milch von 10 Stunden war jedoch die gewichtsanalytisch gefundene Trockenmasse schon merklich verändert. DROST legt besonderen Wert auf die Feststellung, daß die Abnahme der Trockenmasse beim Altern der Milch so groß sein kann, daß bei etwaiger Berechnung eines Wasserzusatzes aus Trockenmasse und Fettgehalt erhebliche Irrtümer entstehen können.

Die mannigfaltigen Vorgänge beim Altern der Milch kommen naturgemäß auch in der Lichtbrechung des Milchserums zum Ausdruck. Sehr zutreffend bemerken DROST, STEFFEN und KOLLSTEDE, daß bei der Unkontrollierbarkeit der Vorgänge an die Ermittlung genau bestimmbarer Faktoren für jeden Säuregrad als Etappe der fortschreitenden Veränderung der Milch nicht zu denken ist. So wird es verständlich, daß bei irgendeinem Säuregrad die Brechungszahl des Chlorkalziumserums einer gealterten Milch jene der frisch ermolkenen Milch bereits um 0,5 übersteigt, während eine andere Milch bei dem gleichen Säuregrad noch dieselbe Brechungszahl des Chlorkalziumserums wie die süße Milch aufweist. Bis zu 10 Säuregraden der Milch scheint die Zunahme der Brechungszahl des Chorkalziumserums nur unwesentlich zu sein.

Ein Vergleich der Werte der Trockenmasse beim Altern der Milch mit den Brechungszahlen der durch Erhitzen von Milch höheren Säuregrades gewonnenen sauren Seren, läßt nach den Angaben von DROST und Mitarbeitern erkennen, daß alle Schwankungen, denen die Trockenmassen unterworfen sind, sich auch in den Brechungszahlen wiederfinden. Bei einem Alter der Milch von etwa 2½ Tagen war durchwegs eine Erhöhung der Refraktion des sauren Serums festzustellen. Diese überschritt die Brechung des Chlorkalziumserums der süßen Milch höchstens um 1,2°, im Niedrigstfalle war sie die gleiche. Meist lag sie um 0,4 bis 0,8 höher. Auch bei einem Alter der Milch von 3¼ Tagen lagen die Brechungszahlen des sauren Serums meist noch erheblich über denen des Chlorkalziumserums der süßen Milch. Von da an ist aber mit einem leichten Abstieg der Lichtbrechung des sauren Serums zu rechnen, soferne die Milch bei Zimmerwärme gestanden hat. Ist dagegen die Milch unter 10° aufbewahrt worden, so ist die Brechungszahl des sauren Serums noch am 7. und 8. Tag merklich erhöht.

Über Alterungserscheinungen gesüßter Kondensmilch berichten VIALE und RABBENO. Sie untersuchten derartige Milchpräparate nach ½ bis 8 Jahren ihrer Herstellung. Spezifisches Gewicht, Trockenmasse und Leitfähigkeit zeigten mit zunehmendem Alter der Milch keine konstanten Änderungen. Die Viskosität wies eine deutliche Zunahme mit dem Herstellungsalter des Fabrikates auf. Die Titrationsazidität war bei älteren Präparaten meist erhöht, zeigte aber an und für sich schon starke Schwankungen. Der mittlere Kaseingehalt betrug 8,35%, Änderungen hierin konnten nicht beobachtet werden. Der verhältnismäßig geringe Gehalt der Milch an Nichteiweißstickstoff wurde bei der Eindickung der Milch fast auf das Doppelte erhöht, in älteren Proben der konden-

sierten Milch war noch eine weitere Steigerung eingetreten. Der Anteil dieser
Fraktion an Aminosäurenstickstoff war gegenüber frischer Milch verringert.
Polypeptid- und Ammoniakstickstoff nahmen mit dem Alter der kondensierten
Milch ebenfalls zu. In alten Präparaten ließ sich auch Tyrosin nachweisen.
Offenbar setzte mit der Zeit eine langsame, milde Hydrolyse der Eiweißkörper
unter dem Einfluß der Azidität ein. Durchgreifender waren die Veränderungen,
die mit den Kohlehydraten und dem Fett der kondensierten Milch vorgegangen
waren. In älteren Proben hatte der Milchzuckergehalt mitunter bis zur Hälfte,
der Rohrzuckergehalt bis zu 15% des ursprünglichen Wertes abgenommen.
Unter dem Einfluß der Azidität war eine teilweise Inversion der beiden Disaccharide eingetreten. Der durch Ätherextraktion bestimmte Fettgehalt war
nach mehrjähriger Aufbewahrung von ursprünglich 8,6% auf 3,43% zurück-
gegangen. Dem Abbau des Fettes entsprechend hatte der Gehalt der Proben
an freien Fettsäuren zugenommen.

Auch äußerlich war das Altern an der kondensierten Milch nicht spurlos
vorübergegangen. Proben, die mehrere Jahre alt waren, zeigten eine deutlich
erkennbare Bräunung, wahrscheinlich infolge Oxydation bestimmter Aminosäuren oder infolge Veränderungen des Zuckers, vielleicht auch durch die Tätigkeit
gewisser Kokken. Auch an Süße hatten die Proben verloren.

Milch und Kälte

Milchzucker und Mineralstoffe der Milch, die vorwiegend den osmotischen
Druck der Milch bedingen, sind osmotisch wenig beweglich. Die osmotischen
Verhältnisse der Milch werden daher durch niedere Temperaturen nur wenig
beeinflußt werden, wesentliche Veränderungen der Kolloidstruktur der Milch
durch den Einfluß der Kälte nicht zu befürchten sein. Das geht auch daraus
hervor, daß gefrorene und hernach sorgfältig aufgetaute Milch in ihren Eigen-
schaften gegenüber Frischmilch sich nicht sonderlich unterscheidet. Dieses
Verhalten der Milch ist allgemein bekannt und hat Anlaß zu dem Vorschlag
gegeben, die Milch auf weite Strecken in gefrorenem Zustand zu befördern.
Über diese Bestrebungen berichtet FLEISCHMANN folgendes (Lehrbuch der
Milchwirtschaft, 6. Aufl., S. 205. 1922): Wie man durch Zusatz von Eis zu
Wasser die wirksamste und einfachste Kühlung von Wasser und wäßrigen
Flüssigkeiten erzielt, so läßt sich auch flüssige Milch durch Zusatz von Milcheis
ebenfalls sehr nachhaltig kühlen. Der dänische Ingenieur F. R. CASSE versuchte
diese Verhältnisse für die Milchkühlung zu verwerten. Versuche, bei der Beför-
derung der Milch die Kühlung mit Milcheis durchzuführen, fielen günstig aus.
Das Entmischen der Milch während des Gefrierens und die dadurch bedingte
Inhomogenität der Milcheisblöcke erschwerten zwar das Verfahren. Die also
beförderte und aufbewahrte Milch, sogenannte „Eismilch“, soll nach 3 Wochen
langer Aufbewahrung von frischer Milch nicht zu unterscheiden gewesen sein.

Vor kurzem berichtete ein Franzose, CORBLIN, über seine Versuche, Milch
zu gefrieren. Er erreichte das unter Zuhilfenahme von Apparaten, in denen
er die Milch in dünnen Lamellen gefrieren ließ. Die Ergebnisse waren sehr gut;
die so gefrorene Milch unterschied sich in keiner Weise, weder im Aussehen
noch im Geschmack und in ihrer chemischen Analyse, von normaler Milch, sie
glich vollkommen dem Anfangsprodukt während des Schmelzens und nach dem
Schmelzen.

Um die Nachteile der Erhitzung beim Eindicken der Milch zu umgehen,
hat man schon wiederholt versucht, das Eindicken der Milch in der Kälte vorzunehmen (C. KNOCH: Das Trocknen kolloidaler Flüssigkeiten insbesondere

der Milch). Bei — 2° gefriert die Milch derart, daß sich das Wasser in Flocken wie Schnee ausscheidet. Geht man mit der Temperatur noch tiefer, so entsteht festes Eis. In Schleudermaschinen lassen sich die Schneeflocken leicht von der Milchmasse abscheiden; letztere bildet einen weichen Teig, der durch geringe Wärme noch vollkommen eingetrocknet werden kann.

Der Gefrierpunkt der Milch liegt entsprechend ihrem Gehalt an gelösten Substanzen etwas tiefer als jener des Wassers. Milch gefriert ungefähr bei — 0,55°, aber nur unvollständig. Zuerst beginnt das Wasser der Milch zu erstarren, wodurch eine fortschreitende Anreicherung der Trockenmasse in dem noch flüssigen Teil der Milch stattfindet, die eine nachhaltige Depression des Gefrierpunktes zeitigt. Das Gefrieren des Wassers setzt in den der Wand des Gefäßes anliegenden Milchmengen ein und preßt gewissermaßen die Bestandteile der Milchtrockenmasse sukzessive gegen die Mitte. Eine konzentriertere Lösung entsteht, die erst bei niederer Temperatur und bei längerem Einwirken der Kälte erstarrt. Nach Heineman steigt das Fett in die Höhe und wird beim Gefrieren der Milch teilweise ausgebuttert. Der Fettgehalt der oberen Schichten kann das Dreifache des Fettgehaltes der ursprünglich flüssigen Milch betragen und ist wesentlich höher in den zentralen Schichten als in den peripheren.

Durch Auftauen gefrorener Milch läßt sich die natürliche Verteilung des Fettes nicht wieder vollständig herstellen. Anscheinend wirkt sich das Gefrieren der Milch auf die Fettemulsion nachteiliger aus als auf das Kolloidsystem der Eiweißstoffe der Milch. Man weiß allerdings, daß Milch nach dem Frieren leichter mit Säuren und Lab gerinnt, und daß ausgeflocktes Kasein in aufgetauter Milch eher zu finden ist, als in nicht gefroren gewesener Milch. Siegfeld hatte bei Kuhmilch nach genügend langer Einwirkung der Kälte eine deutliche Flockenbildung beobachtet, Fuld und Wohlgemuth bestätigten es. Der des öfteren gegen die Tiefkühlung der Milch erhobene Einwand, daß eine Ausflockung von Eiweiß nach erfolgter Kühlung auf zirka 5° C während des Lagerns der Milch eintrete, bedarf noch der Bestätigung.

Über die beim Gefrieren der Milch eintretende teilweise Entmischung geben Analysen, die wiederholt von verschiedenen Forschern ausgeführt worden sind, Aufschluß. Mai fand z. B. folgende Werte (Milch möglichst rasch und tief abgekühlt, dann 30 Stunden bei einer Außentemperatur von — 15 bis — 18° C stehen gelassen):

Tabelle 1

	Spez. Gewicht	Refraktion	Fett %	Fettfreie Trockenmasse	Säuregrade
Ursprüngliche Milch	1,0318	38,6	3,7	8,94	6,2
Oberes lockeres Eis........	1,0256	40,2	11,6	9,30	8,2
Innerer, flüssig gebliebener Teil	1,0534	53,5	3,3	14,17	11,0
Hartes Eis von der Wand..	1,0201	30,1	2,9	5,75	3,8
Vereinigte Milch..........	1,0320	38,7	3,6	8,97	7,2

Wie ersichtlich, hat die aufgetaute Milch der oberen Schichten lockeren Eises ein geringeres spezifisches Gewicht als die ursprüngliche Milch, wohl infolge des enorm hohen Fettgehaltes dieser Schichten. Der Unterschied im Gehalt an fettfreier Trockenmasse ist nicht wesentlich. Sehr hoch ist das spezifische Gewicht des inneren flüssigen Teiles, bedingt durch den hohen Gehalt an fettfreier Trockenmasse und durch den verringerten Fettgehalt. Auffallend ist der höhere Säuregrad der aufgetauten und wieder vereinigten Milch gegenüber der ursprünglichen Milch.

Auch RICHMOND fand in seinen Analysen gefrorener Milch ähnliche. Verhältnisse. In dem festen und flüssigen Teil der gefrorenen Milch konnte er bestimmte Verhältnisse nicht erkennen. Beim Gefrieren der Milch gefriert somit eigentlich nur das Wasser, die darin gelösten oder kolloidal verteilten Stoffe werden von gefrorenem Wasser miteingeschlossen, zum Teil ausgeschieden. Das Ausfrieren des Wassers wird durch Bewegung während des Gefrierens noch erleichtert.

Über den Einfluß der Kälte auf die Kleinlebewesen und auf die Enzyme der Milch berichtet I. v. BERGEN. Bei einem Gefrierzustand der Milch von 48 Stunden Dauer wird etwas mehr als die Hälfte aller Mikroorganismen getötet. Labbildende Bakterien scheinen etwas widerstandsfähiger zu sein, im allgemeinen ist aber die Abnahme der Hauptvertreter der Mikroflora die gleiche. Auf Oxydase, Peroxydase und Amylase hat die Kälte gar keinen Einfluß, Formaldehydreduktase wird nur wenig beeinflußt. Die Wirkung der Bakterienenzyme Reduktase und Katalase wird teilweise aufgehoben. Nach Ansicht des Autors wirkt die Kälte auf die Enzyme der Milch somit vor allem erhaltend, sie geraten gewissermaßen in einen Erstarrungszustand.

Milch und Wärme
Das Pasteurisieren der Milch
a) Die Aufrahmung pasteurisierter, bzw. erhizter Milch

Die Aufrahmung der Milch besteht in dem Bestreben des spezifisch leichteren Fettes sich von dem Milchplasma zu trennen und der Schwerkraft entgegen, unter Überwindung des natürlichen Hindernisses, des Milchplasmas selbst, nach oben zu steigen. Das Hemmnis wird von den Fettkügelchen um so leichter überwunden, je größer sie sind; somit wird die Größe der Fettkügelchen neben der Zähflüssigkeit des Plasmas von wesentlichem Einfluß auf die Aufrahmefähigkeit einer Milch sein.

Die Auftriebsgeschwindigkeit der einzelnen Fettkügelchen ist eine sehr geringe, jene der zu Gruppen oder Häufchen zusammengeballten Fettkügelchen eine um so beträchtlichere. In der rohen Milch zeigen die Fettkügelchen eine ausgesprochene Tendenz zum Zusammenballen, die in verschiedenem Maße je nach Rasse, Stand der Laktation und Fütterung zutage tritt. Die Ursache des Zusammenballens der Fettkügelchen erblickt RAHN in der Klebrigkeit der Eiweißhüllen der Fettkügelchen. Durch Zusatz klebriger Kolloide zu Milch wird diese Zusammenballung begünstigt und damit die Haufen- und Häufchenbildung der Fettkügelchen gefördert. Gegenüber der Erhöhung der Aufrahmungsgeschwindigkeit des Fettes durch diese Haufenbildung treten alle anderen Faktoren der Aufrahmung, wie Größe der Fettkügelchen, Zähflüssigkeit der Milch, zurück.

Die Klebkraft der Hüllen der Fettkügelchen ist nun offenbar je nach der Temperatur der Milch eine verschieden große; durch Überschreitung eines gewissen Temperaturmaximums kann sie unwiederbringlich zerstört werden. Daher kommt es, daß gekochte oder bei höherer Temperatur pasteurisierte Milch schlecht oder zum mindesten unvollständiger aufrahmt als rohe Milch. Da vielfach auf seiten der Verbraucher zu Unrecht die Ansicht besteht, die Höhe der Rahmschicht namentlich in Flaschen abgefüllter Milch könne als Maßstab für deren Fettgehalt angesehen werden, so kommt der Frage der Veränderung der Aufrahmefähigkeit durch Pasteurisieren schon deswegen praktische Bedeutung zu.

Da bei der Einwirkung von Wärme auf Milch neben der Höhe der Temperatur auch die Dauer der Einwirkung von Bedeutung ist, so gibt es eine ganze Reihe von Temperaturgraden, welche die Aufrahmung der Milch zum Erliegen zu bringen vermögen. Erstmals hat Josef Willmann, ein Elsässer, der 1906 in den Vereinigten Staaten Nordamerikas die erste „Dauermaschine für Milchpasteurisierung" bei Sheffield farm's aufgestellt hatte, die beim Erhitzen der Milch vor sich gehenden Vorgänge verfolgt und neben einer Kurve für die Abtötung der Tuberkulosebakterien auch eine Kurve, die für den Milchhandel so wichtige Rahmlinie oder „cream line" aufgestellt, welche den Einfluß der Temperatur und die Einwirkungsdauer der Wärme auf die Aufrahmung der

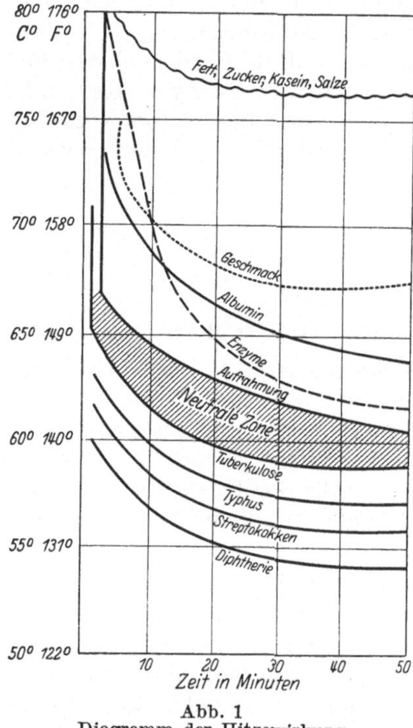

Abb. 1
Diagramm der Hitzewirkung

Milch erkennen läßt. Die Kurve wurde dann später von North übernommen, weiter ausgestaltet, und in der in nachstehender Abbildung gezeigten Form 1912 veröffentlicht.

Verfolgt man die Rahmlinie, so erkennt man, daß bei Anwendung niedrigerer Temperaturen verhältnismäßig lang pasteurisiert werden kann, ehe eine Schädigung der Aufrahmung der Milch zu befürchten ist. So erträgt z. B. bei Erhitzung der Milch auf 60,5° das Aufrahmungsvermögen eine Dauer der Pasteurisierung von 50 Minuten. Mit steigenden Temperaturen muß dann die Dauer der Pasteurisierung wesentlich gekürzt werden, soll keine nachteilige Beeinflussung des Aufrahmevermögens eintreten. Erhitzt man die Milch auf 67° und darüber, so ist bereits nach Verlauf weniger Minuten Erhitzungsdauer der Hitzetod der Milch unabwendbar. Für die bei der Dauerpasteurisierung übliche Zeit von 30 Minuten läßt sich aus der Rahmlinie eine Pasteurisierungstemperatur von annähernd 62° ermitteln. Da der New Yorker Standard für die Dauerpasteurisierung der Milch eine Minimaltemperatur von 61,2° C vorsieht, so liegt die kritische Temperatur für die Aufrahmung bei 30 Minuten Pasteurisierungsdauer noch innerhalb der zulässigen Grenze.

In Deutschland hatte Weigmann bereits im Jahre 1913 sich mit der Frage der Aufrahmefähigkeit dauerpasteurisierter Milch befaßt. Die von ihm bekanntgegebenen Versuchsergebnisse, wonach bei einer 30 Minuten langen Erhitzung der Milch bis auf 62° eine Verminderung der Aufrahmefähigkeit der Milch nicht eintrete, daß sich letztere aber beim Erhitzen der Milch auf 63°, wenn auch in unerheblichem Maße, bemerkbar mache, decken sich im wesentlichen mit den der Rahmlinie zu entnehmenden Angaben. Wenige Jahre später konnte Burri diese Beobachtungen bestätigen. Durch eingehende Versuche stellte er fest, daß die stärkste Aufrahmung bei halbstündigem Erhitzen der Milch auf 61° erfolgte. Schon durch die Erhitzung der Milch auf 55° während 30 Minuten erfuhr die Aufrahmung derart erhitzter Milch gegenüber roher Milch eine lebhafte Beschleunigung, die sich noch bis zu der genannten Temperatur von 61° steigerte; bei halbstündigem Erhitzen der Milch auf 63° war ein geringer

Rückgang der Aufrahmefähigkeit festzustellen, der bei 64° und darüber sich rasch weiter auswirkte. Nach Burri liegt der kritische Punkt, bei dem die Beschleunigung der Aufrahmung der pasteurisierten Milch in eine Verzögerung umschlägt, zwischen 63° und 64°, und zwar näher an 64°. Demgemäß wird die Aufrahmefähigkeit einer bei 65° pasteurisierten Milch gegenüber der bei 60° pasteurisierten Milch durch die um 5° höhere Pasteurisierungstemperatur schon eine ganz merkliche Schädigung erfahren.

Die gleichen Beobachtungen wie Weigmann und Burri machte später H. A. Harding. Überschritt die Temperatur 62°, so setzte eine Verminderung der Aufrahmefähigkeit sowohl beim Pasteurisieren der Milch in Dauererhitzern als auch in den üblichen Rührwerks-, also Kurzerhitzern, ein. Weinlig verfolgte die beschleunigte Aufrahmung bei 60° schonend pasteurisierter Milch, die bei 24stündiger Beobachtung des Aufrahmungsvorganges namentlich in den ersten Stunden stark hervortrat. Gegen Ende der Beobachtungszeit erfolgte ein gewisser Ausgleich der Rahmmenge. Wurde die Dauer der schonenden Pasteurisierung auf 60 und noch mehr Minuten verlängert, so zeigte sich im allgemeinen eine mit der Dauer der Erhitzung zunehmende Beschleunigung des Aufrahmungsvorganges, die aber je nach der Eigenart der pasteurisierten Milch früher oder später in eine Verzögerung umschlagen kann.

Besonders deutlich läßt sich der Einfluß der schonenden Pasteurisierung auf die Milch nach Weinlig an dem prozentualen Fettgehalt des Rahmes und der Magermilch erkennen. Rasch aufrahmende pasteurisierte Milch braucht durchaus nicht einen verhältnismäßig fettarmen Rahm aufzuwerfen. Der Rahm bei 60° dauerpasteurisierter Milch kann einen oft um 20% höheren Fettgehalt aufweisen als derjenige der rohen Milch. Die Neigung, mit der längeren Einwirkung der Wärme einen fettreicheren Rahm und einen gesteigerten Aufrahmungsgrad zu verbinden, bleibt analog der Beschleunigung der Aufrahmung der Eigenart der pasteurisierten Milch vorbehalten.

Nach dem Vorausgegangenen vermögen anscheinend die Hüllen der Fettkügelchen ihre Klebkraft am günstigsten bei einer Temperatur von 61° zu entfalten, so daß also eine bei dieser Temperatur gleichwohl ob längere oder kürzere Zeit erhitzte Milch in bezug auf Aufrahmefähigkeit sogar Rohmilch überlegen ist.

Durch die molkereimäßige Dauerpasteurisierung der Milch bei 63° dürfte somit eine wesentliche Beeinträchtigung der Aufrahmung eigentlich nicht eintreten. Nach Weigmann wird eine Verminderung der Aufrahmefähigkeit dauerpasteurisierter Milch dann zu erwarten sein, wenn die Vorerwärmung der Milch in den bisher noch viel benützten Rührwerkserhitzern vorgenommen wird, wobei eine Zersplitterung der Fettkügelchen, eine Homogenisierung des Fettes durch Verrührung stattfinden kann, und wenn die Milch, wie das bedauerlicherweise noch häufig anzutreffen ist, bei 65° vorerhitzt wird. Dadurch erfährt das Aufrahmungsvermögen der Milch bereits im Rührwerkserhitzer eine empfindliche Störung. Verschiedene Autoren, wie Kirchner, Grösler und Weinlig weisen auf die hohe Empfindlichkeit des Milchfettes vor allem in erhitztem Zustande gegenüber Erschütterungen hin, welche die Aufrahmung der Milch stark zu beeinträchtigen vermögen. Kirchner betont in seinem Lehrbuch der Milchwirtschaft (6. Auflage, S. 291) den nachteiligen Einfluß des kräftigen Durchmischens der Milch und besonders der Bearbeitung der Milch durch die Flügel in Pasteurisierungsgeräten und durch Pumpen auf die Aufrahmefähigkeit der Milch. Weigmann empfiehlt daher, ,,um die so sehr begehrte Begünstigung der Aufrahmung dauerpasteurisierter Milch ohne jede Gefahr erzielen zu können, an Stelle der üblichen Rührwerkserhitzer die Vorerwärmung der Milch über Berieselungserhitzer oder mittels eines Röhrenerhitzers vorzunehmen".

Über eine ganz eigenartige Beobachtung, wonach die Aufrahmefähigkeit einer dauerpasteurisierten, gut tiefgekühlten und etwa 16 Stunden kühl gehaltenen Milch unter Umständen teilweise verloren gehen kann, aber durch Aufwärmung auf eine die Aufrahmung begünstigende Temperatur völlig wiederhergestellt, ja sogar verbessert werden kann, berichtet Weigmann folgendes: Die Flaschenmilch einer mit der neuesten Einrichtung für Dauerpasteurisierung versehenen Milchzentrale rahmte schlecht auf. Die gekühlte dauerpasteurisierte Milch wurde mittels Pumpe auf große, in einem höher gelegenen Stockwerk aufgestellte Behälter gebracht, in denen sie über Nacht unter schwachem Umrühren kühl aufbewahrt wurde. Bei Überführung der so behandelten Milch in kleinere Gefäße hatte die Milch ein Gefälle von 4 m in einem schwach geschwungenen Rohr zu durchlaufen. Die Prüfung der Verhältnisse hatte ergeben, daß allein der Fall der Milch von den Aufbewahrungsbehältern zu dem tiefer gelegenen Abfüllgefäß die empfindliche Störung der Aufrahmefähigkeit der Milch verursacht hatte. Die Schädigung der Aufrahmbarkeit der Milch trat allerdings erst dann wesentlich in Erscheinung, wenn die Milch längere Zeit kühl gehalten worden war. Erfolgte die Abfüllung der Milch gleich oder kurz nach der Überführung der meiereimäßig behandelten Milch in die Kühlbehälter, dann war die Schädigung eine fast unwesentliche. Eine Erklärung der angeführten Erscheinung geben uns die Rahnschen Gedankengänge über die Aufrahmung. Die Klebkraft der Hüllen der Fettkügelchen ist je nach der Temperatur eine verschieden große. Ähnlich wie hohe Temperaturen vermindern anscheinend auch tiefe Temperaturen die Klebkraft. Bei anhaltend niedrigen Temperaturen (nach den Beobachtungen Weigmanns mindestens 5 Stunden) wird der Zusammenhang der Fettkügelchen in den vorhandenen Haufen und Häufchen gelockert und eine Bewegung der Milch, die immer mit einer gegenseitigen Reibung der Bestandteile der Milch verbunden ist, wird eine Auflösung der Häufchen in Einzelkügelchen zur Folge haben. Eine derartige Reibung kam im vorliegenden Falle durch die Fortbewegung der Milch in der Rohrleitung zum Abfüllbehälter zustande.

Die durch zu starke Kühlung verursachte Verminderung der Klebkraft der Fettkügelchenhüllen läßt sich durch Aufwärmen wieder herstellen. Weigmann brachte dauerpasteurisierte, über Nacht kühl gestandene aber ständig bewegte Milch durch nachträgliche Aufwärmung auf die für die Aufrahmung günstige Temperatur von 61° und stellte dabei eine wesentlich beschleunigte und verbesserte Aufrahmung gegenüber der pasteurisierten, aber nicht nachgewärmten Milch fest.

Bei Anwendung höherer als bei der Dauerpasteurisierung üblicher Temperaturen vertieft sich das Bild der Schädigung der Aufrahmefähigkeit einer Milch immer mehr und die kurzdauernde Hochpasteurisierung der Milch bei 85° und 90° zerstört, wie die Erfahrung gelehrt hat, die Aufrahmefähigkeit der Milch fast vollständig. Weinlig stellte fest, daß bei 5 Minuten anhaltender Pasteurisierung der Milch bei 70° die erste meßbare Menge Rahm erst nach 4 Stunden zu erkennen war; bei 10 Minuten langer Pasteurisierung bei dieser Temperatur war nach Ablauf von 8 Stunden überhaupt noch nichts zu beobachten. Bei 75° und 80° war der Einfluß der Erwärmung auf die Aufrahmung derartig stark, daß nur noch eine sehr kleine Rahmmenge festzustellen war.

Um nun die sehr mangelhafte Aufrahmung hochpasteurisierter Milch verständlich zu finden, muß man sich vor Augen halten, daß zu der durch die hohe Pasteurisierungstemperatur weitgehend vernichteten Klebkraft der Fettkügelchen noch eine gewaltsame Lockerung der Verbände der Fettkügelchen, ja sogar eine Zersplitterung des Fettes durch die Rührvorrichtung der Hochpasteurisierungsapparate hinzutritt. Dadurch tritt eine derart starke Verminderung der Aufrahmbarkeit der hochpasteurisierten Milch ein, daß sie erst nach Verlauf von mehreren Stunden eine dünne, unscheinbare Rahmschicht bildet. Ein deutlich wahrnehmbarer Kochgeschmack, namentlich wenn die Milch schon ansauer war, und manchmal sogar ein mißfarbenes Aussehen sind oft Begleiterscheinungen kurzdauernder Hochpasteurisierung der Milch bei 85° und 90°, Gründe genug, warum sich derartig behandelte Milch als Trinkmilch nicht eingeführt hat (WEIGMANN, Süddeutsche Molkerei-Zeitung, Nr. 47. 1926).

Wesentlich günstiger verläuft nach WEIGMANN die kurzdauernde Pasteurisierung für die Aufrahmefähigkeit der Milch unter Zuhilfenahme von wirklichen Momenterhitzern, wozu der Biorisator, der Degermator und der TÖDTsche Apparat zu rechnen sind. Da weder Biorisator noch TÖDTscher Apparat Rührwerke besitzen, so kommt bei diesen Apparaten die Möglichkeit einer Zerschlagung der Fettkügelchen von vorneherein in Wegfall, eine Störung der Aufrahmbarkeit der Milch ist von dieser Seite aus nicht zu befürchten. Über Versuche mit biorisierter und degermierter Milch berichtet WEIGMANN, wonach die auf 70° und 75° erhitzte Milch des Biorisators und die auf 74° bis 75° erhitzte Milch des Degermators innerhalb 30 bis 45 Minuten eine mehrere Zentimeter hohe Rahmschicht aufgeworfen hatten, während bei der zugehörigen Rohmilch kaum der Ansatz zu einer Aufrahmung im Verlauf dieser kurzen Zeit zu erkennen war. Beim Degermator schien die für die Aufrahmung günstigste Temperatur 74° (vielleicht auch 72°) zu sein.

Die mit dem TÖDTschen Apparat pasteurisierte Milch zeigte bezüglich der Aufrahmbarkeit dieselbe Erscheinung: sie rahmte rascher auf als die rohe Milch. Bereits nach 30 Minuten war eine deutlich erkennbare breite Rahmschicht aufgeworfen. Beim TÖDTschen Apparat scheint die Erhitzung auf 72° der Milch am zuträglichsten zu sein, aber auch eine Erhitzung auf 73° und 74° ergab noch ein recht günstiges Resultat hinsichtlich der Aufrahmbarkeit.

Soferne also die Erhitzung der Milch bei kurzdauernder Pasteurisierung ein bestimmtes Maß nicht überschreitet, wird die Aufrahmefähigkeit der Milch nicht geschädigt, sondern im Gegenteil begünstigt, namentlich wenn sich der Pasteurisierung unmittelbar rasche Tiefkühlung der Milch anschließt. Ein wesentlicher Einfluß auf die Aufrahmefähigkeit pasteurisierter Milch muß auch der Art der Behandlung der Milch durch den jeweiligen Pasteurisierungsapparat zugesprochen werden.

Nicht unerwähnt können die von WHITAKER, ARCHIBALD, SHERE und CLEMENT durchgeführten umfangreichen Versuche über die Aufrahmung pasteurisierter Milch bleiben, die von RAHN in seiner „Physik der Milchwirtschaft" besprochen sind. Das Rahmvolumen, gemessen in Prozenten, zeigte zwischen Rohmilch und bei 60° pasteurisierter Milch manchmal eine Zunahme, manchmal eine Abnahme, die Mittelwerte aus mehreren Versuchen waren so ziemlich gleich. Bei 63° und 64° bis 64,5° pasteurisierter Milch war eine deutliche Abnahme des Rahmvolumens erkennbar. Wurde die Aufrahmefähigkeit der pasteurisierten Milch nach dem Fettgehalt der Magermilch beurteilt, so kam die bei 61° bis 61,5° pasteurisierte Milch wesentlich günstiger gegenüber der Rohmilch weg; bei alter, schlecht aufrahmender Milch, die schon einmal aufgerahmt und wieder vermischt war, konnte durch Pasteurisieren die Aufrahmefähigkeit verbessert werden; letzteres traf auch zu bei pasteurisierter und längere Zeit in Ruhe gelassener Milch durch nachträgliche nochmalige Aufwärmung auf die für die Aufrahmung günstige Temperatur von 61°. Bei langsamer Kühlung der pasteurisierten Milch auf Temperaturen von zirka 20° und Stehenlassen der Milch bei diesen Temperaturen trat starke Schädigung der Aufrahmung ein; erforderlich ist daher sofortige Tiefkühlung der Milch, wodurch fehlerhafte Aufrahmung vermieden wird.

b) Veränderungen der Milchbestandteile und weiterer Eigenschaften der Milch durch Pasteurisieren, bzw. Erhitzen

Über die Abhängigkeit der Veränderungen der Eiweißstoffe der Milch von der Temperatur und der Dauer der Einwirkung der Wärme hat man auch heute noch sehr unklare Vorstellungen. Die Angabe von Sebelin, wonach das Milchalbumin in salzfreier Lösung durch Erwärmen auf 72° zum Gerinnen gebracht wird und damit in eine irreversible Zustandsform übergeht, hat noch allgemein Gültigkeit. In salzhaltigen Lösungen schwankt dieser Punkt je nach dem Salzgehalt zwischen 72 und 84°, entsprechend dem den Koagulationspunkt von Albuminlösungen erhöhenden Einfluß von Elektrolyten.

Nach Raudnitz gerinnen Milcharten, die viel hitzekoagulables Eiweiß enthalten, z. B. Kolostralmilchen, beim Kochen im Ganzen; der Käsestoff wird mitgerissen, ähnlich der Enteiweißung der Milch mittels feiner Niederschläge. Beim Erhitzen entrahmter Menschenmilch macht sich die Albumingerinnung nur durch eine bleibende, beim Abkühlen nicht verschwindende Opaleszenz kenntlich. In Milch mit etwas größeren Mengen hitzekoagulablen Eiweißes gerinnt dieses in Form feinster Flöckchen. In käsestoffreichen Milchen, wie Kuhmilch, läßt sich die Gerinnung des Albumins mit bloßem Auge nicht verfolgen; das koagulierte Albumin bildet aber wahrscheinlich mit unlöslich gewordenen Milchsalzen, Trikalziumphosphat und -zitrat, den unter dem Namen „Angelegtes" bekannten Belag auf dem Boden oder an der Wand des Kochgeschirrs, geht auch bei nur kurze Zeit erhitzten Milchproben in die Milchhaut über.

Nach Beobachtungen von Chick und Martin ist die Hitzegerinnung von Hämoglobin und Eieralbumin nicht ein augenblicklicher Prozeß, sondern ein Zeitvorgang, der mit einer bestimmten, mit steigender Temperatur sehr auffallend zunehmenden Geschwindigkeit fortschreitet. O. Rahn untersuchte, ob diese Beziehung auch für die Albumingerinnung der Milch zutreffend sei. Er stellte dabei fest, daß der sogenannte Temperaturkoeffizient, die Wärmebeschleunigung, mit steigender Temperatur abnimmt, ein Beweis, daß die Albumingerinnung der Milch nicht normal verläuft. Rahn führt diese Erscheinung auf Hydrolyse eines Eiweißstoffes zurück, der, beim Erhitzen der Milch auf höhere Temperaturen unlöslich geworden, nun gleichzeitig einer Art milder Hydrolyse verfällt. Letztere kann natürlich auch bei Temperaturen unter 100° vor sich gehen, wirkt reaktionsstörend und erweckt den Eindruck eines anormalen Verlaufs der Gerinnung. Im Zusammenhang damit mag auch die Tatsache stehen, daß Rahn bei seinen Versuchen im günstigsten Falle nur 72% Albumin bei 10 Minuten langem Erhitzen der Milch auf 100° zu koagulieren vermochte. Auch Raudnitz weist darauf hin, daß ein bestimmter Teil des hitzekoagulablen Eiweißes der Milch nicht zur Gerinnung zu bringen ist. Nach seiner Ansicht spalten sich aus diesem Eiweißrest wahrscheinlich der Schwefelwasserstoff und das Merkaptan ab, welche sich beim Kochen der Kuhmilch zuweilen, nicht aber der Frauenmilch, entwickeln. Eichloff konnte dann allerdings den Beweis erbringen, daß stets und nicht nur beim Kochen der Milch über freier Flamme, sondern schon bei längerem Stehen im kochenden Wasser Ammoniak, Schwefelwasserstoff und gasförmige Phosphorverbindungen entstehen, und zwar in solchen Mengen, daß sie sich quantitativ bestimmen lassen.

Die Angaben über Beginn und Ausmaß der Albumingerinnung der Milch sind sehr widersprechend. Vermutlich wird auch die Hitzekoagulation des Albumins der Milch in weit höherem Maße von Elektrolyten und Wasserstoffionen beeinflußt, als man bisher schlechthin angenommen hat. Steiner fand beim Pasteurisieren der Milch bei 60° während 25 Minuten keine Abnahme des

Albumins; BABCOCK stellte keine Veränderung während 20 Minuten langen Pasteurisierens der Milch bei 65⁰ fest. Nach WOLL beginnt die Gerinnung bei 65⁰, nach WILLOUGHBY erst bei 70⁰ (zit. nach WEINLIG). Nach den Angaben von WEINLIG macht sich die Gerinnung des Albumins schon bei 60⁰ bei einer Erhitzungsdauer der Milch von 10 Minuten, 20 Minuten und 30 Minuten bemerkbar und die prozentuale Verminderung des Albumins ist nach 30 Minuten langem Erwärmen bei 60⁰ bei den verschiedenen Milchen recht groß. Sie schwankt zwischen 3,17% und 16,28%, im Durchschnitt beträgt sie 8,5%. Beim Erhitzen der Milch 1 Minute lang auf 80⁰ sind im Durchschnitt fast 4% des Albumins unlöslich geworden.

Die Wirkung der Hitze auf den Käsestoff der Milch läßt sich aus dem veränderten Verhalten hoch erhitzt gewesener Milch bei der Säure- und Labgerinnung erkennen. Nach FLEISCHMANN, DIETZELL und MUNCK scheidet sich der Käsestoff höher als auf 50⁰ erhitzt gewesener Milch bei Säurefällung nicht in großen Klumpen, wie dies bei roher Milch der Fall ist, sondern in sehr feinflockiger Form aus. Auch bei pasteurisierter Milch macht sich diese Art des Gerinnens des Kaseins geltend, soferne die Milch lange genug erhitzt worden ist. Um 80⁰ tritt nach viertelstündigem Erhitzen plötzlich eine Verlängerung der Labgerinnung ein, aber ohne gleichzeitige Abnahme der Azidität. Viertelstündiges Erhitzen der Milch auf 100⁰ bewirkt nach RAUDNITZ eine geringe Verminderung des durch Essigsäure fällbaren Eiweißstickstoffes, nach Erhitzen auf 140⁰ sind von den ursprünglichen 93,6% Eiweißstickstoff nur noch 76,4% durch Essigsäure fällbar geworden. Der Filtratstickstoff ist dementsprechend von 6,41% auf 23,63% angestiegen. Bei Milch, die eine halbe Stunde auf 130⁰ oder 5 Minuten auf 140⁰ erhitzt worden war, beobachtete RAUDNITZ Gerinnung. Das Gerinnsel erwies sich weder mit Säuregerinnsel, noch mit Parakasein identisch.

Über Untersuchungen, welche die Bewegung der Stickstoffbestandteile der Milch beim Erhitzen der Milch auf verschieden hohe Temperaturen erkennen lassen, berichten KIEFERLE und GLOETZL.

Proben einer großen Mischmilch wurden auf 63⁰, 85⁰, Kochtemperatur und auf 115⁰ (Sterilisation der Milch im Autoklaven) erhitzt und die in nachstehender Tabelle verzeichneten Stickstoffbestandteile der Milch bestimmt.

Tabelle 2

Stickstoffbestandteile	Rohe Milch	Erhitzt auf			
		63⁰ (dauerpast.)	85⁰	Koch-temperatur	115⁰
Gesamtstickstoff mg%	540,4	537,8	537,3	540,5	537,2
Kaseinstickstoff „	348,3	335,6	347,8	383,0	390,6
Albuminstickstoff „	75,7	71,7	53,3	13,9	8,0
Albumosenstickstoff „	44,6	46,0	45,7	42,4	36,4
Peptonstickstoff „	45,2	59,4	60,0	66,0	68,4
Gesamtreststickstoff „	123,6	138,0	148,6	152,0	160,0
Reststickstoff „	31,12	32,56	35,0	37,8	41,12
Aminostickstoff „	4,12	4,17	4,39	5,45	5,53
Kreatinin „	2,42	2,60	2,61	2,96	2,81
Kreatin „	3,39	3,58	3,56	4,03	3,73
Ammoniakstickstoff „	1,12	1,32	1,37	1,47	1,59
Harnstoffstickstoff „	13,80	14,38	15,83	15,93	17,41
Harnsäure „	2,78	2,44	2,42	2,82	2,63
Säuregrad..................	8,0	7,8	7,8	8,4	8,4
Zuckergehalt %	4,11	4,09	4,08	4,10	4,0

Ergänzend sei hierzu noch folgendes bemerkt: Unter „Reststickstoff der Milch" sei der Stickstoffanteil der Milch verstanden, der nach möglichst vollständiger Entfernung der koagulierbaren Proteinstoffe zurückbleibt. Je nach der Art der Enteiweißung der Milch variiert die Menge des Reststickstoffes der Milch. Die gründlichste Enteiweißung erzielt man durch Fällung der koagulierbaren stickstoffhaltigen Bestandteile der Milch mittels Natriumwolframat — Trichloressigsäure. Den Stickstoff der im Serum bzw. im Filtrat dieser Fällung noch enthaltenen Stickstoffkörper bezeichnen wir schlechthin als „Reststickstoff der Milch". Der unter dem Begriff „Gesamtreststickstoff" bezeichnete Gehalt der Milch an Stickstoffkörpern umfaßt neben den eigentlichen Reststickstoffbestandteilen auch noch den Stickstoff höherer Spaltungsprodukte der Eiweißstoffe, den Albumosen- und Peptonstickstoff.

Wie aus der Tabelle ersichtlich, erfährt der Albuminstickstoff der Milch eine mit der Höhe der Erhitzungstemperatur der Milch gleichsinnig verlaufende Verringerung. Bei 63° ist diese noch relativ gering; in der sterilisierten Milch ist das Albumin bis auf einen kleinen Anteil koaguliert worden. Einen merklichen Rückgang erfährt auch der Albumosenstickstoff, namentlich wieder bei der Sterilisierung der Milch. Die Werte für Kaseinstickstoff verzeichnen bei höheren Temperaturen eine beträchtliche Zunahme. Dies ist nur scheinbar, der Gang der Analyse brachte es mit sich, daß ein Teil des hitzekoagulierten Albuminstickstoffes mit dem Kaseinstickstoff bestimmt wurde. Eine unter dem Einfluß der Erhitzung der Milch zustande gekommene Vermehrung ist bei Peptonstickstoff, dann namentlich bei dem Gesamtreststickstoff, der ja auch Peptonstickstoff in sich schließt, und bei dem eigentlichen Reststickstoff zu verzeichnen. Die Zunahme des Gehaltes an Amino- und Ammoniakstickstoff ist erkennbar, wenn auch nicht beträchtlich. Dasselbe gilt auch für Harnstoffstickstoff.

Die **am** tiefsten greifende Veränderung erleidet somit das Albumin, worüber bei der Albumingerinnung berichtet worden ist. Es wird nicht nur koaguliert, sondern zum Teil auch hydrolysiert und seine Hydrolysenprodukte bedingen die Erhöhung eines Teiles der übrigen Stickstoffbestandteile der erhitzten Milchproben. Von einer Hydrolyse des Albumins spricht ja auch Rahn, der die Hitzekoagulation des Albumins als nicht normal verlaufend bezeichnet. Veränderungen des Kaseins lassen sich unter den eingehaltenen Versuchsbedingungen nicht erkennen.

Einblick in die durch Erhitzen der Milch eintretenden Veränderungen gibt uns auch das Phänomen der Hautbildung. Eine befriedigende Lösung kann für letzteres heute noch nicht gegeben werden, sicher ist jedoch, daß es sich dabei um sehr komplizierte Vorgänge handelt, die von den mannigfaltigsten Umständen abhängen. Porcher glaubt, daß unter dem Einfluß der Wärme Kalkkaseinverbindungen der Milch dissoziieren, wobei Kalksalze sich ausscheiden, Fett und gerinnendes Eiweiß miteinschließen und so eine mit der Zeit immer stärker werdende Haut hervorrufen. Die Bildung der letzteren beginnt bei Kaseinmilchen schon von 40° an, ohne zunächst dem Auge erkennbar zu werden. In sehr stark verdünnter Milch bildet sich nach Rettger keine Haut. Neuerdings hat W. Friese die Hautbildung eingehender bearbeitet. Er mißt der Art und Größe des Gefäßes, in dem die Erhitzung der Milch vorgenommen wird, bzw. der Größe der Fläche, mit der die Milch mit der Luft in Berührung kommt, eine ausschlaggebende Rolle bei. Die Ansicht Fleischmanns, wonach die Hautbildung durch Abdunsten von Wasser aus der Milch veranlaßt wird, gewinnt damit wieder an Bedeutung. Hierfür spricht auch die Beobachtung Rettgers, wonach die Hautbildung durch Überschichten mit Öl selbst in unverdünnter Milch unterbleibt. Die Anzahl der aus 1 Liter Milch beim Erhitzen unter gleichzeitigem Ersatz des verdampfenden Wassers abziehbaren Häute ist nach Friese selbst bei annähernd gleich zusammengesetzten Milchproben verschieden; im allgemeinen können aber über 30 Häute gewonnen werden. Anfänglich wiederholt sich die Häutebildung innerhalb kurzer Zeit, dann tritt eine Verzögerung ein und zwischen den letzten abzuziehenden Häuten liegen mehrere Stunden, bis die Hautbildung vollständig aufhört. Hinsichtlich Farbe und Konsistenz wechseln die einzelnen Häute sehr, ebenso sind die späteren Häutchen weniger fest und fühlen sich etwas schmierig an, die letzten sind äußerst zart. Die Trockensubstanzmengen der einzelnen Häutchen schwanken unregelmäßig ohne Gesetzmäßigkeit. Die zuerst abgezogenen Häutchen sind fettreicher als die später folgenden. Bis zum 16. von insgesamt 32 abgezogenen Häutchen beobachtete FRIESE eine ziemlich gleichmäßige Abnahme des Fettgehaltes bei gleichzeitigem Ansteigen des Eiweißgehaltes. Von da ab hört jede Regelmäßigkeit auf. Der Gehalt der einzelnen Häutchen an Milchzucker geht mit geringen Abweichungen parallel mit dem Eiweißgehalt. Die Aschegehalte der Häutchen zeigen sehr unregelmäßige, den absoluten Gewichtsmengen an Trockensubstanz angenährte Schwankungen, ohne ein konstantes Prozentverhältnis von Asche zu Trockenmasse erkennen zu lassen. Anfänglich ist bei den aufeinanderfolgenden Milchhäutchen die chemische Zusammensetzung ziemlich konstant, gegen Ende steigt namentlich der Gehalt an Alkalisalzen stark an, während Phosphorsäure- und Kalkgehalt einen Rückgang erkennen lassen, letzterer mehr als ersterer. Hinsichtlich der Mengen Kasein, Albumin und Globulin, die innerhalb regelmäßiger Zeitintervalle in die Milchhaut übergehen, zeigte das Kasein keine Gesetzmäßigkeit. Vom Albumin geht die größte Menge bereits in den nur kurze Zeit erhitzten Proben in die Haut über, ebenso ein großer Teil des Globulins, von dem dann erst bei den am längsten erwärmten Proben wieder ein großer Teil auskoaguliert.

Bezüglich des Milchzuckergehaltes gibt RAUDNITZ bei viertelstündigem Erhitzen der Milch auf 140° einen wesentlichen Rückgang des mit FEHLINGscher Lösung reduzierbaren Kohlehydrates an. In innigem Zusammenhang steht damit die von WHITTIER und BENTON erst in jüngster Zeit genauer verfolgte Säurebildung aus Milchzucker bei anhaltendem Kochen der Milch. Der erhöhten Säurebildung steht ein Rückgang an Laktose gegenüber.

Bei längerem Erhitzen der Milch auf höhere Temperaturen tritt allmählich die bekannte Braunfärbung der Milch ein. WRIGHT will die Braunfärbung auf Grund seiner Versuche durch Karamelisierung des Milchzuckers hervorgerufen wissen, wobei der Vorgang durch das kolloide Kasein katalytisch beschleunigt werden soll. Nach anderer Lesart wird diese Braunfärbung auf Veränderungen des Kaseins zurückgeführt. Man wird nicht fehlgehen, das Auftreten der Braunfärbung mit Stoffen in Verbindung zu bringen, die ihre Entstehung einer sekundären Reaktion verdanken. Es können dies Pigmente sein, die ähnlich den Melaninen und Huminsubstanzen aus Eiweißkörpern, ganz besonders aber, soferne Huminsubstanzen in Frage kommen, aus den Kohlehydraten entstehen. Mit diesen Umsetzungen ist stets auch eine auffällige Veränderung des Geschmacks der Milch verbunden, sie nimmt den sogenannten Kochgeschmack an. Auch hier wird es sich um das Auftreten pyrogener Stoffe handeln. Beim Erhitzen der Fette auf hohe Temperatur, namentlich beim Anbrennen von Fett, bildet sich Akrolein, ein ungesättigter Aldehyd. Im Zusammenhang damit wäre an die Bildung von Kondensationsprodukten aus Aldehyd mit Aminosäuren oder Ammoniak zu denken. Bei kräftiger Durchlüftung der Milch in dünner Schicht geht der Kochgeschmack wieder verloren, ebenso Rohgeruch und Rohgeschmack der Milch, welcher nach WEIGMANNS Erfahrungen in der dem Tiere eigenen Ausdünstung besteht.

Die Veränderungen der Milchstoffe beim Erhitzen der Milch kommen dann auch in den physikalischen und chemischen Eigenschaften der Milch zum Ausdruck. Nach WHITAKER, SHERMAN und SHARP nimmt die Dichte der Milch beim Erhöhen der Temperatur von 5⁰ auf 40⁰ C rascher ab als jene von Wasser, während bei Temperaturen von 40⁰ bis 80⁰ C die Abnahme der Dichte beider Stoffe ungefähr dieselbe ist.

Über den Einfluß der Temperatur auf die Viskosität der Milch hat als erster Soxhlet gearbeitet. Er stellte fest, daß die Viskosität der Vollmilch mit sinkender Temperatur schneller zunimmt als die des Wassers; er führt diese Erscheinung auf den Einfluß des Kaseins zurück. Seine Angaben sind später von Kobler und Taylor und neuerdings von Evenson und Ferris bestätigt worden. Sehr eingehende Untersuchungen führten in jüngster Zeit Whitaker, Sherman und Sharp über die Viskosität der Magermilch im Bereich von 5⁰ bis 80⁰ C unter Verwendung eines Ostwaldschen Viskosimeters aus. Genannte Autoren fanden, daß bis zu 60⁰ C die Viskosität der Milch schneller abnimmt als die des Wassers; zwischen 60⁰ und 70⁰ C nehmen beide etwa im gleichen Maße ab und zwischen 70⁰ und 80⁰ C ändert sich die Viskosität der Magermilch weniger als die des Wassers. Pasteurisieren der Magermilch während 30 Minuten bewirkt ebenfalls eine Abnahme der Viskosität, während die Pasteurisierung bei höheren Temperaturen eine Zunahme verursacht. Diese Befunde decken sich mit den Beobachtungen von Woll, Steiner und Weinlig.

Das Eindicken oder Kondensieren der Milch

Die mildeste Form der Anwendung der Wärme zwecks Überführung der Milch in eine haltbare Dauerform ist das Eindicken oder das Kondensieren der Milch. Die gegenseitigen Beziehungen der kolloiden Systeme der Milch werden bei der immer noch reichlich bemessenen Menge des Wassers der Milch während des Eindickens und des Fertigfabrikates im großen und ganzen erhalten bleiben. Das wird noch besonders zutage treten bei der Herstellung gezuckerter Kondensmilch, wobei die zugesetzte Saccharose als ein die Viskosität steigerndes Moment im Sinne der Erhaltung kolloider Systeme günstig wirkt. Leighton und Mudge dickten Milch auf 20% fettfreie Trockenmasse ein und verglichen die Gerinnungstemperaturen der mit und ohne Zuckerzusatz kondensierten Milch, wobei sie auch noch den Zeitpunkt des Zuckerzusatzes bei Herstellung von Kondensmilch berücksichtigten. Wurde dabei die Milch vor dem Eindicken entweder nur auf Zimmertemperatur oder aber auf 120⁰ C vorgewärmt, so trat, unabhängig davon, wann der Zuckerzusatz erfolgte, die Gerinnung der gezuckerten Kondensmilch erst bei erkennbar höheren Temperaturen auf als bei der ungezuckerten Kondensmilch. Wurde bei einer Vorwärmung der Milch auf 95⁰ C der Zucker vor dem Vorwärmen zugesetzt, so wirkte sich der Zuckerzusatz wenig günstig aus, die Milch war sehr wenig stabil. Wurde aber der Zucker erst nach dem Eindicken zugesetzt, so war die auf 95⁰ C vorgewärmte Milch die hitzebeständigste von allen Proben. Die Herstellung gesüßter Kondensmilch ist dank dem stabilisierenden Einfluß des Saccharosezusatzes weniger schwierig als jene von ungesüßter Kondensmilch, bei der die Verhältnisse komplizierter liegen. Eine relative Schwierigkeit bietet die Erhaltung des Milchzuckers in Lösung. Unvorsichtige Arbeitsweise, z. B. vorübergehende übermäßige Wärmezufuhr bei ungenügendem Vakuum, allzu kräftige Bewegung der Milchmassen während des Eindickungsprozesses usw. kann unter Umständen bewirken, daß die Löslichkeitsgrenze des an und für sich schwer löslichen Milchzuckers überschritten wird und sich letzterer in feinen Kristallen ausscheidet. Das Wachsen dieser Kristalle wird zwar durch die noch anwesenden kristallisationsverzögernden Stoffe verhindert, aber der ausgeschiedene Milchzucker verrät sich durch sandiges Gefüge der eingedickten Milch. Sharp hält es sogar für unmöglich, das Kristallisieren des Milchzuckers in einer Kondensmilch mit 8% Fett, 20% fettfreier Trockenmasse, 45% Rohrzucker und 27% Wasser verhindern zu können. In derartiger Kondensmilch entspricht die Konzentration des Milchzuckers einer etwa 30%igen Lösung. Letztere ist für Zimmer- und Lagerungstemperaturen nämlich weit übersättigt, sobald die α- und β-Form der Laktose im Gleichgewicht sind.

Das Aussuchen der zum Eindicken bestimmten Milch ist unbedingt erforderlich, sollen Schwierigkeiten beim Fabrikationsprozeß vermieden werden. Nur gut gereinigte Milch normaler Zusammensetzung und Beschaffenheit sollte Verwendung finden. Anormaler Geschmack oder Geruch der Milch wird durch das Eindicken noch verdichtet. Die Leichtigkeit, mit der saure Milch beim Erhitzen gerinnt, ist bekannt. Die beim Sterilisieren von ungesüßter Kondensmilch, sogenannter Dunst- oder evaporierter Milch an und für sich vorhandenen Schwierigkeiten sind um so beträchtlicher, je höher die titrierbare Azidität der Milch ist. Eine bestimmte Beziehung zwischen der Titrationsazidität frisch ermolkener Milch und ihrer Hitzekoagulation besteht nach SOMMER und HART nicht. Dagegen wird bei Verwendung zu reifer Milch eine um so beträchtlichere Anreicherung der so gut wie nicht flüchtigen Milchsäure in der eingedickten Milch stattfinden, je höher der Säuregrad der ursprünglichen Milch und der Eindickungsgrad ist, wodurch Gerinnung der Milch beim nachfolgenden Sterilisieren eintreten kann. Der vielfach in der Technik eingebürgerte Gebrauch, einer Gerinnung der eingedickten Milch beim Sterilisieren durch Zugabe von Bikarbonat vorzubeugen, ist nicht gutzuheißen, nachdem durch sorgfältige Auswahl der zur Verarbeitung kommenden Milchen die Möglichkeit besteht, ansaure Milch und damit die Milchsäure, den für Kondensmilch an und für sich fremden Bestandteil auszuscheiden.

Bekannt ist dann auch der Einfluß bestimmter Salze und anderer Substanzen auf die Koagulation ungesüßter Kondensmilch durch Wärme. In einigen Fällen wird eine Erniedrigung der Koagulationstemperatur hervorgerufen, in anderen Fällen wird letztere erhöht. Nach SOMMER und HART ist die Schwierigkeit des Sterilisierens der eingedampften Milch im allgemeinen die Wintermonate über größer als bei Weidegang der Kühe. Soferne als Ursache der Hitzekoagulation ein Überschuß der Milch an Kalzium und Magnesium in Betracht kommt, kann durch Zugabe von Phosphat oder Zitrat in den meisten Fällen die Koagulation verhindert werden. Wenn auch sehr selten, so konnten doch genannte Autoren das Gegenteil beobachten, nämlich daß durch Zugabe genannter Salze die Koagulation nicht verhindert, sondern eher noch beschleunigt worden war. In diesen Fällen verhinderte ein passender Zusatz von Kalzium oder Magnesium die Koagulation oder erhöhte zum mindesten die Koagulationstemperatur. Kalzium und Magnesium werden anscheinend durch Phosphat und Zitrat im Gleichgewicht gehalten. Gleichen sich diese 4 Mineralstoffe in richtiger Weise aus, so ist das Optimum der Stabilität des Systems gewährleistet, andernfalls tritt Gerinnung der eingedickten Milch während des Sterilisierens ein.

Wesentlich für die Vermeidung der Koagulation der ungesüßten Kondensmilch ist nach MOJONNIER und TROY auch der Gehalt der zu verarbeitenden Milch an Albumin. Ein Zusatz von nur 0,09% Laktalbumin zu frischer Milch erhöht bereits die Gefahr der Koagulation. Da Milch von noch kolostralähnlichem Charakter einen merklich höheren Albumingehalt aufweist, so wird aus derartiger Milch hergestellter ungesüßter Kondensmilch ein erniedrigter Koagulationspunkt zukommen, und es wird daher sehr schwer halten, selbe ungefährdet zu sterilisieren. Bei Verarbeitung großer Mischmilchen wird eine über das zulässige Maß hinausgehende Anreicherung von Milchalbumin nicht zu befürchten sein, namentlich wenn von seiten der Milchlieferanten darauf gesehen wird, daß Milch frischmelkender Kühe nicht vor beendeter Kolostralperiode wieder zur Anlieferung gebracht wird.

Weiterhin ist dann auch der Grad, bis zu welchem die Eindickung der Rohmilch geht, von Einfluß auf die Koagulationstemperatur der ungesüßten Kondensmilch. Sommer und Hart kommen auf Grund ihrer Versuche zu dem Ergebnis, daß nicht nur die Konzentration des kolloiden Systems den Koagulationspunkt zu beeinflussen vermag, sondern auch die Konzentration des Milchserums. Zweifelsohne liegen sehr komplizierte Verhältnisse vor, wie aus dem Verhalten der Natriumsalze zu erkennen ist. Zusätze von Natriumchlorid oder anderer Natriumsalze zu ungesüßter Kondensmilch erniedrigen den Koagulationspunkt beträchtlich, während Natriumbikarbonat die entgegengesetzte Wirkung auszulösen imstande ist. Nach Holm erhöht ein hoher Fettgehalt der Milch ihre Koagulationstemperatur um ein geringes gegenüber jener der Magermilch derselben Herkunft, weil wahrscheinlich Wärme durch das Fett der Vollmilch absorbiert wird. Je konzentrierter man die Dunstmilch herstellt, ein um so größerer Unterschied hinsichtlich Koagulationstemperatur tritt zwischen eingedickter Voll- und Magermilch derselben Herkunft zutage.

Von großer Bedeutung für die Stabilisierung der Systeme in Kondensmilch ist dann auch die Temperatur des Vorwärmens, während die Zeit des Vorwärmens von geringem Einfluß zu sein scheint. Nach Leighton und Deysher ist bei Herstellung von gesüßter Kondensmilch das Vorwärmen der Milch auf 65° C von Vorteil. Wärmt man die Milch auf 85° C vor, so tritt eine Abnahme der Stabilität des Fertigfabrikates gegenüber dem nicht vorgewärmten Material ein, die bei 95° C sehr ausgeprägt ist. Eine erhöhte Stabilität ergibt sich jedoch wieder nach dem Vorwärmen auf 110° und 120° C.

Bei ungesüßter Kondensmilch liegen die Verhältnisse nahezu umgekehrt. Das auf 65° C vorgewärmte Material ist etwas weniger stabil als das nicht vorgewärmte Produkt. Die Stabilität nimmt dann zu bis zu einer Temperatur von 95° C, ist hier dem Maximum nahe und nimmt bei 110° und 120° C wieder ab. Die zwischen gesüßter Kondensmilch und Dunstmilch bestehenden Unterschiede sind nach Ansicht genannter Autoren auf eine Reaktion zwischen dem Rohrzucker und dem Kalzium und Magnesium der Milch zurückzuführen. Andere Angaben weisen jedoch darauf hin, daß der Einfluß des Vorwärmens auf die Stabilität der genannten Milchpräparate lediglich in der Wirkung der Wärme auf das Gleichgewicht der Salze bestehe.

Nach Leighton und Deysher ist der Vorgang, der das Dickwerden kondensierter Milch beim Lagern bei gewöhnlicher Temperatur verursacht, derselbe wie beim Gerinnen der Milch, die hohen Temperaturen ausgesetzt wird. Auch Migawaki vertritt die Ansicht, daß das Dickwerden der Kondensmilch ein einfacher physikalischer Vorgang ist. Nach seinen Beobachtungen wird jede Kondensmilch beim Altern mehr oder weniger dick, gleichgültig ob sie Bakterien enthält oder nicht. Downs führt das Dickwerden gesüßter Kondensmilch auf das Vorhandensein gewisser Mikroorganismen zurück. Er hat Fälle beobachtet, wobei gesüßte Kondensmilch sehr dickflüssig, sogar fest geworden ist. Dieser Zustand kann mit oder ohne gleichzeitige Veränderung des Geschmacks und Geruchs eintreten. Im ersteren Falle entwickelt sich mit ansteigender Azidität ein charakteristischer, fruchtähnlicher Geruch und ein unangenehmer Geschmack. Diese Art Dickwerden beobachtet man meist im späten Frühjahr und im Sommer sowie auf Schiffen, die tropische Gegenden befahren.

Enthält somit gesüßte Kondensmilch gewöhnlich noch Keime, da der Eindickungsprozeß mit seinen verhältnismäßig niedrigen Temperaturen einer Sterilisierung nicht gleichzukommen vermag, so ist ungesüßte Kondensmilch, Dunstmilch, ziemlich keimfrei, da selbe nach dem Eindicken noch der Sterilisierung unterworfen wird. Eine Zunahme der Keimzahl ist jedoch in gesüßter Kondensmilch nicht zu erwarten im Hinblick auf die beträchtliche Konzentration des Produktes und seinen hohen Zuckergehalt.

Über das Ranzigwerden gesüßter Kondensmilch berichtet FRANK E. RICE. Das Fett in Kondensmilch ist Zersetzungen sehr leicht zugänglich; dies geht daraus hervor, daß bereits 0,3% nicht erhitzter Milch auf Grund ihres Gehaltes an wirksamen lipolytischen Enzymen der Kondensmilch zugesetzt, letztere ranzig zu machen vermag. Die Temperatur, bei der gewöhnlich im Vakuum eingedampft wird, 54° bis 60° C, genügt nicht immer, um das fettspaltende Vermögen der Rohmilch zu zerstören. Höhere Temperaturen, 82° C bis Kochtemperatur, wären wohl ausreichend, können aber dem Erzeugnis sehr nachteilig werden. Die Ursache des Ranzigwerdens gesüßter Kondesmilch erblickt RICE in Abweichungen von erprobten Verfahren und in fehlerhaften Fabrikationseinrichtungen, wie z. B. ungenügenden Verschlüssen, durch welche eine geringe Menge unerhitzter Milch in die Vakuumpfanne gesaugt werden kann, in Sorglosigkeit beim Erhitzen, so daß die Milch die erforderliche Temperatur nicht erreicht.

Die Eindickung der Milch erfolgt hauptsächlich nach 2 Verfahren: entweder mittels Eindampfens der Milch unter vermindertem Druck in Vakuumpfannen oder durch Anwendung heißer Luft, wobei durch die erwärmte Milch heiße Luft hindurchgeblasen wird.

Das Trocknen der Milch

Das Trocknen der Milch unter Zuhilfenahme von Wärme bedeutet für das außerordentlich fein ausgeglichene System der Milchproteine und dessen Verhältnis zur Fettemulsion einen ganz erheblichen Eingriff. Durch die Entfernung von Wasser bis auf einen geringen Anteil, der bei Zerstäubungstrockenmilch in der Regel sich nur mehr auf 1 bis 3% beläuft, bei der Walzentrockenmilch einige Prozente mehr beträgt, wird die Dispersion der Eiweißstoffe der Milch zum Teil irreversibel. Sind nun die Veränderungen in der Struktur der Eiweißkörper der Milch bei den Zerstäubungsverfahren verhältnismäßig gering, da die Milchstoffe nur für einen sehr kurzen Zeitabschnitt der Erhitzung ausgesetzt sind, so wirkt sich das Trocknen der Milch auf überhitzten Walzen um so schädlicher aus, wie dies zuweilen bei dem HATMAKER-Prozeß eintreten kann. Wie man aus der rein äußerlichen Beschaffenheit, namentlich aus der Farbe überhitzter Trocknungsprodukte erkennen kann, hat hier bereits eine schwache Bräunung des Milchpulvers stattgefunden, welche auf eine beginnende Hitzezersetzung schließen läßt.

Beachtlich im Zusammenhang mit der Schädigung der Eiweißstoffe ist dann vor allem noch eine Überlegung über das Verhalten des von RAHN und MOHR inaugurierten Schaumstoffes der Milch; dieser wird durch das Trocknen eine erhebliche Schädigung seiner Hydrophilie erfahren. Im Zusammenhang damit könnte man es erklärlich finden, daß in Lösung gebrachte Trockenmilch sehr wenig schäumt, Rahmpulver, das unter den sorgfältigsten Maßnahmen hergestellt worden ist, nach seiner Wiederverteilung in Wasser nicht mehr schlagfähig ist. Die idealste Art der Trocknung der Milch wäre das Trocknen bei niederen Temperaturen im Vakuum. Einer technischen Lösung ist diese

Art der Trocknung jedoch sehr schwer zugänglich, im Laboratoriumsversuch läßt sie sich unter Zuhilfenahme des Serum-Vakuum-Apparates nach STRAUB verwirklichen.

In die Technik haben 2 große Gruppen von Verfahren der Milchtrocknung Eingang gefunden, die Walzenverfahren und die Sprühverfahren. Ein Mittelding zwischen beiden ist die Teigtrocknung. Das Trocknen auf mit Dampf geheizten Walzen an offener Luft fand zuerst in Amerika weiteste Verbreitung. So führt das JUST-HATMAKER-Verfahren das Trocknen mit Heiztemperaturen bis zu 130° C durch. Infolge der hohen Temperatur gerät die Milch beim Einfließen zwischen die Walzen stark ins Sieden und bleibt auch, während sie auf den sich gegeneinander drehenden Walzenoberflächen fest trocknet, diesen hohen Temperaturen ausgesetzt. Eine empfindliche Schädigung der Eiweißstoffe ist unausbleiblich. Unter dem Einfluß dieser hohen Wärmegrade kann auch gelegentlich das Fett aus dem Trockengut austreten, es entledigt sich des Kaseins, von dem die einzelnen Fettkügelchen gleichmäßig eingehüllt sind. Die Qualität des Milchpulvers erleidet dadurch eine merkliche Einbuße und nicht weniger seine Löslichkeit. Bei verhältnismäßig niedriger Heiztemperatur vollzieht sich der Trocknungsprozeß bei dem Apparat von MEISTER, wie ihn GABLER-SALITER gebraucht. Durch Verwendung von niedrig gespanntem Heizdampf und durch Auftragung voreingedickter Milch mittels Auftragwalze, welche nach Bedarf gekühlt werden kann, verläßt das Produkt nach einer mir zugegangenen Mitteilung die Walze mit 65° bis 70° C. Diese Temperatur liegt relativ unwesentlich über dem Gerinnungspunkt des Milcheiweißes. Man kann also bei dieser Art der Trocknung noch von einer schonenden Behandlung der Milch sprechen und die verhältnismäßig geringe Erhitzung der Trommel bietet Gewähr für gute Löslichkeit des Trockengutes.

Die Bestrebungen, die Walzentrocknung, die technisch viele Vorzüge hat, zu vervollkommnen, haben zu verschiedenen Verbesserungen der bestehenden Systeme geführt. So sind Konstruktionen im Gange, welche die Haut der Walze nicht mehr aus Metall, sondern aus Glas oder Porzellan vorsehen. Weiterhin hat man sich dann auch der sogenannten Vakuumtrocknung zugewendet, wie sie in PASSBURGS Vakuum-Trommel-Trockner und anderen Systemen zum Ausdruck kommt. Wichtig ist die Tatsache, daß die Vakuumtrocknung den Trockenprozeß bei erheblich niedriger Temperatur durchführen kann.

Die Zerstäubung und das Trocknen der Milch erfolgt entweder dadurch, daß die Milch unter einem Druck von 100 bis 150 Atm. durch eine Düse gepreßt in eine von heißer Luft durchströmte Kammer gesprüht wird, oder dadurch, daß die Milch auf eine mit großer Geschwindigkeit rotierende Scheibe fällt und in Form feinster Tröpfchen in einen von heißer Luft durchströmten Raum geschleudert wird. Das in Deutschland am besten bekannte sogenannte KRAUSE-Verfahren gehört zu den letzteren. In allen Fällen wird der erzeugte Milchnebel durch den ihn in schneller Bewegung durchstreichenden Luftstrom, der beim Eintritt in den Trockenraum etwa 130° C hat und in der Nebelzone auf etwa 60° bis 75° C abfällt, fast augenblicklich getrocknet. Durch die nur kurze Einwirkung des heißen Luftstromes erfährt die Milch in ihren physikalischen, chemischen und biologischen Eigenschaften keine merkliche Einbuße. Der Keimgehalt der ursprünglichen Milch wird dagegen weitgehend verringert, pathogene Bakterien werden vernichtet. Schwierigkeiten sind bei den Zerstäubungsverfahren darin zu erblicken, daß das zu zerstäubende Material mit großen Mengen Luft in Berührung kommt und nicht schnell genug aus dem warmen Luftstrom entfernt werden kann, wodurch nachteilige Rückwirkungen auf die Haltbarkeit des Produktes unausbleiblich sind.

Nach den bisherigen Erfahrungen sind Milchpulver, gleichviel nach welchem Verfahren hergestellt, nicht unbegrenzt haltbar. Sie erleiden je nach der Art der Vorbehandlung und der Art der Behandlung des Fertigfabrikates früher oder später Veränderungen, die sich hinsichtlich des Milchfettes in einem talgigen oder ranzigen Geruch und Geschmack, in bezug auf das Kasein in einer Veränderung der Löslichkeit, die sich bis zum Unlöslichwerden steigern kann, zu erkennen geben.

Nach LENDRICH beobachtet man zuweilen bei Auflösung von Vollmilchpulver in warmem Wasser auch Abscheidung von geschmolzenem Fett an der Oberfläche, wofür Fabrikationsfehler oder unsachgemäße Lagerung verantwortlich zu machen sind. Vorausgehende Homogenisierung der Milch vor dem Trocknen vermochte nach Angaben genannten Autors eine Ausbutterung des Fettes erfolgreich zu verhindern; Aroma und Geschmack der Milch erfuhren jedoch eine Beeinträchtigung, insoferne als nach kurzer Zeit in der daraus gewonnenen Trockenmilch sich ein talgiger Geruch und Geschmack bemerkbar gemacht hatte. Durch die weitgehende Zerteilung des Fettes beim Homogenisieren der Milch wird anscheinend der Oxydation des Fettes Vorschub geleistet.

Ein eigenartiger Zustand der Milchpulver, der durch das Trocknen der Milch eintritt und den man in seiner Ursache noch nicht vollständig durchblicken kann, trägt indirekt zur Verringerung der Haltbarkeit namentlich der Zerstäubungspulver bei. Das Eintreten dieses Zustandes wird durch einen Bestandteil der Trockenmilch, durch den Milchzucker gefördert bzw. ausgelöst. Dieser kommt in der Milch als Hydrat vor, wird infolge der plötzlichen Trocknung der feinvernebelten Milch im heißen Luftstrom in das stark hygroskopische Anhydrid übergeführt, das bei Berührung mit Wasser ohne weiteres wieder in das Hydrat übergeht. Die Hygroskopizität des Milchpulvers bzw. des Milchzuckeranhydrids macht sich alsbald nach der Herstellung bemerkbar. Das Milchpulver ballt sich zu einer zusammenhängenden Masse zunächst ohne Strukturveränderung der Teilchen zusammen, Griff und Geschmack des Pulvers ändern sich wesentlich im Verlauf der Rückbildung des Anhydrids in das Hydrat. Sehr wahrscheinlich ist im vorgeschrittenem Stadium mit dieser Rückbildung auch eine Quellung der Eiweißkörper des Milchpulvers verbunden, wodurch im Gefüge des Milchpulvers merkbare Veränderungen vorgehen, die nicht zum wenigsten der oxydierenden Wirkung des Luftsauerstoffes auf das Milchfett und damit des beginnenden Verfalles des Milchpulvers Vorschub leisten.

Über das Unlöslichwerden der Eiweißkörper der sowohl nach den Zerstäubungs- als auch nach den Walzenverfahren hergestellten Milchpulver durch Aufnahme von Feuchtigkeit berichten SUPPLEE und BELLIS. Die ursprüngliche Löslichkeit des Milchpulvers kann für 1 Jahr oder länger erhalten bleiben, soferne sein Feuchtigkeitsgehalt nicht über 3% während der Aufbewahrung steigt. Milchpulver, deren Wassergehalt 4 bis 5% betrug, waren nach Verlauf eines Jahres schwerer löslich als Proben desselben Pulvers, dessen Wassergehalt auf etwas weniger als 3% gehalten wurde. Ließ man den Wassergehalt derartiger Proben plötzlich auf 6,5 bis 7% ansteigen, so trat im Verlauf einiger Tage fast vollständige Unlöslichkeit ein. In jedem Falle bedingte zunehmender Wassergehalt ein Ansteigen der Unlöslichkeit innerhalb einer ganz bestimmten Zeit.

Ranzigkeit entwickelte sich nach SUPPLEE häufiger in Pulvern, die nach der Zerstäubungsmethode hergestellt wurden, seltener in den JUST-HATMAKER-Pulvern. Diese verfallen besonders leicht der Talgigkeit, die auch in diesem Falle auf Oxydation des Fettes zurückzuführen ist. Alle Faktoren, welche letztere begünstigen, beschleunigen auch die Entwicklung der Talgigkeit. So zeigten Milchpulver, bei normaler Zimmertemperatur aufbewahrt, bereits nach 5 bis 7 Monaten Anzeichen von Talgigsein, während niedrige Aufbewahrungstemperatur ihr Auftreten in Pulvern über 18 Monate lang zu verhindern vermochte. Spuren von Kupfer, die durch Berührung der flüssigen Milch während des Fabrikationsprozesses oder während der Aufbewahrung des Milchpulvers in letzteres gelangten, beschleunigten die Entwicklung der Talgigkeit des Milchpulvers. Weniger empfindlich verhalten sich Milchpulver gegenüber Eisen und Eisenverbindungen, immerhin vermögen auch diese katalytisch auf die Entwicklung der Talgigkeit zu wirken.

Dahle und Palmer untersuchten namentlich die zweckmäßigste Art der Verpackung und Lagerung der Vollmilchpulver. Als völlig unzureichend erwiesen sich Behälter aus geleimter Pappe, durch welche Luft und Feuchtigkeit Zutritt zu dem Pulver hatten. Vorzügliche Haltbarkeit gewährleisteten verzinnte Doppelbehälter durch unbedingt sichere Abdichtung gegen Außenluft und Feuchtigkeit. Lackierte Zinngefäße gewährten keinen besseren Schutz gegenüber nichtlackierten. Maßgebend für die Haltbarkeit ist fernerhin die Temperatur, bei welcher die Pulver eingelagert werden. Lagertemperaturen von 4^0 bis 20^0 ließen keine beträchtlichen Unterschiede hinsichtlich der Beständigkeit der Pulver erkennen. Bei 37^0 eingelagerte Proben werden sehr rasch fest und mißfarben. Bei einer Temperatur von 4^0 bis 20^0 in Gefäßen aus Mattglas mit Schraubenverschluß und in Gefäßen aus geleimter Pappe eingelagerte Milchpulverproben zeigten bereits nach 3 Monaten Anzeichen verminderter Haltbarkeit, während in verzinnten Gefäßen verpackte Proben nach Ablauf einer einjährigen Lagerung sich noch als vollständig frisch und unverändert erwiesen. Bei Lagertemperaturen von über 37^0 zeigten sämtliche Proben nach 3 Monate langer Lagerung deutlich wahrnehmbare Verschlechterung.

Über chemische und physikalische Eigenschaften von Milchpulverlösungen berichten Palmer und Dahle. Derartige Lösungen zeigen den Gefrierpunkt der Frischmilch, soferne bei der Herstellung der Lösung das bestehende Verhältnis zwischen Trockenmasse und Wasser der Milch beachtet wurde. Das spezifische Gewicht von Milchpulverlösungen schwankt innerhalb der Grenzen, wie sie dem spezifischen Gewicht der Frischmilch gezogen sind, soferne man die Konzentration der Milchpulverlösungen so wählt, daß sie normalen Gefrierpunkt der Frischmilch ergeben. Unter diesen Voraussetzungen besitzen Lösungen der bekannten Milchpulvertypen mit Ausnahme jener von Walzentrockenmilch normale elektrische Leitfähigkeit. Die Viskosität von Milchpulverlösungen liegt etwas höher als jene natürlicher Milch. Der Viskosität der letzteren kam am nächsten die Viskosität von Lösungen von Walzentrockenmilch. Normale Aufrahmung zeigten Lösungen der nach dem Zentrifugalzerstäubungsverfahren hergestellten Milchpulver. Bei Lösungen dieser Pulver war auch keine nachteilige Beeinflussung der Labungsfähigkeit zu erkennen. Lösungen der nach dem Walzenverfahren hergestellten Milchpulver hatten dagegen die Fähigkeit, mit Lab zu gerinnen, verloren. Das Pufferungsvermögen von Lösungen sämtlicher Arten der Milchpulver war geringer als das natürlicher Milch. Walzentrockenmilch zeigte keine Peroxydasereaktion, dagegen war letztere bei den nach dem Druckzerstäubungs- und Zentrifugalzerstäubungsverfahren hergestellten Milchpulvern noch nachzuweisen.

Erhitzen der Milch und Säuregrad

Die durch das Erhitzen der Milch verursachten Störungen der chemischen Gleichgewichte der Milch geben sich auch durch Veränderung der Reaktion der Milch zu erkennen. Schon RAUDNITZ weist darauf hin, daß infolge stärkerer hydrolytischer Spaltung der Kaseinate und Phosphate in freies Alkali und Kaseinhydrosol die Reaktion der noch heißen Milch gegen Lackmus stärker alkalisch ist. Wieder abgekühlte, nicht überhitzt gewesene Milch zeigt dagegen keine Änderung der Reaktion. Durch länger andauernde und höhere Erhitzung verschärft sich dagegen die Reaktionsänderung und führt zu einer dauernden Verringerung des Säuregrades der Milch.

Die anfängliche Verringerung der Titrationsazidität beim Erwärmen der Milch beruht sicher auf der Abgabe von Kohlensäure, die durch die außerordentlich leichte Beweglichkeit des Systems Kohlensäure-Bikarbonat noch unterstützt wird. Weniger fühlbar wirkt sich der Verlust an Kohlensäure gegenüber der Pufferung der Milch aus. Die p_H der Milch wird trotz des Verlustes an Kohlensäure durch Erhitzen kaum verändert, ein Beweis für das ausgezeichnete Pufferungsvermögen der Milch.

Hinsichtlich der Wirkung gesteigerter Temperaturen auf den Kohlensäuregehalt der Milch unter Verhältnissen, wie sie gewöhnlich beim Pasteurisieren der Milch vorliegen, stellten L. VAN SLYKE und R. KEELER in Übereinstimmung mit den Beobachtungen von FLEISCHMANN, RUPP und WEINLIG stets einen Rückgang des Säuregrades der Milch fest. Bei Flaschenpasteurisierung trat eine Verminderung an CO_2 in Proben mit $4\% CO_2$ durch das Pasteurisieren auf zirka 2 Volumenprozent ein. Zahlreiche Proben von Marktmilch, welche bei 62^0 pasteurisiert und hernach in Flaschen abgefüllt worden waren, wiesen nach 30- bis 36stündigem Stehen nach dem Pasteurisieren noch 1,5 bis 2 Volumenprozent Kohlensäure auf. Milch, welche 30 Minuten lang bei 62^0 erhitzt worden war, enthielt vor und nach dem Tiefkühlen noch 2 Volumenprozent Kohlensäure. Frischmilch mit einem Gehalt an Kohlensäure von 4 Volumenprozent wurde ohne Bewegung verschieden lang auf 63^0 erhitzt, wobei sich folgendes Bild ergab:

Tabelle 3

Erhitzungsdauer in Minuten....	0	2	3	4	5	10	12	20	30
CO_2-Gehalt in Volumenprozent..	4,0	3,5	3,0	2,5	2,5	2,5	2,5	2,5	2,5

Im allgemeinen wird man somit sagen können, daß nach dem üblichen Verfahren pasteurisierte Milch selten mehr als 2,5 Volumenprozent, gewöhnlich noch weniger Kohlensäure enthält.

Die Verringerung des Kohlensäuregehaltes der Milch durch Pasteurisieren ist nach Ansicht verschiedener Autoren von nachteiligerem Einfluß für den Nährwert der Milch, als schlechthin angenommen wird. Über den Zusammenhang zwischen der Art der Pasteurisierung und dem natürlichen Kohlensäuregehalt der Milch, der für die Resorption der Kalk- und Phosphorsalze der Milch wichtig ist, berichten STASSANO und ROLLET. Sie verglichen die Wirkung von 3 Arten des Pasteurisierens der Milch auf deren Titrationsazidität. Während 2 bis 3 Minuten langes Erhitzen der Milch auf 90^0 bis 95^0 und 25 Minuten langes Erwärmen der Milch auf 63^0 eine mit dem durch die Erwärmung hervorgerufenen CO_2-Verlust gleichlaufende Abnahme der Azidität bewirkten, verursachte das Pasteurisieren der Milch in dünner Schicht eine viel geringere Azidïtätsabnahme, entsprechend dem sehr geringen bzw. ganz ausbleibenden CO_2-Verlust. Folgende Zusammenstellung läßt die Verhältnisse erkennen:

Rohmilch: $4,33 \ cm^3 \ CO_2$,

Nach STASSANO pasteurisierte Milch: $4,37 \ cm^3 \ CO_2$,

Dauerpasteurisierte Milch: $1,41 \ cm^3 \ CO_2$,

Kurzdauernde Hochpasteurisierung der Milch: $0,43 \ cm^3 \ CO_2$.

Beim Pasteurisieren der Milch nach STASSANO war somit überhaupt kein Verlust an Kohlensäure eingetreten, während die Dauerpasteurisierung und namentlich die Hochpasteurisierung den Gehalt der Milch an Kohlensäure ganz beträchtlich verringert hatten.

Im Gegensatz zu der an und für sich geringen Änderung der Titrationsazidität beim Pasteurisieren der Milch nach STASSANO blieb dabei unter normalen Bedingungen die aktuelle Azidität (Wasserstoffionenkonzentration) praktisch konstant. Eine Schwächung der Pufferwirkung und eine Änderung der p_H trat erst dann ein, wenn die Pasteurisierung in dünner Schicht bei 90° statt bei 75° ausgeführt wurde. VAN DAM beobachtete bei 30 bis 60 Minuten langem Erhitzen der Milch auf dem kochenden Wasserbad mit aufgesetztem Rückflußkühler eine Zunahme der Wasserstoffionenkonzentration und eine Abnahme der Titrationsazidität. Blieb die Milch einige Zeit kühl stehen, dann war eine geringe Abnahme der Wasserstoffionenkonzentration eingetreten. KOSMOVICI konnte diese Beobachtung bestätigen. Proben entrahmter Milch, die im Wasserbad 30 Minuten auf 56°, 68°, 75° und 100° erwärmt worden waren, zeigten nach dem Abkühlen eine progressive Abnahme der p_H-Werte mit zunehmender Temperatur. Bei 100° betrug die Abnahme der p_H-Werte durchschnittlich 0,12. Diese Veränderung ist irreversibel und nach KOSMOVICI wahrscheinlich bedingt durch Änderungen des kolloiden Systems der Eiweißkörper unter dem Einfluß der Wärme.

Lang anhaltendes Kochen der Milch zeitigt ganz eigenartige Verhältnisse. WHITTIER und BENTON erhitzten Magermilch stundenlang auf 95° und 101,5°. Beidemal trat zunächst der bekannte Rückgang der Titrationsazidität ein, dem aber dann eine langsame Zunahme in den ersten 12 Stunden des Erhitzens folgte. Die Wasserstoffionenkonzentration nahm von Anfang an kontinuierlich zu. Die Menge der gebildeten Säure war sowohl von der Zeit als auch von der Erhitzungstemperatur abhängig. Bei 95° war die Säurebildung erheblich geringer als beim Siedepunkt der Milch, bei 101,5°. Bei dem einen Versuch trat nach 12stündigem Erhitzen Gerinnung der Milch mit darauffolgendem Rückgang der Titrationssäure ein. Dieser Rückgang war nur ein scheinbarer, da durch die Ausfällung der Eiweißkörper nur die Molke titriert wurde. Genannte Autoren untersuchten auch das Pufferungsvermögen von Magermilch, welche bei 120° eine halbe Stunde lang autoklaviert worden war. Es zeigte sich, daß hierbei die Milch an Pufferungsvermögen eingebüßt hatte; die Abnahme der Pufferung war jedoch keine schnell vor sich gehende Reaktion, selbst bei 120° nicht.

Als eigentliche Quelle der Säurebildung beim Erhitzen der Milch auf Temperaturen über 100° bezeichnen WHITTIER und BENTON den Milchzucker. So bedingte z. B. Erhöhung der Milchzuckerkonzentration der Milch eine Säurezunahme. Beigaben von Rohrzucker hatten keinen erkennbaren Einfluß auf die Säurebildung.

TILLMANS und OBERMEIER konnten in Milch, die 5 Minuten lang kräftig aufgekocht war, ebenfalls eine schwache Zunahme des Säuregrades feststellen, während die p_H bei sämtlichen Proben praktisch dieselbe geblieben war. Die Leitfähigkeit der Milch hatte sich etwas vermindert.

Erhitzen der Milch und die Milchsalze

Der Mangel unserer Kenntnisse über die Mineralstoffe der Milch an und für sich erschwert naturgemäß den Einblick in die Vorgänge, welche sich beim Erhitzen im Mineralstoffmilieu der Milch abspielen. Die erste Beobachtung von SÖLDNER, wonach die Milcherhitzung ein Niederschlagen der Kalkphosphate bewirkt, ist inzwischen wiederholt bestätigt worden. Heute besteht wohl kein Zweifel mehr darüber, daß vorwiegend unter dem Einfluß höherer Temperaturen das molekulare Gleichgewicht der gelösten Milchsalze eine empfindliche Störung erleidet, als deren sichtbarster Ausdruck die Ausfällung von Trikalziumphosphat und von überschüssigem Kalk als Trikalziumzitrat zu verzeichnen ist. Damit hängt die wohlbekannte Erscheinung zusammen, daß beim Erhitzen und namentlich bei anhaltendem Kochen oder Eindampfen der Milch ein Teil der Zitronensäure als unlösliches Trikalziumzitrat sich an den Gefäßwandungen ablagert oder in Form von Konkretionen oder voluminösen Niederschlägen, wie selbe HENKEL in kondensierter Milch beobachtete, zur Abscheidung kommt. Nach OBERMEIER traten bei 5 Minuten langem Kochen Verluste bis zu 32% des Gehaltes der Milch an Zitronensäure ein. Bei 100° betrug die Abnahme während 30 Minuten langen Siedens 18 bis 30%, bei 75° betrug sie während 15 Minuten langen Erhitzens nur mehr 4%.

BELL führt die sich häufig widersprechenden Angaben des Schrifttums über den Einfluß des Erhitzens der Milch auf die Milchsalze auf ungeeignete Untersuchungsverfahren zurück. Er führte die Trennung des löslichen Kalziums von dem unlöslichen Kalzium nicht nur durch Filtration der Milch mittels Tonkerze, sondern auch unter Zuhilfenahme der Zentrifugalkraft aus. Dadurch vermied er eine eventuelle Absorption der Kalksalze durch den porösen Ton. In einer Versuchsreihe wurde rohe und auf verschiedene Temperatur erhitzte Milch derselben Herkunft durch eine CHAMBERLAND-Kerze filtriert und der Gehalt des Filtrates an Kalzium und Phosphor bestimmt. Ebenso wurde der Kalzium- und Phosphorgehalt im Zentrifugat nach dem Zentrifugieren bestimmt. Die Filtrationsmethode ließ nur geringe Veränderungen der Löslichkeit der Kalzium und Phosphor enthaltenden Salze erkennen. Immerhin war ein konstanter Verlust an Kalk und Phosphorsäure im Filtrat der erhitzten Milchproben nachweisbar. Deutlichere Unterschiede zwischen roher und gekochter oder erhitzter Milch zeigten sich bei den Zentrifugierversuchen. Die Verminderung des Gehaltes des Filtrates an Kalzium stieg durch Erhitzen der Milch auf 70° bis 100° von 0,35% bis 9,75% auf CaO berechnet. Dementsprechend war eine Zunahme im Niederschlag von 0,0075% bis 0,1246% zu verzeichnen. Für Phosphorsäure lauten die Angaben — 0,78% bis — 9,53%, bzw. + 0,0131% bis + 0,0218% auf P_2O_5 berechnet. Nach den Feststellungen von BELL setzt also bereits beim Erhitzen der Milch auf zirka 65° eine Abnahme der Konzentration des Kalziums und der Phosphorsäure ein; diese Abnahme nimmt zu bis zur Kochtemperatur der Milch.

Auch MAGEE und HARVEY konnten beweisen, daß das Pasteurisieren oder Kochen der Milch den Anteil des indiffusiblen Kalkes in der Milch erhöht. Labmolken aus Frischmilch besitzen einen höheren Kalkgehalt als Labmolken aus pasteurisierter oder gekochter Milch. Die Gefrierpunktserniedrigung zeigt nach dem Erhitzen der Milch eine deutliche Verminderung, ein untrügliches Zeichen, daß mit dem System der molekular- und iondispersen Milchstoffe, vorwiegend mit den Milchsalzen Veränderungen vor sich gegangen sind. Der kolorimetrisch bestimmte p_H der Milch nimmt nach dem Kochen leicht zu, vermutlich infolge Umwandlung des sekundären Kalziumphosphates in die tertiäre Form.

Nach LEIGHTON und MUDGE wird bei der Erhitzung der Milch nicht nur das Kalzium der Phosphate, sondern auch ein Teil des an Kasein gebundenen Kalziums anscheinend in Mitleidenschaft gezogen. Diese Autoren studierten die Wärmeabsorption beim Erhitzen eines synthetischen Milchplasmas und fanden dabei, daß die absorbierte Wärmemenge geringer war als bei der Milch.

Diese Beobachtungen leiten über zu der Theorie von Lindet, wonach bei der Hitzegerinnung der Milch das Kalzium des Käsestoffes teilweise zur Bildung von Trikalziumphosphat gebraucht wird.

Von nicht zu unterschätzendem Einfluß auf die Gestaltung der gegenseitigen Beziehungen der Mineralstoffe beim Erhitzen der Milch wird die Verminderung des natürlichen Kohlensäuregehaltes der Milch durch die eingetretene Erwärmung sein. Sehr wahrscheinlich wird der Verlust der Milch an Kohlensäure den Auftakt zu Verschiebungen in den Löslichkeitsverhältnissen der gelösten, Kalzium und Phosphorsäure enthaltenden Milchsalze geben. Stassano weist darauf hin, daß während des Pasteurisierens der Milch bei Luftzutritt sowohl bei hoher als bei niederer Temperatur die Milch einen großen Teil ihres Gehaltes an Kohlensäure und damit auch der löslichen und assimilierbaren Kalzium- und Phosphorsalze verliert.

Die Hitzegerinnung der Milch

Wie die Erfahrung beweist, kann die Temperatur, bei der die Milch gerinnt, um so niedriger sein, je höher der Säuregrad der Milch ist. Bei der freiwilligen Säuerung der Milch wird einmal der Säuregrad erreicht, der genügt, um die Milch schon bei Zimmertemperatur zum Gerinnen zu bringen. Henkel hat sehr ausführliche Versuche zur Feststellung der Säuremenge angestellt, welche Milch beim Kochen zur Gerinnung zu bringen vermag. Mischmilchen zeigten bei Kochgerinnung Säuregrade von 9,75 bis 12,5, Einzelgemelke solche von 9,0 bis 15,0. Im Durchschnitt wird ein Säuregrad von 10,5 bis 11,5 S.-H. als die Gerinnungsazidität der Milch beim Kochen anzusprechen sein. Besondere Betonung legt Henkel auf die Feststellung, daß die zur Gerinnung beim Kochen erforderliche Zunahme der Azidität infolge der besonderen Eigenschaften jeder Milch durchaus keine konstante Zahl ist. Man wird nicht fehlgehen, wenn man mit diesen „besonderen Eigenschaften" auch das jeder Milch eigene Pufferungsvermögen in Beziehung bringt, das den Ausgleich in der Reaktion bewerkstelligt. Daneben wird die Zusammensetzung der Milch von Einfluß sein und damit rückt weiterhin die Abhängigkeit der Hitzegerinnung der Milch, ähnlich den Verhältnissen wie bei der Alkoholgerinnung, von bestimmten Milchsalzen sehr nahe. Ringer (zit. nach Rahn und Sharp: „Physik der Milchwirtschaft", S. 241) beobachtete, daß ein Zusatz von Kalziumchlorid zu einer Lösung von Parakasein in Kalkmilch die Gerinnungstemperatur dieser Lösung erniedrigte. Er übertrug diese Feststellung auf Milch; je mehr Kalziumchlorid er zu normaler Milch zusetzte, um so beträchtlicher war die Erniedrigung der Gerinnungstemperatur. Ein Chlorkalziumzusatz nach dem Erhitzen verursachte dagegen keine Gerinnung.

Die Beobachtungen Ringers konnte Bang bestätigen. Lösungen von Kasein oder Parakasein mit einem bestimmten Gehalt an Chlorkalzium trüben sich beim Erhitzen und werden beim Erkalten wieder klar. Anscheinend ist das Kalziumparakaseinat bei niedrigen Temperaturen löslicher als bei höheren.

Rona und Gabbe bestimmten die Gerinnungstemperatur verschiedener Gemische von Kasein und Parakasein bei verschiedener Wasserstoffionenkonzentration und wechselndem Zusatz von Chlorkalzium. Mit steigendem Gehalt an Parakasein trat deutliche Erniedrigung der Gerinnungstemperatur ein. Ebenso bewirkte eine Zunahme des Gehaltes an Kalziumsalz und an Wasserstoffionen eine niedrigere Gerinnungstemperatur. Die Wirkung dieser beiden Faktoren erwies sich als additiv.

Die ausflockende Wirkung zweiwertiger Kationen, besonders der Kalziumionen in Verbindung mit der auf Zusatz von löslichen Kalksalzen, insbesondere von Kalziumchlorid, zu Milch eintretenden Erhöhung der Azidität bzw. Vermehrung der Wasserstoffionen kann die Gerinnung der Milch bereits bei niedrigeren Temperaturen bewirken.

Auch labähnliche Fermente vermögen die Gerinnungstemperatur der Milch herabzusetzen, wie wiederholt beobachtet worden ist. FRAZIER isolierte labbildende, sporulierende Stäbchen der Mesentericus-Gruppe, welche die Milch süß gerinnen ließen. Ihre Wirksamkeit hing sehr von der Temperatur ab, das Optimum der Wirkung konnte bei 40° bis 43° festgestellt werden. Erhöhung der Temperatur beschleunigte die Wirkung, Erniedrigung der Temperatur unter 10° verlangsamte selbe beträchtlich. Zusatz löslicher Kalziumsalze oder von Säuren vermochte die Wirkung der Labbakterien noch zu verstärken, während Zusatz von Zitrat die Gerinnung verhinderte.

Einer eigenartigen Koagulation kann die Milch unter dem Einfluß bestimmter Salze beim Erhitzen auf Temperaturen über 100° C, bei Sterilisationstemperatur, verfallen. Eingehende Untersuchungen hierüber, namentlich über den Einfluß von Salzen auf die Gerinnungsdauer der Milch bei 136° C, verdanken wir SOMMER und HART. Sie führten ihre Versuche aus im Zusammenhang mit der Sterilisierung ungezuckerter, kondensierter Milch. Bei diesem Sterilisationsprozeß koaguliert die eingedickte, in Büchsen abgefüllte Milch oft so rasch, daß es schwierig, manchmal sogar unmöglich wird, das Erzeugnis den erforderlichen hohen Temperaturen auszusetzen, ohne Gerinnung befürchten zu müssen. Bei frischer Milch bestand keine Beziehung zwischen Titrationsazidität oder Wasserstoffzahl und Gerinnungszeit. Zunehmende Säuregrade der Milch beschleunigten gewöhnlich die Gerinnung. Dasselbe war im allgemeinen von den Kalzium- und Magnesiumsalzen zu sagen, während Zitrate und Phosphate die Gerinnung verzögerten. Es kamen jedoch auch umgekehrte Fälle vor; so verzögerte sich bei einigen Proben die Gerinnung durch Zusatz von Kalziumsalzen immer mehr und mehr, während bei anderen Proben Zitrate oder Phosphate die Gerinnung beschleunigten. SOMMER und HART knüpfen hieran ihre Theorie vom Salzgleichgewicht, wonach die Stabilität des Kaseins am größten ist, wenn Kalzium- und Magnesiumsalze einerseits und Zitrate und Phosphate anderseits in einem bestimmten Verhältnis stehen. Überwiegt eine der beiden Gruppen, dann tritt leicht Gerinnung ein. Der Zusatz der fehlenden Salze bis zum Gleichgewicht stabilisiert die Milch wieder. Auch die Zugabe von Natriumbikarbonat vermag erforderlichenfalls den Überschuß an Kalk auszugleichen. Zuverlässiger ist jedoch nach den Angaben von SOMMER in allen Fällen von nicht ausgeglichenen Salzen der Zusatz von Natriumzitrat oder Dinatriumphosphat.

Das häufige Auftreten der Hitzegerinnung eingedickter Milch während des Sterilisierens die Wintermonate über erklärt SOMMER damit, daß bei Trockenfütterung der Zitronensäuregehalt der Milch ein geringerer ist. Auch der höhere Gehalt der Milch frisch- und altmelker Kühe an Kalk und schließlich auch an Albumin gibt Anlaß zu Verschiebungen im Gleichgewicht der in Frage kommenden Salze.

Die Theorie des Salzgleichgewichtes war dann wiederholt im Hinblick auf ihre große Bedeutung für den Sterilisationsprozeß ungesüßter eingedickter Milch Gegenstand eifriger Bearbeitung. ROGERS, DEYSHER und EVANS konnten keine regelmäßigen Beziehungen zwischen den in Frage kommenden Salzen der Milch und ihrer Gerinnungsfähigkeit finden. BENTON und ALBERY untersuchten namentlich die Wirkung eines Zitratzusatzes auf die Stabilität der zu sterilisierenden Milch. Sie fanden, daß die Wirkung weniger als spezifische Zitratwirkung aufzufassen ist, sie ist zum guten Teil zurückzuführen auf Pufferwirkung und peptisierende Wirkung. Borate vermögen sich ähnlich zu verhalten.

Große Bedeutung kommt dem Salzgleichgewicht zwischen den Werten $p_H = 6{,}58$ und 6,65 zu. Die alleinige Tatsache, daß die Alkoholprobe positiv oder negativ ist, vermag über die Hitzebeständigkeit der Milch nichts auszusagen. Am stabilsten ist die Milch, wenn sie mit dem gleichen Volumen 70%igen Alkohols nicht gerinnt, wohl aber mit 75%igem. Alkalische Milch, die auf Alkoholzusatz nicht gerinnt, kann beim Erhitzen schneller koagulieren als normale Milch.

Nach LEIGHTON und MUDGE ist die Hitzegerinnung der Milch von einer endothermen Reaktion begleitet, die anscheinend in der Fällung eines Teiles des Kalziums und Magnesiums als Zitrat und Phosphat besteht. Nicht unwahrscheinlich ist, daß auch das an Kasein gebundene Kalzium unter dem Einfluß der Hitze teilweise der Ausscheidung zum Opfer fällt, die stärkste Wärmetönung tritt nämlich im Augenblick der Eiweißgerinnung auf.

Die Alkoholgerinnung der Milch

Der komplizierte Aufbau der Milch bringt bei vielen Reaktionen, die wir mit Milch anstellen, ein großes Moment der Unsicherheit hinein und beweist damit, wie vorsichtig man bei Beurteilung derartiger, von allen möglichen Umständen beeinflußbarer Reaktionen sein muß. Das trifft besonders für das Verhalten von Milch zu Alkohol-Wasser-Mischungen zu.

Die Alkoholgerinnung der Milch ist zweifelsohne ein sehr komplizierter und in seinem Wesen noch nicht völlig aufgeklärter Vorgang.

Über die Alkoholgerinnung reiner Kaseinatlösungen berichtet T. B. ROBERTSON (Die physikalische Chemie der Proteine, S. 226, 1912). Darnach steht das elektrochemische Verhalten von Kaseinatlösungen gegenüber Alkohol-Wasser-Mischungen im Einklang mit den Vorgängen, die sich bei der Gerinnung von Protein durch Entwässerung abspielen. Sehr verschieden verhalten sich dabei die Kaseinate der Erdalkali. Deutliche Fällung des Kaseinats einer 0,012 n-Lösung von Kalziumhydroxyd, die durch Kasein gegen Phenolphthalein neutralisiert wurde, tritt ein, wenn die endliche Konzentration von Alkohol in der Mischung ungefähr 55% beträgt. Dasselbe gilt für eine Bariumkaseinatlösung gleicher Konzentration. Für Strontiumkaseinat ist die kritische Alkoholkonzentration, bei der Fällung eintritt, viel höher, zirka 70%. Die Angaben ROBERTSONS wonach die Fällung des Kaseinats durch energisches Schütteln der Mischung sehr beschleunigt wird, findet man zuweilen auch bei der Ausführung der Alkoholprobe der Milch bestätigt.

Die Alkoholgerinnung der Milch ist zurückzuführen auf Veränderungen der Dissoziationsverhältnisse aller dissoziierbaren Stoffe der Milch durch Zugabe von Alkohol. Diese Veränderungen bleiben nicht ohne Nachwirkung auf das Kolloidsystem der Milch. So wird die Proteinionbildung des Milchalbumins zurückgedrängt, seine Hydrophilie damit erheblich geschwächt. In dem Maße wie dieser Stabilisierungsfaktor dadurch in seiner Wirkung vermindert wird und seines Einflusses als Schutzkolloid auf das Nucleoalbumin, das Kasein, verlustig geht, werden die Dispersionsverhältnisse des letzteren in Mitleidenschaft gezogen. Weiterhin wirkt sich der Zusatz von Alkohol auch nachteilig auf die Dissoziationsverhältnisse der Mineralbestandteile der Milch aus: die Dissoziation der Zitrate und Phosphate wird herabgedrückt, womit der solvatisierende Einfluß der Hydrolysenprodukte dieser Milchsalze auf die Proteine der Milch zum Teil verloren geht. Kann nun bereits durch diese Vorgänge eine Änderung des Disperitätsgrades des Kaseinsols eintreten, die zunächst nicht sinnfällig zu sein braucht, so wird bei reifender Milch durch Hinzutreten reichlicher Wasserstoffionen, die nur mehr eine ungenügende Pufferung vorfinden, eine grobflockende Einwirkung auf das Kasein stattfinden.

Vielfach ist man geneigt, die Alkoholgerinnung als ein sehr zuverlässiges Kriterium für das Maß der Säuerung der Milch anzusprechen. Der Erkenntnis, daß dies nicht unbedingt zutreffend sein muß, haben sich indessen auch ältere Autoren nicht verschließen können. Schon HENKEL, dem wir die erste größere Arbeit über die Alkoholprobe verdanken, trat dieser Auffassung entgegen. Nach seiner Meinung „könne man die Alkoholprobe nicht als eine eigentliche Säurebestimmungsmethode betrachten, sondern ihr Wert läge vielmehr darin, daß sie neben der Erkennung der Säuerung auch Veränderungen in der Beschaffenheit der Milch anzeige". So konnte er bei frischen Einzelmilchen, die von altmelken Kühen stammten, und auch bei Milch von noch kolostralähnlichem Charakter eine Gerinnung auf Zugabe von 68%igem Alkohol feststellen. Daß auch bei Milch die Konzentration und Menge des zuzugebenden Alkohols in Übereinstimmung mit den Beobachtungen von ROBERTSON an einfachen Kaseinatlösungen von Einfluß auf die Gerinnung ist, geht ebenfalls aus den Versuchsergebnissen HENKELS hervor. Höher prozentiger Alkohol und größere Zugaben von Alkohol zu einer bestimmten Menge Milch vermögen letztere schon bei geringerem Säuregrad als üblich zum Gerinnen zu bringen. Auch MORRES sah sich hinsichtlich der Gültigkeit der Alkoholprobe zu einer Einschränkung veranlaßt durch die Wahrnehmung, „daß Säuregrad und Alkoholreaktion nicht immer gleichen Schritt halten, daß es gar nicht selten vorkommt, daß eine Milch von normalem Säuregrad mit 68%igem Alkohol eine Ausflockung erfährt".

Den neueren Anschauungen über die Alkoholgerinnung der Milch kam seinerzeit schon RAUDNITZ mit der Ansicht näher, die Alkoholprobe hänge nur von der Azidität der Phosphate ab. Nach TILLMANS und OBERMEIER müßte etwa bei $p_H = 6{,}0$ das gesamte sekundäre Phosphat unter dem Einfluß der sich bildenden Milchsäure in das primäre verwandelt sein, das heißt die aktuelle Azidität wird im Augenblick der Alkoholgerinnung der Milch in überwiegendem Maße durch die Stärke der Phosphatpufferung der Milch bestimmt. Die neueren Forschungsergebnisse geben RAUDNITZ recht. Die Alkoholgerinnung der Milch steht im engsten Zusammenhang mit der Wasserstoffionenkonzentration. Bei normaler, ungekochter Milch wird bei einer $p_H = 6{,}0$ die einfache Alkoholprobe nicht mehr ausgehalten. Während die Werte der p_H von Milchen verschiedenster Herkunft beim Nichtaushalten der einfachen Alkoholprobe fast immer nahe bei $p_H = 6{,}0$ liegen, zeigen die dazu gehörigen Säuregrade mitunter eine derart große Differenz, daß auch TILLMANS und OBERMEIER jenen Autoren zustimmen, die behaupten, Säuregrad und Alkoholgerinnung laufen nicht immer parallel.

Auf das Fehlen jeder Gesetzmäßigkeit auch bei Mischmilchen in ihrem Verhalten zu gleichen Mengen 68%igen Alkohols weist nachdrücklichst AUZINGER hin, dem wir neben HENKEL wohl die ausführlichste Bearbeitung der Alkoholprobe verdanken. Nach AUZINGER ist die Alkoholreaktion frischer Einzelmilch mit Ausnahme des Kolostrums unabhängig von der Titrationsazidität und nur durch eine Verschiebung der Milchsalze in ihrem Verhältnis zu den Eiweißstoffen hervorgerufen. Daß hierbei öfters eine Veränderung der Azidität vorkommt, liegt in der Natur der Sache. Weiterhin hebt genannter Autor den entscheidenden Einfluß der Kalksalze auf die Ausfällung des Kaseins bei Zugabe von Alkohol sehr scharf hervor. Nicht allein durch Zusatz löslicher Kalksalze zu Milch äußert sich dieser Einfluß, sondern er macht sich sogar geltend bei Zufuhr von Kalziumionen durch Verfütterung kalkhaltiger Futtermittel. Bei Verabreichung von täglich 2mal je 60 g phosphorsaurem Futterkalk an gesundheitlich einwandfreie Tiere, die auf der Höhe der Laktation standen, konnte AUZINGER feststellen, daß bei frischer Milch dieser Kühe während der Verabreichungsdauer des Futterkalkes bereits auf Zugabe von Alkohol-Wasser-Gemisch geringerer Konzentration oder auf Zugabe einer geringeren Menge Alkohol als sonst üblich Gerinnung eintrat gegenüber der Milch von Kühen, die keinen Futterkalk erhalten hatten. Eine Bestätigung der Versuche von Auzinger erbrachten Sommer und Binney, die durch Fütterungsversuche an 3 Kühen ebenfalls feststellen konnten, daß die Beifütterung von Kalk einen positiven Ausfall der Alkoholprobe bei frisch ermolkener Milch dieser Kühe bewirkte; der prozentuale Gehalt der Milch an Kalk war durch die Kalkfütterung nicht wesentlich beeinflußt worden. Die bei Verfütterung kalkhaltiger Futtermittel abgeschiedene Milch wird somit empfindlicher gegenüber Alkohol.

Fördert nun einerseits ein Zusatz löslicher Kalksalze die Alkoholgerinnung der Milch, so verhindern oder erschweren zum mindesten kalkfällende Mittel die Alkoholgerinnung. Zugabe geringer Mengen von Ammonoxalat hob, wie Auzinger feststellte, die Gerinnungsfähigkeit der Milch mit Alkohol auf. Dieselbe Wirkung löste die Zugabe einiger Tropfen einer 4,7%igen Chlornatriumlösung aus. Die Tatsache, daß viele Einzelmilchen, die in frisch ermolkenem Zustand mit Alkohol gerinnen, nach 12- bis 15stündigem Stehen bei gewöhnlicher oder erniedrigter Temperatur diese Eigenschaft verlieren, kann mit dem während des Inkubationsstadiums zu beobachtenden, wenn auch nur geringfügigem Rückgang des Säuregrades (Veränderlichkeit des Kohlensäuregehaltes der Milch nach Auzinger) in Zusammenhang gebracht werden.

Arbeiten neueren Datums heben ebenfalls den Einfluß bestimmter Kationen auf die Alkoholgerinnung der Milch hervor. Kolthoff will die Alkoholprobe der Milch an das Vorhandensein von Kalziumionen gebunden wissen. In anormaler Milch könne sie auch bei niedrigerem Säuregrade eintreten, ein Umstand, der dem zunehmenden Verhältnis von $CaO : P_2O_5$ derartiger Milch zuzuschreiben sei.

Sommer und Binney, die sehr eingehende Untersuchungen über die Gerinnung der Milch bei der Alkoholprobe ausgeführt haben, betonen den außerordentlich großen Einfluß, welcher dem Aufbau des Mineralstoffmilieus der Milch hinsichtlich der Alkoholgerinnung der Milch zukommt. Eine geringe Zunahme des Gehaltes der Milch an Kalzium oder Magnesium bewirkt positiven Ausfall der Alkoholprobe. So genügte z. B. die Erhöhung des Gehaltes einer Milch an Kalzium oder Magnesium (Azetat bzw. Chlorid), berechnet auf CaO bzw. MgO, um 0,0112% bzw. um 0,0040% zur Auslösung der Alkoholgerinnung. Eine Zugabe von Kalium- oder Natriumsalz (Kaliumchlorid, Dikaliumphosphat, Natriumazetat) blieb ohne Einfluß auf die Alkoholgerinnung. Dem Einfluß des Kalziums und Magnesiums wirken die Phosphate und Zitrate der Milch entgegen. So vermochte die Erhöhung des Gehaltes einer Milch an Phosphat um 0,00068 bis 0,00884%, berechnet auf P_2O_5, die Alkoholgerinnung der betreffenden Milch zu verhindern. Äquivalente Mengen von Zitrat erwiesen sich als noch wirksamer wie Phosphat. Der positive Ausfall der Alkoholprobe einer frischen Milch wird also hauptsächlich von den relativen Mengen der 4 genannten Mineralstoffe der Milch abhängen.

In Milch, die mit Kunstlab versetzt ist, kann nach Sommer und Binney auf Zusatz von Alkohol Gerinnung der Milch eintreten. Die Wirkung des Labs hängt von der zugegebenen Menge und von der Dauer der Einwirkung der Lablösung auf die Milch ab. Labbildende Bakterien vermögen ebenfalls einen positiven Ausfall der Alkoholprobe auszulösen, sobald die Anzahl der Keime die Zahl 856000 pro 1 cm^3 überschreitet.

Die Erscheinung, daß erhitzt gewesene Milch weniger leicht mit Alkohol gerinnt, worüber neben Auzinger auch Ayers und Johnson berichten, findet ihre Erklärung in dem Rückgang der löslichen Kalksalze beim Erhitzen der Milch.

Sehr bemerkenswert ist dann der Hinweis von SOMMER und BINNEY auf den Zusammenhang zwischen der Alkoholgerinnung der Milch und der sogenannten Hitzekoagulation der Milch, die zuweilen beim Sterilisieren der ungesüßten Kondensmilch eintritt, und wofür genannte Autoren, analog der Alkoholgerinnung der Milch, einen Überschuß der Milch an Kalzium und Magnesium gegenüber Phosphaten und Zitraten verantwortlich machen. Der Alkoholgerinnung und der Hitzegerinnung der Milch kann somit die gleiche Ursache zugrunde liegen, nämlich eine Störung des Salzgleichgewichtes der Milch. Frische Milch, welche die Alkoholprobe nicht aushält, wird auch voraussichtlich die Hitzesterilisierung nicht ertragen und ist daher für die Herstellung von ungesüßter Kondensmilch auszuscheiden. DAHLBERG und GARNER bestätigen, daß frische Milch mit positiver Alkoholprobe beim Eindicken viel eher koagulierte als Milch, welche die Alkoholprobe ausgehalten hatte.

Zweckmäßig wird man frische Milch, die auf Zugabe von Alkohol gerinnt, auch von der Käserei ausschließen. Als ,,fehlerhafte Milch" im engeren Sinne des Wortes wird man Milch mit gestörtem Salzgleichgewicht jedoch nicht bezeichnen können.

Im allgemeinen wird man sagen können, daß die Alkoholgerinnung der Milch der additiven Wirkung der Azidität und bestimmter Salze der Milch unterliegt. Ein Überschuß der Milch an Kalk- oder Magnesiumsalzen kann auch Veränderungen der Azidität bewirken. Bekannt ist ja die beträchtliche Steigerung der Azidität der Milch durch Sättigung der Milch mit Chlorkalzium. RÖDER bewies, daß ein Zusatz von Chlorkalzium zu Milch eine merkliche Erhöhung der Azidität, analog dem Zusatz von Chlorkalzium zu einer Lösung von Dikalziumphosphat in Milchsäure oder zu einer Lösung von Monokalziumphosphat hervorruft. Nicht zu übersehen ist dann die durch Zugabe von Kalzium- oder Magnesiumsalzen eingetretene Erhöhung der Konzentration der Milch an zweiwertigen Kationen mit ihrer stärker ausflockenden Wirkung gegenüber den einwertigen Kalium- oder Natriumionen.

Ultrafiltration und Dialyse der Milch

Die Ultrafiltration der Milch bedeutet die mildeste Art der Gewinnung eines Serums, die sich ohne jeglichen Zusatz chemischer Fällungsmittel auf rein mechanischem Wege vollzieht. Das Ultraserum wird daher die molekular- und iondispersen Milchbestandteile in nahezu unveränderter Form enthalten.

WHA unterzog Milch in frischem und gesäuertem Zustande der Ultrafiltration durch Kollodiumfilter. In vollkommen frischer Milch waren nur etwa 50 % des Milchkalkes in diffusibler Form enthalten, während in gesäuerter Milch sich der gesamte Kalk im Filtrat wieder fand. Beim Sauerwerden der Milch geht somit auch der Rest in ionisierte diffusible Form über. Der Phosphor befand sich zu ungefähr 60 % in nicht diffusibler Form. Kalium und Chlor hingegen waren völlig filtrierbar.

Nach GYÖRGY enthielt süße Labmolke nur etwa 30 bis 40 % des organischen Gesamtphosphors der Kuhmilch, während in saurer Molke die gesamte Phosphorsäure wiedergefunden wurde. Diffusionsversuche, welche mit DE HAENschen Membranfiltern angestellt wurden, ergaben ebenfalls, daß nur ein Teil des anorganischen Phosphors der süßen Milch, 39,8 bis 53,1 %, diffusibel ist. WHA gibt zirka 40 % des diffusiblen Phosphors in frischer Milch an. Im Ultrafiltrat der Frauenmilch fand GYÖRGY 50 bis 73 % des gesamten anorganischen Phosphors wieder, in der Labmolke 55 bis 73%, während saure Molke den gesamten anorganischen Phosphor enthielt, dessen Gesamtmenge in Frauenmilch 5,1 bis 5,4 mg pro 100 cm³ Milch betrug. Der Gehalt des nicht diffusiblen anorganischen Phosphors deckte sich mit dem des nicht diffusiblen Kalkes. Bei der tryptischen Verdauung der Milch tritt ohne Änderung der Reaktion eine Erhöhung der diffusiblen Mengen an Kalk und an Phosphorsäure ein.

Kieferle und Gloetzl berichten über den Gehalt an Reststickstoff von Ultrafiltraten, die mittels DE Haenscher Membranfilter gewonnen worden waren. Nach Angabe der Hersteller der Membranfilter hatten diese folgende Porengröße: Membranfilter grob, dicht für Kolloidteilchen mit einem Durchmesser von über 1 μ; Ultrafeinfilter fein, dicht für Kolloidteilchen unter einem Durchmesser von 0,05 μ bis 0,1 μ; Ultrafeinfilter feinst, kongorot- und eiweißdicht. Nachstehende Tabelle läßt die Wirksamkeit der einzelnen Filtersorten erkennen.

Tabelle 4

Filterart	Stickstoff im Ultrafiltrat	Reststickstoff in den Filtraten der Nachfällungen im Ultrafiltrat mittels	
		Erhitzung	Phosphorwolframsäure
		mg%	
Membranfilter grob	106,3	67,8	35,0
Ultrafeinfilter fein	91,4	67,9	29,8
Ultrafeinfilter feinst	68,6	64,0	28,9

Wie aus der Tabelle ersichtlich, hat selbst das „Ultrafeinfilter feinst" die Milchprobe nicht derart enteiweißt, daß man sagen könnte, die in dem Ultraserum noch gefundenen 68,6 mg% Stickstoff entsprächen dem sogenannten Reststickstoff der Milch. Wie die nachfolgende Enteiweißung der Ultraseren mittels Phosphorwolframsäure (bzw. Natriumwolframat-Trichloressigsäure) erkennen läßt, konnte aus den Ultrafiltraten mittels des genannten Reagens noch eine ganz erhebliche Menge fällbarer, eiweißartiger Körper abgeschieden werden. Die Werte 29,8 mg% bzw. 28,9 mg% in den Filtraten der Phosphorwolframsäurefällung der Ultrafiltrate kommen dem Wert des Reststickstoffes normaler Milch sehr nahe.

Unterwirft man Milch der Dialyse, so beobachtet man, daß außer dem Milchzucker nur noch Mineralbestandteile und Bestandteile des sogenannten Reststickstoffes der Milch, wie Harnstoff, Harnsäure, Ammoniak usw., diffundieren. Nicht diffusionsfähig sind höher molekulare Eiweißspaltungsprodukte, Albumosen und Peptone, wie sie namentlich in Milch anormaler Zusammensetzung in reichlicherer Menge vorkommen, und natürlich die ganze Menge der Eiweißstoffe der Milch. Nach Raudnitz wird bei langdauernder Dialyse dem Käsestoff allmählich die Basis entzogen und damit das Kasein zur Ausfällung gebracht. Bei Dialyse gegen destilliertes Wasser begann die Kaseinausfällung nach 3 Wochen, bei Dialyse gegen mit Kohlendioxyd gesättigtes Wasser war sie bereits nach 3 Tagen vollständig.

Milch und Konservierungsmittel

Der Zusatz bestimmter Konservierungsmittel zu Milch schließt die Vornahme einer Reihe von Untersuchungen mit derartiger Milch von vorneherein aus, so z. B. die Prüfung auf Gesundheitszustand und Milchfehler. Für die hierbei in Betracht kommenden Verfahren der Milchuntersuchung ist immer noch der Versand der Milchproben in Eispackung am geeignetsten. In den weitaus meisten Fällen handelt es sich jedoch bei den mit irgendeinem Konservierungsmittel versetzten Milchproben den Nachweis einer eventuell stattgefundenen Verfälschung zu erbringen. Die Ermittlung des Fettgehaltes und des spezifischen Gewichtes sowie die Ausführung physikalischer Bestimmungen in der Milch oder im Milchserum kommen hierfür in Betracht.

Durch Zusatz von Konservierungsmitteln zur Milch können die Eigenschaften und Bestandteile der Milch in erheblichem Maße beeinflußt werden. Besonders bei Verwendung von Kaliumchromat können die Veränderungen der physikalischen Eigenschaften der Milch so beträchtlich sein, daß sie eine richtige Beurteilung der Milch in Frage stellen. So erfährt das spezifische Gewicht der Milch bereits durch Zugabe von 0,5 cm³ kaltgesättigter Kaliumchromatlösung auf 100 cm³ Milch eine merkliche Erhöhung. Bei noch höheren Zugaben einer derartigen Lösung, 2 cm³ auf 100 cm³ Milch, kann nach BIALON eine verwässerte Milch unter Umständen als entrahmt erscheinen. Entsprechend der geringeren Löslichkeit des Kaliumbichromates hält sich die Erhöhung des spezifischen Gewichtes der mit einer kaltgesättigten Kaliumbichromatlösung in demselben Mengenverhältnis konservierten Milchprobe in beträchtlich engeren Grenzen.

Von Einfluß auf die Veränderung der einzelnen Werte ist dann auch die Art des Zusatzes des Konservierungsmittels, ob gelöst oder in fester Form. Aber selbst bei Verwendung von Lösungen des Konservierungsmittels mit annähernd demselben spezifischen Gewicht wie Milch können noch Veränderungen des spezifischen Gewichtes der konservierten Milchproben eintreten. So berichtet BIALON, daß bei Zusatz von 1 cm³ kaltgesättigter Kaliumbichromatlösung mit annähernd demselben spezifischen Gewicht wie Milch auf 100 cm³ Milch eine Erhöhung des spezifischen Gewichtes von 1,0302 auf 1,0311 eintrat. Weitaus beträchtlicher ist die Erhöhung des spezifischen Gewichtes bei Zugabe von Chromatlösung entsprechend der höheren Konzentration dieser Lösung.

Der Zusatz von Chromat zu Milch drückt sich nicht nur in einer Erhöhung des spezifischen Gewichtes der Milch selbst aus, sondern auch in der Erhöhung des spezifischen Gewichtes des Milchserums. Das Essigsäureserum der konservierten Proben kann für die Beurteilung der Milch auf Wässerung nur bei sehr hohem Wasserzusatz und gleichzeitig geringem Zusatz des Bichromats herangezogen werden.

Auf den Fettgehalt der Milch hat der Zusatz von 0,5 oder 1 cm³ Bichromatlösung auf 100 cm³ Milch keinen Einfluß; dagegen hat ein Zusatz von 2 cm³ der Lösung eine Herabsetzung des Fettgehaltes um 0,05% zur Folge. Entsprechend der Menge des zugesetzten Konservierungsmittels, erhöhen sich natürlich auch die Werte für die Trockenmasse und fettfreie Trockenmasse der konservierten Milch. Während der prozentuale Fettgehalt der Trockenmasse fällt, steigt deren spezifisches Gewicht jedoch an.

HINARD mißt dem Kaliumbichromat als Konservierungsmittel für Milch nur eine beschränkte Wirksamkeit bei, da nach seinen Beobachtungen viele Proben trotz dieses Zusatzes in zersetztem Zustande zur Untersuchung kommen. Um eine längere Haltbarkeit der Milch zu ermöglichen, schlägt genannter Autor Zusatz von Bichromat mit gleichzeitiger Tiefkühlung vor. Die auftretende starke Gelbfärbung der Milch auf Zusatz von Kaliumbichromat läßt weiterhin eine genaue Bestimmung des Säuregrades nicht zu. Mit Kaliumbichromat konservierte Milch gibt auch ohne Anwesenheit von Nitrat eine stark positive Reaktion mit Diphenylamin.

Bei Verwendung von Formalin sind die auftretenden Differenzen im spezifischen Gewicht und Fettgehalt selbst bei Zusatz von zirka 0,5 cm³ Formalin auf 100 cm³ Milch so gering, daß sich daraus eine falsche Beurteilung der Milch nicht ergeben kann.

Zusatz von Formaldehyd zu Milch im Verhältnis 1 : 10000 scheint nach den Angaben von Rotschild und Netter wohl die Entwicklung der Milchsäurebakterien zu verlangsamen, aber hinsichtlich der Entwicklung der übrigen Saprophyten und der pathogenen Keime nicht ausreichend zu sein. Formalinmilch 1 : 10000 hat dann auch beträchtlich an Labungsvermögen eingebüßt und hinterläßt eine große Menge unverdauten Kaseins bei Einwirkung von Pepsin. Tiere vertragen nach den Versuchen genannter Autoren ziemlich gut länger dauernde Zufuhr von Formalinmilch; andere Autoren kamen zu entgegengesetzten Ergebnissen. Auch hinsichtlich der Verwendung von Formalinmilch 1 : 10000 für die Ernährung von Säuglingen sind die Ansichten sehr widersprechend; Tedeschi betont ihre Unschädlichkeit, Rideal, Rosenheim und Kolle betrachten sie als gefahrbringend.

Die Zunahme des Säuregrades der Milch auf Zusatz von Formaldehyd, worüber Steinegger berichtet, hat ihre Ursache in der Bildung von Kondensationsprodukten des Formaldehyds mit Aminogruppen des Kaseins und der Aminosäuren der Milch. Auf dieser Reaktion beruht die Bestimmung des sogenannten formoltitrierbaren Stickstoffes (Formoltitration nach Sörensen).

Post macht den Vorschlag, Senföl dem Kaliumbichromat vorzuziehen, indem ersteres die Mehrzahl der physikalischen und chemischen Eigenschaften der Milch nicht beeinflußt. Pro Liter Milch können 20 Tropfen Senföl zugesetzt werden. Die Katalasezahl kann in derart konservierter Milch nicht mehr festgestellt werden. Für die Eiweißbestimmung soll das Senföl vorher beseitigt werden, ebenso für die Milchzuckerbestimmung, wobei das Serum dreimal mit Petroläther auszuschütteln ist. Auch die Gefrierpunktsbestimmung verlangt einmaliges Ausschütteln mit Sesamöl.

Ein Zusatz von 0,09% Wasserstoffsuperoxyd zu Milch wird nach Renard im Verlauf von 6 bis 8 Stunden völlig zersetzt, so daß das Konservierungsmittel nicht mehr nachgewiesen werden kann. Bei Zusatz von 0,15% findet keine vollständige Aufspaltung mehr statt. Renard empfiehlt, den Zusatz von 0,09% Wasserstoffsuperoxyd in der Praxis nicht zu überschreiten. In einer Konzentration von 0,3 bis 0,4% macht dieses Konservierungsmittel die Milch ungenießbar; eine derartige Menge Wasserstoffsuperoxyd genügt zur vollständigen Sterilisierung der Milch, wie de Waele, Sugg und van de Velde nachweisen konnten, kann aber durch die katalytischen Enzyme der Milch nicht mehr zerlegt werden. Nur ein Zusatz von Blutkatalase oder Hepin, einem aus Rinderleber gewonnenen Extrakt mit starkem katalytischen Vermögen, vermag das überschüssige Wasserstoffsuperoxyd zu zersetzen, wodurch die Milch wieder genießbar wird. Perhydrasemilch ist zudem noch außerordentlich lichtempfindlich, sie nimmt einen bitteren Geschmack an, und zwar um so rascher, je intensiver die Belichtung ist. Kruspe macht darauf aufmerksam, daß mit Wasserstoffsuperoxyd vorbehandelte Milch sehr häufig schäumt, wenn auch die völlige Spaltung des Wasserstoffsuperoxyds längst beendet ist. Erhebliches Schäumen bewirkt eine deutliche Erniedrigung des spezifischen Gewichtes. Eine störende Wirkung auf die Farbstoffreaktionen chromogener Stoffe, wie Paraphenylendiamin, Quajak usw., durch Zusatz von Wasserstoffsuperoxyd zu Milch konnte Kruspe nicht feststellen. Da diese Reaktionen zum großen Teil an die Anwesenheit eines Peroxyds gebunden sind, kann die Gegenwart von Wasserstoffsuperoxyd nicht störend, höchstens aktivierend wirken. Labgerinnungsvermögen und Verdaulichkeit einer Milch werden selbst durch unzersetztes Wasserstoffsuperoxyd nicht beeinflußt. Der Zusatz von Wasserstoffsuperoxyd belief sich bei diesen Versuchen von Kruspe auf 0,02%, entsprechend 6,6 cm³ einer 3%igen Wasserstoffsuperoxydlösung pro Liter Milch.

Die Konservierung der Milch mit Wasserstoffsuperoxyd wird infolge der leichten Zersetzlichkeit dieses Körpers immer eine unsichere Sache bleiben. Genügt doch z. B. schon öftere Lüftung des Stöpsels der Flasche und Umrühren der Flüssigkeit mit einem Glasstab, um eine Wasserstoffsuperoxydlösung innerhalb weniger Tage so gut wie unwirksam zu machen. Es ist daher die leicht und rasch vor sich gehende Zersetzung der Wasserstoffsuperoxydlösung für ihre allgemeine Einführung sehr nachteilig. Derartige Lösungen können wohl noch gerinnungshemmend wirken, aber die desinfizierende Kraft gegenüber pathogenen Keimen bereits eingebüßt haben.

Tillmans, Splittgerber und Riffart haben eine Reihe von Versuchen angestellt, um ein für die Zwecke der amtlichen Milchkontrolle geeignetes Konservierungsmittel ausfindig zu machen. Bei Thymol, Phenol, Kreosot und Fluornatrium können sie nur geringe konservierende Kraft feststellen; schon nach 24 bzw. 48 Stunden tritt Gerinnung der Milch ein. Chloroform und Kreosot beeinflussen die chemische Zusammensetzung der Milch. Chloroform erhöht den Fettgehalt und die Refraktion recht beträchtlich. Ein Zusatz von Kreosot erniedrigt das spezifische Gewicht der Milch immerhin sehr merklich. Die Diphenylreaktion erfährt durch Thymol und Kreosot, in geringerem Maße auch durch Senföl und Phenol, eine Abschwächung. Kaliumchromat wird aus den bereits angeführten Gründen abgelehnt. Als ideales Milchkonservierungsmittel hat sich Quecksilberchlorid gezeigt. Seine Anwendung ist jedoch wegen der giftigen Eigenschaften des Stoffes nur unter Beachtung gewisser Vorsichtsmaßregeln angängig.

Teichert und Stocker führten Versuche mit einem neuen Milchfrischhaltungsmittel „Milchsüß" nach der käsereitechnischen Seite hin aus. Milchsüß enthält 0,7% Formaldehyd. Die Versuche ergaben, daß die Tätigkeit der Milchsäurebakterien zunächst gehemmt wird, und daß der Säureanstieg daraufhin um so kräftiger einsetzt. Delikateßkäse aus Milch mit Zusatz von Milchsüß hergestellt, zeigten anormale Reifung. Bei Schimmelpilzkäsen schien das Wachstum der Pilzrasen im allgemeinen gefördert zu werden.

Bezüglich weiterer Konservierungsmittel verweise ich auf Abschnitt IX, 2a.

Milch und Wasser

Die Zugabe von Wasser zu Milch hat nicht nur eine dem jeweiligen Wasserzusatz entsprechende Verringerung des prozentualen Gehaltes der Milch an Fett und fettfreier Trockenmasse im Gefolge, sondern bleibt auch nicht ohne Einfluß auf physikalische und chemische Eigenschaften der Milch.

Durch den Wasserzusatz erfahren die Dissoziationsverhältnisse der dissoziierbaren Milchstoffe eine Änderung. So wird die durch Wasserzusatz eintretende Verringerung des Säuregrades der Milch nicht nur auf den das Volumen vergrößernden Anteil Wassers, sondern um einen größeren Betrag auf eine hydrolytische Spaltung von Phosphaten durch das Wasser zurückzuführen sein. Wahrscheinlich wird aus der Lösung der sauren Erdalkaliphosphate in Milchsäure durch die Verdünnung wieder unlösliches Diphosphat gefällt (Roeder). Neben dem Sinken des Basenbindungsvermögens tritt nach Courant auch ein Sinken des Säurebindungsvermögens ein.

Die Veränderungen, die mit der Wasserstoffionenkonzentration der Milch durch Wasserzusatz vor sich gehen, haben Sharp und McInerney näher untersucht. Verdünnt man Milch normaler H-Ionenkonzentration mit destilliertem Wasser und trägt man den p_H als Funktion der Log. der Verdünnung in ein rechtwinkeliges Koordinatensystem ein, so erhält man bis zu Verdünnungen von 1 : 20 eine Gerade. Verdünnt man frische Milch von p_H 5,6 bis 6,7 auf 1 : 20, so zeigt sich eine Abnahme der Wasserstoffionenkonzentration und der p_H steigt durchschnittlich um 0,54 Einheiten. Auch die Versuche von TILLMANS und OBERMEIER ließen den nur geringen Einfluß eines Zusatzes von destilliertem Wasser zu Milch auf deren Wasserstoffionenkonzentration erkennen. Bis zu Verdünnungen von 1 : 20 waren die Veränderungen des p_H kaum merklich.

Der Gefrierpunkt normaler Milch ist im allgemeinen ein recht beständiger Wert und nur geringen Schwankungen unterworfen. Er liegt entsprechend dem Gehalt der Milch an gelösten Substanzen tiefer als 0° und hält sich im Durchschnitt bei $- 0,555^\circ$. Für die Gefrierpunktserniedrigung kommt vorwiegend der Salzgehalt der Milch, in geringerem Maße auch der Gehalt an Milchzucker in Betracht. Da durch Zusatz von Wasser zu Milch sofort eine Konzentrationsänderung eintritt, wird die Gefrierpunktserniedrigung verringert werden, der Gefrierpunkt der Milch wird sich bei Wasserzusatz mehr und mehr 0° nähern. Nach Angaben einiger Autoren ist die Verringerung der Gefrierpunktsdepression nicht entsprechend dem Wasserzusatz, dagegen lassen sich bei den Versuchen von LUCIUS und VAN DER LAAN gleichsinnige Differenzen zwischen den gefundenen und berechneten Werten der Gefrierpunktserniedrigung feststellen.

Die durch Wasserzusatz zu Milch bedingte Änderung der Konzentration der Elektrolyte bedingt naturgemäß Veränderungen der elektrischen Leitfähigkeit der Milch. Nach COSTE und SHELBOURN nimmt die Leitfähigkeit einer Milch-Wasser-Mischung mit dem Grad der Verdünnung ab, aber in höherem Maße, als die Verdünnung erwarten ließe. STROHECKER erblickt in der Leitfähigkeitsbestimmung eine wertvolle Ergänzung der Milchanalyse, keineswegs aber einen Ersatz der Bestimmung der Gefrierpunktserniedrigung. TILLMANS und OBERMEIER untersuchten den Einfluß von Wässern mit einem abnorm hohen Salzgehalt auf die Leitfähigkeit der Milch. Sie konnten dabei feststellen, daß bei Zusatz von destilliertem Wasser und Wasser normaler Härte eine Verminderung der spezifischen Leitfähigkeit eintrat, daß dagegen bei Zusatz größerer Mengen von sehr hartem und salzreichem Wasser die Leitfähigkeit nicht nur nicht geringer wurde, sondern sogar erheblich anstieg. Die zwangsläufig eingetretene Verringerung der Leitfähigkeit wurde in diesem Falle durch das Hinzufügen der Salze ausgeglichen. Auch die Viskosität sinkt durch Zusatz von Wasser beträchtlich.

Die Abnahme des Kalkgehaltes gewässerter Milch im Tonzellenfiltrat läßt sich damit erklären, daß die hydrolytische Spaltung durch andere Salze in Lösung gehaltener Erdphosphate durch Zusatz von Wasser zurückgedrängt wird. Diese Abnahme beträgt nach OTT DE VRIES-BOEKHOUT bei Verdünnung auf das Doppelte 0,013 % auf Ca berechnet. Durch die Verminderung der Konzentration der Milch an gelösten Kalksalzen auf Zugabe von Wasser wird die Labgerinnung ganz beträchtlich verlangsamt. Nach RAUDNITZ kann gleichvolumiger Zusatz von Wasser zu Milch die Labungszeit von 1½ Minuten auf 2 Stunden verlängern.

Durch das Erstarren des Fettes in der Milch tritt bekanntlich eine Erhöhung des spezifischen Gewichtes der Milch ein. Durch Wärmezufuhr läßt sich dieser Vorgang wieder rückgängig machen. Dieselbe Änderung im spezifischen Gewicht tritt nach RUSTON bei Wasserzusatz zu Milch plötzlich ein; bei unverwässerter Milch, die mehrere Stunden lang niederen Temperaturen ($+ 8$ bis $+ 13^\circ$) ausgesetzt worden war, vollzieht sich dieser Vorgang allmählich. Das Erstarren des Fettes bei Wasserzusatz und die dadurch bedingte relative Erhöhung des spezifischen Gewichtes der Milch berührt die Gültigkeit der FLEISCHMANNschen Formel zur Berechnung der Trockenmasse. Für Vollmilch wäre die genaue Berechnung eines Wasserzusatzes aus dem spezifischen Gewicht nur möglich, wenn man das durch den Wasserzusatz relativ erhöhte spezifische Gewicht der verwässerten Milch um das Maß der Kontraktion, die sich beim langsamen Erstarren des Fettes ergibt, verkleinert.

Milch und Alkalien

Viel empfindlicher noch als gegen Säuren sind die Eiweißstoffe der Milch gegen Alkalien. Die Bildung von Alkalialbuminat und Alkalikaseinat erfolgt im allgemeinen sehr rasch und schon bei geringer Konzentration des Alkali. Sehr deutlich läßt sich diese Änderung der Zustandsform der Eiweißsole selbst bei Zusatz geringster Mengen von Kali- oder Natronlauge zur Milch an Hand viskosimetrischer Messungen verfolgen, äußerlich ist sie noch nicht wahrnehmbar. Setzt man aber konzentriertere Lauge zu, so werden die Veränderungen sinnfälliger. Die Milch wird durchscheinend, hellt auf und nimmt nach einiger Zeit eine sämige, stark viskose Beschaffenheit an, die schon einer mehr oder weniger steifen Gallerte gleichkommt. Ist die Einwirkung der Lauge eine genügend lange, so tritt allmählich in der Milch eine schöne Rotfärbung auf. GAUTIER und MOREL wollen diese Farbreaktion an die gleichzeitige Anwesenheit von Milchzucker und Kasein gebunden wissen. Die Untersuchungen von GRIMMER ergaben, daß der Milchzucker allein imstande ist, mit Natronlauge eine Rotfärbung zu geben. Die Anwesenheit von Eiweißstoffen vermag aber hierbei reaktionsbeschleunigend zu wirken. Kuhmilch zeigt die Rotfärbung am ehesten, langsamer tritt sie in Esel- und Frauenmilch auf. Auch Hundemilch gibt die Reaktion, dagegen nicht Pferdemilch und erstes Frauenkolostrum. Beim Kochen der Milch mit kaustischen oder kohlensauren Alkalien tritt Braunfärbung auf, noch intensiver beim Sterilisieren der Milch. PORCHER führt diese Erscheinung auf eine Karamelisierung des Milchzuckers zurück; dabei bilden sich nichtkristallisierende linksdrehende Verbindungen, weshalb die polarimetrische Bestimmung des Milchzuckers viel zu niedrige Werte ergibt.

Man hat wiederholt versucht, die bei Zusatz von Alkali zu Milch auftretenden Farbenreaktionen zu einer kolorimetrischen Bestimmung des Milchzuckergehaltes der Milch zu verwerten. Die Ergebnisse blieben jedoch immer zweifelhafter Natur.

Erwärmt man nun Kuhmilch mit Ammoniak, so färbt sie sich hellgelb. Erwärmt man dagegen Frauenmilch mit Ammoniak auf 60° C, so tritt eine schöne violettrote Färbung von verschiedener Intensität auf (UMIKOFFsche Reaktion). Nach SIEBER wird diese Reaktion durch Milchzucker und Zitrate bedingt. UMIKOFF glaubte mit ihrer Hilfe auf Grund der verschiedenartigen Intensität der Reaktion im Verlaufe der Laktation das Alter der Frauenmilch annähernd schätzen zu können.

Weiterhin treten durch Zusatz von Alkali auch Änderungen im Mineralstoffmilieu der Milch ein. Nach RAUDNITZ führen Alkalien und alkalische Salze lösliche Kalkphosphate in schwerer lösliche oder unlösliche über. Erhöhte Temperatur befördert diese Umsetzungen.

Als während des Krieges die Versorgung der großstädtischen Bevölkerung mit Milch in Frage gestellt war, kam das sogenannte „Entsäuerungsverfahren der Milch" in Gebrauch, um möglichst alle Milch zu erhalten. Über die nachteiligen Folgen des Konsums dieser mit hohen Säuregraden eingelieferten und mittels Alkalizusatz neutralisierten Milch, die von glasig-bläulicher Farbe war und oft durch faden, süßlichen Geruch und Geschmack auffiel, berichtet unter anderem auch Hobbing.

Eingehenderes hierüber in Abschnitt IX, 2 a.

Über die chemischen Veränderungen der mit Natriumbikarbonat versetzten Milch berichten Bem und Jaschik. Danach stieg das spezifische Gewicht der mit Natriumbikarbonat versetzten Milch schwach an, und zwar etwas stärker in frischer Milch als in bereits etwas gesäuerter. Das Gewicht der Trockenmasse war, trotzdem die Zusätze von Natriumbikarbonat pro 1 Liter Milch 0,25 bis 5,0 g betrugen, immer kleiner als das der ursprünglichen Milch; der berechnete Wert der Trockenmasse übertraf ausnahmslos die gewogene Menge Trockensubstanz. Letztere Beobachtung erklärt sich daraus, daß erst ein Mehr von 0,25% der fettfreien Trockenmasse den Wert des spezifischen Gewichtes um 0,001 (1 Densimetergrad) erhöht, dagegen rufen schon etwa 0,15% Natriumbikarbonat dieselbe Zunahme des spezifischen Gewichtes hervor. Der Aschegehalt erfuhr eine ungefähr der Sodamenge des zugefügten Bikarbonats entsprechende Erhöhung. Der Stickstoffgehalt süßer Milch nimmt mit dem Steigen der Menge des zugesetzten Natriumbikarbonats stetig ab, allerdings nur in geringem Maße, aber fast gesetzmäßig. Im Destillat mit Natriumbikarbonat oder mit Soda versetzter frischer Milch konnten genannte Autoren Ammoniak nachweisen. Dieser Befund deckt sich mit der von Tillmans und Mitarbeitern gemachten Beobachtung, daß bei alkalisch gemachter Milch eine Zerstörung der Eiweißkörper unter Bildung von Ammoniak eintritt.

Milch und Metalle

Milch ist gegenüber Metall als Werkstoff eine schwach saure Lösung in Gemeinschaft mit einer Salzlösung, deren Komponenten zum Teil ionisiert sind. Man wird daher mit einem Einfluß der Milch auf Metalle zwangsläufig zu rechnen haben. Trotz geringer hydrolytischer Spaltung der Milchsäure greift diese die meisten unedlen Metalle an. Je schwerer löslich Metallverbindungen sind, die auf dem sich lösenden Metall zur Ausscheidung kommen, um so eher können diese unter Umständen das Metall vor weiterer Einwirkung der Säure schützen. Für Milchsäure bzw. deren Salze trifft das nicht zu, da nach dem Primärangriff der Säure auf das Metall die Bildung einer derartigen Schutzschicht nicht eintritt. Diese wird hintangehalten durch die Löslichkeit der meisten milchsauren Salze in Wasser, wodurch immer neue Flächen der Metallhaut der Auflösung preisgegeben werden. Letztere wird dann noch durch die Elektrolyte der Milch, namentlich durch die Chloride, begünstigt. Auch durch elektrolytische Vorgänge kann das Metall gelöst werden, so z. B. wenn die Milch in Berührung kommt mit einem metallischen Gegenstand, der aus mindestens 2 in der Spannungsreihe auseinanderstehenden Metallen besteht. Dieses läßt sich beobachten, wenn z. B. Eisengefäße mit Kupfernieten versehen sind, oder kupferhaltige Armaturen fest mit Eisen verbunden sind und beide Metalle gleichzeitig von Milch berührt werden. Sind an eisenverzinnten Gefäßen schadhafte Stellen vorhanden, ist die Zinnhaut verletzt und das Eisen sichtbar, so wird an derartigen Stellen eine besonders intensive Auflösung des Metalles erfolgen und zu der in der Praxis oft zu beobachtenden Loslösung der Zinnhaut führen. Das in der Spannungsreihe vorausgehende Metall, das Eisen, besitzt eine größere Neigung, Ionen in seine Lösung zu entsenden, sich zu lösen, als das in der Spannungsreihe folgende Zinn.

Sind auch die Potentialverhältnisse des Zinns recht unsicher, so ist es doch gegenüber Kupfer, das namentlich in seiner einwertigen Form noch den Edelmetallen zuzurechnen ist, zweifellos unedler. Dies geht auch aus seiner Stellung in der elektrolytischen Spannungsreihe hervor, in der das Zinn vor dem Kupfer steht, wie aus nachstehender kleiner Tabelle ersichtlich ist.

$$\text{Eisen:}\quad \text{Fe/1 n FeSO}_4 \ \dots\dots\dots\dots\ -0,46 \text{ V}$$
$$\text{Nickel:}\quad \text{Ni/1 n NiSO}_4 \ \dots\dots\dots\dots\ -0,26 \text{ V}$$
$$\text{Zinn:}\quad \text{Sn/1 n SnSO}_4 \ \dots\dots\dots\dots\ -0,19 \text{ V}$$
$$\text{Kupfer:}\quad \text{Cu/1 n CuSO}_4 \ \dots\dots\dots\dots\ +0,34 \text{ V}$$

Die Spannungsreihe gibt die Normalpotentiale der Metalle gegen eine Lösung an, welche die betreffende Ionenart in der Konzentration 1 n enthält, wobei die Spannung der Wasserstoffelektrode $= \pm\,0$ gesetzt ist, und die Reihenfolge der Metalle entspricht annähernd ihrer Lösungstension.

Überraschend ist das Verhalten von Nickel, das gemäß seiner Eingliederung in die Spannungsreihe gegenüber Zinn und Kupfer eine größere Neigung, sich zu lösen, zeigen müßte, erfahrungsgemäß sich jedoch häufig als weitaus widerstandsfähiger erweist als letztgenannte Metalle. Es ist diese Tatsache in Zusammenhang zu bringen mit den im besonderen bei den Eisenmetallen, wozu auch Nickel zählt, zu beobachtenden, in ihrem Wesen noch undurchsichtigen Passivitätserscheinungen, die einer Lösung des Metalles durch Säuren kräftig vorzubeugen vermögen. Auch der Einfluß der Überspannung des Wasserstoffs oder Oxydationsvorgänge an der Metallhaut können der Auflösung des Metalles entgegenarbeiten.

Eingehendere Untersuchungen über die Verwendung von Metallen bzw. über deren Brauchbarkeit für Molkereigeräte verdanken wir SELIGMANN und HUNZIKER. Über die Erfahrungen, die man inzwischen auf diesem Gebiete gesammelt hat und über die von HUNZIKER an 19 verschiedenen Metallen gemachten Beobachtungen sei im folgenden kurz berichtet.

Am wenigsten widerstandsfähig gegenüber Säurelösungen, Milch und Molkereierzeugnissen ist das Eisen in jeder in der Milchwirtschaft üblichen Verwendungsform. Steht es in direkter Berührung mit Milch oder Milcherzeugnissen, so tritt neben den Zersetzungserscheinungen der Geräte noch stets ein ausgesprochen metallischer oder sonstwie sich unangenehm bemerkbar machender Geschmack auf.

Die Verzinkung oder Verzinnung des Eisens gibt auch nicht genügend Schutz, da Zink leicht ätzbar ist und die Verzinnung sich als porös erweist. Zudem ist die Wirkung löslicher Zinkverbindungen auf die Ausbildung von Geschmacksfehlern in Milch und Molkereierzeugnissen eine noch intensivere als von Eisenverbindungen, wie WEIGMANN und SIEDEL bei Gebrauch schadhafter verzinkter Milcheimer feststellen konnten. Vor allem muß aber bei Verwendung verzinkter Milchgeräte die Giftigkeit der Zinksalze beachtet werden. In der Therapie findet bekanntlich Chlorzink als kräftiges Ätzmittel Anwendung.

Kupfer und Kupferlegierungen üben denselben schädlichen Einfluß auf Milch und Milcherzeugnisse aus wie Eisen. Sie neigen zur Erzeugung eines sehr ausgeprägten metallischen, talgartigen, öligen Geschmackes. Legierungen des Kupfers (Monel-Metall, Nickelsilber) sind bedeutend ätzwiderstandsfähiger als Kupfer selbst. Einen zuverlässigen Schutz gegen geschmackliche Schädigung der Milch geben sie jedoch auch nicht.

Der beste Schutz des Kupfers gegen Angriff lösender Agenzien ist eine gute Verzinnung. Verzinnte Kupferflächen gewähren in dieser Hinsicht größere Zuverlässigkeit als verzinnte Eisenflächen. Die Brauchbarkeit des verzinnten Kupfers wird jedoch sehr durch die kurze Haltbarkeit der Verzinnung, des Zinnbelages beeinträchtigt infolge der Empfindlichkeit sowohl des reinen Zinns

als auch des Zinnbelages gegenüber der Ätzwirkung selbst schwacher Säurelösungen, wie sie süße oder ansaure Milch darstellen. Durch häufige Neuver-
zinnung muß daher der Gefahr der schädlichen Wirkungen bloßgelegter Kupfer-
teile vorgebeugt werden. Verunreinigung des Zinns durch Kupfer während
der Verzinnung beeinträchtigt ebenfalls die Haltbarkeit des Zinnbelages, ebenso
der übermäßige Gebrauch von alkalischen Reinigungsmitteln.

Donauer hat nachgewiesen, daß Zinn zwar leichter löslich ist als Kupfer
und seine Legierungen, daß es aber einer zehnmal so großen Zinnmenge als
Kupfermenge bedarf, um in Milch metallischen Geschmack hervorzurufen.
Auch Hunziker konnte keinen merklich schädlichen Einfluß der Zinnsalze
auf den Geschmack der Milch und Molkereierzeugnisse feststellen. Reines Zinn
verhielt sich in dieser Hinsicht völlig indifferent.

Nickel, welches als Metall in mancher Hinsicht fast zu den edlen Metallen
gezählt werden kann, hat wiederholt enttäuscht. Seine Löslichkeit in Milch,
die allerdings gemäß seiner Stellung in der Spannungsreihe jene des Zinns noch
übertreffen soll, und die natürlich in stärker säurehaltigen Molkereierzeugnissen
noch mehr hervortritt, hat schon mehrfach zu Betriebsstörungen Anlaß gegeben.
Merkwürdigerweise wird aber auch über Fälle aus der milchwirtschaftlichen
Praxis berichtet, wonach sich der Gebrauch von Nickelgefäßen und Apparaten
aus Nickel durchaus bewährt hat.

Im allgemeinen scheint gelöstes Nickel in Milch oder Molkereierzeugnissen
zwar keinen ausgesprochen metallischen Geschmack hervorzurufen, aber auch
nicht ganz indifferent zu sein. Unangenehmer scheint jedoch die durch gelöste
Nickelsalze eintretende leichte Verfärbung der Milch zu sein, die in der Praxis
bei Verwendung von Nickelgeräten wiederholt festgestellt worden ist. Burell
berichtet, daß Formen aus Nickel zur Herstellung von Camembert sich als
unbrauchbar erwiesen haben, da die Käse die bekannte Grünfärbung gelöster
Nickelsalze zeigten.

Von guter Beständigkeit hat sich wider Erwarten das Aluminium erwiesen.
Seine relative Beständigkeit kommt aber nur dann zur Auswirkung, wenn es
möglichst frei von fremden metallischen Beimengungen ist und die Gefäße
keine Teile aus anderem Metall haben. Geschmiedetes Aluminium, das im allgemeinen einen hohen Grad von Reinheit besitzt, ist widerstandsfähiger als
Gußaluminium, das weniger rein ist. Berührung von Aluminium mit anderen
Metallen (eiserne Verstärkungsringe an Aluminiumkannen) führt an den Kontakt-
stellen häufig zu Korrosionserscheinungen infolge elektrolytischer Vorgänge.
Gegenüber ätzenden Einflüssen ist es widerstandsfähiger als Eisen, Zink, Kupfer,
Zinn und Nickel. Milch, gesäuerter Rahm, Buttermilch usw. greifen Aluminium
überhaupt nicht oder nur in sehr geringem Maße an; in stark gesäuerten Milcherzeugnissen, wie Reinkulturen, Säurewecker, war dagegen die Ätzung etwas
ausgesprochener und ein leichter metallischer Geschmack konnte festgestellt
werden. Unter dem Einfluß lang andauernder Erhitzung zeigt Aluminium
eine eigenartige Veränderung, es wird blättrig. Am zweckmäßigsten eignet
es sich für Lagertanks, größere Transportgefäße, Milchkannen usw. Die Haltbarkeit der Aluminiumgefäße ist nach den Beobachtungen von Drouilly
abhängig von der Wandstärke. Diese muß berücksichtigt werden je nachdem
das betreffende Aluminiumgefäß nur einmal benutzt werden soll, wie Kondens-
milchbüchsen, oder dauernd in Gebrauch gehalten wird. Transportgefäße, wie
z. B. die Milchkannen, die viel Stöße auszuhalten haben, sind natürlich widerstandsfähiger zu machen als Gefäße, die im Betrieb bleiben. Nach Drouilly
ist die Aluminiumkanne kaum teurer als eine Eisenkanne, sie stellt sich sogar
billiger, wenn man den schnellen Verschleiß verzinnter Eisenkannen in Betracht

zieht. Ein weiterer Vorteil der Aluminiumkannen ist die gute Leitfähigkeit des Aluminiums, so daß der Inhalt leicht zu kühlen ist; man kann sie in Wasser setzen, sie rosten nicht. Beachtlich ist dann auch das leichtere Gewicht der Aluminiumkannen gegenüber Eisenkannen, wodurch bedeutend Fracht erspart wird.

Nachteilig für den Gebrauch von Aluminiumgeräten in milchverarbeitenden Betrieben ist die Empfindlichkeit des Metalles gegen die ätzenden Wirkungen alkalischer Reinigungsmittel. Bei Verwendung reiner Alkalien, wie Soda, ist die Auflösung des Aluminiums sehr merklich. Ein Zusatz von kieselsaurem Natrium vermindert oder hebt die Ätzwirkung des Alkalis ganz auf. Nach dem Bericht der Aluminiumberatungsstelle wird die bei längerer Einwirkung drohende metallösende Wirkung von Soda durch den Zusatz von 0,05% Wasserglas aufgehoben, ohne Einbuße an Reinigungskraft zu erleiden.

Chromstähle zeigen sich nach den Angaben von HUNZIKER sehr widerstandsfähig gegen ätzende Einflüsse. „Superascoloy" (Chrom-Nickelstahl) ist den gewöhnlichen Chromstahllegierungen wie „Ascoloy" und „Enduro" bedeutend überlegen. Hochpolierte Flächen dieser Chromstähle sind widerstandsfähiger als unpolierte. Gefährdet wird die Widerstandsfähigkeit der Chromstähle durch sogenannte Roststellen, die z. B. bei Chromstahlbehältern an Nieten, Beschlägen, Bolzen usw. aus anderen Metallen, wie Eisen, Kupfer, Kupferlegierungen usw., sich bilden können. Ein Rosten ist auch möglich bei unsachgemäßer Ausführung der Schweißarbeiten.

Kleinste Mengen Metallsalze, die sich bei Berührung der Milch mit Metall bilden können, können sich außerordentlich schädlich auf Milch und namentlich auch auf Milchpräparate, wie Kondensmilch und Trockenmilch, auswirken. Ganz besonders trifft das für Kupfersalze zu.

Von einigen Autoren wird Kupfer als normaler Milchbestandteil bezeichnet, während andere sein natürliches Vorkommen in Milch in Frage stellen.

SUPPLEE und BELLIS fanden durchschnittlich 0,52 Millionstel g Kupfer bei Grün- wie auch bei Stallfütterung, BERTRAND 0,5 Millionstel g Kupfer pro 1 kg Milch. FLEURENT und LEVI fanden beträchtlich mehr, nämlich 1,4 Millionstel g pro 1 Liter Milch.

RICE und MISCALL haben eingehend die Verhältnisse untersucht, unter denen Kupfer in Milch in Lösung geht. Unter dem Einfluß der Luft (Sauerstoff) wird das Lösungsvermögen der Milch gegenüber Kupfer wesentlich gesteigert. In offenen kupfernen Pasteurisierungsapparaten, Kühlern und Milchwannen wird daher die Milch beträchtlich mehr Kupfer herauszulösen vermögen und es ist daher dringend anzuraten, derartige Apparate in Zukunft nicht mehr aus Kupfer oder Kupferlegierungen herzustellen. Glatte, glänzende Kupferflächen erweisen sich gegenüber der aggresiven Wirkung der Milch widerstandsfähiger als bereits angeätzte Flächen. Das Lösungsvermögen der Milch gegenüber Kupfer steigt bis 63° an und nimmt dann wieder ab, bei Zimmer- und Kochtemperatur ist es ungefähr dasselbe. Es ist anzunehmen, daß im Milchserum bei längerer Erhitzung der Milch in Berührung mit glänzenden Kupferflächen irgendeine Reaktion vor sich geht, welche die auflösende Wirkung der Milch gegenüber dem Metall abriegelt, sobald die Temperatur über die Temperatur der Dauerpasteurisierung steigt. Weder die Entfernung der Milchgase noch Einleiten von CO_2 verursacht eine Schwächung dieser Eigenschaft. Gleiche Temperatur vorausgesetzt, vermag aber pasteurisierte Milch gegenüber Rohmilch mehr Kupfer zu lösen. Bei der Eindickung der Milch in kupfernen Gefäßen ist es zweckmäßig, die Temperatur der Milch so rasch wie möglich auf Kochtemperatur zu bringen. Die Menge des aus kupfernen Pfannen bei der Herstellung von gezuckerter Kondensmilch herausgelösten Kupfers ist nicht viel größer als bei Herstellung nicht gezuckerter Milch.

Die unter den angeführten Verhältnissen sich bildenden milchsauren und fettsauren Kupfersalze verteilen sich in dem Milchfett und tragen dazu bei, Oxydationsvorgänge, wie z. B. das Talgigwerden des Fettes in Milch, Milchpräparaten und Molkereierzeugnissen, zu beschleunigen. Um die Wirkung kleinster Mengen derartiger Kupfersalze verständlich zu finden, braucht man sich nur das enorm hohe katalytische Vermögen kleinster Mengen von Metall, z. B. die maßgebende Wirkung winziger Mengen von Nickelverbindungen beim Hydrieren der Fette vor Augen halten.

Im Schrifttum finden sich wiederholt Angaben über Geschmacksfehler der Milch und Molkereierzeugnisse, die nachweislich durch Verunreinigung der Milch mit löslichen Metallsalzen zustande gekommen sind. Siedel hat als erster gezeigt, daß beim Aufbewahren von Rahm in schlecht verzinnten und daher rostig gewordenen Satten durch Lösung von Eisen mittels Milchsäure Butter mit „öligem" Geschmack erhalten wird. Beweisend für die Richtigkeit seiner Annahme waren Versuche, wonach Butter, die aus Rahm mit geringen Zusätzen von milchsaurem Eisen hergestellt worden war, ausgeprägt „ölig" schmeckte. Als Aufbewahrungsgefäß des Rahmes dienten nicht metallene, sondern irdene Gefäße. Über das Auftreten eines ähnlichen Geschmacksfehlers in Milch berichtet Mattick. Auch in diesem Falle handelte es sich um fehlerhaften Geschmack der Milch, der ebenfalls mit dem Ausdruck „ölig" bezeichnet werden konnte. Häufig sprach man von Biberölgeschmack. Als man den Ursachen nachging, zeigte sich, daß zur Kühlung der pasteurisierten Milch auf einer Farm ein Kühlapparat mit schadhaften Stellen im Zinnbelag verwendet wurde. An Stellen verletzter Zinnhaut trat natürlich das Kupfer hervor und kam auf diese Weise mit der Milch in Berührung. Durch Laboratoriumsversuche mit derart schadhaften Kühlern konnte einwandfrei nachgewiesen werden, daß Milch, welche die Oberfläche dieser Versuchskühler passiert hatte, nach 16stündiger Aufbewahrung bei 10° C deutlich ölig schmeckte, während sie unmittelbar nach dem Verlassen des Kühlers noch von durchaus normalem Geschmack war. Der Geschmacksfehler trat stets auch bei Milchen verschiedenster Herkunft auf, wenn die Milch bei verhältnismäßig niederer Temperatur aufbewahrt worden war. Die Autoren hielten es als erwiesen, daß der ölige Geschmack der Milch von einer Reaktion herrührte, welche durch die vorhandenen, jedoch ungemein geringen Mengen von Kupfer katalytisch beeinflußt wurde. Sehr wesentlich war an dem Zustandekommen der Reaktion der Luftsauerstoff beteiligt. Durch höhere Temperaturen war die Reaktion anscheinend begrenzt.

Über den schädlichen Einfluß minimaler Kupfermengen auf die Haltbarkeit von Trockenmilch berichtet Supplee, nach dessen Beobachtungen organische Kupferverbindungen das Talgigwerden der Milchpulver sehr beschleunigen. Kupfer, das in der flüssigen Milch in einer Menge von 10 bis 15 Teilen auf 1 Million Teile Milch enthalten war, rief Talgigkeit in dem Pulver nach 50 Tagen hervor; war es im Verhältnis von 1 Teil auf 1 Million enthalten, so trat starke Talgigkeit nach 9 bis 10 Monaten auf, während das Erzeugnis, das keine Kupferverunreinigung enthielt, noch nach 12 Monaten in gutem Zustand war.

Milch und mechanische Bewegung

Unter dem Einfluß des Auftriebvermögens vollführen die Fettkügelchen beim Stehen der Milch eine aufwärts gerichtete Bewegung und häufen sich an der Oberfläche in einer fettreichen Milchschicht, der Rahmschicht, an. Man

nennt diesen Vorgang die natürliche Aufrahmung der Milch. Es kann dieser
Vorgang zwar niemals zu einer vollständigen, so doch zu einer weitgehenden
Entrahmung der Milch führen.

Unter dem Einfluß der Zentrifugalkraft wird eine praktisch nahezu vollständige Trennung des Fettes vom Milchplasma erzwungen. Die Zentrifugalentrahmung bedeutet somit die gewaltsame Loslösung der Fettphase von dem
Milchplasma.

Der Einfluß sehr starker Zentrifugalkräfte wird jedoch nicht bei Veränderungen der Dispersionsverhältnisse des Milchfettes stehen bleiben, sondern auch
das Kolloidsystem der Eiweißstoffe, namentlich des Kaseins, zur Auflösung
bringen.

So gelang es FRIEDENTHAL mit einer Zentrifuge von 10000 Umdrehungen
pro Minute und einer Zentrifugalkraft von etwa 800 Millionen Dyn das Kasein
aus Kuhmilch quantitativ in etwa 3 Stunden auszuschleudern. Das Milchplasma war nach Entfernung des Kaseins noch opaleszent und enthielt noch
die übrigen Eiweißstoffe der Milch, das abgeschleuderte Kasein enthielt etwas
Lezithin und Eisen. Das Milchfett sonderte sich bei Anwendung derart hoher
Fliehkräfte in eine flüssige und feste Schicht. Nach den Untersuchungen von
GRIMMER und SCHWARZ kann mit sehr großer Wahrscheinlichkeit angenommen
werden, daß der im Zentrifugenschlamm nachgewiesene Phosphor zum großen
Teil an Kalzium gebunden als sekundäres Kalziumphosphat vorliegt. Es liegt
durchaus im Bereich des Möglichen, daß namentlich schwer lösliche oder kolloid
gelöste Mineralbestandteile der Milch durch Zentrifugieren zur Ausscheidung
kommen. CALCAR und LOBRY DE BRUYN berichten über Versuche, wonach es
ihnen gelungen sei, Natriumsulfat aus gesättigter Lösung durch Zentrifugalkraft abzuscheiden. FRIEDENTHAL konnte jedoch diese Angaben nicht bestätigen.

Noch wesentlich leichter vollzieht sich die Abscheidung von Kasein aus
ansaurer Milch unter dem Einfluß der Zentrifugalkraft. Durch die Säuerung
der Milch treten freie Wasserstoffionen in zunehmender Menge auf. Diese bewirken durch Entladen der Kolloidteilchen Agglutination des Kaseins. Das
zunächst immerhin noch in verhältnismäßig fein disperser Form vorhandene
Kasein, das daher auch noch keine sinnfällige Veränderung der Milch erkennen
läßt, geht beim Zentrifugieren sehr leicht in den Zentrifugenschlamm über.
Weiterhin erfolgt durch die Zentrifugalkraft die Wegnahme von Fremdkörpern,
wie Kotstückchen, Haaren, Hautschuppen und korpuskulären Bestandteilen
der Milch, Leukozyten, Bakterien, Gewebezellen usw.

Unsere Kenntnisse über Zusammensetzung und Wesen des Zentrifugenschlammes erfuhren durch die Arbeiten von GRIMMER und SCHWARZ eine wesentliche Bereicherung. Darnach ist der bei Weidegang der Kühe aus normaler
frischer Milch gewonnene Schlamm in seiner Zusammensetzung praktisch als
konstant anzusehen. Im Mittel enthält er nach GRIMMER und SCHWARZ

Wasser	3,26%
Fett......................	3,34%
Eiweißstoffe...............	17,80%
Asche	2,98%
N-freie, aus der Differenz zu	
100 berechnete organische	
Substanz	2,62%

Im Gegensatz zu der FLEISCHMANNschen Annahme, daß die stickstoffhaltige Substanz des Zentrifugenschlammes ausschließlich Käsestoff darstelle,
die schon von BARTHEL, von VIETH und von SIEGFELD widersprochen wurde,

fanden auch Grimmer und Schwarz, daß im Mittel 36% des im Schlamm enthaltenen Stickstoffs auf in Alkali lösliche Substanzen oder auf Kasein entfielen und 64% oder rund $^2/_3$ des Gesamtstickstoffs in Natronlauge unlöslich waren, also nicht als Kasein angesprochen werden konnten. Hinsichtlich der ätherlöslichen Bestandteile, nach Ansicht von Vieth und Siegfeld in der Hauptsache normales Milchfett, stellten Grimmer und Schwarz neben regulärem Milchfett noch ein an Cholesterin und Lezithin reiches Fett tierischen Ursprungs fest, das genannte Autoren als die Muttersubstanz des Milchfettes ansehen. Möglicherweise hat man es mit einer Mischung von Leukozytenfett und noch nicht fixiertem Milchfett zu tun, vielleicht auch, wie Laxa annimmt, mit einem Zwischenprodukt auf dem Wege des Überganges des Blutfettes in Milchfett. Unter den Aschebestandteilen des Zentrifugenschlammes fanden Grimmer und Schwarz übereinstimmend mit den Angaben von Fleischmann Kalk und Phosphorsäure vorherrschend. Man darf wohl mit sehr großer Wahrscheinlichkeit annehmen, daß genannte Mineralbestandteile als sekundäres Kalziumphosphat vorliegen neben sehr geringen Mengen von primärem Salz. Weiterhin konnten dann auch noch bekannte Pflanzenfarbstoffe, und zwar Chlorophyll, Carotin und Xanthophyll im Zentrifugenschlamm nachgewiesen werden. Der Gesamtbefund kennzeichnet somit den Zentrifugenschlamm als ein Produkt der Milchdrüse, welches zweifelsohne in Beziehungen zur Milchbildung steht. Fleischmann spricht der Schlammbildung bekanntlich eine gewisse Ähnlichkeit mit der Hautbildung auf der Milch zu.

Die zahlreichen Beobachtungen über den Einfluß des Zentrifugierens auf den Keimgehalt der Milch lassen stets eine beträchtliche Keimzahlerhöhung erkennen. Das Adsorptionsvermögen des Fettes gegenüber Mikroorganismen kann bei der Zentrifugalentrahmung der Milch zu einer größeren Keimzahl des Rahmes gegenüber Magermilch führen.

Der Einfluß der Reinigungszentrifuge auf die Reinigung der Milch und auf den Keimgehalt der Milch wurde von Marquardt und weiterhin von Schmiedl untersucht. Nach Marquardt konnte in den meisten Fällen bei Behandlung der Milch in Reinigungsmaschinen eine Zunahme der Bakterienkolonien in der geklärten Milch festgestellt werden. Bei sehr keimreicher Milch trat natürlich die Zunahme der Einzelkolonien nach Bearbeitung der Milch in derartigen Maschinen noch auffälliger hervor. Auf die Leukozytenzahl der Milch äußert sich der Einfluß der Reinigungsmaschinen ebenfalls. Nach beendeter Reinigung verblieben nur 54,4% der Leukozyten in der Milch. Dagegen blieb das Reinigen der Milch mittels Filters ohne Einfluß auf die Zahl der Leukozyten.

Schmiedl mißt dem Einfluß der Reinigungszentrifuge auf den Gesamtkeimgehalt der Milch praktisch keine Bedeutung zu, insoferne als eine eventuelle Zunahme der Milchsäurebakterien durch Zerreißung der Kolonien nur günstig sein kann. Anderseits dürften die dadurch weitestgehend verteilten Keime viel schneller schädigenden Einflüssen verfallen als in mehr oder weniger grobem Zellverband.

Veränderungen des Dispersitätsgrades des Milchfettes durch mechanische Kräfte sind nicht mehr selten seit milchverarbeitende Maschinen mit ihren zum Teil großen Umdrehungsgeschwindigkeiten immer mehr im Molkereibetriebe Eingang gefunden haben.

Diese Änderungen der Fettkügelchen können zweierlei Art sein: Zersplitterung oder Klumpung. Barthel berichtete bereits im Jahre 1903 über Beobachtungen, wonach die Entrahmungsschärfe der Zentrifuge nachließ, wenn die Milch vorher durch Pasteurisierapparate mit automatischer Steigevorrichtung behandelt worden war. Diese Beobachtungen Barthels wurden später von SIEGFELD bestätigt. O. RAHN hat nun eine Reihe neuzeitlicher Molkereimaschinen, welche die Fettverteilung beeinflussen können, wie Zentrifugen, Pumpen, Pasteure usw., daraufhin geprüft. Bei einem Hochpasteur mit Rührwerk mit 200 Umdrehungen pro Minute konnte RAHN eine deutliche Zersplitterung hauptsächlich von Kügelchen mit einem Durchmesser von über 6 μ in solche von 3 bis 6 μ feststellen. Mit steigender Temperatur der Milch nimmt die Zersplitterung zu und bei 65° findet bereits eine Spaltung auch in Kügelchen kleiner als 3 μ statt. Der TÖDTsche Erhitzer veränderte die Fettverteilung der Milch nicht wesentlich. Dagegen sind von größerem Einfluß auf die Fettverteilung der Milch die Pumpen, die in milchverarbeitenden Betrieben Aufstellung finden. Die Annahme, daß Drehkolbenpumpen weniger verändernd wirken als Zentrifugalpumpen, traf nach den Beobachtungen von RAHN nicht zu. Die Zentrifugalpumpen hatten die Fettkügelchen unter 3 μ nicht nennenswert verändert, die größten Fettkügelchen zersplitterten dagegen bei erhöhter Temperatur.

Drehkolbenpumpen scheinen nun ganz allgemein bei niederen Temperaturen deutlich vergrößernd auf die Fettkügelchen, bei höheren Temperaturen, also auf flüssiges Fett, deutlich spaltend zu wirken. So beobachtete RAHN bei einer Drehkolbenpumpe und bei einer Temperatur der Milch von 8° eine geringe Vergrößerung der Fettkügelchen; bei 14° war bereits eine merkliche Zersplitterung vorhanden, bei 50° war die Hälfte aller größeren Fettkügelchen hauptsächlich in Kügelchen von 2 bis 3 μ zersplittert. Die Aufrahmefähigkeit wird dadurch bestimmt in Mitleidenschaft gezogen. Weiterhin scheint dann auch die physikalische Beschaffenheit des Fettes, wie selbe durch die Fütterung der Milchkühe und sonstige Verhältnisse bedingt ist, diese Zersplitterung der Fettkügelchen durch Molkereimaschinen zu fördern oder zu hemmen.

Eine Vermehrung der kleinsten Fettkügelchen kann dann auch durch das Buttern hervorgerufen werden. Das trifft namentlich beim Verbuttern des Rahmes in kleinen Glasbutterfässern mit hoher Umdrehungsgeschwindigkeit zu. Der häufig etwas höhere Fettgehalt der bei derartigen Buttermaschinen gewonnenen Buttermilch steht damit im Zusammenhang. Beim Verbuttern des Rahmes in großen Butterfässern oder Butterfertigern findet dagegen keine nennenswerte Zersplitterung der Fettkügelchen statt.

Im Gegensatz zur Zersplitterung steht das Zusammenballen oder die Klumpung des Fettes. Entsprechend dem größeren gegenseitigen Abstand der Fettkügelchen im Milchplasma wird die Klumpung des Fettes bei Milch gegenüber Rahm geringer sein. Über einen typischen Fall berichtet RAHN folgendes: Milch mit ungewöhnlich großen Fettkügelchen, die mittels Zentrifuge gereinigt und im Pasteur auf 45° erwärmt worden war, wurde mittels Zentrifugalpumpe durch ein 24 m langes Rohr gepumpt. Häufigkeitsmessungen der verschiedenen Größen der Fettkügelchen dieser Milch ergaben, daß die Kügelchen unter 6 μ durch diese Behandlung um 14% abgenommen, die Kügelchen dagegen über 9 μ um 16% zugenommen hatten.

Starke Klumpung soll nach RAHN meistens dann auftreten, wenn die Milch bei starker Bearbeitung nicht hoch genug, das heißt nicht über 60° erhitzt wird.

Der Wirkung außerordentlich hoher Drucke wird die Milch beim Homogenisieren unterworfen. Man versucht dadurch eine möglichst weitgehende Zersplitterung des Fettes, also eine noch weitgehendere Dispergierung des Fettes im Milchplasma als bereits vorhanden, zu erreichen. Es muß jedoch eine derart gewaltsame Bearbeitung der Milch nicht immer wie gewünscht zur Verkleinerung der Fettkügelchen führen; bei Anwendung zu hoher Drucke oder zu hoher Temperatur der Fettkügelchen kann auch das Gegenteil eintreten.

Eine Reihe von Autoren berichten über Beobachtungen, wonach das Fettklumpungsphänomen beim Homogenisieren von Milch und namentlich von Milch-Rahm-Mischungen als bestimmt vorhanden erkannt werden muß. Doan führt die verstärkte Aufrahmung der sogenannten „viscoliced" Milch auf die Klumpung kleinerer Fettkügelchen zurück, welche durch den Viscolicer gebildet worden sind. Die Klumpung dieser Fettkügelchen in homogenisierten Milch-Rahm-Mischungen wird beträchtlich stimuliert durch erhöhten Fettgehalt der Mischungen und durch Vergrößerung des Druckes, mit dem homogenisiert wird. Da letztere Maßnahme eine sehr weitgehende Aufteilung der Fettkügelchen normaler Größenordnung in kleinere und kleinste Teilchen bewirkt, so wird dadurch eine enorme Vergrößerung der Oberfläche und damit eine beträchtliche Zunahme der Oberflächenkräfte hervorgerufen. Letztere äußert sich in einer verstärkten gegenseitigen Anziehung, in einer gesteigerten Aktivität der Fettkügelchen. Bei höherem Fettgehalt der Milch-Rahm-Mischung liegen dann auch die Fettkügelchen relativ dicht beieinander und können klumpen, ehe durch Adsorption oberflächenaktiver Plasmakolloide durch die Fettkügelchen die Anziehungskraft der letzteren wesentlich reduziert worden ist. Veränderungen der Azidität des Plasmas sind von geringem Einfluß auf die Neigung des Fettes homogenisierter Milch-Rahm-Mischungen zu klumpen. Erhitztes Plasma übt dagegen einen hemmenden Einfluß auf die Bildung von Fettklumpen aus. Das Verhältnis von Plasmatrockenmasse zu der Fettmenge der Mischung bildet ebenfalls einen einschränkenden Faktor bei dem Phänomen. Für dieses Verhältnis existiert anscheinend eine kritische Zahl, oberhalb der keine Klumpung eintritt, aber unterhalb der die Klumpung augenscheinlich ist, ja sogar ausgeprägt sein kann. Für Milch-Rahm-Mischungen mit einem Fettgehalt von 8 bis 18% dürfte der Wert für dieses kritische Verhältnis zwischen 0,60 und 0,85 liegen, für Mischungen mit zirka 4% Fett liegen die Werte zwischen 0,40 und 0,50. Eindeutig läßt sich der Wert für dieses kritische Verhältnis nicht umschreiben, da eben eine Reihe von Einzelwirkungen bei dem Fettklumpungsphänomen in Betracht kommt.

Das Homogenisieren der Milch hat Änderungen gewisser Eigenschaften der Milch im Gefolge. Die Viskosität der Vollmilch nimmt zu, dagegen nicht jene der Magermilch. Auch Rahm erfährt durch Homogenisierung Viskositätszunahme, die durch die feinere Verteilung des Fettes erklärt wird. Während Zusatz von Vollmilch zu Magermilch deren Schaumbeständigkeit beeinträchtigt, wird letztere durch Zusatz von homogenisierter Vollmilch kaum verändert.

Um das Aufrahmen der Milch vollständig zu verhindern, homogenisiert man die Milch. Rahn hat die Fettkügelchengröße homogenisierter Milch gemessen und festgestellt, daß bei guter Homogenisierung die Fettkügelchen homogenisierter Milch feiner verteilt sind als das Fett der Magermilch. Je nach der Art und Bestimmung der homogenisierten Milch richten sich die Forderungen, die an die Homogenisierung zu stellen sind. Nach Rahn erfordert Trinkmilch, inbesondere dauererhitzte Trinkmilch, die feinste Verteilung. Auch nicht eingedickte Büchsenmilch verlangt eine sehr feine Verteilung, soll nicht durch Zusammenkleben der Fettkügelchen Aufrahmung eintreten. Bei Kondensmilch mit ihrer erheblich gesteigerten Zähflüssigkeit ist der Auftrieb schon viel geringer.

Die bei der Homogenisierung der Milch zu erreichende Feinheit der Verteilung des Milchfettes ist nach Eichstädt von vielen Umständen abhängig. Von größter Bedeutung ist die Temperatur, bei der die Milch homogenisiert wird. Mit steigender Temperatur der Homogenisierung ist eine Zunahme der kleinsten Fettkügelchen zu beobachten. Nach Versuchen von Rahn waren bei 65⁰, der üblichen Homogenisierungstemperatur, noch 12% des Fettes in Kügelchen von über 3 μ vorhanden. Den schärfsten Ansprüchen an Homogenisiermaschinen genügt nach RAHN eine derartige Zerkleinerung des Fettes nicht.

Mechanische Erschütterungen der Milch, wie z. B. der einfache Vorgang des Filtrierens, der der Wegnahme von Fremdkörpern aus der Milch dient, dann selbst ruhiges Strömen der Milch durch Röhren können ganz erhebliche Keimzahlerhöhungen verursachen. Letztere Feststellung findet eine Parallele in dem physikalischen Verhalten strömender Milch, wonach Rohrleitungen und namentlich deren Knickstellen als Ursache schlechter Aufrahmung infolge Fettzersplitterung der durchgeleiteten Milch angesehen werden können. Offenbar spielt bei diesen Vorgängen vor allem die Reibung der Milchteilchen an der Wand der Röhren und vielleicht auch die innere Reibung beim Fließen eine entscheidende Rolle. Eingehender wird in Abschnitt IX über Filtration berichtet.

Ganz merkwürdiger Art ist dann die durch Schüttelwirkung hervorgerufene Veränderung des Säuregrades der Frauenmilch. ENGEL und EUFINGER haben an geschüttelter Frauen- und Kuhmilch festgestellt, daß die Titrationsazidität der Kuhmilch sich nach stundenlangem Schütteln gar nicht änderte, während die Frauenmilch etwa 5- bis 10mal soviel Alkali zu binden vermochte, als vor dem Schüttelprozeß. Bei Zerlegung der Frauenmilch in Rahm und Magermilch zeigte sich, daß die Frauenmagermilch nur sehr wenig, der Rahm dagegen sehr stark beim Schütteln säuerte. BEHRENDT hat dann erneut das Problem der Schüttelwirkung der Milch behandelt. Unter Berücksichtigung der Tatsache, daß nur in fetthaltiger Milch die Aziditätssteigerung eintritt, und daß nach den Untersuchungen von DAVIDSON die Frauenmilch im Gegensatz zur Kuhmilch ganz besonders reich an fettspaltendem Enzym ist, tritt nach seiner Ansicht durch das Schütteln eine Aktivierung der Frauenmilchlipase ein, die sich in einer beschleunigten Fettspaltung und damit in einer Steigerung der Titrationsazidität der Milch durch die freigewordenen Fettsäuren äußert. Begründet wird dieser Schluß durch folgende Beobachtungen: Frauenmagermilch mit einem Fettgehalt von nur 0,1 bis 0,2% Fett erfährt selbst bei sehr langem Schütteln eine nur unbedeutende Erhöhung der Azidität. Aber schon bei einem Fettgehalt von 0,4% tritt eine starke Erhöhung der Azidität nach dem Schütteln ein, die sich mit zunehmendem Fettgehalt weiter steigert. Bei Kuhmilch blieb unter den gleichen Bedingungen die „Säuerung" aus. Wurde die Milch vor dem Schütteln 2 Stunden erwärmt, so zeigte sich, daß beim Erwärmen auf 50⁰ bis 51⁰ die Aziditätszunahme stark verringert wurde und bei auf 53⁰ und darüber erhitzter Milch vollkommen ausblieb. Wurde scharf entrahmte Frauenmagermilch mit Kuhmilch gemischt, so trat auch hier nach dem Schütteln eine Zunahme der Azidität ein, während die Komponenten für sich allein keine Erhöhung des Säuregrades ergaben. Durch die Bildung der freien Fettsäuren bzw. ihrer Seifen erfuhr die Oberflächenspannung der Frauenmilch eine starke Erniedrigung, wie früher schon DAVIDSON festgestellt hatte.

Milch und Strahlenenergie

Wie fast alle Fette, so erleidet auch das Milchfett namentlich als Butter beim Lagern früher oder später Veränderungen, die Aussehen, Geschmack und Geruch beeinträchtigen und es schließlich praktisch ungenießbar machen. Beschleunigt werden diese Veränderungen durch ungehinderten Zutritt von Licht und Luft.

Im allgemeinen ist die Art der Zersetzung, welche das Milchfett, im besonderen aber das Butterfett unter dem Einfluß zerstreuten Tageslichtes erfährt, nahezu immer dieselbe. Die mehr oder weniger intensive gelbe Farbe der Butter verschwindet und macht einem unansehnlichen Weiß Platz. Der aromatische Geschmack verliert sich und an seine Stelle tritt ein fader, talgiger Geschmack. Je kräftiger die Belichtung ist, um so rascher gehen diese Veränderungen vor sich. Wie weit das Licht für sich allein wirken kann oder mit anderen Faktoren, wie Luftsauerstoff, Feuchtigkeit, Berührung mit Metallen, zusammenwirken muß, um diese Schädigungen des Milchfettes hervorzurufen, ist noch nicht klargestellt.

Der Chemismus des Talgigwerdens kommt zunächst einer Oxydationswirkung gleich, welche eine Umwandlung der ungesättigten Säure des Milchfettes, der Ölsäure, in gesättigte durch Anlagerung von Sauerstoff oder Hydroxylgruppen an die Doppelbindung bewirkt. Durch weitere Oxydation oder durch intramolekulare Anlagerung kann dann an der Stelle der ursprünglichen Doppelbindung eine Spaltung eintreten unter Bildung niedermolekularer freier Säuren. Gleichzeitig bilden sich auch Aldehyde (zit. GRIMMER: nach Lehrbuch der Chemie und Physiologie der Milch, S. 154).

Wesentlich verschieden von dem Talgigwerden ist das Ranzigwerden, das nach neueren Anschauungen unter dem Einfluß von Mikroorganismen erfolgt.

Die Bestrebungen, Strahlenenergie zur Lösung verschiedenartigster Probleme heranzuziehen, haben in der Milchwirtschaft zu Versuchen über Sterilisierung der Milch mit Ultraviolettlicht geführt. Die Angaben des Schrifttums über die durch die Bestrahlung der Milch mit Ultraviolettlicht zu erreichende Sterilisierung gehen sehr weit auseinander. Die Eigenart der Milch selbst wird eine wirksame Sterilisierung durch Ultraviolettlicht schwierig gestalten. Die eindringenden Strahlen werden durch die Milch kräftig absorbiert. Soll Wirkung erzielt werden, so muß die Bestrahlung der Milch daher in sehr dünner Schicht erfolgen, damit alle Milchteilchen gleichmäßig getroffen werden. Erschwert wird die Sterilisierung noch dadurch, daß ein großer Teil der Milchkeime wahrscheinlich an die Fettkügelchen absorbiert ist. Es ist daher verständlich, daß nach der Auffassung verschiedener Autoren eine restlose Vernichtung der Bakterien durch Bestrahlung mit Ultraviolettlicht kaum zu erreichen ist oder zum mindesten mit bedenklichen Veränderungen der Milch erkauft werden müßte. Als unangenehme Beigabe macht sich ein höchst übler Geschmack und Geruch bemerkbar, der um so intensiver hervortritt, je länger die Bestrahlung anhält. Zweifelsohne tritt unter diesen Verhältnissen auch eine Schädigung des kolloiden Systems der Eiweißstoffe der Milch ein, es kommt zur Ausflockung von Eiweiß, wie verschiedentlich festgestellt wurde.

In jüngster Zeit hat indessen die Bestrahlung der Milch mit Ultraviolettlicht eine ungeahnte Bedeutung gewonnen, nachdem die grundlegenden Arbeiten amerikanischer Forscher die Möglichkeit bewiesen haben, einer Rachitis erzeugenden Nahrung durch Bestrahlung mit Ultraviolettlicht antirachitische Eigenschaften zu verleihen. In Anlehnung an die Arbeiten von HESS über die Aktivierung pflanzlicher Öle im Sinne einer Vitaminaufladung versuchte man auch die Milch in diesen Gedankenkreis hereinzunehmen und GYÖRGY und HOTTINGER berichten als erste über Heilung florider Rachitis in einer großen Anzahl von Fällen mit ultraviolett bestrahlter Milch. Inzwischen ist es gelungen, den wirksamen Bestandteil der mit Ultraviolettlicht aktivierten Stoffe, das Vitamin D, experimentell nachzuweisen und erst vor kurzer Zeit überraschte WINDAUS die interessierten Kreise mit der Mitteilung, daß das Vitamin D durch Einwirkung langwelliger ultravioletter Lichtstrahlen aus dem Provitamin „Ergosterin" entstehe.

Die Aktivierung der Milch unter Zuhilfenahme der Quecksilberquarzlampe, kurz Quarzlampe (wirkungsvolle Strahlen zwischen den Wellenlängen 310 und 280 $\mu\mu$), wird zur Zeit eifrig propagiert. Die zweckmäßigste Art der Bestrahlung bietet augenblicklich die Apparatur von SCHOLL. Die Bestrahlung der Milch erfolgt unter Luftabschluß, wobei sich die Milch dauernd in einem geschlossenen System unter Kohlensäuredruck befindet. Es wird dadurch die Bildung der geruch- und geschmacklich so unangenehmen Oxydationsprodukte vermieden. Die Erwärmung der Milch beträgt bei diesem Verfahren höchstens 2⁰ C über der Ausgangstemperatur. Die stark antirachitischen Eigenschaften vermochten floride Rachitis innerhalb 4 bis 6 Wochen bei täglich 300 bis 400 cm³ Milch zu heilen.

Die Bestrahlung der Milch in offenen Gefäßen unter Zuhilfenahme der Hanauer Quarzlampe „Künstliche Höhensonne" hat zweifelsohne eine Reihe unangenehmer, ja schädlicher Begleiterscheinungen für die Milch im Gefolge, die man auch frühzeitig erkannt hatte. GYÖRGY stellte nach der Bestrahlung einen schwer definierbaren, faden, fast muffigen Geruch und Geschmack fest. Nach HOTTINGER wird die Milch durch die Bestrahlung etwas gelb, verliert an Süßigkeit und nimmt tranartigen Geschmack und Geruch an. Eingehendere Untersuchungen über die Veränderungen der Milch führte SCHULTZ aus. Dieser Autor beobachtete nach mehr als 30 Minuten Bestrahlung ebenfalls eine leichte Gelbfärbung der Milch. Der bei bestrahlter Milch auftretende Geschmack war ähnlich dem Kochgeschmack stark erhitzter Milch. Späterhin machte sich ein stechender oder brandiger Geruch geltend und der Geschmack wurde mehr kratzend. Die Erwärmung der Milch bei Bestrahlung in offenen Gefäßen mittels künstlicher Höhensonne hängt natürlich in erster Linie vom Abstand des Brenners von der Milchoberfläche ab. Eine auf + 6⁰ tiefgekühlte Milch hatte sich nach 30 Minuten Bestrahlungsdauer auf 29,6⁰ C erwärmt. Bei Bestrahlung kleinerer Milchmengen trat infolge Verdunstung des Wassers Abnahme des Volumens und damit Änderung des spezifischen Gewichtes ein. Äußerliche Veränderungen des Fettes traten augenscheinlich nicht zutage. Dagegen wirkte sich die Bestrahlung sehr nachteilig auf die Eiweißstoffe der Milch aus. Die Labgerinnungszeit 30 Minuten lang bestrahlter Milch erfuhr eine beträchtliche Verzögerung. Auch das Auftreten von Flöckchen konnte SCHULTZ beobachten. Sehr nachteilig wurden auch die Fermente der Milch durch die Bestrahlung getroffen. Bei 30 Minuten langer Bestrahlung war noch ein Rest von Amylase nachzuweisen, durch 60 Minuten lange Bestrahlung war diese gänzlich unwirksam geworden. Auf Zusatz von Quajaktinktur zu 60 Minuten lang bestrahlter Milch, blieb die Peroxydase Reaktion aus. Bei Prüfung auf reduzierende Eigenschaften bestrahlter Milch konnte im allgemeinen eine Erhöhung der Reduktionszeiten festgestellt werden. Über ähnliche merkliche Abschwächung der Milchfermente berichtet auch REINLE.

Absolute Keimfreiheit der bestrahlten Milch konnte in keinem Fall festgestellt werden, doch ist eine bakterizide Wirkung der Ultraviolettstrahlen sicher anzunehmen. Zu einer völligen Sterilisation der Milch kommt es nach der Ansicht von SCHULTZ deshalb nicht, weil bei der Bestrahlung Eiweißkoagulation eintritt, die einen natürlichen Schutzwall gegen die wirksamen Strahlen bildet.

Über den Einfluß der Bestrahlung von Kühen mit der künstlichen Höhensonne und mit Sonnenlicht auf die Sekretion antirachitisch wirkender Milch berichtet VÖLTZ.

GERNGROSS und SCHULZ berichten über das Verhalten der Kuhmilch und verschiedener Milcharten im filtrierten Ultraviolettlicht. Frisch ermolkene Kuh-, Schaf- und Ziegenmilch zeigten stark gelbe Fluoreszenzerscheinungen, während Frauen-, Hunde-, Löwinnen-, Stuten- und Eselinnenmilch weit schwächer gelb fluoreszierten, der Farbton ging eher in Blau über. Ebenso weisen Mager- und Buttermilch sowie Molken gelbe Fluoreszenz auf, wogegen Rahm und Butter den fluoreszierenden Stoff anscheinend nur in geringer Menge enthalten. Frisch gefällte und gewaschene Eiweißkörper der Milch sind frei von Fluoreszenz. Der gelb fluoreszierende Stoff ist gegen Alkalien empfindlich, verträgt dagegen Erhitzung in saurer und neutraler Lösung. Im Dunkel unter Zusatz von Formalin aufbewahrte Molken bleiben monatelang fluoreszenzbeständig, dagegen geht die gelbe Fluoreszenz von Molken nach kurzer Einwirkung direkten Sonnenlichtes in eine stark blaue Fluoreszenzfarbe über.

Nach Litterscheid ist mittels Analysenquarzlampe eine Unterscheidung von Kuhkot, Eiweißgerinnsel und Milcheiter bei Milchschmutzproben leicht möglich. Trockenes Milcheiweiß luminesziert mehr oder weniger hell bis weißlich, Eiter oder eitrige Bestandteile mehr oder weniger gelblich. Trockener Kuhkot mit Gras-, Heu- und Blattresten erscheint in der Analysenquarzlampe meist dunkelsamtbraun und nur vereinzelt grünlichblau. Wird dagegen ein Milchschmutzfilter nach dem Trocknen mit Zaponlack gestrichen, so fluoreszieren alle Chlorophyll enthaltenden Anteile des Milchschmutzes sehr intensiv himbeerrot bis rötlichgelb, während Milchgerinnsel und Eiter keine Änderung ihrer ursprünglichen Lumineszenz zeigen.

Reinle prüfte das Verhalten der Milchperoxydase und der Aldehydreduktase gegenüber Becquerel-Strahlen. Nach 24- bzw. 48stündiger Einwirkung eines im Bleimantel befindlichen Radiumpräparates auf Milch wurde die Peroxydasereaktion und die Schardinger-Reaktion mit Formalin-Methylenblau ausgeführt. Die beiden Reaktionen zeigten denselben Verlauf wie bei der ursprünglichen frischen Milch und der gleichaltrigen, durch Toluol konservierten Milch, die den Becquerel-Strahlen nicht ausgesetzt waren. Beide Fermente sind gegenüber diesen Strahlen somit indifferent. Eine Reaktivierung der durch Erhitzen zerstörten Fermente durch die Bestrahlung fand nicht statt. Auch Röntgenstrahlen bewirkten bei der Durchwanderung einer $5\frac{1}{4}$ cm dicken Milchschicht keine Veränderung des Verhaltens genannter Fermente.

Über ein photochemisches und photokatalytisches Phänomen in der Milch berichtet Lepri, wonach mit Methylenblaulösung versetzte ungekochte frische Milch bei Belichtung die Blaufärbung wieder verliert. Andere Farbstoffe wie Kongorot, Fuchsin, Eosin usw., werden nicht entfärbt. Nach Ansicht des Autors enthält die Milch offenbar eine kolloide Substanz, die Methylenblau unter Lichteinwirkung reduziert und selbst durch den Sauerstoff der Luft oder der Milch oxydiert wird. Die Wärmeresistenz der fraglichen Substanz spricht gegen einen Enzymcharakter. Die Substanz ist nicht nur gegen diffuses Licht, sondern auch gegen durch Prisma zerlegtes Licht empfindlich.

Milch und elektrische Energie

Der elektrische Strom besitzt neben der Fähigkeit Ionen gelöster Molekeln durch ein Lösungsmittel zu treiben, auch die Eigenschaft, auf kolloiddisperse und sogar auf gewisse nicht gelöste Körper, z. B. auf fein verteilten Ton in einer wässerigen Lösung suspendiert, bewegend und richtend zu wirken. Die Erscheinungen, welche von dieser Betätigung des Stromes hervorgerufen werden, bezeichnet man als diejenigen der Elektroosmose oder Kataphorese. Da nun Milch ,,elektroosmotisch aktive" Stoffe in ihren kolloiddispersen Eiweißstoffen besitzt, so werden diese, sobald die Milch in ein Spannungsgefälle gebracht wird, ebenso wie gröbere Suspensionen der Kataphorese unterliegen. Als negative Kolloide werden die Kolloidteilchen vom Strom nach der Anode getrieben und scheiden sich auf dieser als Gallerte ab. Gleichzeitig werden mit dem Stromdurchgang durch die Milch auch elektrolytische Erscheinungen an den Elektroden verbunden sein.

Experimentell ist über das Verhalten von Milch im elektrischen Kraftfeld noch sehr wenig bekannt. Über ganz eigenartige Beobachtungen beim Anlegen der Sekundärspannung eines kleinen RUHMKORFFschen Induktors an die Elektroden berichtet E. MUTH. Im Augenblick der Einwirkung eines Wechselfeldes auf die Milch traten die Fettkügelchen der Größenordnung von 0,5 bis 5 μ, die in Abständen von zirka 5 μ in der verdünnten Milch verteilt waren und teils ruhig aufstiegen, teils in lebhafter BROWNscher Bewegung sich befanden, zu perlschnurkettenartigen Gebilden zusammen. Bei der Stromunterbrechung kehrte die frühere Anordnung der Teilchen zurück. Die Achsen der Ketten lagen in der Richtung des Feldes, die Anziehung erfolgte stets im spitzen Winkel. Teilchenanziehung erfolgte nur an das Kettenende, es wäre denn, daß die Teilchen sehr klein waren und an ein größeres Teilchen innerhalb des Kettenverlaufes angezogen worden waren. Von der Frequenz des Wechselfeldes war der Effekt der Kettenbildung unabhängig.

Ein Ansatz zu einer technischen Nutzbarmachung der Elektroosmose findet sich in einem Verfahren zur Gewinnung des Milchzuckers aus Molke, niedergelegt in einer Patentschrift der Elektro-Osmose A. G. und der Meierei C. Bolle A. G. in Berlin.

Die neutralisierte, entweißte und filtrierte Molke wird zwischen Diaphragmen unter Zuhilfenahme von Gleichstrom bis zur praktischen Salzfreiheit osmosiert. Als Anodendiaphragma werden tierische Membranen, wie z. B. Schweinsblase, als Kathodendiaphragma vegetabile Gewebe verwendet. Die entmineralisierte Molke bzw. Milchzuckerlösung soll nach dem Verdampfen zur Trockne laut Angabe der Patentschrift sofort einen 96,5 %igen Milchzucker ergeben.

Auf der technischen Anwendung der Elektroosmose beruht dann auch ein Verfahren zur Abscheidung von Kasein, beschrieben von GATRAM. Bei einer Stromdichte von 1 Ampere pro 1 cm² Anodenfläche (Kohlenanode) und 110 Volt Spannung soll in 20 Minuten das Kasein aus 100 Liter Magermilch sich vollständig an der Anode abgeschieden haben. Bei noch höherer Spannung erfolgt die Abscheidung noch rascher. Der Ansicht des Autors, daß auf diese Weise abgeschiedenes Kasein sich durch einen sehr hohen Reinheitsgrad auszeichnet, kann beigepflichtet werden im Hinblick auf die Eigenart des Verfahrens.

Eine weitere praktische Anwendung der elektrischen Energie bedeutet die Pasteurisierung der Milch auf elektrischem Wege, worüber DEMETER folgendes mitteilt: Über den Einfluß des elektrischen Stromes auf Mikroorganismen berichtete STONE bereits 1909, wonach ein Strom von 0,1 bis 0,6 Milliampere die Tätigkeit von Mikroorganismen in Milch und Wasser zunächst stimulierte; höhere Stromstärken verursachten ein entschiedenes Abnehmen der Keimzahl. Den ersten praktischen Versuch, Milch auf elektrischem Wege zu pasteurisieren, machte BEATIE 1916. Er benützte dazu Wechselstrom mit 2660 bis 4200 Volt Spannung und 2,0 bis 2,3 Ampere Stromstärke. Die erreichte Maximaltemperatur belief sich auf 60⁰ bis 64⁰ C. Als Ergebnis konnte eine Verringerung der Totalkeimzahl um 99,93% sowie Abtötung aller pathogenen Keime festgestellt werden. Mit sehr hohen Spannungen arbeitete dann auch ANDERSON und FINKELSTEIN. Bei dem Prozeß, von den Autoren „Elektropure-Prozeß" benannt, wurde die Milch bereits auf 40⁰ C vorgewärmt und verließ mit 70⁰ C die Pasteurisiermaschine. Nach Angabe der Autoren wurde die Keimzahl ganz erheblich vermindert, während Aufrahmefähigkeit und Nährwert der Milch unbeeinträchtigt blieben und die Haltbarkeit der Milch allem Anschein nach erhöht wurde. In den letzt vergangenen Jahren hatten ROBISON und namentlich CH. M. CARPENTER den Elektropure-Prozeß (elektrischen Reinigungsprozeß) zu einer technischen Verwertbarkeit geführt. Gegenüber der Dampfpasteurisierung soll das elektrische Verfahren beachtenswerte Vorteile aufweisen: so werden Nährwert und Geschmack der Milch nicht verändert, während die Milch beträchtlich an Haltbarkeit gewinnt. Besonders gut eignet sich die elektrisch gereinigte Milch für Kindermilch. Als wirksamer Faktor ist wohl nicht der elektrische Strom an sich, sondern die durch ihn erzeugte Hitze anzusprechen.

Man hat schon wiederholt die bekannte Erscheinung, daß die Milch besonders an gewitterhaften Tagen der vorzeitigen Säuerung und Gerinnung verfällt, mit der Luftelektrizität in Verbindung gebracht. Löhnis kam durch eigene Versuche zu dem Schluß, daß zur Erklärung der hier in Frage stehenden Erscheinungen die abnorme Vermehrung der im Euter selbst vorhandenen Keime, eine auf verschiedene Umstände zurückzuführende verstärkte Infektion der Milch sowie ein direkter Einfluß der Gewitterluft, insbesondere des darin vorhandenen Ozons, auf die Milch herangezogen werden müsse. Diese Gesichtspunkte fanden nun durch neuere Untersuchungen von Wernicke und Zieschang eine Bestätigung. So waren bei einer Kuh die Keimzahlen im Euter während 4 Gewitter deutlich gesteigert; ein andermal hatte die gleiche Kuh während 2 Gewitter weniger deutlich reagiert. Bei einer weiteren Kuh konnte festgestellt werden, daß der Keimgehalt des Euters sich auffallend streng an den Barometerstand hielt und zwar in dem Sinne, daß bei steigendem Barometerstand die Keimzahl im Euter klein und bei fallendem Barometerstand auffallend groß gefunden wurde. Beim Aufstellen von Milchproben in verschiedener Entfernung von einem Ozonapparat wurde beobachtet, daß bei einer gewissen Entfernung, bei der der Ozongehalt offenbar einer Konzentration entsprach, die im Sinne einer Reizwirkung die Bakterienentwicklung förderte, die Haltbarkeit der Milch stark zurückging.

Veränderung der Milch durch biologische Einflüsse und Milchfehler

Unter allen Veränderungen der Milch ist die allgemeinste und sinnfälligste die Säuerung. Sie trifft nicht nur vereinzelte Milchbestandteile, sondern das ganze System in seiner physikalischen Struktur sowie in seinem chemischen Aufbau und führt es der Auflösung entgegen.

Die Säuerung der Milch wird hervorgerufen durch die Milchsäuregärung, einer eigenartigen, mit der Entstehung von Milchsäure verbundenen Zersetzung des Milchzuckers, die sich auf ungefähr 0,7% des Kohlehydrates erstreckt. Unter der Einwirkung der sich allmählich bildenden Milchsäure erfahren Reaktion und Pufferungsvermögen und damit auch Dissoziations- und Dispersionsverhältnisse der Milch eine gründliche Veränderung. Für das Kolloidsystem der Eiweißstoffe der Milch bedeutet die beginnende Säuerung der Milch den Anfang vom Ende. Die Verringerung der Dispersität des Kaseins unter dem Einfluß nur mehr ungenügend gepufferten Wasserstoffionen findet ihren zwangsläufigen Abschluß in der Säuregerinnung der Milch. Nicht weniger nachhaltend ist der Einfluß der Säuerung auf das System der Mineralstoffe der Milch. Alkali- und Erdalkaliphosphate der Milch werden unter gleichzeitiger Bildung von milchsauren Salzen in die entsprechenden sauren phosphorsauren Salze übergeführt.

Der Verlauf der Säuerung hängt wesentlich von der vorherrschenden Bakterienart und der Temperatur ab, bei der die Milch gehalten wird. Die ursprüngliche Azidität, der Säuregrad, den die Milch von Haus aus mitbringt, wird von Faktoren beeinflußt, welche auch für die Zusammensetzung der Milch bestimmend sind, so z. B. von der Eigenart des Tieres und von den örtlichen

Produktionsverhältnissen und ist keine konstante Größe. Nach HENKEL ergaben sich bei der Milch einzelner Tiere Schwankungen von 5,5 bis 9 Säuregraden. Während eines ganzen Jahres schwankte die Azidität der Mischmilch einer untersuchten Herde von 6,8 bis 7,5 Säuregraden. Die Schwankungen zwischen Morgen- und Abendmilch waren verschwindend klein. Zu Beginn der Laktation ist die Azidität am größten; sie nimmt dann allmählich ab, um gegen Ende der Laktation nahezu wieder den Höchstwert zu erreichen. Krankheiten können Änderungen im Säuregrad der Milch hervorrufen, die aber nicht immer im gleichen Sinne zu verlaufen brauchen. Bei Zimmertemperatur verläuft der Säuerungsprozeß ziemlich gleichmäßig, man spricht in diesem Falle von einer freiwilligen oder normalen Säuerung bzw. Gerinnung der Milch.

Hinsichtlich der die Säuerung der Milch bestimmenden Bakterienart ist diese durch die jeweiligen Umstände bedingt. In jedem milchverarbeitenden Betrieb wird eine bestimmte Bakterienflora zu Hause sein, die sehr günstige Vorbedingungen für die Verarbeitung der Milch schaffen kann, bei gegebener Gelegenheit sich auch in unerwünschter Weise durch schädliche Infektionen bemerkbar machen kann. Es ist daher durchaus nicht verwunderlich, daß die Säuerung der Milch in verschiedenen Gegenden auf verschiedene Weise verläuft. Jedoch ist das allgemeine Bild, welches die biologischen Veränderungen der Milch nach kürzerer oder längerer Zeit bieten, überall dasselbe. Läßt man die Milch bei Zimmertemperatur säuern, so verlaufen die eingetretenen normalen Veränderungen in einer bestimmten Reihenfolge und stellen Perioden dar, die regelmäßig beobachtet werden können. Wenn letztere auch nicht scharf voneinander zu trennen sind, so kann man immerhin gewisse Phasen der Milchzerlegung unterscheiden, deren HEINEMAN 5, KONING 8 unterscheidet. Die Ansicht genannter Autoren hierüber sei im folgenden kurz mitgeteilt:

Die erste Phase bildet das sogenannte „Inkubationsstadium" der Milch, in dessen Verlauf die Veränderungen der Milch verhältnismäßig unbedeutend sind oder uns wenigstens als unbedeutend erscheinen. Die Periode ist von kurzer Dauer, sie erstreckt sich gewöhnlich nicht über 12 Stunden hinaus. PLAUT gibt für das Inkubationsstadium für Milch, die bei 10° gehalten wird, eine Dauer von 48 bis 52 Stunden an, bei 15° 20 bis 24 Stunden, bei 20° 12 bis 20 Stunden und bei 37° 6 Stunden. Wird die Milch mit sehr großer Sorgfalt gewonnen, so kann das Inkubationsstadium auch noch länger anhalten. Wesentlich für das Inkubationsstadium ist, daß während dieses Zeitraumes eine merkliche Veränderung des Säuregrades nicht festgestellt werden kann. KIRSTEN teilt diese Auffassung nicht ganz. Nach seinen Wahrnehmungen verliert Milch, schon unmittelbar nachdem sie dem Euter entnommen ist, Kohlensäure. Neben MARSHALL konnte in jüngster Zeit auch L. VAN SLYKE den Beweis hiefür erbringen. Die Folge hiervon ist eine Abnahme des Säuregrades. Demgemäß erscheint KIRSTEN das Inkubationsstadium als ein Zeitraum, in welchem durch den Stoffwechsel der Milchsäurebakterien wohl Milchsäurebildung vor sich geht, durch den Verlust an Kohlensäure aber wieder einen Ausgleich erfährt. KONING, der das Inkubationsstadium der Milch gleichsetzt mit der sogenannten bakteriziden Phase der Milch, ändert die Erklärung des Inkubationsstadiums etwas ab: Sowohl die Lähmung, welche die Bakterien durch den Temperaturabfall erfahren als auch die bakteriziden Eigenschaften der frischen Milch, welche die Vermehrungsfähigkeit der Mikroorganismen unterbinden, sind Ursache, daß die Reaktion der Milch sich so gut wie gar nicht ändert. Eine geringe Abnahme des Säuregrades während des Inkubationsstadiums wurde jedoch, wie bereits erwähnt, beobachtet.

Daß die Milch bakterizide Eigenschaften besitzt, also toxische Stoffe enthält, die gegen verschiedene Bakterienarten eine spezifische Wirkung zu äußern vermögen, wodurch sie deren Absterben veranlassen, ist wohl nicht mehr von der Hand zu weisen. Manche Autoren glauben auch, daß hierbei bakteriophage Wirkungen im Spiele sind.

HEINEMAN führt die Nichtzunahme des Säuregrades der Milch während des Inkubationsstadiums auf das Entweichen von Kohlensäure in frisch ermolkener Milch, auf die Möglichkeit der Reaktion der gebildeten Milchsäure mit Kalksalzen und Phosphaten und eventuell auf die Verwendung eines Teiles der Milchsäure zur Neutralisation durch proteolytische Bakterien erzeugter alkalischer Eiweißabbauprodukte zurück. Eine an und für sich nur geringfügige Zunahme der Säure wird auch die Titrationsergebnisse noch innerhalb der Fehlergrenzen der Titration sich bewegen lassen.

Sobald die „bakterizide" Phase durchlaufen ist, entwickeln sich viel proteolytische Bakterien, welche einen Teil der Eiweißstoffe überwiegend zu Pepton, aber auch bis zu Ammoniak abbauen. Bacillus subtilis und Bacillus mesentericus scheiden labähnliche Fermente aus, welche nicht ohne Einfluß auf den Käsestoff bleiben. Die Milch kann dadurch etwas schleimig werden, durch die peptonisierende Wirkung verschiedener Bakterien wird jedoch dieser Zustand wieder aufgehoben. Einige Arten von Bakterien, welche der Mesentericus-Gruppe angehören, können durch ihre peptonisierenden Eigenschaften der Milch einen sehr bitteren Geschmack verleihen.

Die im Anschluß an die bakterizide Phase erwähnte Periode der Vorverdauung von Milcheiweiß durch aerobe Bakterien und Sporenbildner muß mit gewissen Einschränkungen aufgenommen werden, indem die Entwicklung von Milchsäurebakterien in Milch nicht auf die vorausgegangene Tätigkeit von Eiweißzersetzern angewiesen ist. Die nun folgenden Änderungen der Reaktion der Milch durch das lebhafte Wachstum der Milchsäurebildner gehen in Kürze so rasch vor sich, daß die eiweißspaltenden Bakterien, soweit sie bisher Zeit zur Entwicklung hatten, infolge der kräftigen Milchsäurebildung sich nicht mehr vermehren können, absterben oder zur Sporenbildung übergehen, während die eigentlichen Säurebakterien, nämlich der Streptococcus lactis und Vertreter der Koli-Aerogenes-Gruppe sich rasch vermehren. Es kann dabei zu einer mehr oder weniger starken Gasbildung kommen, deren Ausmaß von der relativen Menge der vorhandenen Bakterien der Koli-Gruppe und der Temperatur abhängt. Die Verbreitung der Säurebakterien ist sehr verschieden, demgemäß auch die Bildung organischer Säuren. Es können auftreten R- und L-Milchsäure, inaktive Milchsäure, Ameisensäure, Essigsäure, Propionsäure und Baldriansäure. Eiweißstoffe werden nur in geringerem Maße von den Milchsäurebildnern zerlegt, dagegen Albumosenstickstoff weiterhin abgebaut.

Die „dritte Phase" findet genügend produzierte Säure vor, um das Wachstum noch vorhandener eiweißspaltender Bakterien vollständig zu unterdrücken. Auch bei den Bakterien der Koli-Gruppe tritt eine Minderung des Wachstums ein, schließlich kommt letzteres vollständig zum Stillstand. Streptococcus lactis setzt jedoch sein Wachstum weiter fort, da er beträchtlich widerstandsfähiger als die Koli-Bakterien gegenüber hohen Säuregraden ist. Schließlich wird jedoch auch dessen Wachstum durch die weiterhin zunehmende Säuerung unterdrückt, die allmählich ihrem Maximum zustrebt.

Während des „vierten Zeitraumes" beginnen nun einige höhere Pilze und Hefen, welche ein stark saures Medium bevorzugen, die Zerlegung der Milch. Oidium lactis bildet an der Oberfläche der Flüssigkeit eine dicke Schicht. Daneben treten noch andere Pilze, wie Penicillium glaucum und verwandte, sowie einige Mukorineen auf. Das Oidium lactis zeigt sich in allen Milchproben. Es zerlegt hauptsächlich Eiweißstoffe, wobei sich alkalische Stoffwechselprodukte bilden und wodurch die saure Reaktion erniedrigt wird. Die erfolgte teilweise Neutralisierung durch die alkalischen Eiweißspaltungsprodukte hat ein erneutes Wachstum von gewissen Säurebildnern zur Folge, damit erneutes Ansteigen der Säure. Letztere erfährt aber weiterhin Verminderung durch die Pilze, von denen die meisten wie Oidium lactis befähigt sind, Säure als Nahrungsstoff zu verwerten.

In der nun folgenden „fünften Phase" artet die Zerlegung der Milch in eine stinkende Fäulnis aus. Nach KONING beobachtet man noch zu Beginn dieses Zeitraumes eine Buttersäuregärung, veranlaßt durch anaerobe Buttersäurebakterien. Es entstehen Buttersäure mit kleinen Mengen von Propion-, Essig- und Ameisensäure, Gase, CO_2 und H_2, Äthyl-, Propyl-, Butyl- und Spuren von Amylalkohol, auch Spuren von Azeton. Höher molekulare Eiweißspaltungsprodukte werden noch zu Aminosäuren und Ammoniak abgebaut.

Auf die Möglichkeit der Bildung organischer Säuren aus Eiweißspaltungsprodukten, z. B. von Buttersäure aus Glutaminsäure, einer der wesentlichsten Aminosäuren des Kaseins, unabhängig von der Gegenwart saccharolytischer Clostridien unter gleichzeitiger Desamidierung und CO_2-Abspaltung, sei nur hingewiesen.

Nachdem die Säure durch Pilze allmählich vollständig aufgezehrt ist, beginnen erneut wieder proteolytische Bakterien, die hauptsächlich als Sporen den ganzen Vorgang überlebt haben, sich kräftig zu vermehren. Die Pilze leben nur mehr auf der Oberfläche der zerlegten Milch fort und schließen bei ruhigem Stehenbleiben der Milchprobe die Luft ab. Dadurch finden die anaeroben Clostridien vom proteolytischen Typ namentlich in den untersten Schichten außerordentlich günstige Lebensbedingungen. Monatelang kann dieser Zustand bestehen bleiben. Penicillium, Mucor, Monilia, Oidium usw. leben in der oberen Schicht der zerlegten Milch, während Bacterium alcaligenes faecalis, Proteus, Subtilis, Mesentericus und die anaeroben Clostridien den Zerlegungsprozeß noch weiterführen, so daß unter dem Einfluß weitestgehenden Eiweißabbaues eine übelriechende Flüssigkeit entsteht.

Die in dem geschilderten Verlauf der Zerlegung der Milch erkennbaren Perioden oder Phasen sind natürlich nicht eng begrenzt und Abweichungen hiervon werden gang und gäbe sein. Maßgebend ist vorwiegend die örtliche Mikroflora, die für die einzelnen Perioden typische Vertreter herausstellt, welche führend für die einzelnen Phasen sein werden. Abweichungen können dann auch zustande kommen auf Grund von Verschiedenheiten in der numerischen Stärke der vorhandenen Bakteriengruppen.

Weiterhin wird die Zerlegung der Milch auch sehr wesentlich von der Temperatur beeinflußt, bei der sie gehalten wird. So vermehren sich die Bakterien der Koli-Gruppe bei 30° bis 37° C rascher als bei Zimmertemperatur, während Streptococcus lactis bei Zimmertemperatur besser gedeiht als die übrigen Säurebildner. Ist Streptococcus lactis vorherrschend, dann werden auch dessen Stoffwechselprodukte vorherrschend sein, während bei Temperaturen von 30° bis 37° C infolge der günstigen Wachstumsbedingungen der Koli-Gruppe die Entwicklung von Gasen und von anderen unerwünschten Stoffwechselprodukten dieser Bakterien begünstigt wird.

Zuweilen kann es auch vorkommen, daß in frischer Milch Milchsäurebildner nur in geringer Menge vorhanden sind, wodurch peptonisierende Bakterien (aerobe Sporenbildner) frühzeitig zum Zug kommen. In derartigen Fällen kann die Milch in stinkende Fäulnis geraten, bevor genügend Säure gebildet ist, um die Fäulniserreger zu unterdrücken. Zuweilen finden sich auch labbildende Bakterien und die Milch gerinnt ohne Säuerung. Diese Art der Gerinnung der Milch ist bekannt unter dem Namen süße Gerinnung; letztere tritt namentlich bei gewitterschwüler Atmosphäre ein.

Die Wasserstoffionenkonzentration der Milch haben VAN DAM, ALLEMANN, MICHAELIS und andere bestimmt. Genannte Autoren fanden bei Kuhmilch: $p_H = 6{,}49$ bis 6,85 (VAN DAM), 6,57 im Mittel (DAVIDSON), 6,3 bis 6,9 (ALLEMANN). TILLMANS und OBERMEIER bestimmten die Wasserstoffzahl der Kuhmilch zu $p_H = 6{,}3$ bis 6,6. Letztgenannte Autoren berichten auch über die Veränderung der Wasserstoffzahl während der Säuerung der Milch. Bei der Säuerung ungekochter Milch steigt die Wasserstoffzahl zunächst innerhalb der ersten 3 Stunden etwas an, bleibt dann längere Zeit auf derselben Höhe stehen, um nach Beendigung des Inkubationsstadiums wieder langsam anzusteigen. Eine Parallelität zwischen Wasserstoffionenkonzentration und Säuregrad ist meistens nicht vorhanden. In gekochter Milch liegen im allgemeinen die Verhältnisse ähnlich wie in frischer

Milch, mit dem Unterschied jedoch, daß die Säuerung langsamer eintritt, indem durch die erst nachträglich eingetretene Reinfektion mit Milchsäurebakterien die Milchsäuregärung erst später wieder einsetzt. Wurde letztere vollkommen unterbunden, so trat alkalische Zersetzung ein.

Die Umsetzungen, die im Serum durch die fortschreitende Säuerung vor sich gehen, schwach alkalisch reagierende Kalksalze und Alkaliphosphate werden in saure Verbindungen übergeführt, sowie der Zuwachs an serumlöslichen Stoffen durch Abbau von Laktose und Eiweißstoffen bleiben natürlich nicht ohne Einfluß auf die Eigenschaften des Serums der Milch. Spezifisches Gewicht und Lichtbrechungsvermögen des Chlorkalziumserums werden bekanntlich zum Nachweis einer Verwässerung der Milch herangezogen. In ähnlicher Weise war man bemüht, insbesondere das spezifische Gewicht des Serums der im geronnenen Zustand eingelaufenen Milchproben als ein Kriterium einer eventuell stattgefundenen Verwässerung der Milch anzusprechen. Vieth gibt seiner Meinung dahingehend Ausdruck, daß das spezifische Gewicht der Spontansera, welche von wenig gehaltreicher Milch herstammen, wohl auf 1,0280 und gelegentlich auch darunter, sicher aber nicht unter 1,0270 fallen kann. Ein Wasserzusatz spiegelt sich ganz deutlich und in einer seiner Ausdehnung entsprechenden Stärke im spezifischen Gewicht der Sera wieder. Die Angaben von Vieth konnten von Radulescu, Fischer und anderen bestätigt werden. von Raumer und Späth bemerken, daß sie die Zahl 1,0270 für etwas zu hoch gegriffen halten und geben als niedrigsten Grenzwert gleich Reich und Klinger die Zahl 1,0265 an. Nach Burr ist die als Niedrigstgrenze für das spezifische Gewicht des Serums ungewässerter Milch angenommene Zahl von 1,0260 für manche Verhältnisse noch zu hoch. Man kann daher nicht ohne weiteres auf einen Wasserzusatz zu Milch schließen, wenn beim Fehlen einer Stallprobe das spezifische Gewicht des Serums etwas unter 1,0260 liegt. Wesentlich ist natürlich die Art des Serums. Durch die Art der Herstellung des Serums, Essigsäureserum und Erhitzen auf Kochtemperatur wurde der größte Teil des Albumins entfernt, wodurch naturgemäß das spezifische Gewicht des Serums erniedrigt wurde. Vergleichende Untersuchungen über das spezifische Gewicht der Lab-, Essigsäure- und Spontansera ergaben nach Tiemann die niedrigsten spezifischen Gewichte für Labseren, die höchsten für Essigsäureseren. Bei der Spontangerinnung traten mittlere oder den Zahlenwerten der Labfällungen annähernd gleiche, jedoch stets etwas höhere Zahlenwerte auf. Zu ähnlichen Ergebnissen kam auch Burr. Er fand das spezifische Gewicht der Essigsäuresera im Mittel etwa 0,8 Spindelgrade höher als dasjenige der Spontansera und weiterhin das spezifische Gewicht des Spontanserums pasteurisierter Milch etwas niedriger als das der gleichen Milch im rohen Zustand. Burr stellte dann auch fest, daß Säuerungs- und Butterungsprozeß bei den verschiedenen Verfahren der Rahmreifung bzw. der Butterbereitung nicht immer ohne Einfluß auf die Höhe des spezifischen Gewichtes der Spontansera von Rahm und Buttermilch sind. Letzteres bleibt unverändert bei Verarbeitung von roher Vollmilch bzw. rohem Rahm. Es wird dagegen kleiner als dasjenige des zugehörigen Vollmilchserums, wenn der aus roher Vollmilch gewonnene Rahm bei 85° bis 90° C pasteurisiert wird. Als eine Folge der Zertrümmerung zahlreicher Fettkügelchen beim Butterungsprozeß ist wohl der höhere Fettgehalt der Buttermilchsera anzusprechen gegenüber dem Fettgehalt der Spontansera von Vollmilch und Rahm. Das zuverlässigste Kriterium bei der Beurteilung von stark zersetzten Milchproben sowie von Buttermilchen auf Wasserzusatz bildet nach Burr der Gehalt der Spontansera an Mineralstoffen. Der Aschegehalt derartiger Sera von Mischmilchen scheint im Mittel 0,8% zu betragen und kaum unter

0,75% herunterzugehen. Ähnliche Zahlen geben auch andere Autoren an. H. LÜHRIG, SPRINGMEYER und DIETRICHS fanden den Aschegehalt des Spontanserums unverwässerter Milch im Mittel bei 0,750 bis 0,753% liegen. Sie schließen erst dann auf einen Wasserzusatz, wenn der Aschegehalt des Serums unter 0,70 liegt.

Außer der Milchsäuregärung kann der Milchzucker bei längerem Stehenlassen der Milch auch noch der Buttersäuregärung und der alkoholischen Gärung verfallen.

Die Buttersäurebildung aus Kohlehydrat, in Milch aus Milchzucker, wird im wesentlichen von strengen Anaerobiern vollzogen. Die Gärung äußert sich in heftiger Gasbildung (Kohlensäure und Wasserstoff) sowie in der Bildung von Butter-, Propion-, Essig-, Milch- und Bernsteinsäure. Daneben entstehen noch Alkohole. Die Ausbeute an flüchtigen Säuren und Alkoholen sowie deren Natur wechselt sehr merklich. Die Verbreitung der Buttersäurebakterien ist eine außerordentlich große, in Marktmilch sind sie meist zu finden. Solange die Milchsäurebakterien in der Milch vorherrschend sind, können sie sich nicht entwickeln. Werden aber letztere durch Erhitzen der Milch abgetötet oder sind sie auf andere Weise in ihrer Entwicklung gehemmt, dann können bei Luftabschluß die typischen Erscheinungen der Buttersäuregärung eintreten.

Unterliegt der Milchzucker der Milch einer Umsetzung in Gas und Alkohol, so bezeichnet man diese Gärung mit Bezug auf das letztere Gärungsprodukt als alkoholische Gärung. Der Milchzucker ist an und für sich nur sehr schwer vergärbar; der Vergärung selbst muß die Aufspaltung in Glukose und Galaktose durch das Enzym Laktase vorausgehen, wobei dann die Glukose in Alkohol und Kohlensäure weiter zerlegt wird. Die Milchzucker vergärenden Organismen sind teils echte Hefen, teils Torula-Hefen. Besondere Bedeutung haben die Milchhefen für die Bereitung der sauren und gärenden Milchgetränke, für Kumyß und für Kefir.

Alkoholische Gärung wird dann zuweilen auch in Quarg beobachtet. Anscheinend bilden sich hierbei esterartige Verbindungen, die dem Quarg einen apfelähnlichen Geschmack und Geruch erteilen.

Eine weitere Gärung des Milchzuckers bzw. seiner Komponenten ist die Propionsäuregärung. Diese spielt eine große Rolle bei der Reifung der Emmentaler Käse und wird durch die Propionsäurebakterien veranlaßt. Nach WEIGMANN kommen diese auch in der Milch vor.

Eine Reihe weiterer Veränderungen der Milch, die sogenannten **Milchfehler,** können völlig unabhängig von dem üblichen Verlauf der Zerlegung der Milch durch biologische Vorgänge zutage treten. Dazu gesellen sich noch Veränderungen, an deren Zustandekommen Mikroorganismen keinerlei Anteil haben. Es sind Veränderungen des Äußeren, des Geruchs und des Geschmacks der Milch, hervorgerufen durch physiologische Vorgänge, die eng mit der Milchbildung verstrickt sind, oder durch besondere Kräfte, welche der Milch infolge ihrer eigenartigen Struktur innewohnen, hervorgerufen werden. Im folgenden sei auf diese eigenartigen, häufig nicht weniger schädlichen Veränderungen, als jene durch biologische Vorgänge hervorgerufenen Veränderungen, kurz eingegangen.

Einer der häufigsten Milchfehler ist die schleimige Gärung. Sie äußert sich in einer Zustandsänderung der Milch, gekennzeichnet durch eine wesentliche Veränderung des physikalischen Gefüges der Milch. Diese nimmt eine dickflüssige Beschaffenheit an, fließt in langen, zähen Fäden ab, die in Wasser gegossen, sich mit diesem nicht vermischen. Derartige zähe Fäden können ebenfalls von ihrer Oberfläche gezogen werden, daher auch die Bezeichnung „fadenziehende

Milch". Als Erreger der schleimigen Gärung kommt nach den Untersuchungen verschiedener Autoren, wie Leichmann, Weigmann, Hohl und anderer, eine Reihe von Mikroorganismen, die den Milchsäurebakterien nahestehen bzw. deren spezifischen Enzyme in Betracht. Burri und Thöni vertreten hinsichtlich der Natur und Herkunft dieser Schleimbildner die Ansicht, daß sämtliche Arten der echten Milchsäurebakterien gelegentlich in schleimbildendem Zustand auftreten können. Als eine der Hauptursachen des Auftretens schleimbildender Rassen der Milchsäurebakterien führen genannte Autoren die Symbiose der Milchsäurebakterien mit Kahmhefen an. Vielfach wird aber die Fähigkeit der Schleimbildung nicht als eine konstante und wesentliche Eigenschaft dieser Mikroorganismen angenommen, sondern als eine Erscheinung bewertet, die von einer Degeneration und Schwächung der Bakterien herrührt. Gorini berichtet jedoch über eine Milchsäurebakterie, welche nur im jugendlichen Zustande die Milch fadenziehend machte.

Über die chemische Natur der Bakterienschleime bzw. des Milchschleimes sind schon sehr verschiedene Ansichten geäußert worden, die bei der immer mehr üblichen weiteren Fassung des Gärungsbegriffes nicht eines gewissen Gegensatzes zwischen Kohlehydrat- und Eiweißgärung entbehren. Zweifelsohne handelt es sich um hochdisperse, kolloid auftretende Stoffe, die nicht als normale Bestandteile der Milch anzusprechen sind.

Weigmann glaubt, daß die Schleimsubstanz der langen Wei, einer fadenziehenden Molke, die bei der Fabrikation des Edamer Käses eine wichtige Rolle spielt, aus umgewandeltem Eiweiß bestehe, das sich mit dem in den Molken noch vorhandenen Kasein zu einer zähen, fadenziehenden Masse vereinigt. Henzold vertritt dieselbe Ansicht. Göthard will die Schleimmasse aus den stickstoffhaltigen Bestandteilen der Nährflüssigkeit gebildet und aus einem muzinartigen Körper bestehend wissen. Leichmann neigt mehr zu der Auffassung der Schleimbildung als eines eigentlichen Gärungsvorganges und stützt seine Ansicht auf die von Pasteur und anderen beobachtete Bildung von Gummi und Mannit aus zuckerhaltigen Materialien durch Bakterientätigkeit. Schardinger, König und Spieckermann fassen die Schleimbildung nicht als Gärung, sondern als eine Verquellung der Zellmembranen auf. Burri und Allemann isolierten die Schleimsubstanz nach dem Verfahren von Krakow und fanden gute Übereinstimmung mit Ergebnissen, die Krakow und Iwanoff anläßlich der Analyse von Bakterienmembranen ermittelt hatten. Da die Zusammensetzung der letzteren auffallend gut mit Angaben über Chitin, einen stickstoffhaltigen Kohlehydrat, übereinstimmt, so ziehen Burri und Allemann den Schluß, daß der Schleim der in ihren Versuchen verwendeten Milchsäurebakterien aus einer chitinähnlichen, in einem Zustande hochgradiger Quellung befindlichen Substanz besteht.

Eine nicht weniger nachteilige Zustandsänderung der Milch, wie sie durch die schleimige Gärung verursacht wird, kann durch die Tätigkeit peptonisierender Bakterien hervorgerufen werden. In diesem Falle sind es eiweißhydrolysierende Enzyme, Proteasen, vielleicht auch milcheigene Enzyme, welche die Milch ohne zu säuren allmählich auflösen, wobei vorwiegend Eiweißspaltungsprodukte peptonartiger Natur auftreten. Letztere verfügen bekanntlich über einen ausgesprochen bitteren Geschmack, der sich der Milch mitteilt, daher auch die Bezeichnung bittere Milch. Rievel fand in bitterer Milch Bacillus subtilis, Laxa und Dvorak einen dem Bacillus mesentericus nahestehenden Mikroorganismus. Als Ursache bitteren Geschmackes in eingedickter Milch ermittelten Spitzer und Epple den Bacillus panis migula.

Nach GRIMMER kann sehr leicht Peptonisierung der Milch eintreten, wenn unsauber ermolkene, nicht gekühlte und nicht entlüftete Milch in die Milchkannen gelangt, dort längere Zeit stehen bleibt, wobei dann die Proteolyten die denkbar günstigste Gelegenheit haben, sich zu entwickeln. Das Kolloidsystem der Eiweißstoffe derartiger Milch ist durch die Tätigkeit der Proteasen derart geschädigt, daß eine normale Gerinnung der Milch nicht mehr eintritt. Man spricht dann von einer nicht gerinnenden Milch, die häufig den bekannten stickigen Geruch aufweist. Sehr leicht verfällt derart veränderte Milch der Eiweißfäulnis, sie nimmt fauligen Geruch und Geschmack an, faulige Milch.

Dieser Zustand tritt mit Vorliebe auch bei pasteurisierter oder abgekochter Milch auf. Man beobachtet dann meistens eine Proteolyse, die vielfach mit der Fähigkeit, Milch süß gerinnen zu lassen, gekoppelt ist (aerobe Sporenbildner und Proteusarten). Besonders bitterer Geschmack weist auf das Vorhandensein von Streptococcus liquefaciens hin, der schon vor jedem äußeren Anzeichen von süßer Gerinnung oder von Eiweißabbau in der Lage ist, durch Bildung von Peptonen bitteren Geschmack hervorrufen.

Eine besondere Art der Peptonisierung der Milch ist auch denkbar durch eine rein chemische Hydrolyse. Durch Konzentration der Säure in Milchpräparaten, z. B. durch Eindampfen von Milch, kann sich die angereicherte Säure in einer Weise auf die Eiweißstoffe, namentlich auf das Albumin, auswirken, die einer rein chemischen Hydrolyse gleichkommt. Namentlich bei Buttermilchkonserven, die nachhaltig sterilisiert worden sind, kann man zuweilen die peptonisierende Wirkung der Milchsäure feststellen. Besonders erkennbar tritt diese Art der Peptonisierung der Eiweißstoffe auf, wenn die Milchsäure in einem wenig gebundenen Zustand ihre Säurewirkung entfalten kann, wie es meines Erachtens bei künstlichen Buttermilchpräparaten der Fall sein dürfte.

Ein Gegenstück zu den eiweißhydrolysierenden Proteolyten bilden Mikroorganismen, denen anscheinend eine fettverseifende Wirkung zukommt. WEIGMANN nennt als Ursache der seifigen Milch Bacterium sapolacticum und Bacterium lactis saponacei. HERZ hatte zuerst seifige Milch beobachtet. Unmittelbar nach dem Melken war die Milch durchaus normal, bei längerem Stehen nahm sie aber einen widerwärtigen seifigen Geschmack an. Wird derartige Milch geschüttelt, so schäumt sie kräftig ähnlich einer Seifenlösung. Erreger der seifigen Milch finden sich häufig in Streu und im Futter der Kühe und können dadurch in die Milch gelangen.

Über den Geschmacksfehler der brenzligen (schmirgeligen) Milch berichtet STAFFE. Dieser Geschmacksfehler trat besonders in größeren Milchwirtschaften mit Rübenblatt- bzw. Rübenschnitzelfütterung auf und machte sich namentlich in der Zeit von Oktober bis April bemerkbar. Bei Eintritt der warmen Jahreszeit verschwand er, auch bei sonst gleichbleibenden Erzeugungsbedingungen der Milch. Letztere zeigte sich beim Austreten aus dem Euter weder chemisch noch geschmacklich verändert. Erst nach kürzerem oder längerem Stehen, besonders nach Kühlung und längerem Stehen in verschlossenen Kannen, nahm sie einen zuerst süßlichen, schließlich einen die ganze Geschmacksempfindung beherrschenden, charakteristischen brenzligen (adstringierenden) Geschmack mit bald metallischem, bald lehmigem und fast immer auch ranzigem Beigeschmack an. Der Fehler trat einige Zeit nach dem Pasteurisieren der Milch oft stärker auf. Die Labfähigkeit derartiger Milch war bei gleichen Säuregraden oft wesentlich verzögert, der Rahm zwar butterungsfähig, die Butter aber salbig mit öligem Geschmack. Die aerob gezogene Mikroflora wurde von Fluorescenten und Vertretern der Koli-aerogenes-Gruppe, die anaerobe Flora von einem sporentragenden Stäbchen beherrscht, das als Erreger des abwegigen Geschmacks angesprochen werden konnte. Dieses Stäbchen, das dem Bacterium WELCHII (Bacillus phlegmonis emphysematosus FRAENKEL) nahesteht, ist tierpathogen und stammte auf dem Wege Sauerfutter, Darm, Kot aus der Erde. Die Bekämpfung dieses Milchfehlers verlangte vor allem richtige Säuerung des Futters neben hygienischer Gewinnung und Behandlung der Milch, insbesondere ausgiebige Lüftung der Milch, sorgfältigste Reinigung der Milchkannen in den Milch erzeugenden Betrieben und in den Molkereien.

RICHTER, Kiel, der über diesen Fehler („lehmig adstringierende" oder „schmirgelnde" Milch) eingehende Untersuchungen angestellt hat, findet die Ursache in einem fettspaltenden Mikroorganismus bei gleichzeitiger veränderter Zusammensetzung der Milch infolge abnormaler Fütterung. Der Phosphorsäuregehalt war erhöht, der Kalkgehalt der Milch erniedrigt. In der dadurch veränderten Bakterienflora überwogen ungünstige Bakterien die normale Milchflora. Durch Zufütterung von Kalziumkarbonat und Chlorkalzium konnte der Fehler teilweise behoben werden. Der Fehler kann auch bei Grünfütterung auftreten und scheint nicht einheitlicher Natur zu sein; er kann wohl durch entsprechenden Futterwechsel und erhöhte Reinlichkeit sowie auch durch Kalken der Stände und Krippen bekämpft werden. Zusatz von Milchsäurebakterien zu der frisch gemolkenen Milch mildert den Fehler, besonders bei Temperaturen über 12° C. Behandlung der Milch mit Sauerstoff hält ebenfalls den Fehler auf, ohne ihn vollständig zu beheben (W. WINKLER).

Ein sehr häufig auftretender Geschmacksfehler der Milch ist dann der bekannte Rübengeschmack der Milch, den letztere bei andauernder und reichlicher Fütterung der Kühe mit Rüben und Rübenblättern annimmt. Nach WEIGMANN wird der Rübengeschmack von bestimmten Bakterien, nach einer mir zugegangenen Mitteilung von atypischen Aerogenes-Bakterien hervorgerufen, kann aber auch durch in die Milch übergehende Geschmacksstoffe veranlaßt sein. ORLA-JENSEN nennt als Ursache des Kohlrübengeschmacks flüssigmachende, sporenlose Bakterien, welche Senföl frei machen, das in allen Kreuzblütlern, also auch in Kohlrüben, in gebundener Form vorhanden ist. In verdorbenen Rüben findet sich kein Senföl.

Eng mit der Milchbildung ist der Übergang von Geschmacks- und Riechstoffen des Futters in die Milch verbunden. Zuweilen trägt auch unsachgemäße Behandlung die Schuld an einer nachteiligen geschmacklichen Veränderung der Milch. Erhalten die Kühe stark aromatische Bodenerzeugnisse dem Futter beigemischt, z. B. Knoblauch, Zwiebel, Fenchel usw., so kann sich Geruch und Geschmack dieser Stoffe in kurzer Zeit der Milch mitteilen. Nach DOMBROWSKI nimmt die Milch nach Knoblauchfütterung einen widerlichen Geschmack an, der selbst nach Kochen und Abkühlen der Milch noch längere Zeit bestehen bleibt. HANSEN machte die Feststellung, daß die Verfütterung von Leindotterkuchen einen durchdringend bitteren und kratzenden Geschmack der Milch bewirkt. Milch mit bitterem Geschmack tritt nach REID nach der Verfütterung von fauligem Futter, von Rüben und Rübenblättern und rohen Kartoffeln auf. Ebenso ruft der Gebrauch von fauligem Stroh als Streu dieselbe Geschmacksveränderung hervor. PALMER stellte bitteren Geschmack der Milch bei vorgeschrittener Laktation fest. Er fand in derartiger Milch eine abnorm hohe Menge Lipase. Wurde diese durch Erhitzen der frischen Milch zerstört, so trat das Bitterwerden nicht auf. BABCOCK stellte nach Verfütterung von Kohl an Kühe vor dem Melken einen unangenehmen Geschmack in der Milch fest. Im Rahm war dieser Geschmack weniger ausgeprägt als in der Milch. Verfütterung von Kartoffeln vor dem Melken bewirkte nur einen ganz unbedeutenden Beigeschmack, der durch gute Lüftung der Milch vollkommen entfernt werden konnte.

Die vielfach verbreitete Ansicht, daß durch Verfütterung von Fischmehl fischiger Geschmack in der Milch auftrete, ist, reinliche Melkarbeit vorausgesetzt, nicht zutreffend. So konnte WINBERG, der einen Versuch über die Wirkung der Verfütterung von Fischpreßkuchen aus Heringen bei Milchkühen durchführte, trotz des unangenehmen fischigen Geruchs der Heringskuchen keinen Beigeschmack in Milch und Butter feststellen. Zu demselben Ergebnis kam BÜNGER bei Verfütterung von Fischmehl an Milchkühe; sehr ungünstig hatte sich dagegen diese Art Fütterung auf die Struktur der Butter ausgewirkt. Anfangs wurde die Butter bröckelig; später erwies sie sich beim Schmelzen auf der Zunge von zäher, gummiartiger Konsistenz und war im Nachgeschmack bitter. HAMMER konnte aus eingedickter Milch einen Mikroorganismus isolieren, Bacillus ichthyosmius, der auf gewöhnliche Milch überimpft, typisch fischigen Geschmack in der Milch hervorrief.

Im Zusammenhang mit dem Auftreten von fischigem Geschmack in Molkereierzeugnissen dürfen die lang fortgesetzten Untersuchungen amerikanischer Forscher nicht unerwähnt bleiben, die ergeben haben, daß durch die Einwirkung von Milchsäure auf Lezithin ein fischiger Geschmack namentlich in Butter hervorgerufen wird. Da dieser Zersetzungsprozeß noch durch Spuren von Metall beschleunigt wird, so könnte vielleicht auch das Auftreten von fischigem Geschmack in Milch zuweilen auf die soeben erwähnte Ursache zurückgeführt werden.

Die eigenartige Beschaffenheit der Milch, eine enorme Oberfläche infolge der ins feinste gehenden Verteilung des Milchfettes, das an und für sich sehr aufnahmefähig für Riechstoffe ist, verleiht der Milch ein sehr starkes Absorptionsvermögen gegenüber Gerüchen und Gasen. Der so häufig zu Klagen und Beanstandungen führende Stallgeruch der Milch hat seine Ursache in der Aufnahmefähigkeit des Sekretes gegenüber Gasen bzw. Riechstoffen der Stalluft, die namentlich in schlecht ventilierten Ställen eine mehr oder weniger verbrauchte, mit flüchtigen Stoffen der Ausdünstung der abgeschiedenen Körperflüssigkeiten und des Kotes zuweilen reichlich gesättigte Luft darstellt. In ähnlicher Weise nimmt die Milch fremden Geschmack oder Geruch an, wenn sie in einem Raume steht, wo stark riechende Stoffe aufbewahrt werden, zumal wenn in einem derartigen Raum die Behandlung der frisch ermolkenen Milch, also Seihen oder gar Kühlen mittels Oberflächenkühler vorgenommen wird. Bekannt ist die Tatsache, daß schon das Rauchen von Tabak in einem Raum, in dem Milch aufbewahrt wird, sich nachteilig auf Geruch und Geschmack der Milch auswirkt. Noch schlimmer macht sich der Einfluß ätherischer Öle, von Desinfektionsmitteln, namentlich von Karbolsäure und deren Derivaten und von Chlorpräparaten geltend.

Die von der Praxis häufig gemachte Beobachtung, daß die Milch um so größere Mengen von Riechstoffen aufnimmt, je länger sie in einem wärmeren Raum steht, gab ALT Veranlassung zu eingehenderen Studien der Beziehungen zwischen Gasabsorption in Milch und Temperatur. Es hatte sich dabei gezeigt, daß die Dauer der Absorption nur eine sehr untergeordnete Rolle spielte gegenüber der Temperatur, bei der die Absorption des Gases erfolgte. Die Aufnahme des letzteren bzw. der Riechstoffe erreichte bei 35° C einen Maximalwert; über 50° hörte jede Absorption vollständig auf. Eine nahezu vollständige Abgabe des aufgenommenen Gases bzw. der Riechstoffe kann durch Erwärmen der Milch auf 70° und nachheriges rasches Abkühlen erreicht werden.

Für die Aufnahme der Riechstoffe ist nach den Versuchsergebnissen von ALT in erster Linie das Milchfett verantwortlich zu machen, wobei auch eine gewisse Abhängigkeit von der Milchtemperatur nicht außer acht gelassen werden darf. Die starke Absorptionsfähigkeit des Milchfettes hängt natürlich mit der Zustandsform der Phase Milchfett zusammen. Fleischmann berechnet die Oberfläche aller Fettkügelchen in 1 kg Milch zu rund 137 m² bei einem Durchmesser der Kügelchen von 1,6 μ. Wesentlich für die Absorption ist bekanntlich die Oberfläche der dispersen Phase und nicht die Masse. Neben der physikalischen Art der Bindung der Gase kann letztere in Milch auch noch auf rein chemische Vorgänge zurückgeführt werden. So soll nach den Untersuchungen von Alt die Stalluft physikalisch an das Milchfett und in geringem Maße an das Wasser, Kohlensäure physikalisch an das Milchfett, chemisch an die Kalksalze der Milch und an das Wasser, Ammoniak physikalisch an das Milchfett und in sehr geringem Maße an das Wasser gebunden sein.

Noch sehr umstritten ist der Silofuttergeruch und -geschmack der Milch. Vielfach wird noch gegen die Verfütterung von Silage der Einwand erhoben, daß die Milch den oft allerdings sehr unangenehmen Geruch dieses Futters annehme. Es darf wohl auf Grund einwandfreier Versuche und durchaus objektiven Urteils bei Begutachtung der nach Verabreichung von Silage erzielten Milch gesagt werden, daß bei reinlicher Stallhaltung der Tiere, verständiger Verfütterung der Silage und guter Melkarbeit nachteilige Begleiterscheinungen zu vermeiden sind. Auch Alt konnte zeigen, daß die Milch von im Freien mit Silofutter ernährten Tieren vollkommen einwandfrei war.

Zuweilen weist die Milch nach längerem Stehenlassen eine besondere Färbung auf. Die Ursache ist auf die Tätigkeit pigmentbildender Mikroorganismen zurückzuführen. Diese treten teils nur gelegentlich in merkbarer Menge in der Milch auf, teils sind sie regelmäßig in letzterer anzutreffen, schreiten aber nur unter bestimmten Bedingungen zur Farbstoffbildung. So kann die zunehmende Säuerung der Milch der Farbstoffbildung manchmal hinderlich sein, sie unterdrückt z. B. die Vermehrung des zuweilen in Milch vorkommenden Bacillus fluorescens und damit auch die Bildung von Pigment. Anderseits fördert ein höherer Säuregrad die Bildung des blauen Farbstoffes durch Bacillus cyanogenes. Manchmal geht die Pigmentbildung nur unter dem Einfluß des Luftsauerstoffes vor sich; in diesen Fällen wird sich die Verfärbung der Milch auf die Oberflächenschichten beschränken. Zuweilen ist der Luftsauerstoff von Nachteil für die Bildung des Farbstoffes. Auch die Temperatur ist von verschiedentlichem Einfluß. Nach Heineman ist kein Fall bekannt, wonach der Genuß durch Mikroorganismen verfärbter Milch sich als gesundheitsschädlich erwiesen hätte. Immerhin vermag ein derartiger Milchfehler abschreckend auf den Konsumenten zu wirken, namentlich wenn es sich um „rote Milch" handelt, womit dann häufig die Vorstellung „blutiger Milch" verbunden ist.

Die Erscheinung der blauen Milch wird vorzugsweise durch zwei Mikroorganismen hervorgerufen: Bacterium syncyaneum oder Bacillus cyanogenes wurde durch die Studien Hueppes und Heims näher bekannt und Bacterium cyaneofluorescens wurde von Zangemeister beschrieben. Beide scheiden in ihren Kulturflüssigkeiten einen fluoreszierenden Stoff aus, der unter dem Einfluß saurer Reaktion eine blaue Farbe annimmt. Wolf erwähnt ein Oidium als Träger eines blauen Farbstoffes. Teichert und Stocker berichten über das Auftreten von blauer Milch in dem Betriebe einer Großstadtmolkerei, wonach es sich um Aktinomyceten handelte, die lackmusähnlichen Farbstoff bildeten. Blaufärbung der Milch trat in diesem Falle nur bei neutraler oder alkalischer Reaktion der Milch ein, wie letztere vorzugsweise an Milch altmelker oder euterkranker Kühe beobachtet wird. Bei saurer Reaktion der Milch färbte der Farbstoff rot.

Im allgemeinen gehen die bei blauer Milch gemachten Feststellungen dahin, daß sich anfänglich auf der Rahmschicht nur vereinzelte blaue Punkte zeigen, die sich dann langsam ausdehnen. Später geht die Blaufärbung auch in die unteren Schichten der Milch über.

Die Reihe der Erreger der blauen Milch ist nicht klein; da sie aber keine Dauerformen zu bilden vermögen, so können sie verhältnismäßig leicht durch Pasteurisieren der Milch abgetötet werden. Nachweisbar werden die blaufärbenden Keime des am meisten verbreiteten Bacterium syncyaneum durch Fliegen übertragen. Gegen Austrocknung ist dieser Mikroorganismus sehr unempfindlich; dadurch erklärt sich das Wiederauftreten des Milchfehlers nach Jahren in Molkereien, in denen er früher aufgetreten war.

Rotfärbung der Milch wird hervorgerufen durch Bacillus prodigiosus. Der von diesem Mikroorganismus gebildete Farbstoff, das Prodigiosin, ist ein nicht lichtechter, in Wasser unlöslicher Farbstoff. Verschiedene Bakterien und Hefen, wie Bacterium lactis erythrogenes, Sarcina rosea und andere vermögen dann weiterhin Milch in allen Nüancen von Rosa bis Dunkelrot zu färben. Sarcina rosea färbt jedoch nur den Rahm an.

Durch Euterentzündungen der Kühe kann Blut in die Milch gelangen, das dann ebenfalls eine Verfärbung in Rot verursacht (blutige Milch). Auch durch Verfütterung von Pflanzen, die roten Farbstoff enthalten, kann die Milch vorübergehend rot gefärbt werden; in diesem Sinne wirkt z. B. Krapp.

Gelbfärbung der Milch entsteht durch Einwirkung des Bacterium synxanthum. Naray konnte eine die Milch gelb färbende, gleichzeitig peptonisierende und daher bitteren Geschmack bildende Bakterie isolieren, die unbewegliche, nicht sporenbildende Stäbchen bildet, und die er Bacterium chromoflavium nannte. Hammer gibt eine weitere Bakterie an, Bacterium aurantinum.

Analog dem Übergang von Riech- und Geschmacksstoffen des Futters in die Milch vermag auch die Fütterung Einfluß auf die Farbe der Milch zu gewinnen. Verfütterung von Karotten und roten Rüben bewirkte eine besonders stark gelb bis rötlich gefärbte Milch. Eine bläuliche Farbe kann die Milch bei der Verfütterung von Schachtelhalm, Vogelknöterich und Buchweizen annehmen.

Doan mißt dem Milchfett einen entscheidenden Einfluß auf die Farbe der Milch zu. Als Farbstoff des Milchfettes ist nach Palmer und Eckles das Carotin anzusprechen, wozu noch geringe Mengen Xanthophyll treten. Diese Farbstoffe werden mit dem Fett aufgenommen und gehen bei der Milchbildung anscheinend unverändert in das Milchfett über. Die Farbe des Fettes läßt sich beliebig verstärken oder abschwächen, je nachdem die Futterration reicher oder ärmer an diesen Farbstoffen ist. Daher ist auch das Fett der Milch bei Weidegang oder Grünfütterung der Kühe kräftiger gefärbt als jenes bei Winterfütterung. Nach den Beobachtungen von Doan verringert der Übergang von Grünfutter zu anderem Futter in manchen Fällen augenblicklich die Farbe des Milchfettes.

Den Übergang peroral verabreichter Farbstoffe in Menschen- und Kuhmilch untersuchte Franken eingehender. Ammen erhielten wasserlösliche (Methylenblau und Rhodamin) und fettlösliche Farbstoffe (Alkaniin und Sudan) mit Butter als Brotaufstrich, während Kühe die wasserlöslichen Farbstoffe unter das Futtergemisch, die fettlöslichen in Leinöl gut gelöst als Einguß erhielten. Es zeigte sich, daß die Farbstoffe mit der Milch zur Ausscheidung kamen, daß jedoch ihre Löslichkeit von untergeordneter Bedeutung war. Ein erheblicher Unterschied der Ausscheidung bestand aber zwischen Mensch und Tier. Zur Farbänderung der Milch der Kühe waren erheblich größere Mengen von Farbstoff nötig als bei Ammen, bei denen bereits kleinere Dosen genügten, um eine auffallende Farbänderung des Sekretes der Brustdrüse herbeizuführen. Auch nahm die Menschenmilch in viel kürzerer Zeit wieder ihre normale Farbe an als die Milch der Kuh.

Feer beobachtete bei Frauenmilch nach dem Genuß von Rinder- oder Kalbsleber regelmäßig eine deutliche Grünfärbung der Milch, die schon kurze Zeit nach der Mahlzeit sich einstellte und nach ca. 16 Stunden wieder verschwand. Er vermutet, daß die Färbung durch ein Derivat des Gallenfarbstoffes hervorgerufen wurde.

Zuweilen kommen in Milch neben Bestandteilen der Nahrung, die sich teils in unveränderter Form, sich teils als reguläre Milchbestandteile nach dem Umwandlungsprozeß vorfinden, auch Stoffe vor, die nicht als normale Milchstoffe angesprochen werden können, Fremdkörper der Milch sind. Der Übergang derartiger Stoffe kann bedenklich werden, wenn es sich um Medikamente handelt, die einem kranken Tier verabreicht worden sind.

Nach neueren Untersuchungen von Fellenberg, Kieferle und Scharrer findet stets ein Übergang von Jod in Milch bei Verfütterung von Jodkali oder jodhaltigen Präparaten statt. Sogar die Verfütterung von Vollsalz bewirkt eine erkennbare Anreicherung des Jodspiegels der Milch. Weiterhin wurde der Übergang von Arsen, Blei, verabreicht in Form von Bleiazetat, dann von Borsäure, Chloroform, Antipyrin und einer Reihe weiterer organischer Substanzen in die Milch festgestellt.

Wiederholt ist dann auch der Übergang von Alkohol in Milch bei Verfütterung von alkoholhaltiger Schlempe an Milchkühe festgestellt worden. In der Regel finden sich in einer derartigen Milch noch weitere Gärungsprodukte, wie Fuselöle, die der Milch einen kratzend schmeckenden Geschmack verleihen und bei Verfütterung derartiger Milch an Kälber und Lämmer unter Umständen deren Eingehen an ruhrartigen Erscheinungen verursachen können.

Eingehendere Literatur hierüber findet sich in Kapitel XI des Lehrbuches der Chemie und Physiologie der Milch von W. Grimmer.

Literatur

Alt, E.: Aufnahme von Gasen, Riech- und Geschmacksstoffen durch die Milch. Landwirtschaftl. Jahrb. f. Bayern, Nr. 1 bis 3. 1926. — Auzinger, A.: Studien über Alkoholprobe der Milch usw. Milchwirtschtl. Zentralbl., Jg. 5, S. 293 ff. 1909.

Behrendt, H.: Zur Analyse der Schüttelwirkung auf Frauen- und Kuhmilch. Biochem. Zeitschr., Bd. 128, S. 450. 1922. — Bell, R. W.: The effect of heat on the solubility of the calcium and phosphorus compounds in milk. Journ. of biol. chem., Bd. 64, S. 391. 1925. — Bém, L. und A. Jaschik: Zur Frage der chemischen Untersuchung der mit Natriumhydrokarbonat versetzten Milch. Chemiker-Ztg., Nr. 45, S. 889. 1924. — Benton, A. G. und H. G. Albery: Studies on the stability of evaporated milk during sterilization, with reference to the hydrogenion concentration, alcohol test, and the addition of specific buffers. Journ. of biol. chem., Bd. 68, S. 251, 1926. — Bialon, O.: Über den Einfluß von Konservierungsmitteln auf die Zusammensetzung der Milch. Forsch. a. d. Gebiete d. Milchwirtschaft u. d. Molkereiwesens, Jg. 1, S. 85. 1921. — Burr, A., Berberich und Lauterwald: Untersuchungen über Milchserum. Milchwirtschaftl. Zentralblatt, Jg. 4, S. 145. 1908. — Burr, A., H. Weise und Cl. Lindemann: Weitere Untersuchungen über das Spontanserum von Milchflüssigkeiten, mit besonderer Berücksichtigung des Buttermilchserums. Forsch. a. d. Gebiete d. Milchwirtschaft u. d. Molkereiwesens, Jg. 1, S. 237. 1921.

Dahle, C. D. and L. S. Palmer: Some factors affecting the keeping quality whole milk powders. Journ. of dairy science, Bd. 7, Nr. 1, S. 40. 1924. — Demeter,

K. J.: Über Pasteurisierung von Milch auf elektrischem Wege. Milchwirtschaftl. Forsch., Bd. 4, S. 100. 1927. — DOAN, F. J.: The color of cow's milk and its value. Journ. of dairy science, Bd. 7, S. 147. 1924. — DOWNS, P. A.: A study of the organisms causing thickening of sweetened condensed milk. Journ. of dairy science, Bd. 8, S. 344. 1925. — DROST, J. M. STEFFEN und E. KOLLSTEDE: Die Untersuchung süßer und saurer Milch. Milchwirtschaftl. Forsch., Bd. 1, S. 21, 1924. — DROUILLY, E.: Les emplois de l'aluminium en laiterie. Le Lait, Bd. 1, S. 228. 1921.

EICHSTÄDT, A.: Neuere Untersuchungen über homogenisierte Milch. Molk. Ztg., Jg. 41, S. 277. Hildesheim. 1927.

FRAZIER, W. C.: The influence of some bacterial enzymes on the heat coagulation of milk. Journ. of dairy science, Bd. 8, S. 370. 1925. — FRIESE, W.: Beiträge zur Kenntnis der Zusammensetzung von Milchhäutchen. Milchwirtschaftl. Forsch., Bd. 1, S. 316. 1924.

GERNGROSS, O. und M. SCHULZ: Über die Fluoreszenz der Kuhmilch im filtrierten Ultraviolettlicht. Chemiker-Ztg., Jg. 51, S. 501. 1927. — GORINI, C.: Weitere Studien über die Biologie der Milchsäurebakterien. Forsch. a. d. Gebiete d. Milchwirtschaft u. d. Molkereiwesens, Jg. 1, S. 18. 1921. — GRIMMER, W.: Lehrbuch der Chemie und Physiologie der Milch, 2. Aufl., S. 69 u. 252. Berlin: Paul Parey. 1926. — GRIMMER, W. und G. SCHWARZ: Zur Kenntnis des Zentrifugenschlammes. Milchwirtschaftl. Forsch., Bd. 2, S. 163, 1925. — GYÖRGY, P.: Zur Verteilung des Kalziums und des anorganischen Phosphors in der Milch. Biochem. Zeitschr., Bd. 142, S. 1. 1923.

HEINEMAN, P. G.: Milk. Philadelphia und London: W. B. Saunders Co. 1921. — HENKEL, TH.: Die Azidität der Milch, deren Beziehungen zur Gerinnung beim Kochen und mit Alkohol, die Säurebestimmungsmethoden, der Verlauf der Säuerung. Milchwirtschaftl. Zentralbl., Jg. 3, S. 340 und S. 378. 1907. — HOBBING, E.: Untersuchungen über die vermeintliche Zweckmäßigkeit der sogenannten Entsäuerungsverfahren bakteriell zersetzter Milch. Arch. f. wissenschaftl. u. prakt. Tierheilkunde, Bd. 53, S. 1. 1925. — HUNZIKER, O. F.: Metals and their various influences on milk. World's Dairy Congress London 1928.

KIEFERLE, F. und GLOETZL: Beiträge zur Kenntnis der stickstoffhaltigen Körper der Milch mit besonderer Berücksichtigung des Reststickstoffes der Milch (Süddtsch. Versuchs- und Forschungsanstalt für Milchwirtschaft Weihenstephan). — KONING, C. J.: Biologische und biochemische Studien über Milch. Milchwirtschaftl. Zentralbl., Jg. 1, S. 49. 1905. — KRUSPE: Die Milchkonservierung, besonders die Verwendbarkeit des Wasserstoffsuperoxyds, dessen Konservierungsdauer und qualitativer Nachweis. Forsch. a. d. Gebiete d. Milchwirtschaft u. d. Molkereiwesens, Jg. 1, S. 269. 1921.

LEIGHTON, A. und C. S. MUDGE: On the endothermic reaction which accompanies the appearance of the visible curd in milks coagulated by heat: A contribution to the theory of the heat coagulation of milk. Journ. of biol. chem., Bd. 56, S. 53. 1923. — LEIGHTON, A. und E. F. DEYSHER: Faktoren, die das Gerinnen der Milch infolge von Wärme und das Dickwerden kondensierter Milch beeinflussen. World's Dairy Congress Washington 1923. — LENDRICH, H.: Über Trockenmilch. Milchwirtschaftl. Forsch., Bd. 1, S. 251. 1924. — LITTERSCHEID, F. M.: Anwendung der Lumineszenzerscheinungen bei der Untersuchung von Milchschmutz. Zeitschr. f. Unters. d. Lebensmittel, Bd. 53, S. 263. 1927.

MAGEE, H. E. and D. HARVEY: Studies on the effect of heat on milk. I. Some physicochemical changes induced in milk by heat. Biochem. Journ., Bd. 20, S. 873. 1926. — MAI, C.: Der Einfluß des Gefrierens auf die Zusammensetzung der Milch. Milchwirtschaftl. Zentralbl., Bd. 42, S. 129. 1913. — MARQUARDT, J. C.: Die Einflüsse der Filter- und Klärmaschinen auf die Milch. Milchwirtschaftl. Forsch., Bd. 2, S. 22, 1925. — MATTICK, A. T. R.: Oiliness in milk. A prelim. note. Journ. of agricult. sciences, Bd. 17, S. 388. 1927. — MOJONNIER, T. und H. C. TROY: The technical control of dairy products, 2. Aufl. Chicago: Mojonnier Bros. Co. 1925. — MUTH, E.: Über die Erscheinung der Perlschnurkettenbildung von

Emulsionspartikelchen unter Einwirkung eines Wechselfeldes. Kolloid. Zeitschr., Bd. 41, S. 97. 1927.

Palmer, L. S. and C. D. Dahle: Structure of powdered milk and its possible relation to the keeping quality of whole milk powders. Journ. of dairy science, Bd. 5, S. 1, 1922.

Rahn, O.: Die Bedeutung des Temperaturkoeffizienten für das Studium der Milchpasteurisierung. Milchwirtschaftl. Forsch., Bd. 2, S. 373, 1925. — Die Verteilung des Fettes in der Milch. Milchwirtschaftl. Forsch., Bd. 2, S. 383. 1925. — Raudnitz, R. W.: Allgemeine Chemie der Milch, S. 201 (Sommerfeld: Handb. der Milchkunde. Wiesbaden: J. F. Bergmann. 1909). — Allgemeine Chemie der Milch, S. 204 (Sommerfeld: Handb. der Milchkunde. Wiesbaden: J. F. Bergmann. 1909). — Reinle, H.: Über die Wirkung der Becquerel- und Röntgenstrahlen sowie des ultravioletten Lichtes auf die Peroxydase und Methylenblau-Formalin-Reduktase-Reaktion der Kuhmilch. Biochem. Zeitschr., Bd. 115, S. 1. 1921. — Reinsch und Lührig: Über die Veränderlichkeit der Milchtrockensubstanz und deren Wert für die Beurteilung von Marktmilch. Zeitschr. f. Unters. d. Nahr.- u. Genußmittel, Bd. 8, S. 521. 1900. — Rice, F. E.: Sweetened condensed milk. V. Rancidity. Journ. of dairy science, Bd. 9, S. 293. 1926. — Rice, F. E. und J. Miscall: Copper in dairy products and its solution in milk under various conditions. Journ. of dairy science, Bd. 6, S. 261. 1923. — Roeder und Radoi: Die Azidität der Kuhmilch, ihre Bestimmung mit Kalziumhydroxyd und ihre Beziehungen zur Milchtrockenmasse. Milchwirtschaftl. Forsch., Bd. 2, S. 139. 1925. — Rona, P. und E. Gabbe: Über die Wirkung des Kalziums auf die Labgerinnung der Milch. Biochem. Zeitschr., Bd. 134, S. 39, 1923. — Ruston, A.: Über die Genauigkeit der prozentischen Ermittlung eines stattgefundenen Wasserzusatzes zu Milch. Inaug.-Diss. Halle. 1925.

Schmidl, F.: Vergleichende Untersuchungen über das Hochpasteurisieren und verschiedene Dauerpasteurisierungsverfahren in ihrer Wirkung auf den Keimgehalt usw. Milchwirtschaftl. Forsch., Bd. 4, S. 106. 1927. — Schultz, O.: Untersuchungen über die Einwirkung ultravioletter Strahlen auf Milch. Zeitschr. f. Fleisch- u. Milchhyg., Jg. 37, S. 131. 1927. — Sharp, F. and Mac Inerney: The colorimetric determination of the hydrogen-ion concentration of milk, whey, and cream. Journ. of biol. chem., Bd. 70, S. 729. 1926. — Slyke, L. van und J. C. Baker: Kohlensäure und Karbonate in Kuhmilch. Journ. of biol. chem., Bd. 40, S. 335. 1919. — Slyke, L. van und R. F. Keeler: The CO_2-content as a basis for distinguishing heated from unheated milk. Journ. of biol. chem., Bd. 42, S. 41. 1920. — Sommer, H. H. und E. B. Hart: The heat coagulation of milk. Journ. of biol. chem., Bd. 40, S. 137 u. 152. 1919. — Sommer, H. H. und Th. Binney: A study of the factors that influence the coagulation of milk in the alcohol test. Journ. of dairy science, Bd. 6, S. 176, 1923; Wisconsin Agr. Exp. Sta. Bull., Nr. 67. 1926. — Supplee, G. C. und B. Bellis: Sur la solubilité de la poudre de lait. Le Lait, Bd. 4, S. 358. 1924. — Der Kupfergehalt der Kuhmilch. Journ. of dairy science, Bd. 5, S. 455. 1922. — Stassano, H. und A. P. Rollet: Aération du lait pasteurisé. Cpt. rend. des Séances de la Soc. de Biol., Bd. 93, S. 716, 1925 und Bd. 93, S. 718. 1925. — Steiner, R.: Beiträge zur Kenntnis des Einflusses der Pasteurisierung der Milch. Inaug.-Diss. Leipzig. 1901.

Teichert, K. und Stocker: Milchkonservierung durch chemische Zusätze. Milchwirtschaftl. Forsch., Bd. 3, S. 138. 1926. — Tillmans, J. und W. Obermeier: Die Wasserstoffionenkonzentration der Milch. Zeitschr. f. Unters. d. Nahr.- u. Genußmittel, Bd. 40, S. 23. 1920. — Tillmans, J., A. Splittgerber und H. Riffart: Über die Konservierung von Milchproben zu Untersuchungszwecken. Zeitschr. f. Unters. d. Nahr.- u. Genußmittel, Bd. 27, S. 893. 1914.

Viale, Gaetano e Angelo Rabbeno: Analytische Untersuchungen über das Altern kondensierter Milch. Biochem. e terap. sperim., Jg. 8, H. 11, S. 325 bis 352. 1921.

Weigmann, H.: Die Aufrahmung der pasteurisierten Milch. Süddtsch. Molk. Ztg., Nr. 47, S. 1253. 1926. — Eine Beobachtung über die Aufrahmung dauer-

pasteurisierter Milch. Süddtsch. Molk. Ztg., Nr. 7, S. 197. 1928. — Weinlig, A.:
Physikalische und chemische Veränderungen der Milch beim Pasteurisieren.
Forsch. a. d. Gebiete d. Milchwirtschaft u. d. Molkereiwesens, Jg. 2, S. 127. 1922.
— Wha, H. und Chienchi: Beitrag zum Verhalten von Kalzium, Kalium, Chlor
und Phosphor in der Milch und zur Technik der Ultrafiltration. Biochem. Zeitschr.,
Bd. 144, S. 278. 1924. — Whitaker, I., M. Sherman und P. Sharp: Effect
of temperature on the viscosity of skimm-milk. Journ. of dairy science, Bd. 10,
S. 341. 1927. — Whittier, E. O. and A. G. Benton: The formation of acid
in milk by heating. Journ. of dairy science, Bd. 10, S. 126. 1927. — The effect
of heating on the hydrogen-ion concentration and on the titratable acidity of
milk. Journ. of dairy science, Bd. 9, S. 481. 1926. — Wolff, A.: Blaue Milch.
Milchwirtschaftl. Zentralbl., Jg. 42, S. 571. 1913.

2. Die Veränderung der Milch durch Krankheiten der Milchtiere

Von

W. Grimmer-Königsberg i. Pr.

Die Milch gesunder Tiere ist als physiologisches Sekret, abgesehen von
natürlichen und zufälligen Schwankungen, die in der Individualität, dem Laktationsstadium und — vielleicht infolge einer begrenzten Selektionsfähigkeit —
in der Art der Nahrung begründet sind, nahezu „konstant" zusammengesetzt.
Das soll nicht in dem Sinne verstanden werden, daß jeder einzelne Bestandteil
in nahezu unveränderlicher Menge vorhanden ist, sondern so, daß ein — innerhalb
gewisser Grenzen physiologisch bedingtes — Minus einer Substanz durch die
Produktion eines Überschusses an einer anderen Substanz wieder ausgeglichen
wird in dem Sinne z. B., daß der osmotische Druck, die Gefrierpunktserniedrigung,
die Wasserstoffionenkonzentration usw., trotz scheinbar verschiedenartigster
Zusammensetzung der Milch einer großen Zahl von Einzelindividuen oder verschiedener Rassen fast unveränderliche Größen darstellen.

Diese Erörterungen führen von selbst zu dem Schlusse, daß die Konstanz der
Zusammensetzung sich in erster Linie auf die gelösten Bestandteile der Milch
erstreckt, die ja ausschließlich die Träger der genannten Eigenschaften der
Milch sind, und bilden die Grundlage der Wiegnerschen Lehre, nach welcher die
Menge der Milchbestandteile um so konstanter ist, je feiner sie verteilt sind.
Es müssen schon sehr schwerwiegende Einflüsse sein, die dieses Gleichgewicht
stören, und selbst dann ist der Organismus bemüht, es aufrechtzuerhalten.
Nach Untersuchungen von van der Laan ist der osmotische Druck der Milch
nicht nur gesunder, sondern auch kranker Tiere gleich dem des Blutes und damit
auch der Gefrierpunkt konstant. Wenn diese Auffassung auch nur innerhalb
gewisser Grenzen Gültigkeit besitzen mag, so lehren uns doch die Ergebnisse
zahlreicher Untersuchungen der Milch kranker Tiere, daß z. B. die durch einen
verminderten Milchzuckergehalt des Serums bedingte geringere Dichte derselben
durch einen höheren Gehalt an Salzen wieder auszugleichen versucht wird.

Am sinnfälligsten ändern sich Zusammensetzung und Eigenschaften der
Milch naturgemäß dann, wenn die Milchdrüse selbst erkrankt ist. In gesundem
Zustande besitzt sie einmal eine weitgehende Selektionsfähigkeit gegenüber
den Substanzen, die ihr durch den Blut- und Lymphstrom zugeführt werden.
Sie entnimmt daraus diejenigen Stoffe, die für die Milchbildung benötigt werden,
in der Menge, wie sie gebraucht werden, und verweigert bis zu einem gewissen
Grade die Annahme anderer für die Milchbildung unnötiger Substanzen. Zum

Tabelle 1

Datum der Probenahme / Art und Aussehen der Milch	13. Februar 1906	15. Februar 1906	26. Februar 1906		5. März 1906	6. März 1606		8. März 1906	10. März 1906
	Mischmilch aller 4 Viertel, normales Aussehen		Mischmilch der gesunden Viertel, normales Aussehen	Milch des kranken Viertels, gelblich, flockig	Milch des kranken Viertels, gelblich, flockig	Milch der gesunden Viertel, normales Aussehen	Milch des kranken Viertels, gelblich, flockig	Milch des kranken Viertels, gelblich, flockig	
Azidität, als Milchsäure berechnet $^0/_{00}$	0,895	1,140	1,018	0,530	0,692	1,384	0,530	0,407	0,244
Gesamtstickstoff $^0/_{00}$	7,03	6,71	5,05	11,04	10,44	6,05	9,93	9,35	8,81
Fett $^0/_{00}$	29,5	16,0	22,5	18,0	5,0	2,5	7,5	2,0	6,6
Zucker $^0/_{00}$	24,6	31,2	38,7	7,7	4,8	38,2	3,5	4,2	2,9
Trockensubstanz $^0/_{00}$	116,9	108,2	108,6	111,6	97,9	101,5	88,95	79,9	77,8
Asche $^0/_{00}$	8,45	8,0	6,55	9,2	9,25	7,25	8,9	8,7	8,7
Chlor, als NaCl berechnet $^0/_{00}$	2,43	2,27	2,16	4,71	4,81	1,73	4,72	4,54	4,31
Gefrierpunkt	—0,560°	—0,575°	—0,550°	—0,540°	—0,555°	—	—0,545°	—	—
Refraktion bei 15° C	1,3488	1,3423	1,3382	1,3382	1,3381	1,3426	1,3376	1,3374	1,3375

anderen aber ist sie eine präzise arbeitende Werkstatt, in welcher die typischen Milchbestandteile, das Kasein, der Milchzucker und das Milchfett, aus den ihr zugeführten Rohstoffen aufgebaut werden. Alles das ändert sich in dem Momente, in dem die Milchdrüse erkrankt. Je nach dem Umfange der Erkrankung treten dann bald geringere, bald größere Abweichungen der Zusammensetzung und der Eigenschaften des Sekretes ein, die dann infolge der herabgesetzten Selektionsfähigkeit der Drüse sich mehr oder weniger denen des Rohmaterials, das heißt des Blutes, nähern.

Die hauptsächlichsten Erkrankungen, die die Milchdrüse befallen, sind durch Mikroben hervorgerufene Entzündungen, unter denen die Eutertuberkulose und die Streptokokkenmastitis die bekanntesten sind. Über beide Krankheiten liegen Untersuchungen vor, die sich auf die Veränderungen der Milch erstrecken. Sie zeigen uns deutlich, wie die typischen Milchbestandteile — Kasein und Milchzucker — in den Hintergrund treten, während die Blutweißkörper dominieren.

Für die Milch eutertuberkulöser Tiere gibt Monvoisin ein Beispiel an einer Kuh, die annähernd 1 Monat lang beobachtet worden war. Er erhielt folgende Resultate:

Wir ersehen, wie in allen Fällen die Azidität der Milch stark herabgesetzt ist, nur die Milch der gesunden Drüsen vom 6. März hat eine Azidität, die 6,15 Säuregraden nach Soxhlet-Henkel entspricht, die der kranken Drüse bewegt sich zwischen 3,08 (5. März) und 1,08 (10. März) Säuregraden nach Soxhlet-Henkel. Es handelt sich also um ein „alkalisches" Sekret, dessen P_H aller Wahrscheinlichkeit nach bei 6,8 und darüber liegen dürfte. Der Stickstoffgehalt des pathologischen Sekrets entspricht mit 8,8 bis 11 $^0/_{00}$ einem Eiweißgehalt von

5,6 bis 7%, der den der normalen Milch um das Doppelte übertrifft; hievon entfällt nach den Angaben von MONVOISIN nur etwa die Hälfte auf Kasein, zirka 40% auf Albumin und Globulin und 10% auf Reststickstoffsubstanzen. Dagegen ist der Gehalt an Fett und Zucker ein äußerst geringer. Der Aschengehalt ist deutlich erhöht, der Chlorgehalt auf mehr als das Doppelte der Norm gestiegen. Infolge des geringen Milchzuckergehaltes ist die Refraktion deutlich erniedrigt, der Gefrierpunkt hingegen zeigt keine nennenswerte Abweichung von der Norm.

Bei 4 anderen Kühen mit Eutertuberkulose wurden ganz ähnliche Verhältnisse festgestellt, wie sich aus Tabelle 2 ergibt.

Tabelle 2

| | Milch von Kühen mit Eutertuberkulose Milch aller 4 Viertel | | | | |
| | Aussehen gelblich, flockig | | | Aussehen normal | |
	Kuh 2	Kuh 3	Kuh 4	Kuh 5	
Azidität (Milchsäure) ....%/oo	1,124	0,249	0,228	1,015	—
Gesamtstickstoff............%/oo	10,8	8,97	8,24	5,38	5,93
Fett ....%/oo	1,5	4,2	0,7	41,9	38,4
Zucker ....%/oo	0,0	0,0	0,0	30,0	9,46
Trockensubstanz ....%/oo	129,3	97,6	73,4	139,15	109,75
Asche....................%/oo	9,5	9,05	9,6	8,1	8,45
Chlor als NaCl.............%/oo	4,81	4,05	5,13	2,98	4,59
Gefrierpunkt	— 0,510	—	— 0,510	— 0,550	—
Refraktion bei 15⁰ C	1,3499	—	—	1,3437	—
Spez. Widerstand bei 18⁰ c	116 Ω	—	153 Ω	207 Ω	—

Hier verschwindet in den schweren Fällen der Kühe 2 bis 4 der Milchzuckergehalt vollständig, der Gefrierpunkt ist erhöht, ebenso die spezifische Leitfähigkeit.

Bei 2 mit Tuberkulose behafteten Kühen, bei denen das Euter angeblich nicht infiziert war, konnten teilweise ebenfalls wesentliche Abweichungen in der Zusammensetzung und Beschaffenheit des normal aussehenden Sekrets festgestellt werden, die sich aber nicht in dem Umfange auswirkten, wie bei dem Sekrete aus infizierten Eutern (Tabelle 3).

Tabelle 3

| | Milch einer gesunden Kuh | Tuberkulöse Kühe ohne Eutertuberkulose Aussehen der Milch normal | |
		Kuh 6	Kuh 7
Azidität als Milchsäure............%/oo	1,543	0,664	1,292
Gesamtstickstoff ....%/oo	5,87	8,67	4,21
Fett.............................%/oo	46,5	29,6	59,7
Zucker...........................%/oo	43,5	29,8	43,9
Trockensubstanz ....%/oo	142,3	126,05	147,5
Asche............................%/oo	7,3	8,2	6,7
Chlor als NaCl....................%/oo	1,40	4,13	1,05
Refraktion bei 15⁹	1,3434	1,3416	1,3442

Abgesehen von einem erhöhten Fettgehalt, weist die Milch von Kuh 7 keine Veränderungen auf, die auf eine gestörte Funktion der Milchdrüse schließen lassen, das Euter ist in keiner Weise in Mitleidenschaft gezogen. Bei Kuh 6 hingegen sprechen die erniedrigte Azidität und der erniedrigte Gehalt von Fett und Zucker einerseits, der erhöhte Gehalt an Stickstoffsubstanz, Asche und Chlor für eine weitgehende Störung der Drüsentätigkeit, obwohl das Aussehen der Milch in keiner Weise verdächtig war. Diese Veränderungen entsprechen ganz denen, welche die Milch der nicht infizierten Drüsenviertel der an Eutertuberkulose erkrankten Kuh (siehe Tabelle 1) aufweist.

Storch teilt ebenfalls Untersuchungsergebnisse der Milch eutertuberkulöser Kühe mit. Seine Versuchungsergebnisse sind in Tabelle 4 enthalten.

Tabelle 4

	Trockensubstanz	Wasser	Fett	Eiweiß	Kasein	Albumin und Globulin	Milchzucker	Asche	Kochsalz
					Prozent				
Kuh 1									
erkranktes Viertel .	11,42	87,58	5,30	4,71	—	—	1,41	1,00	—
dasselbe 30 Tage später	8,25	91,75	1,07	6,15	—	—	0,14	0,89	—
gesundes Viertel...	16,79	83,21	6,50	5,89	—	—	3,39	1,01	—
Kuh 2									
krankes Viertel....	6,98	93,02	0,15	5,86	—	—	0,00	0,83	—
gesundes Viertel...	27,07	72,93	13,75	11,09	—	—	0,61	1,07	—
Kuh 3									
krankes Viertel....	6,06	93,94	0,12	5,22	4,02	1,20	0,00	1,02	0,242
gesundes Viertel...	25,70	74,30	11,79	11,59	9,20	2,39	0,40	1,01	9,227

Soweit die erkrankten Drüsenteile in Betracht kommen, erhalten wir dasselbe Bild wie bei den Untersuchungen von Monvoisin, das Sekret der gesunden Drüsen ist hier aber in ganz anderer Weise verändert. Hier fällt sofort der hohe Gehalt an Fett und Eiweiß auf, der sich dann auch in der Gesamttrockenmasse widerspiegelt und, abgesehen von Kuh 1, ein auffallend niedriger Gehalt an Milchzucker. Diese Abweichungen von der Norm treten hier in viel höherem Maße auf als bei Monvoisin; sie dürften in der Weise zu deuten sein, daß die nicht erkrankten Drüsen kolostrieren, also in hohem Maße funktionsuntüchtig sind, was wohl ihrem Bedürfnis nach Ruhe infolge der Erkrankung der übrigen Drüsen entspricht.

Bei Mastitis sind nun ganz analoge Veränderungen zu beobachten.

So gibt Amberger folgende Werte für die Zusammensetzung der Milch zweier Kühe an, von denen die eine an schwerer Mastitis erkrankt war, so daß das betreffende Euterviertel versiegte, während das andere nur eine leichte Mastitis hatte, die nach kurzer Zeit in Heilung überging (Tabellen 5 und 6).

Bei der an schwerer Mastitis erkrankten Kuh beobachten wir, daß auch die Milch aus den gesunden Drüsen gegenüber der Norm ziemlich stark verändert ist. Der teilweise erhöhte Gehalt an Fett und Eiweiß und der erniedrigte Gehalt an Milchzucker deuten auch hier auf schwache Kolostrumbildung hin, ebenso wie wir es bei Tuberkulose gesehen hatten. Das Sekret der erkrankten Drüse hingegen enthält kaum noch Fett und Milchzucker, die Menge des Eiweißes ist sehr stark erhöht, der Chlorgehalt der Milch und Milchasche ebenfalls. Die Reaktion wird als „alkalisch" bezeichnet. Diese Veränderungen decken sich vollkommen mit denen, die Monvoisin bei Eutertuberkulose gemacht hatte, sie kennzeichnen die vollständige Funktionsuntüchtigkeit der erkrankten Drüsen.

In viel geringerem Maße zeigen sich Veränderungen der Milch bei dem leichten Mastitisfall. Die Veränderungen, die wir hier beobachten, entsprechen annähernd denen, die die gesunden Drüsen bei der schwer erkrankten Kuh aufweisen. Am deutlichsten zeigt sich die Abweichung von der Norm bei der

Tabelle 5

	Trocken-substanz	Wasser	Fett	Eiweiß	Milchzucker	Asche	Chlorgehalt der Milch	Chlorgehalt der Asche	Spezifisches Gewicht	Reaktion
				Prozent						
Amberger 16. 7., 11 h früh, Gesamtgemelk Euter nicht sichtbar erkrankt	12,36	87,66	3,40	3,49	4,11	0,896	0,092	10,3	1,0318	amphoter
16. 7. abends. Plötzlich auftretende Entzündung eines Striches, erkranktes Viertel	7,08	92,92	0,20	5,52	0,532	0,851	0,324	38,1	1,0252	stark alkal.
16. 7. abends. Gesunde Viertel	10,40	89,60	2,10	3,43	4,14	0,942	0,102	12,1	1,0307	schw. alkal.
17. 7. früh { Erkranktes Viertel	6,69	93,91	0,10	5,35	0,214	0,864	0,343	39,7	1,0213	stark alkal.
Gesunde „	11,81	88,19	3,20	3,92	3,30	1,139	0,127	11,1	1,0318	schw. alkal.
18. 7. { Erkranktes „	6,73	93,27	0,30	5,43	Spuren	0,750	0,294	39,7	1,0229	stark alkal.
Gesunde „	17,31	82,69	9,00	4,00	3,25	1,002	0,117	11,6	1,0258	schw. alkal.
19. 7. { Erkranktes „	7,04	92,97	0,50	5,61	Spuren	0,881	0,360	40,8	1,0226	alkalisch
Gesunde „	17,99	82,01	9,50	3,88	3,56	0,974	0,117	13,2	1,0255	schw. alkal.
20. 7. { Erkranktes „	6,90	93,10	0,50	5,52	Spuren	0,720	0,255	35,5	—	stark alkal.
Gesunde „	12,62	87,38	4,20	3,38	4,138	0,850	0,104	12,2	1,0291	schw. alkal.
21. 7. { Erkranktes „	6,32	83,68	0,20	5,10	Spuren	0,690	0,240	34,8	—	alkalisch
Gesunde „	13,61	86,39	4,50	4,10	3,94	0,944	0,117	22,4	1,0316	amphoter
22. 7. [1] { Erkranktes „	—	—	—	—	—	—	—	—	—	stark alkal.
Gesunde „	14,48	85,52	5,50	3,92	3,92	0,956	0,113	11,8	1,0303	schw. alkal.

Tabelle 6

	Trocken-substanz	Wasser	Fett	Eiweiß	Milchzucker	Asche	Chlorgehalt der Milch	Chlorgehalt der Asche	Spezifisches Gewicht	Reaktion
27. 6. früh { Erkranktes Viertel	12,78	82,22	7,30	6,46	2,45	1,032	0,144	13,9	1,0343	alkalisch
Gesunde „	12,53	87,47	3,65	3,51	4,16	0,86	0,110	12,8	1,0300	schw. alkal.
28. 6. { Erkr. Viertel morg.	16,92	83,08	7,50	5,17	3,02	0,932	0,151	16,2	1,0321	alkalisch
Erkr. Viertel abds.	16,48	83,52	6,00	5,08	3,17	0,901	0,176	18,8	1,0322	alkalisch
Ges. Viertel abds.	12,91	87,09	4,20	3,29	4,74	0,738	0,095	12,8	1,0298	schw. alkal.
29. 6. { Erkr. Viertel morg.	12,51	87,49	4,00	4,01	3,66	0,826	0,158	19,1	1,0296	alkalisch
Ges. Viertel abds.	11,93	88,07	3,40	3,12	4,68	0,722	0,110	15,7	1,0306	schw. alkal.
Erkr. Viertel abds.	12,43	87,57	3,70	3,92	4,04	0,797	0,129	16,2	1,0302	alkalisch
Ges. Viertel abds.	12,45	87,55	3,70	3,09	4,49	0,772	0,098	12,7	1,0313	amphoter
30. 6. { Erkr. Strich abds.	12,21	87,79	3,60	3,56	4,18	0,772	0,109	14,1	1,0303	schw. alkal.
Ges. Striche abds.	12,56	87,44	3,70	3,38	4,66	0,753	0,091	12,1	1,0315	amphoter
1. 7. { Erkr. Strich morg.	11,38	88,62	2,70	3,35	4,32	0,804	0,116	14,4	1,0315	schw. alkal.
Ges. Striche morg.	11,29	88,71	2,70	3,41	4,50	0,748	0,099	13,4	1,0315	amphoter
Erkr. Strich abds.	12,96	87,04	4,00	3,48	4,59	0,784	0,107	13,7	1,0314	sehr schw. alkalisch
Ges. Striche abds.	12,59	86,41	4,50	3,56	4,78	0,756	0,086	11,4	1,0314	amphoter

[1]) Das Tier wurde geschlachtet.

Reaktion, die als einwandfrei „alkalisch" gegen Lackmus angegeben wird, eine Veränderung, die sich übrigens auch auf die gesunden Drüsen erstreckt, woraus sich ergibt, daß auch diese in ihrer Funktionstüchtigkeit gelitten haben.

Ganz im Rahmen der eben geschilderten Veränderungen liegen auch diejenigen, welche Bögold und Stein für salzige Milch, Hess und Guilbeau sowie Carré bei Agalaktie der Ziegen beobachteten, während Musso bei Agalaktie der Schafe eine Abweichung insofern feststellte, als der Kaseingehalt des Sekretes sehr stark erhöht war. Die Resultate dieser Autoren sind in Tabelle 7 enthalten.

Tabelle 7

	Spez. Gew.	Trocken-substanz	Eiweiß	Kasein	Albumin und Globulin	Fett	Zucker	Asche
				Prozent				
Bögold und Stein....... {	1,0221	7,93	3,06	—	—	1,85	2,17	0,85
	1,0233	7,73	2,78	—	—	1,50	2,57	0,88
Hess und Guilbeau ..... {	1,027	—	—	—	—	1,54	—	—
	1,0322	—	4,89	—	—	2,94	3,03	0,98
	1,0317	—	5,74	—	—	3,51	2,50	1,14
Carré	1,023	8,83	6,07	3,0	3,07	0,68	0,29	0,96
Musso	1,0583	32,86	16,14	12,50	3,64	13,20	1,50	1,57

Die „salzige" oder „räßsalzige" Milch, die verhältnismäßig häufig auftritt, ohne daß das Euter sichtbar in Mitleidenschaft gezogen ist, kann ebenfalls als Produkt eines gereizten Euters betrachtet werden. Unter den neueren Untersuchungen hierüber sind besonders die von Koestler unter Mitwirkung von Lehmann, Lörtscher und Elser zu nennen, aus denen hervorgeht, daß selbst eine geringgradige Erhöhung des Keimgehaltes der Zisterne, eine rasch vorübergehende Milchstauung und andere zum Teil ganz unbedeutend erscheinende Momente eine, wenn auch nicht deutlich sichtbare, so doch analytisch nachweisbare Veränderung der Zusammensetzung der Milch in dem obengenannten Sinne zur Folge haben können. Infolgedessen lassen sich bei Einzeltieren Anomalien bestimmter Euterviertel verhältnismäßig leicht und rasch erkennen, da in solchen leichten, vielleicht erst im Anfangsstadium stehenden Fällen die nicht angegriffenen Drüsen ein unverändertes Sekret liefern, wie aus folgendem Beispiel hervorgeht (Tabelle 8).

Tabelle 8

Datum	Bezeichnung des Viertel-gemelkes	Säure-grad nach Soxhlet-Henkel	Fettfreie Trocken-masse	Milch-zucker	Gesamt-Stick-stoff-substanz	Kasein-gehalt	Albumin und Globulin
					Prozent		
5. 6. morgens	L. Bauch	7,6	8,78	4,46	3,54	2,65	0,51
	L. Schenkel	9,0	9,17	4,83	3,45	2,75	0,45
	R. Bauch	8,7	9,28	4,60	3,60	2,77	0,53
	R. Schenkel	8,8	8,96	4,70	3,48	2,65	0,53

6. 6. abends und 7. 6. morgens linkes Bauchviertel und rechtes Schenkelviertel nicht gemolken

Datum	Bezeichnung des Viertel-gemelkes	Säure-grad nach Soxhlet-Henkel	Fettfreie Trocken-masse	Milch-zucker	Gesamt-Stick-stoff-substanz	Kasein-gehalt	Albumin und Globulin
7. 8. abends	L. Bauch	6,0	7,85	2,39	3,27	2,49	0,64
	L. Schenkel	8,0	8,79	4,58	3,27	2,66	0,58
	R. Bauch	7,4	8,90	4,53	3,39	2,73	0,61
	R. Schenkel	6,6	8,27	3,82	3,40	2,62	0,55

In den gestauten Vierteln können wir deutlich eine Abnahme der Azidität und des Milchzuckergehaltes, damit auch des Gehaltes an fettfreier Trockenmasse beobachten, während ein tiefergehender Einfluß auf die Eiweißkörper nicht erkennbar ist. Die beiden nicht gestauten Drüsen (linkes Schenkel- und rechtes Bauchviertel) liefern ein vollkommen normales Sekret, das sich von dem der vorhergehenden Tage nicht unterscheidet. Diese Tatsache dürfte indessen wohl nur darauf zurückzuführen sein, daß die Stauung das Euter nur in geringem Maße in Mitleidenschaft gezogen hatte. In einem Falle von Mastitis, bei dem nur 1 Viertel erkrankt war, können wir deutlich die Beeinflussung der gesunden Viertel durch das kranke Viertel verfolgen, wie folgende Zusammenstellung zeigt (KOESTLER S. 362/63).

Tabelle 9

		5. November		7. November		8. November
		morgens	abends	morgens	abends	morgens
Fett	gesundes Viertel ...	5,81	7,04	5,55	5,71	5,72
	krankes „ ...	4,99	5,18	4,79	4,29	4,69
Stickstoff-substanz	gesundes „ ...	4,66	4.84	5,31	4,98	4,84
	krankes „ ...	4,62	4,88	4,93	4,59	4,69
Kasein	gesundes „ ...	3,59	3,70	3,77	3,87	3,66
	krankes „ ...	2,89	2,47	3,07	2,88	3,05
Albumin u. Globulin	gesundes „ ...	1,07	1,14	1,54	1,11	1,18
	krankes „ ...	1,82	2,41	1,86	1,71	1,64
Milchzucker	gesundes „ ...	4,57	4,64	4,61	4,70	4,60
	krankes „ ...	3,94	4,14	3,76	3,81	3,88
Asche	gesundes „ ...	0,82	0,82	0,82	0,83	0,83
	krankes „ ...	0,82	0,82	0,84	0,88	0,88

Bemerkt sei hierzu, daß in vorliegendem Falle das Sekret des erkrankten Viertels noch immer ein normales Aussehen besaß und erst nach einigen Tagen sich verfärbte.

Bei verschiedenen Krankheiten, welche das Euter nicht direkt in Mitleidenschaft ziehen, sind ebenfalls weitgehende Veränderungen in der Zusammensetzung der Milch beobachtet worden. Die nach dieser Richtung am meisten studierte Krankheit ist die Maul- und Klauenseuche. Ein vollkommen eindeutiges Bild geben aber namentlich die älteren Untersuchungen nicht, jedenfalls deshalb, weil die Untersuchungen zum Teil erst in einem mehr oder weniger stark fortgeschrittenen Stadium der Krankheit begannen, weiterhin aber auch deshalb, weil die Krankheit mitunter nur leicht, oft aber auch in schwerer Form auftritt. Die bei Maul- und Klauenseuche so oft beobachteten Euterentzündungen sind ja wohl Sekundärerscheinungen, die nicht in allen Fällen aufzutreten brauchen; es ist deshalb verständlich, daß bei leichten Krankheitsfällen deutlich wahrnehmbare Veränderungen in der Zusammensetzung der Milch nicht auftreten brauchen.

Hinsichtlich der chemischen Zusammensetzung lassen die Untersuchungen von MARTIN so gut wie gar keine Schlüsse zu, die Ergebnisse der Arbeiten von HONIGMUND sowie MEZGER, JESSER und HEPP sind in Tabelle 10 zusammengestellt.

Diese Untersuchungen zeigen, daß der Fettgehalt der Milch zu Beginn der Erkrankung stark erhöht ist und im weiteren Verlauf derselben zur Norm zurückkehrt. Das gleiche fand SCHWARZ. Befunde, wie von MARTIN und anderen, nach denen auf der Höhe der Krankheit der Fettgehalt der Milch besonders niedrig war, dürften wohl so zu erklären sein, daß in solchen Fällen nicht rein ausgemolken wurde. HONIGMUND und MEZGER fanden den Milchzucker in den ersten Tagen merklich erniedrigt, erst nach einer Woche ging er wieder in die Höhe. Schwarz konnte keine Depression zu Beginn der Krankheit finden, vielmehr war der Zuckergehalt auf der Höhe der Krankheit ziemlich erhöht (bis zu 5,21%). Hinsichtlich des Eiweißgehaltes gehen die Befunde nicht unerheblich auseinander. Nach den Untersuchungen von Honigmund war eine Beeinflussung nicht festzustellen, Mezger, Jesser und Hepp fanden zu Beginn der Krankheit einen erhöhten, Schwarz dagegen einen erniedrigten Gehalt an Eiweiß. Nach den Befunden der Letztgenannten war die Menge der Reststickstoffsubstanzen am ersten Beobachtungstage besonders hoch und betrug (als Eiweiß berechnet) 0,64%, am Ende der Krankheit nur noch 0,07%. Die Aschenmenge bleibt teils unverändert, teils ist sie zu Beginn der Krankheit etwas erhöht. Bemerkenswert ist die starke Alkalität der Asche, namentlich in der ersten Woche. Schwarz fand für denselben Zeitraum einen sehr niedrigen Säuregrad, der meist zwischen 4 und 5 lag und sich auch späterhin, als die Krankheit längst vorüber war, nur wenig über 5 erhob. P_H der Milch war infolgedessen, wenn auch nur geringgradig, erhöht und bewegte sich annähernd bei 6,7. Die Alizarolprobe zeigte dementsprechend rötliche und violette Farbentöne.

Tabelle 10

	Trocken- substanz	Wasser	Fett	Eiweiß	Milch- zucker	Asche	Alkalität der Asche	Chlor	Phos- phor- säure	Spez. Gew.
					Prozent					
Honigmund										
Kuh 1 14. 2.	12,90	87,10	5,37	3,26	3,73	0,74	—	—	—	1,033
15. 2.	13,32	86,68	5,62	3,28	3,66	0,81	—	—	—	1,032
16. 2.	14,25	85,75	5,24	3,26	3,78	0,82	—	—	—	1,032
17. 2.	13,76	86,24	4,79	3,22	4,25	0,78	—	—	—	1,032
19. 2.	13,05	86,95	4,25	3,16	3,94	0,77	—	—	—	1,032
20. 2.	12,89	82,11	3,92	3,24	4,33	0,78	—	—	—	1,033
23. 2.	12,50	87,50	3,87	3,20	4,43	0,70	—	—	—	1,031
26. 2.	12,75	87,25	3,82	3,18	4,74	0,66	—	—	—	1,032
27. 2.	13,66	86,34	5,27	2,45	2,80	0,86	—	—	—	1,028
Kuh 2 28. 3.	13,15	86,85	5,13	2,53	2,91	0,79	—	—	—	1,030
1. 3.	12,68	87,32	4,01	2,54	3,25	0,72	—	—	—	1,032
3. 3.	12,83	87,17	3,53	2,70	3,45	0,71	—	—	—	1.032
5. 3.	12,67	87,33	2,63	2,87	3,65	0,74	—	—	—	1,030
7. 3.	13,59	86,41	2,91	2,62	4,23	0,70	—	—	—	1.030
9. 3.	11,81	88,19	3,40	3,01	3,97	0,69	—	—	—	1.031
10. 3.	11,88	88,12	3,06	3,03	4,74	0,66	—	—	—	1.031
Mezger, Jesser und Hepp										
Kuh 6 (Simmentaler)										
1.11.1911 abds.	20,8	79,2	10,4	4,20	3,96	0,94	4,55	0,070	0,182	1,0322
2.11. „	25,2	74,8	15,2	5,12	3,50	1,006	5,35	0,106	0,291	1,0272
3.11. „	25,3	74,7	13,6	4,59	3,42	0,950	4,00	0,106	0,274	1,0271
6.11. morgens	15,2	84,8	5,6	3,62	4,18	0,810	5,00	—	0,218	1,0328
6.11. abends	15,0	85,0	5,4	—	—	—	—	—	—	1,0334
8.11. „	15,0	85,0	5,3	3,88	4,42	0,700	2,20	0,082	0,216	1,0334
10.11. „	14,1	85,9	4,6	3,19	4,42	0,697	2,50	0,084	0,247	1,0332
21.11. „	13,5	86,5	4,3	3,45	4,68	0,726	1,60	0,097	0,224	1,0323
25.11. „	13,0	87,0	3,8	3,88	4,06	0,810	1,35	0,105	0,212	10,328
12.12. „	13,1	86,9	3,6	3,64	4,39	0,750	1,20	0,097	0,215	10,342

Für die Maul- und Klauenseuche ist geradezu charakteristisch, daß Menge und Zusammensetzung der Milch noch lange nach dem Erlöschen der Krankheit von der Norm abweichen, wie auch aus Beobachtungen von KOESTLER hervorgeht. Die nachstehende Tabelle gibt aus seinen Untersuchungen Menge und Zusammensetzung der Milch des linken Schenkelviertels einer Kuh vor, während und nach Beendigung der Krankheit wieder.

Tabelle 11

	Milchmenge kg	Fettgehalt %	Trockensubstanz %	Milchzucker %	Albumin und Globulin %	Chlor $^0/_{00}$	CaO $^0/_{00}$	P_2O_5 $^0/_{00}$	Chlorzuckergehalt
Gesund ....29. 6.	2,030	3,04	12,17	5,04	0,67	0,686	—	2,144	1,320
Seuchenausbruch 17. 7.	0,250	9,88	19,06	3,91	0,86	0,665	2,508	2,246	1,651
Ende der Seuchen- periode........26. 7.	1,025	7,08	15,45	3,87	1,20	1,207	2,088	2,348	3,025
1. 8.	1,225	6,16	15,37	4,49	0,84	1,310	1,728	2,368	2,822
Nachseuchen- 9. 8.	0,750	6,95	14,78	4,07	1,01	0,977	1,768	2,430	2,331
periode 19. 8.	1,220	6,20	14,45	4,69	0,57	0,536	1,904	2,388	1,110
27. 8.	1,285	5,85	15,18	4,70	0,80	0,625	1,696	2,430	1,290
7. 9.	1,075	7,02	16,61	4,56	0,79	0,841	2,532	2,307	1,791

Vorbedingung für derartige Veränderungen ist, wie bereits oben erwähnt wurde, eine im Gefolge der Krankheit auftretende Euterentzündung. Bei den Untersuchungen von NOTTBOHM, der keine veränderte Zusammensetzung der Milch maul- und klauenseuchekranker Tiere fand — der Gehalt an Milchzucker und Chlor bewegte sich in normalen Grenzen — scheint dies nicht der Fall gewesen zu sein.

BERGEMA zählt noch eine Reihe von Krankheiten auf, die an sich die Milchdrüse nicht ergreifen, bei denen aber unter der Voraussetzung, daß die Milchmenge stark in Mitleidenschaft gezogen wurde, mehr oder weniger starke Veränderungen des Sekretes beobachtet werden konnten. In allen diesen Fällen dürfte einzig und allein die Konstitutionsschwächung der Tiere für diese Abweichungen verantwortlich zu machen sein.

Die Aschenzusammensetzung erfährt in pathologischer Milch ebenfalls weitgehende Verschiebungen, die ganz allgemein dadurch charakterisiert sind, daß die Menge des Natrons, die in der Milchasche gesunder Tiere gegenüber der des Kalis zurücktritt, bedeutend ansteigt unter gleichzeitigem, starkem Ansteigen des Chlorgehaltes, während meist auch Kalk und Phosphorsäure, in normaler Milch die Hauptbestandteile der Asche, stark in den Hintergrund treten. In Tabelle 12 sind einige Beispiele für diese Verschiebungen gegeben.

Die besonders hervortretende Veränderlichkeit des Milchzuckers und des Chlorgehaltes in der Milch euterkranker Tiere, und zwar in entgegengesetztem Sinne, veranlaßten KOESTLER, den Quotienten: 100 Cl:Milchzucker als Kriterium für die Herkunft einer Milch von einem erkrankten Tiere anzusehen. Bei weitgehenden Veränderungen des Sekretes erhalten wir hierfür Werte, deren Höhe ohne weiteres auf die Pathogenität des Gemelkes schließen läßt. Bei nur geringgradigen Veränderungen dagegen läßt der absolute Wert für die Chlorzuckerzahl nicht ohne weiteres bestimmte Schlüsse zu, da die Chlorzuckerzahl selbst in der Milch gesunder Tiere erheblichen Schwankungen unterworfen ist, die durch die Individualität, das Laktationsstadium usw. bedingt sind. Das gleiche gilt für die von NOTTBOHM vorgeschlagene Alkalizahl, das heißt den Quotienten $K_2O:Na_2O$. Zahlreiche Untersuchungen, zuletzt auch von KIEFERLE und

Erbacher, haben jedoch gezeigt, daß in der Milch der einzelnen Viertel desselben Tieres die Chlorzuckerzahl nur in sehr engen Grenzen schwankt, so daß eine wesentliche Abweichung in einem Viertel den Schluß auf eine Erkrankung desselben zuläßt.

Tabelle 12

		K_2O	Na_2O	CaO	MgO	P_2O_5	SO_3	Cl
Euter-tuberkulose v. Storch	I	––	—	10,91	—	15,67	—	—
	II	10,87	40,60	4,34	1,27	7,10	5,08	—
	III	13,27	22,39	24,67	3,43	25,42	9,21	—
	IV kranke Drüse	5,08	42,37	7,52	0,79	8,76	—	44,64
	IV gesunde Drüse	12,64	21,79	19,24	2,10	22,22	—	27,90
Salzige Milch Bögold u. Stein	I	21,69	14,97	20,93	2,21	22,02	3,48	18,65
	II	10,96	33,17	11,70	2,16	15,63	6,73	25,23
	III	11,09	31,29	14,61	1,16	15,34	3,92	29,19
Salzige Milch Hashimoto		8,94	36,54	7,44	1,74	17,38	1,34	33,63
Schrodt		8,52	45,85	8,04	1,82	9,70	5,68	24,35
Allemann	I	12,89	14,22	14,16	1,49	18,88	7,09	27,97
	II 2 Tage später wie I	24,23	7,84	20,65	2,15	29,31	4,43	14,85
Agalaktie bei Ziegen Schaffer	I	2,16	—	23,87	—	31,80	—	10,49
	II	12,74	20,36	19,97	3,45	25,82	0,36	20,45

Koestler gibt den Gehalt „salziger" Milch an Mineralstoffen, verglichen mit dem der Milch aus gesunden Drüsenteilen desselben Tieres, folgendermaßen an:

Tabelle 13

Name der Kuh Probenahme	Dachs 12. September 1924, morgens		Dachs 12. November 1924, abends		Dachs 13. November 1924, morgens		Lisa 6. Oktober 1924, morgens		Rosa 2. März 1924, abends
Euterviertel	L. S.	R. B.	L. S.	R. B.	L. S.	R. B.	L. S.	R. B.	Gesamtgemelk
In 1 Liter ist enthalten g	gesund	krank	gesund	krank	gesund	krank	gesund	krank	krank
CaO	2,471	1,020	2,680	0,355	2,573	0,867	1,947	1,510	1,160
MgO	0,254	0,015	0,259	0,046	0,253	0,118	0,188	0,162	0,134
K_2O	1,068	1,304	1,274	1,104	0,862	1,345	1,803	1,374	1,172
Na_2O	1,156	3,190	1,747	4,282	1,418	3,699	1,156	2,180	2,718
Cl	0,969	2,402	0,972	3,044	0,647	2,696	0,717	1,420	2,143
SO_3	0,166	0,300	0,172	0,198	0,091	0,234	—	—	—
P_2O_5	2,474	2,496	2,581	1,426	3,536	1,603	2,441	1,467	1,427

Das Labungsvermögen der Milch aus erkrankten Eutern ist in der Regel mehr oder weniger stark herabgesetzt. Auf diese Erscheinung machte zuerst Schern aufmerksam, sie wurde von anderen Autoren, zuletzt von Koestler, in weitgehendem Maße bestätigt. Nach Annahme des letzteren ist für die verzögerte Labgerinnung der Kalkgehalt der Milch nur in sehr bedingtem Maße verantwortlich zu machen, da dieser bei labträger Milch vielfach ganz normal ist und auch das Verhältnis von gelöstem zu ungelöstem Kalk keine besonderen Abweichungen zeigt, er nimmt vielmehr an, daß die verminderte Wasserstoffionenkonzentration in erster Linie das verzögernde Moment bildet. Allerdings konnte Zusatz von Säure immer nur in beschränktem Umfange die normale Labfähigkeit wiederherstellen.

Der Fermentgehalt der Milch kranker Tiere weicht zum Teil nicht unerheblich von der Norm ab. In Frage kommen hierbei nur schwere Allgemeinerkrankungen und Krankheiten der Milchdrüse. Als erster hat KONING auf diese Verhältnisse hingewiesen. Die hydrolysierenden Fermente interessieren uns hierbei weniger, wenngleich nach KONING anzunehmen ist, daß auch hier Abweichungen von der Norm zu beobachten sind. So fand er beispielsweise bei Euterkrankheiten den Gehalt des Sekretes an Diastase erhöht, ein Befund, der von GIFFHORN bestätigt wird, dem VOLLRATH aber nicht zustimmen kann. Größeres Interesse beanspruchen die leichter nachweisbaren Fermente: Peroxydase, Katalase und Reduktase bzw. Aldehydkatalase.

In der Milch seiner hochgradig tuberkulösen Kühe konnte MONVOISIN regelmäßig Peroxydase nachweisen, auch VOLLRATH will in der Milch eutererkrankter Tiere stets eine intensive Reaktion erhalten haben. In Frauenmilch, die in gesundem Zustande nur eine sehr schwache Peroxydasenreaktion liefert, konnte MARFAN bei Brustabszessen, Syphilis und Tuberkulose eine starke Peroxydasenreaktion antreffen, den gleichen Befund machte VERONESE bei Fieber und Verdauungskrankheiten.

Die Katalase ist in der Milch euterkranker Tiere und bei Maul- und Klauenseuche regelmäßig sehr stark erhöht (KONING, GIFFHORN, VOLLRATH, KOESTLER, ULMANN, SPINDLER, LENZEN). Auch bei Milchstauung ist nach KONING der Katalasegehalt erhöht, bis zu einem gewissen Umfange läuft er parallel dem gleichfalls erhöhten Fettgehalte der Milch, nach Beseitigung der Ursache bzw. Abheilung der Krankheit hält er sich noch eine gewisse Zeit auf der Höhe, um dann allmählich wieder zur Norm abzusinken. So kann die Milch noch mehrere Tage nach einer stattgehabten Stauung eine Sauerstoffmenge produzieren, die die Norm um das Zehn- und Mehrfache überschreitet. Die gleiche Wirkung konnte KOESTLER durch Injektion lebender oder abgetöteter Streptokokkenkulturen durch den Zitzenkanal erzielen, wie folgendes Beispiel zeigt (Tabelle 14).

Die Aldehydkatalase wird bei Krankheiten der Milchtiere nicht in einseitiger Weise beeinflußt. BAUER und SASSENHAGEN stellten fest, daß Formalin-Methylenblau von Mastitismilch stets, und vielfach schneller als von normaler Milch entfärbt wird. REINHARDT und SEIBOLD geben dagegen an, daß bei Euterentzündungen, bei denen die Milch keine physikalischen Veränderungen erleidet, der Gehalt an Aldehydkatalise auch keine Abweichung von der Norm zeigt, obwohl das Euter auffallend entzündet sein kann. Zeigen sich bereits feine Gerinnsel in der Milch, so kann die Reaktion oft schneller vor sich gehen, vielfach aber hält sie sich in normalen Grenzen. Bei sehr stark veränderten Sekreten endlich konnte bald eine erhebliche Verzögerung, bald ein völliges Ausbleiben der Reaktion beobachtet werden. VOLLRATH konnte eine eindeutige Veränderung nicht beobachten, ebenso WILDT.

Unter den physikalischen Eigenschaften interessieren in erster Linie die Refraktion, der Gefrierpunkt und die elektrische Leitfähigkeit. Nach VAN DER LAAN ist der osmotische Druck auch des Sekretes aus erkrankten Drüsen gegenüber der Norm meist unverändert, stets aber gleich dem des Blutes. Nur wenn dieses einen abweichenden osmotischen Druck besitzt, ändert sich auch der der Milch. Dies muß sich im Gefrierpunkte widerspiegeln. Tatsächlich können wir aus den Untersuchungen von MONVOISIN (Tabelle 1) deutlich erkennen, daß die Abweichung des Gefrierpunktes der Sekrete aus tuberkulösen Eutern von der Norm nur sehr gering sein kann und annähernd gleich stark nach oben

Tabelle 14.

		12.11. abends	12.11. abends	13.11. morgens	13.11. abends	14.11. morgens	15.11. abends	21.11. morgens	2.12. abends	4.12. morgens	4.12. abends	5.12. abends	8.12. morgens	11.12. morgens
Linkes Bauch-viertel	Milchmenge kg	1,025	Injektion pasteurisierter Streptokokken-kultur	0,825	0,665	0,582	0,775	0,505	0,945	Injektion lebender Streptokokken-kultur	0,590	0,355	0,825	0,925
	Katalasezahl	3,5		177,0	172,0	121,0	51,0	5,5	3,0		173,0	189,0	62,0	10,0
	Leukozytenzahl	0,2		1,8	> 40	3,5	5,3	0,3	0,1		ca. 25	> 40	1,65	0,3
	Gerinnungszeit	22′ 15″		> 2 h	50′ 40″	> 2 h	> 2 h	21′ 52″	25′ 20″		> 2 h	> 4 h	> 4 h	18′ 16″
	Milchzucker %	4,91		3,06	3,61	3,54	3,25	4,42	4,36		2,50	2,07	3,29	3,76
	Chlor ⁰/₀₀	0,898		2,054	1,559	0,903	—	1,102	0,938		2,220	2,026	—	1,032
Linkes Schenkel-viertel	Milchmenge kg	1,600	Keine Injektion	1,690	1,640	1,900	1,780	1,920	1,560	Injektion lebender Streptokokken-kultur	1,150	1,120	1,140	1,630
	Katalasezahl	3,5		4,5	3,0	2,5	2,5	3,5	3,5		7,8	1,470	6,8	31,5
	Leukozytenzahl	0,2		0,1	0,2	0,2	0,2	0,1	0,1		1,8	> 20	1,25	0,7
	Gerinnungszeit	21′ 35″		23′ 26″	25′ 15″	23′ 57″	25′ 20″	21′ 91″	26′ 25″		41′ 05″	> 4 h	2h 20′	25′ 50″
	Milchzucker %	4,89		4,74	4,79	4,78	4,63	4,93	4,35		3,59	3,22	3,43	3,64
	Chlor ⁰/₀₀	0,898		0,926	·0,895	0,918	—	5,585	0,796		1,532	1,662	—	1,346
Rechtes Bauch-viertel	Milchmenge kg	0,915	Injektion pasteurisierter Streptokokken-kultur	0,811	0,605	0,563	0,715	0,890	1,135	Keine Injektion	0,970	0,905	1,085	1,035
	Katalasezahl	4,0		168,0	178,0	130,0	45,5	4,5	4,0		7,0	4,5	3,5	3,0
	Leukozytenzahl	0,35		1,6	> 40	3,0	3,1	0,3	0,2		0,4	0,4	0,2	0,1
	Gerinnungszeit	21,12		> 2 h	54′ 15″	> 2 h	> 2 h	25′ 30″	26′ 55″		24′ 18″	21′ 04″	21′ 05″	16′ 03″
	Milchzucker %	4,87		3,08	3,70	3,61	3,55	4,53	4,35		4,67	4,67	4,52	4,30
	Chlor ⁰/₀₀	0,898		1,991	1,464	0,902	—	1,061	0,847		0,882	0,716	---	0,946
Rechtes Schenkel-viertel	Milchmenge kg	1,360	Keine Injektion	1,375	1,420	1,595	1,520	1,730	1,370	Keine Injektion	0,885	1,440	1,740	1,690
	Katalasezahl	5,0		5,0	2,5	3,0	3,5	3,5	4,0		7,5	4,0	3,0	4,5
	Leukozytenzahl	0,10		0,15	0,1	0,1	0,1	0,15	0,1		0,25	0,3	0,15	0,1
	Gerinnungszeit	21′ 13″		23′ 32″	22′ 55″	22′ 44″	22′ 10″	20′ 49″	24′ 40″		25′ 05″	19′ 28″	19′ 25″	14′ 56″
	Milchzucker %	4,88		4,62	4,80	4,78	4,66	4,80	4,35		4,61	4,74	4,57	4,33
	Chlor ⁰/₀₀	0,898		0,964	0,938	0,969	—	0,666	0,776		0,821	0,653	—	0,898

und unten variiert (Kuh 1 und 5). Allerdings beobachten wir bei 2 Tieren (2 und 4) eine verhältnismäßig starke Erhöhung des Gefrierpunktes und damit auch Erniedrigung des osmotischen Druckes. Größere Abweichungen nach oben, vor allem aber nach unten, werden namentlich von älteren Autoren mitgeteilt, während neuere Untersuchungen von KERN die Befunde von VAN DER LAAN bestätigen (siehe Tabelle 15).

Tabelle 15

	Gefrierpunkt	
	der Milch	des Blutes
Gesunde Kühe, Mittel aus 8 Untersuchungen	—0,555	—0,559
Streptokokkenmastitis	—0,558	—0,561
Eitrige Mastitis	—0,566	—0,570
Euter-, Darm- und Lungentuberkulose	—0,556	—0,553
Lungen-Brustfell-Tuberkulose	—0,558	—0,553
Jauchige Metritis	—0,557	—0,553
Altmelk, viel Leukozyten in der Milch...............	—0,562	—0,564
Altmelk, seit $1^1/_2$ Jahren ohne Kalb	—0,558	—0,564
Altmelk, seit 2 Jahren ohne Kalb	—0,568	—0,573
Hochtragend im 7. Monat, hat regelmäßig gerindert ..	—0,576	—0,583

Wird nun bei dem Gefrierpunkt ein Mindergehalt an Milchzucker der Milch kranker Tiere durch ein Plus ionisierter Salze vollständig ausgeglichen, so gilt das gleiche nicht für die Refraktion des eiweißfreien Serums und für die Leitfähigkeit der Milch. Im ersteren Falle wird das milchzuckerarme Serum stets das von geringerer Dichte sein und deshalb einen geringeren Refraktionswert aufweisen, worauf bereits ACKERMANN, SCHNORF und RIPPER aufmerksam gemacht haben. Diese Befunde werden durch diejenigen von MONVOISIN (vgl. Tabelle 1) und KERN bestätigt. Der letztere fand in 13 Fällen von Mastitis Refraktionswerte, die zwischen 33,8 und 37,4 lagen, nur in 2 Fällen fand er 38,2 und 40,6 Skalenteile. Bei generalisierter und Eutertuberkulose wurden Werte von 32,4 und 33,9 Skalenteilen gefunden.

Die elektrische Leitfähigkeit der Milch euterkranker Tiere ist infolge des höheren Gehaltes an ionisierten Salzen entsprechend erhöht, JACKSON und ROTHERA sind im Hinblick auf den gleichzeitig erniedrigten Milchzuckergehalt sogar der Ansicht, daß die Leitfähigkeit direkt als Maß für den Milchzuckergehalt solcher Milch dienen kann. SCHNORF, PETERSEN, ZANGGER fanden regelmäßig in Milch kranker Kühe eine mehr oder weniger stark erhöhte Leitfähigkeit. Unter den neueren Untersuchungen sind die von STROHECKER und BELOVESCHDOFF zu nennen. Während die Leitfähigkeit normaler Milch in den meisten Fällen auf die Grenzen von etwa 46 bis 50 . 10^{-4} beschränkt ist, steigt in der Milch nicht nur euterkranker Tiere, sondern nach ZANGGER auch bei Allgemeinerkrankungen dieser Wert sehr leicht über 50. STROHECKER und BELOVESCHDOFF multiplizieren die Leitfähigkeit mit 10^4 und dividieren sie noch durch den Milchzuckergehalt, so daß die Erhöhung in der Milch kranker Tiere noch offensichtlicher wird.

Literatur

ACKERMANN, E.: Mitteilung über den refraktometrischen Nachweis des Wasserzusatzes zur Milch. Zeitschr. f. Untersuch. d. Nahrungs- und Genußmittel, 13, S. 186, 1907. — ALLEMANN, O.: Über eine auffallend schnell verlaufende Veränderung der Zusammensetzung der Milch einer Kuh. Milchwirtschaftl. Zentralbl., 44, S. 122. 1915. — AMBERGER, C.: Anormale Milch bei Euterentzündungen der Kühe. Zeitschr. f. Untersuch. d. Nahrungs- und Genußmittel, 23, S 369. 1912.

Bauer, J. und M. Sassenhagen: Ein neues Verfahren zum Nachweis der Mastitismilch. Med. Klinik, Nr. 51. 1909. — Bergema, Roloff: Einfluß einiger äußerer und innerer Krankheiten auf die Zusammensetzung und die Eigenschaften der Kuhmilch. Jahrb. d. Milchwirt., I, S. 1. 1919. — Bögold und Stein: Melkeritende, S. 493. 1890.

Carré, H.: L'agalaxie contagieuse de la brébis et de la chèvre. Ann. de l'Institut Pasteur, 62, S. 937. 1912.

Giffhorn: Untersuchungen über Enzyme in der Kuhmilch. Diss. Bern. 1909.

Hashimoto: Journ. of the Sapporo agric. college, 2, S. 1. 1903. — Hess, E. und A. Guilbeau: Zur infektiösen Agalaktie bei Ziegen. Landwirtschaftl. Jahrb. der Schweiz 1893, nach Milchzeitung, 23, S. 348. 1894. — Honigmund, J.: Über die Veränderungen der Milch maul- und klauenseuchekranker Kühe. Zeitschr. f. Fleisch- und Milchhyg., 22, S. 175. 1912.

Jackson, Lilias Charlotte und Arthur Cecil Hames Rothera: Milk, its milksugar, conductivity and depression of freezing point. Biochem. journ., 8, S. 1. 1914.

Kern, Walter: Untersuchungen über die Zuverlässigkeit der „Erythrozytenmethode" zum Nachweis eines Wasserzusatzes zu Milch nach M. I. N. Schuursma. Milchwirtschaftl. Forsch., 5, S. 39. 1928. — Kieferle, F. und E. Erbacher: Zur Methodik der Chloridbestimmung in Milch. Beiträge zur Kenntnis der Chlorzuckerzahl von Viertels- und Einzelgemelken. Milchwirtschaftl. Forsch., 5, S. 532. 1928. — Koestler, G.: Über Milchbildung mit besonderer Berücksichtigung einiger typischer Sekretionsanomalien und deren Bedeutung für die praktische Milchverwertung. Landwirtschaftl. Jahrbuch der Schweiz, S. 290. 1926. — Zum Nachweis der durch Sekretionsstörung veränderten Milch. Milchwirtschaftl. Zentralbl., 49, S. 217, 229, 1920; vergl. hierzu: Weiss, H.: Beiträge zur titrimetrischen Bestimmung des Chlor- und Zuckergehaltes der Milch. Schweizerische Mitteilungen auf dem Gebiete der Lebensmitteluntersuchungen und Hygiene, 12, S. 133. 1921; Drost, J., Marie Steffen und Elisabeth Kollstede: Die Untersuchung süßer und saurer Milch. Milchwirtschaftl. Forsch., 1, S. 21. 1924; Nottbohm, F. E.: Kritische Betrachtungen zur Chlorzuckerzahl von Koestler. Ebenda 1, S. 345, 1924; Strohecker, R. und Beleveschoff: Nachweis von anormaler Milch durch Chlorzuckerzahl und spezifische Leitfähigkeit. Ebenda, 5, S. 249. 1928. — Koning, C. I.: Biologische und biochemische Studien über Milch. V. Die Enzyme. Milchwirtschaftl. Zentralbl., 4, S. 156. 1908.

Laan, H. F. van der: Das osmotische Gleichgewicht zwischen Blut, Milch und der Galle. Biochem. Zeitschr., 71, S. 289. 1915. — Lenzen, H.: Über die Bedeutung und den praktischen Wert der gebräuchlichsten Untersuchungsmethoden der Milch. Arbeiten aus dem bakteriolog. Laboratorium des städt. Schlachthofes zu Berlin, Heft 3. Leipzig: Otto Nemnich. 1911.

Marfan, A. B.: La peroxydase du lait. Journ. de physiol. et pathol. générale, S. 985. 1920. — Martin, W.: Untersuchungen über die chemische und biologische Veränderung sowie über die Infektiosität der Milch maul- und klauenseuchekranker Tiere. Arbeiten aus dem bakteriol. Laboratorium des städt. Schlachthofes in Berlin, Heft 4. Leipzig: Otto Nemnich. 1912. — Mezger, O., H. Jesser und K. Hepp: Welche Veränderungen erleidet die Milch von Kühen, die an Maul- und Klauenseuche erkrankt sind? Zeitschr. f. Untersuch. d. Nahrungs- und Genußmittel, 25, S. 513. 1913. — Monvoisin, A.: La composition du lait des vaches tuberculeuses, Cpt. rend., 149, S. 644, 1909; Journ. de physiol. et pathol. générale, 12, S. 50. 1910. — L'acidité du lait des vaches tuberculeuses. Cpt. rend., 149, S. 695. 1909. — Musso: Giorn. della R. Accad. di med. de Torini, S. 495. 1883.

Nottbohm, F. E.: Die Alkalizahl der Kuhmilch. Milchwirtschaftl. Forsch., 4, S. 336. 1927. — Einwirkung der Maul- und Klauenseuche auf die Milchsekretion. Milchwirtschaftl. Forsch., 4, S. 355. 1927.

Petersen, F.: Untersuchungen über den elektrischen Widerstand der Milch. Diss. Kiel 1904; Die landwirtschaftlichen Versuchsstationen, 40, S. 259. 1904.

Reinhardt, R. und E. Seibold: Das Schardinger-Enzym in der Milch von euterkranken Kühen. Biochem. Zeitschr., 31, S. 385. 1911. — Ripper, M.: Eine rasche Methode zur Erkennung der Milch von kranken Tieren. Milchztg., 32, S. 610. 1903.

Sassenhagen, M.: Über die biologischen Eigenschaften der Kolostral- und Mastitismilch. Diss. Bern. 1910. — Schaffer: Zit. nach König: Chemie der menschlichen Nahrungs- und Genußmittel, Bd. 1, S. 265. 1903. — Schern, K.: Über die Hemmung der Labwirkung durch Milch. Biochem. Zeitschr., 20, S. 231. 1909. — Zur Technik der Labhemmprobe. Berlin. Tierärztl. Wochenschr., S. 700. 1911. — Schnorf, C.: Physikalisch-chemische Untersuchungen physiologischer und pathologischer Kuhmilch. Diss. Zürich. 1904. — Schrodt: Jahresbericht des Milchwirtschaftlichen Institutes Kiel 1887/88. — Schwarz, G.: Die Zusammensetzung der Milch maul- und klauenseuchekranker Kühe. Milchwirtschaftl. Forsch., 3, S. 132. 1926. — Spindler, F.: Beiträge zur Kenntnis der Milchkatalase. Diss. Wien. 1910. — Storch, V.: Nord. med. Arch., 16, Nr. 16, 1884, zit. nach Malys. Jahresbericht der Tierchemie, S. 170. 1884; Biedermanns Zentralbl. f. Agrikulturchemie, 19, S. 105. 1890.

Ulmann, H.: Untersuchungen von Milch euterkranker Kühe auf ihren Enzymgehalt. Diss. Stuttgart. 1912.

Veronese, L. Dino: Gaz. degli ospedali e delle cliniche. Mai 1921. — Vollrath, K.: Untersuchungen über den Einfluß äußerer und innerer Krankheiten auf den Enzymgehalt der Kuhmilch. Diss. Stuttgart. 1912.

Wiegner, G.: Über die Abhängigkeit der Zusammensetzung der Kuhmilch vom Dispersitätsgrade ihrer einzelnen Bestandteile. Zeitschr. f. Untersuchung der Nahrungs- und Genußmittel, 14, S. 425. 1914. — Wildt, R.: Beiträge zur Kenntnis der Schardinger-Reaktion. Milchwirtschaftl. Forsch., 2, S. 249. 1925.

Zangger: Die Verwendung neuer physikalisch-chemischer Methoden zur Milchuntersuchung vom sozial-medizinischen und physiologischen Standpunkte. Schweiz. Arch. f. Tierheilk., 50, S. 247. 1908.

VI. Die Untersuchung der Milch

1. Physikalische und chemische Untersuchungsmethoden

Von

W. Grimmer-Königsberg i. P.

Mit 18 Abbildungen

A. Die Probenahme

Voraussetzung für ein zutreffendes Resultat bei der Untersuchung der Milch ist eine einwandfrei entnommene Probe. Die allgemein übliche Untersuchung befaßt sich in der Molkereipraxis mit der Bestimmung des Fettgehaltes, dem Nachweis einer Verfälschung und der Feststellung der Brauchbarkeit für bestimmte Zwecke. Für die beiden ersten Zwecke ist die Gesamtheit der von einem Produzenten gelieferten Milch heranzuziehen. Im letzten Falle ist häufig die Untersuchung des Gemelkes einzelner Tiere nötig. Für die Untersuchung auf die Leistungsfähigkeit der Kühe (Kontrollvereine) kommt das Gesamtgemelk jeder einzelnen Kuh in Frage. Zur Erkennung von Krankheiten ist oft die Untersuchung der Milch jedes einzelnen Euterviertels notwendig.

Da die Milch verschiedener Tiere hinsichtlich ihrer Zusammensetzung mehr oder weniger großen Schwankungen unterworfen ist, so ist bei der Untersuchung der Milch einer ganzen Herde eine gründliche Durchmischung unbedingt nötig. Am einfachsten gestaltet sich diese in der Molkerei, in der genügend große Bassins vorhanden sind, um die Gesamtmilch eines Lieferanten aufzunehmen, die dann mit Hilfe eines Rührstabes bequem durchmischt werden kann. Ergibt sich die Notwendigkeit, eine Durchschnittsprobe am Produktionsorte zu entnehmen, so ist aus jeder Milchkanne nach gründlichem Umrühren ihres Inhaltes eine ihrem Füllungsgrade genau entsprechende Milchmenge zu entnehmen. Sämtliche entnommenen Proben sind zu vereinigen und gut durchzumischen. Hiervon kann dann die untersuchende Milchprobe entnommen werden.

Ist zu einer Verdachtsprobe noch eine Stallprobe nötig, so ist genau darauf zu achten, daß die letztere der ersteren entspricht. Entstammt diese nur einer Melkzeit, z. B. Morgenmilch, so ist die Stallprobe auch nur von dieser zu entnehmen.

Wird die Milchprobe nicht bald nach ihrer Entnahme untersucht, so ist es zweckmäßig, sie zu konservieren. Soll nur der Fettgehalt bestimmt werden, so wird ihr eine geringe Menge Kaliumbichromat zugesetzt; soll eine Verfälschung konstatiert werden, so empfiehlt sich der Zusatz von 1 bis 2 Tropfen (nicht mehr!) des käuflichen Formalins zu je 100 cm^3 Milch.

Die Menge der Probe soll mindestens ¼, besser aber ½ bis ¾ Liter betragen. Namentlich bei der Prüfung auf Schmutzgehalt ist die letztere Menge durchaus erforderlich.

B. Die physikalische Untersuchung der Milch
a) Die Bestimmung des spezifischen Gewichtes

Diese Bestimmung erfolgt entweder mit Hilfe des Pyknometers (Abb. 1) oder des Laktodensimeters. Das Pyknometer besteht aus einem Kölbchen mit eingeschliffenem, in $^1/_5$° C geteiltem Thermometer und eingeschliffener Kapillare mit aufgeschliffener Kapsel. Das Leergewicht Go des absolut trockenen Pyknometers ist von Zeit zu Zeit neu festzustellen, ebenso das Gewicht Gw des mit Wasser von 15° C gefüllten Pyknometers. Zur Bestimmung des spezifischen Gewichtes verfährt man folgendermaßen:

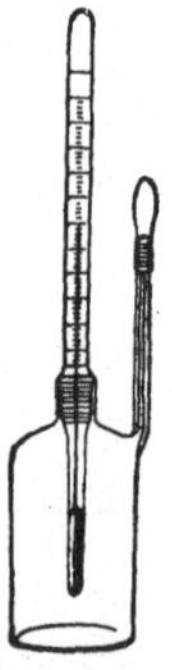

Thermometer und Kapillare werden abgenommen und das Gefäß mit der zu untersuchenden, auf etwa 13° bis 14° C abgekühlten Flüssigkeit (Wasser oder Milch) mehrmals ausgespült und dann damit gefüllt. Die Milch muß vorher durch vorsichtiges Umgießen gemischt worden sein. Dann setzt man die Kapillare und das Thermometer ein, wobei das Entstehen einer Luftblase zu vermeiden ist. Die Kapillare muß sich vollständig mit Flüssigkeit füllen. Mit einem sauberen, trockenen Tuche wird die übergespritzte Flüssigkeit vollständig von den Außenflächen entfernt. Dann läßt man den Pyknometerinhalt allmählich auf 15° C erwärmen und tupft die aus der Kapillare austretende Flüssigkeit mit Fließpapier ab. Ist die Temperatur von 15° C erreicht, wird die Kapsel auf die Kapillare aufgesetzt. Die Wägung kann dann ohne Berücksichtigung einer weiteren Temperaturänderung vor sich gehen. Ist Gm das Gewicht des mit Milch von 15° C gefüllten Pyknometers, so ermitteln wir das spezifische Gewicht s der Milch nach folgender Formel:

Abb. 1
Pyknometer

$$s = \frac{G_m - G_o}{G_w - G_o}$$

Das Laktodensimeter besteht aus einem unten beschwerten Schwimmkörper und einer oberhalb desselben befindlichen Spindel. Diese trägt eine

Skala, an welcher das spezifische Gewicht der Milch abgelesen werden kann. Dieses wird durch die Stelle markiert, an welcher die Spindel aus der Flüssigkeit herausragt. Die an der Skala befindlichen Zahlen bezeichnen die zweite und dritte Dezimale des spezifischen Gewichtes und heißen Laktodensimetergrade. Das spezifische Gewicht erhält man, indem man vor die Laktodensimetergrade die Zahl 1,0 stellt. Die vierte Dezimale des spezifischen Gewichtes ergibt sich aus der Stellung des aus der Milchflüssigkeit herausragenden Teiles der Spindel zwischen 2 ganzen Teilstrichen (Laktodensimetergraden). Bei großen Laktodensimetern ist die Teilung der Skala auf 0,1 Laktodensimetergrade durchgeführt, bei kleineren auf 0,2 oder 0,5 Grade.

Bei der spezifischen Gewichtsbestimmung der Milch ist folgendes zu beachten: Als Normaltemperatur kommt die von 15^0 C in Frage. Die bei einer anderen Temperatur bestimmten spezifischen Gewichte sind, damit vergleichbare Werte erhalten werden können, auf diese Temperatur zu reduzieren. Als Grundlage des spezifischen Gewichtes der Milch dient nicht das des Wassers von 4^0 C, sondern das Volumgewicht des Wassers von 15^0 C. Will man in Ausnahmefällen das spezifische Gewicht der Milch auf Wasser von 4^0 C beziehen, so muß man das auf Wasser von 15^0 C bezogene spezifische Gewicht der Milch mit 0,9991, d. h. dem spezifischen Gewichte des Wassers von $\frac{15^0}{4}$ multiplizieren.

Es ist nicht unbedingt notwendig, daß die Milch genau die Temperatur von 15^0 C besitzt, es genügt, daß diese zwischen 10^0 C und 20^0 C schwankt. Zur Reduzierung auf 15^0 C ist dann eine Korrektur nötig, die man in der Weise vornehmen kann, daß man für jeden Temperaturgrad über 15^0 dem gefundenen spezifischen Gewicht 2 in der vierten Dezimale zuzählt, für jeden Temperaturgrad unter 15^0 2 in der vierten Dezimale abzieht. Mitunter kommt es vor, daß die Milch in geronnenem Zustande zur Untersuchung kommt. Hier muß der spezifischen Gewichtsbestimmung eine Verflüssigung vorausgehen. Dies geschieht durch Zusatz von Ammoniak, dessen spezifisches Gewicht bekannt sein muß. Man verfährt zweckmäßig in der Weise, daß man zu 100 Volumteilen Milch 10 Volumteile Ammoniak hinzufügt und das Gemisch bis zur völligen Lösung des ausgeschiedenen Kaseins schüttelt. Mit Hilfe des Pyknometers oder der WESTPHALschen Waage wird das spezifische Gewicht des Gemisches bestimmt und nach folgender Formel das spezifische Gewicht der Milch berechnet: $s = \frac{11\,s_1 - s_2}{10}$ wobei s das spezifische Gewicht der Milch, s_1 das des Milchammoniakgemisches, s_2 das des Ammoniaks bedeuten.

Das spezifische Gewicht des Serums wird in der gleichen Weise bestimmt. Zur Verwendung kommen das Spontanserum, das Essigsäureserum und das Chlorkalziumserum. Das Spontanserum erhält man durch Gerinnenlassen der Milch bei gewöhnlicher Temperatur, das Essigsäureserum durch vorsichtigen Zusatz von 25%iger Essigsäure. Durch Absaugen oder besser durch Zentrifugieren wird in der Regel ein trübes Serum erhalten, daß nach mehrstündigem Einstellen in Eiswasser klar filtriert werden kann. Am besten gelingt die Herstellung des Chlorkalziumserums (siehe S. 304).

b) Die Bestimmung des Gefrierpunktes

Zur Gefrierpunktsbestimmung bedient man sich des Apparates nach BECKMANN (Abb. 2). Dieser besteht aus einem inneren Gefäße mit seitlicher Einflußöffnung zur Aufnahme der zu untersuchenden Flüssigkeit, in welchem sich ein Rührer und ein in $^1/_{100}$ Grade geteiltes Thermometer befinden. Es befindet sich in einem zweiten, mit Luft gefüllten Gefäße, welches sich in einem weiteren

Gefäße befindet, das zur Aufnahme der Kältemischung dient. Das Thermometer besitzt keinen festen Nullpunkt, da man die Menge des Quecksilbers in seiner Kapillare regulieren kann. In dem das äußere Gefäß bedeckenden Deckel, welcher gleichzeitig als Halter für das innere Gefäß dient, befindet sich eine Öffnung, die zur Aufnahme eines Ersatzgefäßes dient, welches auf diese Weise vorgekühlt werden kann. Außerdem ist zur Bewegung der Kältemischung ein Rührwerk durch den Deckel geführt.

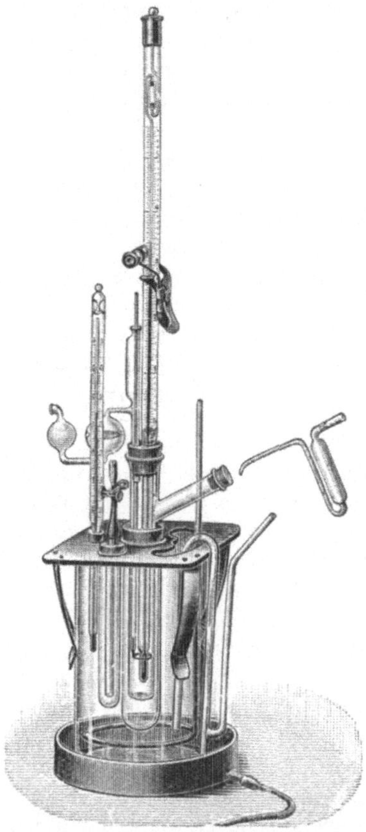

Bei jeder Bestimmung ist es nötig, zunächst den scheinbaren Gefrierpunkt des Wassers zu bestimmen. Man bringt in das innere Gefäß so viel Wasser, daß die Quecksilberkugel vollständig von diesem umspült wird. Die Wasseroberfläche soll sich mindestens 1 cm über dem oberen Ende der Quecksilberkugel befinden. Nach dem Einsetzen in das Kältegemisch kühlt man unter ständiger Bewegung des Rührers bis nahe an den Gefrierpunkt ab und setzt dann das Gefäß in das Luftgefäß, wobei man den Rührer ebenfalls in ständiger, nicht zu schneller Bewegung hält. Die Temperatur wird fortdauernd beobachtet. In der Regel sinkt der Quecksilberfaden etwas unter den Gefrierpunkt (Unterkühlung) und steigt dann rasch auf einen bestimmten Punkt, auf dem er einige Zeit verweilt, um dann wieder langsam zu sinken. In seltenen Fällen tritt die Erstarrung ohne Unterkühlung ein, in diesem Falle sinkt der Quecksilberfaden ständig bis zum Gefrierpunkt, bleibt dann einige Zeit bis zum vollständigen Gefrieren auf diesem stehen und sinkt dann allmählich weiter.

Abb. 2. Apparat zur Bestimmung des Gefrierpunktes nach Beckmann

Nachdem auf diese Weise der Stand der Quecksilbersäule beim Gefrierpunkt des Wassers ermittelt worden ist, füllt man das Gefäß A mit der zu untersuchenden Milch, die man vorher durch Einstellen in Eiswasser möglichst tief heruntergekühlt hat, und verfährt nun genau so wie beim Wasser. Beim erstmaligen Erstarren wird der Gefrierpunkt nur näherungsweise erhalten, es muß daher eine zweite und dritte Bestimmung mit der eben wieder aufgetauten Milch durchgeführt werden. Die Differenz zwischen dem scheinbaren Gefrierpunkt des Wassers und dem der Milch ergibt den wahren Gefrierpunkt derselben.

c) Die Bestimmung der Leitfähigkeit der Milch

Zur Bestimmung der Leitfähigkeit verwendet man den Apparat nach Kohlrausch (Abb. 3). Dieser besteht aus einem Induktionsapparat I, einer Wheatstoneschen Brücke W (der Draht derselben ist in 10 Windungen auf eine Holzrolle gewickelt), einem Hörtelephon T und einem Gefäße R zur Aufnahme der zu untersuchenden Flüssigkeit. Die Widerstände werden in folgender Weise gebildet: Ein verstellbarer Kontakt, bestehend aus einem

kleinen Neusilberrädchen das sich auf einem horizontalen Neusilberstabe verschiebt, gibt je nach seiner Stellung (1 bis 10) die Anzahl der ganzen Windungen
zwischen seiner Stellung und der Anfangsstelle an. Die Holzrolle ist um sich
selbst drehbar, derart, daß sie sich bei einer Umdrehung um die Stärke einer
Windung verschiebt. Auf einem neben der Holzrolle befindlichen Index, der
von 1 bis 100 reicht, lassen sich die Hundertstel einer Umdrehung ablesen.

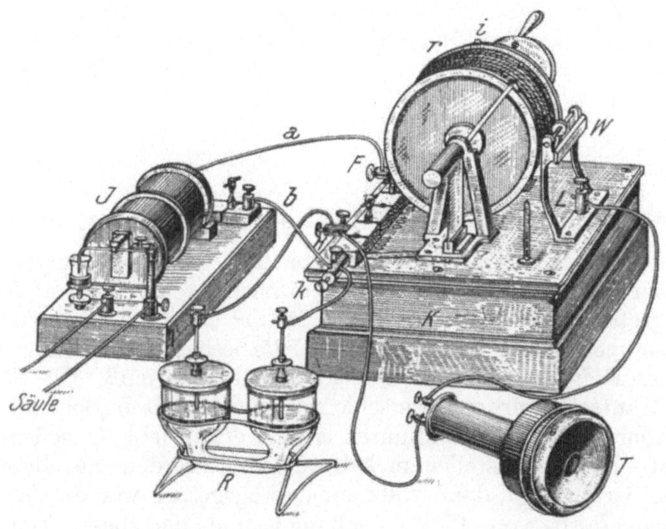

Abb. 3. Apparat zur Bestimmung der Leitfähigkeit nach KOHLRAUSCH

Die beiden Enden der sekundären Spirale des Induktors sind mit den
Klemmschrauben K und F verbunden; K und F sind durch Drähte und Federn,
die an der Achse des Zylinders schleifen, mit dem Drahte der WHEATSTONEschen
Brücke verbunden. Im Innern des Kastens befindet sich ein Stöpselrheostat,
der 10, 100 und 1000 Ohm anzeigt. Der von dem einen Pole der Induktions-
spirale ausgehende Strom durchfließt den Draht a, wird in 2 Zweige geteilt,
die sich in K wieder vereinigen, der eine Zweig geht direkt durch den Meßdraht,
der andere durch den durch den Stöpselrheostaten eingeschalteten Widerstand
und das Gefäß R, das zur Aufnahme der zu untersuchenden Milch dient. In
der Brücke zwischen H und L ist ein Hörtelephon eingeschaltet.

Zur Bestimmung der Leitfähigkeit verfährt man in folgender Weise:

Man füllt in das Gefäß R die zu untersuchende Milch ein, schaltet durch
Ausziehen eines Stöpsels im Rheostaten und Verschieben des Neusilberrädchens
einen bekannten Widerstand ein und setzt den Induktor in Gang. Dann hält
man das Telephon ans Ohr und dreht die Walze so lange, bis der Ton im Telephon ein Minimum erreicht oder verschwindet. Zeigt das Neusilberrädchen
die Stellung a an, so verhält sich der Widerstand des Rheostaten ω zu dem
der Milch w umgekehrt wie die entsprechenden Abschnitte auf der WHEAT-
STONEschen Brücke a und 1000—a, es ist also $w:\omega = a:(1000-a)$. Hieraus
berechnet sich:

$$w = \frac{\omega \cdot a}{1000-a}.$$

Nun hat man noch die Kapazität C des Gefäßes R festzustellen, um den
Widerstand von 1 cm^3 berechnen zu können. Am einfachsten ist dies, wenn

das Gefäß ein Zylinder ist, dessen Querschnitt ebensoviel Quadratzentimeter besitzt, als dieser Zentimeter lang ist. Dann ist w der spezifische Widerstand und $\frac{1}{w} = K$ die Leitfähigkeit der Milch. Treffen diese einfachsten Verhältnisse aber nicht zu, dann hat man noch eine Bestimmung mit einem Elektrolyten von bekannter Leitfähigkeit auszuführen. Hierzu eignet sich am besten eine gesättigte Gipslösung. Da der Wert C der Widerstand ist, den in dem betreffenden Gefäße eine Flüssigkeit von Leitvermögen 1 besitzt, so ergibt sich, wenn w' der Widerstand der Gipslösung vom Leitvermögen K' ist, für die Kapazität C folgender Wert: $C = K' \cdot w'$. Anderseits gilt für die Milch die Gleichung: $C = K \cdot w$, daraus folgt: $K' \cdot w' = K \cdot w$ oder:

$$K = \frac{K' \cdot w'}{w}$$

d) Die Bestimmung der Refraktion des Chlorkalziumserums

Für diese Untersuchung wird das nach Ackermann hergestellte Chlorkalziumserum verwendet. Nach seiner Vorschrift werden 30 cm³ Milch in entsprechend großen Reagenzgläsern mit 0,25 cm³ einer Chlorkalziumlösung versetzt, die ein spezifisches Gewicht von 1,1375 besitzt und in einer Verdünnung von 1:10 eine Refraktion von 26 Skalenteilen ergeben muß. Die Gläser werden mit einem Kautschukpfropfen verschlossen, durch dessen Bohrung eine 22 cm lange Kühlröhre geht, und 15 Minuten lang in einem lebhaft siedenden Wasserbade erhitzt. Durch Einstellen in kaltes Wasser werden die Gläser rasch abgekühlt, das Serum kann dann vollkommen abgegossen werden. Es wird genau auf die Temperatur von 17,5° C gebracht und bei dieser Temperatur der refraktometrischen Untersuchung unterworfen.

Für diese benutzt man ein Zeiszsches Eintauchrefraktometer (Abb. 4).

Das Refraktometer wird zunächst in destilliertes Wasser von 17,5° C eingestellt und muß dann 15 Skalenteile anzeigen, d. h. die Skala muß von 0 bis 15 vollkommen aufgehellt sein. Zu diesem Zweck füllt man den Temperiertopf mit Leitungswasser, das man auf diese Temperatur gebracht hat, bringt in eines der Bechergläser, die sich in dem Gestell befinden, destilliertes Wasser der gleichen Temperatur und hängt das Refraktometer ein (Abb. 5). Durch einen Spiegel wird das Becherglas und damit auch das Refraktometer beleuchtet. Bildet die Trennungslinie einen farbigen Saum, der zu einer genauen Ablesung nicht geeignet ist, so dreht man den Kompensator an dem Ringe R so lange, bis eine scharfe Trennungslinie zwischen hell und dunkel entsteht. Weicht das Resultat, das stets als Mittelwert mehrerer Ablesungen zu berechnen ist, um mehr als 0,1 Skalenteil ab, so wird nach besonderer Anweisung der Fabrik das Instrument justiert. Diese Ablesung kann auch bei anderen Temperaturen als 17,5° C erfolgen, aus einer besonderen Tabelle kann dann der für 17,5° C geltende Skalenwert abgelesen werden. Die richtige Anzeige des Refraktometers wird von Zeit zu Zeit nachgeprüft.

Die Sera bringt man nun in bestimmter Reihenfolge in die dafür bestimmten Bechergläser und setzt das Gestell mit denselben in das Temperierbad. Zum Ausgleich der Temperatur, die jetzt unter allen Umständen 17,5° C betragen muß, wartet man mit dem Ablesen noch 10 bis 15 Minuten. Auch bei diesen Ablesungen stellt man mittels des Kompensators eine scharfe, farblose Trennungslinie her. Man liest zunächst die ganzen Skalenteile, soweit sie vollkommen aufgehellt sind, ab und verschiebt dann mit der Mikrometerschraube Z die Skala so lange gegen die Trennungslinie, bis der abgelesene ganze

Skalenteil sich mit derselben deckt. Der Index der Mikrometertrommel zeigt dann die Zehntelteile an, die den abgelesenen ganzen Skalenteilen hinzuzufügen sind. Bei mehreren Beobachtungen sollen die Ablesungen nicht größere Schwankungen als 0,1 Skalenteil ergeben.

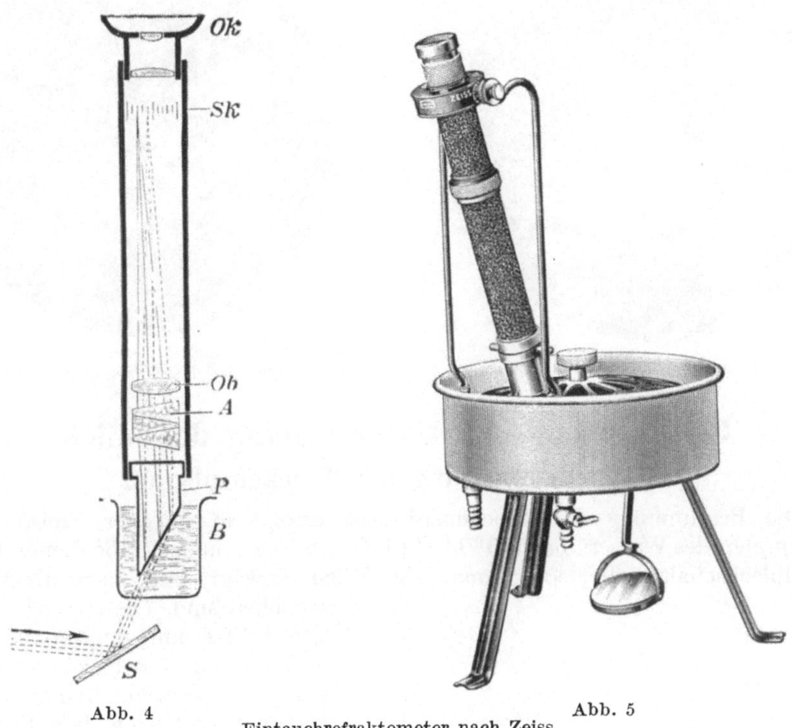

Abb. 4

Eintauchrefraktometer nach Zeiss

Abb. 5

Bei Serienuntersuchungen bringt man das Refraktometer, nachdem man das Prisma gut abgetrocknet hat, in das nächste Becherglas und ersetzt das vorausgehende durch ein neues mit weiterem Untersuchungsmaterial. Bis zu einer Untersuchung verstreicht dann so viel Zeit, daß ein vollständiger Temperaturausgleich stattgefunden hat.

e) Unterscheidung von Walzentrockenmilch und Zerstäubungstrockenmilch

Die auf der Walze getrocknete Milch bildet ein feines, zusammenhängendes Häutchen, das seine Struktur auch nach dem Zerkleinern nicht mehr ändert (Abb. 6), während die Zerstäubungstrockenmilch aus feinen Nebeltröpfchen entstanden ist und die Form derselben auch nach dem Trocknen beibehalten hat (Abb. 7). Unter dem Mikroskop lassen sich schon bei 50facher Vergrößerung diese Verhältnisse deutlich erkennen.

Man schwemmt auf dem Objektträger eine Platinöse von der zu untersuchenden Trockenmilch in Xylol auf und drückt ein Deckgläschen fest auf, wobei man darauf achtet, daß alle Luftblasen herausgepreßt werden. Dann betrachtet man das erhaltene Präparat bei ca. 50facher Vergrößerung unter dem Mikroskop. Walzenmilch gibt sich dann in Form von größeren und kleineren, verhältnismäßig derben Schuppen zu erkennen, während wir bei

Zerstäubungsmilch noch deutlich die kleinen kugeligen Gebilde erkennen können, die bei der Zerstäubung der Milch in feine Nebeltröpfchen entstanden sind.

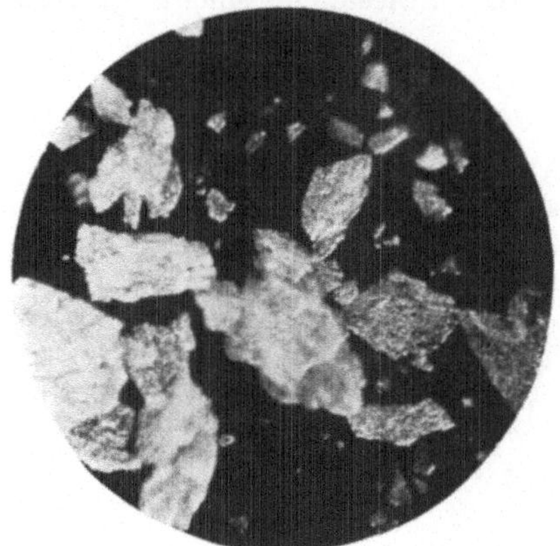

Abb. 6. Walzentrockenmilch

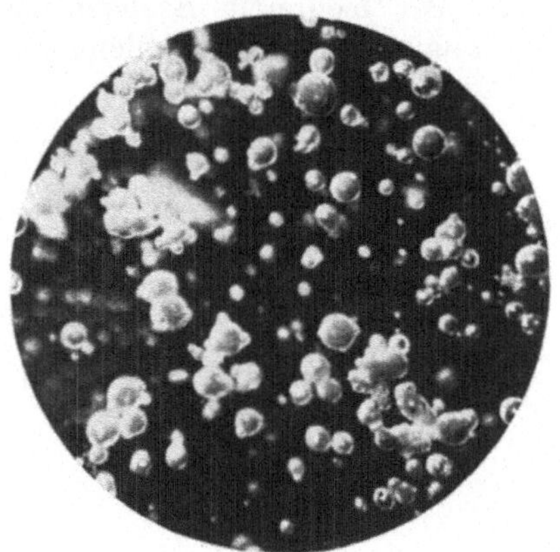

Abb. 7. Zerstäubungstrockenmilch

C. Die chemische Untersuchung der Milch
a) Die Bestimmung der Trockensubstanz

Die Bestimmung der Trockensubstanz erfolgt in üblicher Weise durch Verdampfen des Wassers bei 100° bis 110°C. Als Trocknungsgefäße dienen flache Nickelblechschalen, die, sofern man die Milch einwägt, mit einem Deckel zu versehen sind. Diese werden etwa zur Hälfte mit dem gut ausgeglühten Sand beschickt, bei 110°C bis zur Gewichtskonstanz getrocknet und nach dem Erkalten gewogen. Dann bringt man mittels einer genauen Pipette 5 cm³ Milch auf den Sand, wobei man für eine möglichst gleichmäßige Verteilung der Milch sorgt, und wägt nach dem Bedecken der Schalen nochmals, um das Milchgewicht zu ermitteln. Zweckmäßiger ist es indessen, diese Wägung zu umgehen und vorher das spezifische Gewicht der Milch zu bestimmen. Die Schalen werden dann in einen Trockenschrank gebracht und möglichst rasch bis zur Gewichtskonstanz getrocknet. Als sehr

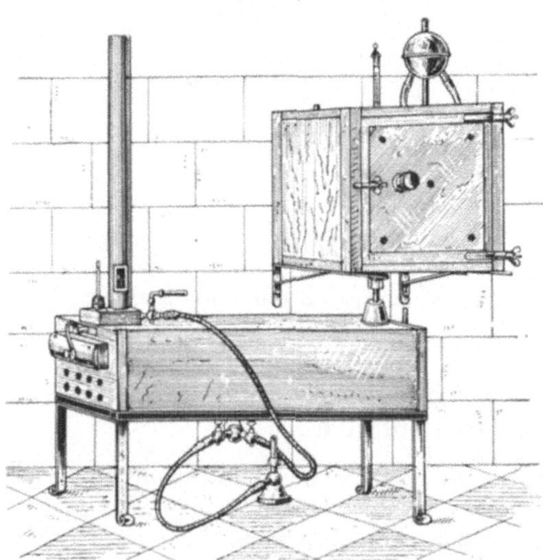

Abb. 8. Milchtrockenschrank nach SOXHLET

praktisch hat sich hierbei der SOXHLETsche Trockenschrank erwiesen (Abb. 8). Dieser besteht aus einem langgestreckten doppelwandigen Kasten, dessen innerer Raum als Trocknungsraum dient. Der Hohlraum zwischen beiden Wandungen wird mit Glyzerin vom spezifischen Gewicht 1,15 gefüllt. Er wird von 2 übereinander liegenden Reihen von Luftröhren durchzogen, welche hinten mit dem Trocknungsraum in Verbindung stehen. Aus dem letzteren führt vorn ein Schornstein, der mit einer Lockflamme versehen ist.

Durch die Lufträhren wird die darin befindliche Luft auf ca. 103^0 C erhitzt; sie streicht in lebhaftem Strome im Trocknungsraume über die darin aufgestellten Schalen und sättigt sich hierbei mit Wasserdampf. Durch den Schornstein erfolgt ihre Ableitung, während ständig neue trockene Luft nachgesaugt wird. Hierdurch wird ein sehr rasches Trocknen erzielt; nach längstens einstündigem Trocknen hat man in der Regel Gewichtskonstanz erreicht.

In Kuhmilch läßt sich die Trockensubstanz auch auf rechnerischem Wege ermitteln, wenn ihr spezifisches Gewicht und ihr Fettgehalt bekannt sind. Wie FLEISCHMANN festgestellt hat, ist das spezifische Gewicht des Fettes nur sehr geringen Schwankungen unterworfen, und auch das spezifische Gewicht der fettfreien Trockenmasse ist nahezu konstant. Beträgt das spezifische Gewicht des Fettes $\sigma = 0{,}93$, das der fettfreien Trockensubstanz $n = 1{,}601$, so ergibt sich

$$t = 1{,}2\,f + 2{,}665\,\frac{100\,s - 100}{s}.$$

Die Tabellen 1 und 2 enthalten bereits die aus f und s errechneten Werte, so daß diese zur Ermittlung von t nur noch addiert zu werden brauchen.

Tabelle 1. Zur Berechnung von $1{,}2 \cdot f$

f	$1{,}2 \cdot f$	f	$1{,}2 \cdot f$	f	$1{,}2 \cdot f$	f	$1{,}2 \cdot f$	f	$1{,}2 \cdot f$
1,00	1,200	1,40	1,680	1,80	2,160	2,20	2,640	2,60	3,120
01	1,212	41	1,692	81	2,172	21	2,652	61	3,132
02	1,224	42	1,704	82	2,184	22	2,664	62	3,144
03	1,236	43	1,716	83	2,196	23	2,676	63	3,156
04	1,248	44	1,728	84	2,208	24	2,688	64	3,168
05	1,260	45	1,740	85	2,220	25	2,700	65	3,180
06	1,272	46	1,752	86	2,232	26	2,712	66	3,192
07	1,284	47	1,764	87	2,244	27	2,724	67	3,204
08	1,296	48	1,776	88	2,256	28	2,736	68	3,216
09	1,308	49	1,788	89	2,268	29	2,748	69	3,228
1,10	1,320	1,50	1,800	1,90	2,280	2,30	2,760	2,70	3,240
11	1,332	51	1,812	91	2,292	31	2,772	71	3,252
12	1,344	52	1,824	92	2,304	32	2,784	72	3,264
13	1,356	53	1,836	93	2,316	33	2,796	73	3,276
14	1,368	54	1,848	94	2,328	34	2,808	74	3,288
15	1,380	55	1,860	95	2,340	35	2,820	75	3,300
16	1,392	56	1,872	96	2,352	36	2,832	76	3,312
17	1,404	57	1,884	97	2,364	37	2,844	77	3,324
18	1,416	58	1,896	98	2,376	38	2,856	78	3,336
19	1,428	59	1,908	99	2,388	39	2,868	79	3,348
1,20	1,440	1,60	1,920	2,00	2,400	2,40	2,880	2,80	3,360
21	1,452	61	1,932	01	2,412	41	2,892	81	3,372
22	1,464	62	1,944	02	2,424	42	2,904	82	3,384
23	1,476	63	1,956	03	2,436	43	2,916	83	3,396
24	1,488	64	1,968	04	2,448	44	2,928	84	3,408
25	1,500	65	1,980	05	2,460	45	2,940	85	3,420
26	1,512	66	1,992	06	2,472	46	2,952	86	3,432
27	1,524	67	2,004	07	2,484	47	2,964	87	3,444
28	1,536	68	2,016	08	2,496	48	2,976	88	3,456
29	1,548	69	2,028	09	2,508	49	2,988	89	3,468
1,30	1,560	1,70	2,040	2,10	2,520	2,50	3,000	2,90	3,480
31	1,572	71	2,052	11	2,532	51	3,012	91	3,492
32	1,584	72	2,064	12	2,544	52	3,024	92	3,504
33	1,596	73	2,076	13	2,556	53	3,036	93	3,516
34	1,608	74	2,088	14	2,568	54	3,048	94	3,528
35	1,620	75	2,100	15	2,580	55	3,060	95	3,540
36	1,632	76	2,112	16	2,592	56	3,072	96	3,552
37	1,644	77	2,124	17	2,604	57	3,084	97	3,564
38	1,656	78	2,136	18	2,616	58	3,096	98	3,576
39	1,668	79	2,148	19	2,628	59	3,108	99	3,588

f	$1,2 \cdot f$	f	$1,2 \cdot f$	f	$1,2 \cdot f$	f	$1,2 \cdot f$	f	$1,2 \cdot f$
3,00	3,600	3,60	4,320	4,20	5,040	4,80	5,760	5,40	6,480
01	3,612	61	4,332	21	5,052	81	5,772	41	6,492
02	3,624	62	4,344	22	5,064	82	5,784	42	6,504
03	3,636	63	4,356	23	5,076	83	5,796	43	6,516
04	3,648	64	4,368	24	5,088	84	5,808	44	6,528
05	3,660	65	4,380	25	5,100	85	5,820	45	6,540
06	3,672	66	4,392	26	5,112	86	5,832	46	6,552
07	3,684	67	4,404	27	5,124	87	5,844	47	6,564
08	3,696	68	4,416	28	5,136	88	5,856	48	6,576
09	3,708	69	4,428	29	5,148	89	5,868	49	6,588
3,10	3,720	3,70	4,440	4,30	5,160	4,90	5,880	5,50	6,600
11	3,732	71	4,452	31	5,172	91	5,892	51	6,612
12	3,744	72	4,464	32	5,184	92	5,904	52	6,624
13	3,756	73	4,476	33	5,196	93	5,916	53	6,636
14	3,768	74	4,488	34	5,208	94	5,928	54	6,648
15	3,780	75	4,500	35	5,220	95	5,940	55	6,660
16	3,792	76	4,512	36	5,232	96	5,952	56	6,672
17	3,804	77	4,524	37	5,244	97	5,964	57	6,684
18	3,816	78	4,536	38	5,256	98	5,976	58	6,696
19	3,828	79	4,548	39	5,268	99	5,988	59	6,708
3,20	3,840	3,80	4,560	4,40	5,280	5,00	6,000	5,60	6,720
21	3,852	81	4,572	41	5,292	01	6,012	61	6,732
22	3,864	82	4,584	42	5,304	02	6,024	62	6,744
23	3,876	83	4,596	43	5,316	03	6,036	63	6,756
24	3,888	84	4,608	44	5,328	04	6,048	64	6,768
25	3,900	85	4,620	45	5,340	05	6,060	65	6,780
26	3,912	86	4,632	46	5,352	06	6,072	66	6,792
27	3,924	87	4,644	47	5,364	07	6,084	67	6,804
28	3,936	88	4,656	48	5,376	08	6,096	68	6,816
29	3,948	89	4,668	49	5,388	09	6,108	69	6,828
3,30	3,960	3,90	4,680	4,50	5,400	5,10	6,120	5,70	6,840
31	3,972	91	4,692	51	5,412	11	6,132	71	6,852
32	3,984	92	4,704	52	5,424	12	6,144	72	6,864
33	3,996	93	4,716	53	5,436	13	6,156	73	6,876
34	4,008	94	4,728	54	5,448	14	6,168	74	6,888
35	4,020	95	4,740	55	5,460	15	6,180	75	6,900
36	4,032	96	4,752	56	5,472	16	6,192	76	6,912
37	4,044	97	4,764	57	5,484	17	6,204	77	6,924
38	4,056	98	4,776	58	5,496	18	6,216	78	6,936
39	4,068	99	4,788	59	5,508	19	6,228	79	6,948
3,40	4,080	4,00	4,800	4,60	5,520	5,20	6,240	5,80	6,960
41	4,092	01	4,812	61	5,532	21	6,252	81	6,972
42	4,104	02	4,824	62	5,544	22	6,264	82	6,984
43	4,116	03	4,836	63	5,556	23	6,276	83	6,996
44	4,128	04	4,848	64	5,568	24	6,288	84	7,008
45	4,140	05	4,860	65	5,580	25	6,300	85	7,020
46	4,152	06	4,872	66	5,592	26	6,312	86	7,032
47	4,164	07	4,884	67	5,604	27	6,324	87	7,044
48	4,176	08	4,896	68	5,616	28	6,336	88	7,056
49	4,188	09	4,908	69	5,628	29	6,348	89	7,068
3,50	4,200	4,10	4,920	4,70	5,640	5,30	6,360	5,90	7,080
51	4,212	11	4,932	71	5,652	31	6,372	91	7,092
52	4,224	12	4,944	72	5,664	32	6,384	92	7,104
53	4,236	13	4,956	73	5,676	33	6,396	93	7,116
54	4,248	14	4,968	74	5,688	34	6,408	94	7,128
55	4,260	15	4,980	75	5,700	35	6,420	95	7,140
56	4,272	16	4,992	76	5,712	36	6,432	96	7,152
57	4,284	17	5,004	77	5,724	37	6,444	97	7,164
58	4,296	18	5,016	78	5,736	38	6,456	98	7,176
59	4,308	19	5,028	79	5,748	39	6,468	99	7,188

Tabelle 2. Zur Berechnung von $2{,}665 \cdot \dfrac{d}{s}$

d	$2{,}665 \cdot \dfrac{d}{s}$	d	$2{,}665 \cdot \dfrac{d}{s}$	d	$2{,}665 \cdot \dfrac{d}{s}$	d	$2{,}665 \cdot \dfrac{d}{s}$	d	$2{,}665 \cdot \dfrac{d}{s}$
19,0	4,967	23,0	5,992	27,0	7,006	31,0	8,013	35,0	9,012
1	4,994	1	6,017	1	7,032	1	8,038	1	9,037
2	5,021	2	6,042	2	7,057	2	8,063	2	9,062
3	5,047	3	6,068	3	7,082	3	8,088	3	9,087
4	5,072	4	6,093	4	7,107	4	8,113	4	9,111
5	5,098	5	6,119	5	7,133	5	8,138	5	9,136
6	5,122	6	6,144	6	7,158	6	8,163	6	9,161
7	5,149	7	6,170	7	7,183	7	8,188	7	9,186
8	5,173	8	6,195	8	7,208	8	8,213	8	9,211
9	5,199	9	6,221	9	7,234	9	8,239	9	9,236
20,0	5,225	24,0	6,246	28,0	7,259	32,0	8,264	36,0	9,261
1	5,251	1	6,271	1	7,284	1	8,289	1	9,285
2	5,277	2	6,297	2	7,309	2	8,314	2	9,310
3	5,302	3	6,322	3	7,334	3	8,339	3	9,335
4	5,328	4	6,348	4	7,360	4	8,364	4	9,360
5	5,353	5	6,373	5	7,385	5	8,389	5	9,385
6	5,379	6	6,398	6	7,410	6	8,414	6	9,409
7	5,405	7	6,424	7	7,435	7	8,439	7	9,434
8	5,430	8	6,449	8	7,460	8	8,464	8	9,459
9	5,456	9	6,475	9	7,485	9	8,489	9	9,484
21,0	5,481	25,0	6,500	29,0	7,511	33,0	8,514	37,0	9,509
1	5,507	1	6,525	1	7,536	1	8,539	1	9,533
2	5,532	2	6,551	2	7,561	2	8,563	2	9,558
3	5,558	3	6,576	3	7,586	3	8,588	3	9,583
4	5,584	4	6,601	4	7,611	4	8,613	4	9,608
5	5,609	5	6,627	5	7,636	5	8,638	5	9,632
6	5,635	6	6,652	6	7,662	6	8,663	6	9,657
7	5,660	7	6,677	7	7,687	7	8,688	7	9,682
8	5,686	8	6,703	8	7,712	8	8,713	8	9,707
9	5,711	9	6,728	9	7,737	9	8,738	9	9,732
22,0	5,737	26,0	6,753	30,0	7,762	34,0	8,763	38,0	9,756
1	5,762	1	6,779	1	7,787	1	8,788	1	9,781
2	5,788	2	6,804	2	7,812	2	8,813	2	9,806
3	5,813	3	6,829	3	7,837	3	8,838	3	9.830
4	5,839	4	6,855	4	7,863	4	8,863	4	9,855
5	5,864	5	6,880	5	7,888	5	8,888	5	9,880
6	5,890	6	6,905	6	7,913	6	8,912	6	9,904
7	5,915	7	6,930	7	7,938	7	8,937	7	9,929
8	5,941	8	6,956	8	7,963	8	8,962	8	9,954
9	5,966	9	6,981	9	7,988	9	8,987	9	9,979

Von anderen Formeln, die zur Berechnung der Trockensubstanz dienen, sei hier nur die HERZsche Formel genannt, deren Ergebnisse von denen nach der FLEISCHMANNschen Formel höchstens um 0,014% abweichen. Sie lautet:

$$t = 1{,}2\,f + \frac{d}{4} + 0{,}25.$$

Die Bestimmung der Trockensubstanz in Kondensmilch wird wohl in sehr seltenen Fällen erforderlich sein. Da es hier einerseits nicht ganz einfach ist, eine gute Durchschnittsprobe zu erhalten, anderseits auch das Trocknen der sirupösen Masse mit Schwierigkeiten verbunden ist, verfährt man zweckmäßig so, daß man eine größere Menge Kondensmilch, etwa 30 bis 40 g, abwägt, diese in Wasser zu 200 cm³ löst und 10 cm³ dieser Lösung nach dem Seesandverfahren trocknet. Die erhaltene Trockensubstanzmenge wird mit 2000 multipliziert und durch die abgewogene Kondensmilchmenge dividiert. Das Resultat gibt direkt den Prozentgehalt der Kondensmilch an.

Der Wassergehalt der Trockenmilch wird einfach in der Weise ermittelt, daß man eine abgewogene Menge derselben bis zur Gewichtskonstanz trocknet.

b) Die Bestimmung des Fettgehaltes

1. Nach Roese-Gottlieb

In einem mit verschließbarem Halse versehenen, 100 cm³ fassenden Meßzylinder, der in ½ cm³ geteilt ist, werden 10 g Milch gebracht. Dann fügt man 1 cm³ Ammoniak vom spezifischen Gewicht 0,96 hinzu, schüttelt durch und versetzt das Gemisch unter jedesmaligem Schütteln nacheinander mit 10 cm³ 96%igem Alkohol, 25 cm³ Äther und 25 cm³ Petroläther. Der Siedepunkt des letzteren soll zweckmäßig nicht mehr als 60° betragen. Nach 6stündigem Stehen liest man das Volumen der Äther-Petroläther-Fettschicht ab, hebert mittels eines Hebers einen aliquoten Teil in ein gewogenes Kölbchen ab, destilliert die Hauptmenge von Äther und Petroläther ab und verdampft den Rest durch Einstellen in den Trockenschrank bei 100° C bis zur Gewichtskonstanz. Der „Trocknungs"vorgang kann wesentlich dadurch beschleunigt werden, daß von Zeit zu Zeit die in den Kölbchen befindlichen schweren Äther-Petroläther-Dämpfe durch Neigen der Gefäße ausgegossen werden. Die erhaltene Fettmenge wird auf die ganze Äther-Petroläther-Menge umgerechnet und daraus der Prozentgehalt der Milch an Fett bestimmt. Abänderungen erfuhr das Verfahren durch Farnsteiner, Röhrig und Rieter, die dem Extraktionsgefäß eine besondere Form gaben, wodurch die Ablesung bzw. die Abheberung vereinfacht wurde.

Hesse fand, daß die nach diesem Verfahren erzielten Resultate etwas zu niedrig seien, da er bei nochmaligem Ausschütteln neue Fettmengen erhalten konnte. Nach Untersuchungen von Eichloff und Grimmer handelt es sich um Fett, das an den Wandungen des Gefäßes und des Hebers infolge Verdunstung des Lösungsmittels zurückbleibt; ein zweites Ausschütteln kann daher unterbleiben. Wohl aber empfiehlt es sich, das Gefäß und den Heber nochmals mit 25 cm³ Äther nachzuspülen, nachdem zuvor der weitaus größte Teil der Äther-Petroläther-Lösung abgehebert war. Da unter diesen Verhältnissen eine Kalibrierung des Extraktionsgefäßes nicht mehr nötig war, konnte dieses wesentlich einfacher und handlicher gestaltet werden, so daß es direkt auf die Waage gestellt werden kann. Die Milch wird direkt in das Gefäß eingewogen, dann, wie oben geschildert, mit Ammoniak, Alkohol, Äther und Petroläther behandelt. Nach zweistündigem Stehen wird die Fettlösung bis auf eine etwa 2 mm hohe Schicht abgehebert, der Heber und die Wandungen des Gefäßes werden zweimal nacheinander mit je 25 cm³ Äther abgespült, die ebenfalls abgehebert werden. Anstatt reinen Äthers kann natürlich auch bereits abdestilliertes Äther-Benzin-Gemisch früherer Untersuchungen zum Nachspülen verwendet werden.

2. Nach der Schwefelsäuremethode von Gerber

Zur Verwendung gelangt ein Butyrometer, dessen Hals eine Skala trägt, an welcher der Fettgehalt der zu untersuchenden Milch direkt abgelesen werden kann (Abb. 9). In dieses füllt man zunächst 10 cm³ einer Schwefelsäure vom spezifischen Gewicht 1,820, dann schichtet man 11 cm³ Milch darüber, so daß keine Vermischung beider Flüssigkeiten stattfinden kann, und gibt zuletzt noch 1 cm³ Amylalkohol hinzu. Nach erfolgter Füllung werden die Butyrometer mit einem Gummistopfen fest verschlossen und kräftig geschüttelt. Unter starkem Erwärmen gehen hierbei die Eiweißkörper in Lösung, so daß das Fett sich bei längerem Stehen in einer zusammenhängenden Schicht oberhalb des Milch-Säure-Gemisches ansammeln kann. Stehen die Butyrometer mit der durch den Gummistopfen verschlossenen Öffnung nach unten, so sammelt sich das Fett in dem Skalenrohre; seine Menge kann darin bequem abgelesen werden. Da dieser Vorgang aber lange Zeit in Anspruch nehmen würde, beschleunigt man ihn unter Zuhilfenahme der Zentrifugalkraft. Die Butyrometer werden deshalb sofort nach erfolgtem Schütteln in eine Zentrifuge (Abb. 10 und 11) eingelegt und 5 Minuten lang bei etwa 1000 Umdrehungen in der Minute geschleudert. Hierbei scheidet sich das Milchfett deutlich in scharf begrenzter Schicht im Skalenrohr ab und kann genau abgelesen werden. Da der Butyrometerinhalt sich während des Zentrifugierens mehr oder weniger stark abkühlt, so stellt man die Butyrometer nach dem Zentrifugieren noch einige Minuten in ein Wasserbad von zirka 65° C und liest erst dann den Fettgehalt ab. An Stelle des Wasserbades lassen sich auch Luftbäder verwenden.

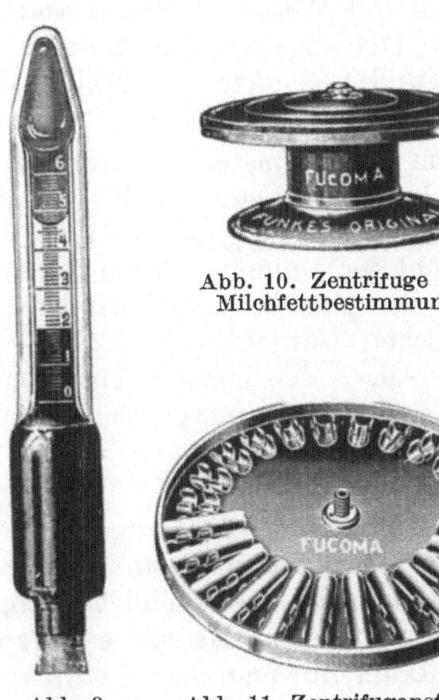

Abb. 10. Zentrifuge zur Milchfettbestimmung

Abb. 9
Milchbutyrometer

Abb. 11. Zentrifugansteller

Man stellt die untere oder obere Grenzfläche durch Drehen des Stopfens möglichst auf einen ganzen Teilstrich ein und kann dann den Fettgehalt mühelos ablesen. Natürlich muß man dafür sorgen, daß beim Einstellen der Fettsäule kein Fett verspritzt wird. Andernfalls muß man warten, bis das an den Wänden emporgespritzte Fett sich wieder gesammelt hat. Dieses Spritzen wird durch den sogenannten Fibu-Verschluß von FUNKE oder den Butyfix von GERBER vermieden.

Die Butyrometerskala umfaßt in der Regel bei den gewöhnlichen Butyrometern 7 oder 9 ganze Sklalenteile, die ebensoviele Gewichtsprozente angeben. Der Zwischenraum zwischen je 2 Skalenteilen ist in 10 Teile geteilt, so daß die Skala direkt 0,1% anzeigt. Halbe $^1/_{10}$ lassen sich noch bequem schätzen, so daß noch 0,05% Fett abgelesen werden können. Der untere Meniskus der Fettsäule, die Trennungslinie zwischen Fett und Schwefelsäure, bildet fast eine gerade Linie, der obere dagegen ist sehr stark gekrümmt. Die tiefste Stelle dieses Meniskus bildet beim Ablesen die obere Grenze. Man stellt zweckmäßig diese Stelle oder die Trennungslinie zwischen Schwefelsäure und Fett auf einen ganzen Teilstrich ein und zählt von da aus die ganzen und die Zehntelprozente.

Zur Fettbestimmung in Magermilch und in Buttermilch eignen sich die gewöhnlichen Milchbutyrometer nicht. Das Skalenrohr ist für die Ablesung so geringer Fettmengen zu weit. Man verwendet hierfür Spezialbutyrometer, die noch ein bequemes Ablesen von hundertstel Prozenten gestatten. Bei diesen Präzisionsbutyrometern ist das Skalenrohr sehr stark verengt, so daß die Fettsäule eine größere Länge erreicht und bequemer abgelesen werden kann. Bei den Siegfeldschen Butyrometern werden die doppelten Mengen an Säure, Milch und Alkohol verwendet, so daß hierdurch schon die Höhe der Fettsäule verdoppelt wird. Weiterhin empfiehlt es sich, die Butyrometer etwa 10 Minuten zu zentrifugieren, da erst von dieser Zeitdauer an konstante Resultate erhalten werden.

Zur Fettbestimmung in Rahm nach der eben geschilderten Methode müßte er somit mit Wasser verdünnt werden, bis die Fettmenge im Skalenrohr Platz findet. Die abgelesene Fettmenge müßte dann noch mit dem Verdünnungs-faktor und 1,03 (dem spezifischen Gewicht der Milch) multipliziert und durch das spezifische Gewicht des Rahmes dividiert werden.

Um diese Umständlichkeiten zu umgehen, verwendet man zweckmäßiger die Rahmbutyrometer von Funke und Köhler. Die Skala derselben gestattet die direkte Ablesung des Fettgehaltes. Sie umfaßt 30 bis 40%, was für die Mehrzahl der Untersuchungen genügt. Der Nullpunkt befindet sich im Gegen-satz zu den Milchbutyrometern oben, die Skala ist außerdem, dem abnehmenden spezifischen Gewichte des Rahms mit zunehmendem Fettgehalte Rechnung tragend, nach den höheren Fettgehalten zu verjüngt. Aus dieser Besonderheit ergibt sich nun ganz von selbst, daß der obere Meniskus der Fettsäule stets auf den Nullpunkt einzustellen ist, da man sonst abweichende, und zwar zu hohe Resultate erhält.

Die Butyrometer werden mit 10 cm³ Schwefelsäure beschickt, dann läßt man aus einer Rahmpipette 5 cm³ Rahm zulaufen. Infolge der erhöhten Zäh-flüssigkeit bleibt eine erhebliche Menge Rahm in der Pipette; diese wird deshalb mit 5 cm³ Wasser, das mit einer zweiten Pipette entnommen wird, durchge-spült. Dann gibt man noch 1 cm³ Amylalkohol hinzu und behandelt die Butyro-meter weiter wie bei der Milchuntersuchung. Bei der Ablesung ist, wie bereits erwähnt wurde, darauf zu achten, daß der obere Meniskus genau auf den Null-punkt der Skala eingestellt werden muß.

Die Prüfung des Amylalkohols. Im Handel befinden sich verschiedene Sorten Amylalkohol, die nicht alle zur Milchuntersuchung geeignet sind. Der Amylalkohol muß in der verwendeten Menge in einem Gemisch von 10 cm³ Schwefelsäure und 11 cm³ Wasser restlos löslich sein, was durch einen Versuch im Butyrometer festzustellen ist.

3. Nach der Neusal-Methode

Die Bestimmung in Spezialbutyrometern. Man füllt in diese Butyro-meter 4 cm³ der nach Vorschrift hergestellten Neusal-Lösung, läßt dann 9,7 cm³ Milch = 10 g hinzulaufen, verschließt die Butyrometer mit einem Gummistopfen und stellt sie nach mehrmaligem Schütteln bzw. Stürzen in ein Wasserbad von 50° C. Nach 5 Minuten schüttelt man nochmals und zentrifugiert in einer der Größe der Butyrometer angepaßten Zentrifuge 5 Minuten lang bei 1000 Touren in der Minute. Nach kurzem Verweilen im Wasserbade von 45° wird der Fettgehalt abgelesen.

Neuerdings macht Popp darauf aufmerksam, daß bei dieser Ausführungs-form der Fettgehalt von Vollmilch (mit Kaliumbichromat konserviert) um etwa 0,2% zu hoch ausfällt. Er empfiehlt daher die Anwendung von nur 9,2 cm³ Milch. Außerdem wärmt er vor dem Zentrifugieren auf 65° vor.

Zur Ersparnis an Material sind weiterhin kleinere Butyrometer hergestellt, welche nur die Hälfte des Quantums der großen Butyrometer fassen. In diese werden also 2 cm³ NEUSAL-Lösung und 4,85 cm³ = 5 g Milch eingemessen. Im übrigen ist die Handhabung die gleiche wie bei den früheren Butyrometern.

Die Bestimmung des Fettgehaltes in den Azidbutyrometern. Will man die bei der Schwefelsäuremethode gebräuchlichen Butyrometer für die NEUSAL-Methode benutzen, so ist die NEUSAL-Flüssigkeit zunächst auf das doppelte Volumen zu bringen. Von dieser verdünnten Lösung bringt man 12 cm³ in das Butyrometer, fügt dann 9,7 cm³ Milch hinzu und verfährt weiter, wie oben angegeben.

Saure Milch und Buttermilch sowie mit Formalin und Kaliumbichromat konservierte Milch liefern mit der NEUSAL-Methode nach Angaben von HOF-MEISTER und BEGER keine einwandfreien Resultate, so daß die Azidmethode, die übrigens bei mit viel Formalin versetzter Milch ebenfalls infolge der Schwerlöslichkeit der Eiweißkörper unsichere Resultate gibt, nicht übertroffen wird.

4. Nach der Morsin-Methode

Hierfür müssen Spezialbutyrometer verwendet werden. In diese bringt man 6 cm³ MORSIN-Lösung und 10 cm³ Milch. Nach dem Verschließen werden die Butyrometer kräftig geschüttelt und in ein Wasserbad von ca. 70° C gestellt. In diesem bleiben sie ½ bis ¾ Stunden stehen. Ihr Inhalt wird in dieser Zeit mehrfach durch öfteres Stürzen gemischt. Dann kann, ohne Benutzung der Zentrifuge, der Fettgehalt abgelesen werden. Da die Meinungen über Brauchbarkeit der Methode vorläufig noch geteilt sind, kann sie nicht unbedingt empfohlen werden. Zur Untersuchung von ansaurer Milch sowie von Buttermilch und Magermilch ist sie zur Zeit nicht verwendbar.

Zur Fettbestimmung in Kondensmilch verdünnt man etwa 30 g derselben auf 100 cm³. Diese Lösung läßt sich sowohl nach ROESE-GOTTLIEB wie auch nach den butyrometrischen Verfahren untersuchen. Die Umrechnung der gefundenen Fettmenge in Fettprozente der Kondensmilch erfolgt in folgender Weise:

1. Nach der GOTTLIEB-ROESEschen Methode: $F = \dfrac{100f}{a}$, wobei f die gefundene Fettmenge und a die tatsächlich extrahierte Kondensmilchmenge in Gramm vorstellt.

2. Bei der Schwefelsäuremethode: $F = \dfrac{103f}{a}$, wobei f den am Butyrometer abgelesenen Fettgehalt, a die abgewogene Kondensmilchmenge bedeutet.

Bei der Untersuchung der Trockenmilch ist, da die Löslichkeit derselben in Wasser vielfach zu wünschen übrig läßt, das Pulver in einer Menge von 1 bis 2 g direkt in die Bestimmungsgefäße einzuwägen. Dann gibt man 10 cm³ Wasser hinzu und verfährt im übrigen wie bei der Milchuntersuchung. Berechnung beim Schwefelsäureverfahren:

$$F = \frac{11,33f}{a}.$$

c) Die Bestimmung der Stickstoffsubstanzen

1. Die Bestimmung des Gesamtstickstoffes

10 cm³ Milch werden in einem Aufschlußkolben aus Jenenser Glas mit 20 cm³ reiner konzentrierter Schwefelsäure gemischt und zunächst vorsichtig über kleiner Flamme erhitzt. Nachdem das Wasser verdampft ist, wird durch weiteres Erhitzen die organische Substanz, die sich teilweise durch die Schwefel-

säure schon zersetzt hatte, vollkommen zerstört. Diesen Zersetzungsvorgang kann man wesentlich beschleunigen, indem man entweder eine Messerspitze feingepulvertes Kupferoxyd oder Kaliumsulfat zu der Aufschlußflüssigkeit hinzusetzt.

Als außerordentlich vorteilhaft für die Zerstörung der organischen Substanz hat sich die Verwendung von Wasserstoffsuperoxyd nach KLEEMANN erwiesen. Die Verbrennungsdauer wird hierbei ganz erheblich abgekürzt. Zu 10 cm^3 Milch gibt man 5 cm^3 30%iges Wasserstoffsuperoxyd (Perhydrol Merck), etwas Kupferoxyd und unter guter Kühlung portionsweise 15 cm^3 konzentrierte Schwefelsäure. Während der ersten lebhaften Gasentwicklung kühlt man den Kolben durch Einstellen in kaltes Wasser. Dann gibt man Kaliumsulfat hinzu und erhitzt erst langsamer, dann stärker bis zum Farbloswerden der Flüssigkeit.

Die stark schwefelsaure Flüssigkeit wird mit etwa 100 cm^3 Wasser verdünnt, wobei sie sich stark erwärmt. Nach der Abkühlung unter fließendem Wasser werden in kleinen Portionen 80 cm^3 einer 33%igen Natronlauge hinzugefügt, wobei ebenfalls für eine ständige Kühlung gesorgt werden muß. Ist das Flüssigkeitsgemisch annähernd neutral geworden, so kann der Rest der Natronlauge in einem Gusse zugefügt werden. Weiterhin gibt man zu der Lösung sehr rasch eine Messerspitze Zinkstaub und verbindet den Kolben mit der Destilliervorlage, in welcher sich 50 cm^3 n/10-Schwefelsäure befinden. Die Destillation ist beendet, wenn $^2/_3$ des Kolbeninhaltes abdestilliert sind und der Kolben anfängt zu stoßen. Man unterbricht sie, spült den Vorstoß mit destilliertem Wasser aus, versetzt die Vorlage mit Methylorange oder Kongorot und titriert den Überschuß an Schwefelsäure mit n/10-Natronlauge oder, wenn n/4-Schwefelsäure vorgelegt war, mit n/4-Natronlauge zurück. Die Differenz zwischen der gefundenen Anzahl Kubikzentimeter Lauge und der vorgelegten Schwefelsäuremenge ergibt die gebildete Menge n/10- bzw. n/4-Ammoniak, die aus der angewendeten Milchmenge gebildet wurden. 1 cm^3 n/10-NH$_3$ entspricht 1,401 mg Stickstoff, 1 cm^3 n/4-NH$_3$ 3,5025 mg Stickstoff. Den Prozentgehalt an Stickstoff erhält man, wenn man die in Gramm ausgedrückte Stickstoffmenge mit 100 multipliziert und durch die angewendete Substanzmenge in Kubikzentimetern und das spezifische Gewicht der Substanz oder durch die angewendete Grammenge dividiert. Zur Berechnung der Stickstoffsubstanz multipliziert man die Stickstoffmenge mit dem Faktor 6,37.

2. Die Bestimmung des Kaseins nach SCHLOSSMANN

10 cm^3 Milch werden mit 50 cm^3 Wasser verdünnt, auf zirka 40^0 im Wasserbad erwärmt und dann mit 1 cm^3 kalt gesättigter Alaunlösung versetzt. Hat sich nach dem Umrühren noch nicht alles Kasein abgeschieden, so fügt man weiterhin noch tropfenweise bis zu 0,5 cm^3 Alaunlösung hinzu. Nach dem Absitzenlassen filtriert man ab, wäscht den Niederschlag gut aus und verbrennt ihn nach KJELDAHL. Aus der ermittelten Stickstoffmenge berechnet man den Kaseingehalt durch Multiplikation mit 6,39, wobei angenommen wird, daß das Kasein 15,65% N enthält. Nach Untersuchungen von PYL und TURNAU sowie BLEYER und SEIDL liegt er jedoch bei 15,5%; danach beträgt der Multiplikationsfaktor 6,45.

3. Die Bestimmung von Albumin und Globulin

Zum Filtrate der Kaseinfällung fügt man 6 bis 10 cm^3 ALMÉNscher Gerbsäurelösung, läßt den Niederschlag absitzen, sammelt ihn quantitativ auf einem

Filter, wäscht mit Wasser sehr gut aus und bestimmt den Stickstoff nach KJELDAHL. Durch Multiplikation mit dem Faktor 6,34 berechnet man aus dem gefundenen Stickstoff den Albumin- und Globulingehalt der Milch.

d) Die Bestimmung des Milchzuckers

1. Nach ALLIHN-SCHEIBE

25 cm³ werden im 500-cm³-Meßkolben mit 400 cm³ Wasser und entweder mit 10 cm³ FEHLINGscher Kupferlösung, 4 cm³ n-Natronlauge und 20 cm³ einer gesättigten Natriumfluoridlösung oder mit 20 bis 22 cm³ einer 5%igen kolloidalen Eisenhydroxydlösung (Merck, Darmstadt) enteiweißt, auf 500 cm³ aufgefüllt und durch ein trockenes Filter filtriert.

Für die Reduktion werden folgende Lösungen benötigt:

FEHLINGsche Kupferlösung. 69,26 g durch mehrfaches Umkristallisieren gereinigtes Kupfersulfat ($CuSO_4 \cdot 5 H_2O$) werden in Wasser gelöst und auf 1000 cm³ aufgefüllt.

346 g Seignettesalz (Kaliumnatriumtartrat) und 103,2 g Natriumhydroxyd werden in Wasser gelöst und auf 1000 cm³ aufgefüllt. Beide Lösungen sind getrennt aufzubewahren.

Je 25 cm³ dieser Lösungen werden gemischt und mit 100 cm³ des Milchfiltrates im Becherglas oder besser noch in einer Porzellanschale erhitzt. Vom Beginn des Siedens an muß die Flüssigkeit noch 6 Minuten im Sieden erhalten bleiben. Dann wird die Flüssigkeit sofort durch ein ALLIHNsches Zuckerröhrchen unter schwachem Saugen filtriert, wobei man dafür Sorge trägt, daß, solange nicht alles Kupferoxydul in das Röhrchen übergeführt ist, dieses nie vollständig leer läuft. Nach dem Filtrieren wird mit heißem Wasser, Alkohol und Äther gewaschen und dann getrocknet. Das gesammelte Kupferoxydul kann als solches zur Wägung gebracht oder vorher zu metallischem Kupfer reduziert oder zu CuO oxydiert werden. Im ersteren Falle trocknet man bei 110° bis zur Gewichtskonstanz. Will man metallisches Kupfer zur Wägung bringen, so schließt man das Röhrchen an einen Wasserstoffapparat an, wobei man das Röhrchen nicht horizontal einspannt, sondern das dem Apparat abgewendete Ende etwas nach unten neigt. Nachdem durch Zuleiten von Wasserstoff alle Luft verdrängt ist, erwärmt man das Rohr vorsichtig mit einer kleinen BUNSEN-Flamme, besonders aber die Kupferoxydulschicht. Nach vollendeter Reduktion läßt man das Röhrchen im Wasserstoffstrom erkalten und bringt es dann sofort zur Wägung.

Zur Überführung des Cu_2O in CuO erhitzt man nach FARNSTEINER das horizontal gehaltene Röhrchen unter ständigem Drehen und Durchsaugen von Luft mittels einer Saugpumpe über einer kleinen BUNSEN-Flamme, bis alles Wasser aus dem Asbestzapfen verdrängt ist, erhitzt dann stärker, bis die Oxydulschicht lebhaft aufglüht. Nach beendetem Glühen erhitzt man dann weiter mit kleiner Flamme, bis die Asbestschicht erneut zu glühen beginnt, läßt erkalten und wägt.

Zur Berechnung des Milchzuckergehaltes aus der ermittelten Menge reduzierten Kupfers dient eine von SOXHLET aufgestellte Tabelle. Sie ist von mir, den verschiedenen Wägungsformen (als Cu_2O und CuO) Rechnung tragend, nach dieser Richtung hin erweitert worden. Die ermittelte Zuckermenge ist stets auf 100 g Milch zu berechnen.

Tabelle 3

Kupfer	Kupfer-oxyd	Kupfer-oxydul	Milch-zucker	Kupfer	Kupfer-oxyd	Kupfer-oxydul	Milch-zucker
	mg				mg		
100	125,2	112,6	71,6	159	199,0	179,0	115,6
101	126,4	113,7	72,4	160	200,3	180,1	116,4
102	127,7	114,8	73,1	161	201,5	181,3	117,1
103	128,9	116,0	73,8	162	202,8	182,4	117,9
104	130,2	117,1	74,6	163	204,0	183,5	118,6
105	131,4	118,2	75,3	164	205,3	184,6	119,4
106	132,7	119,3	76,1	165	206,5	185,8	120,2
107	133,9	120,5	76,8	166	207,8	186,9	120,9
108	135,2	121,6	77,6	167	209,0	188,0	121,7
109	136,4	122,7	78,3	168	210,3	189,1	122,4
110	137,7	123,8	79,0	169	211,5	190,3	123,2
111	138,9	125,0	79,8	170	212,8	191,4	123,9
112	140,2	126,1	80,5	171	214,0	192,5	124,7
113	141,4	127,2	81,3	172	215,3	193,6	125,5
114	142,7	128,3	82,0	173	216,5	194,8	126,2
115	143,9	129,5	82,7	174	217,8	195,9	127,0
116	145,2	130,6	83,5	175	219,0	197,0	127,8
117	146,4	131,7	84,2	176	220,3	198,1	128,5
118	147,7	132,8	85,0	177	221,5	199,3	129,3
119	149,0	134,0	85,7	178	222,8	200,4	130,1
120	150,2	135,1	86,4	179	224,1	201,5	130,8
121	151,5	136,2	87,2	180	225,3	202,7	131,6
122	152,7	137,4	87,9	181	226,6	203,8	132,4
123	154,0	138,5	88,7	182	227,8	204,9	133,1
124	155,2	139,6	89,4	183	229,1	206,0	133,9
125	156,5	140,7	90,1	184	230,3	207,2	134,7
126	157,7	141,9	90,9	185	231,6	208,3	135,4
127	159,0	143,0	91,6	186	232,8	209,4	136,2
128	160,2	144,1	92,4	187	234,1	210,5	137,0
129	161,5	145,2	93,1	188	235,3	211,7	137,8
130	162,7	146,4	93,8	189	236,6	212,8	138,5
131	164,0	147,5	94,6	190	237,8	213,9	139,3
132	165,2	148,6	95,3	191	239,1	215,0	140,0
133	166,5	149,7	96,1	192	240,3	216,2	140,8
134	167,7	150,9	96,9	193	241,6	217,3	141,6
135	169,0	152,0	97,6	194	242,8	218,4	142,3
136	170,2	153,1	98,3	195	244,1	219,5	143,1
137	171,5	154,2	99,1	196	245,3	220,7	143,9
138	172,7	155,4	99,8	197	246,6	221,8	144,6
139	174,0	156,5	100,5	198	247,8	222,9	145,4
140	175,2	157,6	101,3	199	249,1	224,0	146,2
141	176,5	158,7	102,0	200	250,3	225,2	146,9
142	177,7	159,9	102,8	201	251,6	226,3	147,7
143	179,0	161,0	103,5	202	252,8	227,4	148,5
144	180,2	162,1	104,3	203	254,1	228,5	149,2
145	181,5	163,2	105,1	204	255,3	229,7	150,0
146	182,7	164,4	105,8	205	256,6	230,8	150,7
147	184,0	165,5	106,6	206	257,9	231,9	151,5
148	185,2	166,6	107,3	207	259,1	233,0	152,2
149	186,5	167,8	108,1	208	260,4	234,2	153,0
150	187,8	168,9	108,8	209	261,6	235,3	153,7
151	189,0	170,0	109,6	210	262,9	236,4	154,5
152	190,3	171,1	110,3	211	264,1	237,6	155,2
153	191,5	172,3	111,1	212	265,4	238,7	156,0
154	192,8	173,4	111,9	213	266,6	239,8	156,7
155	194,0	174,5	112,6	214	267,9	240,9	157,5
156	195,3	175,6	113,4	215	269,1	242,1	158,2
157	196,5	176,8	114,1	216	270,4	243,2	159,0
158	197,8	177,9	114,9	217	271,6	244,3	159,7

Kupfer	Kupfer-oxyd	Kupfer-oxydul	Milch-zucker	Kupfer	Kupfer-oxyd	Kupfer-oxydul	Milch-zucker
	mg				mg		
218	272,9	245,4	160,4	278	348,0	313,0	206,7
219	274,1	246,6	161,2	279	349,2	314,1	207,5
220	275,4	247,7	161,9	280	350,5	315,2	208,3
221	276,6	248,8	162,7	281	351,7	316,4	209,1
222	277,9	249,9	163,4	282	353,0	317,5	209,9
223	279,1	251,1	164,2	283	354,2	318,6	210,7
224	280,4	252,2	164,9	284	355,5	319,7	211,5
225	281,6	253,3	165,7	285	356,7	320,9	212,3
226	282,9	254,4	166,4	286	358,0	322,0	213,1
227	284,1	255,6	167,2	287	359,2	323,1	213,9
228	285,4	256,7	167,9	288	360,5	324,2	214,7
229	286,6	257,8	168,6	289	361,7	325,4	215,5
230	287,9	258,9	169,4	290	363,0	326,5	216,3
231	289,1	260,1	170,1	291	364,2	327,6	217,1
232	290,4	261,2	170,7	292	365,5	328,7	217,9
233	291,6	262,2	171,6	293	366,7	329,9	218,7
234	292,9	263,4	172,4	294	368,0	331,0	219,5
235	294,1	264,6	173,1	295	369,2	332,1	220,3
236	295,4	265,7	173,9	296	370,5	333,2	221,1
237	296,7	266,8	174,6	297	371,8	334,4	221,9
238	297,9	267,9	175,4	298	373,0	335,5	222,7
239	299,2	269,1	176,2	299	374,3	336,6	223,5
240	300,4	270,2	176,9	300	375,5	337,8	224,4
241	301,7	271,3	177,7	301	376,8	338,9	225,2
242	302,9	272,4	178,5	302	378,0	340,0	225,9
243	304,2	273,6	179,3	303	379,3	341,1	226,7
244	305,4	274,7	180,1	304	380,5	342,3	227,5
245	306,7	275,8	180,8	305	381,8	343,4	228,3
246	307,9	277,0	181,6	306	383,0	344,5	229,1
247	309,2	278,1	182,4	307	384,3	345,6	229,8
248	310,4	279,2	183,2	308	385,5	346,8	230,6
249	311,7	280,3	184,0	309	386,8	347,9	231,4
250	312,9	281,5	184,8	310	388,0	349,0	232,2
251	314,2	282,6	185,5	311	389,3	350,1	232,9
252	315,4	283,7	186,3	312	390,5	351,3	233,7
253	316,7	284,8	187,1	313	391,8	252,4	234,5
254	317,9	286,0	187,9	314	393,0	353,5	235,3
255	319,2	287,1	188,7	315	394,3	354,6	236,1
256	320,4	288,2	189,4	316	395,5	355,8	236,8
257	321,7	289,3	190,2	317	396,8	356,9	237,6
258	322,9	290,5	191,0	318	398,0	358,0	238,4
259	324,2	291,6	191,8	319	399,3	359,1	239,2
260	325,4	292,7	192,5	320	400,5	360,3	240,0
261	326,7	293,8	193,3	321	401,8	361,4	240,7
262	327,9	295,0	194,1	322	403,0	362,5	241,5
263	329,2	296,1	194,9	323	404,3	363,6	242,3
264	330,4	297,2	195,7	324	405,6	364,8	243,1
265	331,7	298,3	196,4	325	406,8	365,9	243,9
266	332,9	299,5	197,2	326	408,1	367,0	244,6
267	334,2	300,6	198,0	327	409,3	368,2	245,4
268	335,5	301,7	198,8	328	410,6	369,3	246,2
269	336,7	302,8	199,5	329	411,8	370,4	247,0
270	338,0	304,0	200,3	330	413,1	371,5	247,7
271	339,2	305,1	201,1	331	414,3	372,7	248,5
272	340,5	306,2	201,9	332	415,6	373,8	249,2
273	341,7	307,4	202,7	333	416,8	374,9	250,0
274	343,0	308,5	203,5	334	418,1	376,0	250,8
275	344,2	309,6	204,3	335	419,3	377,2	251,6
276	345,5	310,7	205,1	336	420,6	378,3	252,5
277	346,7	311,9	205,9	337	421,8	379,4	253,3

Kupfer	Kupfer-oxyd	Kupfer-oxydul	Milch-zucker	Kupfer	Kupfer-oxyd	Kupfer-oxydul	Milch-zucker
		mg				mg	
338	423,1	380,5	254,1	370	463,1	416,6	280,5
339	424,3	381,7	254,9	371	464,4	417,7	281,4
340	425,6	382,8	255,7	372	465,6	418,8	282,2
341	426,8	383,9	256,5	373	466,9	419,9	283,1
342	428,1	385,0	257,4	374	468,1	421,1	283,9
343	429,3	386,2	258,2	375	469,4	422,2	284,8
344	430,6	387,3	259,0	376	470,6	423,3	285,7
345	431,8	388,4	259,8	377	471,9	424,4	286,5
346	433,1	389,5	260,6	378	473,1	425,6	287,4
347	434,3	390,7	261,4	379	474,4	426,7	288,2
348	435,6	391,8	262,3	380	475,6	427,8	289,1
349	436,8	392,9	263,1	381	476,9	428,9	289,9
350	438,1	394,0	263,9	382	478,1	430,1	290,8
351	439,3	395,2	264,7	383	479,4	431,2	291,7
352	440,6	396,3	265,5	384	480,7	432,3	292,5
353	441,8	397,4	266,3	385	481,9	433,5	293,4
354	443,1	398,5	267,2	386	483,2	434,6	294,2
355	444,4	399,7	268,0	387	484,4	435,7	295,1
356	445,6	400,8	268,8	388	485,7	436,8	296,0
357	446,9	401,9	269,5	389	486,9	438,0	296,8
358	448,1	403,0	270,4	390	488,2	439,1	297,7
359	449,4	404,1	271,2	391	489,4	440,2	298,5
360	450,6	405,3	272,2	392	490,7	441,3	299,4
361	451,9	406,4	272,9	393	491,9	442,5	300,3
362	453,1	407,6	273,7	394	493,2	443,6	301,1
363	454,4	408,7	274,5	395	494,4	444,7	302,0
364	455,6	409,8	275,3	396	495,7	445,8	302,8
365	456,9	410,9	276,2	397	496,9	447,0	303,7
366	458,1	412,1	277,1	398	498,2	448,1	304,6
367	459,4	413,2	277,9	399	499,4	449,2	305,4
368	460,6	414,3	278,8	400	500,7	450,3	306,3
369	461,9	415,4	279,6				

Kaack und Eichstädt lösen das abgeschiedene und gut ausgewaschene Cu_2O in 5 cm³ Salpetersäure (1:1), waschen das Asbestfilter mit heißem Wasser nach, erhitzen Filtrat und Waschwasser unter Zugabe von Bromwasser bis zum völligen Verschwinden des Broms und dann nach Zusatz von starkem Ammoniak bis zum Verschwinden des Ammoniakgeruches. Die erhaltene Lösung wird mit 50%iger Essigsäure angesäuert, aufgekocht und abgekühlt. Nun wird kristallisiertes Jodkalium im Überschuß zugegeben, wobei nach der Gleichung

$$2\,Cu\,(NO_3)_2 + 4\,KJ = Cu_2J_2 + 4\,KNO_3 + J_2$$

Kuprojodid fällt und Jod ausgeschieden wird. Dessen Menge wird mit n/10-Natriumthiosulfat bestimmt. 1 cm³ n/10-Natriumthiosulfat = 6,357 mg Cu.

2. Nach Bruhns-Weiss

20 cm³ Milch werden in einem 200-cm³-Meßkolben mit etwas Wasser verdünnt, hierauf werden 10 cm³ einer 20%igen Aluminiumsulfatlösung und etwa 7,5 bis 8 cm³ doppelt normale Natronlauge hinzugegeben. Die Menge der hinzuzusetzenden Lauge richtet sich nach der Azidität der Aluminiumsulfatlösung. Durch Versuche ist festzustellen, wieviel Natronlauge 10 cm³ Aluminiumsulfatlösung zur genauen Neutralisation (Tüpfeln auf Azolitminpapier) benötigen.

Nach Zugabe der Reagenzien und der Natronlauge füllt man im Meßkolben auf 200 cm³ auf, schüttelt kräftig durch und filtriert durch ein trockenes Faltenfilter. 20 cm³ des blanken Filtrates entsprechen dann genau 2 cm³ Milch.

Nun werden 10 cm³ FEHLINGscher Kupferlösung mit 10 cm³ Seignette-salzlösung, 20 cm³ des Milchfiltrates (= 2 cm³ Milch) und 20 cm³ Wasser in einem ERLENMAYER-Kolben von 200 cm³ Fassungsvermögen gemischt und unter Zugabe einer Messerspitze Talkum auf einem Drahtnetz mit Asbest-einlage erhitzt und vom Augenblicke des Aufkochens an bei kleiner Flamme genau 6 Minuten im Sieden erhalten. Dann setzt man sofort 30 cm³ zimmer-warmes Wasser hinzu, stürzt ein kleines Becherglas über die Mündung des Kolbens und kühlt diesen dann, aufrecht in einer flachen Schale stehend, durch einen Wasserstrahl ab. Darauf füllt man eine große Bürette mit n/10-Thio-sulfat, setzt zu der gekochten Mischung 5 cm³ Rhodanjodkaliumlösung (0,65 g Rhodankalium + 0,1 g Jodkalium in 5 cm³) und schwenkt gut um. Ferner gibt man 10 cm³ 6,0 n/-Salzsäure oder 6,5 n/Schwefelsäure schnell hinzu und läßt rasch Thiosulfatlösung aus einer gut laufenden Bürette zufließen, bis die anfängliche Bräunung unter Schütteln zeitweilig in Grau übergeht. Hierauf setzt man nicht zu wenig Stärkelösung hinzu und führt die Titration zu Ende, was eintritt, wenn der Niederschlag ledergelb oder bei viel Kupferoxydul rot aussieht und in 5 Minuten nicht mehr blau oder grau wird.

Bei sehr starker Ausscheidung von Kupferoxydul (dies ist bei Milch in der Regel der Fall) wird schon zu Beginn der Titration die Stärkelösung hinzu-gesetzt und zur Beschleunigung der Jodausscheidung nur bis etwa 30° abge-kühlt. Das Ergebnis ist von dem in gleicher Weise, aber ohne Erhitzung der Mischung ermittelten blinden Jodtiter abzuziehen. Zum Zwecke der Berechnung des Milchzuckers bedient man sich der nachstehenden Tabelle 4, aus welcher nach den tatsächlich verbrauchten Kubikzentimetern Thiosulfat die Zucker-menge direkt in Prozenten abgelesen werden kann.

Tabelle 4. n/10-Thiosulfat

cm³ n/10 $Na_2S_2O_3$	Milch-zucker %	cm³ n/10 $Na_2S_2O_3$	Milch-zucker %	cm³ n/10 $Na_2S_2O_3$	Milch-zucker %	cm³ n/10 $Na_2S_2O_3$	Milch-zucker %
10,0	2,31	12,7	2,97	15,4	3,61	18,1	4,28
10,1	2,33	12,8	2,99	15,5	3,63	18,2	4,31
10,2	2,36	12,9	3,02	15,6	3,66	18,3	4,33
10,3	2,38	13,0	3,04	15,7	3,68	18,4	4,36
10,4	2,40	13,1	3,06	15,8	3,71	18,5	4,38
10,5	2,43	13,2	3,09	15,9	3,73	18,6	4,41
10,6	2,45	13,3	3,11	16,0	3,76	18,7	4,43
10,7	2,48	13,4	3,14	16,1	3,78	18,8	4,46
10,8	2,50	13,5	3,16	16,2	3,81	18,9	4,48
10,9	2,52	13,6	3,19	16,3	3,83	19,0	4,51
11,0	2,55	13,7	3,21	16,4	3,86	19,1	4,53
11,1	2,57	13,8	3,24	16,5	3,88	19,2	4,56
11,2	2,60	13,9	3,26	16,6	3,91	19,3	4,58
11,3	2,62	14,0	3,27	16,7	3,93	19,4	4,61
11,4	2,65	14,1	3,29	16,8	3,96	19,5	4,63
11,5	2,67	14,2	3,33	16,9	3,98	19,6	4,66
11,6	2,70	14,3	3,34	17,0	4,01	19,7	4,68
11,7	2,72	14,4	3,36	17,1	4,03	19,8	4,71
11,8	2,75	14,5	3,39	17,2	4,06	19,9	4,73
11,9	2,77	14,6	3,41	17,3	4,08	20,0	4,76
12,0	2,80	14,7	3,44	17,4	4,11	20,1	4,79
12,1	2,82	14,8	3,46	17,5	4,13	20,2	4,82
12,2	2,85	14,9	3,49	17,6	4,16	20,3	4,84
12,3	2,87	15,0	3,51	17,7	4,18	20,4	4,87
12,4	2,90	15,1	3,53	17,8	4,21	20,5	4,89
12,5	2,92	15,2	3,56	17,9	4,23	20,6	4,92
12,6	2,94	15,3	3,58	18,0	4,26	20,7	4,94

cm³ n/10 $Na_2S_2O_3$	Milch-zucker %	cm³ n/10 $Na_2S_2O_3$	Milch-zucker %	cm³ n/10 $Na_2S_2O_3$	Milch-zucker %	cm³ n/10 $Na_2S_2O_3$	Milch-zucker %
20,8	4,97	21,5	5,14	22,2	5,33	22,9	5,51
20,9	4,99	21,6	5,17	22,3	5,35	23,0	5,54
21,0	5,02	21,7	5,20	22,4	5,38	23,1	5,56
21,1	5,04	21,8	5,22	22,5	5,41	23,2	5,59
21,2	5,07	21,9	5,25	22,6	5,43	23,3	5,61
21,3	5,09	22,0	5,28	22,7	5,46	23,4	5,64
21,4	5,12	22,1	5,30	22,8	5,48	23,5	—

3. Berechnung des Milchzuckergehaltes aus der Refraktion des Chlorkalziumserums nach Schulze

Die Refraktion des Chlorkalziumserums wird zum weitaus größten Teile durch seinen Milchzuckergehalt bedingt. Nachdem schon Ackermann eine Tabelle zur refraktometrischen Bestimmung des Milchzuckers in Kuhmilch ausgearbeitet hatte, deren Richtigkeit aber mehrfach, z. B. von Drost und von Schulze, angezweifelt worden waren, hat der letztere eine neue Tabelle errechnet, die nachstehend wiedergegeben ist.

Tabelle 5

Re-fraktion	Milch-zucker in 100 cm³	Re-fraktion	Milch-zucker in 100 cm³	Re-fraktion	Milch-zucker in 100 cm³	Re-fraktion	Milch-zucker in 100 cm³	Re-fraktion	Milch-zucker in 100 cm³	Re-fraktion	Milch-zucker in 100 cm³
40,5	5,30	36,5	4,50	32,5	3,70	28,5	2,90	24,5	2,10	20,5	1,30
40,0	5,20	36,0	4,40	32,0	3,60	28,0	2,80	24,0	2,00	20,0	1,20
39,5	5,10	35,5	4,30	31,5	3,50	27,5	2,70	23,5	1,90	19,5	1,10
39 0	5,00	35,0	4,20	31,0	3,40	27,0	2,60	23,0	1,80	19,0	1,00
38,5	4,90	34,5	4,10	30,5	3,30	26,5	2,50	22,5	1,70	18,5	0,90
38,0	4,80	34,0	4,00	30,0	3,20	26,0	2,40	22,0	1,60	18,0	0,80
37,5	4,70	33,5	3,90	29,5	3,10	25,5	2,30	21,5	1,50	17,5	0,70
37,0	4,60	33,0	3,80	29,0	3,00	25,0	2,20	21,0	1,40	17,0	0,60

Voraussetzung für die Benutzung dieser Tabelle ist allerdings, daß es sich um eine vollkommen frische, ungesäuerte Milch gesunder Tiere handelt. Eine Wässerung der Milch ist ohne Einfluß auf das Resultat. Für die Milch kranker Tiere sowie für ansaure Milch ist die Tabelle nicht brauchbar, da sie gegenüber der Gewichtsanalyse zu hohe Werte liefert. Ebenso dürfte bei vollkommen frischmilchenden und bei altmelkenden Tieren Vorsicht geboten sein.

Die Milchzuckerbestimmung in Kondens- und Trockenmilch

Die Zuckerbestimmung in Trockenmilch wird in der gleichen Weise durchgeführt wie in frischer Milch oder Molke. 10 g Trockenmilch werden mit Wasser auf 100 cm³ gebracht. Von dieser Lösung werden 25 cm³ in der oben geschilderten Weise weiterbehandelt. Von ungezuckerter oder gezuckerter Kondensmilch werden 20 g in Arbeit genommen.

Die gleichzeitige Bestimmung von Rohrzucker und Milchzucker in gezuckerter Kondensmilch

Nach Fincke wird die gleichzeitige polarimetrische Bestimmung von Rohrzucker und Milchzucker in Kondensmilch in folgender Weise durchgeführt:

100 g Kondensmilch werden in 300 bis 400 cm³ Wasser gelöst, mit 20 cm³ Bleiessig versetzt und auf 500 cm³ aufgefüllt. Man filtriert und polarisiert im 200-mm-Rohr. Durch Multiplikation mit 0,962 ermittelt man die korrigierte Drehung. 40 cm³ des Filtrates werden sodann in ein 50-cm³-Kölbchen gegeben, mit 0,75 g fein zerriebenem, frischgebranntem Kalk versetzt und im Wasserbade 1 Stunde lang unter wiederholtem Umschwenken auf 75 bis 80° C erhitzt. Dann kühlt man stark ab, gibt 2 Tropfen Phenolphthaleinlösung hinzu und säuert dann ganz schwach durch vorsichtige Zugabe von verdünnter Schwefelsäure (1 + 3) an. Hierauf fügt man sofort 2 cm³ Bleiessig und nach dem Schütteln einige Kubikzentimeter gesättigter Natriumphosphatlösung hinzu und bringt den Kölbcheninhalt auf 20° C. Dann wird auf 50 cm³ aufgefüllt, filtriert und wieder im 200-mm-Rohr polarisiert. Die um ¼ erhöhte Drehung des Filtrates ergibt mit dem Faktor 0,942 die zweite korrigierte Drehung. Diese mit 3,75 multipliziert, zeigt den Saccharosegehalt der Kondensmilch an, während die Differenz der beiden korrigierten Drehungen, mit 4,76 multipliziert, den Milchzuckergehalt der kondensierten Milch ergibt.

e) Die Bestimmung der anorganischen Substanzen

1. Bestimmung des Aschengehaltes

25 cm³ Milch werden in einer geräumigen Platinschale unter Zusatz von etwas Essigsäure auf dem Wasserbade zur Trockne gebracht. Der Zusatz von Essigsäure erfolgt, um die Milch zum Gerinnen zu bringen und dadurch die Bildung eines Milchhäutchens zu vermeiden, welches das Trocknen sehr erschweren würde. Nach scharfem Trocknen im Lufttrockenschranke wird die Platinschale über dem Pilzbrenner vorsichtig erhitzt, wobei die organische Masse verkohlt. Die sich hierbei bildenden, sehr übelriechenden Dämpfe setzt man zweckmäßig in Brand. Die entstandene Kohle wird mit Wasser zweimal ausgekocht, der wässerige Extrakt wird durch ein kleines, aschenfreies Filter gegeben, der ausgelaugte Rückstand wird in der Platinschale mit einem Pistill zerdrückt, getrocknet und weiterhin bei kleiner Flamme erhitzt. Der größte Teil der Kohle verbrennt hierbei. Sobald das Glimmen der Kohlepartikelchen aufgehört hat, laugt man erneut mit Wasser aus, gibt die wässerige Lösung durch dasselbe Filter, trocknet den Inhalt der Platinschale und glüht jetzt mit starker Flamme, bis die Asche rein weiß wird. Nun gibt man noch das Filter hinzu und verbrennt auch dieses. Zuletzt gibt man den wässerigen Extrakt in die Platinschale, bringt auf dem Wasserbade zur Trockne und erhitzt schließlich bis zur schwachen Rotglut. Nach dem Erkalten im Exsikkator wägt man.

2. Bestimmung des Chlorgehaltes

Die Bestimmung des Chlors in der nach gewöhnlicher Weise hergestellten Glühasche liefert, auch wenn die Kohle gründlich ausgelaugt wurde, leicht zu niedrige Resultate. NOTTBOHM schlägt daher vor, der zu veraschenden Milch (10 cm³) vor dem Eintrocknen etwas Natriumkarbonat zuzusetzen. Ein Auslaugen der Kohle soll sich dann erübrigen.

Die Asche wird zunächst mit heißem Wasser, dann mit verdünnter Salpetersäue aufgenommen. In der Lösung wird die Chlorbestimmung nach VOLHARD vorgenommen. Man läßt einen Überschuß an n/10-AgNO₃-Lösung hinzufließen und versetzt das Gemisch dann mit 2 bis 3 cm³ einer kalt gesättigten Eisen-Ammoniak-Alaun-Lösung. Nunmehr wird der Silberüberschuß mit einer n/10-

Rhodankalium-Lösung zurücktitriert. Zunächst wird das überschüssige Silber als weißes Rhodansilber gefällt. Ist diese Fällung beendet, so ergibt ein weiterer Tropfen Rhodanlösung eine dunkelbraunrote Fällung von Rhodaneisen, durch welche die gesamte Flüssigkeit deutlich bräunlich gefärbt wird. Subtrahiert man die verbrauchte Menge von Rhodankalium von der zugesetzten Silbernitratmenge, so erhält man die zur Bindung des Chlors erforderliche Silbernitratmenge. 1 cm³ derselben entspricht 3,546 mg Chlor.

WEISS versucht, die Veraschung der Milch zu umgehen, und schlägt folgendes Verfahren vor: 20 cm³ Milch werden mit 20 cm³ einer 20%igen Aluminiumsulfatlösung und 1 cm³ n-NaOH versetzt, auf 200 cm³ aufgefüllt, geschüttelt und filtriert. In einem aliquoten Teile des eiweißfreien Filtrates wird das Chlor mit n/35,5-Silbernitratlösung ermittelt. 1 cm³ AgNO₃-Lösung entspricht 1 mg Chlor. Über den Wert der verschiedenen Chlorbestimmungsmethoden vgl. auch MACH und LEPPER.

3. Die Bestimmung der Phosphorsäure

Die Bestimmung des Gesamtphosphors der Milch als Phosphorsäure erfolgt zweckmäßig nicht in der Glühasche, sondern in der nach NEUMANN von organischen Substanzen befreiten Milch. 10 cm³ Milch werden in einem ca. ¾ Liter fassenden Kolben aus Jenenser Glas mit 20 cm³ eines Gemisches aus gleichen Teilen konzentrierter Schwefelsäure und konzentrierter Salpetersäure versetzt und mit kleiner Flamme vorsichtig erhitzt, bis die anfänglich sehr starke Gasentwicklung aufgehört hat und der größte Teil des Wassers verdampft ist. Ein zu starkes Erhitzen ist hierbei zu vermeiden. Zu der ziemlich kohlehaltigen Flüssigkeit setzt man nunmehr wieder 5 cm³ des Säuregemisches und erhitzt vorsichtig weiter. Nach einem abermaligen Zusatze von 5 cm³ Säuregemisch ist die Zerstörung der organischen Substanz beendet. Im Höchstfalle dürfen im ganzen 40 cm³ Säuregemisch verwendet werden. Sollte die Oxydation dann noch nicht beendigt sein, darf nur noch Salpetersäure zugesetzt werden. Nach dem Erkalten setzt man zu der vollständig farblosen Flüssigkeit 150 cm³ Wasser und 50 cm³ einer 50%igen Ammoniumnitratlösung. Man erhitzt nun zum Sieden und gibt sofort 40 cm³ einer 10%igen Ammonium-Molybdat-Lösung hinzu. Nach kräftigem Umschütteln läßt man den gebildeten Niederschlag absitzen und gießt die überstehende Flüssigkeit möglichst vollständig durch ein angefeuchtetes quantitatives Filter. Der Niederschlag ist nach Möglichkeit vollständig in dem Kolben zu belassen. Er wird mit eiskaltem Wasser so lange dekantiert, bis das Waschwasser gegen Lackmus nicht mehr sauer reagiert. Jetzt gibt man das ausgewaschene Filter zu der Hauptmenge des Niederschlags in den Kolben zurück, fügt 150 cm³ Wasser hinzu, schüttelt kräftig zur Verteilung des Filters und läßt aus einer Bürette so viel $\frac{n}{2}$ NaOH zufließen, bis sich der Niederschlag vollkommen gelöst hat. Nachdem man noch einen weiteren Überschuß von ca. 5 bis 10 cm³ $\frac{n}{2}$ NaOH zugesetzt hat, erhitzt man den Kolben so lange, bis alles Ammoniak entwichen ist (Prüfung der Kochdämpfe mit feuchtem Lackmuspapier). Man kühlt nun rasch ab, fügt 0,5 cm³ Phenolphthaleinlösung hinzu und titriert den Überschuß an NaOH mit $\frac{n}{2}$-H₂SO₄ zurück. Die Differenz zwischen der Menge der Lauge und der Säure entspricht der verschwundenen Menge $\frac{n}{2}$-NH₃; durch Multiplikation dieses Wertes mit 1,268 erhält man die Milligramm P₂O₅ in der angewandten Milchmenge.

4. Bestimmung des Kalkes

Die durch Glühen erhaltene Milchasche wird in der Hitze mit salzsäurehaltigem Wasser aufgenommen und vom Unlöslichen abfiltriert. Das klare Filtrat wird mit Ammoniumazetat versetzt, aufgekocht und nötigenfalls nochmals filtriert. Dann setzt man zu der kochenden Lösung eine gesättigte Lösung von Ammoniumoxalat, läßt absitzen, filtriert und wäscht mit heißem Wasser gründlich aus. Durch Glühen kann man das Kalziumoxalat in CaO umwandeln und als solches, oder, nachdem man es durch Abrauchen mit verdünnter Schwefelsäure und nachfolgendes Glühen in das Sulfat übergeführt hat, wägen.

Als sehr zweckmäßig hat sich folgendes Verfahren erwiesen: Der gut ausgewaschene Kalziumoxalatniederschlag wird vom Filter aus mit heißer 5%iger Schwefelsäure in Lösung gebracht und das Filter mehrfach mit heißem Wasser nachgewaschen. Filtrat und Waschwässer werden vereinigt, auf ca. 80° C erhitzt und so lange mit $\frac{n}{10}$-Permanganatlösung versetzt, bis eine eben wahrnehmbare, bleibende Rosafärbung auftritt. Je 1 cm^3 der verbrauchten $\frac{n}{10}$-Permanganatlösung entspricht 2,80 mg CaO.

HAHN und WEILER machen darauf aufmerksam, daß beim Auswaschen des Oxalatniederschlages Verluste entstehen können, welche, sofern durch Papierfilter filtriert wurde, sehr geringfügig sind, bei der Filtration durch eine Glasfilternutsche aber recht bedeutend werden können, so daß es sich in diesen Fällen empfiehlt, mit genau abgemessenen Oxalatmengen zu fällen, scharf abzusaugen und, ohne nachzuwaschen, im Filtrat den Oxalsäureüberschuß zu titrieren.

5. Der Nachweis von Salpetersäure nach TILLMANS und SPLITTGERBER

25 cm^3 Milch werden in einem verschließbaren Schüttelzylinder von 50 cm^3 Inhalt mit 25 cm^3 einer Mischung von gleichen Teilen einer 5%igen Sublimatlösung und einer 2%igen Salzsäure (8 Teile Salzsäure vom spezifischen Gewicht 1,125 und 92 Teile Wasser) versetzt und kurz umgeschüttelt. Dann wird durch ein trockenes Faltenfilter (Schleicher & Schüll, Nr. 577) filtriert und das wasserklar ablaufende Filtrat sofort der Prüfung mit Diphenylamin-Schwefelsäure unterworfen, indem man 1 cm^3 des Filtrates mit 4 cm^3 des von TILLMANS vorgeschriebenen Reagens versetzt, umschüttelt und nach einer Stunde die entstandene Färbung (dunkler oder heller blau) beobachtet. Das TILLMANSsche Diphenylreagens wird folgendermaßen hergestellt:

0,085 g Diphenylamin werden im 500-cm^3-Kolben mit 190 cm^3 verdünnter Schwefelsäure (1:3) versetzt, dann wird konzentrierte Schwefelsäure ($s = 1{,}84$) hinzugefügt und bis zur Lösung des Diphenylamins geschüttelt. Nach dem Erkalten wird mit konzentrierter Schwefelsäure bis zur Marke aufgefüllt. Das Reagens ist in verschlossenen Flaschen unbegrenzt lange haltbar. Zur Herstellung von Vergleichslösungen dient eine Lösung, welche 0,1871 g KNO$_3$, entsprechend 100 mg N$_2$O$_5$ im Liter, enthält. Von dieser versetzt man je 0,45, 0,85, 1,2, 1,5 und 2,0 cm^3 mit je 2 cm^3 kaltgesättigter Kochsalzlösung und 10 cm^3 Eisessig und füllt mit Wasser auf 100 cm^3 auf. Diese Vergleichslösungen liefern dieselben Farbentöne wie Milchserum mit 1,0 bzw. 2,0, 3,0, 4,0 und 5,0 mg N$_2$O$_5$ im Liter. In der Milch sind Substanzen enthalten, welche die Reaktion ungünstig beeinflussen, daher der geringere Gehalt der Vergleichslösungen an N$_2$O$_5$. Im übrigen ist streng darauf zu achten, daß wirklich reine nitratfreie Schwefelsäure Verwendung findet. Die gewöhnliche technische Schwefelsäure, welche in der Hauptsache zur Fettbestimmung in der Milch Verwendung findet, ist fast stets salpetersäurehaltig.

6. Der Nachweis einer stattgehabten Neutralisation der Milch nach Tillmans und Luckenbach

Benötigte Lösungen:

1. n/10 H Cl,

2. n/10 NaOH, kohlensäurefrei,

3. 1/10 molare Lösung von sekundärem Natriumzitrat = 21,008 g Zitronensäure + 200 cm³ n/1-NaOH im Liter,

4. alkalische Borsäurelösung aus 0,2 Mol = 12,404 g B(OH)₃ + 100 cm³ n/1-NaOH im Liter,

5. Liquor ferri oxydati dialysati.

Alle Lösungen sind CO_2-sicher aufzubewahren.

Man bereitet 2 Pufferlösungen vom p_H 3,2 und 8,4 nach folgender Zusammensetzung:

Tabelle 6

p_H	Puffermischung	Indikator	Konzentration des Indikators
3,2	43 cm³ Zitratlösung 57 cm³ n/10 HCl	Dimethylgelb	0,01 % in 90 %igem Alkohol
8,4	62 cm³ Boratlösung 38 cm³ n/10 NaOH	Phenolphthalein	1 % in Alkohol

Ausführung des Verfahrens: In 50 cm³ Milch wird in üblicher Weise nach Soxhlet Henkel ($S = 326$) mit n/4 NaOH der Säuregrad bestimmt. Die fertig titrierte Milch wird mit 40 cm³ Eisenlösung versetzt. Die anfänglich stark dicke Mischung wird durch einiges Umschwenken im Becherglas im Verlauf einer Viertelstunde dünnflüssiger; dann filtriert man durch ein Faltenfilter und gewinnt etwa 40 cm³ farbloses Serum, das die Rosafärbung des Phenolphthaleins nicht mehr zeigt. Sollte kein klares Serum resultieren, was bei etwas konzentrierterer Milch vorkommen kann, so wendet man bei einem neuen Ansatze einige Kubikzentimeter Eisenlösung mehr an.

Das erhaltene klare Filtrat wird nun zunächst auf ein p_H von 8,4, dann auf ein solches von 3,2 gebracht. Man benutzt hierzu ein Kolorimeterkästchen nach Grünhut (Abb. 12). In die Gläser 2 und 4 bringt man je 20 cm³ des Milchserums, in das Glas 3 20 cm³ destilliertes Wasser, in Glas 1 20 cm³

Abb. 12. Kolorimeterkästchen nach Grünhut

Boratpuffer. Zu der letzten fügt man 2 Tropfen Phenolphthaleinlösung und fügt zu Glas 1 tropfenweise so viel n/10-NaOH (ca. 2 bis 3), bis in beiden Gläsern Farbgleichheit erzielt ist. Das Milchserum in Glas 1 hat nunmehr $p_H = 8,4$. Jetzt ersetzt man die Boratlösung durch 20 cm³ Zitratpuffer und gibt zu diesen, ebenso zu dem Serum in Glas 1 0,3 cm³ Dimethylgelb. Nun wird zu dem letzteren aus einer Bürette so viel n/10-HCl zugegeben, bis Farbengleichheit in den Gläsern 1 und 2 vorhanden ist. Hierbei ist zu beachten, daß das Volumen der in Glas 1 enthaltenen Pufferlösung durch Zusatz von destilliertem Wasser auf das Volumen von Glas 2 zu bringen ist. Von der verbrauchten Menge Salzsäure ist ein Korrektionsfaktor von 0,2 cm³ abzuziehen (Begründung für diese

Korrektur siehe bei TILLMANS und LUCKENBACH). Die auf diese Weise korrigierte Salzsäuremenge ist auf 100 cm³ ursprüngliche Milch umzurechnen. Das geschieht, indem man die Gesamtflüssigkeitsmenge, auf welche die angewandten 50 cm³ durch die Titration nach SOXHLET-HENKEL und den Zusatz von Eisenlösung angewachsen sind, errechnet, diese Zahl durch 10 dividiert und mit dem korrigierten HCl-Verbrauch für 20 cm³ Serum multipliziert.

Beispiel: 50 cm³ Milch wurden mit 2 cm³ Phenolphthaleinlösung versetzt und verbrauchten zur Neutralisation 3,0 cm³ n/4-NaOH. Diese 55 cm³ wurden mit 40 cm³ Eisenlösung zur Gewinnung des Serums versetzt, Gesamtvolumen also 95 cm³. 20 cm³ Serum verbrauchen zur Titration auf pH 3,2 2,2 cm³ n/10 HCl, abzüglich der Korrektur also 2,0 cm³. Wir erhalten folgende Relation:

$$20:2,0 = 95:x; \quad x = \frac{2,0 \cdot 95}{20}$$

Durch Umrechnung auf 100 cm³ Milch, wobei mit 2 multipliziert werden muß, ergibt sich für $x = \dfrac{2,0 \cdot 95}{10}$, also 19,0. In nachstehender Tabelle ist zu dem gefundenen Werte der ursprüngliche Säuregrad der Milch vor dem Neutralisieren angegeben.

Tabelle 7

Titerverbrauch, umgerechnet auf 100 cm³ Milch cm³ n/10 HCl	Entspricht einem Säuregrad von	Titerverbrauch, umgerechnet auf 100 cm³ Milch cm³ n/10 HCl	Entspricht einem Säuregrad von	Titerverbrauch, umgerechnet auf 100 cm³ Milch cm³ n/10 HCl	Entspricht einem Säuregrad von
5,0	6,0	13,5	9,15	22,0	12,7
5,25	6,2	13,75	9,2	22,25	12,9
5,5	6,3	14,0	9,3	22,5	13,0
5,75	6,4	14,25	9,4	22,75	13,1
6,0	6,5	14,5	9,5	23,0	13,2
6 25	6,6	14,75	9,6	23,25	13,3
6,5	6,7	15,0	9,65	23,5	13,4
6,75	6,8	15,25	9,7	23,75	13,5
7,0	6,9	15,5	9,8	24,0	13,7
7,25	6,95	15,75	9,9	24,25	13,8
7,5	7,0	16,0	10,0	24,5	13,9
7,75	7,1	16,25	10,1	24,75	14,0
8,0	7,2	16,5	10,2	25,0	14,1
8,25	7,3	16,75	10,3	25,25	14 3
8,5	7,4	17,0	10,4	25,5	14,5
8,75	7,5	17,25	10,55	25,75	14,6
9,00	7,6	17,5	10,7	26,0	14,8
9,25	7,7	17,75	10,8	26,25	14,9
9,5	7,8	18,0	10,9	26,5	15,1
9,75	7,9	18,25	11,0	26,75	15,3
10,0	8,0	18,5	11,15	27,0	15,4
10,25	8,1	18,75	11,25	27,25	15,6
10,5	8,2	19,0	11,4	27,5	15,8
10,75	8,3	19,25	11,5	27,75	16,0
11,0	8,35	19,5	11,6	28,0	16,1
11,25	8,4	19,75	11,7	28,25	16,3
11,5	8,5	20,0	11,8	28,5	16,5
11,75	8,6	20,25	12,0	28,75	16,6
12,0	8,7	20,5	12,1	29,0	16,8
12,25	8,75	20,75	12,2	29,25	16,9
12,5	8,8	21,0	12,3	29,5	17,0
12,75	8,9	21,25	12,4	29,75	17,2
13,0	9,0	21,5	.12,5	30,0	17,4
13,25	9,1	21,75	12,6	—	—

Einwendungen gegen diese Methode machen MOHR und KERCKHOFF.

7. Bestimmung der Azidität

Die Säuregradbestimmung nach SOXHLET-HENKEL

50 cm³ der zu untersuchenden Milch werden mit 2 cm³ einer 2%igen Phenolphthaleinlösung versetzt und mit n/4-NaOH bis zur bleibenden Rosafärbung titriert. Der eintretende Farbenumschlag läßt sich am deutlichsten erkennen, wenn das Reaktionsgefäß (ERLENMEYER-Kolben) auf einer weißen Unterlage, z. B. einer Milchglasplatte, steht. Dann läßt sich eine sonst mit bloßem Auge kaum wahrnehmbare Rosafärbung deutlich erkennen. Man kann den Farbenton auch mit dem einer noch nicht titrierten Milchprobe vergleichen. Das erhaltene Resultat wird mit 2 multipliziert. Unter einem Säuregrade nach SOXHLET-HENKEL bezeichnet man je 1 cm³ n/4-NaOH, den 100 cm³ Milch bis zu ihrer Neutralisation verbrauchen. Frische Milch gesunder Kühe hat 6 bis 7 Säuregrade.

Für Molkereilaboratorien findet zweckmäßig der in Abb. 13 wiedergegebene Apparat Verwendung.

Stehen nur geringe Milchmengen zur Verfügung, so titriert man, einem Vorschlage von MORRES folgend, 20 cm³ Milch unter Zusatz von 1 cm³ Phenolphthaleinlösung mit n/10-Natronlauge. Durch Multiplikation des erhaltenen Wertes mit 2 gelangt man dann ebenfalls zu den SOXHLET-HENKELschen Säuregraden. Die Resultate stimmen sehr genau überein, da die nach dem Verfahren von MORRES bedingte Verdünnung viel zu geringfügig ist, um eine nennenswerte Dissoziation von undissoziierten Salzen zu bewirken, wodurch die Reaktion beeinflußt werden könnte.

Abb. 13. Apparat Säuregradsbestimmung nach HENKEL

Kochprobe und Alkoholprobe

Diese beiden Proben stellen nur einen sehr rohen Ersatz für die titrimetrische Säurebestimmung dar und haben für genaue Untersuchungen kaum irgendwelchen Wert. Für die Praxis können sie unter bestimmten Voraussetzungen immerhin verwendbar sein.

Die Kochprobe wird in der Weise ausgeführt, daß man in ein Reagenzglas 5 cm³ der zu untersuchenden Milch gibt und sie rasch aufkocht. Frische Milch gesunder Tiere (Wiederkäuer) bleibt ohne Veränderungen, bei vorgeschrittener Zersetzung oder bei Krankheiten tritt eine mehr oder weniger deutliche Flockenbildung, unter Umständen eine vollständige Ausflockung, ein.

Die Alkoholprobe. In einem Reagenzglase werden gleiche Teile Milch und 68 volumprozentiger Alkohol miteinander gut gemischt. Frische Milch gesunder Kühe zeigt hierbei im allgemeinen keine Gerinnungserscheinungen. Solche treten vielmehr erst bei etwa 9 Säuregraden nach SOXHLET-HENKEL ein. Indessen wird in nicht seltenen Ausnahmefällen auch bei niedrigeren Säuregraden Gerinnung beobachtet, ohne daß vielfach eine Erklärung für diese Erscheinung möglich ist. Frische Ziegenmilch, ebenso Kolostrum flocken meistens auch, ebenso die Milch kranker Tiere. Werden besonders hohe Anforderungen an die Milch gestellt, z. B. als Säuglingsmilch, so führt man die doppelte Alkoholprobe aus, indem man 1 Teil Milch mit 2 Teilen 68%igem Alkohol vermischt. Hier tritt naturgemäß bei einem wesentlichen niedrigeren Säuregrad schon eine Ausflockung ein, etwa bei 8 Säuregraden.

Die kolorimetrische Säuregradbestimmung

Eine weitere Modifikation der Alkoholprobe ist die Alizarolprobe von MORRES. Sie unterscheidet sich von jener dadurch, daß in dem 68%igen Alkohol Alizarin bis zur Sättigung aufgelöst ist. Dieses gibt mit Alkalien eine rotviolette, mit Säuren eine Gelbfärbung. Zwischen diesen beiden Grenzfarben finden sich zahlreiche Übergänge, z. B. Lilarot, Rosa, Braunrot, Braun, Gelbbraun. Der bei der Alizarolprobe eintretende Farbenton ergibt nicht nur das Resultat der Alkoholprobe, sondern zeigt außerdem bis zu einem gewissen Grade den Säuregrad oder, richtiger gesagt, die Wasserstoffionenkonzentration an. Da auch Milch mit niedrigem Säuregrad Gerinnungserscheinungen zeigen kann, so läßt sich diese durch die Alizarolprobe leicht ermitteln. Zur sicheren Beurteilung ist eine Farbentafel nötig, die ebenso wie das Alizarol bei N. Gerbers & Co., Leipzig, erhältlich ist. Noch sicherer gestaltet sich die Untersuchung mit Hilfe des Alizarolstandards von SCHWARZ (erhältlich bei der Firma Paul Funke & Co., Berlin).

Neuerdings empfiehlt ROEDER an Stelle der Alizarolprobe die Thybromolprobe, speziell zum Nachweis pathologischer Einzelmilchproben.

Die Bestimmung der Wasserstoffionenkonzentration

Für die **kolorimetrische Bestimmung** von p_H in der Milch mit Hilfe der Indikatordauerreihen von MICHAELIS gibt SCHWARZ folgende Vorschrift:

20 cm³ der zu untersuchenden Flüssigkeit werden in einem Schüttelzylinder von 50 cm³ Inhalt mit reinem, am besten einmal über Alkali zur Bindung etwaiger Säuren destilliertem Methylalkohol, der einen Alkoholgehalt von 92 bis 95% aufweisen soll, bis zur Marke aufgefüllt. Besonders bei Milch mit niedrigem Säuregrad läßt man nach mehrfachem Umschütteln das Flüssigkeitsgemisch mindestens 5 bis 10 Minuten stehen, um eine möglichst vollständige Denaturierung und Abscheidung des Eiweißes zu erreichen und bei späterer Zufügung des Indikators keine nachtrübenden Lösungen zu erhalten. Nach dieser Zeit wird durch ein trockenes Faltenfilter filtriert, wobei man ein vollständig klares Filtrat erhält. Sollte eines ausnahmsweise schwach getrübt sein, was auf zu kurze Einwirkungsdauer des Alkohols zurückzuführen ist, so braucht nur nochmals durch das gleiche Filter filtriert zu werden. Sehr schwach ansaure und Buttermilch ergeben bereits nach 2 bis 3 Minuten stets verwendbare Filtrate. Zur Bestimmung des p_H benutzt man die oben erwähnten Indikatordauerreihen von MICHAELIS, die ein p_H-Bereich von 2,8 bis 8,4 bei Anwendung von 4 verschiedenen Indikatoren umfassen und vollkommen fertig, beispielsweise von den Vereinigten Fabriken für Laboratoriumsbedarf in Berlin, zu beziehen sind. Bei ihrem Gebrauch verfährt man in folgender Weise: In einem Reagenzglas werden 6 cm³ des klaren Filtrates mit 1 cm³ Indikatorlösung, welche die größte Farbtiefe ergibt, versetzt, während in ein zweites gleichkalibrisches Glas 6 cm³ Filtrat und 1 cm³ Wasser einpipettiert werden. Beide Gläser werden nun nebeneinander in den Komparator, einen kleinen, mit vier vertikalen und zwei horizontalen Bohrungen versehenen Holzblock, gestellt und hinter das Filtrat und Indikator enthaltene Röhrchen ein gleiches mit Wasser gefülltes Glas gesetzt, während die vierte Bohrung zur Aufnahme eines Röhrchens der entsprechenden Indikatorreihe dient. Zur besseren Eliminierung der Eigenfärbung von Lösung und Untersuchung bei künstlichem Licht kann auch durch die am Apparat befindliche Blauscheibe beobachtet werden. Das Vergleichsröhrchen ist so lange zu wechseln, bis nahezu Farbgleichheit mit dem die zu untersuchende Lösung und gleichen Indikator enthaltenen

Glas vorhanden ist. Der entsprechende p_H ist dann direkt auf dem Indikator-röhrchen abzulesen oder durch Interpolation zwischen dem nächststärkeren oder -schwächeren zu finden, wobei die p_H-Stufen bei diesen Reihen 0,2 betragen, so daß durch Schätzung bequem noch 0,1 p_H bestimmt werden kann.

Die kolorimetrische Bestimmung läßt sich auch im Labserum durchführen, sofern dieses vollkommen klar gewonnen werden kann, was namentlich bei ansaurer Milch nicht immer der Fall ist.

Die elektrometrische Bestimmung der Wasserstoffionenkonzentration. Der Berechnung der Wasserstoffionenkonzentration auf Grund des Potentialgefälles eines aus 2 Halbelementen bestehenden Elementes liegt die Nernstsche Gleichung zugrunde:

$$E = \frac{R \cdot T}{F} \cdot ln\frac{C_2}{C_1}$$

In dieser aus dem kombinierten Boyle-Mariott-Gay-Lussacschen Gesetz abgeleiteten Formel bedeutet E die elektromotorische Kraft des Elementes, R ist die Gaskonstante $\frac{p \cdot v}{273}$ eines Grammoleküles eines Gases, z. B. Wasserstoff bei $0°$ und 760 mm Druck $= 8,315$ Joule; T ist die absolute Temperatur, $F = 1$ Farad $= 96540$ Coulomb. Durch Einsetzung dieser Werte in die obige Gleichung und Umrechnung in die dekadischen Logarithmen kommt man zu der Formel:

$$E = 1{,}983 \cdot 10^{-4} \cdot T \cdot \log\frac{C_2}{C_1}$$

In dieser Gleichung bedeutet C_1 die Wasserstoffionenkonzentration der zu untersuchenden Flüssigkeit, C_2 die bekannte Wasserstoffionenkonzentration einer Vergleichsflüssigkeit. Wird $C_2 = 1$, so ergibt sich

$$E = 1{,}983 \cdot 10^{-4} \cdot T \cdot \log\frac{1}{C_1} = -\log c_1 \cdot 1{,}983 \cdot 10^{-4} \cdot T \text{ oder}$$

$$-\log c = \frac{E}{1{,}983 \cdot 10^{-4} \cdot T} = p_H$$

Kombiniert man nun eine solche Wasserstoffelektrode mit einer anderen, einer sogenannten Bezugselektrode, so erhalten wir ein Element, dessen elektromotorische Kraft mit der bekannten eines anderen Elementes, z. B. eines Akkumulators, verglichen werden kann.

Die für die elektrometrische Bestimmung erforderliche Apparatur besteht aus einer Meßbrücke von 1000 mm Länge, einem Galvanometer, einem Akkumulator, einem Normalelement, einer Bezugselektrode, einer Wasserstoffelektrode, zwei Stromschlüsseln und den notwendigen Verbindungsdrähten. Weiterhin benötigt man eine Standardazetatlösung, bestehend aus 50 cm³ $\frac{n}{1}$ NaOH $+$ 100 cm³ $\frac{n}{1}$ Essigsäure, die auf 500 cm³ aufzufüllen sind. Der Aufbau der Apparatur ist aus Abb. 14 ersichtlich.

Gang der Untersuchung. Es sind nacheinander zu bestimmen:

1. Die elektromotorische Kraft des Akkumulators;

2. die elektromotorische Kraft eines Kalomelwasserstoffelementes, dessen Wasserstoffelektrode ein bekanntes p_H besitzt;

3. die elektromotorische Kraft eines Kalomelwasserstoffelementes, dessen Wasserstoffelement die auf ihr p_H zu untersuchende Flüssigkeit enthält.

1. Die Bestimmung der *E.M.K.* des Akkumulators E. Der frisch aufgeladene Akkumulator wird so lange kurz geschlossen, bis er eine Spannung von

höchstens 2,0 Volt besitzt. An Stelle von π wird das WESTON-Element geschaltet, das eine von der Temperatur weitgehend unabhängige $E.M.K.$ von 1,0184 Volt besitzt. Die beiderseitigen positiven Pole sind nach a zu schalten, der negative Pol des Akkumulators ist mit b, der des WESTON-Elementes mit c zu verbinden.

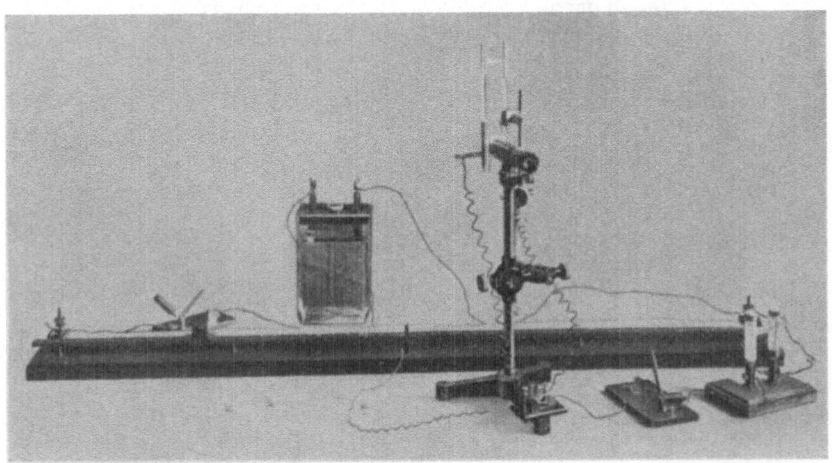

Abb. 14. Apparatur zur Bestimmung der Wasserstoffionenkonzentration
Aus MISLOWITZER, Die Bestimmung der Wasserstoffionenkonzentration in Flüssigkeiten

c wird auf dem Meßdraht, von der Mitte ausgehend, so weit verschoben, bis das Galvanometer, das mit Hilfe der beiden Stromschlüssel nur zum Ablesen für ganz kurze Zeit einzuschalten ist, keinen Ausschlag mehr ergibt. Die $E.M.K.$ des Akkumulators ist dann:

$$E.M.K. \text{ von } \pi = \frac{a-b}{a-c}$$

Beispiel: $a - b = 1000$ mm; $a - c = 516$ mm,

$$E.M.K. \text{ von } E = 1{,}0184 \frac{1000}{516} = 1{,}974 \text{ Volt.}$$

2. An Stelle des WESTON-Elementes bringt man ein anderes Element π_1, dessen positiver Pol eine gesättigte Kalomelektrode, dessen negativer Pol die Wasserstoffelektrode ist. Diese wird zunächst mit der Standardazetatlösung beschickt und mit gasförmigem Wasserstoff gesättigt. Die Verbindungsflüssigkeit ist eine gesättigte KCl-Lösung, die Verbindung wird mit Agarhebern (1%iger Agar in gesättigter KCl-Lösung siehe Abb. 15) bewerkstelligt. Der Brückenkontakt wird wieder so weit verschoben, daß das Galvanometer keinen Ausschlag gibt. Diese Stelle sei 262 mm. Jetzt ist

$$E.M.K. \text{ von } \pi = E.M.K. \text{ von } E \cdot \frac{a-c}{a-b} = 1{,}974 \cdot \frac{262}{1000} = 0{,}517 \text{ Volt.}$$

Das Potentialgefälle der Kalomelektrode ergibt sich aus der Differenz der $E.M.K.$ des Gesamtelementes und dem Potentialgefälle der Standardazetatelektrode. Das letztere berechnet sich nach der Formel:

$$E = -\log c \cdot 1{,}983 \cdot 10^{-4} \cdot T,$$

$p_H = \log c$ der Standardazetatlösung beträgt $4 \cdot 616$. Die Werte für $1{,}983 \cdot 10^{-4} \cdot T$ für verschiedene Temperaturen sind aus folgender Tabelle ersichtlich:

<table>
<tr><td>^{0}C</td><td></td><td>^{0}C</td><td></td></tr>
<tr><td>12 = 0,0565</td><td>Volt</td><td>19 = 0,0579</td><td>Volt</td></tr>
<tr><td>13 = 0,0567</td><td>,,</td><td>20 = 0,0581</td><td>,,</td></tr>
<tr><td>14 = 0,0569</td><td>,,</td><td>21 = 0,0583</td><td>,,</td></tr>
<tr><td>15 = 0,0571</td><td>,,</td><td>22 = 0,0585</td><td>,,</td></tr>
<tr><td>16 = 0,0573</td><td>,,</td><td>23 = 0,0587</td><td>,,</td></tr>
<tr><td>17 = 0,0575</td><td>,,</td><td>24 = 0,0589</td><td>,,</td></tr>
<tr><td>18 = 0,0577</td><td>,,</td><td>25 = 0,0591</td><td>,,</td></tr>
</table>

War die Versuchstemperatur z. B. 18 ^{0}C, so ergibt sich für E der Standardelektrode der Wert: $4{,}616 \cdot 0{,}0577 = 0{,}266$ Volt. E der Kalomelektrode ist demnach $0{,}517 - 0{,}266 = 0{,}251$ Volt.

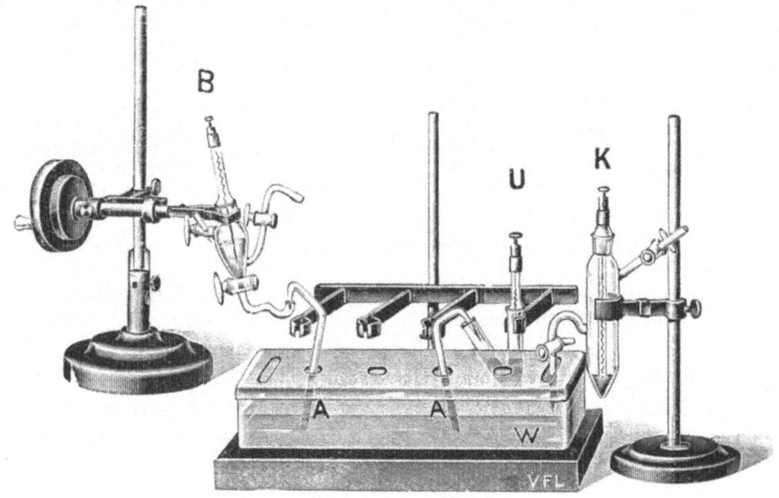

Abb. 15

Elektroden und Stative. Aus Michaelis Praktikum der physikalischen Chemie

3. Die Standardazetatelektrode wird durch die Untersuchungselektrode ersetzt. Wir erhalten jetzt das Element π_2. Auch hier wird der Brückenkontakt so weit verschoben, bis das Galvanometer keinen Ausschlag mehr gibt. Steht er bei 318, so ist

$$E.M.K. \text{ von } \pi_2 = 1{,}974 \cdot \frac{318}{1000} = 0{,}628 \text{ Volt.}$$

Durch Subtraktion von E der Kalomelektrode (0,251 Volt) von diesem Werte erhalten wir den Wert E für die zu untersuchende Wasserstoffelektrode: $0{,}628 - 0{,}251 = 0{,}377$ Volt. Da nun $\mathrm{p_H} = \dfrac{E}{1{,}983 \cdot 10^{-4} \cdot T}$ ist, erhalten wir für $\mathrm{p_H}$ der zu untersuchenden Flüssigkeit $\dfrac{0{,}377}{0{,}0577} = 6{,}53$.

Die Berechnung der Potentialdifferenz der einzelnen Halbelemente läßt sich natürlich umgehen. Ist die Kalomelektrode in Ordnung, wovon man sich von Zeit zu Zeit durch Bestimmung ihrer Potentialdifferenz zu überzeugen hat, und arbeitet man stets bei derselben Temperatur, so erhält man $\mathrm{p_H}$ der zu untersuchenden Flüssigkeit nach der Formel:

$$\mathrm{p_H} = \frac{\dfrac{1{,}0184}{x_1}(x_3 - x_2) + 4{,}616\,\vartheta}{\vartheta} = \frac{1{,}0184\,(x_3 - x_2)}{x_1 \cdot \vartheta} + 4{,}616.$$

In dieser bedeutet:

x^1 die Stellung des Schleifkontaktes bei dem System Akkumulator-Weston-Element,

x^2 ,, ,, ,, ,, ,, ,, ,, ,, Standard-azetat,

x_3 ,, ,, ,, ,, ,, ,, ,, ,, Unter-suchungsflüssigkeit,

ϑ den Temperaturkoeffizienten $1{,}983 \cdot 10^{-4} \cdot T$.

Benutzt man an Stelle eines Meßdrahtes von 1000 mm Länge einen solchen von 1018,4 mm und einen dazugehörigen Abgleichswiderstand, so vereinfacht sich die Rechnung insofern sehr erheblich, als man an der Meßbrücke direkt die Millivolte Spannung abliest.

Weiterhin kann man sich die Arbeit außerordentlich vereinfachen, wenn man an Stelle der Wasserstoffelektrode die Chinhydronelektrode anwendet. Zu der zu untersuchenden Flüssigkeit wird eine Messerspitze Chinhydron gegeben. Die Bestimmung erfolgt 5 Minuten nach Zusatz. Bei Anwendung der Chinhydronelektrode ist darauf zu achten, daß diese den positiven, die Kalomelektrode den negativen Pol bildet. Da in alkalischem Medium Chinhydron sehr leicht oxydiert, so hat die Chinhydronelektrode nur ein Verwendungsbereich bis 8,0. Für Milch kommen derartige und höhere p_H-Werte jedoch nicht in Betracht.

Die Arbeitsweise ist genau dieselbe wie bei der Wasserstoffelektrode. Nur die Berechnung der Potentialdifferenz für die einzelnen Halbelemente ist etwas anders, da die Chinhydronelektrode um 0,7044 Volt edler ist als die $\frac{n}{I}$ Wasserstoffelektrode. Demnach ist die Potentialdifferenz der Kalomelektrode $\left(0{,}0744 - 1{,}0184\,\frac{x_2}{x_1}\right) - 4{,}616\,\vartheta = K$, die zur Berechnung der Potentialdifferenz der Untersuchungselektrode von der gefundenen elektromotorischen Kraft des Elementes und Untersuchungselektrode— Kalomelektrode abzuziehen ist. p_H der zu untersuchenden Flüssigkeit wird demnach nach der Formel:

$$p_H = \frac{\dfrac{1{,}0184}{x_1}(x_2 - x_3) + 4{,}616\,\vartheta}{\vartheta} = \frac{1{,}0184\,(x_2 - x_3)}{x_1 \cdot \vartheta} + 4{,}616 \text{ berechnet.}$$

Hinsichtlich technischer Einzelheiten bei der Durchführung der elektrometrischen p_H-Bestimmungen vgl. Michaelis: Praktikum der physikalischen Chemie, Verlag Springer; Mislowitzer: Die Bestimmung der Wasserstoffionenkonzentration von Flüssigkeiten, ebenda, und die Gebrauchsanweisungen zu den gelieferten Apparaten.

f) Die Bestimmung des Schmutzgehaltes

Zur Schmutzbestimmung in Milch kann man sich verschiedener Apparate bedienen. Bei ihnen allen wird eine bestimmte Milchmenge durch ein Watte- oder Zellstoffilter filtriert und dann der relative Verschmutzungsgrad des Filters festgestellt. Während bei den früher gebräuchlichen Schmutzbestimmungsapparaten, z. B. dem Henkelschen Apparate (Abb. 16), die Milch nur unter Atmosphärendruck durch das Filter ging, kann bei neueren Apparaten, z. B. dem Hollandiaapparat von Funke (Abb. 17), und dem Raschapparat von Gerber (Abb. 18), die Milch unter Druck durch das Filter gepreßt werden, was bei stark verschmutzter oder eiterhaltiger Milch mitunter nötig sein kann. Beim Hollandiaapparat können bei Serienbestimmungen an Stelle einzelner Filterscheiben große Filtertafeln aus Zellstoff oder Flanell verwendet werden, während beim Raschaapparat die einzelnen Schmutzproben hintereinander auf ein langes Band zu liegen kommen.

g) Der Nachweis von Konservierungsmitteln

Borsäure. 100 cm³ Milch werden unter Zusatz von etwas Alkalikarbonat oder von Kalkmilch verascht. Die Asche wird in Salzsäure gelöst. Ein mit dieser Lösung befeuchteter Streifen Curkumapapier wird bei 100° getrocknet. Die Anwesenheit von Borsäure ist erwiesen, wenn hierbei eine braunrote Färbung auftritt, die bei der Behandlung mit Natriumkarbonat in Grünlichblau übergeht. Versetzt man die Aschenlösung mit konzentrierter Schwefelsäure und mit Alkohol, so brennt der letztere bei Anwesenheit von Borsäure mit grüngesäumter Flamme.

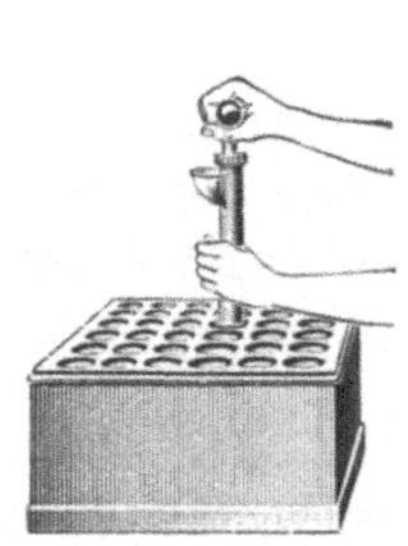

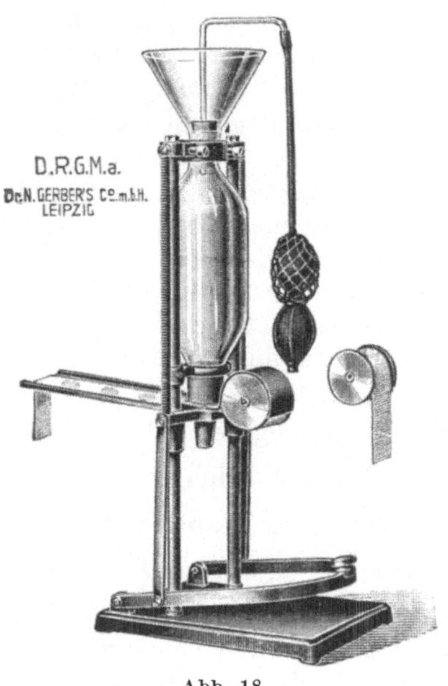

Abb. 16
Schmutzbestimmungs-
apparat nach Henkel

Abb. 17
Schmutzbestimmungs-
apparat Hollandia

Abb. 18
Schmutzbestimmungsapparat Rascha

Formalin. Einige Kubikzentimeter Milch werden im Reagenzglase mit einigen Tropfen einer stark verdünnten Eisenchloridlösung versetzt und dann vorsichtig mit konzentrierter Schwefelsäure unterschichtet. Bei Gegenwart von Formalin bildet sich an der Grenzfläche zwischen Milch und Schwefelsäure ein rotvioletter Ring. Größere Mengen von Formalin lassen sich nachweisen, indem man 50 cm³ Milch mit 1 cm³ verdünnter Schwefelsäure versetzt und 5 bis 10 cm³ abdestilliert. Tritt nach Zusatz von fuchsinschwefeliger Säure zu einem Teile des Destillates Rotfärbung ein, so ist die Anwesenheit von Formalin zu vermuten. Dieses wird durch Eindampfen des übrigen Destillates mit überschüssigem Ammoniak in Hexamethylentetramin übergeführt, welches folgendermaßen identifiziert wird:

Ein Teil der in wenig Wasser aufgenommenen Substanz wird mit Sublimatlösung versetzt. Der entstandene Niederschlag zeigt unter dem Mikroskop die Form von mehrstrahligen Sternen und von Oktaedern. Ein anderer Teil des Destillates wird mit wenig Salzsäure und mit Kaliumquecksilberchlorid versetzt. Es bilden sich hexagonale, gelbgefärbte Kristalle in Sternform.

Benzoesäure. Eine größere Menge Milch (ca. 200 bis 300 cm³) wird unter Zusatz von Alkali und von Sand oder Gips zur Trockne gebracht. Die trockene Masse wird mit wenig verdünnter Schwefelsäure versetzt und mehrfach mit 50%igem Alkohol ausgekocht. Die vereinigten Auszüge werden unter Zusatz von Baryt stark eingeengt und nach erneutem Schwefelsäurezusatz ausgeäthert. Nach dem Verdunsten des Äthers bleibt Benzoesäure zurück, die in wässeriger Lösung nach Zusatz von sehr wenig Natriumazetatlösung und Eisenchlorid einen Niederschlag von benzoesaurem Eisen liefert.

Salizylsäure. 50 bis 100 cm^3 Spontan- oder Essigsäureserum werden mit der gleichen Menge Äther oder Äther-Petroläther ausgeschüttelt, das Extraktionsmittel wird abgedunstet, der verbleibende Rückstand wird in wenig Wasser aufgenommen. Mit einem Tropfen verdünnten Eisenchlorids erhält man bei Anwesenheit von Salizylsäure Violettfärbung.

Rohrzucker (Zuckerkalk). 25 cm^3 Milch werden in einem ERLENMEYER-Kolben und 110 cm^3 einer 5%igen Uranylazetatlösung versetzt und nach 5 Minuten durch ein Faltenfilter filtriert. 10 cm^3 des Filtrates werden mit 2 cm^3 einer gesättigten Ammonium-Molybdat-Lösung und 7 cm^3 Salzsäure (3%ig) versetzt und 5 Minuten lang auf 80° C erhitzt. Bei Anwesenheit von Rohrzucker tritt eine durch die Reduktion der Molybdänsäure bedingte Blaufärbung ein (COTTONsche Reaktion in der Abänderung von BAIER und NEUMANN). Hochgradig sterilisierte Milch gibt nach Versuchen von EICHHOLZ die Reaktion übrigens auch, ohne daß sie Rohrzucker zu enthalten braucht (Milchzuckerspaltung).

Literatur

ACKERMANN, E.: Mitteilungen über den refraktometrischen Nachweis des Wasserzusatzes zur Milch. Zeitschr. f. Untersuch. d. Nahrungs- u. Genußmittel, 13, S. 186. 1907.

BAIER, E. und P. NEUMANN: Über den Nachweis und die Beurteilung von Zuckerkalkzusatz zu Milch und Sahne. Zeitschr. f. Untersuch. d. Nahrungs- u. Genußmittel, 16, S. 51. 1908. — BEGER, C.: Die Neusalmethode in ihrer Verwendbarkeit für Schaf- und Ziegenmilch. Milchwirtschaftl. Zentralbl., 6, S. 410. 1910. — BLEYER, B. und R. SEIDL: Beiträge zur Kenntnis des Kuhmilchkaseins. Bioch. Zeitschr., 128, S. 48. 1922.

EICHHOLZ, W.: Zum Nachweis von Zuckerkalk in sterilisierter Milch und Sahne. Milchwirtschaftl. Zentralbl., 6, S. 536. 1910. — EICHLOFF und GRIMMER: Abgeändertes Verfahren zur Bestimmung des Fettgehaltes nach ROESE-GOTTLIEB in Milch und Molkereiprodukten. Milchwirtschaftl. Zentralbl., 6, S. 114. 1910.

FARNSTEINER, K.: Die Milchfettbestimmung nach GOTTLIEB. Zeitschr. f. Untersuch. d. Nahrungs- u. Genußmittel, 7, S. 105. 1904. — FINCKE, H.: Über die polarimetrische Bestimmung von Saccharose und deren Gemischen mit Laktose und anderen Zuckerarten in Kakaoerzeugnissen, kondensierter Milch und Zuckerwaren. Zeitschr. f. Untersuch, d. Nahrungs- u. Genußmittel, 50, S. 351. 1925.

GOTTLIEB, E.: Eine bequeme Methode zur Bestimmung von Fett in Milch. Die landwirtschaftl. Versuchsstationen, 40, S. 1. 1892.

HAHN, FR. L. und GEORG WEILER: Die maßanalytische Bestimmung des Kalziums durch Oxalatfällung und Titration mit Permanganat. Zeitschr. f. analyt. Chemie, 70, S. 1. 1927. — HESSE, A.: Vereinfachte GOTTLIEBsche Fettbestimmung in der Milch. Molk.-Ztg. Hildesheim, Nr. 4, S. 49. 1902; Untersuchungen über die GOTTLIEBsche Fettbestimmung. Molk.-Ztg. Hildesheim, Nr. 14, S. 277, Nr. 15, S. 297. 1903. — HOFMEISTER, O.: Versuche mit dem Neusalverfahren. Molk.-Ztg. Hildesheim, S. 1601. 1910.

KAACK, R. und A. EICHSTÄDT: Zur Schnellbestimmung des Milchzuckers. Milchwirtschaftl. Forschungen, 6, S. 62. 1928. — KLEEMANN: Über die Wirkung des Wasserstoffsuperoxydes bei der Aufschließung pflanzlicher und tierischer Stoffe. Zeitschr. f. angew. Chemie, 34, S. 625. 1921.

MACH, F. und W. LEPPER: Zur Chlorbestimmung in der Milch. Zeitschr. f. Untersuch. d. Lebensmittel, 53, S. 454. 1927. — MOHR, W. und W. KERCKHOFF: Über den Nachweis von neutralisierter Milch. Milchwirtschaftl. Forsch., 5, S. 232. 1927.

NEUMANN: Einfache Veraschungsmethode (Säuregemisch-Veraschung) und vereinfachte Bestimmungen von Eisen, Phosphorsäure, Salzsäure und anderen Aschenbestandteilen unter Benutzung dieser Säuregemisch-Veraschung. Zeitschr. f. physiol. Chemie, 37, S. 115. 1903. — NOTTBOHM, F. E.: Kritische Betrachtungen zur Chlorzuckerzahl von KOESTLER. Milchwirtschaftl. Forsch., 1, S. 345. 1924.

POPP, M.: Die Fettbestimmung in der Milch nach dem Neusalverfahren. Chem.-Ztg., 28, S. 270. 1927. — PFYL und TURNAU: Maßanalytische Bestimmung des Kaseins in der Milch mittels des Tetraserums. Arb. a. d. kaiserl. Gesundheitsamte, 47, S. 347. 1914.

RIETER, E.: Neuer Apparat zur Milchfettbestimmung nach GOTTLIEB-ROESE. Chem.-Ztg., 30, S. 531. 1906. — ROEDER, G.: Die Thybromolprobe. Milchwirtschaftl. Ztg., 33, S. 927. Stendal. 1928. — RÖHRIG, ARMÍN: Verbesserter Apparat zur Milchfettbestimmung nach GOTTLIEB-ROESE. Zeitschr. f. Untersuch. d. Nahrungs- u. Genußmittel, 9, S. 531. 1905.

SCHULZE, G.: Berechnung des Milchzuckers aus der Refraktion des Chlorkalziumserums. Zeitschr. f. Untersuch. d. Lebensmittel, 57, S. 460. 1929. — SCHWARZ, G.: Einfache Methode zur Bestimmung der Wasserstoffionenkonzentration der Milch. Milchwirtschaftl. Forsch., 6, S. 458. 1928.

TILLMANS, J.: Über den Nachweis und die quantitative Bestimmung von Salpetersäure in der Milch mit Diphenylamin-Schwefelsäure. Zeitschr. f. Untersuch. d. Nahrungs- u. Genußmittel, 20, S. 676. 1910. — TILLMANS, J. und W. LUCKENBACH: Die Unterscheidung von frischer und neutralisierter Milch und die Ermittlung des Grades einer Neutralisation. Milchwirtschaftl. Forsch., 3, S. 225, 1926. — TILLMANS, J. und A. SPLITTGERBER: Vereinfachung des Verfahrens zur Bestimmung von Salpetersäure in der Milch mit Diphenylamin-Schwefelsäure. Zeitschr. f. Untersuch. d. Nahrungs- u. Genußmittel, 22, S. 1911.

WEISS, H.: Beiträge zur titrimetrischen Bestimmung des Chlor- und Milchzuckergehaltes der Milch. Mitt. a. d. Gebiete d. Lebensmitteluntersuchung u. Hygiene, 12, S. 133. 1921.

2. Bakteriologische und biologische Untersuchungsmethoden

Von

Karl J. Demeter-Weihenstephan

Mit 16 Abbildungen

Einleitung

Es kann heute von niemand mehr bezweifelt werden, daß die bakteriologische und biologische Kontrolle der Milch und der Molkereierzeugnisse nicht bloß eine wünschenswerte Ergänzung der chemischen Methoden, sondern vielmehr ein ganz gleichwertiger, wenn nicht in vielen Punkten überlegener Untersuchungszweig ist. Lange bevor es chemischen Mitteln gelingt, Veränderungen in Milch nachzuweisen, ist die Bakteriologie in der Lage, Milch- und bestimmte Käsefehler gewissermaßen in statu nascendi zu erfassen. Außerdem hat die biologische und bakteriologische Kontrolle nicht bloß die Aufgabe, den Erzeuger vor Materialschaden und finanziellem Verlust zu bewahren, sondern auch die Milch und ihre Erzeugnisse für die Verbraucher nach der gesundheitlichen Seite hin zu überwachen. In dem vorliegenden Beitrag ist die rein pathogene Seite der Milch, vom gelben Galt und den hämolytischen Streptokokken abgesehen, absichtlich nicht behandelt, da diese in dem Handbuch eine gesonderte Behandlung erfährt. Was die bakteriologische Technik anbetrifft, so wird die Vertrautheit mit den elementaren Handgriffen hinsichtlich Sterilisation, sterilen Arbeitens und Mikroskopie als bekannt vorausgesetzt.

Frischmilch (und Rahm)

Probenahme und Behandlung der Proben bis zur Verarbeitung

Die Probeentnahme zwecks bakteriologischer Untersuchung erfordert die größte Sorgfalt. Eine kleine Unachtsamkeit kann das Resultat einer zeitraubenden Untersuchung völlig in Frage stellen. Insbesondere ist darauf zu achten, daß man die Milch (oder das Schwenkwasser bei Prüfung der Reinlichkeit von Melkeimern, Kannen, Flaschen usw.) gründlich durchmischt, um einen guten Durchschnitt zu erhalten. Es braucht wohl nicht besonders betont zu werden, daß sämtliche für die Probenahme gebrauchten Geräte sterilisiert sein müssen. Das Probefläschchen soll groß genug sein, um mindestens 10 cm³ Milch zu fassen. Zur Probenahme aus größeren Behältern (von der Kanne aufwärts) eignet sich nach amerikanischem Muster am besten eine gewöhnliche Glasröhre, die oben und unten offen und lang genug ist, um damit auf den Boden des betreffenden Gefäßes zu gelangen. Man taucht sie in die Milch bis auf den Boden des Gefäßes, verschließt dann zwecks Entnahme die obere Öffnung mit dem Zeigefinger, hebt das Ganze rasch heraus und läßt den Inhalt unter Aufheben des Fingers direkt in die Probeflasche fließen. Der beste Verschluß der Probeflasche ist ein steriler Gummi- oder Korkstopfen, Watte ist aus leicht einzusehenden Gründen völlig ungeeignet.

Bei Betriebskontrolle einer Molkerei entnimmt man an jeder Station, die die Milch passiert, eine Probe, z. B. an der Rampe aus den Kannen, aus dem Bassin der Milchwaage, aus dem Sammeltank, nach der Pumpe, nach der Reinigungszentrifuge, nach dem Vorwärmer, vor und nach dem Dauerpasteurisieren, vor und nach dem Kühlen und zuletzt aus dem Kühlbassin bzw. aus den versandfertig abgefüllten Flaschen.

Man braucht natürlich nicht diesen ganzen Weg zu machen, wenn man aus bestimmten Anhaltspunkten vermutet, daß der gesuchte Fehler z. B. am Pasteur zu suchen ist. Diese Entscheidungen sind vielfach Gefühlssache und können nicht von vornherein nach einem gegebenen allgemeinen Schema getroffen werden.

Bei Prüfung der Reinlichkeit der Melkeimer, Kannen, Tanks usw. muß einheitlich vorgegangen werden. Untersucht man z. B. eine Milchkanne, dann muß immer dieselbe Menge sterilen Wassers (sagen wir 2 Liter) zum Ausschwenken verwendet werden, es muß immer gleiche Zeit darin verbleiben und immer die gleiche Manipulation des Schwenkens (Umstürzen, Drehen usw.) ausgeführt werden. Sonst bekommt man keine vergleichbaren Resultate. Im endgültigen Bericht muß eine Mitteilung über die Art der Probeentnahme usw. enthalten sein.

Am idealsten wäre es, wenn man die Milch gleich nach Probenahme verarbeiten könnte. Dies ist aber in vielen Fällen unmöglich. Am besten ist, man hält die Probefläschchen womöglich in eisgekühltem Wasser verpackt. Die Keimzahl wird hiedurch nicht besonders verändert, sofern man keine zu frisch ermolkene Milch vor sich hat. Denn nach ALBUS geht frische Milch nach Eisverpackung in der Keimzahl um so stärker zurück, je kürzere Zeit nach dem Melken verstrichen ist. Die Ursache hiefür ist die physiologische Empfindlichkeit, durch die junge, im ersten Wachstum befindliche Bakterien ausgezeichnet sind.

Nach weiteren in Amerika gemachten Erfahrungen darf man sich aber im allgemeinen an Folgendes halten: Bei 4⁰ C findet in der Zeit von 12 bis 20 Stunden ein schwaches, wenn auch nicht gleichmäßiges Ansteigen der Keimzahl statt, und zwar um nicht mehr als 20%, sofern nicht irgendwie abnorme Bedingungen herrschen. Starkes Schütteln während des Transportes ist ebenfalls zu vermeiden.

Wichtig ist, bei vergleichenden Untersuchungen immer dieselben Bedingungen einzuhalten und in dem gegebenen Bericht auch die Zeit anzugeben, die zwischen Probenahme und Verarbeitung im Laboratorium verstrichen ist.

Untersuchung des Leukozytengehalts und Sedimentausstrichs Beziehungen zur Katalaseprobe und pH der Milch

Erhöhter Leukozytengehalt ist ein Anzeichen dafür, daß die Milch pathologisch verändert ist. Bei irgendwelchen entzündlichen Prozessen im Euter, die immer mit Bakterieninfektion Hand in Hand gehen (Galt, Pyogenes- und Abortus-Streptokokken, Staphylokokken, Pyogenesbazillen, Tuberkeln und Aktinomyzeten) dringen die Leukozyten in großen Mengen durch das Epithel in die Drüsenläppchen und Milchkanälchen ein, um die eingedrungenen Krankheitskeime durch „Umwallung" in sich aufzunehmen und unschädlich zu machen. Gewöhnliche Marktmilch besitzt nach Prescott und Breed im allgemeinen nicht mehr als 500000 Leukozyten im Kubikzentimeter, während z. B. Blut normalerweise zirka 7500000 im Kubikzentimeter ausweist. Christiansen hat diese Ergebnisse ebenfalls mittels der direkten Keimzählmethode nachgeprüft und ist zu annähernd gleichen Ergebnissen gekommen. Am höchsten ist natürlich der Leukozytengehalt, wenn Blut direkt in das Euter gelangt, wie es bei entzündlichen Prozessen häufig vorkommt.

Als Vorprobe für die gleich zu schildernde Leukozytenprobe empfiehlt Ehrlich die sogenannte „Anmelkmethode" mittels eines schwarzen Seihtuches, das über den Melkeimer gebreitet ist. Sind kranke Viertel vorhanden, so gibt sich dies durch Absetzen eitriger Flocken zu erkennen.

Die Trommsdorffsche Leukozytenprobe wird nach Henkel folgendermaßen ausgeführt:

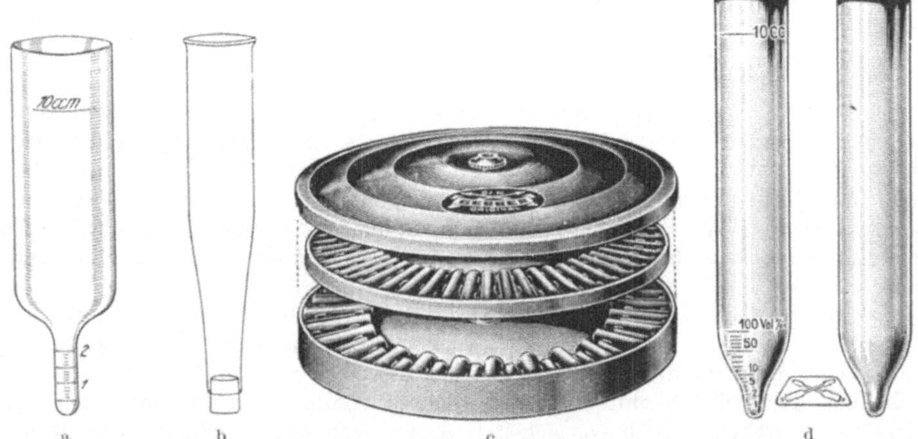

Abb. 1. Apparatur zur Ausführung der Sedimentprobe (Leukozytenprobe)
a Zentrifugenröhrchen nach Trommsdorff, b Sedimentierröhrchen mit herausnehmbaren Gummistopfen, c Gerberzentrifuge für Massenanstellung von Sedimentproben nach Skar, d sogenannte „Skarkapseln", graduiert und ungraduiert

Man gibt in das Schleuderröhrchen (Abb. 1a) 10 cm³ Milch und verschließt mit einem Korkstöpsel. Den verjüngten Teil des Röhrchens steckt man in einen halbdurchbohrten Korkstöpsel, der beim Schleudern das Röhrchen vor dem Zerdrücken schützt. Dann bringt man, den Schutzkork voran, je 1 Röhrchen in eine Hülse einer Schleuder, wie sie zur Fettbestimmung benützt werden und schleudert einige

Minuten. Es scheidet sich in dem engen, geteilten Röhrchen ein Bodensatz von verschiedener Menge ab. Reicht der Bodensatz, von dem man annimmt, daß er zum größten Teil aus Leukozyten besteht, bis zum Teilstrich 0,5, so gilt die Milch noch als normal; reicht er bis zum Teilstrich 1 oder darüber hinaus, dann ist die Milch verdächtig; reicht der Bodensatz über 2 hinauf, so weist das fast mit Sicherheit darauf hin, daß die Milchabsonderung gestört ist.

Man beachte auch die Farbe des Bodensatzes. Gelblicher Bodensatz ist besonders verdächtig (Eiter). Er kann auch grau sein von Milchschmutz, rot von Blutbeimengung. Kolostrummilch gibt auch starken Bodensatz, ohne daß Erkrankung vorliegt.

Die Leukozytenprobe nach TROMMSDORFF gibt natürlich über das „weiße Blutbild" der Milch nur ungenügenden Aufschluß. Ein Zentrifugatausstrich und die direkte quantitative Zählmethode ist nach CHRISTIANSEN ein wertvolles Mittel, die Qualität einer Milch zu bestimmen. Außer den neutrophilen, eosinophilen und basophilen Leukozyten gibt es noch die sogenannten Lymphozyten (kleine runde Zellen mit großem Kern) und die großen mononukleären Zellen. Es würde zu weit führen, an dieser Stelle genauer auf dieses Gebiet einzugehen. Nur eine wichtige Tatsache möge erwähnt werden, nämlich die Bedeutung der neutrophilen Leukozyten für die Diagnose und Prognose entzündlicher Prozesse. Diese kann man in 5 verschiedene Kernsegmentklassen einteilen; in die I. Klasse gehören die jugendlichen neutrophilen Zellen, in die II. Klasse die zweikernigen, in die III. Klasse die dreikernigen usw. Das Blut des normalen Rindes weist am häufigsten neutrophile Zellen der II. und III. Klasse auf. Treten vorwiegend jugendliche Leukozyten oder solche der II. Klasse auf, spricht man von einer „Linksverschiebung", beim Auftreten von neutrophilen Zellen der Klassen III bis V von einer „Rechtsverschiebung". Der Beginn einer Krankheit zeigt sich im Blute durch Ansteigen der Leukozytenzahl bei gleichzeitiger Linksverschiebung der neutrophilen Leukozyten. CHRISTIANSEN hat nun eine Färbemethode angegeben, die es gestattet, die sogenannte ARNETHsche Kernverschiebung auch bei den neutrophilen Leukozyten der Milch zu untersuchen.

Die Herstellung der Präparate und den Färbevorgang beschreibt er in folgender Weise:

Die Milchprobe wird auf etwa 45° erwärmt, damit beim Zentrifugieren ein Teil der Leukozyten nicht mit dem Fett aufrahmt, sondern ins Zentrifugat gezogen wird. Nach dem Zentrifugieren wird der Rahmpfropf möglichst als Ganzes herausgehoben und die Magermilch herausgegossen. Mit einem Wattebausch, der mit einer Pinzette gehalten wird, wischt man die Reste des Rahmpfropfs gründlich heraus, bevor Fettteilchen in das Zentrifugat herunterfließen. Eine Öse voll Sediment setzt man als Tropfen auf einen äußerst sauber geputzten Objektträger und streicht den Tropfen entweder mit einem auf 45° gegen den Objektträger geneigten Deckgläschen oder mit Hilfe eines KLEEBERGschen kantengeschliffenen Glaswürfels aus. Das lufttrockene Präparat wird dann in folgender Lösung mehrere, bis 24 Stunden, entfettet und fixiert:

6 Teile Alkohol abs.
3 Teile Chloroform,
1 Teil Eisessig.

Die eigentliche Färbung geschieht darauf in folgender Weise: Die von der Firma Grübler & Co., Leipzig, bezogenen Farblösungen nach *May-Grünwald* und *Giemsa* füllt man in je 1 Tropfflasche. In einer 3. Tropfflasche hält man sich schwach alkalisches destilliertes Wasser. Der Grad der Alkalität wird geprüft, indem man zu etwas Wasser im Reagenzglas einige Kristalle Hämatoxylin schüttet. Tritt schwache Rosafärbung

---

[1]) Zu beziehen durch die Firma P. Funke, Berlin.

auf, so ist das Wasser gut. Wird durch den Hämatoxylinzusatz das Wasser sofort kirschrot, so ist das Wasser zu stark alkalisch. Als Alkalizusatz verwendet man Natriumkarbonat. Dasselbe Wasser hält man sich in einer Bürette.

Für die Färbung stellt man sich nun folgende Mischung her:

1. Lösung: 5 Tropfen May-Grünwald,
            5   „   Giemsa
           20   „   Wasser, alkalisch.
2.   „   10   „   Giemsa
      10 cm³ Wasser, alkalisch.

Auf das in einer sauberen Petri-Schale liegende fixierte Präparat wird zunächst die 1. Lösung, darauf sofort die 2. Lösung gegossen und die Petri-Schale etwa 2 Minuten geschwenkt. Nach kurzem Abspülen unter der Wasserleitung und Abtrocknen mit Fließpapier ist das Präparat fertig.

Wenn die von Christiansen mit dieser Methode erhaltenen Ergebnisse auch noch nicht endgültig sind, so ließ sich doch feststellen, daß das quantitative Blutbild der Milch zum Teil erheblich von dem des Blutes gesunder Rinder abweicht: Der Gehalt an neutrophilen Leukozyten übersteigt den der Lymphozyten, im qualitativen neutrophilen Blutbild tritt häufig Linksverschiebung auf. Ob eine Rechtsverschiebung einwandfrei auf einen Krankheitsprozeß im Euter schließen läßt, oder ob eine noch stärkere Linksverschiebung, als sie schon vorhanden ist, auf Sekretionsstörungen deutet, müssen weitere Untersuchungen zeigen, auch ist nach Christiansens Ansicht die Mitarbeit eines Tierarztes unentbehrlich. Sollten sich die in dieses Verfahren gesetzten Erwartungen bestätigen, dann dürfte die histologische Zellanalyse für die Qualitätsbestimmung von Milch von großem Werte sein.

Will man sich außer den Leukozyten auch noch darüber unterrichten, welche Bakterienarten sich in einer verdächtigen Milch befinden, dann macht man ebenfalls einen Zentrifugatausstrich. Dieser empfiehlt sich im übrigen auch dann, wenn man rasch einen Einblick in die Bakterienflora einer sonst normalen Milch gewinnen will. Die Bakterien reichern sich ebenso wie die Leukozyten infolge der Zentrifugalkraft in dem Sediment an. Zu diesem Zwecke benutzt man aber vorteilhafterweise nicht die oben erwähnten Schleuderröhrchen, sondern solche, die nach unten konisch verlaufen und eine mit einem kleinen Gummistopfen zu verschließende Öffnung besitzen (Abb. 1b). Nach dem Zentrifugieren kann man nach Ausgießen der Milch und Herausnehmen des Stopfens leicht zu dem Sediment gelangen, was in dem Schleuderröhrchen nach Trommsdorff mit dem engen, verjüngten Teil Schwierigkeiten verursacht. Sehr zweckmäßig und für Massenuntersuchungen besonders geeignet sind die neuerdings von Gerber in Leipzig herausgebrachten „Skar-Kapseln" (Skar 3), graduiert oder ungraduiert (Abb. 1c und d). Im Vergleich zu dem Trommsdorff-Röhren sind sie auch ungemein leicht zu reinigen.

Von dem Sediment wird ein dünner Objektträgerausstrich hergestellt und nach Gram gefärbt.

Die Gram-Färbung führt man für diese Zwecke am besten nach der von Skar modifizierten Methode aus, die zum Nachweis und zur Identifizierung von Mastitisstreptokokken besondere Vorteile bietet.

Die Ausführung ist wie folgt:

1. Das an der Luft getrocknete Präparat wird zirka $^1/_4$ Minute mit 0,15- bis 0,18 %iger wäßriger Lösung von Methylviolett 6 B gefärbt. (Bei Anwendung noch schwächerer Lösungen — etwa 0,1 bis 0,2 ⁰/₀₀ — und längerer Färbedauer — einige Minuten — wird das Resultat noch besser. Dieses Verfahren ist aber natürlich zeitraubender.)

2. Abspülen mit Jod-Jodkalium-Lösung (1:2:97). Nach erneutem Auftropfen bleibt das Präparat zirka $1/4$ Minute stehen.

3. Abspülen mit 96%igem Alkohol; weiteres Betropfen und Schütteln, bis das Präparat abgefärbt ist.

4. Abspülen mit Wasser.

5. Färben mit $1^0/_{00}$iger, wäßriger Auflösung von Neutralrot (destilliertes Wasser 500, Neutralrot 0,5, $1^0/_{00}$ige Essigsäurelösung 1) zirka 3 bis 5 Sekunden.

6. Abstreichen zwischen Filtrierpapier in mehreren Lagen; Trocknen an der Luft.

Mikroskopieren (wobei das Immersionsöl direkt auf das Präparat zu geben ist — ohne Deckgläschen).

Von dem Methylviolett wird eine 1%ige Stammlösung hergestellt, die sehr haltbar ist. Von dieser bringt man die gewünschte Menge — falls notwendig, nach Filtrieren — in eine 50 bis 100 g fassende Tropfflasche und verdünnt mit Wasser. Die Neutralrotlösung, mit welcher kontrastreiche Färbungen erzielt werden, ist auch sehr haltbar.

In dem mikroskopischen Bild heben sich die Gram-positiven Bakterien, zu denen auch die Streptokokken gehören, deutlich blau von dem lichtroten Hintergrund ab. Von den gewöhnlichen Milchsäurestreptokokken unterscheiden sich die Mastitiserreger besonders dadurch, daß sie nicht so tiefblau gefärbt sind und deutlich die Querstreifung der Ketten erkennen lassen. Die einzelnen Glieder sind mehr plattgedrückt (Geldrollenform) und nicht länglich oval, auch sind die Ketten der Galtstreptokokken besonders bei neu entstandenen, stärkeren Leiden immer sehr lang und biegsam[1]). Auf die Schilderung der charakteristischen Degenerationsformen muß ich hier leider verzichten und auf das Original von SKAR mit den Mikrophotographien hinweisen.

Bemerkt sei noch, daß bei Einzelmilchen nur dann von einer Mastitis gesprochen werden kann, wenn die Galtstreptokokken nicht bloß im Zentrifugat, sondern auch in der Milch selbst das Gesichtsfeld mehr oder weniger beherrschen, und gleichzeitig auch anormal viel Leukozyten zu finden sind; denn einige wenige Galtstreptokokken können in jedem Sedimentausstrich gefunden werden, und nach den Untersuchungen von AYERS und MUDGE gehören sie zur normalen Euterflora. Euterentzündung kann fernerhin auch durch Pyogenesbakterien, Colibakterien und eine Reihe anderer Keime verursacht sein.

Milch, die viel Leukozyten enthält und auf Galt verdächtig ist, läßt sich sehr rasch nach einer von BAKER und VAN SLYKE ausgearbeiteten kolorimetrischen H-Ionen-Bestimmung prüfen, die der Vollständigkeit halber ganz kurz auch hier beschrieben werden soll:

Man stellt sich eine gesättigte wäßrige Lösung von Bromkresolpurpur (Dibromorthokresol-sulfon-phthalein) her, zirka 0,1 g auf 100 cm³ destillierten Wassers. Von dieser Lösung gibt man 1 Tropfen zu 3 cm³ Milch in ein Reagenzrohr und beobachtet die Farbe. Bei Durchschnittsmarktmilch ist die Farbe einheitlich blau-grau. Ist diese Farbe nicht vorhanden, besteht Verdacht auf fehlerhafte Milch. Das Extrem ist nach der sauren Seite ein prächtiges Gelb, nach der alkalischen Seite ein tiefes Blau. Schlägt der Ton nach der gelben Seite um, dann ist die Milch entweder bereits gesäuert oder sie hat Formaldehydzusatz oder sie ist überpasteurisiert worden; geht der Ausschlag nach der blauen Seite, dann ist, falls die Milch nicht gewässert oder entfettet wurde, die Möglichkeit vorhanden, daß Alkalibildner in der Milch

---

[1]) Zum kulturellen Nachweis der Mastitisstreptokokken empfiehlt KLIMMER in seiner „Tierärztlichen Milchkontrolle" (R. Schoetz, Berlin 1929) das Anlegen von Bromkresolpurpur-Saccharose-Alkalialbuminat-Agarplatten. Die Galtstreptokokken wachsen auf diesem violett-rötlichen Nährboden in 24 Stunden zu 1 bis 3 mm großen, dunkelgelben, fast undurchsichtigen Kolonien aus, die von einem schmalen, trüben Saum und einem größeren hellgelben Hof umgeben sind.

sind oder, was noch wahrscheinlicher ist, daß die Milch infolge gelben Galtes krankhaft verändert ist.

Die kürzlich von G. Roeder angegebene Thybromolprobe ist nichts anderes als die oben geschilderte p_H-Messung der Milch nach Baker und van Slyke, in neuer Aufmachung mit einem anderen Indikator. Die Ausführung geschieht nach Roeder wie folgt:

Von jedem Euterviertel wird bei Beginn des Melkens eine Probe in ein Reagenzglas gemolken, das bei 5 cm³ eine Ringmarke trägt. Zu diesen 5 cm³ Milch wird je 1 cm³ Thybromollösung (Bromthymolblau) gegeben, umgeschüttelt (wobei das Gläschen einfach mit dem sauberen Daumen verschlossen wird) und hierauf die Farbe der Proben miteinander verglichen. Zum Zugeben der Indikatorlösung bedient man sich zweckmäßigerweise eines einfachen automatischen Abmessers, wie ein solcher samt der übrigen Apparatur usw. durch die Firma Gerber u. Co., Leipzig, bezogen werden kann.

Ist das Euter gesund und die Milch also normal, so zeigen nun alle 4 Viertels-proben gleiche, gelbgrüne Farbe. Ist in einem oder dem anderen Viertel eine Störung im Entstehen begriffen, so gibt sich dies durch eine Verfärbung der betreffenden Proben nach Blaugrün zu erkennen, welche so auffällig ist, daß man sie, besonders im Vergleiche mit den gesunden Proben, gar nicht übersehen kann. Liegt dagegen in einem Viertel eine schon weit vorgeschrittene Erkrankung vor (die dann übrigens in der Regel bei genauerer Betrachtung auch am Aussehen und Geschmack der Milchprobe aus diesem Viertel schon ohne besondere Hilfsmittel wahrgenommen werden kann), so tritt eine rein gelbe Färbung auf, welche ebenfalls mit der normalen gelbgrünen keinesfalls zu verwechseln ist.

Gloy und Bischoff haben die Zuverlässigkeit der Thybromolprobe nachgeprüft und berichten, daß sie rein wissenschaftlich als Universalmittel zur Erkennung von Euterkrankheiten nicht verwendet werden kann. Sie muß vielmehr wie die Chlorzuckerzahl in Verbindung mit der kulturellen und mikroskopischen Analyse durchgeführt werden. Für die Praxis hat sie jedoch gewissen Wert, da sie schnell, einfach und billig ist und einen ungefähren Anhalt über Sekretionsstörungen bei Kühen zu geben in der Lage ist.

Die einige Zeit später von Mundinger herausgebrachte Phenorolprobe beruht ebenfalls auf dem Prinzip der p_H-Bestimmung; er verwendet aber das deutlich umschlagende Phenolphthalein, indem er gleichzeitig mit der Zugabe des Indikators, unter Beifügung von 2 cm³ n/10 NaOH zu 10 cm³ Milch den p_H-Bereich in das für Phenolphthalein empfindliche Gebiet verschiebt. Nach dem Durchschütteln springen die Milchen euterkranker Tiere durch ihre rosa bzw. tiefrote Färbung heraus, während normale Milch weiß bleibt. Die hierfür geeignete Apparaturzusammenstellung liefert die Firma Funke, Berlin. Die Probe wird in ihrem wissenschaftlichen und praktischen Wert der Thybromol-probe gleichzustellen sein.

Eine andere Probe, die sich früher einer allgemeinen Verwendung erfreute, möge hier angeschlossen werden, nämlich die

Katalaseprobe

Sie beruht auf der Tatsache, daß in Milch um so mehr von dem Enzym Katalase vorhanden ist, je anormaler die Milchsekretion ist und je mehr Leukozyten sie enthält (Euterentzündung). Früher machte man auch den allgemeinen Bakteriengehalt einer Milch für einen hohen Katalasewert verantwortlich. Da sich jedoch nach den Untersuchungen von Beijerinck, Orla-Jensen, Virtanen und Kluyver herausgestellt hat, daß sämtliche Organismen, die sich ausschließlich fermentativ ernähren (wie z. B. die echten Milchsäure-streptokokken, die streng anaeroben Buttersäurebakterien und die ebenfalls anaeroben Eiweißzersetzer von der Gruppe des Bacillus putrificus), der Katalase entbehren, hat man die Katalaseprobe als einen Index für den Bakteriengehalt der Milch fallen gelassen. Dagegen leistet sie gute Dienste, wenn es sich darum handelt, **krankhafte Milch** festzustellen, wobei man dann immer am besten die Viertel der einzelnen Kühe unter-sucht. In Mischmilch kann man mittels der Katalaseprobe auch Beimischung von Kolostral- oder zu junger Milch nachweisen, denn diese enthält ebenfalls reichlich Katalase.

Unter Verzicht auf die Schilderung der verschiedenen bei der Katalaseprobe gebräuchlichen Systeme (siehe Henkels Katechismus) möge der einfach zu handhabende Katalaseapparat nach Hackmann (Abb. 12) kurz geschildert werden. Seine Verwendung ist folgendermaßen:

Man füllt in die umgewendete Röhre durch die mit einem Gummi-stopfen verschließbare Öffnung I 5 cm³ 1%ige H₂O₂-Lösung und 15 cm³ Milch, hierauf wird sie nach Abschließen mit dem Gummi-stopfen wieder umgewendet, so daß sich die Röhre wieder in derselben Stellung befindet, wie in der Abbildung dargestellt ist. Hierauf wird mittels tieferen Einführens des Gummistopfens das Flüssigkeitsgemisch auf die 0-Marke eingestellt und in ein Wasserbad von 22° C gebracht. Der im oberen Teil der Erweiterung (III) angesammelte Sauerstoff drückt die Flüssigkeit durch die Öffnung der dünnen Röhre II in den mit Skala versehenen Halsteil, dessen Öffnung (IV) mit der Luft in Verbindung steht. Das Steigen der Flüssigkeitssäule über die 0-Marke hinaus gibt die gebildeten Kubikzentimeter Sauerstoff an. Bei **mehr als 4 cm³** gilt die Milch als **nicht mehr normal**.

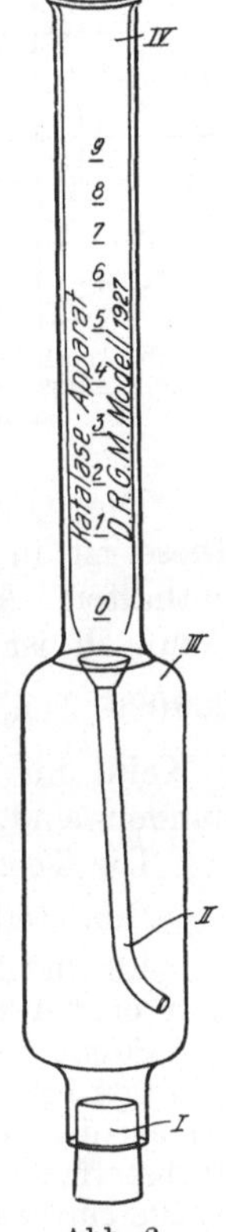

Abb. 2
Katalase-
apparat nach
Hackmann
(Funke-Berlin)

Die Bestimmung des Keimgehaltes

Die Keimzahlbestimmung kann entweder nach der direkten oder nach der indirekten Methode ausgeführt werden. Welche von beiden man verwendet, ist nicht bloß Geschmackssache, sondern hängt vielfach auch von der Art der zu untersuchenden Milch ab, wobei man am besten von Fall zu Fall nach den im folgenden beschriebenen Grundsätzen entscheidet.

Die direkte mikroskopische Methode nach Skar

Die direkte mikroskopische Betrachtung wurde 1912 von Olav Skar zum erstenmal dazu verwendet, tierische Zellen (Leukozyten) und andere Keime quantitativ festzustellen. 1922 (Skar 2) arbeitete er das Verfahren auch für die Zählung und Bestimmung des Gesamtkubikinhaltes von Mikroorganismen in festen und flüssigen Substanzen aus. 1927 hat sich Neukomm eingehender mit der Skarschen Methode befaßt in einer Dissertation: „Le contrôle bactériologique du lait par la methode de Skar", wobei er sie hinsichtlich der Färbung, wie folgt, modifiziert hat.

Als Basis für die Untersuchung dient die im Okularfeld sichtbare Menge an Bakterien.

Die Apparatur[1]) besteht hauptsächlich aus 2 Teilen: 1 Objektträger, auf dem eine Fläche von 500 mm² umrissen ist, und 1 Okular, in dem 2 Quadrate

---

[1]) Die zur Methode nach Skar benötigten Apparate werden von der Firma Zeiss in Jena hergestellt.

und 1 Kreis bekannter Fläche eingeätzt sind (siehe Abb. 3). Vor allem anderen
muß nun mittels eines Objektmikrometers das Mikroskop auf eine bestimmte
Vergrößerung eingestellt werden, indem man unter Benützung einer $^1/_{12}$ Ölimmer-

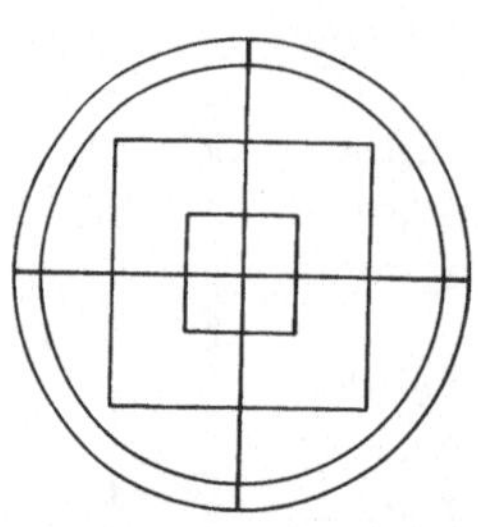

Abb. 3. Einteilung des
Okularmikrometers nach
Skar

sion den Tubus so weit herauszieht, bis die Länge des
größeren Quadrates 50 μ entspricht ($=5$ Teilstriche des
Objektmikrometers, das in $^1/_{100}$ mm eingeteilt ist). Die
Oberfläche dieses Quadrates beträgt 50 $\mu \times 50\ \mu =$
$= 0,0025$ mm² oder $^1/_{400}$ mm². Die Beziehung zu dem
kleineren Quadrat und großen Kreis ist so, daß jenes
die 10mal kleinere, dieser die 10mal größere Fläche
besitzt, also $^1/_{4000}$ mm² bzw. $^1/_{40}$ mm².

Nach dieser Vorbereitung geht man an die Herstellung des Präparates, indem man auf dem erwähnten
Objektträger 0,02 cm² Milch auf eine Fläche von 500 mm²
gleichmäßig ausbreitet. Die Zahl der Keime pro 1 cm³
Milch berechnet sich dann folgendermaßen:

Die von dem großen Quadrat eingeschlossene Fläche ist 0,0025 mm².
Diese ist in der Gesamtoberfläche des Ausstriches von 500 mm² 200000mal
enthalten. Auf diesen 500 mm² ist nun 0,02 cm³ Milch ausgestrichen worden,
demnach ist die auf dem großen Quadrat ausgestrichene Milchmenge der
200000. Teil, also: $\dfrac{0,02\ \text{cm}^3}{200\,000} = 0,000\,000\,1\ \text{cm}^3 = \dfrac{1}{10\ \text{Millionen}}\ \text{cm}^3$. Somit bedeutet
1 Keim im großen Quadrat, daß in 1 cm³ Milch 10 Millionen Keime vor-
handen sind.

Die Technik für Milch ist folgende:

Man stellt sich von der zu prüfenden Milch folgendes Gemisch her:

4,8 cm³ Milch, 0,18 cm³ alkoholische Methylenblaulösung (2 g Methylenblau +
+ 10 cm³ Alkohol), 0,02 cm³ 30%ige Kalilauge.

Somit hat man die Milch um 4% verdünnt, was bei der Berechnung des End-
resultats berücksichtigt werden muß. Neukomm verwendet Thymolblau (Vianablau)
anstatt des Methylenblaus und schlägt vor, zwecks Ausschaltung des durch die 4%
Farbstoffgemischzugabe entstandenen Fehlers anstatt der 0,02 cm³ = Pipetten
0,0208 cm³ zu verwenden.

Von diesem Gemisch werden nun mittels der Spezialpipette 0,02 cm³ oder besser
nach Neukomm 0,0208 cm³ auf einen vollständig entfetteten Objektträger aufge-
tragen und gleichmäßig auf 500 mm² ausgebreitet. Hierzu benützt man einen recht-
winkelig umgebogenen, dünnen Platindraht. Hierauf folgt Trocknen in waagrechter
Lage, vor Staub geschützt. Das Immersionsöl bringt man direkt auf das Präparat.
Die Bakterien heben sich besonders bei Benützung von Thymolblau ganz dunkel
von dem hellblauen Untergrund ab, während die mit Methylenblau hergestellten
Ausstriche etwas flauer sind.

Bei der Auszählung bedeutet jeder Keim:

Innerhalb des Kreises	1 Million	solcher pro 1 cm³			
In ½ Kreis....................	2 Millionen	,,	,,	1	,,
,, ¼ ,, ...	4	,,	,,	,,	1	,,
Im großen Quadrat	10	,,	,,	,,	1	,,
In ½ des großen Quadrates	20	,,	,,	,,	1	,,
,, ¼ ,, ,, ,, ...	40	,,	,,	,,	1	,,
Im kleinen Quadrat	100	,,	,,	,,	1	,,
In ½ des kleinen Quadrates ...	200	,,	,,	,,	1	,,
,, ¼ ,, ,, ,, ...	400	,,	,,	,,	1	,,

Man zählt in einem Präparat meistens 20, höchstens 40 Felder aus, bei
Bakteriengruppen wird möglichst jedes einzelne Individuum gezählt, über dessen

Zweckmäßigkeit im nächsten Kapitel genauer verhandelt wird. Finden sich z. B. im großen Quadrat (Wert 10millionenfach) als Gesamtzahl von 20 verschiedenen Zählungen am selben Präparat 150 Zellen, dann ergibt sich:

$$\frac{150 \cdot 10\,000\,000}{20} = 75\,000\,000.$$

Hilgermann und Spranger haben vergleichende Untersuchungen über die Keimzahlbestimmung nach der Plattenmethode und der Skarschen Methode ausgeführt und kommen zu dem Ergebnis, daß man mit dieser nur wenig höhere, rund doppelt so hohe Keimzahlen als mit dem Plattenverfahren erhält, wenn man alle Bakteriengruppen als Einheit zählt. Auf diese Beziehungen werden wir bei der Breed-Methode zurückkommen, bei welcher Gelegenheit auch die Vorteile und Nachteile der direkten Bakterienzählmethode besprochen werden sollen.

Die direkte mikroskopische Methode nach Breed

Sie hat gegenüber der eben geschilderten den Vorteil der größeren Einfachheit.

Die zur Ausführung benötigte Apparatur[1]) ist Abb. 4 zusammengestellt.

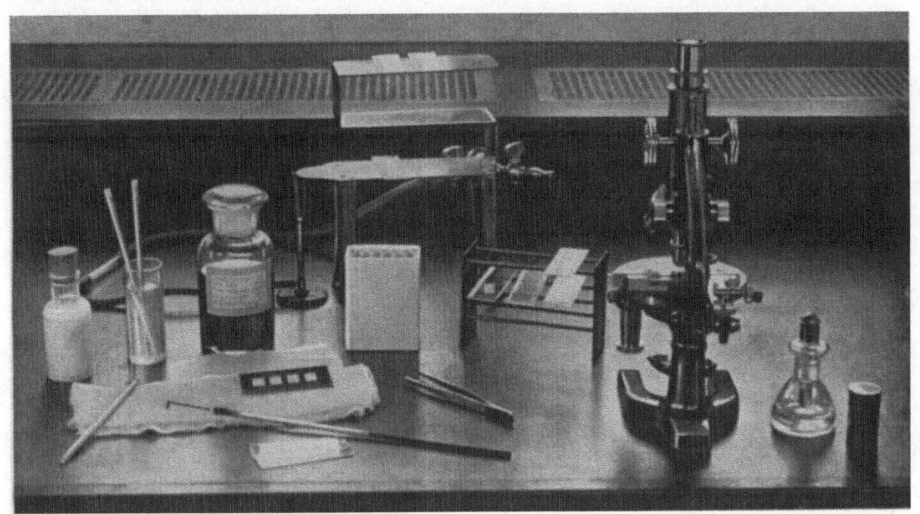

Abb. 4. Apparatur zur direkten Keimzählmethode nach Breed

Von links nach rechts: Probefläschchen, 0,01 cm³ Kapillarpipetten, Weithalsflasche mit Färbelösung, davor ein Filtrierpapier- und ein Gazestreifen mit Ausstrichschablone, winkelig abgebogener Nadel, Objektträger mit angerauhtem Rand und Pinzette, darüber Küvette mit destilliertem Wasser und Trocknungsgestell mit Mikrobrenner, weiterhin Objektträgergestell und Mikroskop mit Ölimmersion

Abgesehen vom Mikroskop, den Objektträgern und der Färbeflüssigkeit ist am wichtigsten eine Kapillarauslaufpipette, mittels der man nach Ausblasen 0,01 cm³ Milch erhält (siehe Abb. 5).

Man kontrolliert sie vor Gebrauch mittels Auswiegens des erhaltenen Milchtröpfchens, das, wenn es 0,01 cm³

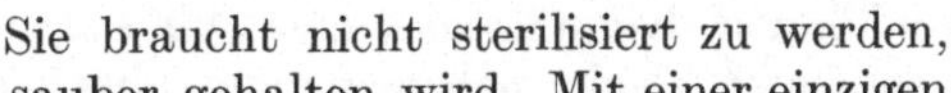

Abb. 5. Kapillarpipette nach Breed

Milch ist, 0,0103 g schwer sein soll. Sie braucht nicht sterilisiert zu werden, wichtiger ist, daß sie immer peinlich sauber gehalten wird. Mit einer einzigen

---

[1]) Ein fertig zusammengestelltes Besteck ist für RM 12,— bei der Firma Lautenschläger in München, Lindwurmstraße 29—31, zu beschaffen.

Pipette kann man eine ganze Reihe Milchproben verarbeiten, wenn sie zwischen jeder Milch immer wieder gereinigt wird. Nach Gebrauch kommen alle benutzten Pipetten in eine Lösung von Schwefelsäure und Kaliumbichromat.

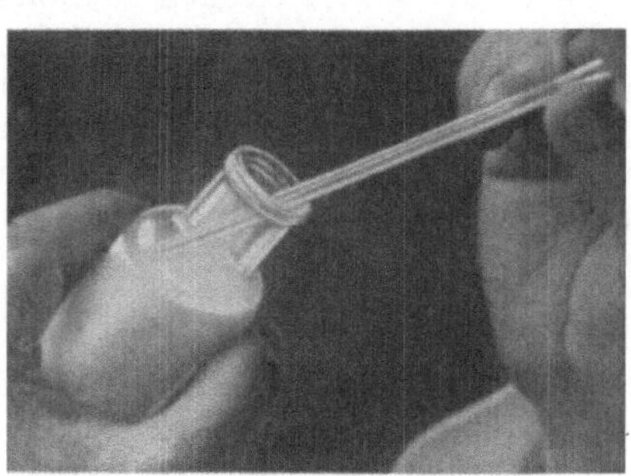

Abb. 6a. Abpipettieren von 0,01 cm³ Milch mittels Kapillarpipette

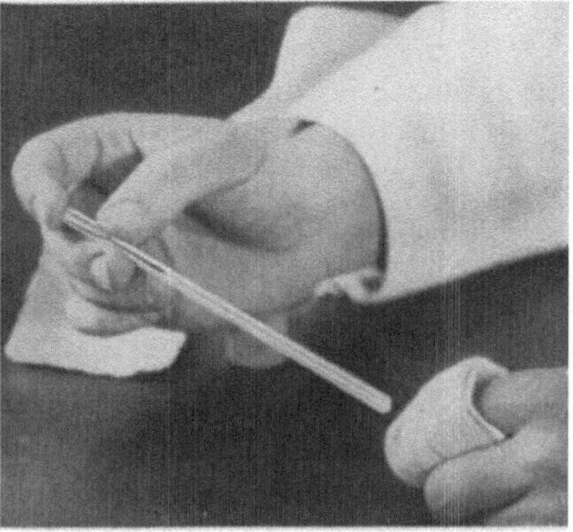

Abb. 6b. Einstellen auf die 0,01 cm³ Marke mittels Abtupfens an sauberer Gaze

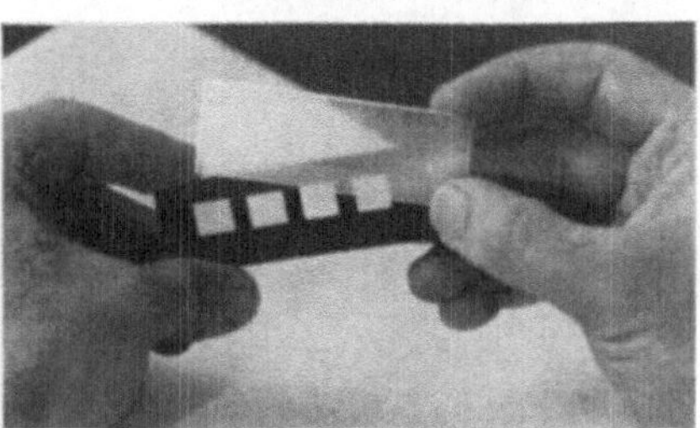

Abb. 6c. Auflegen des Objektträgers auf die Ausstrichschablone

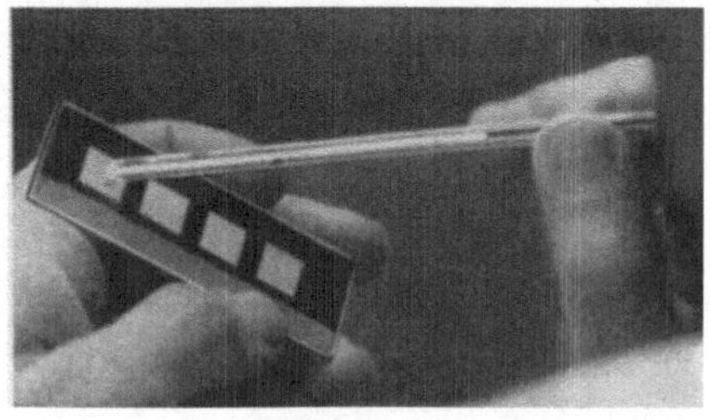

Abb. 6d. Ausblasen des Milchtröpfchens über einem der cm³-Felder

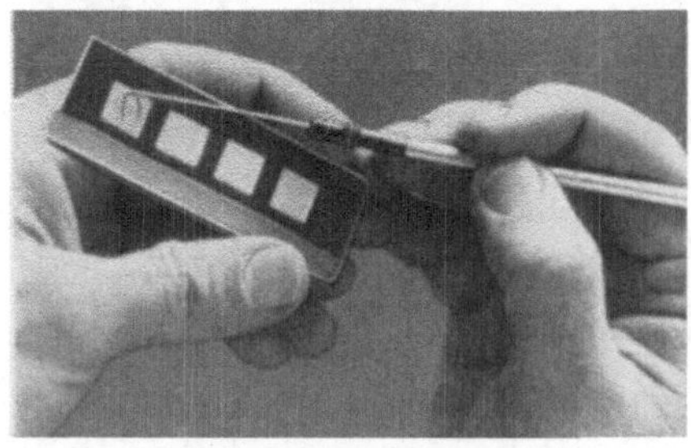

Abb. 6e. Ausbreiten des 0,01 cm³-Milchtröpfchens mittels winkelig abgebogener Nadel auf die Fläche von 1 cm³

Abb. 6f. Trocknen auf waagrechter, angewärmter Unterlage

Um das Milchtröpfchen auf dem Objektträger genau auf 1 cm² ausbreiten zu können, benutzt man eine Ausstrichschablone, auf der 4 bis 5 Felder von 1 cm² Fläche nebeneinander abgebildet sind (siehe Abb. 6c bis e).

Die Objektträger besitzen auf einer Längsseite einen angerauhten Rand, auf dem man mit Bleistift Notizen machen kann.

Die Herstellung des Milchausstriches geschieht folgendermaßen (vgl. Abb. 6a bis l):

Nach einem gründlichen Schütteln der Probe wird mittels der beschriebenen Pipette etwas mehr als 0,01 cm³ Milch entnommen (6a)[1] und mittels Abtupfens der Pipettenspitze an einer sauberen Gaze (6b) die Milch auf die 0,01 Marke eingestellt. Dann legt man einen sauberen Objektträger auf die Ausstrichvorlage (6c) und bläst die 0,01 cm³ über einem Quadrat aus (6d). Das Milchtröpfchen wird nun mittels einer winkelig abgebogenen Nadel gleichmäßig über 1 cm² verteilt (6e) und auf waagrechter Unterlage durch gelindes Erwärmen an den Objektträger angetrocknet (6f). Dies soll an einem staub- und fliegensicheren Ort geschehen! Das Antrocknen soll in 5 bis 10 Minuten vollendet sein.

Nach dem Trocknen kommen der Ausstrich (bzw. die Ausstriche) nach der von Newman modifizierten Methode in eine Lösung, die zu gleicher Zeit fixiert, entfettet und färbt (6g bis h).

Verwendet man Lösung I, dann dauert das Eintauchen des Objektträgers ½ bis 4 Minuten. Das Rezept für Lösung I ist folgendes:

Lösung I: Methylenblaupulver .... 2 g
          Alkohol 95% .... 60 cm³
          Xylol 40   ,,
          Eisessig 6   ,,

Das Methylenblau (M. medicinale!) wird in warmem Alkohol aufgelöst und nur langsam zugegeben. Hierauf folgt Zugabe von Xylol und Eisessig. Filtrieren und in dicht verschlossener Flasche aufbewahren!

Verwendet man Lösung II, dann wird der Objektträger unmittelbar nach dem Eintauchen wieder herausgezogen. Das Rezept ist folgendes:

Lösung II: Methylenblaupulver .... 1 g
           Alkohol 95% .... 54 cm³
           Tetrachloräthan 54   ,,
           Eisessig 6   ,,

Das Tetrachloräthan ist an die Stelle von Xylol getreten und soll das Fett besser herauslösen. Es wird mit Alkohol in einer Flasche gemischt und auf eine Temperatur nicht höher als 70° C gebracht, dann das Methylenblau medicinale hinzugefügt. Nach heftigem Schütteln folgt, wenn der Farbstoff völlig gelöst ist, Zugabe des Eisessigs. Filtrieren und in dicht verschlossener Flasche aufbewahren!

Newman hat auch noch eine III. Lösung angegeben, auf die wir aber hier verzichten können.

Welches von den Rezepten man verwenden will, hängt vielleicht mehr vom Geschmack ab. Wir fanden, daß Rezept I die besten Durchschnittsbilder gibt, ohne Rücksicht darauf, ob die Ausstriche vorher rasch oder langsam getrocknet wurden. Rezept II und III geben weniger gute Bilder, wenn die Ausstriche langsam getrocknet wurden. Die Bilder werden etwas flau und die Bakterien sind nicht so gut gefärbt, weil anscheinend die Farbe nicht so leicht eindringt. Die Milchhäutchen sind nämlich etwas gequollener und voluminöser, wenn der Trocknungsvorgang in langsamem Tempo stattgefunden hat. Anscheinend hat der Farbstoff in diesem besonderen Fall nicht die Fähigkeit, so kräftig zu färben. Eine intensivere Färbung kann aber auch nicht erzielt werden, wenn man die Präparate länger als angegeben in den Lösungen von Rezept II beläßt. Im Gegenteil, die Bakterien werden eher wieder blasser. Sollte aus irgendeinem Grunde bei Lösung I überfärbt worden sein, dann kann

---

[1] Will man die Keimzahl stark ansaurer oder bereits geronnener Milch bestimmen, gibt man zu der Milch entsprechende Mengen verdünnten Ammoniak und berücksichtigt die entstandene Verdünnung bei der Berechnung des Endresultates.

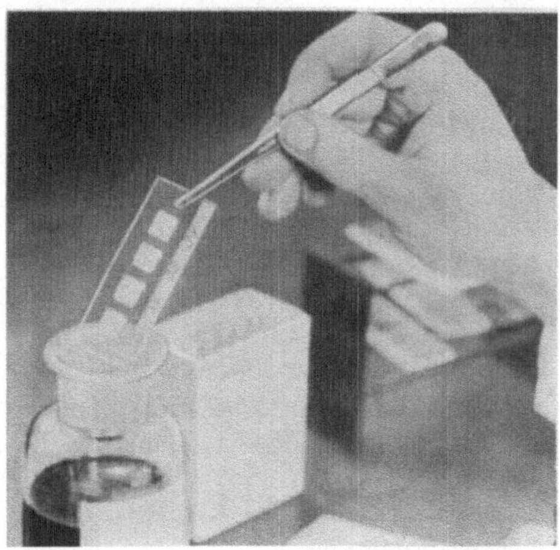

Abb. 6g. Eintauchen in die Färbelösung (zugleich Entfettung und Fixierung)

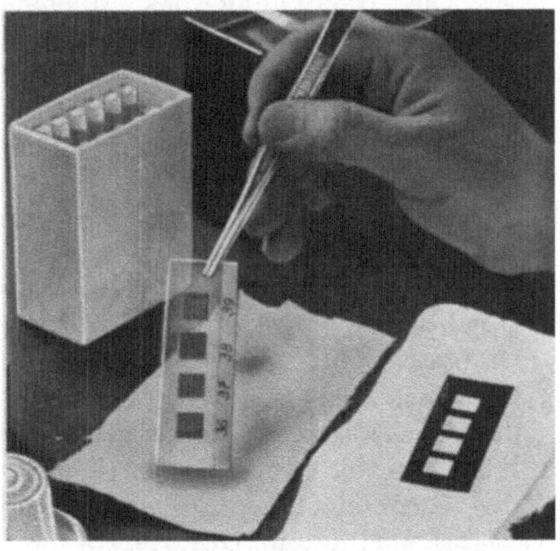

Abb. 6h. Ablaufenlassen der Färbeflüssigkeit und Trocknen auf Filtrierpapier

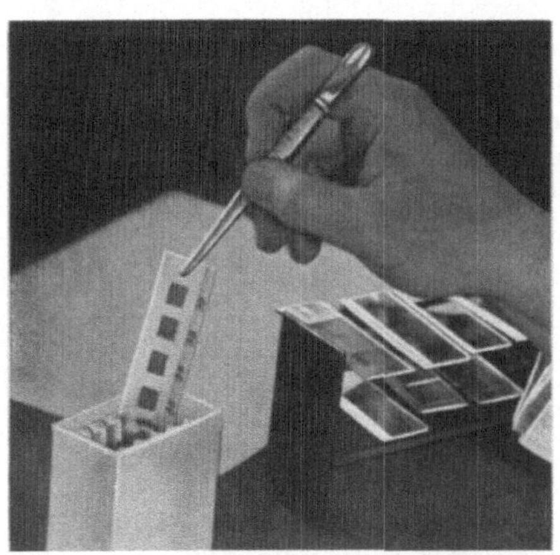

Abb. 6i. Nach Trocknen Wässern zwecks Entfernung des überflüssigen Farbstoffs

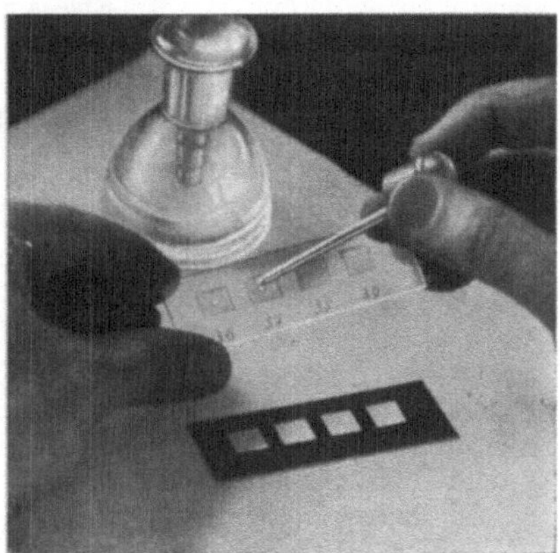

Abb. 6k. Auftropfen des Zedernöls direkt auf die wieder getrockneten Ausstriche (ohne Deckglas)

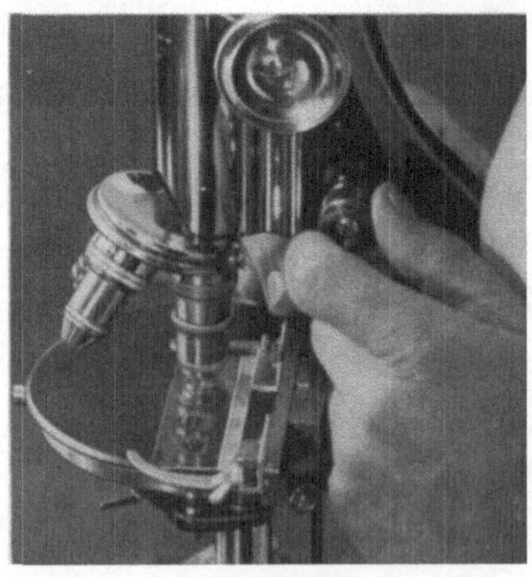

Abb. 6l. Untersuchung der Präparate mit der Ölimmersion (unter Zuhilfenahme eines Kreuztisches)

der Schaden nach Trocknen durch Differenzieren in Salzsäure-Alkohol (3 cm³ konzentrierte Salzsäure zu 100 cm³ 70%igen Alkohol) wieder gut gemacht werden.

Nach dem Färben legt man den Objektträger auf Filtrierpapier (6 h) und läßt ihn vollständig trocknen. Wird dies nicht getan, erscheinen hernach im mikroskopischen Gesichtsfeld störende Wassertropfen und Kristalle, da sich das Wasser mit dem Xylol bzw. dem Tetrachloräthan nicht verträgt.

Ist das Trocknen beendet, befreit man die Ausstriche durch Einstellen des Objektträgers in ein Glas oder eine Küvette mit Wasser von dem überflüssigen Farbstoff (6 i) und trocknet wieder mittels Fließpapiers. Zwecks raschen Trocknens kann man den Objektträger auch vorsichtig anwärmen.

Erst wenn die Ausstriche wieder vollständig lufttrocken sind, dürfen sie weiter behandelt werden. Zu diesem Behufe gibt man einen Tropfen Zedernöl auf jeden Ausstrich (6 k) und spannt den Objektträger zweckmäßig in einen Kreuztisch am Mikroskop ein (6 l), um beim Durchsuchen systematisch vorgehen zu können. Zuvor muß aber das Mikroskop entsprechend eingestellt werden.

Die Einstellung des Mikroskops.

Zu diesem Zwecke legt man unter Benützung einer $^1/_{12}$ Ölimmersion ein Objektmikrometer unter das Mikroskop, das in Hunderstel Millimeter eingestellt ist. Dann zieht man unter Verwendung eines entsprechenden Okulars den Tubus so weit aus, bis das Gesichtsfeld einen Durchmesser von 0,205 mm besitzt (siehe Abb. 7). Hat man einmal eingestellt, merkt man sich Okular und Tubuslänge und braucht für die Zukunft das Objektmikrometer nicht mehr. Bei dieser Einstellung bedeckt das mikroskopische Gesichtsfeld eine Fläche von $^1/_{3000}$ cm² (genau $^1/_{3028}$ cm²). Findet sich also in einem Gesichtsfeld 1 Bakterium, dann entspricht dies einer Keimzahl von $3000 \times 100 = 300\,000$ pro 1 cm³. Man untersucht aber nie ein einziges Feld, sondern bis zu 30. Je niedriger die Keimzahl, um

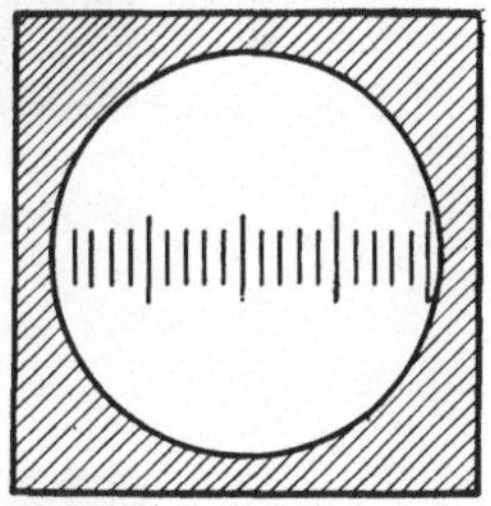

Abb. 7. Einstellung des Gesichtsfeldes auf 0,205 mm Durchmesser mit Hilfe eines Objektmikrometers

so mehr Felder müssen durchsucht werden, weil es sich dann oft ereignet, daß man in manchen Feldern gar keine Keime auffindet. In diesem Falle kann man auch ein Okularmikrometer zu Hilfe nehmen, dessen Kreis in 4 Quadranten geteilt ist. Dann wird das Mikroskop neuerdings so eingestellt, daß diesmal nicht das Gesichtsfeld, sondern der im Okularmikrometer befindliche Kreis einen Durchmesser von 0,146 mm besitzt (Einstellung wieder unter Benutzung des Objektmikrometers). In diesem Fall entspricht die durch den Kreis begrenzte Fläche $^1/_{600\,000}$ cm³ Milch. Somit ist die Vergrößerung eine stärkere und die Gefahr, Bakterien zu übersehen, eine geringere. — Wo die Keime in die Millionen gehen, genügen 10 Zählungen.

Zwei charakteristische Beispiele dafür, wie Breed-Ausstriche unter dem Mikroskop aussehen, sind in Abb. 8 a und b gegeben.

Die Bewertung der Milch nach der Breedschen Keimzählmethode.

Bei Durchschnittsmarktmilch gibt die Methode gute Resultate, und wo die durchschnittliche Anzahl der Einzelbakterien (nicht Gruppen) weniger als 24 auf insgesamt 30 Feldern ist, darf man annehmen, daß man nach der Plattenzählmethode weniger als 60 000 pro 1 cm³ erhalten würde. Wo die Zahl weniger als 80 auf 30 Feldern, dürfte die Plattenzählung weniger als 200 000 pro 1 cm³ ergeben, und wo die Zahl weniger als 800 auf 30 Feldern ist, nicht mehr als 2 000 000 pro 1 cm³. — Wenn man Milch unter 100 000 pro 1 cm³

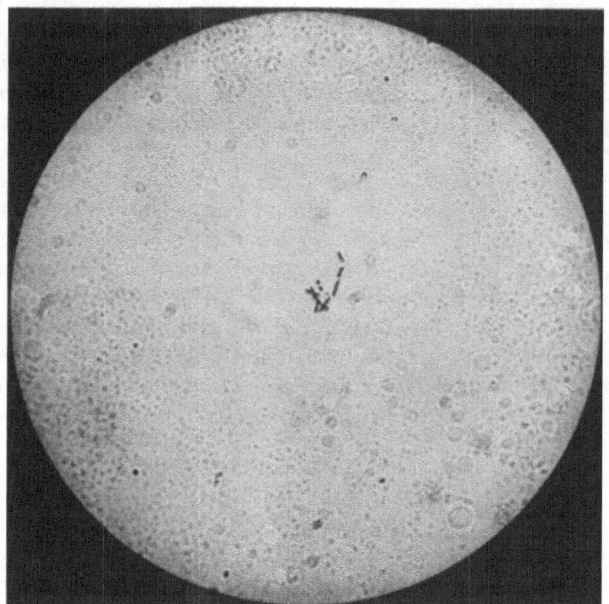

a) Durchschnittsmarktmilch (in der Mitte eine Gruppe von Milchsäurestreptokokken und Milchsäurelangstäbchen)

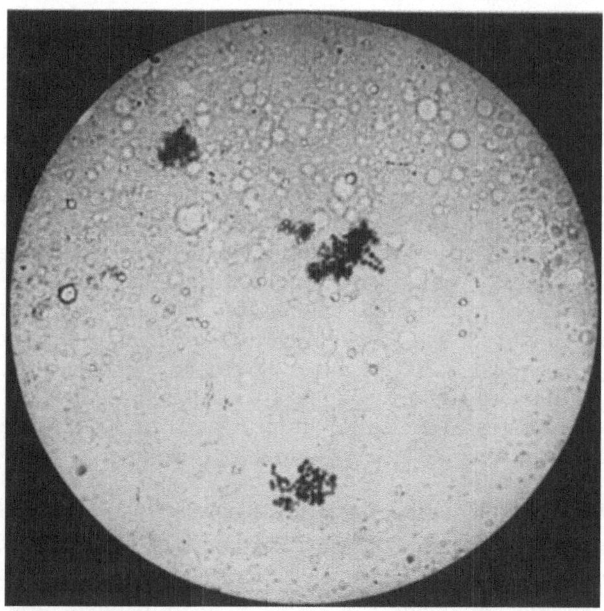

b) unsaubere Milch (die zahlreichen Mikrokokkenhaufen deuten
auf Verwendung schlecht gereinigter Geräte)

Abb. 8 a) und b). Mikroskopische Bilder von Milchausstrichen nach der Breed-Methode. (Die runden
Aussparungen sind die herausgelösten Fetttröpfchen

untersucht, nimmt man zweckmäßigerweise das beschriebene Okular mit der in 4 Quadranten eingeteilten Kreisfläche. Findet man weniger als 4 Bakterien in insgesamt 60 Feldern, wird dies annähernd einer Plattenkeimzahl von weniger als 10000 pro 1 cm³ entsprechen, wo die Anzahl weniger als 24 auf 60 Feldern, einer solchen von 60000, und wo sie weniger als 80 auf 60 Feldern ist, einer Plattenzählung von 200000 pro 1 cm³. — Die Angaben sind berechnet unter der Annahme, daß durch die direkte mikroskopische Methode 4mal soviel Keime gezählt werden als nach der Plattenzählmethode, wenn die Agarplatten 2 Tage bei 37° C bebrütet werden[1]).

Beim praktischen Zählen empfiehlt es sich oft nicht, jedes einzelne Bakterium zu zählen, sondern man zählt nur die Gruppen. Wenn man dies tut, dürfte man sich dem Wert, den man mit der Plattenmethode erhält, am meisten nähern. Denn Bakteriengruppen erscheinen auf einer Agarplatte als eine einzige Kolonie.

Zweckmäßigkeit der direkten Keimzählmethoden

Die Keimzählverfahren nach der direkten Methode haben den Vorzug, daß man sie verhältnismäßig rasch und mit sehr einfachen Mitteln durchführen kann. Es erübrigt sich eine Sterilisationseinrichtung, da die verwendeten Geräte

---

[1]) Während des Druckes ist eine sehr wichtige Arbeit von J. D. Brew erschienen über die verhältnismäßige Genauigkeit der direkten mikroskopischen und der Plattenmethode bei Bestimmung der Bakterienzahl in Milch (Journ. of Dairy Science, Vol. XII, S. 304. 1929).

Es wurden von ihm die bei vielen Hunderten von Proben erhaltenen Ergebnisse der beiden Keimzählungsmethoden variationsstatistisch ausgewertet und miteinander verglichen. Es konnte in beiden Fällen eine große Variabilität festgestellt werden. Die Werte, die bei der mikroskopischen Zählung von Einzelindividuen erhalten wurden, variierten im Vergleich zu den Werten der Gruppenzählung um das 4,8- bis 6,2fache und im Vergleich zu jenen der Plattenmethode um das 3- bis 4,5fache. Die Plattenmethode ergab immer höhere Werte als die mikroskopische Gruppenzählung. Was nun bei der Plattenmethode die Verwendung verschiedenen Agars betrifft, so konnte festgestellt werden, daß die mit gewöhnlichem F. P.-Agar erhaltenen Kolonienzahlen im Durchschnitt 4,5mal höher (oben ist der Faktor 4,0 angegeben) und die mit Laktoseagar erhaltenen Kolonienzahlen durchschnittlich 3mal höher waren als die bei der mikroskopischen Zählung der Einzelindividuen erhaltenen Werte. Brew glaubt, daß man durch Laktosezusatz die Genauigkeit der Plattenmethode wesentlich erhöhen könnte. Die am wenigsten miteinander vergleichbaren Resultate wurden mit der mikroskopischen Gruppenzählung im Vergleich zur Plattenmethode erhalten. (Früher glaubte man, daß zwischen diesen beiden die meiste Übereinstimmung herrschen müßte, da ja bei der Plattenmethode die Bakteriengruppen als Einzelkolonien erscheinen; siehe oben.) Dieses unerwartete Ergebnis ist nach Brews Ansicht hauptsächlich darin zu suchen, 1. daß es zu sehr der Willkür des Mikroskopierenden überlassen ist, was er als Bakteriengruppen ansprechen will und was nicht, 2. daß die verschiedenen Organismen im Agar nicht die gleichen Lebensbedingungen finden, und 3. daß während des Verdünnungsprozesses die Bakteriengruppen mehr oder weniger auseinanderbrechen.

Die Übereinstimmung zwischen den beiden Keimzahlbestimmungsmethoden ist auch davon abhängig, wie hoch der Gesamtbakteriengehalt der zu untersuchenden Milch ist. Die Übereinstimmung ist um so größer, je keimreicher, um so geringer, je keimärmer die Milch ist. Somit läßt sich auch nicht behaupten, daß die eine oder andere Methode die zuverlässigere sei. Man kann nach jeder die Milch in verschiedene Klassen einteilen, wobei sich aber die Plattenmethode dort als praktischer erweist, wo man mit niedrigen Keimzahlen (ein paar 1000 pro 1 cm³) zu tun hat. Jedenfalls sind trotz der festgestellten Variabilität beide Methoden genau genug, um auf Grund ihrer Resultate bakteriologische Milchkontrolle durchzuführen.

lediglich sauber gereinigt, aber nicht steril zu sein brauchen. Was aber not tut, das ist etwas Übung, besonders beim Zählen, um flott arbeiten zu können.

Speziell die Breed-Methode kann man nach unseren Erfahrungen jedem einfachen Molkereischüler mit Erfolg beibringen, sofern er nur einigermaßen begabt ist. Für die milchwirtschaftliche Praxis wäre es ein nicht hoch genug einzuschätzender Vorteil, wenn auch in den kleineren Betrieben immer jemand vorhanden wäre, der in der Lage ist, schnell und rasch in wenigen Minuten die Qualität einer angelieferten Milch zu bestimmen. Für diese Möglichkeit zu sorgen, dürfte in Zukunft eine dankenswerte Aufgabe der Molkereischulen sein.

Die Handlichkeit und Einfachheit der Apparatur erlaubt es fernerhin den Betriebskontrolleuren, draußen auf dem platten Lande die Milchausstriche herzustellen und sie zu Hause auszuwerten.

Ein weiterer Vorzug der direkten mikroskopischen Betrachtung ist die Möglichkeit, gleichzeitig mit der Keimzahl auch die Keimart feststellen zu können, soweit sich diese morphologisch bestimmen läßt. Mastitis-Streptokokken z. B. und hohe Leukozytenzahl lassen sich sofort mit Sicherheit erkennen. Hier versagt das Plattenverfahren oder die Reduktaseprobe vollständig. Auch ein reichlicheres Vorhandensein von Kurzstäbchen (Coli-Aerogenes-Gruppe) wird einem aufmerksamen Auge nicht entgehen können. Die Herstellung eines zweiten, diesmal nach Gram gefärbten Ausstriches wird darüber genaueren Aufschluß geben (siehe S. 364 u. 367).

Gegenüber den Vorteilen treten die Mängel des Verfahrens in den Hintergrund, als da sind die Unmöglichkeit, tote und lebende Bakterien voneinander zu unterscheiden (bei pasteurisierter Milch), die verhältnismäßig kleine Menge Milch, die zur Untersuchung herangezogen wird, fehlerhafte Färbung der Ausstriche und Beobachtungsfehler beim Auszählen. Daß jedoch die direkte Methode auch bei der Untersuchung von pasteurisierter Milch nicht wertlos ist, ja sogar von großer Bedeutung sein kann, ist des näheren auf Seite 379 ausgeführt.

Die indirekten Methoden
1. Die Reduktaseprobe[1])

Sie stammt von Schardinger und ist bis jetzt das einzige bei uns in Deutschland in der Praxis eingeführte Mittel, den Keimgehalt der Milch festzustellen. Alle wichtigen, in Milch wachsenden Bakterien besitzen die Eigenschaft, Farbstoffe bestimmter Zusammensetzung, wie z. B. das Methylenblau, zur farblosen Leukobase zu reduzieren[2]). Je rascher eine mit Methylenblau versetzte Milch entfärbt wird, um so höher wird auch der Bakteriengehalt sein. Doch ist dieser Schluß nur bedingt richtig, da nicht alle Bakterien bei derselben Temperatur gleichmäßig stark reagieren.

Dons, Hastings und seine Mitarbeiter, Fred und Chappalaer, Weigmann und Mitarbeiter sowie Rahn haben über diese Frage eine Reihe von Untersuchungen angestellt, deren wichtigstes Ergebnis folgendes ist: Aller Wahrscheinlichkeit nach sind die milchsäurebildenden Mikrokokken und Strepto-

---

[1]) Die Milch- und Labgärprobe ist im 2. Teil des II. Bandes im Abschnitt V. „Die Untersuchung von Milcherzeugnissen und Molkereihilfsstoffen" behandelt.

[2]) Nach anderen Vorstellungen, die im Anschluß an die Theorie Barthels neuerdings von Thornton und Hastings (Journ. of. Bact., Bd. XVIII., S. 293 bis 318, 1929) vertreten werden, ist die Mechanik der Methylenblau-Reduktion so, daß die Rolle der Bakterien lediglich darin besteht, den freien Sauerstoff aus der Milch zu entfernen, worauf dann die Milchbestandteile von selbst ohne Mithilfe der Kleinlebewesen den Farbstoff reduzieren.

kokken, besonders in jungem Zustande, diejenigen Bakterien, die den Verlauf der Reduktaseprobe entscheiden[1]). Die Bakterien der Coli-Aerogenes-Gruppe reduzieren in roher Milch ebenso schnell wie die echten Milchsäurestreptokokken, doch läßt sich aus dem Verlauf der Probe nichts über die Menge dieser Gruppe schließen. In pasteurisierter (sterilisierter) Milch dagegen ist ihr Reduktionsvermögen sehr gehemmt. Je stärker die Konzentration des Farbstoffes ist, desto länger ist die Reduktionszeit, mit anderen Worten, der Farbstoff selbst übt einen antiseptischen Einfluß auf die in der Milch befindlichen Keime aus.

Die Beziehungen zur Keimzahl, wie sie durch die Plattenmethode und die direkte mikroskopische Zählmethode erhalten wird, ist schon des öfteren untersucht worden, doch gelang es nur, eine sich in sehr weiten Grenzen bewegende Parallelität zu finden. Von Interesse ist folgende Zusammenstellung von FRED und CHAPPALAER:

Tabelle 1. Vergleich der Methylenblaureduktionszeit mit der durch die Plattenmethode erhaltenen Keimzahl

Nr. der Proben	Durchschnitts- keimzahl	Durchschnitts- reduktionszeit
		Stunden
1— 20	29 647	11,9
21— 40	73 587	9,75
41— 60	160 150	9,5
61— 80	283 250	8,0
81—100	548 000	7,8
101—120	1 016 000	4,75
121—140	1 469 650	3,1
141—160	2 505 000	2,75
161—180	4 690 400	1,5
181—200	8 624 800	1,0

Will man die zu prüfende Milch in Qualitätsgrade einteilen, so kann man folgende Zusammenstellung von BARTHEL-JENSEN (S. 427) als Anhaltspunkt nehmen:

Tabelle 2

Qualitätsgrad	Keimzahl	Entfärbungszeit
		Stunden
gut	5 00 000	5,5
mittel....................	500 000—4 Mill.	2—5,5
schlecht....................	4—20 Mill.	0,33—2
sehr schlecht..............	20 Mill.	0,33

(Diese Werte sind nur für die nach ihren Angaben ausgeführte Probe geltend. Wo die Methylenblaudosis, wie bei SCHARDINGER, nochmal so groß ist, und durch die höhere Temperatur die Entwicklung der meisten Bakterien gehemmt wird, sind die Entfärbungszeiten naturgemäß länger.)

Die Fehlerwahrscheinlichkeit beträgt nach den Untersuchungen von BARTHEL und RAHN im besten Fall 10%, also von 100 Proben sind mindestens 10 eine Ausnahme von der gegebenen Zusammenstellung.

Die Reduktaseprobe ist nur eine Annäherungsmethode, aber sehr brauchbar, wenn es nur darauf ankommt, die Haltbarkeit der Milch hinsichtlich Sauer-

---

[1]) ORLA-JENSEN und BARTHEL kamen zu anderen Resultaten. Die Ursache hierfür ist darin zu suchen, daß sie bereits zu vollentwickelten Reinkulturen Methylenblau hinzusetzten. Tatsächlich haben wir es in Milch nicht mit solchen, sondern erst mit in Entwicklung begriffenen Bakterien zu tun.

werdens zu prüfen. Denn die bei der Reduktaseprobe entscheidenden Bakterien sind die säurebildenden Mikro- und Streptokokken sowie die Coli-aerogenes-Gruppe. Demzufolge gibt sie auch die zuverlässigeren Resultate bei Sammelmilch als bei Milch eines einzigen Stalles, und bei Mischmilch ist sie wieder genauer als bei der Milch einzelner Kühe. Sie ist um so unzuverlässiger, je größer die Möglichkeit für Abweichungen von der Durchschnittsflora ist (Milch einzelner Kühe, Vorzugsmilch, pasteurisierte Milch, fehlerhafte Milch).

Es gibt zweierlei Möglichkeiten, die Reduktaseprobe auszuführen. Die eine ist die nach Schardinger-Barthel, mit Bebrütung bei 45^0 C[1]) und einer starken Methylenblaudosis, und die andere nach Barthel-Jensen, die bei einer Temperatur von 38 bis 39^0 C und nur mit halb so starker Methylenblaudosis (vgl. Gärreduktaseprobe Bd. II) angesetzt wird. Erste ist, wenn es sich nur um die Reduktase allein handelt, nach Baumgärtel mehr zu empfehlen, da sie feiner abgestufte und zuverlässigere Entfärbungszeiten liefert. Henkel empfiehlt sie in seinem Katechismus, verwendet aber 40^0 anstatt 45^0 C, wodurch auch noch die Wirkung der im Wachstum befindlichen Bakterien zur Geltung kommt, während bei 45 bis 50^0 die Menge des während des Wachstums gebildeten Enzyms gegenüber dem bereits vorgebildeten mehr oder weniger zurücktritt. Die Ausführung der Probe ist nach Henkel wie folgt:

Man gibt in gewöhnliche sauber gereinigte Reagenzgläser 10 cm³ der zu prüfenden Milch, füllt ½ cm³ Methylenblaulösung hinzu und mischt durch öfteres Umstürzen des Glases, das man zu diesem Zweck mit dem sauber gereinigten Daumen verschließt. Hierauf kommen die Probiergläschen in ein Wasserbad von 40^0 C und man beobachtet, in wieviel Minuten oder Stunden die blaugefärbte Milch wieder weiß wird.

Die Methylenblaulösung stellt man sich immer frisch her, indem man 5 cm³ gesättigter alkoholischer Methylenblaulösung (Methylenblau medicinale) mit 195 cm³ destillierten Wassers mischt.

Winke für die Ablesung des Resultates: Das oberste Drittel wird nicht berücksichtigt, weil sich hier das reduzierte Methylenblau unter der Einwirkung des Luftsauerstoffes sofort wieder blau färbt (reoxydiert). Im allgemeinen darf man annehmen, daß die Bakterien in der Milch gleichmäßig verteilt sind, und daß die Entfärbung überall gleichmäßig vor sich geht. Doch bei sehr bakterienarmer Milch kann der Fall eintreten, daß die Entfärbung nicht überall dieselbe Intensität zeigt.

Es dürfen bei der Ausführung der Probe, wie eben angegeben, streng genommen auch nicht die Entfärbungszeiten als Maßstab für die Milchqualität genommen werden, die Barthel-Jensen für ihre Methode angegeben haben, denn die Entfärbungszeiten sind bei dieser Methode kürzer als nach Schardinger-Barthel. Eine Milch, die bei der Barthel-Jensenschen Probe höchstens 2 Stunden zur Entfärbung braucht und an der Grenze zwischen „mittel" und „schlecht" steht, müßte nach Schardinger-Barthel unbedingt als „schlecht" qualifiziert werden, denn nach deren Schema liegt die Grenze für schlechte Milch bei 3 Stunden und nicht bei 2. Der Grund, warum Henkel trotzdem die Barthel-Jensenschen Werte zur Grundlage seiner Beurteilung wählt, ist wohl darin zu suchen, daß er die tiefere Temperatur bei 40^0 C verwendet. Bei dieser Temperatur spielen die zahlreichen während des regen Bakterienwachstums entstandenen Enzyme für das Endergebnis eine entscheidendere Rolle, als die hemmende Wirkung der größeren Methylenblaudosis es vermag. Daß, von der Giftwirkung des Methylenblaues abgesehen, auch die doppelte Menge

---

[1]) In der Arbeit von 1908 gibt Barthel 40 bis 45^0 C an (S. 402), während er in jener von 1911 45 bis 50^0 C verwendet (S. 521).

Methylenblaus zu reduzieren ist und dadurch eine wesentliche Hinauszögerung der endgültigen Entfärbung eintreten könnte, ist ebenfalls ein Faktor, der vernachlässigt werden kann, wie diesbezügliche Versuche von Virtanen sowie Grimes und Mitarbeitern gezeigt haben. Die Probe als solche ist eben nicht so feinfühlig, als daß das Endergebnis durch kleinere Unterschiede obiger Art ernstlich in Frage gestellt würde.

Was nun den wirklichen Wert der Reduktaseprobe betrifft, so liegt er, wie wir gesehen haben, nicht auf wissenschaftlichem, sondern auf praktischem Gebiete. Sie ist für Meiereien, denen es mehr auf eine Annäherungsmethode als auf ein exaktes Verfahren ankommt, das einzige praktisch in ihrem Betriebe anwendbare Mittel, die Qualität der angelieferten Milch in einem Stadium zu bestimmen, bei dem die gewöhnlichen chemischen Methoden versagen.

In neuerer Zeit ist man daran gegangen, auch andere Farbstoffe als Methylenblau zur Reduktaseprobe zu verwenden. Hier sei vor allem das Janusgrün genannt.

Dieses ist ein Diäthyl-safranin-azo-dimethyl-anilin, und die Reduktion äußert sich durch Umschlag in Weiß, wobei aber intermediär eine hochrote Farbe entsteht, die wahrscheinlich durch das im ersten Reduktionsprozeß abgespaltene Safranin verursacht wird. Dieses wird dann im zweiten Stadium zur farblosen Leukobase reduziert.

Nach Christiansen gibt man zu 10 cm³ Milch 1 cm³ steriler 0,01%iger Janusgrünlösung und bebrütet wie üblich. Es wird nur so lange beobachtet, bis die rote Farbe aufgetreten ist. Nach den Untersuchungen von Seelemann ist die Reduktionszeit wesentlich kürzer als bei Methylenblau, der Unterschied beträgt bis zu mehreren Stunden.

Viertbauer bestätigt diese Erfahrungen, schlägt aber vor, eine 0,01% Farbstofflösung mit 3% Alkoholgehalt zu verwenden. In diesem Falle, und wenn keine höhere Temperatur als 38° C angewendet wird, müsse wegen der Verkürzung der Reduktionszeit dem Janusgrün der Vorzug vor dem Methylenblau gegeben werden.

Jedenfalls dürfte den vorliegenden Untersuchungen das eine zu entnehmen sein, daß die Janusgrünprobe dort am besten angebracht zu sein scheint, wo es sich um die Prüfung sehr keimarmer Milch handelt. Allerdings können wir einige Bedenken insofern nicht verwinden, als nach den Untersuchungen von Ayers, Johnson und Mudge sowie des Verfassers (4) gerade die Janusgrünreduktion unter gewissen Umständen eine nur für Streptococcus lactis spezifische Erscheinung ist. Weitere Untersuchungen müßten in der Richtung gemacht werden, inwieweit auch andere in Milch vorkommende Methylenblau reduzierende Keime Janusgrün nicht reduzieren. Die widersprechenden Resultate von Mehlhose, der bei Janusgrün im Vergleich mit Methylenblau bald längere, bald kürzere, und von Soep, der bei O_2-Abschluß meist wesentlich längere Reduktionszeiten erhalten hat, zeigen deutlich, daß sich die einzelnen Bakterienarten den beiden Farbstoffen gegenüber nicht gleich verhalten. Befindet sich viel Streptococcus lactis in der Milch, ist die Reduktionszeit mit Janusgrün viel kürzer als mit Methylenblau, finden sich aber an seiner Stelle viele andere Keime darin, die Janusgrün gar nicht, schlecht, oder auch nur langsamer als Streptococcus lactis reduzieren, dann kann eine sehr keimreiche Milchprobe mit Janusgrün eine längere Reduktionszeit besitzen, als dies mit Methylenblau der Fall gewesen wäre[1]).

---

[1]) Thornton und Hastings lehnen in ihren neuesten vergleichenden Untersuchungen über die Brauchbarkeit verschiedener Indikatoren zur Reduktaseprobe

Die Entfärbungszeiten mit Janusgrün sind für die von Christiansen aufgestellten 4 Klassen Milch folgende:

1. Klasse...... 1 bis 60 Minuten

2.   „   ..... 1 „ 3 Stunden

3.   „   ..... 3 „ 6   „

4.   „   ..... über 6   „

Noch weniger praktische Erfahrungen als mit der Janusgrünreduktion
besitzen wir mit einer neuerdings von Pesch ausgearbeiteten Methode, die der
Vollständigkeit halber ebenfalls erwähnt werden soll. Pesch verwendet den
Oxazinfarbstoff Resazurin. Er teilt mit Janusgrün den Vorzug, daß er nicht
reoxydiert werden kann, ferner ist die Probe bei Zimmertemperatur aus-
führbar. Die Reduktionszeit soll kürzer sein als bei Janusgrün. Zwecks Ausführung der Probe werden 5 cm³ Milch zu 5 Tropfen Resazurol gefügt (Fabrikat
Dr. K. Hollborn, Leipzig, oder Dr. Th. Schuchardt, Görlitz. Eine vollständige
Apparatur liefert Firma Funke, Berlin). Die eingetretene Reduktion zeigt
sich durch rote Farbe an.

Pesch schlägt folgende Einteilung vor:

Tabelle 3

Klasse	Reduktionszeit	Qualität
I	mehr als 8 Stunden	äußerst keimarme Milch
II	5 bis 8 Stunden	sehr gute „
III	3 „ 5 „	„ „
IV	1 „ 3 „	mittelgute „
V	30 Minuten bis 1 Stunde	keimreiche „
VI	10 bis 30 Minuten	schlechte „
VII	0 „ 10 „	sehr „ „

2. Die Plattenmethode

Sie stammt von Robert Koch und wird heute ausschließlich angewendet,
wenn es sich darum handelt, genauere Keimresultate zu erhalten. Freilich
hat auch diese Methode ihre Schwächen, da nicht alle Bakterien auswachsen
und oft mehrere zusammen als eine einzige Kolonie auftreten. Auch ist ein
und derselbe Nährboden nicht für alle Arten passend und der unten angeführte
Nährboden nicht so beschaffen, daß er in Hinblick auf andere die höchsten
Keimzahlen liefert. (Diese dürften wohl mit dem Milchpulveragar nach Ayers
und Mudge erzielt werden.) Wichtig ist nur, daß einheitlich derselbe Nährboden verwendet wird, um konstante Vergleichsmöglichkeiten zu haben.
Die Verhältnisse liegen aber immerhin so, daß die meisten für die Milch wichtigen
Bakterien auch auf Fleischpeptonagar gedeihen.

Der verwendete Agar hat folgende Zusammensetzung[1]):

(Journ. of Bact., XVIII, 319—332. 1929) das Janusgrün ab, und zwar aus folgenden
Gründen: 1. Sind die Reduktionszeiten länger als mit Methylenblau (vgl. die zum
Teil widersprechenden Berichte oben), 2. wirkt Janusgrün giftiger als Methylenblau, 3. ist der Endpunkt der vollzogenen Reduktion aus diesem Grunde sowohl
wie wegen der vorhandenen Farbenmischung nur sehr unbestimmt und verwaschen.
Da also Janusgrün *B* keinerlei Vorteile, sondern nur Nachteile gegenüber Methylenblau besitzt und dies auch für die anderen untersuchten Farbstoffe zutrifft, kommt
als weitaus bester Indikator bei der Reduktaseprobe nur das alterprobte Methylenblau in Betracht. (Eingefügt während der Korrektur!)

[1]) Ich halte mich hier und im folgenden zum Teil an die Richtlinien, wie sie
in den Standard Methods of Milk Analysis der Am. Pub. Health Association
gegeben sind.

LIEBIGS Fleischextrakt 0,3%

Pepton 0,5%

Agar 1,5%

Destilliertes Wasser.

Für Pepton soll immer dieselbe Marke verwendet werden (WITTE). Der Agar muß vor Gebrauch durch Wässern von eventuellen Verunreinigungen und Salzen befreit werden.

Die Herstellung des Agars geschieht wie folgt:

Man bereitet sich zuerst eine Fleischpeptonbouillon, indem man den Fleischextrakt und das Pepton dem destillierten Wasser zusetzt und zur schnelleren Lösung erhitzt.

Dann stellt man die Reaktion ein. Liegt sie nicht zwischen p_H 6,2 bis 7,0, muß sie durch Zugabe von Natronlauge (oder verdünnter Salzsäure) korrigiert werden. Befindet sie sich in dem angegebenen Bereich, dann müssen 10 Tropfen Bromthymolblau-Indikatorlösung (siehe unten) zu der in einem Reagenzglas 5fach verdünnten Bouillon (1+4 cm³ destilliertes Wasser) ein ausgesprochenes Grün ergeben, das aber einen etwas gelblicheren Ton hat als Grasgrün. Wenn das nicht der Fall ist, dann fügt man von einer $^1/_{10}$ n-Natronlauge (bzw. Salzsäurelösung) so viel zu der mit Indikator versetzten Bouillon, bis die gewünschte Farbe erscheint (p_H 6,6). War die ursprüngliche Farbe gelb (saure Reaktion), dann neutralisiert man mit der Natronlauge, war sie blau (alkalische Reaktion), gebraucht man umgekehrt Salzsäure. Letztgenannter Fall dürfte wohl bei Fleischsaft nie vorkommen, denn dieser reagiert immer sauer. Die Menge der pro 1 cm³ benötigten Lauge (bzw. Säure) gibt an, wievielmal mehr davon benötigt ist, einen Liter zu neutralisieren, in diesem Falle 1000mal soviel; hat man 2 cm³ benützt, dann natürlich nur 500mal soviel. Man verwendet zur endgültigen Einstellung der Reaktion eine n/1 Lösung, um nicht zu sehr zu verdünnen, es sei denn, daß man entsprechenden Ausgleich schafft.

Ein Verfahren, die p_H kolorimetrisch ohne Pufferlösung zu bestimmen, ist das von GILLESPIE.

Zuerst bereitet man sich folgende Reagentien:

a) eine Stammlösung von Indikatoren. Man wägt sorgfältig 0,1 g Indikator ab und zerreibt ihn so fein wie möglich in einem Achatmörser. Dann fügt man, je nach Indikator, 0,05 n Natronlauge zu, und zwar bei Bromkresolpurpur 3,7 cm³, bei Bromthymolblau 3,2 cm³ und bei Phenolrot 5,7 cm³. Wenn die Lösung vollzogen ist, füllt man zu 25 cm³ mit destilliertem Wasser auf. Dies ist die Stammlösung.

b) Zum Gebrauch verdünnt man 1 cm³ der Stammlösung mit 9 cm³ Wasser, ausgenommen Phenolrot, das mit 19 cm³ verdünnt wird.

c) 0,05 n Natronlauge. 2 g NaOH werden mit destilliertem Wasser zu 1 Liter in einem Meßkolben aufgefüllt.

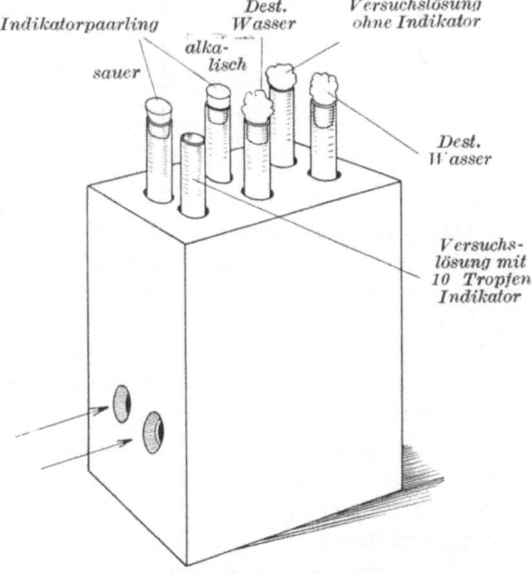

Abb. 9. Komparatorblock zur kolorimetrischen p_H-Bestimmung nach GILLESPIE

d) 0,05 n Salzsäure. 4 cm³ konzentrierte Salzsäure (spezifisches Gewicht 1,19) werden in einem Meßkolben mittels destillierten Wassers zu 1 Liter aufgefüllt.

Zwecks p_H-Bestimmung werden 22 Reagenzröhren einheitlicher Größe und Weite ausgewählt (Glas farblos). Jede bekommt eine Marke bei 10 cm³. In jede der ersten 9 Röhren fügt man einen Tropfen 0,05 n-NaOH und 1, 2, 3, bis 9 Tropfen des entsprechenden Indikators in die diesbezüglichen Röhren. Dasselbe geschieht mit den weiteren 9 Röhren, nur daß man vorher anstatt der 0,05 n-NaOH je 1 Tropfen 0,05 n-HCl zu jeder Röhre gegeben hat. Dann werden sämtliche mit destilliertem Wasser bis zu der 10-cm³-Marke aufgefüllt und in Paaren angeordnet, so daß jedes Paar aus einer Säure- und einer Alkaliröhre besteht mit zusammen 10 Tropfen Indikator. In eine andere Röhre bringt man 10 Tropfen des Indikators und füllt bis zur 10 cm³ Marke mit der zu prüfenden Bouillon (bzw. Agar) auf. Der Vergleich geht am besten in einem Komparatorblock (siehe Abb. 9) vor sich, der je 3 hintereinander liegende vertikale Bohrungen besitzt und im rechten Winkel dazu 2 horizontale Bohrungen, durch die man die Farbe der in die vertikalen Bohrungen hineingestellten Röhren sehen kann. Hinter die Röhre mit der unbekannten p_H, zu der man 10 Tropfen des Indikators gefügt hat, wird eine andere mit destilliertem Wasser ohne jeden Zusatz geschaltet und man vergleicht nun durch die horizontalen Bohrungen hindurch, welchem der hergestellten Standardpaare der Farbton am ähnlichsten ist. Besitzt die fragliche Röhre Eigenfarbe oder ist sie getrübt, muß eine zweite derselben ohne Indikator hinter das Standardpaar ins 3. Bohrloch gestellt werden, während man hinter die zu prüfende Röhre eine weitere mit destilliertem Wasser schaltet.

Die folgende Tabelle gibt die p_H-Werte der verschiedenen Indikatorpaare. Die Temperatur sollte immer die gleiche sein. Unter günstigen Umständen gibt diese Methode die p_H-Werte auf $^2/_{10}$ Einheiten genau.

Tabelle 4. Tropfenwerte und entsprechende p_H-Zahlen nach GILLESPIE

Anzahl Tropfen des Indikators in jedem Röhrenpaar		p_H-Werte der gepaarten Röhren mit verschiedenen Indikatoren		
Alkalische Röhre	Saure Röhre	Bromkresolpurpur	Bromthymolblau	Phenolrot
1	9	5,3	6,15	6,75
2	8	5,7	6,5	7,1
3	7	5,9	6,7	7,3
4	6	6,1	6,9	7,5
5	5	6,3	7,1	7,7
6	4	6,5	7,3	7,9
7	3	6,7	7,5	8,1
8	2	6,9	7,7	8,3
9	1	7,2	8,05	8,65

Hat man die Reaktion der Bouillon auf diese Weise korrigiert, wird filtriert und der gewaschene Agar zugefügt. Hierauf wird 10 Minuten bei 1 Atmosphäre autoklaviert. Nach Absitzenlassen des eventuellen Niederschlages wird durch Watte filtriert (dekantiert) und achtgegeben, daß das Sediment erst am Schluß auf den Filter kommt. Der durch das Erhitzen erlittene Verlust an Wasser wird nun mit destilliertem Wasser wieder wettgemacht (durch Wägen), worauf man ½ Stunde bei 1 Atmosphäre endgültig autoklaviert.

Das Gießen der Platten. Von Milch oder Rahm unbekannter Keimzahl stellt man sich zunächst Verdünnungen von $^1/_{100}$ bis $^1/_{100\,000}$ her. Falls man sehr hohe Keimzahl erwartet, kann man zur Orientierung eine Azidilätsbestimmung vorangehen lassen.

Die prozentuale Azidilätsbestimmung (die sich für wissenschaftliche Zwecke besser eignet als die S.-H.-Säuregradbestimmung) macht man am besten mittels einer sogenannten BABCOCK-Pipette[1]), die eine Marke bei 8,8 cm³ (20° C) besitzt. Diese Menge Milch wird mit n/10 Natronlauge und Phenolphthalein als Indikator titriert.

---

[1]) Zu haben bei F. M. Lautenschläger, München, Lindwurmstraße 29—31.

Die Berechnung ist sehr einfach, wie folgendes Beispiel zeigt: Das verbrauchte n/10 NaOH sei 3,5 cm³, dann beträgt die Azidität 0,35 % als Milchsäure berechnet. Man kann auch zwecks Verminderung der Fehlergrenze eine 17,6-cm³-Pipette nehmen, muß aber dann bei der Umrechnung die Hälfte nehmen.

Vermutet man eine höhere Keimzahl, dann beginnt man mit den Verdünnungen erst bei $^1/_{10\,000}$. Von jeder Verdünnung müssen mindestens 2 Parallelplatten hergestellt werden.

Sämtliche benötigten Glaswaren müssen natürlich vor Gebrauch 1 Stunde bei 180⁰ im Heißluftsterilisator entkeimt sein. Die gründliche Trockensterilisierung ist für die PETRI-Schalen und die Pipetten besonders wichtig, da sonst die ganze Untersuchung in Frage gestellt ist.

Die im folgenden geschilderte Verdünnungsmethode hat vor den anderen Verfahren, bei denen z. B. die Zehntelung in unzulänglicher Weise mittels 9 cm³ Wasser enthaltender Reagenzröhren oder im besten Falle mittels unhandlicher 99 cm³ Wasser enthaltenden ERLENMEYER-Kolben ausgeführt wird, eine Reihe unbestreitbarer Vorzüge: 1. wird die Fehlergrenze auf ein Minimum eingeschränkt; 2. ist trotzdem ein viel rascheres Arbeiten möglich; 3. gestattet sie eine große Materialersparnis an Pipetten und Reagenzröhren. Diese fallen überhaupt weg und an Pipetten benötigt man nur die Hälfte.

Eine sehr geeignete Form für Verdünnungsflaschen, die der Verfasser nach amerikanischem Vorbild herstellen ließ, ist in Abb. 10 gezeigt. Besitzt man einen Horizontalautoklaven, verwendet man Gummistopfen mit Glasstab,

die während der Sterilisation lose auf dem Hals der Flasche ruhen. Der Glasstab soll das Herunterfallen des Gummistopfens vom Flaschenhals während des Sterilisationsprozesses verhindern. Nach Sterilisieren werden sie noch im Autoklaven mit desinfizierter Hand in den Hals hineingedrückt. Die Menge Wassers soll vor dem Sterilisieren so bemessen sein (zirka 100 cm³), daß sich nach Abdunsten 99 cm³ darin befinden. Der Vorteil ist, daß sich nachträglich durch Verdunsten während langen Stehens die Wassermenge nicht mehr ändert. Wenn man nur einen Vertikalautoklaven hat, besteht Infektionsgefahr beim Verschließen der Flaschen, es sei denn, daß man ein Einsatzgestell mit einem Schirm über den Flaschen hat. In diesem Fall kann man ebenfalls Gummi-

Abb. 10. Muster einer Verdünnungsflasche für 99 cm³ Wasser. a) geschlossen, b) geöffnet (während des Autoklavierens). Der Glasstab verhindert das Herunterfallen des Gummistopfens (Hersteller: Lautenschläger, München)

stopfen zum Verschließen der Flaschen verwenden, während man sonst mit nichtentfetteter Watte verschließen müßte. Dies hat aber wieder den Nachteil, daß man die Verdünnungsflasche nicht lange auf Vorrat halten kann und daß bei Schütteln der Probe trotz allem kleine Spuren Wassers und Bakterien am Wattepfropfen hängen bleiben. Verdünnungsflaschen, die man sich auf Vorrat hält, kann man

zum Schutze vor einer Infektion der äußeren Teile des Halses an der Berührungs-
stelle mit dem Gummistopfen entweder mit einer Kappe sterilen Pergament-
papieres umkleiden oder man desinfiziert diese Partie unmittelbar vor Gebrauch
mittels eines in Alkohol getauchten Pinsels[1]).

Der Vorgang beim Verdünnen ist an Hand des Schemas von Abb. 12 dargestellt. Zu diesem Zweck benutzt man eine vom Verfasser angegebene Spezial-
auslaufpipette, die über der 1-cm³-Marke noch eine 0,1-cm³-Marke trägt (Abb. 11).
Im Bereich der 0,1-cm³-Marke ist das Lumen der Pipette verengt, um möglichst
genau auch die $^{1}/_{10}$ cm³ abmessen zu können[2]).

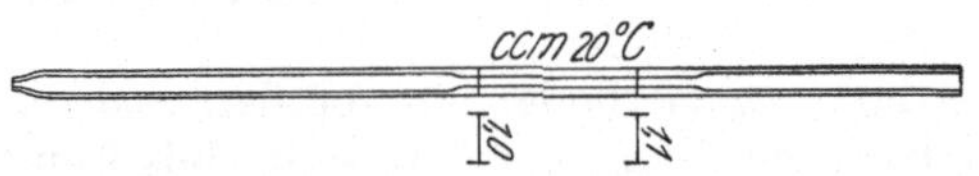

Abb. 11. Spezialpipette nach Demeter mit verengtem
Lumen im 0,1 cm³-Bereiche

Mittels dieser Pipette kann man,
von einer Verdünnungsflasche ausgehend, zweierlei Verdünnungen
anlegen, z. B. eine $^{1}/_{100}$- und eine
$^{1}/_{1000}$- oder eine $^{1}/_{10\,000}$- und $^{1}/_{100\,000}$-
Verdünnung.

Wenn man die Verdünnungen von der Originalmilchprobe ausgehend
herstellt, muß nach jeder Übertragung die betreffende Flasche 25mal in Auf-
und Abwärtsbewegung geschüttelt werden, um die gleichmäßige Verteilung
der Keime zu gewährleisten. Dann entnimmt man mit der sterilen Pipette

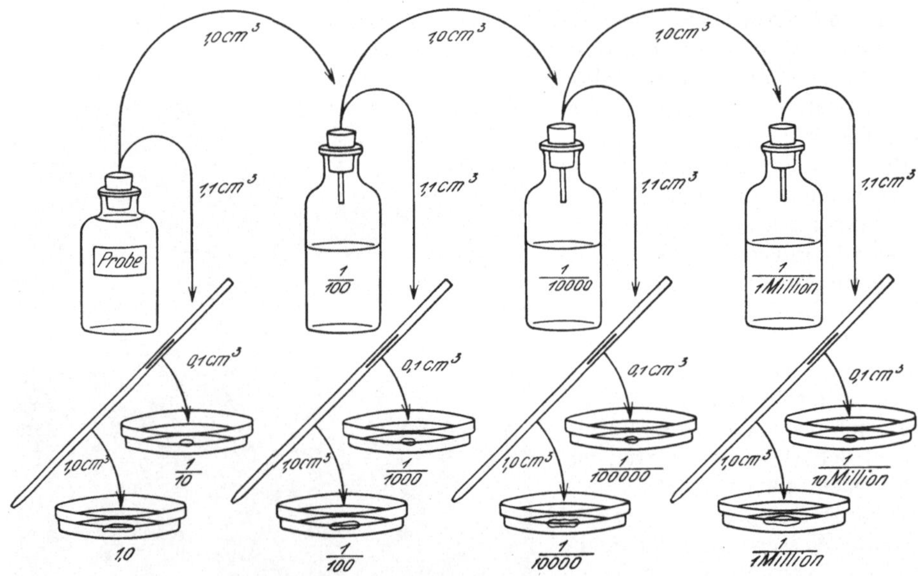

Abb. 12. Schematische Darstellung des Verdünnungsvorgangs bei Anwendung der Plattenmethode

1,1 cm³ und läßt zuerst 0,1 cm³ in die erste und 1,0 cm³ in die zweite Petri-
Schale ablaufen, indem man den Deckel nur so weit als notwendig hebt und
die Spitze der Pipette auf den Schalenboden aufsetzt. Die Pipette wird sofort

---

[1]) Die Konstruktion einer geeigneten Schutzkappe für den Flaschenhals ist
in Angriff genommen. Dieser wird schon vor dem Sterilisieren auf die Flasche aufgesetzt und verhindert so eine nachträgliche Infektion des Gummistopfens, des
Flaschenrandes und der zwischen beiden befindlichen Fuge. Damit sind die oben
erwähnten Verdünnungsflaschen auch ohne besondere Schutzmaßnahme für den
Vertikalautoklaven verwendbar.

[2]) Die Verdünnungsflaschen wie Spezialpipetten liefert die Firma Lautenschläger
in München, Lindwurmstraße 29—31.

nach Gebrauch in ein Gefäß mit Seifenwasser gebracht, um die spätere Reinigung leichter zu gestalten.

Inzwischen hat man in dem ERLENMEYER-Kölbchen oder in den Reagenzröhren den Agar durch Kochen zum Schmelzen gebracht und wieder auf 45° C abgekühlt. Dann gibt man zirka 10 cm³ des flüssigen Agars in die mit den Verdünnungen versehenen PETRI-Schalen und mischt durch vorsichtiges kreisförmiges Bewegen und schwaches Neigen die verdünnte Milch mit dem Agar. Die Höhe des Agars in der Platte soll überall einheitlich sein.

Es soll sehr rasch gearbeitet werden, so daß nicht mehr als 15 Minuten verstreichen, bis die verdünnte Milch mit dem Agar zusammen in die PETRI-Schale kommt. Andernfalls bekommt man einen Fehler infolge Ansteigens der endgültigen Keimzahl. MUDGE und LAWLER erklären auf Grund von besonderen Versuchen diese Erscheinung damit, daß die vorhandenen Bakterienklumpen infolge der durch das Wasser bedingten p_H-Veränderung des ursprünglichen Milieus veranlaßt werden, sich in die einzelnen Individuen aufzulösen. Nach ALBUS hingegen ist es von großer Bedeutung, ob die zu untersuchende Milch erst vor kurzem gemolken wurde oder schon längere Zeit gestanden hat. Im ersten Falle befinden sich die Bakterien noch in der ansteigenden Wachstumskurve und sie vermehren sich auch noch kräftig im Verdünnungswasser. Bei ganz frischer Milch dürfte also diese Tatsache an dem Ansteigen der endgültigen Kolonienzahl die Schuld tragen, während bei älterer Milch die von MUDGE und LAWLER angeführten Gründe maßgebend sind.

Nach Erstarren des Agars werden die Platten umgewendet und in den Thermostaten bei 37° gebracht. Wenn es mit dem Resultate nicht eilt, ist es im Interesse der Genauigkeit unbedingt zu empfehlen, zuerst 5 Tage bei 20° und dann erst 2 Tage bei 37° zu bebrüten (siehe S. 360). Im Brutschrank selbst dürfen nie mehr als 3 Platten übereinander geschichtet sein.

Das Zählen der Kolonien. Beim Auszählen werden alle jene Platten als unbrauchbar ausgeschieden, die mehr als 300 oder weniger als 20 Kolonien pro Schale zeigen. Letztgenannte dürfen nur dann zur Zählung verwendet werden, wenn keine anderen zur Verfügung stehen. Man zählt mit freiem Auge und durchsucht dann noch mit einer Handlupe nach übersehenen Kolonien. Ein ganz unmögliches Beginnen wäre es aber, wollte man bei einer stark besiedelten Platte die Keimzahl etwa dermaßen bestimmen, daß man mittels einer Zählplatte nur ein paar Quadratzentimeter auszählt und dann den Gesamtkeimgehalt der betreffenden Agarplatte durch Berechnung feststellt.

Das Verfahren beim Zählen ist am schnellsten, wenn man in die linke Hand einen automatischen Zählapparat[1]) nimmt (siehe Abb. 13) und in die rechte Hand am besten einen Füllfederhalter. Die Platte wird auf einen dunklen Hintergrund gelegt, um die sich hell abhebenden Kolonien besser sehen zu können. Dann markiert man mit der Feder die einzelnen Kolonien und drückt zu gleicher Zeit jedesmal auf den Hebel am Zählapparat, auf dem sich dann am Schlusse die Kolonienzahl fehlerlos ablesen läßt. BRUDNY hat einen Zählstift konstruieren lassen, der an seinem oberen Ende einen Zählapparat besitzt und somit beide Tätigkeiten auf einmal erledigt. Dadurch, daß der in der äußeren Hülse verschiebbare Stift in diese etwas hineindrückt, springt am Zähler die nächste Zahl hervor, gleichzeitig hinterläßt der Stift auf der PETRI-Schale über der Kolonie einen kleinen Tuschepunkt. Leider läßt sich der Zähler nicht mehr auf den 0-Punkt zurückstellen, wie dies bei dem amerikanischen Apparat der

---

[1]) Hand Tally Counter „Veeder" MFG. Co. Hartford, Ct., U.S.A. (Preis 5.—Dollars.)

Fall ist. Außerdem bestehen Schwierigkeiten beim Markieren der Kolonien, da die spröde Tuschereißfeder oft nicht angeht oder zu große Punkte ergibt. Der Zählstift wird hergestellt von der Firma F. Hugershoff in Leipzig.

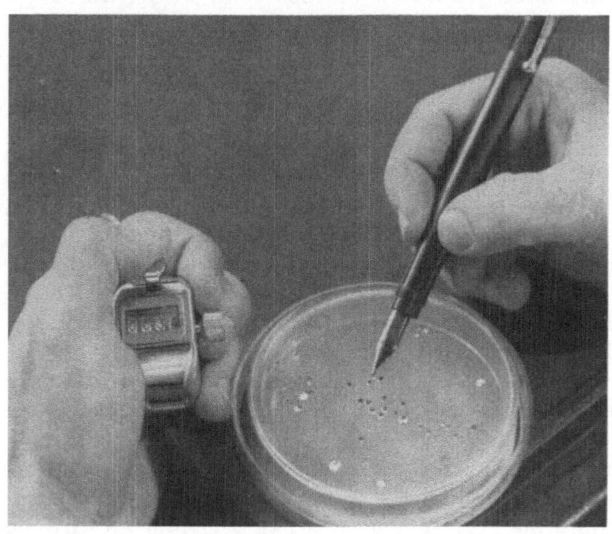

Hat man keinen automatischen Zähler wie die beschriebenen, benutzt man zur Erleichterung beim Zählen eine in Quadratzentimeter eingeteilte Unterlage oder einen Zählapparat nach Wolffhügel[1]).

Man muß sich natürlich auch über die möglichen Fehlerquellen des Plattenverfahrens im klaren sein. Die wichtigsten sind eingangs schon erwähnt worden. Dazu kommen noch Unregelmäßigkeiten bei Abfüllen der Flüssigkeiten, Verwendung uneinheitlichen Agars, unvollständige Sterilisation desselben

Abb. 13. Zählen von Kolonien nach der Plattenmethode mittels eines automatischen Zählapparates

(auch des Verdünnungswassers) sowie der Petri-Schalen und Pipetten, Fehler beim Auszählen der Kolonien usw.

Die größte Fehlerquelle beim Plattenverfahren ist die, daß zahlreiche Bakterien in Ketten oder Klumpen zusammenhängen, die auch durch das Schütteln nicht in ihre Einzelbestandteile aufgelöst werden. Die Größe dieser einzelnen Gruppen variiert mit der Milchqualität. Nach Robertson ist in guter Milch auch die Zahl der Individuen einer Gruppe klein, in Durchschnittsmilch größer und in schlechter Milch wieder geringer.

Die Beziehung der bei der direkten mikroskopischen Methode erhaltenen Werte zu den durch das Plattenverfahren erhaltenen ist ungefähr 4 : 1, wenn letztere 2 Tage bei 37⁰ C bebrütet werden, 2,5 : 1, wenn 5 Tage bei 21⁰ C bebrütet, und 2 : 1, wenn an 5 Tage bei 21⁰ C 2 weitere Tage bei 37⁰ C angeschlossen werden. Wenn genügend lange Zeit bei 21⁰ C verstrichen ist, kommt man ganz nahe an die durch die direkte mikroskopische Betrachtung erhaltenen Keimzahlen heran. Wichtig ist also, daß man sich darüber klar ist, inwieweit man den tatsächlichen Verhältnissen gerecht wird, wenn man die Platten nur 2 Tage bei 37⁰ C oder auf andere Weise bebrütet (siehe auch S. 349).

Bei Berichten über die ausgeführte Keimzahlbestimmung ist es also falsch, wenn darin geschrieben steht: Anzahl der Bakterien pro 1 cm³ 2 000 000, sondern es muß, genau genommen, heißen: „Keimzahlbestimmung nach der Plattenmethode 2 000 000". Nach Untersuchungen von Breed und Stocking zeigten vergleichende Plattenzählungen von derselben Milchprobe im Extrem, daß eine Platte eine 5mal höhere Kolonienzahl als eine andere haben muß, damit man absolut die Sicherheit hat, daß die zu dieser Platte gehörige Milch wirklich keimreicher ist als die andere. Freilich darf man nach dem Wahr-

---

[1]) Zu haben bei der Firma Höpfner, Nürnberg.

scheinlichkeitsgesetz annehmen, daß im Durchschnitt die größeren Kolonienzahlen auf den Platten auch einer höheren Keimzahl der Milch entsprechen, selbst wenn das Verhältnis auch nur 2 : 1 oder noch weniger ist.

Burri hat neuerdings zur Milchuntersuchung die sogenannte „quantitative Ausstrichkultur" empfohlen. Anstatt der Petri-Schalen-Kultur verwendet man Schrägagar in Reagenzröhren und streicht mittels einer kalibrierten Öse[1]) 1 mm³ der Milch auf der Oberfläche gleichmäßig aus. Der Agar soll nicht mehr ganz frisch, sondern einige Wochen vorgetrocknet sein. Nach Bebrütung zählt man wie bei der Plattenmethode die ausgewachsenen Keime. Das Verfahren eignet sich nach Burri besonders für Vorzugsmilch. Hat man keimreichere Milch zu untersuchen, dann stellt man sich zuerst eine Verdünnung 1 : 100 her und streicht diese in gleicher Weise mittels der kalibrierten Öse auf dem Schrägagar aus. Der Vorteil der Methode ist geringer Materialverbrauch und der Ausschluß zahlreicher Infektionsmöglichkeiten; der Nachteil die Schwierigkeit, das Tröpfchen gleichmäßig auf dem Agar mit der Öse auszubreiten, und die Wahrscheinlichkeit, daß noch mehr Keime als bei der Plattenmethode zusammenfließen und somit nur eine einzige Kolonie bilden.

Eine weitere Modifikation des Plattenzählverfahrens ist die von Frost ausgearbeitete Kleinplattenmethode. 0,05 cm³ Milch werden auf einem vorgewärmten sterilen Objektträger über eine Fläche von 4 cm² mit derselben Menge flüssigen Standardagars vermischt und gleichmäßig mit einer Öse ausgebreitet. Diese Miniaturplatte wird 16 Stunden in einer sterilen, feuchten Kammer bei 37° C aufbewahrt, worauf die ausgewachsenen winzigen Kolonien mit dem Mikroskop gezählt werden. Leider gestattet mir der zur Verfügung stehende Raum kein weiteres Eingehen auf diese Methode. Interessenten seien auf die Beschreibung in den „Standard methods of milk analysis" verwiesen. Ihr Vorteil besteht in einer gewissen Einfachheit der Anwendung, Sparsamkeit im Materialverbrauch und Kompaktheit der Apparatur[2]). Man kann sie überall anwenden, da die nötige Einrichtung leicht in einem Koffer transportabel ist. Für die Bewertung der Methode gelten im übrigen dieselben Prinzipien wie für die Plattenmethode.

Über Keimzahlbestimmung mittels des sog. Verdünnungsverfahrens (Coli-Titer) siehe S. 371.

Die Isolierung und Untersuchung von Milchbakterien

Das eben geschilderte Plattenverfahren ist der gewöhnliche Weg, um Bakterien voneinander zu isolieren und reinzuzüchten. Nun gibt es aber noch andere Möglichkeiten, Bakterien in Reinkultur zu gewinnen, die zum Teil den Vorzug größerer Einfachheit haben. Hierher gehört die sogenannte Verdünnungsmethode. Sie empfiehlt sich besonders dann, wenn es sich darum handelt, solche Bakterien zu isolieren, die schlecht auf einem künstlichen festen Nährboden angehen. Man stellt aus dem bakterienhaltigen Material mittels sterilen Wassers folgende Verdünnungen her: $^1/_{100}$, $^1/_{10\,000}$, $^1/_{1\,000\,000}$ usw. und impft von jeder Verdünnungsflasche 1,0 bzw. 0,1 cm³ in die zusagende Nährflüssigkeit, z. B. Milch oder Molke mit Lackmus oder Bromkresolpurpur als Indikator. Das Schema der Verdünnung ist in Abb. 14 angegeben (vgl. auch S. 371). Dann bebrütet man bei der dem betreffenden Bakterium am besten zusagenden Temperatur. Im allgemeinen wird man bei dieser Methode immer von einer

---

[1]) Diese Platinösen können von A. Stoppani u. Co. in Bern bezogen werden.

[2]) Die fertig in einem Handkoffer zusammengestellte Apparatur ist bei der Central Scientifique Co. 460 E. Ohio Street Chicago JII. (U. S. A.) erhältlich.

sogenannten Anreicherungskultur ausgehen, die man vorher 24 bis 48 Stunden unter den für das zu isolierende Bakterium günstigsten Bedingungen gehalten hat.

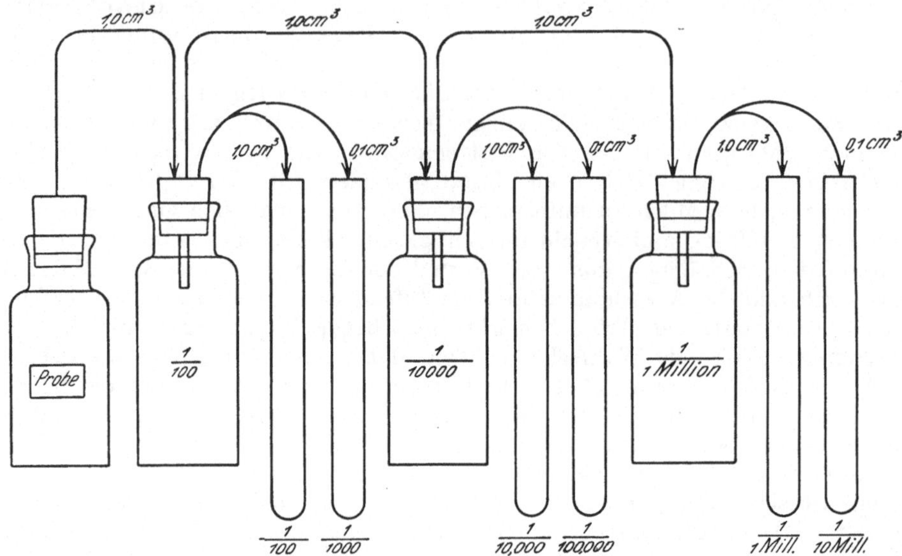

Abb. 14. Schema der Verdünnungsmethode zwecks Gewinnung von Reinkulturen (und Bestimmung des Coli-Titers): Zehntelungsverfahren

Hat man es z. B. auf Streptococcus lactis abgesehen und als Nährboden Lackmusmilch verwendet, so sucht man sich diejenige Röhre mit der niedrigsten Verdünnung aus, die gerade noch die typische Reaktion gegeben hat. Die ganze Prozedur wird mit dieser Kultur wiederholt und wieder die Röhre mit der positiven Reaktion und der schwächsten Verdünnung ausgesucht. Wenn man sicher gehen will, geschieht dies auch noch ein drittes Mal. Dann kann man annehmen, daß sich unter den 3 schwächsten Verdünnungen, die gerade jedesmal noch angegangen sind, einmal eine befunden hat, bei der die Entwicklung nur von einer einzigen Zelle ausgegangen ist. Von dieser dritten Röhre wird eine Stammkultur angelegt, die zur näheren Analyse des Bakteriums dienen soll.

Eine weitere Methode, zur Reinzucht eines Mikroorganismus zu gelangen, ist die Tröpfchenmethode nach Lindner. Sie beruht ebenfalls auf dem Prinzip der Verdünnungsmethode und gewährt. neben dem Vorteil der Materialersparnis die Sicherheit, daß man von einer Einzellkultur ausgegangen ist. Allerdings ist die Durchführung dieses Verfahrens bei Hefen und Schimmelpilzsporen infolge der Größe der Objekte viel einfacher als bei Bakterien, für die eher das von Burri erfundene Tuschepunktverfahren in Betracht kommt.

Das Prinzip der Lindnerschen Tröpfchenmethode ist folgendes: Man stellt sich eine möglichst dünne Suspension des fraglichen, nicht länger als 24 Stunden alten Organismus, in der ihm am besten zusagenden Nährflüssigkeit her. Hohlgeschliffene Objektträger mit entsprechenden Deckgläschen werden vorsichtig über der Bunsenflamme sterilisiert und bis auf weiteres getrennt in sterile Petri-Schalen gebracht. Dann legt man mit Hilfe eines zuvor in Alkohol sterilisierten Pinsels einen Vaselinering um den äußeren Rand der kreisförmigen Vertiefung des Objektträgers an. Hierauf taucht man eine ebenfalls sterilisierte Zeichenfeder in die Organismensuspension und bringt auf das in der sterilen Petri-Schale liegende Deckglas unter Hebung des Deckels eine Anzahl (10 bis 12) feiner Federstriche an, worauf dasselbe mit einer sterilen Pinzette ergriffen und mit der betupften Seite nach unten möglichst rasch auf den Vaselinering eines der ausgehöhlten Objektträger aufgedrückt wird. Unter dem Mikroskop sucht man sich nun solche Tröpfchen aus, die nur eine einzige Hefezelle oder Spore enthalten. Diese markiert man sich mit einem Tuschepunkt und bebrütet dann das Ganze im Thermostaten bei 25 bis 30° C. Ist Entwicklung eingetreten, legt man vorsichtig das Deckglas um, saugt mittels eines sterilen Filterpapierfetzchens, das man mit abgeflammter Pinzette festhält, eines der markierten Tröpfchen auf und wirft das Fetzchen samt der aufgesogenen Kultur in eine bereitgehaltene sterile Nährlösung. Die Gewinnung der Reinkultur ist damit beendet.

Das Tuscheverfahren nach BURRI, das sich besser für Bakterien eignet, ist dadurch charakterisiert, daß die Organismensuspension nicht in Bouillon, sondern direkt in 10fach verdünnter, steriler Pelikantusche angelegt wird. Die Punkte werden fernerhin nicht auf einem sterilen Deckglas, sondern auf die Oberfläche einer Gelatineplatte übertragen. Man hält die Feder möglichst horizontal und bringt reihenweise feine Punkte auf der Gelatineoberfläche an. Diese werden mit starkem Trockensystem mikroskopiert, wobei sich die Bakterien hell vom dunklen Untergrund abheben. Finden sich zu viele Keime in den einzelnen Tröpfchen, dann muß die Suspension so lange verdünnt werden, bis in manchen Tuschepunkten nur wenige, einzelne oder gar keine Bakterien zu sehen sind. Dann legt man auf die Tuschepunkte kleine sterile Deckgläschen auf und bezeichnet mit Hilfe des Mikroskops jene, die unter sich Tuschepünktchen mit nur einer Bakterienzelle beherbergen. Man kann nun entweder das Auswachsen zur Kolonie auf der Gelatine abwarten oder man löst das Deckgläschen mit dem daran haften bleibenden Tuschepünktchen samt Bakterium ab, um es in einen anderen zusagenden Nährboden zu geben.

Im übrigen möge hier gleich auch im Hinblick auf die folgenden Kapitel besonders betont werden, daß es bei jeder Untersuchung notwendig ist, ein mikroskopisches Präparat anzufertigen. Dies gilt besonders, wenn man irgendeinem Milchfehler mittels der Plattenmethode auf die Spur kommen will. Denn nicht immer finden alle Keime in der PETRI-Schale den ihnen zusagenden Nährboden, und die eigentliche Ursache entzieht sich somit dem Beobachter. Oft klärt aber ein Blick ins Mikroskop die Sachlage und man entdeckt im Präparat Organismen, die auf der Platte nicht ausgewachsen sind.

Zunächst stellt man ein nach GRAM gefärbtes Präparat her, indem man entweder einen gewöhnlichen Ausstrich macht oder nach der BREED-Methode (S. 343) verfährt. Da die gewöhnliche Färbungsmethode für Milchpräparate wenig geeignet ist (wegen schlechten Herausziehens des Farbstoffes aus dem Milchgerinnsel usw.), hat HUCKER eine Spezialmethode ausgearbeitet, die diese Mängel nicht besitzt und sich besonders dadurch auszeichnet, daß man in Käsereimilch die Gram-negativen Gasbildner leicht erkennen kann. (Eine spezielle Gram-Färbung für Mastitisstreptokokken ist S. 338 angegeben.)

Man bereitet 4 Lösungen wie folgt:

1. Gentianaviolettlösung

Anilinöl	3,0 cm³
Alkohol abs.	7,0 ,,
Destilliertes Wasser	90,0 ,,
nach Schütteln und Filtrieren Zugabe	
von Gentianaviolett (GRÜBLER)	2,0 g

2. LUGOLsche Lösung

Jod	1,0 g
Jodkalium	2,0 ,,
Destilliertes Wasser	300,0 cm³

3. Entfärbungslösung

Anilinöl (1 Teil) ⎫ .. Mischung 5 Teile
Xylol (2 Teile) ⎭
Alkohol (95 %) ..... 95 Teile

4. Nachfärbelösung

Bismarckbraun .... 4,5 g
Destilliertes Wasser (kochend). 50,0 cm³
nach Filtrieren Zufügen von
Alkohol (95 %) .... 30,0 „

Die Ausstriche werden zunächst getrocknet und dann zwecks Fettlösung in Xylol getaucht; hierauf Abschleudern des Xylols und Fixieren mit 96 %igem Alkohol 2 Minuten ohne nachfolgendes Trocknen. Färben mit der Gentianaviolettlösung (1.) 45 Sekunden lang, abschwemmen der Farblösung mit Lugolscher Lösung (2.), stehen lassen mit frisch hinzugefügter Jodlösung mindestens 1 Minute, abschwemmen mit Wasser und warten bis das Präparat wasserfrei ist. Hierauf entfärben mit der Anilin-Xylol-Alkohollösung (3.), bis sich kein Farbstoff mehr herauslöst, und gegenfärben mit der Bismarckbraunlösung (4.) 45 Sekunden.

Die Gram-positiven Bakterien erscheinen tiefblau, die Gram-negativen braungelb.

Mit der Gram-Färbemethode nach Hucker werden weniger Geübte mitunter keine erfreulichen Erfahrungen machen. Für diese sei im folgenden eine sichere Methode beschrieben, die von Burke stammt. Freilich muß man bei dieser die Mitfärbung des Kaseins durch das Safranin in Kauf nehmen.

Die Technik ist folgende: Mit möglichst wenig Hitze fixieren. Färben mit einer 1%igen wäßrigen Lösung von Methylviolett, dazu 3 bis 5 Tropfen einer 5%igen Natriumbikarbonatlösung. Nach 3 Minuten langer Einwirkung abschwemmen des überschüssigen Farbstoffs mit Lugolscher Lösung (Jod. pur. 1, Kal. jodat. 2, Aq. dest. 300); stehen lassen mit frisch hinzugefügter Lugolscher Lösung, mindestens 1 Minute. Abschwemmen mit Wasser, warten bis der Ausstrich wasserfrei, jedoch nicht ganz lufttrocken ist. Entfärben mit Aether-Aceton (1:3), bis keine Farbe mehr abgegeben wird (dauert in der Regel weniger als 10 Sekunden). Trocknen lassen und Nachfärben 5 bis 10 Sekunden lang mit einer 2%igen wäßrigen Safraninlösung. Kurzes Abspülen mit Wasser, trocknen und einige Minuten in Xylol oder Terpentin eintauchen. Wenn man sich ein Dauerpräparat herstellen will, gibt man Kanadabalsam auf den Ausstrich und ein Deckglas darüber.

Die Gram-positiven Bakterien heben sich tiefblau von dem zartrosafarbenen Untergrund ab. Gram-negative Bakterien sind rot gefärbt.

Gram-positiv sind alle Mikrokokken (von einigen pathogenen abgesehen), alle Streptokokken und Sarzinen, von den nicht sporentragenden Stäbchen die Milchsäurelangstäbchen und Proteusarten, fast alle aeroben Sporenbildner und die Gruppe der Aktinomyzeten. Ferner die Hefen und Oidien.

Gram-negativ sind die meisten der nicht sporenbildenden Stäbchen (darunter auch die Coli-Aerogenes-Gruppe!) und die Spirillaceen.

Unsicher in der Gram-Färbung sind die anaeroben Sporenbildner.

Es ist aber dringend anzuraten, neben einem nach Gram gefärbten Ausstrichpräparat auch ein Lebendpräparat anzufertigen. Durch die Antrocknung und Färbetechnik erscheinen viele Organismen, besonders die größeren, z. B. Hefen, stark verzerrt, und ihre wahre Gestalt ist an Hand eines solchen Präparates oft nicht mehr zu erkennen. Man verwendet das Prinzip des hängenden Tropfens. Die Technik ist dieselbe wie für die eben erwähnte Tröpfchenmethode nach Lindner. Ob man die Milch verdünnt, hängt von ihrer Qualität und dem Gerinnungszustand ab.

Wer eine Dunkelfeldeinrichtung besitzt, wird auch diese zur Untersuchung von Präparaten lebender Bakterien heranziehen.

Einen gewissen Ersatz hiefür bietet das Tuscheausstrichpräparat. Man stellt auf dem Objektträger eine nicht zu dichte Suspension des betreffenden Organismus mit verdünnter Tusche (2- bis 4fach verdünnt) her und streicht diese mittels eines gereinigten Pinsels oder eines sauberen Deckgläschens möglichst dünn aus. Nach dem Trocknen gibt man das Zedernöl direkt auf das Präparat und untersucht mit der Ölimmersion. Die Bakterien heben sich in ihrer charakteristischen Form deutlich von dem schwarzbraunen Hintergrund ab.

Mit den reingezüchteten Bakterien stellt man zwecks Diagnostizierung alle jene morphologischen, kulturellen und physiologischen Untersuchungen an, die nötig sind. Die Durchführung derselben zu schildern, würde den Rahmen dieses Handbuches weit überschreiten, und es muß in dieser Hinsicht auf die einschlägige bakteriologische Spezialliteratur (LEHMANN-NEUMANN) hingewiesen werden.

Meist genügt es aber für die Charakterisierung einer Milch, die vorhandenen Bakteriengruppen festzustellen, und man wird erst dann zur Isolierung von Einzelorganismen schreiten, wenn man hierbei zu keinem Ergebnis kommt, eventuell unter Anlegung einer Elektivkultur.

Bestimmung der wichtigen Bakteriengruppen

1. Säure- und Alkalibildner

Zwecks Bestimmung der Säurebildner legt man von der zu untersuchenden Milch mittels der bereits angegebenen Plattenmethode Verdünnungen an und benutzt dazu den geschilderten Standardagar, der aber noch folgende Zusätze enthält: 1% Laktose und Bromkresolpurpur als Indikator[1]). Der Zucker wird vor Einstellung der p_H dem geschmolzenen Agar zugegeben, der Indikator nachher. Bromkresolpurpur ist bei p_H 5,0 hellgelb und bei p_H 7,0 violett. Man gibt von einer gesättigten wässerigen Lösung des Farbstoffes 2 cm³ auf 1 Liter Nährmedium.

Die beimpften Platten werden am besten bei 30 oder 37° C bebrütet. Nach längstens 2 Tagen sind die säurebildenden Bakterienkolonien deutlich durch ihre Gelbfärbung von den übrigen indifferenten oder alkalibildenden Bakterien zu unterscheiden. Hat man es besonders auf die Alkalibildner abgesehen, dann kann man als Indikator auch Bromthymolblau verwenden, das bei p_H 6 gelb und bei p_H 7,6 blaugrün gefärbt ist. Die Alkalibildner heben sich dann blau von dem gelbgrünen Untergrund ab. Die Anwendung des Bromthymolblaus ist dieselbe wie die des Bromkresolpurpurs. Zu den Alkalibildnern gehören auch die meisten Gelatineverflüssiger (Herstellung der Gelatine, Bd. II/2.Tl.V).

Eine Möglichkeit, in ein und demselben Nährboden einen größeren p_H-Bereich zu erfassen als dies mit jedem der soeben angegebenen Indikatoren für sich allein möglich ist, bietet die Anwendung einer Kombination von Bromkresolpurpur und Bromkresolrot. In diesem Falle muß der Nährboden vor Zugabe der beiden Indikatoren genau auf Neutralität eingestellt sein, bevor ihm pro Liter je 1 cm³ von jedem der beiden Indikatoren (gesättigte wässerige Lösung) zugefügt wird. Die p_H-Zone reicht von 5,2 bis 8,0, langsam von Gelb zu Purpur übergehend.

Zu der Gruppe Säurebildner rechnen die hämolytischen Streptokokken, die hier ebenfalls erwähnt werden müssen, weil man sie nach BROWN, FROST und SHAW fast aus jeder Milch (auch aus Vorzugsmilch) isolieren kann. Nach FROST und seinen Mitarbeitern beherbergen rund 60% gesunder Kühe hämolytische Streptokokken (bis zu 10000 pro 1 cm³ Milch). Ihnen wird meist die Schuld gegeben für epidemieartige Ausbrüche von eitriger Mandelentzündung

---

[1]) Auch Chinablau (Höchst) ist als Indikator sehr geeignet. Säurebildende Kolonien färben sich tiefblau (vgl. auch Kap. Butter in Bd. II/2. Tl. V). Man gibt auf 100 cm³ des zuckerhaltigen neutralen Agars 5 Tropfen gesättigter wäßriger Chinablaulösung.

(septic sore throat). Doch kommt es darauf an, ob die hämolysierenden Streptokokken menschlicher oder tierischer Herkunft sind.

Zwecks Prüfung von Milch auf diese Keime benutzt man nach Brown Pferdeblutagar, der folgendermaßen hergestellt wird:

Die wäßrigen Extraktstoffe von 500 g Kalbfleich werden auf 1 Liter destillierten Wassers verteilt, 5 g Kochsalz und 10 g Pepton (Witte) zugefügt und das Ganze auf 0,1 bis 0,2 % Säure zu Phenolphthalein eingestellt. Dann wird erhitzt, 15 g Agar zugefügt, gekocht und filtriert. Von dem Filtrat werden je 11 cm³ in Reagenzröhren abgefüllt und ½ Stunde bei 1 Atmosphäre sterilisiert. Vor Gebrauch wird es wieder geschmolzen und für 15 Minuten auf eine Temperatur von 45° C gebracht, ²/₃ cm³ defibrinierten Pferdebluts beigefügt und gut durchgemischt.

Entweder gießt man nun den Agar zu einer schwachen Milchverdünnung in eine Petri-Schale oder man leert ihn zunächst steril in eine Petri-Schale und läßt erstarren. In diesem Falle spatelt man dann ¹/₁₀ oder ¹/₁₀₀ cm³ Milch auf der Oberfläche mittels eines rechtwinklig abgebogenen sterilen Glasstabes aus. Bebrütung erfolgt 2 Tage bei 37° C. Es ist besonders wichtig, auch eine unbeimpfte Blutplatte anzulegen (zur Kontrolle der Sterilität des Pferdeblutes).

Brown unterscheidet bei Anwendung dieses Nährbodens 3 Typen, Alpha, Beta und Gamma.

Der Alpha-Typ zeichnet sich dadurch aus, daß sich die Kolonien gelblich, häufiger aber noch grünlich verfärben, die Verfärbung dringt auch noch bis 2 mm in den Agar hinein. Diese Zone zeigt auch teilweise Hämolyse, die besonders hervortritt, wenn die Platten nachträglich 2 Tage im Eisschrank gehalten werden.

Der Beta-Typ verfärbt sich nicht und zeigt eine durchsichtige, farblose, vollständig hämolysierte Zone von 2 bis 4 mm, oft schon nach 18 Stunden. Die Hämolyse wird nicht deutlicher, wenn man die Platten im Eisschrank aufbewahrt.

Der Gamma-Typ verursacht keinerlei Veränderungen auf Blutagar, weder Verfärbung noch Hämolyse.

Die hämolysierenden Streptokokken gehören sämtliche zum Beta-Typ. Um nun zu unterscheiden, ob die gefundenen hämolysierenden Streptokokken menschlichen oder tierischen Ursprungs sind, hat man nach Brown folgende Hilfsmittel, von denen aber eines für sich allein angewendet, keine zwingenden Schlüsse gestattet.

1. 1 cm³ einer frischen jungen Bouillonkultur irgend eines hämolysierenden Streptokokkus menschlicher Herkunft hämolysiert in einer Verdünnung von 1:10 in physiologischer Kochsalzlösung 1 Tropfen defibrinierten Kaninchenblutes innerhalb 2 Stunden bei 37° C vollständig, bovine Streptokokken tun dies nur ausnahmsweise.

2. Kolonien von Stämmen menschlicher Herkunft zeigen nach 18 bis 24 Stunden auf Pferdeblutagar eine klare, farblose, wohlumgrenzte, vollständig hämolysierte Zone im Durchmesser von 2 bis 2,5 mm um jede Kolonie, während jene tierischer Herkunft eine schmalere und weniger scharf ausgeprägte Zone besitzen, auch ist ihre Entwicklung eine langsamere.

3. Die titrierbare Azididät der bovinen Typen ist in Serumzuckerbrühe eine höhere nach 8 Tagen.

4. Die Wasserstoffionenkonzentration ist bei den tierischen Streptokokken nach 48 Stunden in Dextrosebouillon unter p_H 5,0 (bis zu 4,3), während jene menschlicher Herkunft p_H 5,0 nicht erreichen.

Ein anderes Mittel, die beiden Typen voneinander zu unterscheiden, ist die Spaltung von Natriumhippurat in Glykokoll und Benzoesäure. Nach Ayers und Rupp sind nur die hämolytischen Streptokokken aus dem Kuheuter in der Lage, Natriumhippurat zu spalten, nicht aber jene menschlicher Herkunft.

(Über hämolytische Streptokokken in dauerpasteurisierter Milch siehe S. 383.)

2. Gasbildner

a) Aerobe

Ob aerobe Gasbildner vorhanden sind, ist besonders auch für die Käserei wichtig; in der Regel werden es Vertreter der Coli-Aerogenes-Gruppe sein, die hier in Betracht kommen (siehe auch Coliprobe S. 371). Vielfach kommen auch Laktose vergärende Torula-Arten in Frage, besonders bei Rahm. Ein Verfahren, Gasbildner in der Milch festzustellen, ist folgendes:

Man füllt sogenannte DURHAM-Röhren[1]) (siehe Abb. 15) mit 1% Laktosebouillon, die im übrigen so hergestellt wird, wie bereits für die Zwecke des Standardagars beschrieben wurde (S. 355). Zweckmäßigerweise kann man noch als Indikator Bromkresolpurpur zugeben, um eventuelle gleichzeitige Säuerung feststellen zu können. Die zu untersuchende Milch kann man in abfallenden Konzentrationen in die einzelnen Röhrchen füllen, ähnlich wie es bei der sogenannten Verdünnungsmethode beschrieben wurde. Dann hat man gleich auch einen gewissen Anhalt, ob viel oder wenig gasbildende Organismen vorhanden sind. Bebrütung erfolgt am besten bei 37° C. Das gebildete Gas reichert sich in der Spitze des umgekehrt in der Bouillon liegenden versenkten Gärröhrchens an. Je mehr Gas entwickelt wird, um so stärker wird die Bouillon aus dem kleinen Röhrchen nach unten herausgedrängt. In der Regel hat man schon nach 24 Stunden ein positives Resultat, wenn überhaupt Gasbildner vorhanden sind.

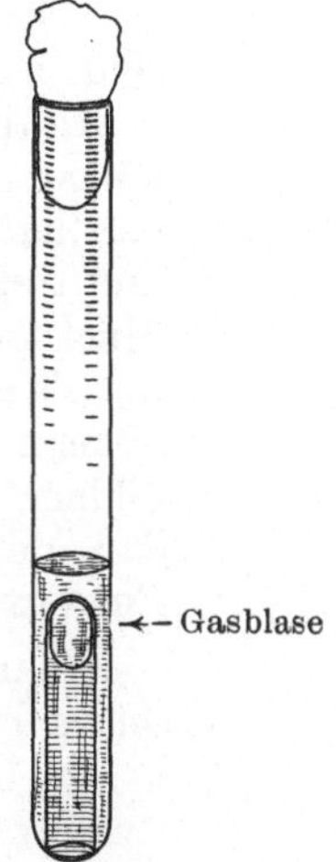

Abb. 15.
DURHAM-
Gas-
röhrchen

Ein anderes sehr einfaches, aber quantitativ nicht so gut auszuwertendes Verfahren ist es, eine Schüttelagarkultur herzustellen. Laktoseagar wird nach Verflüssigung auf 45° C abgekühlt und mit 0,1 cm³ der verdächtigen Milch versetzt, kräftig geschüttelt und nach Erkalten bei 37° C bebrütet. Sind Gasbildner vorhanden, dann finden sich bereits nach 24 Stunden reichlich Gasblasen, nach 48 Stunden dürfte die Agarsäule in einzelne Teile zerrissen sein. Vermutet man nur sehr wenig gasbildende Keime, dann müssen sie zuerst angereichert werden. Dies geschieht am besten durch Ansetzen einer Milchgärprobe (s. Bd. II/2., Tl. V.). Von dieser wird dann abgeimpft.

Will man speziell auf Gasbildung durch die Coli-Aerogenes-Gruppe allein prüfen, verwendet man ein anderes Verfahren, das von KESSLER und SWENARTON ausgearbeitet wurde.

Es beruht auf der Eigenschaft von Gentianaviolett, in bestimmten Konzentrationen auf Bakterien hemmend oder abtötend zu wirken. Fügt man dem Nährmedium jedoch Galle zu, so wird die bakterizide Eigenschaft für die Vertreter der Coli-Aerogenes-Gruppe abgeschwächt und es tritt eine „Elektivkultur" dieser Organismen auf.

Die Bouillon wird folgendermaßen hergestellt: 1 Liter destillierten Wassers wird im Wasserbad oder Dampftopf bis zum Kochen erhitzt und dann 50 g Rindergalle und 10 g Pepton zugefügt. Nach kräftigem Umrühren wird 1 Stunde gekocht und anschließend 10 g Laktose zugegeben. Nach Lösung derselben wird die Bouillon mittels Natronlauge auf Phenolphthaleinneutralität (schwachrosa) eingestellt und filtriert. Hierauf erfolgt erst die Zugabe des Farbstoffs, und zwar 4 cm³ einer 1%igen Lösung von Gentianaviolett. Dann Abfüllen in die Röhren und 15 Minuten dauerndes Autoklavieren bei 1 Atmosphäre.

---

[1]) Diese Röhren können bei F. M. Lautenschläger in München, Lindwurmstraße 29—31 bezogen werden. Beim Füllen derselben mit der Nährflüssigkeit ist darauf zu achten, daß aus dem versenkten Gärröhrchen alle größeren Luftblasen entfernt werden. Dies erreicht man nach Einfüllen durch entsprechendes Neigen. Kleine noch vorhandene Luftblasen verschwinden von selbst durch das Sterilisieren.

Da es darauf ankommt, das aus Laktose gebildete Gas nachzuweisen, verwendet man entweder die üblichen Gärröhrchen mit offenem Arm oder noch besser die eben beschriebenen Durham-Röhren. Die Milch wird in abfallender Konzentration in diese eingeimpft. Wenn Gas gebildet wird, ist dies ein sicheres Anzeichen für die Anwesenheit von Vertretern der Bacterium-coli-aerogenes-Gruppe in Milch. (Auswertung des Ergebnisses siehe S. 372—374.)

b) Anaerobe

Der Nachweis der anaeroben Gasbildner, die zugleich auch Sporenbildner sind, ist besonders hygienisch von großem Interesse, weil sie bei stärkerem Auftreten zu den so gefürchteten Sommerdiarrhöen der kleinen Kinder führen können. Die Buttersäurebazillen scheinen allerdings hierbei nicht besonders beteiligt zu sein. Sie sind wiederum für Werkmilch von größerer Wichtigkeit und treten nach Kürsteiner, Staub und Dorner besonders dann gerne in der Milch auf, wenn nicht einwandfreies Gärfutter verabreicht wird. Dadurch kann die Tauglichkeit zur Emmentalerkäserei in Frage gestellt werden. Auch können Geschmacksveränderungen durch die Tätigkeit anaerober Sporenbildner in der Milch auftreten. So gelang es kürzlich Staffe nachzuweisen, daß der Geschmacksfehler „brenzlig-schmirgelig" auf Infektion mit dem Fraenkelschen Gasbazillus (Clostridium Welchii) zurückzuführen ist.

Man unterscheidet eine saccharolytische, eine stark proteolytische und eine schwach proteolytische Gruppe.

Zu der saccharolytischen Gruppe gehören: Clostridium tertium (Henry) Bergey, Clostridium Welchii (Fraenkelscher Gasbazillus) und Clostridium butyricum Prazmowski (Buttersäurebazillus). Bliss hat besonders das Clostridium tertium sehr häufig in Marktmilch gefunden. Von der stark proteolytischen fand sich noch etwas häufiger das Clostridium sporogenes (Metschnikoff) Bergey (Syn. Bacillus putrificus verrucosus Zeissler und Paraplectrum foetidum Weigmann). Hierher gehört auch Clostridium putrificum (Bienstock) Bergey. Diese beiden sind typische Fäulnisbakterien. Der in Milch vorkommende Vertreter der schwach proteolytischen Gruppe ist Clostridium bifermentans.

Weinzirl hat die sogenannte Sporogenes-Probe eingeführt und will auf Grund eines positiven Ausfalles einen Schluß auf die Verschmutzung von Milch durch Kuhmist ziehen. Wenn nach den Untersuchungen von Hudson und Tanner sowie Ayers und Clemmer dieser Schluß auch nicht eindeutig ist, so ist das positive Resultat dennoch ein Zeichen dafür, daß die Milch hygienisch nicht einwandfrei und für kleine Kinder jedenfalls unzuträglich ist.

Die Ausführung der Probe geschieht folgendermaßen:

Zirka 1 cm³ geschmolzenes Paraffin wird in ein gewöhnliches Reagenzglas gegeben und das Ganze, mit einem Wattestopfen versehen, im Autoklaven oder im Heißluftsterilisator entkeimt. Mittels einer sterilen Pipette werden dann 5 cm³ der fraglichen Milch in die wieder abgekühlte, nunmehr sterile Röhre gegeben (die man sich auch auf Vorrat halten kann) und 10 bis 15 Minuten lang in strömendem Dampf bei einer Temperatur von 80° C erhitzt. Dadurch schmilzt das Paraffin wieder, steigt in die Höhe, wo es nach Schluß des Erhitzens wieder erkaltet und über der Milch einen anaeroben Verschluß herstellt. Durch das Erhitzen wird auch noch der Sauerstoff vollends aus der Milch ausgetrieben und eine wirksamere Anaerobiose hergestellt.

Alle vegetativen Formen von Bakterien sind auf diese Weise in der Milch abgetötet worden, nur die Sporen bleiben übrig. Die Röhrchen kommen zwecks Bebrütung 3 Tage in einen Thermostaten von 37° C.

Wenn anaerobe Sporenbildner in der Milch vorhanden waren, dann ist nach 3 Tagen der Paraffinpfropf infolge des Gasdruckes in der Röhre hochgeschoben, und bei besonders starker Gasbildung kann sogar der Fall eintreten, daß sowohl der Paraffinpfropf wie auch der Wattebausch vollständig aus der Röhre herausgetrieben sind (siehe Abb. 16). Wenn in 5 Parallelproben einer auf obige Weise angesetzten Milch 2 Gasbildung zeigen, dann ist dies ein Beweis für ausgiebige Verunreinigung der Milch mit anaeroben Sporenbildnern.

Für den Nachweis der **Buttersäurebazillen** eignet sich (nach DORNER und persönlicher Mitteilung von BURRI) am besten der Dextroseagar. Man pasteurisiert das mit dem geschmolzenen Nährboden gemischte keimhaltige Material im Reagenzglas während 10 Minuten im Wasserbad von 80⁰ C. Nach Abkühlung wird bebrütet. Das Wachstum von Buttersäurebazillen macht sich durch intensive Gasbildung sowie ausgesprochenen **Geruch nach Buttersäure** bemerkbar. Ein besonderer Paraffinabschluß ist nach BURRI nicht notwendig.

3. Sporenbildner
(Erreger der süßen Milchgerinnung)

Die **anaeroben** Sporenbildner sind, soweit sie in Milch eine praktische Bedeutung besitzen, mit den eben beschriebenen anaeroben Gasbildnern identisch.

So bleiben hier noch die **aeroben** Sporenbildner zu besprechen, die sich besonders im Sommer für die Hausfrau unangenehm bemerkbar machen, da sie hauptsächlich dazu beitragen, bei gewitterigen Störungen gekochte Milch durch das von ihnen gebildete Labenzym süß gerinnen zu lassen. Sie entwickeln sich besonders gern in pasteurisierter und abgekochter Milch, weil sie nicht mehr unter der scharfen Konkurrenz der Milchsäurestreptokokken zu leiden haben. Ihre Anwesenheit in Milch ist ebensowenig erwünscht wie jene der anaeroben Sporenbildner, da sie sämtlich proteolytisch sind und als Zwischenprodukte der Eiweißspaltung vielfach auch Bitterstoffe bilden.

Von H. LISK wurden in pasteurisierter Milch folgende Arten gefunden: Bacillus cereus, Bacillus albolactis, Bacillus mesentericusvulgatus, Bacillus mesentericus-fuscus, Bacillus subtilis-viscosus, Bacillus simplex und Bacillus circulans.

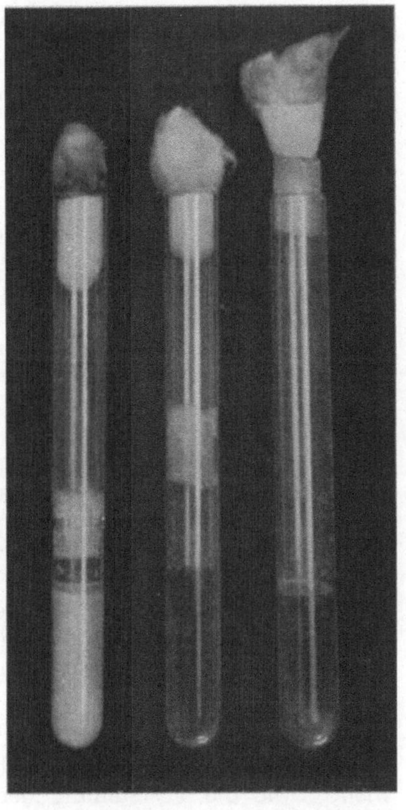

Abb. 16. Prüfung auf anaerobe Sporenbildner (nach WEINZIRL)

Linke Röhre: Paraffinpfropf leicht gehoben. Beginnende Buttersäuregärung, kenntlich an der unter Molkenausscheidung und Gasbildung geronnenen Milch, sowie dem Buttersäuregeruch

Mittlere und rechte Röhre: Paraffinpfropf der mittleren Röhre halb, der rechten bald ganz herausgepreßt. Gemischte Sporogenes- und Putrificus-Gärung in fortgeschrittenem Stadium: Milch unter starker Gasbildung und Bräunlichfärbung völlig peptonisiert (Cl. sporogenes), Geruch nach Limburger (B. putrificus verrucosus, Syn. Weigmanns Paraplectrum foetidum).

Zwecks Abtötung der vegetativen Formen wird die zu untersuchende Milch wie bei den anaeroben Sporenbildnern 10 Minuten im strömenden Dampf oder im Wasserbad auf 80⁰ C gehalten. Davon werden in schwacher Konzentration PETRI-Schalen mit gewöhnlichem Standardagar gegossen. Bebrütung erfolgt bei 37⁰ C. Die bei Auszählung der Platten nach 3 Tagen erhaltenen Zahlen ergeben auf 1 cm³ umgerechnet den Grad der Verunreinigung durch aerobe Sporenbildner an.

Ein anderer Weg dürfte die Verimpfung von 1 bis $^1/_{100}$ cm^3 der erhitzten Milchproben in sterile Lackmusmilch sein. Falls aerobe Sporenbildner vorhanden sind, wird diese nach spätestens 48 bis 76 Stunden bei 37⁰ C entweder schwach koaguliert oder ohne Gerinnung direkt peptonisiert (kenntlich am Durchsichtigwerden der Milch); manchmal tritt auch Alkalisierung ein, die sich aber, falls eine Reduktion des Lackmusfarbstoffes vorausgegangen ist, nur im oberen Teil der Milch durch blaue Farbe des Indikators zu erkennen gibt (siehe auch S. 376).

4. Schleimbildner

Die Schleimbildner, die gerne bei niedriger Temperatur auftreten und mitunter zu unliebsamen Störungen in Trinkmilchbetrieben Veranlassung geben, gehören zu keiner einheitlichen Gruppe. In Europa sind sie in der Regel unter den Milchsäurestreptokokken zu suchen (Streptococcus lactis und seine Abart Streptococcus hollandicus) sowie unter Milchsäurelangstäbchen; in Amerika dagegen sind die hauptsächlichsten Erreger nach HAMMER das Bacterium viscosum und Vertreter der Coli-Aerogenes-Gruppe.

Zum genauen Nachweis empfiehlt sich das Verarbeiten auf Standardagarplatten, falls man Bacterium viscosum oder Stellvertreter der Coli-Aerogenes-Gruppe als Ursache vermutet. Die Erreger können an den schleimigen Oberflächenkolonien erkannt werden.

Bei Streptococcus lactis ist es nach HAMMER zweckmäßig, neben dem Standardagar auch noch Molkenagar zu verwenden. Für die etwas schwierigere Isolierung von Milchsäurelangstäbchen müssen geeignete Spezialnährböden verwendet werden (siehe Band II, 2. Tl., V). Man bebrütet am besten bei Zimmertemperatur 1 Woche lang.

Treten Schleimbildner in einer Molkerei auf, dann ist auch dem dort verwendeten Wasser die größte Aufmerksamkeit zu schenken, besonders dann, wenn man Bacterium viscosum als Ursache vermutet.

5. Indolbildner (Coli-Gruppe)

Ihr Nachweis ist für die bakteriologische Milchkontrolle mindestens ebenso wichtig wie die Feststellung der Gesamtkeimzahl der Milch. Die Vertreter der Coli-Gruppe sind bekanntlich die größten Molkereischädlinge, die wir kennen. Ihre Fähigkeit, Gas zu bilden und aus Eiweiß übelriechende Substanzen zu erzeugen, macht solche Milch nicht bloß käsereiuntauglich, sondern auch zum Frischverkehr ungeeignet. Die Haltbarkeit der Frischmilch nimmt im selben Maße ab, wie die Bakterienzahl steigt; doch wenn Bacterium coli vorhanden ist, übt dies nach den Untersuchungen von BARKWORTH und seinen Mitarbeitern an fast 2500 Milchproben einen verschlechternden Einfluß auf die Haltbarkeit aus, selbst wenn die absolute Keimzahl anfänglich gering ist. Daß die Anwesenheit von Bacterium coli auch vom rein hygienischen Standpunkt aus verwerflich ist, braucht nicht weiter betont zu werden, wenn der Coli-Titer für Milch auch nicht die große Bedeutung hat wie für Trinkwasser.

Der Nachweis der Coli-Gruppe in Milch gelingt sehr einfach durch die Prüfung auf deren charakteristisches Eiweißspaltungsprodukt Indol. Da in mit Trypsin verdauter Bouillon, infolge des weitgehenden Abbaus der Eiweißsubstanzen, die Bedingungen für Indolbildung besonders günstig sind, wird diese von NEISSER und FRIEBER als am zweckmäßigsten empfohlen.

Die Herstellung der Trypsinbouillon geschieht nach folgendem Rezept:

1000 cm^3 Fleischextraktbouillon, enthaltend 10 g Pepton WITTE und 5 bis 10 g Fleischextrakt LIEBIG, mit einer Sodaalkalität über den Lackmusneutralpunkt hinaus

von 7 cm³ n-Sodalösung, werden 35 bis 40° C warm in dicht schließender Glasstopfen-
flasche (zubinden!) mit 0,2 g Trypsin GRÜBLER und 10 cm³ Chloroform versetzt und
unter öfterem Durchschütteln 24 Stunden lang bei 37° C angedaut, durch feuchtes
Faltenfilter gegeben, 4fach (1 und 3) mit physiologischer Kochsalzlösung verdünnt,
zu ca. 5 cm³ in Röhrchen gefüllt und an 2 Tagen je 30 Minuten sterilisiert. Diese
Lösung entspricht einem Gehalt von 0,25 % Pepton. Sie ist wasserhell, gestattet
selbst den anspruchsvolleren Bakterien gutes Wachstum, ist leicht herstellbar und,
von unwesentlichen Schwankungen des Fleischextraktes abgesehen, relativ konstant.

Von der zu prüfenden Milch wird in abfallenden Konzentrationen mindestens
im Duplikat bis zu $^1/_{100\,000}$ Verdünnung in die Trypsinbouillon geimpft (nach
dem Verdünnungsschema auf S. 362) und 2 Tage bei 37° C bebrütet.

Zur Prüfung auf Indol verwendet man das von EHRLICH eingeführte Reagens
in der Modifikation von E. PRINGSHEIM (siehe KRAUS-UHLENHUTH) wie folgt:

p-Dimethylamidobenzaldehyd .... 5,0 g
Methylalkohol .... 50,0 cm³
Salzsäure (konz.) .... 40,0 „

Es ist kein Persulfat nötig, bei Zusatz von 5 bis 10 Tropfen zu 3 bis 5 cm³ Kultur-
flüssigkeit erhält man stets eine außerordentlich scharfe, unzweideutige Reaktion,
die sich bei indolpositiven Bakterien durch kirschrote Färbung zu erkennen
gibt, während bei negativem Ausfall die Bouillon ihre Eigenfarbe unverändert
beibehält. Mitunter ist es zweckmäßig, das Gemisch mit 1 cm³ Amylalkohol[1])
auszuschütteln. Die Probe ist freilich nicht spezifisch für Coli, sondern für
sämtliche Indolbildner. In Milch kommt von diesen noch Proteus vulgaris in
Betracht. Doch wenn anstatt 2 Tagen nur 1 Tag bei 37° C bebrütet wird, dann
darf man sicher sein, in einem positiven Fall nur auf Bacterium coli geprüft
zu haben.

Es wird dann festgestellt, bis zu welcher Verdünnung noch ein positives
Resultat erhalten wurde. Ist z. B. die $^1/_{10}$- und die $^1/_{100}$-Verdünnung noch positiv,
die höheren Verdünnungen von $^1/_{1000}$ ab nicht mehr, dann müssen sich mindestens
100 Colibakterien in 1 cm³ Milch befinden. Sind dagegen sämtliche Verdünnungen
bis zu $^1/_{10\,000}$ positiv, dann befinden sich mindestens 10000 Colibakterien in
1 cm³ Milch. Dies ist zunächst eine primitive theoretische Überlegung. In
Wirklichkeit kommt es aber darauf an, unter Berücksichtigung des wahrschein-
lichen Fehlers die Ergebnisse variationsstatistisch auszuwerten. Es wäre
nun zu zeitraubend, diese Berechnung für jeden einzelnen Fall unter Anwendung
der einschlägigen mathematischen Formeln vorzunehmen. McCRADY hat schon
1918 Formeln für die mathematische Auswertung von Gärproben aus-

---

[1]) KOVÁCS (Zeitschr. f. Immunitätsforsch., Bd. 55. 1928) hat den Vorschlag gemacht, anstatt des Methylalkohols gleich den Amylalkohol zu verwenden, und will damit
bei gewöhnlicher Peptonbouillon ohne Trypsinverdauung häufig mehr positive Befunde erhalten haben als mit dem bisher gebräuchlichen Verfahren. Bei einer Nachprüfung durch DEMETER (Milchwirtschaftl. Zentralbl., Jg. 58, S. 261, 277 und 293.
1929) wurden dieselben günstigen Beobachtungen gemacht. DEMETER schlägt vor, an
Stelle der üblichen Fleischpeptonbouillon KUSCYNSKIS-Standard I Bouillon (Merck,
Darmstadt) 4fach verdünnt zu verwenden, die sich noch leichter und billiger als
Fleischpeptonbouillon herstellen läßt. Die Zusammensetzung des Reagens ist
folgende:

p-Dimethylamidobenzaldehyd .... 5 g
Amylalkohol, reinst..................... 75 cm³
Salzsäure (konz.) .... 25 „

Von diesem Reagens werden 25 bis 30 Tropfen pro Röhre zugesetzt und nach
mehrmaligem Schwenken (ohne zu schütteln) nimmt der überstehende Amylalkohol
meist sofort tief kirschrote Farbe an.

gearbeitet und ihre Anwendung dürfte auch für die Bestimmung des Colititers ungemein vorteilhaft sein.

Es muß beim Verdünnen so verfahren werden, daß mindestens 2, am besten aber 5 Parallelröhrchen von jeder Verdünnung hergestellt werden, und daß die höchstgewählte Verdünnung steril bleibt. Die Verdünnungen sind dann: x cm³, 0,1 x cm³, 0,01 x cm³, 0,001 x cm³ usw., wobei x die Anzahl der vorhandenen Parallelröhrchen bedeutet. Die Ergebnisse werden nun in der Weise registriert, daß man die Anzahl der positiven Parallelröhrchen bei jedem Verdünnungssatz feststellt. Haben wir z. B. je 5 Parallelröhrchen, dann würde die Zahl 55320 bedeuten, daß von den x cm³- und 0,1 x cm³-Röhren alle 5 positiv waren, von den 0,01 x cm³-Röhren jedoch nur 3, von den 0,001 x cm³-Röhren nur 2, während von den 0,0001 x cm³-Röhren keine einzige positiv war. Die für die Berechnung in Betracht kommenden Ziffern sind ohne Zweifel jene der 2., 3. und 4. Verdünnung, nämlich 532. Dieses ist die „Stichzahl" (significant number) und umfaßt diejenige Verdünnung, bei der noch alle Röhren positiv waren, und die nächsten 2.

Es kann auch der Fall eintreten, daß von den ersten Verdünnungen nicht alle 5 Röhren positiv sind, daß wir z. B. die Zahl 33100 haben. Dann bleibt trotzdem 331 die Stichzahl. Gelegentlich mag auch der Fall eintreten, daß man eine 4stellige Stichzahl erhält, z. B. 5321 bei 553210. In diesem Fall rechnet man die letzte 1 zu der vorhergehenden und betrachtet 533 als Stichzahl, ohne einen merklichen Fehler zu machen.

In den folgenden Tabellen von McCrady ist die Stichzahl und daneben die „höchstwahrscheinliche" Zahl pro Volumeneinheit angegeben. Wesentlich ist, wieviel Parallelröhrchen angelegt werden, je mehr, um so genauer das Resultat.

Tabelle 5

Höchstwahrscheinliche Keimzahl bei Anlegen von 2 Parallelröhren einer jeden Verdünnung

Stichzahl	Wahrscheinliche Anzahl der Organismen	Stichzahl	Wahrscheinliche Anzahl der Organismen
000	0,0	121	3,0
001	0,5	200	2,5
010	0,5	201	5,0
011	0,9	210	6,0
020	0,9	211	13,0
100	0,6	212	20,0
101	1,2	220	25,0
110	1,3	221	70,0
111	2,0	222	110,0
120	2,0		

Beispiel für die Anwendung der Tabelle:

Die angelegten Verdünnungen seien x cm³, 0,1 x cm³, 0,01 x cm³, 0,001 x cm³ und 0,0001 x cm³ und die erhaltenen Ergebnisse 22100. Dann ist die Stichzahl 210; denn bei 0,1 x cm³ waren noch alle Röhren positiv, dazu werden noch die nächsten beiden Verdünnungen gerechnet 0,01 x cm³ und 0,001 x cm³, also 1 und 0. In der Tabelle findet sich für eine Stichzahl von 210 die wahrscheinliche Zahl 6,0. Dieser ist zugrunde gelegt jene Verdünnung, bei der noch alle Parallelröhren positiv waren, nämlich 0,1 x cm³. Also haben wir pro 1 cm³ eine wahrscheinliche Keimzahl von $6,0 \times 10 = 60$.

Tabelle 6. Höchstwahrscheinliche Keimzahl bei Anlegen von 3 Parallelröhren einer jeden Verdünnung

Stichzahl	Wahrscheinliche Zahl	Stichzahl	Wahrscheinliche Zahl	Stichzahl	Wahrscheinliche Zahl
000	0,0	201	1,4	302	6,5
001	0,3	202	2,0	310	4,5
010	0,3	210	1,5	311	7,5
011	0,6	211	2,0	312	11,5
020	0,6	212	3,0	313	16,0
100	0,4	220	2,0	320	9,5
101	0,7	221	3,0	321	15,0
102	1,1	222	3,5	322	20,0
110	0,7	223	4,0	323	30,0
111	1,1	230	3,0	330	25,0
120	1,1	231	3,5	331	45,0
121	1,5	232	4,0	332	110,0
130	1,6	300	2,5	333	140,0
200	0,9	301	4,0		

Beispiel: Stichzahl sei 320 aus 33200. Die zugehörige wahrscheinliche Zahl ist 9,5 pro 0,1 x cm³, also 95 pro 1 cm³.

Tabelle 7. Höchstwahrscheinliche Keimzahl bei Anlegen von 4 Parallelröhren einer jeden Verdünnung

Stichzahl	Wahrscheinliche Zahl	Stichzahl	Wahrscheinliche Zahl	Stichzahl	Wahrscheinliche Zahl	Stichzahl	Wahrscheinliche Zahl
000	0,0	113	1,3	231	2,0	402	5,0
001	0,2	120	0,8	240	2,0	403	7,0
002	0,5	121	1,1	241	3,0	410	3,5
003	0,7	122	1,3	300	1,1	411	5,5
010	0,2	123	1,6	301	1,6	412	8,0
011	0,5	130	1,1	302	2,0	413	11,0
012	0,7	131	1,4	303	2,5	414	14,0
013	0,9	132	1,6	310	1,6	420	6,0
020	0,5	140	1,4	311	2,0	421	9,5
021	0,7	141	1,7	312	3,0	422	13,0
022	0,9	200	0,6	313	3,5	423	17,0
030	0,7	201	0,9	320	2,0	424	20,0
031	0,9	202	1,2	321	3,0	430	11,5
040	0,9	203	1,6	322	3,5	431	16,5
041	1,2	210	0,9	330	3,0	432	20,0
100	0,3	211	1,3	331	3,5	433	30,0
101	0,5	212	1,6	332	4,0	434	35,0
102	0,8	213	2,0	333	5,0	440	25,0
103	1,0	220	1,3	340	3,5	441	40,0
110	0,5	221	1,6	341	4,5	442	70,0
111	0,8	222	2,0	400	2,5	443	140,0
112	1,1	230	1,7	401	3,5	444	160,0

Beispiel: Stichzahl sei 430 aus 44430. Die zugehörige wahrscheinliche Zahl ist 11,5 pro 0,01 x cm³, also 1150 pro 1 cm³.

Tabelle 8. Höchstwahrscheinliche Keimzahl bei Anlegen von 5 Parallelröhren einer jeden Verdünnung

Stich-zahl	Wahrscheinliche Zahl	Stich-zahl	Wahrscheinliche Zahl	Stich-zahl	Wahrscheinliche Zahl	Stich-zahl	Wahrscheinliche Zahl
000	0,0	203	1,2	400	1,3	513	8,5
001	0,2	210	0,7	401	1,7	520	5,0
002	0,4	211	0,9	402	2,0	521	7,0
010	0,2	212	1,2	403	2,5	522	9,5
011	0,4	220	0,9	410	1,7	523	12,0
012	0,6	221	1,2	411	2,0	524	15,0
020	0,4	222	1,4	412	2,5	525	17,5
021	0,6	230	1,2	420	2,0	530	8,0
030	0,6	231	1,4	421	2,5	531	11,0
100	0,2	240	1,4	422	3,0	532	14,0
101	0,4	300	0,8	430	2,5	533	17,5
102	0,6	301	1,1	431	3,0	534	20,0
103	0,8	302	1,4	432	4,0	535	25,0
110	0,4	310	1,1	440	3,5	540	13,0
111	0,6	311	1,4	441	4,0	541	17,0
112	0,8	312	1,7	450	4,0	542	25,0
120	0,6	313	2,0	451	5,0	543	30,0
121	0,8	320	1,4	500	2,5	544	35,0
122	1,0	321	1,7	501	3,0	545	45,0
130	0,8	322	2,0	502	4,0	550	25,0
131	1,0	330	1,7	503	6,0	551	35,0
140	1,1	331	2,0	504	7,5	552	60,0
200	0,5	340	2,0	510	3,5	553	90,0
201	0,7	341	2,5	511	4,5	554	160,0
202	0,9	350	2,5	512	6,0	555	180,0

1. Beispiel: Stichzahl sei 501 aus 5010. Die zugehörige wahrscheinliche Zahl ist 3,0 pro 1 cm³.

2. Beispiel: Stichzahl sei 451 aus 4510. (Sie ist nicht 510, aus Gründen, die weiter oben angeführt wurden.) Die zu 451 gehörige wahrscheinliche Zahl beträgt 5,0 pro 1 cm³.

3. Beispiel: Die Stichzahl sei 502 aus 555020. Die zugehörige wahrscheinliche Zahl ist 4,0 pro 0,01 cm³, also 400 pro 1 cm³.

Zur weiteren Beurteilung der erhaltenen Resultate sei noch bemerkt, daß man nach unseren Erfahrungen mit 1 cm³ Milch, in 5 cm³ Trypsinbouillon geimpft, gerne eine negative Indolprobe erhält, auch wenn die folgenden Verdünnungen positiv sind. Dies hängt ohne Zweifel damit zusammen, daß durch die verhältnismäßig große Menge Milch die Zusammensetzung der Trypsinbouillon in der Weise verändert wird, daß die Coligruppe stark unter der Konkurrenz der mithineingeimpften anderen Bakterien zu leiden hat, und daß rosa Farbtöne durch die starke Eigenfarbe des Milch-Bouillon-Gemisches überdeckt werden. Die Verwendung von 10 cm³ Trypsinbouillon für die erste mit 1 cm³ Milch zu versetzende Röhre dürfte einige Besserung bringen.

Zum Schlusse dieses Kapitels muß aber noch bemerkt werden, daß die in den Molkereien nicht weniger gefürchteten Aerogenesbakterien durch die Ehrlichsche Indolprobe nicht erfaßt werden (wie dies übrigens auch bei den sogenannten atypischen Colibakterien der Fall ist). In Milch erzeugen sie oft futterartigen Geschmack, zersetzen das Butterfett (nach Henneberg 3) und verursachen Käseblähungen. Sie bauen das Eiweiß nicht bis zum Indol, sondern nur bis zur Indolessigsäure ab (nach Lehmann-Neumann, S. 357) und reagieren demzufolge nicht auf EHRLICHS Reagens. Andere Differenzierungsmöglichkeiten zwischen Bacterium coli und Bacterium aerogenes bietet angeblich die Fähigkeit, mit Zitraten als alleiniger C-Quelle auszukommen (KOSER), Schwefelzucker (HEES u. TROPP) und Cellobiose (JONES u. WISE) zu vergären, wozu nur Bacterium aerogenes in der Lage sein soll. Bei diesem ist die Gasbildung auch eine stärkere als bei Coli. Andere Autoren wollen wieder alle Übergänge zwischen beiden Typen gefunden haben. Durch dieselbe Unsicherheit ist auch die in Amerika gerne angewendete Methylrot- und VOGES-PROSKAUER-Probe charakterisiert. Es würde zu weit führen, hier auf diese Probleme tiefer einzugehen. Unsere Folgerung aus diesen Tatsachen ist jedenfalls, daß es nicht genügt, sich bei Bestimmung des Colititers in Milch auf die Indolprobe zu beschränken, es sei denn, daß man es nur auf die typischen Vertreter der Coligruppe abgesehen hat. In allen anderen Fällen ist unbedingt auch auf Gasbildung in der S. 367 erwähnten Gentianaviolett-Laktose-Gallebouillon zu prüfen. Nach unseren Erfahrungen bekommt man mit dieser Probe bei Verdünnungen, die eine EHRLICHsche Indolprobe bereits zweifelhaft erscheinen lassen, immer noch eine deutlich positive Reaktion. Auch gibt es bei diesem Nährboden keinen Versager in der ersten Röhre mit 1 cm³ Milch, da durch das Einimpfen der Milch die Elektivwirkung des Gentianavioletts und der Galle nicht aufgehoben wird. Die Auswertung der erhaltenen Resultate geschieht auch bei dieser Probe unter Zuhilfenahme der McCRADYschen Tabellen (S. 372—374).

Der Vollständigkeit halber seien noch weitere Möglichkeiten, Coli-Aerogenes in Milch nachzuweisen, erwähnt. Zunächst das Ausspateln von Milch bestimmter Verdünnung auf Fuchsinagar nach ENDO (LEHMANN-NEUMANN, S. 55). Das Verfahren dient eigentlich zur Unterscheidung von Typhus und Coli in Stühlen und kann für die Milch nur unter der Annahme angewendet werden, daß alle rotwachsenden Kolonien, die nach 24stündiger Bebrütung größer als 1 mm im Durchmesser sind, als zur Coli-Aerogenes-Gruppe gehörig zu betrachten sind. Doch ist eine mikroskopische Untersuchung unerläßlich, weil auch säuernde Kokken innerhalb dieser Zeit größere Kolonien bilden können. Nicht säuernde Bakterien bleiben farblos.

R. MÜLLER empfiehlt neuerdings zum Nachweis der Colibakterien in Milch Malachitgrünagar in der für Typhusdiagnose üblichen Zubereitung. Herstellung wie folgt:

Schwach alkalische Fleischextraktbouillon (mit 2% Pepton) wird mit 1% Milchzucker, 3% Rindergalle und 3% Agar versetzt, zu 100 cm³ im ERLENMEYER-Kolben abgefüllt und sterilisiert. Dann fügt man zu je 100 cm³ Agar 0,5 cm³ 1%ige wäßrige Malachitgrünlösung, 1,0 cm³ 10%ige Natriumsulfitlösung und 0,5 cm³ sterilisierte Rindergalle. Die Mischung ist schwach grün und nach Erstarren klar, gelblich.

In diesem Nährboden sollen die üblichen Milchkeime unterdrückt werden und hauptsächlich nur Bacterium coli zum Vorschein kommen. Dieses färbt sich durch Oxydation des Malachitgrüns grün, eventuelle Nichtsäurebildner erscheinen farblos, später gelb. Man spatelt 0,5 oder 0,1 oder auch 0,05 cm³ unverdünnter Milch auf dem Grünagar aus und bebrütet 24 Stunden bei 37° C. Frische, sehr saubere Milch zeigt in 0,5 cm³ keine oder nur wenig Kolonien, manche Marktmilch jedoch in 0,05 cm³ tausende. Marktmilch mit weniger als 10 Kolonien aus 0,1 cm³ kann als anerkennenswert sauber bezeichnet werden. Dauerpasteurisierte Flaschenmilch sollte auf Grünagar in 0,5 cm³ keine Kolonien zeigen. Als Nebenergebnis erhält man auf diesem Nährboden mit besonderer Häufigkeit Farbstoffbakterien, insbesondere Bacterium prodigiosum.

6. Eiweißzersetzer

Manche von ihnen geben sich infolge ihres Alkalisierungsvermögens schon auf mit Bromthymolblau versetztem Nähragar zu erkennen. Auch die Gelatineverflüssigung ist kein sicherer Indikator für proteolytische Fähigkeiten. Am besten eignet sich der Kaseinagar nach Frazier und Rupp, dessen Herstellung im II. Band dieses Handbuches (2. Teil V) beschrieben ist. Man gießt mit diesem Nährboden Agarplatten unter entsprechender Verdünnung der zu untersuchenden Milch. Die Kolonien der Kaseinzersetzer sind in dem leicht getrübten Nährmedium deutlich an der Hofbildung zu erkennen.

Die Proteolyse ist meist auch mit der Fähigkeit, Milch süß gerinnen zu lassen, gekoppelt (aerobe Sporenbildner und Proteusarten). Bei besonders bitterem Geschmack ist auf Vorhandensein von Streptococcus liquefaciens zu achten, der schon vor jedem äußeren Anzeichen von süßer Gerinnung oder Eiweißabbau in der Lage ist, durch Erzeugung von Peptonen Bitterkeit hervorzurufen (siehe auch S. 383).

Untersuchung von pasteurisierter Milch (und Rahm)

Enzymreaktionen

Bis jetzt gibt es kein sicheres biologisches Mittel, Rohmilch von dauerpasteurisierter Milch zu unterscheiden[1]). Wohl aber kann hocherhitzte und frische Milch durch Enzymreaktionen nachgewiesen werden. Ja es lassen sich sogar durch bestimmte Methoden wenigprozentige Beimengungen von frischer zu hocherhitzter Milch mit Sicherheit feststellen. Die Exaktheit der Enzymreaktionen wird allerdings von Lind angezweifelt. Er behauptet, daß der rein chemische Albuminnachweis in manchen Fällen oft die einzige Möglichkeit sei, eine stattgehabte Erhitzung nachzuweisen.

---

[1]) Die Amylaseprobe, die Barthel zur Unterscheidung von dauerpasteurisierter und hochpasteurisierter Milch empfiehlt, vermochte sich anscheinend für diese Zwecke nicht durchzusetzen. Da die Amylase durch eine Erhitzung auf 60° C während 20 Minuten zerstört wird, und somit bei dauerpasteurisierter Milch die Stärkereaktion immer positiv ausfällt, läßt sich nach Barthel ein Schluß auf stattgehabte Dauererhitzung ziehen, falls dieselbe Milch bei Anstellung der Schardingerschen Probe oder der Peroxydasereaktionen Rohmilchcharakter besitzt. Das Prinzip ist dasselbe wie bei dem vom Verfasser S. 379 geschilderten Verfahren, nur daß dort an Stelle der Amylaseprobe die Differenz zwischen den Ergebnissen der direkten und indirekten Keimzählmethode tritt.

Die Amylasereaktion wird nach Koning folgendermaßen ausgeführt: In 3 Röhrchen mit je 10 cm³ Milch werden 1, 2 und 3 Tropfen einer frisch bereiteten 1%igen Lösung von Amylum solubile gebracht und gut durchgemischt. Nach 30 Minuten fügt man zu jedem Röhrchen 1 cm³ Jodlösung (Jod 1, Jodkalium 2, Wasser 300). Stellt man nach Schütteln zitronengelbe Farbe fest, ist alles Stärkemehl hydrolysiert worden, andernfalls erhält man je nach Ausbleiben der Hydrolyse graue, graublaue oder rein blaue Farbtöne.

R. Hock hat einige Grundlagen für neue Methoden zum Nachweis einer Milcherhitzung unter 70° C geschaffen (Silbernitratreaktion, Siliquidmethode und Formolgelatinierung). Ihre Würdigung und Nachprüfung ist Sache des Chemikers, und es möge an dieser Stelle mit dem Hinweis sein Bewenden haben.

Ein von T. Baumgärtel angekündigtes Verfahren, mittels Methylenazurblaus rohe und über 50° C erhitzte Milch zu unterscheiden, hat der Nachprüfung durch das Bakteriologische Institut der Milchwirtschaftlichen Forschungsanstalt in Kiel und Kieferle und Erbacher in Weihenstephan (noch unveröffentlichtes Manuskript) nicht standgehalten. Das Verfahren stimmt nur in ungefähr 80% der Fälle.

Die Aldehydkatalaseprobe nach Schardinger

Während ganz frisch ermolkene normale Milch bei Zusatz von Methylenblau keinesfalls vor 10 Stunden zu reduzieren beginnt, tritt die Reduktion sehr rasch ein, wenn man Formalin zusetzt. Ist jedoch die Milch hocherhitzt (und somit das Ferment getötet) worden, bleibt trotz des Formalinzusatzes die Entfärbung aus. Der Vorgang der Entfärbung ist ein Oxydoreduktionsprozeß, bei dem das Milchferment als Katalysator, das Methylenblau als H_2-Akzeptor und das Formalin als O_2-Akzeptor wirkt.

Die Probe wird folgendermaßen ausgeführt:

Man bereitet sich eine Stammlösung, die aus 5 cm³ gesättigter alkoholischer Methylenblaulösung, 5 cm³ des käuflichen 40 %igen Formalins und 190 cm³ Wasser besteht. 0,5 cm³ davon werden in ein sauberes Reagenzglas gegeben und 10 cm³ der zu prüfenden Milch zugegeben, gut gemischt und in ein Wasserbad von 45° gebracht. 15 Minuten lang beobachtet man ununterbrochen, hierauf alle Viertelstunden.

Wenn die Milch roh ist, wird sie binnen 10 bis 15 Minuten entfärbt, erhitzte Milch behält ihre blaue Farbe.

Die SCHARDINGERsche Reaktion ist aber nach LIND nur dann zuverlässig, wenn der ursprüngliche Bakteriengehalt der Milch gering war. Im Fall einer vorausgegangenen erheblichen Infektion stellt sich nämlich nachträglich wieder Bakterienwachstum ein, das infolge der damit einhergehenden Enzymproduktion die wirklichen Werte überdeckt und falsche Resultate gibt. Es muß in diesem Fall auch eine gewöhnliche Reduktaseprobe angesetzt, eventuell sogar eine vergleichende Keimzahlbestimmung nach der direkten und indirekten Methode vorgenommen werden, um nachzuprüfen, ob die Milch ursprünglich stark verunreinigt war, und ob noch viel lebende Bakterien vorhanden sind. In diesem Fall ist der Erhitzungsnachweis mittels der SCHARDINGERschen Reaktion wertlos.

Die Peroxydasereaktionen

Bei der Peroxydaseprobe bewirkt das Ferment die Oxydation eines Sauerstoffakzeptors durch ein Peroxyd.

Die Guajakreaktion

Die Verwendung von Guajaktinktur blickt schon auf eine mehr als 100jährige Geschichte zurück (PLANCHE 1820). Sie funktioniert zugleich als Lieferant von Peroxyd wie als Sauerstoffakzeptor. Das Peroxyd befindet sich jedoch nur in geringeren Mengen in der frischen Lösung und muß erst durch mehrtägiges Stehen, am besten in Sonnenlicht, aktiviert werden. Zu alte Lösung wirkt jedoch ebenfalls nicht mehr, sie kann auch durch kein Mittel mehr aktiviert werden. Um diesen Übelstand abzuhelfen, hat BORINSKI ein neues Verfahren ausgearbeitet, das den Vorzug besitzt, nur aus einer Lösung zu bestehen, einfach und rasch herstellbar zu sein und unmittelbar nach Herstellung sicher zu wirken.

Die Vorschrift ist wie folgt:

0,85 g Guajakharz werden fein zerrieben und in 85 Teilen 70 %igen Alkohols unter Schütteln gelöst, was in ungefähr $^1/_2$ bis 1 Stunde vollzogen ist. Hierzu werden 10 cm³ verflüssigte Karbolsäure und 5 cm³ 3%igen Wasserstoffsuperoxyds gefügt.

10 Tropfen des Reagens geben mit 5 cm³ roher Milch beim Schütteln eine lebhafte blaue Farbe, die sich etwa $^1/_4$ Stunde hält, um dann zu verblassen. Das Ausbleiben der Färbung zeigt an, daß mindestens eine Erhitzung auf 75°C stattgefunden hat. Das Auftreten der Blaufärbung ist ein absolut sicheres Zeichen, daß diese Temperatur nicht durchwegs erreicht worden ist.

Die Lösung ist für praktische Zwecke genügend haltbar (3 bis 4 Wochen).

Die Storchsche Reaktion

Hier bildet Paraphenylendiamin den Sauerstoffakzeptor mit Wasserstoffsuperoxyd als Sauerstofflieferanten. Tillmans hat wegen der geringen Haltbarkeit der Paraphenylendiaminlösung und des Wasserstoffsuperoxyds folgende Abänderung vorgeschlagen:

Man gibt 10 bis 20 cm³ der zu prüfenden Milch in ein Becherglas, worauf aus 2 Streugläsern (wie für Pfeffer und Salz gebräuchlich) je eine Prise Paraphenylendiamin und Bariumsuperoxyd aufgestreut wird. Ersteres ist vorher zum Zwecke besserer Streufähigkeit mit der gleichen Raummenge Seesands vermischt worden.

Beim Umschütteln färbt sich die rohe Milch innerhalb weniger Sekunden tiefblau, während erhitzte Milch innerhalb 10 bis 15 Minuten farblos bleibt. Ist zuviel Bariumsuperoxyd verwendet worden, entsteht infolge der eingetretenen alkalischen Reaktion eine Rotfärbung.

Grimmers Modifikation

Grimmer empfiehlt an Stelle des Bariumsuperoxyds, dessen Menge schwer zu regulieren ist, ein organisches Peroxyd, das Äthylhydroperoxyd (C_2H_5OOH) in 0,5%iger Lösung. Dieses ist unbegrenzt haltbar. Das Verfahren ist dann folgendes:

Man fügt zu 2 bis 3 cm³ der zu prüfenden Milch 3 Tropfen einer Lösung der zu oxydierenden Substanz (Paraphenylendiamin, Benzidin, oder am besten Guajakollösung) und dann 3 Tropfen 0,5%iger Äthylhydroperoxydlösung.

Die Deutung der Reaktion ist wie oben.

Die Rothenfussersche Reaktion

Rothenfusser gestaltet die Reaktion empfindlicher dadurch, daß er das aus der zu prüfenden Milch erhaltene Bleiserum verwendet. Auch verwendet er an Stelle der schlecht haltbaren Paraphenylendiaminlösung dessen Chlorhydrat. Seine Vorschrift ist folgende:

100 cm³ Milch werden mit 6 cm³ Bleiessig versetzt, stark geschüttelt und filtriert. Einige Kubikzentimeter des Filtrates werden mit einigen Tropfen folgender Lösung versetzt: 1 g Paraphenylendiaminchlorhydrat wird in 15 cm³ Wasser gelöst und zu einer Lösung von 2 g Guajakol krystallisiert in 135 cm³ Alkohol zugefügt. Zu der Mischung von Serum und Reagens fügt man schließlich noch 1 bis 2 Tropfen 0,3%iges Wasserstoffsuperoxyd.

Rohe Milch zeigt intensive Violettfärbung, die bei erhitzter Milch ausbleibt.

Eine Modifikation ist der Gebrauch von Benzidin an Stelle der Guajaktinktur.

2 g Benzidin werden in 100 cm³ Alkohol gelöst. Davon fügt man 5 bis 10 Tropfen zu dem Bleiserum (10 cm³), dann ebensoviel 1%ige Essigsäure und schließlich 2 Tropfen 0,3%ige Wasserstoffsuperoxydlösung.

Die Reaktion auf rohe Milch besteht in einer sofort auftretenden kornblumenblauen Färbung, erhitzte Milch bleibt farblos.

Die Empfindlichkeit der Peroxydasereaktion ist verschieden. Hierbei ist ganz besonders zu bemerken, daß man mit keiner der angegebenen Reaktionen den Nachweis erbringen kann, ob eine Milch der unter gewissen Verhältnissen geforderten Erhitzung auf 85° C 1 Minute lang ausgesetzt wurde. Die Storchsche und Rothenfussersche Mischung gestatten nach Grimmer nur den Nachweis, daß die Milch mindestens für 1 Minute auf 78 bis 80° C oder 5 Minuten auf 75° C erhitzt wurde, und die Guajakreaktion nur den Nachweis, daß die Milch für 1 Minute auf 75° C oder 10 Minuten auf 72° C erhitzt wurde, während eine Erhitzung auf

70º C selbst nach 4 Stunden keine Vernichtung der Peroxydase zur Folge hat. Was nun die Möglichkeit betrifft, Zusatz von roher Milch zu erhitzter erkennen zu lassen, so kann mit Hilfe der Guajakreaktion noch ca. 5%, mit STORCHS Reagens 2 bis 3% und mit ROTHENFUSSERS Reagens sogar noch 1% Beimischung von roher Milch zu erhitzter nachgewiesen werden.

Die Keimgehaltsbestimmung (Nachweis des Pasteurisierungseffektes)

Durch die Dauerpasteurisierung, $^1/_2$ Stunde bei 63º C, wird der Keimgehalt der Rohmilch an lebenden Bakterien durchschnittlich um zirka 98 bis 99% verringert, durch die Hocherhitzung (wenn sie wirklich 1 Minute bei 85º C anhält) wird er noch etwas weiter herabgesetzt. Die Wirksamkeit der Pasteurisierung errechnet sich am besten durch folgende Formel:

$$\text{Pasteurisierwirkung} = \frac{\text{Keimzahl der Rohmilch} - \text{Keimzahl der pasteurisierten Milch}^{1)}}{\text{Keimzahl der Rohmilch}}$$

Zweck der Pasteurisierung ist, von der pathogenen Seite abgesehen, die Milch durch Abtötung der meisten Keime für längere Zeit haltbar zu machen. Pasteurisierte Milch soll bei Ablieferung an den Verbraucher, wenn von besserer Qualität, nicht mehr als 30000, keinesfalls aber mehr als 100000 lebende Keime pro 1 cm³ aufweisen.

Als Zählmethode für die die Pasteurisierung überlebenden Keime kommt nur das KOCHsche Plattenverfahren in Betracht. Es liegt in der Natur der Sache, daß uns das mikroskopische Zählverfahren im Stiche läßt; denn es gibt noch keine Färbetechnik, die es gestattet, tote und lebende Bakterien mit Sicherheit voneinander zu unterscheiden. Die direkte Methode ist aber nicht wertlos, wenn man wissen will, welche Bakterienzahl eine pasteurisierte Milch vorher hatte, ja mitunter kann es sogar sehr wichtig sein, etwas über die Vorgeschichte der pasteurisierten Milch zu wissen. Denn wegen der entwickelten Stoffwechselprodukte und der endgültigen Keimzahl ist es nicht gleichgültig, ob eine pasteurisierte Milch vorher keimreich oder keimarm war, und welche Keime vorhanden waren. Die Eiweißabbauprodukte der Coli-Aerogenes-Gruppe z. B. werden durch das Pasteurisieren nicht aus der Milch entfernt. Deshalb ist es zweckmäßig, neben der Keimzählung mittels der Plattenmethode immer auch die direkte mikroskopische Betrachtung einhergehen zu lassen, um einen Gesamteindruck von der zu prüfenden Milch zu gewinnen.

Man kann aber auch durch diesen Vergleich unter gleichzeitiger Anwendung einer der oben geschilderten Peroxydasereaktionen annähernd herausbekommen, ob eine Milch roh, dauererhitzt oder hocherhitzt war. Wenn z. B. die Plattenzählung 5000 Keime pro 1 cm³ ergibt, die direkte mikroskopische Zählmethode jedoch 500000 pro 1 cm³, dann geht daraus jedenfalls hervor, daß die Zahl der lebenden Bakterien in der Milch, soweit keine antiseptischen Mittel verwendet wurden, durch Erhitzen herabgesetzt wurde. Bleibt nun die Färbung

---

¹) Bei Beurteilung der hierbei erhaltenen Zahl darf ein Faktor nicht vernachlässigt werden, auf den kürzlich SHERMAN und seine Mitarbeiter (Journ. of Dairy Science, Bd. 12, S. 385 bis 393. 1929) hingewiesen haben. Sie bekamen bei Dauerpasteurisierung von Milch, die vorher bei Temperaturen von ca. 15º C gehalten worden war, einen weit höheren Prozentsatz abgetöteter Bakterien als bei Milch, die vorher auf 4º C tiefgekühlt war. Die Erklärung ist die, daß bei dieser niedrigen Temperatur die vorhandenen Keime noch nicht in das Stadium der ansteigenden Wachstumskurve eingetreten sind. Im Ruhe- oder Alterszustand, in dem sie sich vor und nach dieser Periode befinden, sind die Mikroorganismen gegen äußere Einwirkungen viel widerstandsfähiger als während des sogenannten „physiologischen Jugendzustandes". (Während der Korrektur eingefügt!)

bei der Peroxydaseprobe aus, dann ist die Milch hocherhitzt, wenn nicht, dann ist sie nur dauerpasteurisiert worden. Denn wenn sie überhaupt nicht erhitzt worden wäre, könnte kein so großer Unterschied zwischen den Resultaten der Platten- und der direkten mikroskopischen Zählmethode gefunden werden.

Nun ist dem Verfasser gegenüber schon behauptet worden, daß es nicht angehe, auf Grund einer an pasteurisierter Milch ausgeführten direkten Keimzählung im Vergleich mit dem Ergebnis der Plattenzählung auf eine vorausgegangene Erhitzung zu schließen. Denn bei der Pasteurisierung würden viele Keime aufgelöst und erschienen nicht mehr im mikroskopischen Gesichtsfeld. Die bei der direkten Methode erhaltene Zahl wäre also viel zu klein im Vergleich zu der Ausgangskeimzahl vor Pasteurisieren. Soviel wir auf Grund der wenigen bis jetzt ausgeführten Versuche urteilen können, beträgt die Verminderung der sichtbaren Keime auf Grund der Pasteurisierungswirkung ($\frac{1}{2}$ Stunde lang bei 63° C) im Durchschnitt rund 13%. Sie ist also nicht so stark, daß die Auswertung der vergleichenden Keimzählung unter Berücksichtigung des Auflösefaktors illusorisch gemacht würde.

Wesentlich kann das Resultat der kombinierten Keimzählung in pasteurisierter Milch nur durch das Auftreten der weiter unten erwähnten Thermophilen in Frage gestellt werden. Da aber die Thermophilen in Milch fast ausschließlich Stäbchen sind, wird man bei einem reichlichen Vorhandensein derselben im mikroskopischen Bild den Fehler unschwer erkennen und von weiteren Schlüssen absehen. Notwendig ist es auch, einigermaßen zu wissen, wie alt die fragliche Milch ist, um einen Anhaltspunkt dafür zu haben, inwieweit die bei der eventuellen Pasteurisierung erfolgte Reduzierung der Keimzahl durch frisch nachwachsende überlebende Bakterien wieder wettgemacht werden konnte. Wenn jedoch eine große Differenz zwischen lebenden und toten Keimen besteht, ist an der stattgehabten Erhitzung nicht zu zweifeln.

Bei sehr keimarmer oder steril ermolkener Milch versagt natürlich diese vergleichende Methode, weil die Bestimmungswerte der beiden Zählmethoden innerhalb der Fehlergrenzen liegen.

Wenn es gilt, die Wirksamkeit der Pasteurisierung durch Keimbestimmungen mittels der Plattenmethode nachzuweisen, muß auf die Tätigkeit der Thermophilen besonders geachtet werden. Harding und Ward bekamen häufig von der pasteurisierten Milch nicht bloß keine niedrigere, sondern sogar eine höhere Keimzahl, als die der rohen Milch war. Während der kurzen Zeit der Dauerpasteurisierung waren diese „thermophilen" Keime, die bei der Rohmilch nicht auf den Platten erschienen waren, in der Lage, sich so schnell zu entwickeln, daß sie die sämtlichen anderen Keime überwucherten. Um diese „thermophilen" Keime, die verhältnismäßig harmlos sind, am Auswachsen auf der Platte zu verhindern, kommen die der pasteurisierten Milch entnommenen Proben vor der Verarbeitung eine Nacht in den Eisschrank.

Eine andere Erscheinung, die bei der Untersuchung pasteurisierter Milch auftreten kann, sind nadelspitzfeine Kolonien, von den Amerikanern „pin point colonies" genannt[1]). Sie können in großen Mengen auftreten, sind aber harmlos.

---

[1]) In einer ganz kürzlich erschienenen Arbeit (Journ. Inf. Dis., Bd. 45, S. 61 bis 72. 1929) schlägt M. M. Diehm vor, anstatt des irreführenden Namens „pin point" (Nadel- oder Bolzenspitze) die Bezeichnung „minimo visible" (kleinst sichtbar) zu wählen. Denn das Charakteristische dieser Kolonien ist ihre Kleinheit und der Begriff umfaßt alle jene Kolonien, die gerade an der Grenze der Sichtbarkeit mit freiem Auge stehen und auch noch mit einer Handlupe von $2\frac{1}{2}$facher Vergrößerung gesehen werden können. Als Ursache fand sie hitzeresistente Stämme von Streptococcus lactis, wie sie auch schon Fay beobachtet hat. (Während der Korrektur eingefügt!)

Nach AYERS und JOHNSON ist ihre Entstehung auf zweierlei Ursachen zurückzuführen. Sind die einzelnen Verdünnungen zu schwach genommen, so daß z. B. 1000 Kolonien auf 1 Platte treffen, dann zeigen viele Bakterienkolonien, die es sonst nicht tun, einen „pin point"-Habitus. Sind die Platten aber nicht reich beschickt worden, und finden sich dennoch solche Kolonien, dann gehören diese eigenartigen Kolonien zu einem bestimmten Organismus, nämlich dem Lactobacillus thermophilus, der sein Wachstumsoptimum bei Dauerpasteurisierungstemperatur (63° C) besitzt. SWENARTON (2) fand als Ursache Streptokokken. Die von ihm gegebene kurze Charakteristik spricht jedenfalls nicht gegen Streptococcus lactis. Nach ROBERTSON ist auch Microbacterium lacticum durch diese Eigenschaft ausgezeichnet. FAY hingegen macht 3 verschiedene Bakteriengruppen dafür verantwortlich: 1. Sehr kurze ovale Stäbchen oder elliptische Kokken, ähnlich wie Streptococcus lactis. 2. Kurze Ketten, 4 bis 10 Zellen lang, mit irregulärer Morphologie und 3. kurze, stäbchenförmige, in Paaren angeordnete Zellen, von denen die eine immer viel kleiner ist als die andere. Diese bestehenden Widersprüche werden zum Teil durch Untersuchungen von PRICKETT an thermophilen und thermotoleranten Sporenbildnern aufgeklärt. Nach diesem kommt es darauf an, bei welcher Temperatur ein Stamm vor Übertragung auf die Agarplatte gezüchtet wird. Es gelang ihm, willkürlich sogenannte „pin point"-Kolonien zu erhalten, wenn er die betreffenden Organismen bei 56° C züchtete. Parallel damit beobachtete er einen bemerkenswerten Pleomorphismus im Vergleich zu Kulturen derselben Organismen, wenn sie bei 37° gezüchtet worden waren. Dieser Pleomorphismus bringt eine gewisse Erklärung der von FAY gemachten Beobachtungen, wonach besondere Bakteriengruppen mit irregulärer Morphologie für das Auftreten von „pin point"-Kolonien verantwortlich wären.

Zum Nachweis, daß die stattgehabte Pasteurisierung wirksam war, wird mitunter die Coliprobe (S. 367) benutzt. Doch sind neuerdings Bedenken aufgestiegen, weil es tatsächlich Colistämme gibt, die die Dauerpasteurisierung bei 63° C überstehen können. SWENARTON kam nun nach erneuten Untersuchungen in dieser Richtung zu dem Ergebnis, daß die Probe trotzdem zu Recht besteht[1]). Die von ihm gemachte Zusammenstellung des Coliindex im Hinblick auf gewissenhafte Betriebsführung zeigt, daß beide sehr wohl miteinander parallel laufen. Dort, wo hohe Coliziffern erhalten wurden, waren immer auch Unregelmäßigkeiten im Betriebe festzustellen.

Technik: Man entnimmt der zu untersuchenden Milch 5mal nacheinander an verschiedenen Stellen 0,1 cm³ Milch und stellt mit jedem die Coliprobe an, entweder mittels der Gasbestimmung in Gentianaviolett-Laktose-Galle-Wasser (S. 367) oder des Indolnachweises (S. 371). Nicht mehr als eine der 5 untersuchten Standardportionen darf eine positive Reaktion geben, wenn die Milch einwandfrei pasteurisiert wurde.

Welche Keimarten findet man nun noch lebend in der $^1/_2$ Stunde bei 63° C pasteurisierten Milch?

Zunächst die Dauerformen sämtlicher Sporenbildner (siehe S. 369), dann die vegetativen Formen der obligaten thermophilen und der thermotoleranten Stäbchen. Die Thermophilen wachsen nach ECKFORD bei einer Temperatur von 42 bis 75° C mit einem Optimum zwischen 50 bis 60° C. Sie sind in der Regel aerob, bilden labähnliche Enzyme bei schwacher Peptonisierung; Gas wird aus Kohlehydraten nicht gebildet, sie sind im allgemeinen fermentativ überhaupt wenig wirksam (hier wäre auch der bereits erwähnte Lactobacillus thermophilus einzureihen). Die Thermotoleranten gedeihen bei einer Temperatur von 35 bis 70° C mit einem Optimum ebenfalls zwischen 50 bis 60° C. Sie sind der eben genannten Gruppe sehr

---

[1]) Inzwischen haben auch TANNER und WINDSOR (Journ. of Dairy Science, Bd. 12, S. 209, 1929) die Brauchbarkeit des Colinachweises als Indikator für wirksame Dauerpasteurisierung bestätigt.

ähnlich, aber fermentativ wirksamer und ihrem Wachstum ist es hauptsächlich zuzuschreiben, wenn pasteurisierte Milch eine hohe Keimzahl aufweist. Ihre Sporen sind nicht so widerstandsfähig wie diejenigen der obligat Thermophilen. Prickett berichtet, unabhängig von der ziemlich gleichzeitig erschienenen Arbeit von Jancke, ebenfalls über eine Reihe von thermophilen bzw. thermotoleranten Sporenbildnern. Auf ihr verschiedenes morphologisches Verhalten bei niedriger und höherer Temperatur wurde schon bei Erwähnung der „pin point“-Kolonien hingewiesen. Von Bacillus subtilis fand er 2 Typen, einen, der rasch und üppig bei 50 ° C (und auch noch bei 56 ° C) wächst, und einen, der dies nicht tut. Des weiteren fand er Bacillus terminalis var. thermophilus, Bacillus Michaelisi, Bacillus calidus, Bacillus thermoalimentophilus, Bacillus aerothermophilus, Bacillus thermoliquefaciens, Bacillus nondiastaticus, Bacillus calidolactis und Bacillus caustophilus. Jancke glaubt auf Grund seiner vergleichenden Untersuchungen mit künstlich an höhere Temperaturen gewöhnten Laboratoriumsstämmen der Mesentericus-Gruppe, daß es sich bei sämtlichen von ihm aus Sammelmilch gezüchteten „Thermophilen“ nur um Dauermodifikationen von Bacillus mesentericus handle. Bei den engen verwandtschaftlichen Beziehungen des Bacillus subtilis und Bacillus mesentericus wäre es vielleicht nicht ausgeschlossen, daß bei einer Nachprüfung manche der von Eckford, Prickett und anderen Autoren gefundenen „thermophilen“ bzw. „thermotoleranten“ Organismen aus der Milch als Dauermodifikationen des Bacillus mesentericus aufzufassen sind.

Woher stammen nun diese „thermophilen“ Organismen? Kann man sie nur in der pasteurisierten Milch oder bereits schon in der Sammelmilch nachweisen?

Die Ausführung der Methylenblauprobe bei 63° C ist hierbei von großem Nutzen. Sie hat nach den Untersuchungen von Harding und Mitarbeitern den Beweis erbracht, daß thermophile Bakterien zunächst in jeder untersuchten pasteurisierten Milch gefunden werden können. Besonders in den größeren Molkereien konnte die Erfahrung gemacht werden, daß die Anzahl der thermophilen Bakterien in der pasteurisierten Milch um so höher wird, je länger sich die Pasteurisierungsanlage in Betrieb befindet. In solchen Molkereien, wo während einer Zeit von 5 oder mehr Stunden pasteurisiert wird, befinden sich in der zuletzt pasteurisierten Milch ziemlich regelmäßig mehr als 1 Million pro 1 cm³ von diesen interessanten, aber harmlosen thermophilen Bakterien. Was ihre Herkunft anlangt, so konnte durch Anwendung der Reduktaseprobe bei 63 ° C nachgewiesen werden, daß die thermophilen Bakterien sich schon in der angelieferten Rohmilch befinden. Die Reduktionszeit schwankte von 40 Minuten bis zu 11½ Stunden. Diese Beobachtungen finden ihre Bestätigung durch Jancke, der die „Thermophilen“ ebenfalls in jeder Sammelmilch nachweisen konnte. Nur in einwandfrei behandelter roher Flaschenmilch gelang ihm dieser Nachweis nicht.

Von den nicht sporenbildenden und nicht thermophilen bzw. thermotoleranten Bakterien ist nach Brannon und Prucha nur mehr Sarcina lutea als hitzeresistent zu betrachten.

Doch gelingt es noch manchen anderen Keimen, bei der Dauerpasteurisierung durchzuschlüpfen; dazu gehören, wie schon erwähnt, resistentere Stämme von Bacterium coli, ferner Bacterium fluorescens und vulgare (nach Wolff) und eine Reihe von Milchsäurebakterien, über die Seibel berichtet hat. Nach der Nomenklatur von Orla-Jensen sind es folgende:

a) Streptokokken: 1. vorwiegend lange Ketten: Streptococcus mastitidis und Str. thermophilus; 2. vorwiegend Diplokokken: Streptococcus Y, Str. glycerinaceus und Str. faecium. b) Thermobakterien: Thermobacterium bulgaricum, Th. Jugurt und Th. lactis. c) Tetrakokken: weißen bzw. gelben, braunen, orangeroten und gemischten Farbstoff bildend. d) Mikrobakterien: Microbacterium lacticum (Gelatine verflüssigend bzw. nicht verflüssigend) und M. flavum. Ihnen schließen sich noch einige indifferente oder schwach peptonisierende, farbstoffbildende Kokken an, die weißen, gelben, braunen oder roten Farbstoff bilden.

Die Widerstandsfähigkeit von Streptococcus mastitidis ist von ZELLER, WEDEMANN, LANGE und GILDEMEISTER erneut bestätigt worden. HUCKER hat neben Streptococcus thermophilus[1]) in dauerpasteurisierter Milch oft auch Streptococcus liquefaciens gefunden. Wenn pasteurisierte Milch unter Molkenausscheidung und Kaseinverdauung gerinnt, ist also auch auf Streptococcus liquefaciens zu prüfen und nicht bloß auf aerobe Sporenbildner. Das Auftreten hämolytischer Streptokokken in dauerpasteurisierter Milch ist nach demselben Autor harmlos und auf hämolysierende Typen des Streptococcus thermophilus zurückzuführen; denn wirklich pathogene Streptokokken halten die Dauerpasteurisierungstemperatur nicht aus. Die Frage der Pathogenität der überlebenden Mastitisstreptokokken möge hier nicht angeschnitten werden.

Die 1 Minute bei 85⁰ C hochpasteurisierte Milch dürfte, abgesehen von den Sporen der Sporenbildner, lebende Keime kaum mehr besitzen. Bei der Erhitzung in den Hochpasteurisierungsapparaten älteren Systems, die etwas unvollkommen sind, können natürlich auch manchmal Milchsäurebakterienstämme und andere vegetative Keime der Abtötung entgehen. Untersuchungen über die Art der Flora der in den Momenterhitzern neueren Systems behandelten Milch (Tödterhitzer, Plattenpasteur, Biorisator etc.) müssen noch abgewartet werden.

Ein übersichtliches Verzeichnis sämtlicher in diesem Handbuch angegebenen bakteriologischen Nährbodenrezepte findet sich im V. Abschnitt des zweiten Bandes, 2. Teil, „Bakteriologische Untersuchungsmethoden für Molkereierzeugnisse und Molkereihilfsstoffe" von K. J. DEMETER.

Literatur

ALBUS, W. R.: Some observations on the plate count method of enumerating bacteria in milk. Journ. of Bact., Bd. 16, S. 269 bis 277, 1928. — ARNETH, J.: Die qualitative Blutlehre, Münster 1925 (zit. nach CHRISTIANSEN). — AYERS, S. H. and P. W. CLEMMER: The sporogenes test as an index of the contamination of milk. U. S. Dept. of Agric. Bull., Nr. 940, 1921. — AYERS, S. H. and W. T. JOHNSON: Studies on pasteurization. XII. Cause and significance of pin point colonies from pasteurized milk. Journ. of Bact., Bd. 9, S. 285 bis 300, 1924. — AYERS, S. H., W. T. JOHNSON and C. S. MUDGE: Streptococci of souring milk with special reference to Streptococcus lactis. Journ. of Inf. Dis., Bd. 34, S. 29 bis 48, 1924. — AYERS, S. H. and C. S. MUDGE: The streptococcus of the bovine udder. Journ. of Inf. Dis., Bd. 31, S. 40—50, 1922. — AYERS, S. H. and PH. RUPP: Differentiation of hemolytic streptococci from human and bovine sources by the hydrolysis of sodium hippurate. Journ. of Inf. Dis., Bd. 30, S. 388 bis 399, 1922.

BAKER, J. C. and L. L. VAN SLYKE: A method for the preliminary detection of abnormal milks. N. Y. Agr. Exp. Sta. Techn. Bull., Nr. 71, 1919 und Journ. of Biol. Chem., Bd. 40, S. 357, 1919. — BARKWORTH, H., H. T. R. MATTICK, M. G. D. TAYLOR and R. STENHOUSE-WILLIAMS: The relationsship between the bacterial count and the keeping quality of milk. Journ. Ministry of Agr., Bd. 33, S. 997 bis 1001, 1927. — BARTHEL, CHR.: 1. Verwendbarkeit der Reduktaseprobe zur Beurteilung der hygienischen Beschaffenheit der Milch. Zeitschr. f. Nahr- u. Gen.-Mittel, Bd. 15, S. 385 bis 403, 1908. — 2. Die Reduktaseprobe, verglichen mit

---

[1]) Für seine Unterdrückung ist der der Pasteurisierung vorausgehende Temperaturgrad der Milch von ausschlagender Bedeutung. Durch Kühlen der Milch unmittelbar nach dem Melken auf mindestens 10⁰ C oder durch Halten derselben auf nicht höher als 20⁰ C kann die Anzahl der die Pasteurisierung überlebenden thermophilen Streptokokken wesentlich herabgesetzt werden.

anderen milchhygienischen Untersuchungsmethoden. Zeitschr. f. Nahr- u. Gen.-Mittel, Bd. 21, S. 513 bis 534, 1911. — Barthel, Chr. und S. Orla-Jensen: Über internationale Methoden zur Beurteilung der Milch. Milchw. Zentralbl., Jg. 41, S. 417 bis 429, 1912. — Baumgärtel, T.: (1) Eine Farbreaktion zur Untersuchung von roher und erhitzter Milch. Süddtsch. Molkerei-Ztg., Jg. 48, S. 441, 1927. — (2) Kritische Bemerkungen zur Reduktaseprobe. Süddtsch. Molkerei-Ztg., Jg. 48, S. 1118, 1927. — Bliss, A. E.: Anaerobic spore-bearing bacteria in Baltimore milk. Am. Journ. of Hyg., Bd. 6, S. 627 bis 645, 1926. — Borinski, D.: Ein neues Reagens zum Nachweis der Peroxydase in der Milch. Zeitschr. f. angew. Chemie, Jg. 39, S. 281 bis 283, 1926. — Brannon, J. M. and M. J. Prucha: The effect of the pasteurization temperature on individual germs found in milk. Journ. of Dairy Science, Bd. 10, S. 263 bis 268, 1927. — Breed, R. S.: The determination of the number of bacteria in milk by direct microscopical examination. Zentralbl. f. Bakteriol., II, Bd. 30, S. 337 bis 340, 1911. — Breed R. S. and J. D. Brew: Counting bacteria by means of the microscope. N. Y. Agr. Exp. Sta. Techn. Bull., Nr. 49, 1916. — Breed, R. S. and W. A. Stocking: The accuracy of bacterial counts from milk samples. N. Y. Agr. Exp. Sta. Techn. Bull., Nr. 75, 1920 und Journ. of Dairy Science, Bd. 4, S. 39, 1921. — Brown, J. H.: (1) The use of blood agar for the study of the streptococci. Monographs of the Rockefeller Institute for Medical Research, Nr. 9, 1919. — (2) The cultural differentiation of beta hemolytic streptococci of human und bovine origin. Journ. Exp. Med., Bd. 31, S. 35, 1920. — Brown, J. H., W. D. Frost and M. Shaw: Hemolytic streptococci of the beta type in certified milk. Journ. of Inf. Dis., Bd. 38, S. 381 bis 388, 1926. — Brudny, V.: Ein Keimzählapparat. Zentralbl. f. Bakteriol., I, Orig., Bd. 57, S. 478 bis 480, 1911. — Burke, V.: Notes on the Gram stain with description of a new method. Journ. of Bact., Bd. 5, S. 159 bis 182, 1922. — Burri, R.: Die quantitative Ausstrichkultur, ein einfaches Mittel zur bakteriologischen Milchprüfung. Worlds Dairy Congress, London 1928.

Christiansen, W.: (1) Das Wesen der Reduktaseprobe und ihre Bedeutung für die Praxis. Molkerei-Ztg., Jg. 40, S. 1819 bis 1822, 1926. — (2) Die Bedeutung der Leukozyten für die Diagnose und Prognose physiologisch normaler und pathologisch veränderter Milch. Milchw. Forsch., Bd. 7, S. 233 bis 253, 1929.

Demeter, K. J.: Studien über Milchsäurestreptokokken II. Der Streptococcus lactis (Lister) Löhnis und seine Beziehungen zu den Fäkalstreptokokken. Milchw. Forsch., Bd. 8, S. 201 bis 267, 1929. — Dons, R.: Zur Beurteilung der Reduktase- (Gärreduktase-) Probe. Zentralbl. f. Bakteriol., II, Bd. 40, S. 132 bis 152, 1914. — Dorner, W.: Beobachtungen über das Verhalten der Sporen und vegetativen Formen von Bac. amylobacter A. M. et Bredemann bei Nachweis- und Reinzuchtversuchen. Landw. Jahrb. d. Schweiz, Jg. 38, S. 175—201, 1924.

Eckford, M. O.: Thermophilic bacteria in milk. Amer. Journ. Hyg., Bd. 7, S. 201 bis 221, 1917. — Ehrlich: Verfahren zur Erkennung der Milch euterkranker Kühe. Milchw.-Ztg., Jg. 34, S. 309 bis 311, 1929.

Fay, A. C.: Thermotolerant organisms as a cause of so called pin-point colonies. Journ. of Bact., Bd. 13, S. 347 bis 377, 1927. — Frazier, W. C. und Ph. Rupp: Studies on the proteolytic bacteria of milk. I. A medium for the direct isolation of caseolytic milk bacteria. Journ. of Bact. Bd. 16, S. 57. 1928 — Fred, E. B. and G. W. Chappalaer: Bacteriological and chemical methods for determining the quality of milk. Virginia Exp. Sta., Ann. Rept. 1911/12. — Frost, W. D.: Counting the living bacteria in milk. A practical test. Journ. of Bact., Bd. 2, S. 567 bis 583, 1917. — Frost, W. D. and R. C. Thomas: The types of hemolytic streptococci in certified milk. Journ. of Bact., Bd. 13, S. 61, 1927.

Gillespie, L. J.: Colorimetric determination of hydrogenion concentration without buffer mixtures, with especial reference to soils. Soil Science, Bd. 9, S. 115 bis 136, 1918. — Gloy, H. and O. Bischoff: Über die Zuverlässigkeit der Thybromolprobe zur frühzeitigen Erkennung von Euterkrankheiten. Zeitschr. f. Fleisch- u. Milchhyg., Jg. 39, S. 113 bis 123, 1929. — Grimes, M., H. S. Body Barrett and

J. Reilly: Methyleneblue (Reductase-test) in milk grading. The Scientific Proceedings of the Royal Dublin Society, Bd. 18, S. 437 bis 441, 1927. — Grimmer, W.: Milchw. Praktikum, Leipzig: AK. Verl. Ges. 1926.

Hammer, B. W.: Dairy Bacteriology. New York: Wiley and Sons. 1928. — Harding, H. G. and A. R. Ward: Anomalous bacterial plate counts from milk. Dairy Bull. Res. Div. Mathews Co. Bd. 6, S. 187. 1928. — Harding, A. H., A. R. Ward and H. G. Harding: Conducting the methyleneblue test at 145° E. 17. Ann. Report of the International Association of Dairy and Milk Inspectors, 1928 (Washington, D. C.). — Hastings, E. G., Davenport and W. H. Wright: The influence of certain factors on the methyleneblue reduction test for determining the number of bacteria in milk. Journ. of dairy science, Bd. 5, S. 438. 1922. — Hees, H. and C. Tropp: Vergärung substituierter Kohlehydrate durch Bakterien der Coli- und Lactis-aerogenes-Gruppe. Zentralbl. f. Bakteriol., I, Orig., Bd. 100, S. 273 bis 284. 1926. — Henkel, Th.: Katechismus der Milchwirtschaft, 5. Aufl., Stuttgart: Ulmer, 1925. — Henneberg, W.: (1) Handb. der Gär.-Bakteriol., II. Parey. 1926. — (2) Die Wichtigkeit der Federstrichkulturen für die bakteriologischen Untersuchungen in milchwirtschaftlichen Laboratorien. Molkerei-Ztg., Jg. 42, S. 2512 bis 2514. 1928. — (3) Neuere Forschungen auf dem Gebiete der Butterschädlinge. Vortrag, geh. auf d. Milchw. Woche in Kiel, April 1929. — Hilgermann und Spranger: Vergleichende Untersuchungen über die Brauchbarkeit des Skarschen Keimzählungsverfahrens zur Bestimmung des Bakteriengehalts der Milch. Arch. f. Hyg., Bd. 98, S. 37 bis 42. 1926. Ref. Chem. Zentralbl., II, S. 517. 1927. — Hill, G. A.: The isolation of yeasts and molds. Journ. of Lab. and Clin. Med., Bd. 13, S. 765/66. 1928. — Hock, R.: Grundzüge für neue Methoden zur Erkennung des Erhitzungsgrades der Kuhmilch. Milchw. Forsch., Bd. 4, S. 518 bis 537. 1927. — Hucker, G. J.: (1) A modification and new application of the Gram stain. N. Y. Agr. Exp. Sta. Techn. Bull., Nr. 84, S. 7 bis 9. 1921. — (2) A study of the cocci resisting pasteurization temperatures. Zentralbl. f. Bakteriol., II, Bd. 76, S. 17. 1928. — Hudson, J. R. and F. W. Tanner: A note on the Weinzirl anaerobic spore test for determining manurial pollution of milk. Journ. of Dairy Science, Bd. 5, S. 377. 1922.

Jancke, F.: „Thermophile" Bakterien in Milch, Beiträge zur Biologie der „Thermophilen". Milchw. Forsch., Bd. 6, S. 303 bis 350. 1928. — Jones, H. N. and L. E. Wise: Cellobiose as an aid in the differentiation of members of the colon-aerogenes group of bacteria. Journ. of Bact., Bd. 11, S. 359 bis 366. 1926.

Kessler, M. A. and J. C. Swenarton: Gentian-violet lactose pepton bile for the detection of B. coli in milk. Journ. of Bact., Bd. 14, S. 47 bis 53. 1927. — Kluyver, A. J.: Notiz über das Vorkommen von Katalase bei Mikroorganismen. Hoppe-Seylers Zeitschr. f. physiol. Chemie, Bd. 138. S. 100/01. 1924. — Koning, C. G.: Biologische und biochemische Studien über Milch. I. Teil. Die Enzyme. Milchw. Zentralbl., Jg. 3, S. 41 bis 69. 1907. — Koser, S. A.: Correlation of citrate utilization by members of the colon-aerogenes group of bacteria with other differential characteristics and with habitat. Journ. of Bact. Bd. 9, S. 59 bis 77. 1924. — Kraus und Uhlenhuth: Handbuch der mikrobiolog. Technik, Bd. 2, S. 1253. Berlin u. Wien: Urban & Schwarzenberg. 1923. — Kürsteiner, L., W. Staub und W. Dorner: Ist besonders reinlich gemolkene, aus konserviertem Gras erzeugte Milch für die Herstellung von Emmentaler Käse tauglich? Schweiz. Milchztg., Jg. 48, Nr. 72. 1922.

Lehmann, K. B. und R. O. Neumann: Bakteriologische Diagnostik, 7. Aufl.; Lehmanns Medizinische Handatlanten, Bd. 10. München. 1927. — Lind, C.: Les enzymes du lait et leur utilisation pour le chauffage du lait. Le Lait, Bd. 7, S. 935. 1927. — Lisk, H.: A study of the decomposition products of spore bearing bacteria in heated milk. Journ. of Bact., Bd. 9, S. 1 bis 12. 1924. — Löhnis, F. and N. R. Smith: Life cycles of the bacteria. Journ. of Agr. Research, Bd. 6, S. 675 bis 702. 1916.

Mac Crady, M. H.: Tables for rapid interpretation of fermentation tube results. Publ. Health Journ. Toronto, Bd. 9, S. 201 bis 220. 1918. Zit. nach Buchanan and Fulmer: Biochemistry of Bacteria. London: Bailliere, Tindall u. Cox. 1928. — Mehlhose, H.: Einige Reduktaseversuche unter besonderer Berücksichtigung der Janusgrünreduktase. Süddtsch. Molkerei-Ztg., Jg. 49, S. 1111 bis 1113. 1928. — Müller, R.: Zum Nachweis von Schmutz- und Farbstoffbakterien in der Milch. Münch. med. Wochenschr., Jg. 1928, S. 726. — Mudge, C. S. and B. M. Lawler: The effect of distilled water upon the tendency to colony formation upon petri plates. Journ. of Dairy Science, Bd. 11, S. 436. 1928. — Mundinger, E.: Die Phenorolprobe. Süddtsch. Molkerei-Ztg., Jg. 50, S. 222. 1929.

Neisser und Frieber, siehe Kraus-Uhlenhuth. — Neukomm, A.: Die bakteriologische Milchkontrolle nach der Methode von Skar. Inaug. Diss.; Schweiz. Milchztg., Jg. 53, Nr. 271. 1927. — Newman, R. W.: A one solution technique for direct microscopic counting of bacteria in milk. The Monthly Bulletin, California State Dept. of Agriculture, January 1927.

Orla-Jensen, S.: (1) Über den Ursprung der Oxydasen und Reduktasen der Kuhmilch. Zentralbl. f. Bakteriol., II, Bd. 18, S. 211 bis 224. 1907. — (2) The lactic acid bacteria. Kgl. Danske Videnskab. Selskab Skrifter Naturi. og Math. Afd. o Raekke V. 2. 1919.

Pesch, K. L.: Die Resazurolprobe. Neue Schnellbestimmungsmethode zur Beurteilung des Keimgehaltes der Milch. Süddtsch. Molkerei-Ztg., Jg. 49, S. 1465. 1928 und Jg. 50, S. 7. 1929. — Pesch, K. L. und H. Simmert: Eine neue Resazurin-Reduktionsprobe für Milchuntersuchung. Süddtsch. Molkerei-Ztg., Jg. 49, S. 1286. 1928. — Prescott, S. C. and R. S. Breed: The determination of the number of body cells in milk by a direct method. Journ. of Inf. Dis., Bd. 7, S. 632 bis 640. 1910. — Prickett, P. S.: Thermophilic and thermoduric microorganismus with special reference to species isolated from milk. V. Description of spore forming types. N. Y. State Agr. Exp. Sta. Techn. Bull., Nr. 147. 1928.

Rahn, O.: (1) Die Grenzen der Reduktaseprobe für die Milchbearbeitung. Milchw. Zentralbl., Jg. 49, S. 287, 299 und 311. 1920. — Robertson, A. H.: (1) The relation between bacterial counts from milk as obtained by microscopic and plate methods. N. Y. Agr. Exp. Sta. Techn. Bull., Nr. 86, 1921. — (2) Thermophilic and thermoduric microorganisms with special reference to species isolated from milk. III. Description of the non-spore-forming thermoduric organisms isolated. N. Y. State Agr. Exp. Sta. Techn. Bull., Nr. 131. 1927. — Roeder, G.: (1) Zur frühzeitigen Erkennung von Sekretionsstörungen. Süddtsch. Molkerei-Ztg., Jg. 49, S. 753 bis 755. 1928. — (2) Untersuchungen über die Empfindlichkeit der Thybromolprobe im Vergleich mit anderen Methoden zum Nachweis krankhafter Veränderungen der Milch. Milchw. Forsch., Bd. 7, S. 365 bis 435. 1929. — Rothenfusser, S.: Über den Nachweis von Fermenten unter besonderer Berücksichtigung der Milch. Zeitschr. f. Nahr.-u. Gen.-Mittel, Bd. 16, S. 63 bis 74. 1908.

Schardinger, F.: Über das Verhalten der Kuhmilch gegen Methylenblau und seine Verwendung zur Unterscheidung von ungekochter und gekochter Milch. Zeitschr. f. Nahr.- u. Gen.-Mittel, Jg. 5, S. 1113 bis 1121. 1902. — Seelemann, M.: Zur bakteriologisch-hygienischen Kontrolle von Rohmilch, insbesondere Vorzugsmilch. Molkerei-Ztg., Jg. 41, H. 31 und 32. 1927. — Seibel, E.: Hitzefeste Bakterien in der bei 63° C ½ Stunde „dauerpasteurisierten" Milch. Milchw. Forsch., Bd. 4, S. 41 bis 79. 1927. — Skar, O.: (1) Eine schnelle und genaue Methode für Zählung von Bakterien und Leukozyten m. m. Milchw. Zentralbl., Jg. 41, S. 454 bis 461. 1912. — (2) Mikroskopische Zählung und Bestimmung des Gesamtkubikinhaltes der Mikroorganismen in festen und flüssigen Substanzen. Zentralbl. f. Bakteriol., II. Bd. 57, S. 327 bis 344. 1922. — (3) Nachweis und Bekämpfung der Euterentzündung beim Rinde. Zeitschr. f. Infektionskrankh. d. Haustiere, Bd. 34, S. 1 bis 37. 1928. — Soep, L.: Janusgrün gegen Methylenblau bei der Reduktionsprobe nach Barthel. Nederl. Tijdschr. Hyg., Bd. 2, H. 3. Ref. 1927. — Staffe, A.: Über den Geschmacksfehler der brenzligen (schmirgeligen) Milch und den anaeroben Erreger desselben. Molkerei-Ztg., Jg. 43, S. 1607 bis 1610. 1929. — Standard methods of milk analysis.

Am. Publ. Health Association, 370 Seventh Ave. New York 1927. — Swenarton, J. C.: (1) Can B. coli be used as an index of the proper pasteurization of milk? Journ. of Bact., Bd. 13, S. 419 bis 429. 1927. — (2) Observations on „pin-point colony" organisms in the Baltimore milk supply. Journ. of Bact., Bd. 11, S. 285 bis 291, 1929.

Teichert, K.: Methoden zur Untersuchung von Milch und Milcherzeugnissen. Stuttgart: Enke. 1927.

Viertbauer, R.: Vergleichende Untersuchungen über die Reduktionsfähigkeit der Kuhmilch durch Methylenblau und Janusgrün. Milchw. Forsch., Bd. 7, S. 631 bis 652. 1929. — Virtanen, A. J.: Einwirkung der Kolloide auf die Reduktaseprobe. Zeitschr. f. Nahr.- u. Gen.-Mittel, Bd. 48, S. 141 bis 151. 1924. — Voges, O. und B. Proskauer: Beitrag zur Ernährungsphysiologie und der Differentialdiagnosis der Bakterien der hämorrhagischen Septikämie. Zeitschrift f. Hyg. Bd. 28, S. 20 bis 32. 1898. (Betr. Schnellmethode zur Durchführung der „V.-P." Reaktion siehe Bedford, R. H., Journ. of Bact. Bd. 18, S. 93—94. 1929.)

Weigmann, H. und A. Wolff: Jahresbericht 1913/14 der Versuchsstation und Lehranstalt für Molkereiwesen in Kiel. Zentralbl. f. Bakteriol., II, Bd. 44, S. 164. 1915. — Weigmann, H., A. Wolff, M. Trensch und M. Steffen: Über das Verhalten der Milchsäurebakterien (Str. lacticus) bei der Dauererhitzung der Milch auf 60 bis 63° C (modernes Dauerpasteurisierungsverfahren). Zentralbl. f. Bakteriol., II, Bd. 45, S. 63 bis 107. 1916. — Weinzirl, J. and M. V. Veldee: A bacteriological method for determining manurial pollution of milk. Am. Journ. Publ. Health, Bd. 5, S. 862 bis 866. 1915, ferner Bd. 11, S. 149. 1921. — Wolff, A.: Hitzeresistenzversuche mit Milchbakterien, speziell beim Dauerpasteurisieren. Milchw. Zentralbl., Jg. 57, S. 117 u. 133. 1928. — Wright, J. H.: A method for the cultivation of anaerobic bacteria. Zentralbl. f. Bakteriol., I, Orig., Bd. 29, S. 61, 1901 (siehe auch Hall, J. C.: Journ. of Bact., Bd. 17, S. 255. 1929).

Zeller, H., W. Wedemann, L. Lange und E. Gildemeister: Über die sog. niedrige Dauerpasteurisierung der Milch mit besonderer Berücksichtigung der Abtötung von Seuchenerregern. Sonderheft d. Zeitschr. f. Fleisch- u. Milchhyg., Jg. 38. 1928.

Namenverzeichnis

Sachverzeichnis

Buch- und Kunstdruckerei Steyrermühl, Wien VI

Verlag von Julius Springer in Wien

Handbuch der Milchwirtschaft

in Verbindung mit

WALTER GRIMMER   und   HERMANN WEIGMANN

Dr. phil., Professor für Milchwirtschaft und Vorstand des Milchwirtschaftlichen Institutes an der Universität in Königsberg in Preußen

Dr. phil., Dr. agr. h. c., ehem. Direktor der Versuchsstation für Molkereiwesen und emer. Verwaltungsdirektor der preußischen Versuchs- und Forschungsanstalt für Milchwirtschaft Kiel

herausgegeben von

WILLIBALD WINKLER

Dr. phil., Hofrat, emer. Professor für Molkereiwesen und landwirtschaftliche Bakteriologie an der Hochschule für Bodenkultur in Wien, Vorstand des Milchwirtschaftlichen Laboratoriums des Milchwirtschaftlichen Reichsvereins für Österreich in Wien

Inhaltsübersicht des Gesamtwerkes

Erster Band / Erster Teil

Die Milch

Zusammensetzung, Eigenschaften, Veränderungen und Untersuchung

Erster Band / Zweiter Teil

Die Milchproduktion

Die Milchviehzucht. Fütterung, Haltung und Pflege der Milchtiere. Entstehung, Gewinnung und Behandlung der Milch

Zweiter Band / Erster Teil

Die Milchversorgung der Städte und größeren Konsumorte

c) Durch Pasteurisieren.
d) Einwirkung von Licht, ultravioletten Strahlen, Elektrizität.
5. Die Hygiene der Milchversorgung. Von Prof. Dr. W. WEIGMANN-Kiel.

III. Die Milchkontrolle in Städten und Industrieorten.
1. Chemische Kontrolle. Von Prof. Dr. A. BEYTHIEN-Dresden.
2. Hygienische Kontrolle. Von Prof. Dr. W. ERNST-München.

IV. Bau und Einrichtung von Molkereien. Von Prof. Dr. B. LICHTENBERGER-Kiel.
1. Die maschinelle Einrichtung milchbehandelnder und milchbearbeitender Betriebe.
2. Die Kraft-, Wärme- und Kälteversorgung sowie die Wasserbewirtschaftung der Molkereien.
3. Die Planung von Molkereien.

Zweiter Band / Zweiter Teil

Butterbereitung, Käserei, Milchpräparate und Nebenprodukte des Molkereibetriebes

I. Die Rahmgewinnung und die Butterbereitung. Von Prof. Dr. O. RAHN-New York.

II. Die Käserei.
1. Allgemeine Technik mit Begründung der einzelnen Manipulationen. Von Prof. Dr. W. WEIGMANN-Kiel.
2. Charakteristik der verschiedenen Sorten und ihrer Technik. Von Prof. Dr. W. WEIGMANN-Kiel.
3. Chemie der Käsereifung. Von Prof. Dr. W. GRIMMER-Königsberg.
4. Mykologie der Käsereifung und Käsefehler. Von Prof. Dr. F. LÖHNIS-Leipzig.

III. Milchpräparate. Von Prof. Dr. W. WEIGMANN-Kiel.
1. Dauermilch (sterilisierte Milch).
2. Kondensmilch.
3. Trockenmilch.
4. Kindermilchpräparate. Von Dr. TRENDTEL-Altona.

IV. Die Nebenprodukte des Molkereibetriebes und ihre Verwertung. Von Prof. Dr. A. BURR-Kiel.
1. Magermilch.
2. Buttermilch.
3. Molken.
4. Molkeneiweiß.

V. Die Untersuchung von Milcherzeugnissen und Molkereihilfsstoffen.
1. Physikalische und chemische Untersuchungsmethoden. Von Prof. Dr. W. GRIMMER-Königsberg.
2. Bakteriologische und biologische Methoden. Von Dr. K. J. DEMETER-Weihenstephan.

Dritter Band

Betriebslehre, Absatzverhältnisse, Organisation der Milchwirtschaft

I. Der Milchwirtschafts- und der Molkereibetrieb.
1. Die Milchwirtschaft im Landwirtschaftsbetriebe. Milcherzeugungsbetriebe.
   a) Natürliche und wirtschaftliche Bedingungen der Milchwirtschaft. Verschiedene Formen der Milchwirtschaftsbetriebe. Erzeugung von Vorzugs- und Kindermilch usw. Von Prof. Dr. W. WESTPHAL-Kiel.
   b) Alpwirtschaft. Von Reg.-Rat Ing. G. ALBRECHT-Wien.
   c) Erzeugungskosten der Milch. Von Prof. Dr. W. WESTPHAL-Kiel.
2. Der Molkereibetrieb.
   A. Formen der Unternehmung (Privatbetrieb. Genossenschaftsbetrieb. Pachtung). Von Prof. Dr. W. WESTPHAL-Kiel.
   B. Betriebsführung. Personalbedarf. Betriebsspesen. Von Prof. Dr. W. WESTPHAL-Kiel.
   C. Buchführung. Revision. Kontrolle. Von Prof. Dr. W. WESTPHAL-Kiel.

II. Die Verwertung und Bezahlung der Milch. Von Prof. Dr. W. WESTPHAL-Kiel.
1. Die verschiedenen Arten der Milchverwertung und der Verwertung der Nebenprodukte.
2. Bezahlungsweise der Milch.

III. Handel und Verkehr mit Molkereiprodukten. Von Ökonomierat Dr. v. ALTROCK-Berlin.
1. Die Milchwirtschaft in den milchwirtschaftlich bedeutenden Ländern.
2. Der Weltverkehr in Molkereiprodukten mit besonderer Berücksichtigung von Großbritannien und Deutschland.
3. Ein- und Ausfuhrvorschriften in den verschiedenen Ländern, Zölle, staatliche und Verkehrskontrolle, Schutzmarken.

IV. Organisation der Milchwirtschaft und Mittel zur Hebung und Förderung derselben.
1. Organisationssystem der Milchwirtschaft. Staatliche und private Einrichtungen. Von Prof. Dr. W. WESTPHAL-Kiel.
2. Unterrichts- und Versuchswesen.
   a) Ausbildung von Melk- und Viehpflegepersonal. Melker- und Viehhaltungsschulen der einzelnen Länder. Von Landwirtschaftsrat M. REISER-Kempten.
   b) Molkerei- und Käsereischulen. Einrichtung und Anführung der wichtigsten. Von Prof. Dr. W. WESTPHAL-Kiel.
   c) Ausbildung von Molkereipersonal und Befähigungsnachweis.
   d) Molkereiinstitute und Forschungsanstalten. Von Prof. Dr. W. WESTPHAL-Kiel.
3. Verbreitung milchwirtschaftlicher Kenntnisse. Von Prof. Dr. W. WESTPHAL-Kiel.
   a) Molkereikonsulenten und Instruktoren.
   b) Publikationen (Verbreitungsweise in den Vereinigten Staaten Nordamerikas). Milchwirtschaftliche Fachzeitungen der wichtigsten Länder.
4. Qualitätsförderung. Von Prof. Dr. W. WESTPHAL-Kiel.
5. Ausstellungen und periodische Prüfungen. Von Ökonomierat Dr. v. ALTROCK-Berlin.
6. Vereinigungen, Kongresse. Milchpropagandagesellschaften. Von Ökonomierat Dr. v. ALTROCK-Berlin.

Anhang. Hauptdaten aus der Geschichte der Milchwirtschaft. Von Hofrat Prof. Dr. W. WINKLER-Wien.

MILCHWIRTSCHAFTLICHE FORSCHUNGEN

Zeitschrift für Milchkunde und Milchwirtschaft einschließlich des gesamten Molkereiwesens

Im Auftrage des Reichskuratoriums für
Milchwirtschaftliche Forschungsanstalten

und unter Mitwirkung von

Prof. Dr. **Bongert**-Berlin, Geh. Reg.-Rat Ministerialrat Dr. **Bose**, Referent für Milchwirtschaft im Reichsministerium für Ernährung und Landwirtschaft, Prof. Dr. **Bünger**-Kiel, Prof. Dr. **Burr**-Kiel, Geh. Med.-Rat Prof. Dr. **Czerny**-Berlin, Dr. **Demeter**-Weihenstephan, Staatsminister Prof. Dr. **Fehr**-Weihenstephan, Geh. Reg.-Rat Prof. Dr. **Hansen**-Berlin, Prof. Dr. **Henneberg**-Kiel, Geh. Reg.-Rat Prof. Dr. **Juckenack**-Berlin, Hauptkonservator Dr. **Kieferle**-Weihenstephan, Prof. Dr. **Lichtenberger**-Kiel, Prof. Dr. **Martiny**-Halle a. d. S., Prof. Dr. **Mohr**-Kiel, Landesökonomierat Dr. **Teichert**-Wangen im Allgäu, Prof. Dr. **Westphal**-Kiel, Landwirtschaftsrat **Zeiler**-Weihenstephan

Herausgegeben von
DR. W. GRIMMER
Professor an der Universität Königsberg i. Pr.

Jährlich erscheinen etwa 2 Bände zu je 6 einzeln berechneten Heften. Bis Anfang 1930 erschienen 9 Bände. Preis des Bandes etwa RM 80,— bis RM 90,—

In jedem Heft: Originalienteil, Referatenteil

VERLAG VON JULIUS SPRINGER / BERLIN UND WIEN

FORTSCHRITTE DER LANDWIRTSCHAFT

Zeitschrift und Zentralblatt für die gesamte Landwirtschaft

Erscheint in ständiger Verbindung mit dem Reichsbund
akademisch gebildeter Landwirte in Berlin und unter
Mitwirkung führender Hochschul-Institute

Unter ständiger Mitwirkung von

Professor Dr. **H. Kaserer**   und   Regierungsrat Dr. **R. Miklauz**

Wien   Wien

herausgegeben von

Privatdozent Dr. **E. Tamm**

Berlin

Die „Fortschritte der Landwirtschaft" berücksichtigen stets die neuesten Forschungsergebnisse aller Gebiete der Landwirtschaft und ihrer Nachbarfächer in Form
illustrierter Originalaufsätze namhafter Autoren und aus führenden Instituten und
wollen hierdurch die wissenschaftlichen Fortschritte der landwirtschaftlichen Praxis
in verständlicher Form zugänglich machen. Der Referatenteil der „Fortschritte" hat
sich die Aufgabe gestellt, die wichtigsten wissenschaftlichen Arbeiten der Welt auf
dem Gebiete der Landwirtschaft in kurzen Inhaltsangaben zusammenzustellen. Er
bietet dadurch die Möglichkeit, die Fortschritte der landwirtschaflichen Wissenschaft aller Länder leicht zu verfolgen und hieraus neue Anregungen zu schöpfen.

Die Zeitschrift erscheint am 1. und 15. jedes Monats
Preis vierteljährlich RM 6,—; Einzelheft RM 1,50

VERLAG VON JULIUS SPRINGER / BERLIN UND WIEN